浓香型烤烟上部叶成熟度和可用性研究

史宏志 主编

科学出版社

北京

内 容 简 介

优质浓香型上部烟叶是中式卷烟的重要原料,提高上部叶成熟度和可用性是我国优质烤烟生产的主攻方向。优质上部叶生产是一个系统工程,对生态条件、生产和技术条件都有很高的要求。本书基于本研究团队近些年承担的多项相关研究课题成果和发表的学术论文,系统总结和阐述了浓香型优质上部叶形成的生态条件,优质上部叶化学基础以及以品种选择、土壤培肥、水肥运筹、结构优化、生长调控、成熟把控等为中心的优质上部叶栽培理论和技术,形成了优质高可用性上部叶生产的理论体系、技术体系和标准体系。

本书主要适用于从事烟草科研、教学、推广和加工的专业人员以及烟草生产、经营部门的管理人员和技术人员,也可作为大专院校本科生、研究生的参考书。

图书在版编目(CIP)数据

浓香型烤烟上部叶成熟度和可用性研究/史宏志主编. —北京:科学出版社,2022.12
ISBN 978-7-03-073348-1

Ⅰ. ①浓… Ⅱ. ①史… Ⅲ. ①烤烟叶–成熟度–研究 ②烤烟叶–可用性–研究 Ⅳ. ①TS424

中国版本图书馆 CIP 数据核字(2022)第 184575 号

责任编辑:李秀伟 闫小敏 / 责任校对:郑金红
责任印制:吴兆东 / 封面设计:无极书装

科 学 出 版 社 出版
北京东黄城根北街 16 号
邮政编码:100717
http://www.sciencep.com

北京建宏印刷有限公司 印刷
科学出版社发行 各地新华书店经销

*

2022 年 12 月第 一 版 开本:720×1000 1/16
2022 年 12 月第一次印刷 印张:30 1/2
字数:615 000
定价:308.00 元
(如有印装质量问题,我社负责调换)

主 编 简 介

    史宏志，男，博士，教授，博士生导师，历任烟草行业烟草栽培重点实验室主任，国家烟草栽培生理生化研究基地副主任，河南农业大学烟草学院烟草栽培生理生态团队首席教授，河南农业大学烟草农业减害研究中心主任，九三学社河南省委烟草专业委员会主任，《中国烟草学报》副主编。本科毕业于河南农业大学农学系，1990 年和 1997 年分别在河南农业大学和湖南农业大学获得硕士和博士学位。1998 年获国家留学基金委资助，赴美国肯塔基大学（University of Kentucky）作访问学者；先后在美国肯塔基大学和美国菲利普莫瑞斯烟草公司（Philip Morris USA）做博士后研究。现在河南农业大学从事烟草栽培生理科研和教学工作。先后主持国家烟草专卖局、四川省烟草公司、云南省烟草公司、贵州省烟草公司、河南省烟草公司、河南中烟工业有限责任公司、上海烟草集团北京卷烟厂有限公司等单位的 30 多项科技项目；目前以第一作者编著《烟草香味学》、《烟草烟碱向降烟碱转化》、《浓香型特色优质烟叶形成的生态基础》、《优质低害白肋烟生产理论与技术》、《烟草生物碱》和《烟草生物碱与调控》等学术专著 10 余部，均在国家级出版社出版；获得省部级科技进步奖 8 项、国家发明专利 15 项；主持起草烟草行业标准 1 项；在国际会议宣读论文 55 篇（集结出版《烟坛鸿论——史宏志国际烟草学术会议录要》），在 *Journal of Agricultural & Food Chemistry* 等 SCI 期刊发表论文 30 余篇，在《中国农业科学》、《作物学报》和《中国烟草学报》等国内重要期刊发表论文 300 余篇。

前　言

优质浓香型烟叶是我国卷烟工业的重要原料，在"中式卷烟"生产中具有不可替代的重要作用。烤烟上部叶具有空间优势、生长优势、营养优势，物质积累丰富，产量占比较高，香气潜力较大，近些年来，越来越受到工业企业的青睐，积极研究、开发优质上部叶是我国烟草科研、生产的重要方向。烤烟上部叶虽然具有较大的质量潜力，但在生态环境不良和栽培管理不当时，也会出现明显的质量缺陷。由于固有的生长发育特点，在一般栽培模式下，上部叶结构紧密，组织僵硬，叶片肥厚，碳水化合物含量偏低，含氮化合物含量偏高，化学成分协调性差，因此烟叶刺激性较大，杂气较重，余味较差，工业可用性降低，成为许多工业企业实现对上部叶充分、有效利用的限制因素。然而，实现优质高可用性上部叶生产在理论和技术上是完全可行的，通过良好的生态和科学配套的技术相结合，实现上部叶耐熟性和成熟度的双提升，就可以有效克服上部叶的质量缺陷，充分发挥上部叶的质量潜力，大幅提升上部叶的可用性和使用价值。近些年来，在豫中浓香型烟区实施的烤烟"上六片"开发及其在河南中烟工业有限责任公司高端品牌中的成功应用，为我国高可用性上部叶的开发提供了可借鉴的经验和范例。

优质上部叶生产是一个系统工程，对生态条件、生产条件和技术条件都有很高的要求。一是要保证上部叶发育和成熟期间具有适宜的光温条件，二是要保证上部叶达到合理的营养状态和物理指标，三是要保证上部叶适时发生代谢转变和充分成熟。因此，系统研究优质浓香型上部叶形成对气候、土壤等生态条件的要求，探索以提高上部叶耐熟性和成熟度为核心的配套技术，构建优质上部叶生产和技术标准化体系，对于指导优质上部叶规模开发意义重大。近10年来，本研究团队把提高烤烟上部叶耐熟性、成熟度和可用性作为重要研究方向，借助于主持承担的河南中烟工业有限责任公司豫中和湘南等地特色烟叶开发基地单元建设技术服务项目、中国烟草总公司浓香型特色优质烟叶开发重大专项、中国烟草总公司优化灌溉重点项目、河南省烟草公司高效节水灌溉项目、河南省烟草公司许昌市公司豫中上六片生产标准体系构建项目、河南省烟草公司南阳市公司提高南阳烟叶上部叶耐熟性和可用性项目、河南省烟草公司洛阳市公司新品种配套栽培技术研究项目等，围绕优质上部叶形成的生态基础、上部叶化学组成及以土壤培肥、水肥运筹、结构优化、生长调控、成熟把控等为中心的优质上部叶栽培技术，对以豫中、豫南烟区为主的我国浓香型烟叶产区的优质上部叶形成理论和技术开展了系统的研究，取得了多项研究成果。明确了优质上部叶形成对气候、土壤等生态条件的要求和相关指标，提出了"生态、技术、工程"三优一体的优质上部叶烟田选择标准，建立了"土、肥、水"三位一体，"群体、个体、叶片"三维一体，"养熟、耐熟、延熟"三熟一体的优质上部叶栽培技术体系，构建了优质上部叶生产管理和技术标准体系，有效指导和支撑了优质上部叶原料的开发与生产。同时，我们及时总结和提炼研究成果，撰写和发表了大量学术论文。本书即以本团队正式发表的研究论文为基础，经过筛选、梳理、归类、整理编撰而成。

除此之外，我们还依托所承担的其他香型烤烟产区的科研项目，以及河南中烟工业有限责任公司在浓香型烟叶产区以外的其他原料基地平台，如云南临沧、云南大理、贵州黔西南、贵州毕节、陕西商洛、黑龙江牡丹江等，联合开展提高当地烤烟上部叶可用性研究，并取得了大量研究成果。但本书并未囊括这些内容。

根据优质上部叶形成的内在规律和其生产理论与技术体系，我们把本书分为7章，分别为优质上部叶形成的气候特征和温光指标、优质上部叶形成的土壤条件和理化改良、优质上部叶的化学成分特征和品种效应、优质上部叶形成的肥水效应和运筹技术、优质上部叶的结构特征和定向调节、优质上部叶的成熟特征和延熟技术、河南浓香型烤烟许昌上六片烟叶系列标准。这些内容都是相关科研项目研究成果的核心内容，也是承担具体试验研究任务的研究生辛勤劳动的结晶。全书全部内容均为本团队的原创成果。

在本书成稿之际，真诚感谢国家烟草专卖局科技司、中国烟叶公司、中国烟草学会的指导和支持，感谢河南中烟工业有限责任公司，河南省烟草公司及河南省烟草公司许昌市公司、南阳市公司、洛阳市公司等提供的项目支持、通力配合和大力协助！在这里还要特别感谢我的博士导师韩锦峰教授、官春云院士的辛勤培育、指导和教诲！感谢河南农业大学及其烟草学院各位领导、老师、同仁的关心、鼓励和帮助！感谢参与课题研究的研究生！他们直接参与了试验设计、数据处理、结果分析、资料整理和文字工作，也理所当然地成为本书作者。最后真诚感谢所有亲人、朋友对本人的关心、关爱和支持！这些一直是本人前进的动力和力量源泉。

由于有关烤烟上部叶研究的课题较多，内容涉及面广，试验较分散，时间跨度大，梳理和整理工作量大，可能在总结和提炼方面存在欠缺，加之作者学术水平有限，书中不足之处在所难免，敬请各位读者批评指正。我们愿与各位烟草界同仁一起为我国烟草科技事业发展、为我国烟叶质量水平提高和烟叶原料保障水平提升做出更大贡献。

史宏志

2021 年 10 月

目　　录

第1章 优质上部叶形成的气候特征和温光指标

生态条件是影响烟叶质量和特色形成的关键因素。浓香型烟叶产区独特的生态条件不仅决定了烟叶香气浓郁醇厚的风格特色，还赋予了上部叶的发育优势和质量潜力。10多年来，借助于所承担的中国烟草总公司浓香型特色优质烟叶开发重大专项、典型浓香型烤烟产区工业原料基地单元建设项目，以及河南省烟草公司许昌市公司、南阳市公司优质上部叶生产配套技术和标准技术体系构建科技项目等平台，我们对浓香型烟区的气候特征、历史演变、季节配置及其与烟叶质量特色的关系进行了系统研究，揭示了优质浓香型上部叶形成所需的生态基础和气候特征，明确了影响上部叶质量特色形成的关键气候因子，提出了优质上部叶形成所需的气候指标，得出了烤烟成熟期较高的温度是浓香型特色形成的决定因素，成熟期较强的光照是浓香型特色形成的强化因素，成熟期较高的积温是高质量和高可用性上部叶形成的关键决定因素等重要结论。本章主要汇集了本研究团队在这方面的主要研究成果。

1.1 我国浓香型烤烟产区气候特征及其与烟叶质量风格的关系

摘要：为明确气候因子与烟叶质量风格的关系，采集了全国8个浓香型烤烟产区57个重点产烟县30年的气候资料，分析研究了浓香型烤烟产区气候因子与烟叶质量风格特色形成的关系。结果表明，成熟期平均温度较高、日最高温>30℃天数较多是浓香型烤烟产区所共有的气候特征。烟叶浓香型显示度、烟气沉溢度、焦香和焦甜香分值均与成熟期日均温呈极显著的正相关关系。形成典型浓香型烟叶一般需要成熟期日均温达到25℃以上，且成熟期日最高温>30℃天数在35天以上。成熟期日均温低于24.5℃、成熟期日最高温>30℃天数少于25天时，浓香型风格特色显著弱化。焦甜香分值与各个时期昼夜温差和全生育期光照时数均呈极显著的负相关关系，与各个时期降水量呈极显著的正相关关系，烟气浓度与全生育期>10℃积温呈极显著的正相关关系。

烤烟是一种对环境极为敏感的经济作物。烤烟全生育期及生育期各时段的生态条件与特色优质烟叶形成密切相关。气候是影响烤烟生长最重要的生态条件之一,是决定烤烟分布区域的关键因素,也直接影响烟叶的产量、质量和风格特色。在诸多气候因子中,温度、光照和降水等是主要的影响因子,且在烟叶不同生育阶段具有不同的效应。为明确中国浓香型烤烟产区气候因子和烟叶质量风格特色的关系,基于所采集的我国 8 个浓香型烤烟产区重点产烟县 30 年的气候资料对浓香型烤烟产区气候特征进行了分析,并对 2010~2013 年烟叶全生育期和各生育时期气候指标与烟叶质量特色、常规化学成分的关系进行了研究,旨在为阐明浓香型特色优质烟叶形成的生态基础和建立浓香型烟叶生态评价模型提供依据(史宏志和刘国顺,2016;杨军杰等,2015)。

我国浓香型烤烟产区气候指标的基础数据来源于中国气象局(1981~2013年),包括河南、安徽、陕西、广东、湖南、江西、广西和山东共 8 个省(自治区)的 57 个重点产烟县,主要为以候划分记录的日均温、最高温度、最低温度、光照时数、地表日均温、相对湿度、降水量等基本气象数据。结合不同产区烟叶推荐的移栽期和正常生长阶段划分界限,确定了不同产区烟草各生育阶段和全生育期 49 个气象指标的分布,包括烟草还苗伸根期日均温、旺长期日均温、成熟期日均温、全生育期日均温、还苗伸根期平均昼夜温差、旺长期平均昼夜温差、成熟期平均昼夜温差、成熟期日最高温>30℃天数、还苗伸根期降水量、旺长期降水量、成熟期降水量、全生育期降水量、还苗伸根期光照时数、旺长期光照时数、成熟期光照时数、全生育期光照时数、还苗伸根期平均相对湿度、旺长期平均相对湿度、成熟期平均相对湿度、全生育期平均相对湿度及各生育阶段云量、气压、风速等。

1.1.1 浓香型烤烟产区气候指标的总体特征

对浓香型烤烟产区各烟区气候特征的共同性和特殊性进行初步分析,针对各气象指标求出变异区间、变异参数及在各点的分布特征,如表 1-1 所示。从中可以看出,成熟期、旺长期和全生育期地表日均温,成熟期和全生育期>10℃积温,成熟期和全生育期平均昼夜温差,各生育阶段日均温、平均相对湿度和气压等指标变异系数较小,均在 15%以下。其中各个生育阶段气压指标的变异系数最小,均在 3%以下。浓香型烤烟产区成熟期温度较高,昼夜温差较小,其中成熟期日均温和地表日均温分别集中在 25.3℃和 28.5℃左右;成熟期平均昼夜温差主要集中在 8.6℃左右;成熟期平均相对湿度范围为74%~85%。

表 1-1　浓香型烤烟产区主要气候指标的总体特征

指标	生育阶段	范围	平均值	极差	方差	标准差	变异系数（%）	峰度	偏度
日均温（℃）	伸根期	14.7~22.8	19.2	8.1	7.10	2.66	13.9	-1.227	-0.535
	旺长期	19.0~26.6	23.4	7.6	5.32	2.31	9.9	-1.243	-0.488
	成熟期	20.4~27.9	25.3	7.0	1.88	1.37	5.4	2.782	-1.372
	全生育期	19.9~25.6	23.5	5.7	1.85	1.36	5.8	-0.380	-0.710
>10℃积温（℃）	伸根期	94.0~441.0	250.5	347.0	7 990.52	89.39	35.7	-0.640	0.065
	旺长期	101.0~785.0	366.3	684.0	18 774.33	137.02	37.4	0.476	0.531
	成熟期	730~1 192.5	990.8	462.5	13 255.76	115.13	11.6	-0.644	-0.338
	全生育期	1 151.5~2 022.5	1 604.5	871.0	44 661.69	211.33	13.2	-0.937	-0.162
>20℃积温（℃）	伸根期	0~92.0	23.8	92.0	650.65	25.51	107.2	-0.213	0.886
	旺长期	126.5~462.0	341.0	335.5	6 156.43	78.46	23.0	0.701	-0.872
	成熟期	142.5~646.0	465.2	503.5	13 249.92	115.11	24.7	0.105	-0.680
	全生育期	278.0~712.5	469.2	570.0	14 319.87	119.67	25.5	0.068	-0.546
日均温>20℃天数	伸根期	0~30	12.0	30.0	103.45	10.17	84.6	-1.348	0.138
	旺长期	5~50	24.1	45.0	84.93	9.22	38.2	0.006	0.125
	成熟期	45~75	62.6	30.0	54.56	7.39	11.8	-0.094	-0.398
	全生育期	65~130	98.8	65.0	294.89	17.17	17.4	-1.188	-0.154
日最高温>30℃天数	成熟期	10~58	42	48.0	133.67	11.56	27.8	0.244	-0.868
地表日均温（℃）	伸根期	15.8~27.5	22.4	11.7	15.15	3.89	17.4	-1.347	-0.508
	旺长期	21.2~30.4	26.6	9.2	9.09	3.02	11.3	-1.278	-0.575
	成熟期	24.6~31.8	28.5	7.2	2.62	1.62	5.7	-0.237	-0.356
	全生育期	22.9~29.8	26.7	6.8	2.96	1.72	6.4	-0.017	-0.520
平均昼夜温差（℃）	伸根期	6.6~17.1	10.6	10.5	5.56	2.36	22.3	-0.465	-0.229
	旺长期	6.9~15.9	10.2	9.0	2.9	1.71	16.8	0.719	0.230
	成熟期	6.9~12.4	8.6	5.5	0.8	0.91	9.6	4.407	1.413
	全生育期	6.9~14.1	9.4	7.2	1.7	1.32	14.0	1.264	0.336
光照时数（h）	伸根期	50.4~257.4	147.8	207.0	3 680.4	60.67	41.0	-1.284	-0.111
	旺长期	44.2~327.0	160.6	282.8	4 068.4	63.78	39.7	-0.333	-0.012
	成熟期	227.0~511.4	373.4	284.4	4 275.8	65.39	17.5	-0.329	0.096
	全生育期	350.6~944.4	682.5	593.7	24 629.6	156.94	23.0	-0.593	-0.436
降水量（mm）	伸根期	16.7~260.6	98.8	243.9	4 157.1	64.50	65.2	0.109	1.185
	旺长期	57.4~181.0	107.7	123.6	1 131.5	33.60	31.2	-0.927	0.362
	成熟期	144.7~670.4	367.1	525.7	11 040.1	105.10	28.6	0.492	0.737
	全生育期	248.2~1 050.6	573.5	802.4	32 175.1	179.37	31.3	0.115	0.873

续表

指标	生育阶段	范围	平均值	极差	方差	标准差	变异系数(%)	峰度	偏度
总云量(成)	伸根期	18.4~62.2	38.2	43.8	95.5	9.77	25.6	-0.277	0.466
	旺长期	15.7~68.2	38.2	52.5	99.4	9.97	26.1	0.579	0.346
	成熟期	62.7~130.8	94.4	68.0	230.6	15.19	16.1	0.166	0.457
	全生育期	126.1~228.2	170.9	102.1	369.4	19.22	11.2	0.895	0.370
气压(hPa)	伸根期	900.6~1 013.6	988.5	113.0	547.8	23.40	2.4	5.129	-2.188
	旺长期	898.1~1 009.5	985.1	111.4	517.8	22.75	2.3	4.626	-2.092
	成熟期	901.7~1 008.8	984.0	107.1	461.2	21.48	2.2	6.086	-2.338
	全生育期	900.9~1 066.1	988.1	165.2	625.1	25.00	2.5	4.822	-1.183
平均相对湿度(%)	伸根期	55~85	72	30	65.5	8.10	11.3	-0.958	0.061
	旺长期	63~83	73	20	38.4	6.20	8.5	-1.420	0.136
	成熟期	74~85	80	11	3.9	1.98	2.5	1.546	-0.774
	全生育期	68~83	77	15	13.3	3.64	4.8	-0.599	-0.250
平均风速(m/s)	伸根期	0.6~5.3	2.1	4.7	0.6	0.79	37.0	3.797	1.020
	旺长期	0.5~5.2	2.0	4.6	0.6	0.75	36.4	4.438	1.097
	成熟期	0.5~4.1	1.8	3.6	0.3	0.58	32.7	3.513	0.802
	全生育期	0.5~4.6	1.9	4.1	0.4	0.66	34.1	4.097	0.961

烟叶伸根期的积温条件变异性较大，特别是>20℃积温和日均温>20℃天数变异极其显著，表明浓香型烤烟产区不同地点烟叶生长前期的温度条件差异很大。另外，光照时数和降水量，特别是伸根期的降水量与光照时数变异性也较大，如伸根期降水量范围为 16.7~260.6mm，全生育期降水量为 248.2~1050.6mm，伸根期光照时数范围为 50.4~257.4h，全生育期为 350.6~944.4h，这反映了南北不同烟区气候条件有较大的差异，特别是烟叶生长前期差异较为显著。从表 1-1 可以看出，日均温、平均昼夜温差、地表日均温和平均相对湿度、气压在各个生育阶段变异系数相对较小，其他指标的变异系数几乎均偏大，其中伸根期>20℃积温的变异性最大。同时可以看出，大部分气候指标几乎均表现为伸根期变异性最大，旺长期次之，成熟期变异性最小，表明在浓香型烤烟产区伸根期气候特征差异较大，成熟期较为一致，即成熟期温度等气候指标变化较小是浓香型烤烟产区的共同特征，成熟期气候条件对烟叶浓香型特色形成至关重要。

1.1.2 我国浓香型烤烟产区气候类型区的划分

我国浓香型烤烟产区地域广泛，气候指标存在一定的差异。温度、光照、降水等气候因子不仅对烟草生长发育和烟叶质量特色影响较大，而且可以较好地反映浓香型烟叶不同产区的气候差异性，且与烟叶的风格特色高度吻合。基于这些气候指标进行聚类分析，将所有样点分为 5 个气候生态类型区，分别为豫中豫南高温长光低湿区、豫西陕南鲁东中温长光低湿区、湘南粤北赣南高温短光多湿区、皖南高温中光多湿区、赣中东桂北高温短光高湿。通过对不同生态区气候指标的比较分析，得出浓香型烤烟产区 5 个气候类型区的气候特点。

（1）豫西陕南鲁东中温长光低湿区

该地区主要包括河南西部、陕西南部和山东东部地区，属于北方烟区。移栽期温度较高，而成熟期日均温和成熟期>20℃积温较低，分别为 23.7℃和 265.7℃；各生育时期平均昼夜温差均较大，如伸根期达到了 12.3℃；降水量较少，全生育期的平均相对湿度比较小，为 74.4%；各生育阶段的光照时数均较高，如成熟期高达 419.1h。

（2）豫中豫南高温长光低湿区

该地区主要包括河南中部地区和南部地区。烟叶全生育期温度较高，热量丰富，特别是成熟期日均温和成熟期>20℃积温较高，分别为 26.4℃和 397.2℃；各生育时期平均昼夜温差中等至偏小；伸根期和成熟期降水量偏少，平均相对湿度相对较低；光照较为充足，光照时数较多。

（3）湘南粤北赣南高温短光多湿区

该地区主要位于华南地区，包括湖南郴州和永州、广东南雄、江西赣州等地。由于移栽较早，伸根期日均温较低，为 16.4℃，但是成熟期日均温相对较高，为 25.6℃；各生育时期平均昼夜温差较小，如伸根期为 7.3℃，接近沿海地区；各生育时期降水量较大，全生育期平均相对湿度较高，平均为 80.9%；三个生育阶段光照时数均为最低，伸根期、旺长期和成熟期分别为 68.0h、80.4h 和 303.3h。

（4）皖南高温中光多湿区

该地区主要包括皖南地区，位于南方烟区和北方烟区之间。前期温度偏低，但成熟期日均温和成熟期>20℃积温较高；各生育时期平均昼夜温差介于南方和北方烟区之间；烟叶全生育期降水量和平均相对湿度相对较大；各生育时期光照时数低于北方烟区，但高于南方烟区，伸根期、旺长期和成熟期分别为 98.6h、163.0h 和 374.8h。

（5）赣中东桂北高温短光高湿区

该地区伸根期日均温较低，但成熟期日均温较高，平均为 26.3℃；烟叶全生育期平均昼夜温差较小；雨水丰富，降水量最大，如成熟期降水量高达 583.6mm，平均相对湿度较大，全生育期平均相对湿度为 80.5%；各生育时期光照时数较少。

1.1.3 浓香型烤烟产区烟叶质量风格的总体特征

1. 浓香型烤烟产区烟叶风格特色

烟叶风格特色包括香型、香气状态和香韵特征，具体包括浓香型显示度、烟气沉溢度、烟气浓度、劲头、主体香韵（焦甜香、焦香、正甜香等）。项目期间采集各产区 C3F 等级烟叶样品，按照浓香型特色优质烟叶开发重大专项烟叶样品感官评吸办法进行评吸鉴定，得到各产区烟叶风格特色得分。表 1-2 给出了我国浓香型不同气候类型区烟叶风格特色的分值范围、平均值及变异性。

表 1-2　不同气候类型区烟叶风格特色的总体特征

生态区		指标	分值范围	平均值	极差	标准差	方差	峰度	偏度	变异系数（%）
豫西陕南鲁东中温长光低湿区	香型	浓香型显示度	2.2~3.5	3.1	1.3	0.31	0.10	2.014	−1.036	10.1
	香气状态	烟气沉溢度	2.0~3.5	3.0	1.5	0.40	0.16	0.701	−0.799	13.5
		烟气浓度	3.0~3.6	3.4	0.6	0.15	0.02	2.653	−1.488	4.4
		劲头	2.7~3.3	3.0	0.6	0.15	0.02	0.223	0.121	4.8
	香韵特征	焦甜香	1.0~2.0	1.6	1.0	0.27	0.07	0.294	−0.514	17.1
		焦香	1.2~2.3	1.7	1.1	0.28	0.08	−0.463	−0.120	16.7
		正甜香	1.5~2.8	1.9	1.3	0.39	0.15	0.018	0.932	20.6
豫中豫南高温长光低湿区	香型	浓香型显示度	3.5~4.0	3.7	0.5	0.14	0.02	−0.635	0.431	3.9
	香气状态	烟气沉溢度	3.5~3.8	3.6	0.3	0.10	0.01	−0.651	0.498	2.8
		烟气浓度	3.5~3.9	3.7	0.4	0.11	0.01	−0.445	0.355	3.1
		劲头	3.0~3.5	3.3	0.5	0.15	0.02	−0.201	−0.746	4.6
	香韵特征	焦甜香	1.5~2.0	1.8	0.5	0.16	0.03	−0.588	−0.605	8.8
		焦香	1.6~2.9	2.3	1.3	0.42	0.18	−1.232	−0.268	18.3
		正甜香	1.0~1.5	1.1	0.5	0.13	0.02	8.947	2.927	11.8
湘南粤北赣南高温短光多湿区	香型	浓香型显示度	3.5~3.8	3.7	0.3	0.09	0.01	−0.501	0.290	2.5
	香气状态	烟气沉溢度	3.5~3.6	3.5	0.1	0.05	0.00	−2.444	0.213	1.5
		烟气浓度	3.4~3.7	3.6	0.3	0.08	0.01	0.187	−0.176	2.3
		劲头	3.0~3.3	3.1	0.3	0.11	0.01	−1.225	0.155	3.6
	香韵特征	焦甜香	2.3~3.0	2.7	0.7	0.24	0.06	−0.733	−0.610	8.8
		焦香	1.5~2.0	1.8	0.5	0.16	0.02	0.930	−0.935	8.7
		正甜香	1.0~1.1	1.0	0.1	0.03	0.00	11.000	3.317	3.0
皖南高温中光多湿区	香型	浓香型显示度	3.6~3.8	3.7	0.2	0.07	0.00	2.000	−1.5E−14	1.9
	香气状态	烟气沉溢度	3.5~3.6	3.5	0.1	0.05	0.00	−3.333	0.609	1.6
		烟气浓度	3.4~3.6	3.5	0.2	0.07	0.01	2.000	0.000	2.0

生态区		指标	分值范围	平均值	极差	标准差	方差	峰度	偏度	变异系数（%）
皖南高温中光多湿区	香气状态	劲头	3.0～3.2	3.2	0.2	0.09	0.01	5.000	−2.236	2.8
	香韵特征	焦甜香	3.2～3.5	3.4	0.3	0.13	0.02	−1.488	−0.541	3.8
		焦香	1.6～1.7	1.6	0.1	0.05	0.00	−3.333	0.609	3.4
		正甜香	1.0～1.0	1.0	0	0.00	0.00	—	—	0.0
赣中东桂北高温短光高湿区	香型	浓香型显示度	3.2～3.5	3.4	0.3	0.13	0.02	−1.200	0.000	3.8
	香气状态	烟气沉溢度	3.3～3.5	3.4	0.2	0.10	0.01	4.000	2.000	2.9
		烟气浓度	3.3～3.5	3.4	0.2	0.10	0.01	−1.289	0.855	2.8
		劲头	2.9～3.0	3.0	0.1	0.05	0.00	4.000	−2.000	1.7
	香韵特征	焦甜香	2.6～2.9	2.8	0.3	0.13	0.02	2.227	−1.129	4.5
		焦香	1.5～1.9	1.7	0.4	0.18	0.03	−3.300	0.000	10.7
		正甜香	1.0～1.8	1.3	0.8	0.39	0.16	−3.321	0.475	30.4

由表 1-2 可知，豫西陕南鲁东中温长光低湿区烟叶的浓香型显示度和烟气沉溢度均最低；不同生态区烟叶的烟气浓度和劲头差异不明显；皖南高温中光多湿区烟叶的焦甜香分值最大，为 3.4，比焦甜香值最小的豫西陕南鲁东中温长光低湿区（1.6）高 1.8；豫中豫南高温长光低湿区烟叶的焦香分值较高，为 2.3；对于正甜香分值，豫西陕南鲁东中温长光低湿区最高，为 1.9。同时可以看出，赣中东桂北高温短光高湿区烟叶的正甜香分值变异系数最大，为 30.4%。

根据对不同气候类型区烟叶风格特色进行感官评价和分析比较，可以得出不同类型区烟叶的风格特色：豫中豫南高温长光低湿区烟叶浓香型突出，烟气浓度高，烟气沉溢，焦香香韵突出，兼具焦甜香；湘南粤北赣南高温短光多湿区烟叶浓香型显著，烟气沉溢，焦甜香明显，兼具焦香，烟气柔和；皖南高温中光多湿区烟叶浓香型显著，烟气浓度较高，焦甜香突出；赣中东桂北高温短光高湿区浓香型较显著，焦甜香明显，兼具正甜香，富于甜感，烟气柔和细腻；豫西陕南鲁东中温长光低湿区烟叶浓香型尚显著，正甜香明显，兼具焦香和焦甜香，烟气舒雅。

2. 浓香型烤烟产区烟叶品质特征

烟叶的品质特征是指卷烟的香气特性、烟气特性和口感特性，具体包括香气质、香气量、杂气、细腻度、柔和度、刺激性和余味。按照浓香型特色优质烟叶开发重大专项烟叶样品感官评吸办法对各产区烟叶样品进行评吸鉴定，得到各产区烟叶品质特征得分。表 1-3 为各生态类型区品质指标的分值范围、均值和变异性。

表 1-3 不同生态区烟叶品质特征的总体特征

生态区	指标		分值范围	平均值	极差	标准差	方差	峰度	偏度	变异系数（%）
豫西陕南鲁东中温长光低湿区	香气特性	香气质	3.0～3.5	3.3	0.5	0.18	0.03	−0.787	−0.537	5.4
		香气量	3.0～3.5	3.3	0.5	0.13	0.02	0.996	−0.439	3.9
	烟气特性	杂气	2.0～2.7	2.4	0.7	0.18	0.03	−0.310	−0.375	7.4
		细腻度	3.0～3.3	3.1	0.3	0.11	0.01	−1.471	0.163	3.7
		柔和度	3.0～3.5	3.2	0.5	0.15	0.02	0.674	0.907	4.8
	口感特性	刺激性	2.3～2.7	2.5	0.4	0.11	0.01	−0.395	−0.163	4.6
		余味	2.9～3.4	3.1	0.5	0.14	0.02	−0.990	0.074	4.4
豫中豫南高温长光低湿区	香气特性	香气质	3.0～3.5	3.3	0.5	0.18	0.03	−1.272	−0.204	5.5
		香气量	3.3～3.8	3.6	0.5	0.13	0.02	1.198	−0.666	3.5
	烟气特性	杂气	2.3～2.8	2.5	0.5	0.14	0.02	0.069	−0.223	5.5
		细腻度	2.5～3.2	2.8	0.7	0.17	0.03	0.781	0.421	5.9
		柔和度	2.5～3.0	2.7	0.5	0.19	0.04	−1.342	0.535	7.2
	口感特性	刺激性	2.3～2.9	2.6	0.6	0.18	0.03	−0.744	−0.110	7.0
		余味	3.0～3.4	3.2	0.4	0.14	0.02	−1.520	−0.359	4.5
湘南粤北赣南高温短光多湿区	香气特性	香气质	3.2～3.4	3.3	0.2	0.05	0.003	1.862	−0.155	1.6
		香气量	3.4～3.7	3.5	0.3	0.09	0.009	−0.448	0.023	2.6
	烟气特性	杂气	2.3～2.5	2.4	0.2	0.09	0.009	−2.069	0.209	3.9
		细腻度	3.0～3.2	3.1	0.2	0.08	0.007	−0.254	1.153	2.6
		柔和度	2.9～3.2	3.0	0.3	0.09	0.008	0.779	0.690	2.9
	口感特性	刺激性	2.3～2.9	2.5	0.6	0.15	0.023	2.946	1.176	6.0
		余味	3.1～3.3	3.2	0.2	0.09	0.008	−1.621	0.409	2.7
皖南高温中光多湿区	香气特性	香气质	3.3～3.5	3.4	0.2	0.08	0.007	−0.612	−0.512	2.5
		香气量	3.5～3.5	3.5	0	0.00	0.000	—	—	0.0
	烟气特性	杂气	2.3～2.4	2.3	0.1	0.05	0.003	−3.333	0.609	2.4
		细腻度	3.1～3.3	3.2	0.2	0.09	0.008	0.313	−1.258	2.8
		柔和度	3.0～3.2	3.1	0.2	0.10	0.010	−3.000	0.000	3.2
	口感特性	刺激性	2.3～2.5	2.4	0.2	0.08	0.007	−0.612	−0.512	3.5
		余味	3.3～3.5	3.4	0.2	0.09	0.008	0.312	1.258	2.6
赣中东桂北高温短光高湿区	香气特性	香气质	3.1～3.5	3.4	0.4	0.19	0.037	−1.289	−0.855	5.6
		香气量	3.3～3.5	3.4	0.2	0.10	0.009	−1.289	0.855	2.8
	烟气特性	杂气	2.3～2.5	2.4	0.2	0.10	0.010	4.000	2.000	4.2
		细腻度	3.0～3.2	3.1	0.2	0.12	0.013	−6.000	0.000	3.7
		柔和度	3.2～3.3	3.3	0.1	0.06	0.003	−6.000	0.000	1.7
	口感特性	刺激性	2.3～2.5	2.4	0.2	0.10	0.010	4.000	2.000	4.2
		余味	3.2～3.4	3.3	0.2	0.10	0.009	−1.289	−0.855	2.9

由表 1-3 可以看出，不同气候类型区烟叶品质特征差异不大，变异系数均较小：豫西陕南鲁东中温长光低湿区烟叶的香气量分值相对偏小，但香气质较好；豫中豫南高温长光低湿区烟叶的细腻度和柔和度分值较其他类型区相对偏低，分值分别为 2.8 和 2.7，同时刺激性分值较其他类型区稍高，为 2.6；皖南高温中光多湿区烟叶的杂气分值较小，余味稍好，总体质量较好。

3. 浓香型产区烟叶化学成分含量

烟叶化学成分是形成烟叶质量特色的物质基础，其中常规化学成分与烟叶质量特色密切相关，主要的化学成分有还原糖、总糖、总氮、钾、氯和烟碱。通过对各产区烟叶化学成分含量进行测定，并按照不同气候类型区进行归类，求平均值并进行统计分析，得到不同气候类型区烟叶的化学成分含量特点，如表 1-4 所示。

表 1-4　不同气候类型区烟叶化学成分的总体特征

生态区	指标	含量范围(%)	平均值(%)	极差(%)	标准差(%)	方差(%)	峰度	偏度	变异系数(%)
豫西陕南鲁东中温长光低湿区	还原糖	20.5~25.4	22.8	4.9	1.25	1.56	−0.096	0.041	5.5
	钾	1.3~2.2	1.7	0.9	0.22	0.05	0.258	0.322	12.9
	氯	0.3~0.5	0.4	0.2	0.06	0.00	−0.443	−0.120	14.6
	烟碱	2.3~2.8	2.6	0.5	0.15	0.02	−0.040	−0.485	5.7
	总氮	1.8~2.2	2.0	0.4	0.13	0.02	−1.209	−0.058	6.6
	总糖	23.0~27.2	25.3	4.2	1.25	1.57	−0.938	−0.355	4.9
豫中豫南高温长光低湿区	还原糖	16.6~26.1	20.9	9.5	2.39	5.70	−0.081	0.486	11.4
	钾	1.3~1.8	1.6	0.5	0.15	0.02	−0.849	0.000	9.6
	氯	0.5~0.8	0.7	0.3	0.10	0.01	−0.921	0.244	14.1
	烟碱	2.2~3.1	2.7	0.9	0.22	0.05	0.572	−0.584	8.2
	总氮	1.6~2.4	2.0	0.8	0.20	0.04	−0.185	0.224	10.2
	总糖	18.9~28.5	23.5	9.6	2.22	4.91	0.796	0.401	9.4
湘南粤北赣南高温短光多湿区	还原糖	19.0~26.1	21.8	7.1	2.07	4.28	0.577	0.455	9.5
	钾	1.9~2.6	2.3	0.7	0.23	0.05	−0.704	−0.265	9.8
	氯	0.2~0.6	0.4	0.4	0.12	0.01	−0.612	0.000	29.6
	烟碱	2.2~3.2	2.7	1.0	0.28	0.08	2.908	−1.467	9.5
	总氮	1.6~2.2	2.0	0.6	0.21	0.04	0.484	−1.242	10.6
	总糖	17.6~27.6	23.4	10.0	2.79	7.77	0.741	−0.606	11.9
皖南高温中光多湿区	还原糖	26.3~29.3	27.5	3.0	1.25	1.57	−0.947	0.728	4.5
	钾	1.8~2.3	2.0	0.5	0.19	0.04	2.000	1.145	9.4

续表

生态区	指标	含量范围(%)	平均值(%)	极差(%)	标准差(%)	方差(%)	峰度	偏度	变异系数(%)
皖南高温中光多湿区	氯	0.3~0.5	0.4	0.2	0.07	0.01	2.000	0.000	17.7
	烟碱	2.2~2.6	2.3	0.4	0.16	0.03	3.251	1.736	7.1
	总氮	1.6~1.8	1.7	0.2	0.08	0.01	-0.612	0.512	4.9
	总糖	28.6~31.5	29.9	2.9	1.31	1.71	-2.463	-0.068	4.4
赣中东桂北高温短光高湿区	还原糖	22.2~26.0	23.5	3.8	1.72	2.97	3.098	1.733	7.3
	钾	1.5~2.4	2.1	0.9	0.41	0.17	3.228	-1.764	19.4
	氯	0.3~0.3	0.3	0	0.00	0.00	—	—	0.0
	烟碱	2.2~2.9	2.6	0.7	0.32	0.10	-1.700	-0.632	12.2
	总氮	1.5~2.1	1.8	0.6	0.29	0.09	-4.891	0.000	16.4
	总糖	24.3~29.1	25.8	4.8	2.22	4.94	3.253	1.796	8.6

结果表明，不同气候类型区烟叶的糖含量和钾含量差异较大，总氮差异最小；皖南高温中光多湿区烟叶的还原糖含量和总糖含量均最高，分别为 27.5%和29.9%，豫中豫南高温长光低湿区烟叶的还原糖含量和钾含量均最低，分别为20.9%和1.6%，但氯含量较高，为 0.7%，湘南粤北赣南高温短光多湿区和豫中豫南高温长光低湿区烟叶的烟碱含量相对较高，均为 2.7%。同时可以看出，除了赣中东桂北高温短光高湿区，不同生态区烟叶的氯含量变异系数均较大，其他 4 区分别为 14.6%、14.1%、29.6%和 17.7%。

1.1.4 气候因素与烟叶质量风格的相关关系

1. 浓香型产区气候与烟叶风格特色的关系

为了深入分析气候条件与浓香型烟叶风格特色形成的关系，利用从全国 57个浓香型烤烟产区采集的烟叶感官质量数据，对其和 49 个气候指标进行相关分析，如表 1-5 所示。可以看出，浓香型显示度、烟气沉溢度与成熟期日均温、成熟期地表日均温、成熟期和全生育期>20℃积温、成熟期日最高温>30℃天数等呈极显著正相关，特别是与成熟期日均温和日最高温>30℃天数相关系数较大，表明烟叶成熟期温度条件与浓香型风格的形成和彰显密切相关，浓香型风格的彰显不仅需要成熟期有较高的温度，而且需要其持续一定的天数。图 1-1 和图 1-2进一步分别显示了烟气沉溢度、浓香型显示度与成熟期日均温的关系，图 1-3 为浓香型显示度与成熟期日最高温>30℃天数的关系。典型浓香型烟叶的形成一般需要成熟期日均温达到 25℃以上，且成熟期日最高温>30℃天数在 35 天以上；成熟期日均温低于 24.5℃、成熟期日最高温>30℃天数少于 25 天时，浓香型风格特色难以充分彰显。

表 1-5　浓香型烟叶风格特色与气候条件的相关系数

指标		风格特色					
		香型	香气状态			香韵特征		
		浓香型显示度	烟气沉溢度	烟气浓度	劲头	焦甜香	焦香	正甜香
日均温（℃）	伸根期	−0.15	−0.05	0.23	0.09	−0.73**	0.37**	0.27*
	旺长期	0.02	0.11	0.37**	0.24	−0.71**	0.47**	0.13
	成熟期	0.77**	0.79**	0.63**	0.51**	0.30*	0.44**	−0.81**
	全生育期	0.33*	0.43**	0.54**	0.41**	−0.42**	0.56**	−0.26
>10℃积温（℃）	伸根期	−0.13	−0.02	0.18	−0.01	−0.64**	0.23	0.26
	旺长期	−0.07	0.01	0.16	0.12	−0.57**	0.32*	0.18
	成熟期	0.13	0.16	0.07	0.15	0.08	0	−0.15
	全生育期	−0.05	0.06	0.23	0.16	−0.61**	0.28*	0.18
>20℃积温（℃）	伸根期	−0.20	−0.09	0.11	−0.14	−0.54**	0.13	0.38**
	旺长期	0	0.10	0.30*	0.19	−0.66**	0.44**	0.15
	成熟期	0.62**	0.63**	0.46**	0.46**	0.29*	0.31*	−0.68**
	全生育期	0.37**	0.47**	0.53**	0.39**	−0.35*	0.51**	−0.27
日均温>20℃天数	伸根期	−0.26*	−0.15	0.08	−0.12	−0.62**	0.16	0.36**
	旺长期	−0.04	0.02	0.18	0.17	−0.57**	0.34**	0.14
	成熟期	0	0.05	−0.07	−0.01	0.12	−0.07	−0.06
	全生育期	−0.18	−0.05	0.11	0.02	−0.62**	0.24	0.27*
日最高温>30℃天数	成熟期	0.84**	0.78**	0.60**	0.65**	0.38**	0.41**	−0.82**
地表日均温（℃）	伸根期	−0.31*	−0.23	0.10	0.03	−0.82**	0.30*	0.42**
	旺长期	−0.17	−0.09	0.23	0.13	−0.81**	0.40**	0.31*
	成熟期	0.56**	0.54**	0.41**	0.39**	0.21	0.40**	−0.66**
	全生育期	0.05	0.12	0.32*	0.26*	−0.60**	0.51**	−0.01
平均昼夜温差（℃）	伸根期	−0.38**	−0.38**	−0.02	0.06	−0.79**	0.13	0.53**
	旺长期	−0.17	−0.22	0.09	0.24	−0.63**	0.18	0.34**
	成熟期	−0.50**	−0.54**	−0.31*	−0.22	−0.50**	−0.19	0.65**
	全生育期	−0.38**	−0.41**	−0.08	0.03	−0.70**	0.05	0.55**
光照时数（h）	伸根期	−0.29*	−0.22	0.15	0.06	−0.79**	0.19	0.41**
	旺长期	−0.21	−0.18	0.04	0.11	−0.60**	0.18	0.33*
	成熟期	−0.62**	−0.59**	−0.38**	−0.24	−0.49**	−0.27	0.62**
	全生育期	−0.46**	−0.41**	−0.09	−0.03	−0.77**	0.04	0.56**
降水量（mm）	伸根期	0.25	0.23	−0.10	−0.18	0.67**	−0.21	−0.33*
	旺长期	0.12	0.13	−0.19	−0.22	0.60**	−0.27*	−0.28*
	成熟期	0.16	0.14	−0.22	−0.09	0.73**	−0.24	−0.33*
	全生育期	0.20	0.19	−0.20	−0.16	0.78**	−0.27*	−0.36**
总云量（成）	伸根期	0.17	0.17	−0.01	−0.13	0.33*	−0.16	−0.17
	旺长期	−0.12	−0.09	−0.10	−0.02	−0.26	0.07	0.14
	成熟期	−0.19	−0.21	−0.34**	−0.11	0.17	−0.34**	0.17
	全生育期	−0.13	−0.13	−0.33*	−0.17	0.17	−0.32**	0.12

续表

指标		风格特色						
		香型	香气状态			香韵特征		
		浓香型显示度	烟气沉溢度	烟气浓度	劲头	焦甜香	焦香	正甜香
气压（hPa）	伸根期	0.61**	0.65**	0.45**	0.32*	0.45**	0.31*	−0.74**
	旺长期	0.60**	0.64**	0.42**	0.31*	0.46**	0.31*	−0.74**
	成熟期	0.56**	0.62**	0.45**	0.30*	0.36**	0.35**	−0.68**
	全生育期	0.57**	0.63**	0.46**	0.26	0.35**	0.29*	−0.64**
平均相对湿度（%）	伸根期	0.42**	0.37**	0.03	0.06	0.78**	−0.08	−0.57**
	旺长期	−0.02	−0.03	−0.30*	−0.39**	0.66**	−0.35**	−0.17
	成熟期	0.22	0.22	0.17	0.28*	0.12	0.31*	−0.31*
	全生育期	0.25	0.22	−0.05	−0.06	0.66**	−0.11	−0.41**
平均风速（m/s）	伸根期	−0.01	0.02	0.08	0.26*	−0.16	0.13	−0.04
	旺长期	0.05	0.07	0.14	0.31*	−0.13	0.15	−0.08
	成熟期	0.10	0.11	0.12	0.24	0.03	0.06	−0.17
	全生育期	0.08	0.09	0.14	0.28*	−0.06	0.11	−0.13

*表示在 0.05 水平上显著，**表示在 0.01 水平上显著，下同

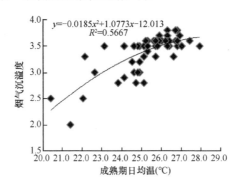

$$y=-0.0185x^2+1.0773x-12.013$$
$$R^2=0.5667$$

图 1-1　烟气沉溢度与成熟期日均温的相关关系

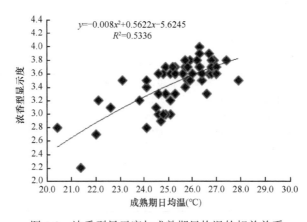

$$y=-0.008x^2+0.5622x-5.6245$$
$$R^2=0.5336$$

图 1-2　浓香型显示度与成熟期日均温的相关关系

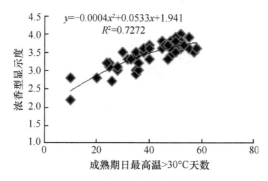

图 1-3　浓香型显示度与成熟期日最高温＞30℃天数的相关关系

　　浓香型显示度与成熟期平均昼夜温差等指标表现为显著负相关（图 1-4），可能与夜温较低有关。浓香型显示度还与光照时数表现为负相关关系，可能与一些浓香型典型性较低的烟区温度较低但光照时数较长有关，说明温度条件可能对浓香型特征的彰显起决定作用，温度条件得不到满足时，较长的光照时数并不能使浓香型特征充分表达。

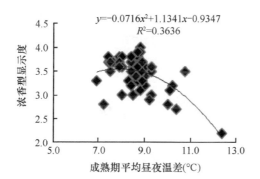

图 1-4　浓香型显示度与成熟期平均昼夜温差的相关关系

　　焦甜香和焦香是浓香型烟叶的典型香韵。从表 1-5 中可以看出，焦甜香分值与多个气候指标的相关关系达到极显著水平，尤其与各个时期的降水量均呈极显著的正相关关系，图 1-5～图 1-7 分别为焦甜香香韵与全生育期光照时数、全生育期降水量、成熟期降水量的关系。可能是因为较多的降水有利于烟叶后期氮素调亏，从而有利于烟叶焦甜香风格的彰显。焦香分值与各个时期日均温呈极显著的正相关关系。

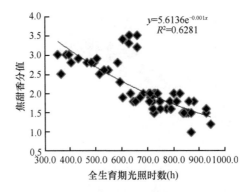

图 1-5　焦甜香分值与全生育期光照时数的相关关系

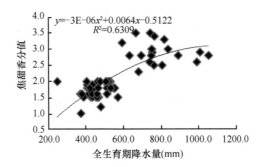

图 1-6　焦甜香分值与全生育期降水量的相关关系

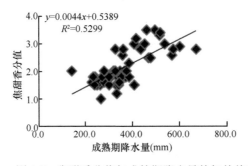

图 1-7　焦甜香分值与成熟期降水量的相关关系

正甜香是中间香型的典型香韵，一般来说，正甜香香韵的凸显往往伴随着浓香型典型性的减弱。可以看出，正甜香分值与成熟期平均昼夜温差和成熟期日均温分别呈极显著的正相关关系和极显著的负相关关系（图 1-8 和图 1-9），尤其与成熟期日均温的相关系数达到了–0.81，说明烟叶正甜香香韵的决定因素是成熟期较低的温度和较大的昼夜温差，与浓香型显示度呈现相反规律。

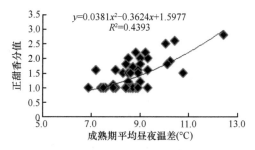

图 1-8　正甜香分值与成熟期平均昼夜温差的相关关系

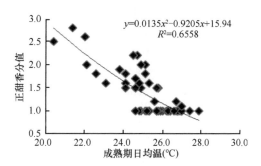

图 1-9　正甜香分值与成熟期日均温的相关关系

2. 浓香型产区气候与品质特征的关系

气候因子中的温度、光照、水分等对烟草的生长和品质影响很大。由表 1-6 和图 1-10 可知,香气量分值与成熟期日均温和成熟期 $>20℃$ 积温呈极显著的正相关

表 1-6　浓香型烟叶品质特征与气候条件的相关系数

指标		品质特征						
		香气特性		烟气特性			口感特性	
		香气质	香气量	杂气	细腻度	柔和度	刺激性	余味
日均温（℃）	伸根期	−0.09	0.01	0.28*	−0.21	−0.19	−0.15	−0.23
	旺长期	−0.10	0.15	0.37**	−0.34**	−0.33*	−0.16	−0.22
	成熟期	−0.11	0.67**	0.43**	−0.47**	−0.59**	0.07	0.14
	全生育期	−0.13	0.39**	0.51**	−0.46**	−0.49**	−0.05	−0.09
>10℃积温（℃）	伸根期	−0.14	−0.08	0.24	−0.22	−0.13	−0.19	−0.26*
	旺长期	−0.11	0.01	0.26*	−0.10	−0.17	−0.09	−0.25
	成熟期	−0.16	0.07	0.2	−0.26	−0.15	0.06	0.02
	全生育期	−0.19	0	0.37**	−0.28*	−0.24	−0.11	−0.24
>20℃积温（℃）	伸根期	0.11	−0.18	0.05	0.06	0.06	−0.13	−0.11
	旺长期	−0.11	0.08	0.33*	−0.22	−0.26	−0.14	−0.27*
	成熟期	−0.18	0.50**	0.41**	−0.47**	−0.48**	0.08	0.14
	全生育期	−0.15	0.36**	0.49**	−0.44**	−0.47**	−0.06	−0.09

续表

指标		品质特征						
		香气特性		烟气特性			口感特性	
		香气质	香气量	杂气	细腻度	柔和度	刺激性	余味
日均温>20℃天数	伸根期	−0.08	−0.19	0.19	−0.04	−0.01	−0.16	−0.20
	旺长期	−0.14	0.07	0.28*	−0.13	−0.18	−0.12	−0.23
	成熟期	−0.23	−0.14	0.18	−0.08	−0.04	0.05	−0.09
	全生育期	−0.22	−0.13	0.34**	−0.13	−0.12	−0.14	−0.28*
日最高温>30℃天数	成熟期	−0.03	0.71**	0.25	−0.52**	−0.59**	−0.03	0.21
地表日均温（℃）	伸根期	−0.14	−0.12	0.23	−0.19	−0.15	−0.17	−0.29*
	旺长期	−0.19	0	0.32*	−0.29*	−0.28*	−0.20	−0.33*
	成熟期	−0.33*	0.51**	0.38**	−0.46**	−0.52**	0.05	0.02
	全生育期	−0.33*	0.18	0.46**	−0.42**	−0.44**	−0.10	−0.27*
平均昼夜温差（℃）	伸根期	−0.08	−0.20	0.09	−0.20	−0.15	−0.17	−0.29*
	旺长期	−0.04	−0.01	0.03	−0.34**	−0.28*	−0.15	−0.20
	成熟期	0.04	−0.43**	−0.29*	0.06	0.15	−0.17	−0.17
	全生育期	−0.04	−0.24	−0.05	−0.17	−0.10	−0.18	−0.24
光照时数（h）	伸根期	−0.16	−0.17	0.36**	−0.21	−0.20	−0.16	−0.33*
	旺长期	−0.14	−0.07	0.21	−0.07	−0.16	−0.07	−0.26*
	成熟期	−0.16	−0.46**	0.12	0.03	0.13	0.05	−0.21
	全生育期	−0.19	−0.29*	0.28*	−0.10	−0.09	−0.07	−0.32*
降水量（mm）	伸根期	0.11	0.04	−0.23	0.16	0.21	0.06	0.22
	旺长期	0.04	−0.05	−0.08	0.30*	0.28*	0.19	0.25
	成熟期	0.04	−0.02	−0.14	0.12	0.13	0.02	0.32*
	全生育期	0.07	−0.01	−0.18	0.18	0.20	0.07	0.32*
总云量（成）	伸根期	0.04	−0.01	−0.11	0.04	0.14	−0.10	0.08
	旺长期	−0.07	−0.07	0.09	0.09	0.04	0.02	−0.14
	成熟期	0.11	−0.19	−0.28*	0.14	0.31*	0.03	0.14
	全生育期	0.07	−0.20	−0.23	0.18	0.34**	−0.02	0.07
气压（hPa）	伸根期	−0.23	0.43**	0.49**	−0.28*	−0.43**	0.11	0.03
	旺长期	−0.25	0.42**	0.49**	−0.29*	−0.44**	0.12	0.01
	成熟期	−0.26	0.40**	0.54**	−0.29*	−0.44**	0.10	−0.03
	全生育期	−0.19	0.37**	0.43**	−0.29*	−0.38**	0.09	0.02
平均相对湿度（%）	伸根期	0.08	0.26*	−0.10	0.05	0.05	0.13	0.30*
	旺长期	0.07	−0.17	−0.21	0.40**	0.42**	0.10	0.21
	成熟期	−0.14	0.10	0.20	−0.20	−0.25	−0.05	−0.05
	全生育期	0.07	0.07	−0.10	0.10	0.13	0.08	0.22
平均风速（m/s）	伸根期	−0.11	0.15	0.37**	−0.10	−0.23	0.03	−0.07
	旺长期	−0.05	0.20	0.39**	−0.10	−0.25	0.07	−0.01
	成熟期	−0.01	0.25	0.32*	−0.05	−0.19	0.09	0.09
	全生育期	−0.05	0.22	0.37**	−0.08	−0.23	0.08	0.02

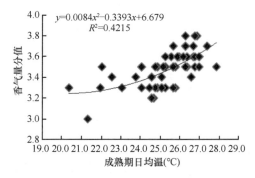

图 1-10　香气量分值与成熟期日均温的相关关系

关系，可能是因为后期较高的温度有利于叶内同化物质的积累和转化，有利于增加烟叶的香气物质量。烟叶细腻度、柔和度分值与成熟期日均温和成熟期>20℃积温呈极显著的负相关关系，可能是因为成熟期较高的温度和较大的积温会促进烟叶烟碱含量增加，进一步使烟叶评吸时的细腻度和柔和度分值降低。

3. 浓香型烤烟产区气候与烟叶化学成分的关系

不同生态区气候指标与烟叶常规化学成分含量的相关分析结果如表 1-7 和 图 1-11 至图 1-14 所示，钾和氯含量与气候因子的相关系数较大。钾含量与多个温度指标呈极显著负相关，其中与旺长期日均温的相关系数绝对值最大，为-0.76，与成熟期和全生育期降水量呈极显著正相关。但需要指出的是，温度对钾含量可能不是直

表 1-7　浓香型烟叶化学成分含量与气候特征的相关系数

指标		还原糖	钾	氯	烟碱	总氮	总糖
日均温	伸根期	-0.27*	-0.72**	0.35**	-0.01	0.25	-0.21
	旺长期	-0.35**	-0.76**	0.48**	0.03	0.27*	-0.29*
	成熟期	-0.13	-0.13	0.38**	0.17	-0.05	-0.07
	全生育期	-0.30*	-0.69**	0.53**	0.03	0.15	-0.20
>10℃积温	伸根期	-0.17	-0.62**	0.18	-0.04	0.18	-0.14
	旺长期	-0.25	-0.60**	0.47**	-0.08	0.18	-0.23
	成熟期	0	-0.04	-0.06	-0.17	-0.03	0.12
	全生育期	-0.22	-0.68**	0.35**	-0.18	0.17	-0.14
>20℃积温	伸根期	-0.02	-0.52**	0.02	-0.13	0.12	-0.02
	旺长期	-0.33*	-0.73**	0.48**	-0.02	0.22	-0.30*
	成熟期	-0.08	-0.08	0.21	0.05	-0.06	0.03
	全生育期	-0.27*	-0.65**	0.46**	-0.02	0.13	-0.17
日均温>20℃天数	伸根期	-0.06	-0.60**	0.10	-0.12	0.14	-0.03
	旺长期	-0.28*	-0.57**	0.51**	0.01	0.22	-0.30*

续表

指标		还原糖	钾	氯	烟碱	总氮	总糖
日均温＞20℃天数	成熟期	0.03	0.05	−0.22	−0.17	−0.08	0.14
	全生育期	−0.17	−0.64**	0.24	−0.14	0.17	−0.11
地表日均温	伸根期	−0.29*	−0.70**	0.34**	0.00	0.30*	−0.23
	旺长期	−0.37**	−0.74**	0.44**	0.04	0.33*	−0.30*
	成熟期	−0.26	−0.02	0.20	0.33*	0.11	−0.16
	全生育期	−0.41**	−0.67**	0.44**	0.13	0.30*	−0.28*
平均昼夜温差	伸根期	−0.16	−0.60**	0.43**	−0.21	0.23	−0.08
	旺长期	−0.22	−0.48**	0.49**	−0.12	0.23	−0.13
	成熟期	−0.01	−0.13	0.06	−0.22	0.11	−0.05
	全生育期	−0.13	−0.45**	0.35**	−0.20	0.21	−0.09
日最高温＞30℃天数	成熟期	−0.09	0.34**	0.13	−0.12	−0.04	−0.09
光照时数	伸根期	−0.16	−0.72**	0.38**	−0.14	0.19	−0.06
	旺长期	−0.15	−0.58**	0.47**	−0.19	0.18	−0.10
	成熟期	0.02	−0.16	−0.05	−0.28*	0.15	0.13
	全生育期	−0.11	−0.59**	0.33*	−0.25	0.21	−0.01
降水量	伸根期	0.09	0.66**	−0.51**	0.23	−0.15	−0.01
	旺长期	0.25	0.53**	−0.36**	0.06	−0.21	0.12
	成熟期	0.25	0.55**	−0.44**	−0.02	−0.29*	0.25
	全生育期	0.22	0.65**	−0.51**	0.08	−0.26*	0.17
总云量	伸根期	0.04	0.39**	−0.40**	0.16	−0.09	−0.08
	旺长期	−0.07	−0.19	0.32*	−0.12	0.05	−0.13
	成熟期	0.17	0.32*	−0.32*	−0.21	−0.09	0.14
	全生育期	0.11	0.35**	−0.29*	−0.15	−0.10	0.01
气压	伸根期	0.02	−0.02	0.09	0.12	−0.13	0.13
	旺长期	0.02	0	0.08	0.12	−0.13	0.14
	成熟期	−0.01	−0.11	0.11	0.11	−0.10	0.12
	全生育期	0.04	−0.12	0.08	0.05	−0.11	0.16
平均相对湿度	伸根期	0.09	0.63**	−0.32*	0.24	−0.2	0.02
	旺长期	0.30*	0.67**	−0.63**	0.09	−0.23	0.21
	成熟期	−0.07	−0.12	0.13	0.09	−0.08	−0.02
	全生育期	0.15	0.54**	−0.37**	0.16	−0.22	0.10
平均风速	伸根期	0	−0.25	0.42**	−0.06	−0.01	0.04
	旺长期	0.01	−0.25	0.45**	−0.07	−0.01	0.06
	成熟期	0.09	−0.12	0.37**	−0.07	−0.08	0.11
	全生育期	0.04	−0.19	0.41**	−0.05	−0.03	0.07

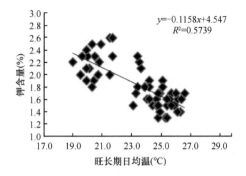

图 1-11　钾含量与旺长期日均温的相关关系

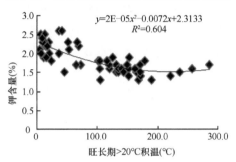

图 1-12　钾含量与旺长期>20℃积温相关关系

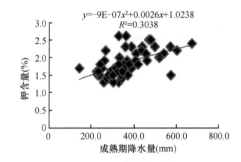

图 1-13　钾含量与成熟期降水量的相关关系

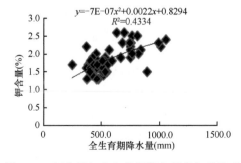

图 1-14　钾含量与全生育期降水量的相关关系

接产生影响的,而是通过降水量间接产生影响的。一些高温区如河南中部烟区降水偏少、土壤干旱、土壤 pH 偏高等,造成了土壤钾素有效性降低和吸收减少。即在一定范围内,随降水量增加,烟叶钾含量增加,但当降水量过多时,土壤中的钾素容易淋失,使烟株对土壤中钾素的利用率降低,导致烟叶钾含量降低。氯含量与各个时期降水量呈极显著负相关,可能因为降水量较多时水溶性氯易因淋溶而耗失。

1.1.5 小结

烤烟成熟期温度对烟叶质量极为重要,在 20~28℃时,烟叶内在质量呈现随着成熟期日均温升高而升高的趋势。浓香型显示度和烟气沉溢度均与成熟期日均温呈极显著的正相关关系,即成熟期较高的平均温度是我国浓香型烤烟产区所共有的气候特征,是烤烟浓香型风格形成的重要基础生态条件之一。形成典型浓香型烟叶一般需要成熟期日均温达到 25℃以上,且成熟期日最高温>30℃天数在 35 天以上。成熟期日均温低于 24.5℃、成熟期日最高温>30℃天数少于 25 天时,浓香型风格特色显著弱化。焦甜香分值与烟草生长发育各阶段的降水量,特别是成熟期降水量呈极显著的正相关关系。在皖南特定的气候条件下,土壤因子对焦甜香风格烟叶的形成起关键作用,这是因为砂壤土有利于减少后期氮素供应,促进成熟期烟叶成熟和物质降解转化。降水量与焦甜香分值呈正相关,表明充足的降水有利于砂壤土烟叶在后期的氮素调亏,有利于烟叶焦甜香风格的彰显。正甜香是中间香型的典型香韵,一般来说,正甜香香韵的凸显往往伴随着浓香型典型性的减弱。正甜香分值与成熟期日均温和各个时期平均昼夜温差分别达到极显著负相关和极显著正相关,说明烟叶正甜香香韵的决定因子是成熟期较低的温度和较大的平均昼夜温差。

气候因子中的温度、光照、水分等对烟草的生长和品质影响很大。后期较高的温度有利于叶内同化物质的积累和转化,有利于提高烟叶的香气物质量。烟叶钾含量与多个温度指标呈极显著负相关,与各个时期降水量呈极显著正相关。在一定范围内,降水量增加,烟叶钾含量增加,但当降水量过多,土壤中的钾素容易淋失,烟株对土壤中钾素的利用率降低,导致烟叶钾含量降低。氯含量与各个时期降水量呈极显著负相关,可能因为降水量较多时水溶性氯易因淋溶而耗失。

1.2 国内主要浓香型烟区烟草生长期气候的时空变化分析

摘要:为明确典型浓香型烟区烟草生育期光照、温度、降水等气候因子的历史演变规律,采集了典型浓香型烟区的重点浓香型产烟县 1981~2011 年 31 年以候为基础的气候资料,并对产区烟草大田生长期气候指标的变化趋势进行了分析。结果表明，北方典型浓香型烟区（豫中豫南）烟草伸根期和旺长期的日均温、有效积温、昼夜温差及光照时数显著大于南方典型浓香型烟区（皖南、湘南粤北赣南），降水量及相对湿度显著小于南方烟区，但烟叶成熟期各烟区的气候条件差异不显著。从年际变化规律来看，各产区烟草伸根期和旺长期的降水量及相对湿度呈波动下降趋势，平均气温、有效积温和昼夜温差均呈波动上升趋势。烟叶成熟期，南方典型浓香型烟区降水量呈下降趋势，平均气温、有效积温和昼夜温差呈波动上升趋势；北方典型浓香型烟区的降水量呈上升趋势，平均气温、有效积温和昼夜温差相对较为稳定。

　　浓香型烟叶劲头大、香气量足、香气质好，是中式卷烟的核心原料之一。其中气候条件对烟草生长发育、品质形成和浓香型特色彰显有重要影响。近年来，随着全球生态环境的显著变化，浓香型烟叶产区气候条件也发生了一定的演变，气候条件随时间和空间的变化将对浓香型烟叶风格特色产生影响。根据浓香型特色优质烟叶开发重大专项的研究成果，我国浓香型烟区可分为豫中豫南、豫西陕南鲁东、湘南粤北赣南、皖南、赣中东桂北 5 个气候类型区（史宏志和刘国顺，2016），其中豫中豫南、湘南粤北赣南、皖南是典型浓香型烟叶产区。因此，在前期研究基础上，对豫中豫南、湘南粤北赣南和皖南 3 个典型浓香型烟叶产区主要产烟县 31 年以候为基础的气候资料进行了采集，并系统分析了烟草伸根期、旺长期和成熟期 3 个生长发育阶段的光照、温度、降水量等主要气候指标的历史演变规律及不同产区间变化趋势的差异性，旨在为揭示典型浓香型烟叶的形成机理，因地制宜地建立优质浓香型烤烟的栽培技术体系，以及优化烟叶生产布局提供依据（李亚伟等，2017）。

　　根据典型浓香型烟叶产区 35 个重点产烟县（市）（豫中豫南产区的襄城县、许昌县、禹州市、鄢陵县、郏县、宝丰县、叶县、方城县、社旗县、内乡县、泌阳县，湘南粤北赣南产区的安仁县、桂东县、桂阳县、嘉禾县、永兴县、衡东县、衡南县、祁东县、江华瑶族自治县、江永县、蓝山县、祁阳县、新田县、道县、南雄市、始兴县，皖南烟区的宣城市、广德县、郎溪县、绩溪县、泾县、旌德县、东至县、芜湖县）31 年以候为基础的气候资料，计算各产区 1981~2011 年烟草伸根期、旺长期、成熟期 3 个时期的日均温、有效积温、平均昼夜温差、降水量、相对湿度和光照时数，并分析其时空变化特征。

1.2.1　典型浓香型烤烟产区烟草各生育期日均温变化趋势

　　图 1-15 和表 1-8 结果表明，南方烟区烟草伸根期温度显著低于北方烟区，烟

叶成熟期的日均温差异不显著，多年平均值均大于 26℃，且变异程度较小，这是浓香型烟叶形成所需的主要气候条件。随着年代的推进，典型浓香型烤烟产区烟草各生育期日均温均呈上升趋势，但就日均温升高的幅度而言，豫中豫南烟区烟草旺长期的日均温变化达到了 0.01 显著水平，湘南粤北赣南烟区烟草 3 个生育期和皖南烟区烟叶成熟期的日均温变化均达到了 0.05 显著水平。说明随着年代的推进，豫中豫南烟区烟草旺长期日均温的增加趋势明显，湘南粤北赣南烟区烟草 3 个生育期和皖南烟区烟叶成熟期的增温趋势较为明显。

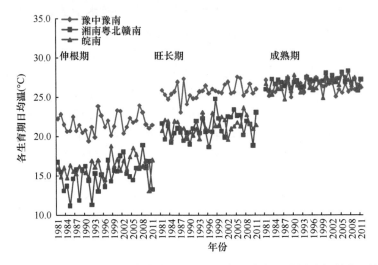

图 1-15　典型浓香型烟区烟草各生育期日均温的年际变化（彩图请扫封底二维码）

表 1-8　典型浓香型烟区烟草各生育期日均温年际变异分析

生长期	产区	趋势线公式	变化倾向率（℃/d）	均值（℃）	变异系数（%）
伸根期	豫中豫南	$Y_{日均温}=0.027x+21.19$	0.03	21.63a	5
	湘南粤北赣南	$Y_{日均温}=0.077x+13.80$	0.08	15.04b	12
	皖南	$Y_{日均温}=0.040x+15.47$	0.04	16.13b	7
旺长期	豫中豫南	$Y_{日均温}=0.037x+25.15$	0.04	25.75a	4
	湘南粤北赣南	$Y_{日均温}=0.059x+20.15$	0.06	21.11b	7
	皖南	$Y_{日均温}=0.028x+20.87$	0.03	21.34b	5
成熟期	豫中豫南	$Y_{日均温}=-0.005x+26.40$	−0.01	26.32a	3
	湘南粤北赣南	$Y_{日均温}=0.027x+26.51$	0.03	26.96a	2
	皖南	$Y_{日均温}=0.037x+25.91$	0.04	26.51a	3

注：$Y_{日均温}$表示自 1981 年起第 x 年某生长期的日均温；同列数据后带有不同字母者表示差异达到显著水平（$P<0.05$），下同

1.2.2　典型浓香型烤烟产区烟草各生育期＞10℃积温变化趋势

图 1-16 和表 1-9 结果表明，南方烟区烟草伸根期和旺长期＞10℃积温显著小于北方烟区，成熟期南北烟区的＞10℃积温差异不显著且变异程度较小。从线性趋势可以看出，1981～2011 年各产区烟草伸根期和旺长期＞10℃积温均呈波动上升趋势，成熟期南方烟区呈上升趋势而北方烟区微幅下降。其中南方烟区烟草伸根期和成熟期＞10℃积温变化达到了 0.05 显著水平，＞10℃积温增加趋势较为明显。

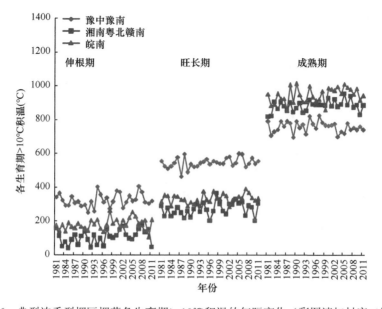

图 1-16　典型浓香型烟区烟草各生育期＞10℃积温的年际变化（彩图请扫封底二维码）

表 1-9　典型浓香型烟区烟草各生育期＞10℃积温年际变异分析

生长期	产区	趋势线公式	变化倾向率（℃/期）	均值（℃）	变异系数（%）
	豫中豫南	$Y_{积温}=0.767x+313.4$	0.77	325.75a	12
伸根期	湘南粤北赣南	$Y_{积温}=1.512x+84.05$	1.51	108.25b	37
	皖南	$Y_{积温}=1.368x+163.1$	1.37	185.01b	18
	豫中豫南	$Y_{积温}=1.125x+528.7$	1.13	546.71a	5
旺长期	湘南粤北赣南	$Y_{积温}=1.172x+253.6$	1.17	272.42b	14
	皖南	$Y_{积温}=0.740x+322.5$	0.74	334.43b	8
	豫中豫南	$Y_{积温}=-0.382x+766.0$	−0.38	759.88a	4
成熟期	湘南粤北赣南	$Y_{积温}=1.229x+863.8$	1.23	883.51a	4
	皖南	$Y_{积温}=1.856x+917.4$	1.86	947.11a	5

注：$Y_{积温}$表示自 1981 年起第 x 年某生长期的＞10℃积温

1.2.3 典型浓香型烤烟产区烟草各生育期平均昼夜温差变化趋势

图 1-17 和表 1-10 结果表明，北方烟区烟草伸根期和旺长期平均昼夜温差较大且显著大于南方烟区，成熟期北方烟区平均昼夜温差减少，与南方烟区间差异不显著。南北烟区烟草伸根期和旺长期平均昼夜温差较大，造成烟草干物质积累较快；而成熟期平均昼夜温差较小，则有助于烟草干物质转化。从线性趋势看，北方烟区平均昼夜温差的变化趋势不明显，南方烟区烟草伸根期平均昼夜温差的增加趋势显著。就显著性水平而言，南方烟区烟草伸根期平均昼夜温差的上升趋势达到了 0.05 显著水平。

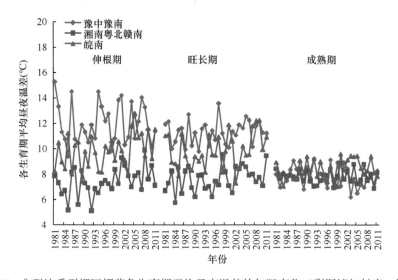

图 1-17　典型浓香型烟区烟草各生育期平均昼夜温差的年际变化（彩图请扫封底二维码）

表 1-10　典型浓香型烟区烟草各生育期平均昼夜温差年际变异分析

生长期	产区	趋势线公式	变化倾向率（℃/d）	均值（℃）	变异系数（%）
伸根期	豫中豫南	$Y_{温差}=-0.005x+12.080$	-0.01	12.01a	13
	湘南粤北赣南	$Y_{温差}=0.046x+6.687$	0.05	7.42c	15
	皖南	$Y_{温差}=0.06x+8.869$	0.06	9.83b	14
旺长期	豫中豫南	$Y_{温差}=0.015x+11.050$	0.02	11.31a	8
	湘南粤北赣南	$Y_{温差}=0.035x+7.074$	0.04	7.65c	12
	皖南	$Y_{温差}=0.044x+9.135$	0.04	9.85b	14
成熟期	豫中豫南	$Y_{温差}=-0.022x+8.192$	-0.02	7.83a	10
	湘南粤北赣南	$Y_{温差}=-0.001x+7.846$	0.00	7.83a	7
	皖南	$Y_{温差}=0.022x+8.026$	0.02	8.38a	9

注：$Y_{温差}$表示自 1981 年起第 x 年某生长期的平均昼夜温差

1.2.4　典型浓香型烤烟产区烟草各生育期降水量变化趋势

由图 1-18 和表 1-11 可知，南方烟区烟草各生育期降水量显著高于北方烟区。南北烟区烟草伸根期和旺长期降水量较小，且北方烟区处于干旱状态，但成熟期降水量较大。分析表明，3 个烟区各生育期降水量的变化均没有达到显著水平，但变异系数较大，说明 3 个烟区多年来的降水量变化趋势不明显但年际间波动较大。

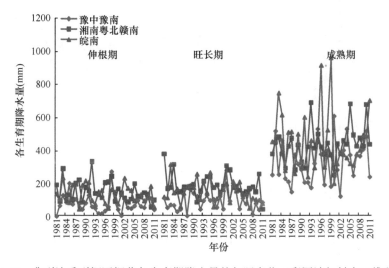

图 1-18　典型浓香型烟区烟草各生育期降水量的年际变化（彩图请扫封底二维码）

表 1-11　典型浓香型烟区烟草各生育期降水量年际变异分析

生长期	产区	趋势线公式	变化倾向率（mm/d）	均值（mm）	变异系数（%）
伸根期	豫中豫南	$Y_{降水量}=-0.442x+85.78$	-0.44	78.69b	70
	湘南粤北赣南	$Y_{降水量}=-2.107x+189.00$	-2.11	155.37a	40
	皖南	$Y_{降水量}=-1.068x+155.10$	-1.07	138.04a	39
旺长期	豫中豫南	$Y_{降水量}=0.493x+90.08$	0.49	97.98c	60
	湘南粤北赣南	$Y_{降水量}=-1.955x+224.30$	-1.96	193.08a	34
	皖南	$Y_{降水量}=-2.059x+184.00$	-2.06	151.08b	42
成熟期	豫中豫南	$Y_{降水量}=2.902x+279.40$	2.90	325.89b	39
	湘南粤北赣南	$Y_{降水量}=3.740x+375.00$	3.74	434.86a	24
	皖南	$Y_{降水量}=-1.492x+479.20$	-1.49	455.35a	40

注：$Y_{降水量}$表示自 1981 年起第 x 年某生长期的降水量

1.2.5　典型浓香型烤烟产区烟草各生育期相对湿度变化趋势

由图 1-19 和表 1-12 可知，南方烟区烟草伸根期和旺长期相对湿度显著高于北方烟区，成熟期相对湿度较大，且南方烟区和北方烟区差异不显著。同时，南方烟区相对湿度呈波动下降趋势，且各个生育期相对湿度的变化均达到了显著水平，说明相对湿度的变化趋势明显。而豫中豫南烟区烟草生长发育前期相对湿度呈波动下降趋势，成熟期呈波动上升趋势，但变化趋势不明显。

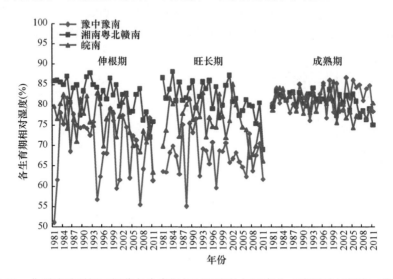

图 1-19　典型浓香型烟区烟草各生育期相对湿度的年际变化（彩图请扫封底二维码）

表 1-12　典型浓香型烟区烟草各生育期相对湿度年际变异分析

生长期	产区	趋势线公式	变化倾向率（%/d）	均值（%）	变异系数（%）
伸根期	豫中豫南	$Y_{相对湿度}=-0.125x+71.67$	−0.13	69.67b	11
	湘南粤北赣南	$Y_{相对湿度}=-0.275x+86.83$	−0.28	82.42a	5
	皖南	$Y_{相对湿度}=-0.293x+80.75$	−0.29	76.06a	6
旺长期	豫中豫南	$Y_{相对湿度}=-0.032x+67.83$	−0.03	67.32b	7
	湘南粤北赣南	$Y_{相对湿度}=-0.257x+85.82$	−0.26	81.71a	5
	皖南	$Y_{相对湿度}=-0.212x+79.49$	−0.21	76.10a	6
成熟期	豫中豫南	$Y_{相对湿度}=0.074x+80.61$	0.07	81.81a	4
	湘南粤北赣南	$Y_{相对湿度}=-0.139x+83.02$	−0.14	80.80a	3
	皖南	$Y_{相对湿度}=-0.155x+82.65$	−0.16	80.17a	4

注：$Y_{相对湿度}$表示自 1981 年起第 x 年某生长期的相对湿度

1.2.6　典型浓香型烤烟产区烟草各生育期光照时数变化趋势

浓香型优质烤烟大田生长最适宜的光照时数为 500～700h，采收期间光照充足有利于优质烟叶的形成。由图 1-20 和表 1-13 可知，湘南粤北赣南烟区烟草伸根期和旺长期的光照时数少，日照不足。另外还可看出，南北烟区烟草成熟期光照时数均较高，基本处于优质烟叶生产要求的适宜范围内。总体来看，湘南粤北赣南烟区烟草伸根期和旺长期光照时数的变化均达到极显著水平，说明光照时数的增加趋势明显。豫中豫南烟区烟草成熟期的光照时数呈显著减小趋势，皖南烟区的变化趋势不明显。

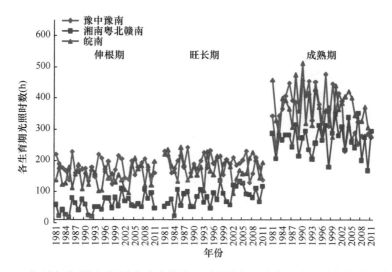

图 1-20　典型浓香型烟区烟草各生育期光照时数的年际变化（彩图请扫封底二维码）

表 1-13　典型浓香型烟区烟草各生育期光照时数年际变异分析

生长期	产区	趋势线公式	变化倾向率（h/d）	均值（h）	变异系数（%）
伸根期	豫中豫南	$Y_{光照时数}=-0.323x+181.30$	−0.32	176.13a	16
	湘南粤北赣南	$Y_{光照时数}=1.316x+38.20$	1.32	59.27c	41
	皖南	$Y_{光照时数}=0.582x+139.30$	0.58	148.67b	21
旺长期	豫中豫南	$Y_{光照时数}=-0.825x+205.70$	−0.83	192.57a	15
	湘南粤北赣南	$Y_{光照时数}=1.517x+61.18$	1.52	85.46b	33
	皖南	$Y_{光照时数}=-0.354x+181.10$	−0.35	175.48a	21
成熟期	豫中豫南	$Y_{光照时数}=-3.282x+402.80$	−3.28	350.33a	21
	湘南粤北赣南	$Y_{光照时数}=0.097x+266.10$	0.10	267.56a	18
	皖南	$Y_{光照时数}=-1.405x+389.30$	−1.41	366.89a	17

注：$Y_{光照时数}$表示自 1981 年起第 x 年某生长期的光照时数

1.2.7　小结

对不同典型浓香型烟叶产区的气候分析表明，南方烟区烟草伸根期和旺长期的日均温、平均昼夜温差、>10℃积温及光照时数均显著小于北方烟区。这是由于北方烟区烟苗移栽期与南方烟区相比较晚，因此北方烟区各时期日均温较高、光照较长。另外，由于南方烟区烟苗移栽较早，烟草伸根期日均温较低，因此在移栽时应采取深种保苗、覆膜移栽等防寒措施；而北方烟区则由于烟苗移栽较晚，烟草伸根期温度适宜，有利于烟株的生长发育。随着烟草生育期的推进，各烟区温度逐渐升高，且南方烟区烟草整个生育期的温度上升幅度较大，到烟叶成熟期南方烟区和北方烟区日均温差异不显著且均大于 24.5℃，这可能是各浓香型烟区在具有共同浓香特征的基础上又具有明显风格差异的原因之一。在烟叶成熟期，北方烟区降水量远低于南方烟区，南方烟区降水量较大（＞430mm）。

从年际变化规律来看，南方烟区和北方烟区烟草生育期温度变化趋势相近。＞10℃积温越低的烟区，随着年份的推移，增温趋势越明显，并且烟叶成熟期各气候指标随着年际的推进趋同趋势更明显。

从历史演变规律来看，豫中豫南烟区烟草旺长期日均温的增加趋势明显，伸根期和成熟期的增温趋势不显著，成熟期的光照时数呈显著减小趋势，各生育期的平均昼夜温差、降水量和相对湿度变化趋势不明显。湘南粤北赣南烟区的日均温和＞10℃积温呈显著波动上升趋势，降水量变化不显著，而相对湿度下降趋势较为明显，光照时数呈显著增加趋势；皖南烟区的日均温、＞10℃积温和平均昼夜温差整体呈波动上升趋势，其中成熟期的日均温、伸根期和成熟期的＞10℃积温和伸根期的平均昼夜温差呈显著增加趋势，光照时数、降水量变化趋势不明显，而相对湿度呈显著下降趋势。在全球变暖的大环境下，从长期来看南方烟区烟草生育期日均温会显著缓速上升，有效积温和平均昼夜温差会缓速增大，降水量变化趋势不明显，但年际波动较大。

1.3 浓香型烤烟产区不同移栽期气候配置及其对烟叶质量特色的影响

摘要： 通过在我国浓香型烤烟典型产区连年设置移栽期试验，研究了调整移栽期对不同产区烟叶各生长发育阶段气候指标和风格品质的影响，以及气候指标与烟叶质量特色的关系。结果表明，①南方烟区（华南、赣中和皖南）随移栽期推迟烟叶成熟期日均温及烟叶浓香型显示度、烟气沉溢度等逐渐增加；北方烟区（豫中豫南、豫西陕南、鲁东）成熟期日均温和浓香型显示度随移栽期推迟显著下降。②成熟期日均温与浓香型显示度、烟气沉溢度和烟气浓度呈极显著正相关关系，24.5℃是浓香型烟叶形成的一个重要的基础气候指标。③南方烟区焦甜香较为显著，豫中豫南焦香明显，陕南正甜香相对突出且随移栽期推迟表现更甚。旺长期及成熟期的降水量与烟叶焦甜香香韵呈极显著正相关，旺长期和成熟期的光照时数与焦香香韵相关性较高，成熟期日均温与烟叶正甜香香韵呈极显著负相关。④各产区烟叶质量特色随移栽期调整变化明显，最佳移栽期南方烟区广东南雄和江西广昌为 3 月上中旬，皖南为 3 月下旬，北方烟区为 4 月下旬至 5 月初。

　　气象条件是影响作物生长发育、产量和质量的主要生态因素，也是时空分布差异最大的自然生态因素。浓香型烟叶香气浓郁、香气量足、香气质好、劲头大，是中式卷烟的核心原料。不同产区浓香型烟叶在具有共性的基础上又具有不同的风格特色，按照产区光、温、水等气候因子的差异，浓香型烟叶产区可划分为华南、皖南、赣中、豫中豫南、豫西陕南、鲁东亚生态区。不同亚区烟叶风格、品质的相同点和不同点主要是由气候条件的共同点与差异造成的。许多学者做过某些地区关于气候特点和植烟适宜性的研究，但目前烤烟气候区划都停留在种植气候适宜性分区上，而关于气候特征和烟叶风格特色的关系研究较少。烟叶质量包括外观质量、物理性状、化学成分、评吸质量、安全性等方面，卷烟作为吸食品，更注重感官品质和风格特色。移栽期是优质烤烟生产的关键影响因素，通过调整移栽期，可以改变不同生育期温度、光照、降水等微气候条件，进而影响烟叶的质量特色。本研究选择不同生态区内浓香型烟叶特色优质烟叶开发重大专项所确定的部分 A 类产区，通过设置移栽期试验，使烟叶不同生长发育阶段处于不同的光温条件下，进而研究移栽期对气候的调节效应及气候与烟叶质量特色的关系，旨在为探索浓香型烟叶质量和风格的形成机理奠定基础（杨园园等，2015）。

　　以秦岭—淮河为界，以南为南方烟区，以北为北方烟区。选取南方烟区的华南、皖南、赣中，以及北方烟区的豫中豫南、鲁东、豫西陕南浓香型烟叶代表区域进行移栽期试验，具体地点为广东南雄、安徽宣城、江西广昌、河南襄城、山东诸城和陕西洛南 6 个产区，不同产区移栽期设置见表 1-14。各地试验品种均为 K326。

表 1-14　不同浓香型烟叶产区移栽期试验设置

	产区	处理 1	处理 2	处理 3	处理 4	处理 5	处理 6
南方烟区	华南（广东南雄）	02-15	02-25	03-06	03-16	03-26	—
	赣中（江西广昌）	02-18	02-25	03-02	03-09	03-16	—
	皖南（安徽宣城）	03-08	03-15	03-22	03-29	04-05	—
北方烟区	豫中豫南（河南襄城）	04-14	04-22	05-02	05-11	05-22	06-01
	鲁东（山东诸城）	04-21	05-01	05-11	05-21	05-31	—
	豫西陕南（陕西洛南）	05-01	05-08	05-16	05-24	05-30	—

注：表中数据为移栽期，表示方法为"月-日"；"—"表示未处理

　　2010～2013 年从各县选择土壤健康、肥力均匀且具有代表性的地块设置移栽

期试验，成熟采收后按照当地最优调制方法烘烤，各地块选择 C3F 等级的烟叶 3.0kg 作为样品用于分析和感官评吸。

分别在各产区烟田安装北京澳作生态仪器有限公司的 HOBO/NRG 小型气象监测站采集气象数据，设置监测频率为每4min 测量 1 次，记录频率为每小时 1 次，即测得 15 个数值的平均值，在监测指标中选取温度、降水量和光照时数。2010 年项目初期，南雄和洛南移栽 3 周后购置小型气象站，利用小型气象站开始监测前的 3 周数据由当地气象局提供。生育期的划分：伸根期（移栽—团棵）、旺长期（团棵—打顶）、成熟期（打顶—采收完毕）。小型气象站每日有 24 个气候数据，平均温度取 24 个数据的平均值，气温日较差取日最大温度值与日最小温度值之差，各生育期有效积温=Σ(日均温–10℃)，各生育期降水量=Σ日降水量，各生育期光照时数=Σ日光照时数。

1.3.1 浓香型烤烟产区不同移栽期气候条件的变化

从图 1-21 中可以看出，不同烟区烟叶不同生育期平均温度随移栽期的调整变

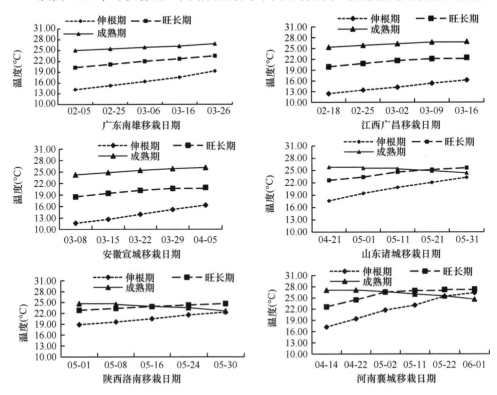

图 1-21 浓香型烟叶产区不同生育期平均温度随移栽期调整的变化

化明显，随着移栽期的推迟，6 个烟区伸根期和旺长期的平均温度均逐渐增加，区别在于南方烟区成熟期平均温度随移栽期的推迟仍逐渐增加，北方烟区则逐渐减小。襄城、诸城和洛南分别在 5 月 2 日、5 月 21 日和 5 月 16 日以后移栽，成熟期的平均温度小于旺长期的平均温度，这 3 个地区移栽较晚处理伸根期和旺长期的平均温度差异较小。

从图 1-22 中可以看出，南方烟区伸根期和旺长期>10℃积温小于北方烟区。6 个烟区伸根期和南方烟区旺长期的>10℃积温随着移栽期的推迟逐渐升高。不同的移栽期及不同的烟区，成熟期>10℃积温的差异不大，表明烟叶要完成成熟落黄，需要达到一定的有效积温。

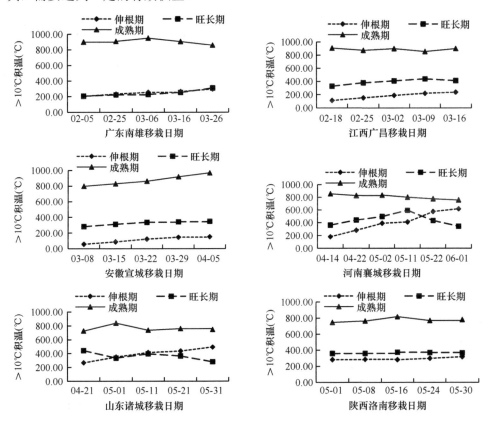

图 1-22　浓香型烟叶产区不同生育期>10℃积温随移栽期调整的变化

从图 1-23 中可以看出，北方烟区伸根期和旺长期的降水量较小，且两个时期的降水量相近。南雄和广昌烟叶伸根期的降水量较大，对烟叶根系的发育不利。由于降水具有偶然性，每年各地区降水情况均不相同，可以看出，除了南雄的成熟期、宣城的伸根期、襄城的成熟期及广昌的成熟期降水量随着移栽期的推迟有减小的趋势外，其他处理降水量均没有明显的变化。

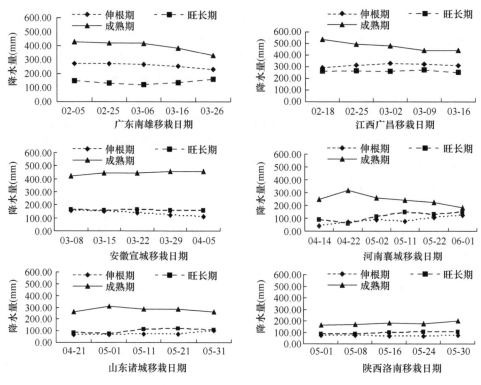

图 1-23　浓香型烟叶产区不同生育期降水量随移栽期调整的变化

从图 1-24 中可以看出，南方烟区 3 个生育期的光照时数小于北方烟区。由于光照时数受云量等因素的影响，多数地区各生育时期的光照时数没有表现出明显规律。

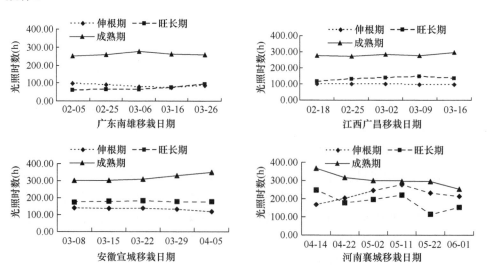

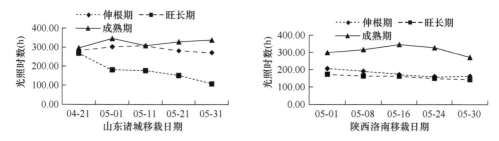

图 1-24　浓香型烟叶产区不同生育期光照时数随移栽期调整的变化

1.3.2　浓香型烤烟产区不同移栽期烟叶质量特色的变化

从图 1-25 中可以看出，南方烟区 3 个生育期的气温日较差小于北方烟区。随着烟区向西北移动，伸根期的气温日较差变大，成熟期的气温日较差变小。随着移栽期的变化，南方烟区 3 个生育期的气温日较差变化较小；北方烟区旺长期的气温日较差有明显降低的趋势。

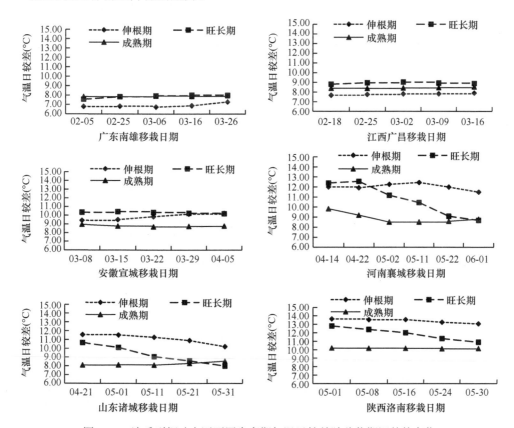

图 1-25　浓香型烟叶产区不同生育期气温日较差随移栽期调整的变化

表1-15为浓香型烟叶代表产区烟叶的风格特色评价结果,随着移栽期的推迟,南方烟区浓香型显示度、烟气沉溢度及烟气浓度逐渐升高,北方烟区浓香型显示度逐渐降低。襄城浓香型显示度、烟气沉溢度及烟气浓度最高,洛南地区最低。在香韵特征中,南雄和襄城烟叶焦甜香分值随移栽期的变化没有表现出明显的规律,广昌先增大再减小,宣城、诸城和洛南地区则逐渐减小,宣城焦甜香香韵表现突出。焦香香韵以襄城烟叶表现最突出,正甜香香韵以洛南烟叶表现最明显,且随着移栽期推迟分值表现为增大趋势。

表1-15 浓香型烟叶产区不同移栽期烟叶风格特色评价

代表产区	移栽期	风格特色						
		香型	香气状态			香韵特征		
		浓香型显示度	烟气沉溢度	烟气浓度	劲头	焦甜香	焦香	正甜香
华南 (广东南雄)	02-15	3.2	3.3	3.5	3.2	3.5	2.2	1.5
	02-25	3.6	3.3	3.5	3.3	3.6	2.3	1.3
	03-06	3.8	3.5	3.6	3.0	3.5	2.3	1.2
	03-16	3.9	3.8	3.6	3.0	3.6	2.5	1.2
	03-26	3.8	3.8	3.6	2.8	3.4	2.5	1.0
赣中 (江西广昌)	02-18	3.2	3.2	3.5	3.0	3.3	2.0	2.0
	02-25	3.4	3.5	3.5	2.8	3.5	2.2	2.0
	03-02	3.6	3.6	3.5	2.8	3.6	2.2	1.7
	03-09	3.6	3.6	3.6	2.6	3.3	2.3	1.6
	03-16	3.6	3.6	3.6	2.6	3.3	2.5	1.3
皖南 (安徽宣城)	03-08	3.3	3.3	3.5	3.0	3.6	2.8	1.2
	03-15	3.8	3.5	3.5	3.2	3.6	2.6	1.2
	03-22	3.8	3.7	3.6	3.0	3.5	2.5	1.2
	03-29	4.0	3.7	3.5	3.2	3.5	2.5	1.0
	04-05	3.9	3.7	3.6	3.0	3.5	2.2	1.0
豫中豫南 (河南襄城)	04-14	3.9	3.8	3.8	3.6	2.5	3.5	1.2
	04-22	4.0	3.8	3.9	3.6	2.3	3.6	1.1
	05-02	4.0	3.9	3.8	3.4	2.3	3.4	1.1
	05-11	3.9	3.9	3.8	3.2	2.5	3.1	1.2
	05-22	3.5	3.5	3.5	3.0	2.3	2.8	1.3
	06-01	3.0	3.2	3.0	2.8	2.3	2.6	1.6
鲁东 (山东诸城)	04-21	3.5	3.6	3.6	3.3	2.6	3.3	2.0
	05-01	3.5	3.5	3.6	3.2	2.6	3.0	2.2

续表

代表产区	移栽期	风格特色						
		香型	香气状态			香韵特征		
		浓香型显示度	烟气沉溢度	烟气浓度	劲头	焦甜香	焦香	正甜香
鲁东 （山东诸城）	05-11	3.3	3.5	3.6	3.2	2.5	3.1	2.2
	05-21	3.1	3.2	3.5	3.0	2.5	2.8	2.5
	05-31	2.9	3.0	3.3	3.0	2.5	2.8	2.6
豫西陕南 （陕西洛南）	05-01	3.0	2.9	3.0	3.0	2.8	2.5	2.5
	05-08	2.8	2.8	2.9	3.0	2.6	2.3	2.7
	05-16	2.6	2.8	2.9	2.8	2.6	2.3	2.8
	05-24	2.5	2.6	2.8	2.8	2.5	2.2	3.0
	05-30	2.2	2.5	2.8	2.8	2.5	2.2	3.0

从表 1-16 中可以看出，在品质特征中，南雄、广昌和洛南地区的香气质分值随着移栽期的推迟先升高再降低，其他产区逐渐降低；香气量分值南雄、广昌、襄城和宣城地区先升高再降低，诸城和洛南地区呈降低趋势；烟气特性和口感特征也呈现不同的变化。南方烟区随着移栽期的推迟杂气分值表现为先减小后增加，余味则相反，细腻度和柔和度分值随移栽推迟整体逐渐降低，刺激性分值整体有增加趋势；北方烟区在移栽较晚时，香气质、香气量、柔和度、细腻度和余味分值整体下降，杂气分值则增加明显。

表 1-16　浓香型烟叶产区不同移栽期品质特征评价

代表产区	移栽期	品质特征						
		香气特性		烟气特性			口感特性	
		香气质	香气量	杂气	细腻度	柔和度	刺激性	余味
华南 （广东南雄）	02-15	3.6	3.3	2.0	3.0	3.1	2.0	3.0
	02-25	3.7	3.5	2.0	3.0	3.0	2.0	3.3
	03-06	3.5	3.7	1.5	2.8	2.8	2.2	3.5
	03-16	3.3	3.6	1.5	2.8	2.6	2.2	3.2
	03-26	3.3	3.5	1.8	2.6	2.6	2.5	3.3
赣中 （江西广昌）	02-18	3.5	3.0	2.0	2.8	3.0	2.0	3.2
	02-25	3.6	3.3	1.8	3.0	2.9	1.8	3.5
	03-02	3.6	3.6	1.6	3.0	2.9	1.8	3.6
	03-09	3.5	3.5	1.9	2.8	2.7	2.0	3.3
	03-16	3.1	3.5	2.0	2.8	2.7	2.0	3.3

续表

代表产区	移栽期	品质特征						
		香气特性		烟气特性			口感特性	
		香气质	香气量	杂气	细腻度	柔和度	刺激性	余味
皖南 (安徽宣城)	03-08	3.7	3.5	2.0	3.0	3.0	2.2	3.3
	03-15	3.5	3.6	1.8	3.0	2.9	2.3	3.5
	03-22	3.5	3.5	1.8	2.8	2.7	2.2	3.5
	03-29	3.3	3.5	2.0	2.8	2.8	2.4	3.2
	04-05	3.0	3.3	2.2	2.6	2.6	2.5	3.0
豫中豫南 (河南襄城)	04-14	3.5	3.7	2.0	3.0	3.1	2.5	3.5
	04-22	3.4	3.8	2.0	2.9	3.0	2.5	3.5
	05-02	3.4	3.8	2.0	2.9	3.0	2.5	3.6
	05-11	3.2	3.5	2.2	2.6	2.8	2.3	3.3
	05-22	2.8	3.0	2.5	2.5	2.6	2.1	3.0
	06-01	2.6	2.9	2.7	2.5	2.6	2.0	3.0
鲁东 (山东诸城)	04-21	3.6	3.5	2.2	3.0	3.2	2.5	3.3
	05-01	3.6	3.5	2.3	3.0	3.0	2.6	3.5
	05-11	3.5	3.2	2.1	2.8	2.8	2.6	3.3
	05-21	3.2	3.0	2.5	2.8	2.6	2.3	3.0
	05-31	3.0	2.8	2.8	2.8	2.6	2.3	2.8
豫西陕南 (陕西洛南)	05-01	3.6	3.5	1.8	3.2	3.3	2.3	3.5
	05-08	3.7	3.5	1.8	3.0	3.2	2.3	3.5
	05-16	3.5	3.3	1.6	3.0	3.2	2.3	3.1
	05-24	3.2	3.2	2.0	2.5	3.0	2.1	2.8
	05-30	3.0	3.2	2.2	2.3	2.8	2.0	2.7

注：表中数值为各指标的分值，其中杂气和刺激性分值越高，表示杂气和刺激性越大，下同

1.3.3 浓香型烤烟产区不同移栽期气候条件与烟叶质量风格的关系

从表1-17中可以看出：①对烟叶浓香型显示度、烟气沉溢度和烟气浓度影响最大的气候指标为成熟期的日均温，其次为成熟期的有效积温，成熟期高温是浓香型烟叶形成的重要条件。②烟叶劲头与降水量呈负相关，而与光照时数呈正相关。③焦甜香和焦香是浓香型烟叶的主要香韵，对焦甜香香韵正影响最大的气候指标为成熟期降水量，其次为旺长期降水量；焦香香韵与旺长期和成熟期的光照时数及旺长期的气温日较差呈极显著正相关，而与降水量呈极显著负相关；正甜

香香韵与成熟期的日均温和有效积温呈极显著负相关，成熟期的日均温和有效积温较低有利于正甜香香韵的形成。④烟叶其他质量风格指标与气候条件相关关系中，成熟期的日均温和有效积温与烟叶香气量呈显著正相关；成熟期较高的日均温还可以改善余味；杂气与旺长期日均温呈极显著正相关，但与成熟期有效积温呈显著负相关；柔和度与气温日较差呈显著正相关关系；刺激性与旺长期降水量呈极显著负相关，降水多时，烟叶刺激性较小。

表 1-17　浓香型烟叶产区气候因子与质量风格的相关性

质量风格	日均温		气温日较差		有效积温		降水量		光照时数	
	旺长期	成熟期	旺长期	成熟期	旺长期	成熟期	旺长期	成熟期	旺长期	成熟期
浓香型显示度	−0.2633	0.8801**	0.0258	−0.1370	0.0695	0.6755**	0.0869	0.3025	0.3002	0.3471
烟气沉溢度	−0.1225	0.9063**	−0.0301	−0.2186	0.2004	0.5514**	0.0970	0.2652	0.3456	0.3275
烟气浓度	−0.1745	0.8436**	−0.0906	−0.2342	0.0664	0.5735**	0.0776	0.2832	0.2713	0.3236
劲头	0.0225	0.2972	0.4564*	0.3012	−0.0374	0.2395	−0.6561**	−0.3616*	0.4690**	0.5568**
焦甜香	−0.4406	0.1328	−0.5523**	−0.5559**	−0.5583**	0.4618*	0.7008**	0.8834**	−0.6400**	−0.6402**
焦香	0.3984	0.4276*	0.5229**	0.3484	0.3911	−0.0472	−0.6483**	−0.5654**	0.7309**	0.7197**
正甜香	0.2830	−0.7420**	0.0788	0.1903	0.0248	−0.6442**	−0.1164	−0.3651	−0.2254	−0.2863
香气质	−0.6253**	0.0509	0.0757	−0.0734	−0.3268	0.1540	0.1396	0.2240	−0.2706	−0.3402
香气量	−0.3350	0.5109**	0.3898*	0.1940	0.0004	0.5144**	−0.1134	−0.0101	0.1671	0.1465
杂气	0.5413**	−0.1504	−0.0434	−0.0032	0.2748	−0.4179*	−0.2855	−0.2835	0.3478	0.3396
细腻度	−0.4772**	0.1449	0.1541	−0.0158	−0.2502	0.0862	0.0268	0.1152	−0.1206	−0.1334
柔和度	−0.2536	−0.2083	0.5270*	0.4131*	−0.0414	−0.0869	−0.2747	−0.3006	0.0974	0.0154
刺激性	0.1935	0.2126	0.4217*	0.2134	0.0916	−0.0399	−0.6381**	−0.4443	0.3742	0.3436
余味	−0.3147	0.5545**	0.2892	0.0461	0.1099	0.3183	0.0618	0.1090	0.2019	0.1308

注：自由度为 30

　　烟叶浓香型显示度、烟气沉溢度和烟气浓度三个指标与成熟期日均温的拟合图（图 1-26）显示，当成熟期的日均温在 24.5℃ 以上时，凸显浓香型特征的 3 个指标分值均在 3.0 以上，说明成熟期日均温大于 24.5℃ 是浓香型烟叶形成的一个重要条件。

　　焦甜香分值与成熟期降水量的拟合图（图 1-27）显示，成熟期降水量低于 350mm 的地区，焦甜香分值基本 <2.8，降水量高于 350mm 的地区，焦甜香实际分值> 3.2。由此可以看出，成熟期降水量 350mm 是浓香型烟叶产区焦甜香香韵形成的一个临界值。

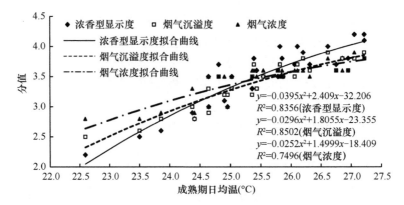

图 1-26　成熟期日均温对浓香型显示度、烟气沉溢度和烟气浓度的影响

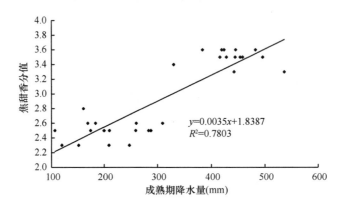

图 1-27　成熟期降水量对焦甜香香韵的影响

1.3.4　小结

对不同浓香型烟叶代表产区气候分析表明，华南、赣中和皖南地区伸根期、旺长期与成熟期的平均气温、气温日较差、有效积温及光照时数小于豫中豫南、鲁东、豫西陕南地区，这是由于豫中豫南、鲁东和豫西陕南地区主要为一年一熟，移栽较晚，因此平均温度较高，日照较长。随着移栽期推迟，各烟区伸根期和旺长期平均温度逐渐升高，华南、赣中和皖南地区成熟期平均温度逐渐升高，豫中豫南、鲁东和豫西陕南地区成熟期平均温度则逐渐降低，这可能是各浓香型烟区在具有共同浓香特征的基础上又具有风格差异的原因之一。烟区向西北移动，伸根期和旺长期的气温日较差变大，有利于烟叶积累较多的干物质，但成熟期平均温度降低明显，虽然烟叶质量优良，但浓香型风格下降，正甜香香韵凸显。各产区成熟期的有效积温随移栽期变化没有明显升高或降低的趋势，且各烟区的有效积温变化趋于一致，表明烟叶完成成熟落黄与平均气温及生长发育天数的关系较

小，而与有效积温达到某一阈值的关系较大。

从气候条件与烟叶质量特色的关系来看，成熟期日均温对烟叶浓香型显示度、烟气沉溢度和烟气浓度的影响较大，不论如何调整移栽期，只要成熟期平均温度>24.5℃时，浓香型表现均突出。但浓香型显示度不会随着成熟期日均温升高一直增大，当成熟期日均温达到一定值，浓香型显示度将不再变化或变化较小。对烟叶焦甜香和焦香香韵影响达到显著水平的气候因子较多，但只有成熟期降水量对焦甜香香韵的正效应达到 0.8 以上，且 350mm 是成熟期降水量的临界值，成熟期日均温高、降水量大可能是烟叶焦甜香香韵形成的重要条件，这与良好的土壤通透性有利于土壤中氮素的淋失和调亏，促进香气前体物降解和香气物质形成的结论相一致（史宏志等，2009a）。此外，旺长期和成熟期的光照时数与焦香香韵呈极显著的正相关，可能是由于光照时数长，干物质合成较多。而成熟期的日均温和有效积温则与正甜香香韵呈极显著的负相关，所以成熟期日均温低的鲁东和豫西陕南地区烟叶风格有中间香型的特征。

随移栽期的推迟，南方烟区烟叶成熟期平均温度及烟叶浓香型显示度、烟气沉溢度逐渐升高，北方烟区烟叶成熟期平均温度及浓香型显示度逐渐降低，成熟期日均气温大于 24.5℃是浓香型烟叶形成的一个重要条件。成熟期降水量大于350mm 能明显提升烟叶焦甜香香韵。从彰显浓香型风格的角度讲，南方浓香型烟叶产区（广东南雄和江西广昌）最佳移栽期为 3 月上中旬，皖南为 3 月下旬，北方烟区为 4 月下旬至 5 月初。本研究筛选出了影响浓香型烟叶风格特色形成的气候指标，但对于成熟期平均温度等关键因素的影响机理有待在人工控制条件下进行深入研究。

1.4　豫中烟区调整烤烟移栽期对各生育阶段气候状况的影响

摘要：通过设置不同的移栽期，使光、温、水等气候因子在各烟草生育期重新分配。结果表明：随着移栽期的后移，全生育期及伸根期、旺长期、成熟期日均温呈逐渐升高的趋势，全生育期、旺长期、成熟期气温日较差则呈逐渐降低的趋势，伸根期气温日较差变化不明显。豫中地区4 月 28 日至 5 月 24 日移栽处理全生育期日均温为 25～26.5℃，活动积温为 2249.80～2581.38℃，光照时数较长。试验结果表明：烟草全生育期土壤日均温逐渐升高，土温日较差、活动积温和有效积温则与移栽期呈显著负相关，以活动积温受气候调节效应的影响最大。推迟移栽期显著降低了烟草全生育期的光照时数和光照强度，对烟草大田全生育期及各生育期大气和土壤日均温产生极大影响，以 4 月 21 日至 5 月 12 日移栽处理的大气和土壤日均温较为理想。试验结果还表明：推迟移栽期对烟草大田生长所需降水量产生极强的调节效应，4月28日和5月5日移栽处理的降水量分别为428.5mm和441.2mm，基本满足优质烟叶生长需水量。综合不同移栽期的气候调节效应分析结果可知，4月28日至5月5日移栽较为适宜，最迟不晚于5月12日。

气候是烤烟种植需要考虑的最基本生态条件，是优质烤烟种植的决定因素和植烟地域分布的主导因素。河南襄城县是浓香型烟叶的典型产区，素有"烟叶王国"的美誉，浓香型烟叶也在卷烟配方中起着不可替代的作用。20世纪90年代末以后，以河南、安徽等为代表的浓香型烟叶产区不断萎缩，浓香型风格特色出现弱化趋势。探讨影响烟叶浓香型风格特色的生态因子，对于凸显烟叶特色、促进特色优质烟叶生产具有重要的意义。烟叶生理指标受多种气象因子的综合影响，探讨气候因子在烟叶生长期间的变化对烟叶品质的影响尤为必要。关于气候因子与烟叶品质的关系研究较多，主要集中在三个方面：一是对特定烟区进行气候或生态适应性评价，分析该地区气候指标是否适合优质烟叶生产，以确定优质烟叶的生产潜力及合理移栽期；二是分析光照、温度、降水等部分气候因子与烟叶化学品质或生理指标的关联度及其对烟叶品质的贡献率；三是人工控制光照、温度、土壤含水量等生态因子对烟叶生长发育、代谢机理或品质的影响。但调整移栽期对气候的调节效应及其对烤烟生育期主要气候因子的影响等方面的研究罕有报道。本试验旨在通过分析调整移栽期后烟叶全生育期及各生育阶段温度、光照和水分的变化，筛选出显著受移栽期影响的主要气候因子，为深入研究气候因子对烟叶生长发育及品质的影响奠定基础（杨园园等，2013b）。

试验于2011年在河南省襄城县王洛镇进行，选取土壤肥力中等且肥力均匀的地块，按照当地的栽培措施进行施肥和灌溉。本试验采用单因素随机区组试验设计，共设置6个处理，每个处理3次重复。处理设置分别为处理A：4月21日移栽，处理B：4月28日移栽，处理C：5月5日移栽，处理D：5月12日移栽，处理E：5月18日移栽，处理F：5月24日移栽。当地传统的移栽期为5月5日左右。每个小区种植600株烟。试验品种为中烟100。使用北京澳作生态仪器有限公司的HOBO/NRG小型气象监测站采集气象数据，测量方法为每4min测量一次，记录每小时测得的15个数值的平均值。使用辽宁锦州阳光气象科技有限公司的太阳光谱分析系统采集光照数据，每30min记录一次，包括瞬时值（W/m^2）和间隔累计值（MJ/m^2）。

1.4.1　移栽期对空气温度的影响

烤烟是喜温作物，温度条件对烟叶的品质影响较大，温度在25～28℃时最有

利于提高烟叶的品质。由图 1-28～图 1-31 可知，4 月 28 日至 5 月 24 日移栽处理
全生育期日均温为 25～26.5℃，均在最佳温度范围内，但 4 月 21 日移栽处理全生
育期日均温为 24.58℃。全生育期及伸根期、旺长期、成熟期日均温随着移栽期的
后移呈逐渐升高的趋势，其中伸根期日均温变化较大，增幅为 26.06%，旺长期和
成熟期则变化不明显。随着移栽期的后移，伸根期气温日较差变化不明显，全生
育期、旺长期、成熟期平均昼夜温差则呈逐渐降低的趋势，说明过晚移栽，旺长
期和成熟期气温日较差减小，导致烟叶干物质积累较少，烟叶内含物质转化不协
调。烟草全生育期积温大小是衡量烟草适宜生长温度的重要指标。本试验结果表
明，4 月 21 日至 5 月 18 日移栽处理全生育期活动积温和有效积温逐渐降低，其中
活动积温由 2581.38℃降低到 2249.80℃，有效积温由 1541.68℃降低到 1379.80℃。
5 月 24 日移栽处理活动积温则为 2165.90℃，说明过晚移栽烟草大田生长所需的
活动积温显著减少。

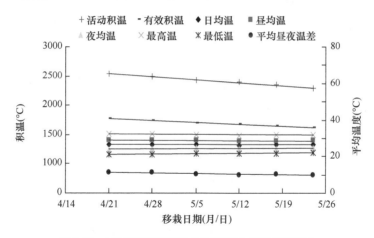

图 1-28　不同移栽期烟株全生育期大气温度的变化

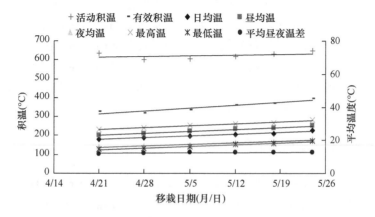

图 1-29　不同移栽期烟株伸根期大气温度的变化

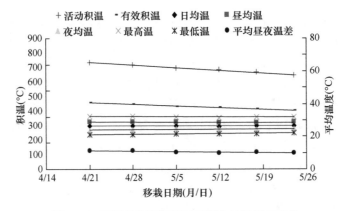

图 1-30 不同移栽期烟株旺长期大气温度的变化

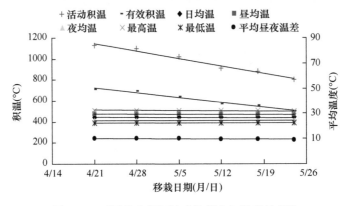

图 1-31 不同移栽期烟株成熟期大气温度的变化

对移栽期与烟草各生育期大气温度进行相关性分析表明，由表 1-18 可知，①移栽期与全生育期日均温呈极显著正相关，与气温日较差、活动积温和有效积温呈极显著负相关；②移栽期与伸根期日均温及最高温、最低温呈极显著正相关，与有效积温呈显著正相关，对气温日较差无显著影响；③移栽期与旺长期积温呈极显著负相关，与气温日较差呈显著负相关，对日均温无显著影响；④移栽期与成熟期气温日较差及积温呈极显著负相关，对日均温则无显著影响。试验结果表明：调整移栽期对烟草大田全生育期及各生育期温度产生极大影响，说明调整移栽期表现出极强的气候调节效应。

1.4.2　移栽期对土壤温度的影响

根据气象站监测的实时数据，随机选取 48 个同一时间点（2011 年 6 月 18 日下午 4 时到 2011 年 6 月 20 日下午 4 时）的大气温度和土壤温度，求得相关系数

表 1-18　移栽期与各生育期大气温度的相关性

大气温度指标	全生育期		伸根期		旺长期		成熟期	
	趋势线方程	决定系数 (r^2)	趋势线方程	决定系数 (r^2)	趋势线方程	决定系数 (r^2)	趋势线方程	决定系数 (r^2)
日均温	$y=0.051\ 1x-2\ 072.8$	0.974 0**	$y=0.157\ 1x-6\ 423.5$	0.983 7**	$y=0.001\ 6x-38.576$	0.019 7	$y=-0.005\ 7x+260.21$	0.743 0
昼均温	$y=0.046\ 5x-1\ 882.1$	0.964 1**	$y=0.167x-6\ 825.6$	0.985 8**	$y=-0.011\ 3x+493.55$	0.367 3	$y=-0.015\ 7x+675.09$	0.863 2*
夜均温	$y=0.050\ 3x-2\ 041.4$	0.980 4**	$y=0.013\ 19x-5\ 395.1$	0.975 9**	$y=0.015x-590.42$	0.554 2	$y=0.004\ 2x-149.35$	0.521 2
最高温	$y=0.044\ 3x-1\ 788.3$	0.945 1**	$y=0.173\ 6x-7\ 095.6$	0.982 9**	$y=-0.017\ 4x+745.6$	0.440 5	$y=-0.023\ 2x+982.97$	0.904 9*
最低温	$y=0.062\ 8x-2\ 557.1$	0.986 4**	$y=0.146\ 5x-5\ 993.2$	0.975 9**	$y=0.03x-1\ 211.1$	0.808 4*	$y=0.012\ 4x-488.13$	0.907 9*
气温日较差	$y=-0.018\ 5x+768.75$	0.955 6**	$y=0.027\ 2x-1\ 102.4$	0.729 3	$y=-0.047\ 4x+1\ 954.7$	0.787 9*	$y=-0.035\ 7x+1\ 476.4$	0.935 9**
活动积温	$y=-12.624x+520\ 433$	0.993 0**	$y=0.638\ 8x-25\ 592$	0.192 1	$y=-2.906\ 2x+120\ 028$	0.990 8**	$y=-10.357x+425\ 980$	0.976 5**
有效积温	$y=-6.105x+251\ 968$	0.988 7**	$y=2.249\ 2x-91\ 949$	0.899 3*	$y=-1.789\ 3x+73\ 905$	0.998 9**	$y=-6.564\ 5x+269\ 993$	0.976 1**

*表示 $r^2 \geqslant 0.770\ 9$，达到显著水平；**表示 $r^2 \geqslant 0.919\ 7$，达到极显著水平，下同

为 0.9653；回归分析 F 值为 9.31E–08，表明土壤温度和大气温度呈现出极显著的正相关关系。气象数据表明，随着移栽期的推迟，烟草全生育期日均温、最高温和最低温呈逐渐升高的趋势，增幅分别为 5.63%、4.63% 和 6.98%。土温日较差、活动积温和有效积温则与移栽期呈显著负相关，降低的幅度分别为 5.15%、17.26% 和 14.79%，以活动积温受气候调节效应的影响最大。从表 1-19 中可以看出，调整移栽期对烟草伸根期、旺长期、成熟期的土壤日均温、土温日较差和积温等的调节效应均与大气温度一致。

表 1-19　移栽期与各生育期土壤温度的相关性

土壤温度指标	全生育期		伸根期		旺长期		成熟期	
	趋势线方程	决定系数 (r^2)	趋势线方程	决定系数 (r^2)	趋势线方程	决定系数 (r^2)	趋势线方程	决定系数 (r^2)
日均温	$y=0.041\ 1x-1\ 658.4$	0.981 8**	$y=0.114\ 4x-4\ 671.4$	0.980 7**	$y=-0.001\ 4x+85.189$	0.026 7	$y=0.010\ 2x-388.96$	0.939 3**
最高温	$y=0.036\ 9x-1\ 485$	0.968 9**	$y=0.116\ 9x-4\ 769.9$	0.976 6**	$y=-0.000\ 5x+47.835$	0.003 9	$y=0.011\ 3x-434.73$	0.915 0*
最低温	$y=0.046\ 7x-1\ 892.7$	0.987 3**	$y=0.116\ 9x-4\ 777.1$	0.977 3**	$y=-0.002\ 2x+115.08$	0.052 2	$y=0.009\ 1x-344.25$	0.945 1**
土温日较差	$y=-0.000\ 97x+403.94$	0.916 5*	$y=-3E-05x+7.232\ 6$	3.00E-06	$y=-0.029\ 5x+1\ 214.2$	0.917 0*	$y=-8E-05x+8.012\ 7$	0.000 3
活动积温	$y=-13.938x+574\ 396$	0.993 3**	$y=-0.749\ 2x+31\ 405$	0.577 6	$y=-3.008x+124\ 210$	0.984 9**	$y=-10.18x+418\ 768$	0.975 9**
有效积温	$y=-7.418\ 1x+3\ 059.32$	0.992 2**	$y=0.861\ 2x-34\ 592$	0.246 7	$y=-1.891\ 1x+78\ 086$	0.993 0**	$y=-6.387\ 8x+262\ 783$	0.975 2**

1.4.3 移栽期对光照的影响

由表 1-20 可知，在烟草大田全生育期及各生长阶段，光照时数、昼均太阳总辐射和昼均光合有效辐射均随着移栽期的推迟大多呈逐渐降低的趋势。全生育期、伸根期、旺长期和成熟期光照时数随着移栽期的推迟，降幅分别为 22.66%、10.99%、17.05%和35.26%，以成熟期降幅最大，但全生育期的降低趋势最为明显（表 1-21）。相关性分析表明：移栽期与全生育期、旺长期和成熟期光照时数呈极显著负相关，表明推迟移栽可显著降低烟草大田生育期的日照时间。移栽期与全生育期和成熟期昼均太阳总辐射及昼均光合有效辐射均达到显著负相关。试验结果表明，推迟移栽期显著降低了烟草全生育期的光照时数和光照强度，其中以成熟期受到气候调节效应的影响最大。

表 1-20　不同移栽期各生育期光照强度变化

时期		光照时数（h）	昼均太阳总辐射（W/m^2）	昼均光合有效辐射（μE）
全生育期	04-21	984	314.93	598.04
	04-28	940	313.28	595.24
	05-05	890	311.87	592.64
	05-12	837	305.15	582.26
	05-18	808	300.07	574.20
	05-24	761	301.10	573.39
伸根期	04-21	282	318.23	632.58
	04-28	261	327.61	646.71
	05-05	264	341.57	666.26
	05-12	251	319.58	630.09
	05-18	258	310.87	612.99
	05-24	251	318.51	619.32
旺长期	04-21	305	317.98	581.60
	04-28	294	306.18	564.40
	05-05	272	292.30	545.56
	05-12	272	296.76	555.19
	05-18	260	304.15	571.31
	05-24	253	303.08	570.40
成熟期	04-21	397	308.58	579.93
	04-28	385	306.05	574.62
	05-05	354	301.74	566.09
	05-12	314	299.12	561.51
	05-18	290	285.20	538.30
	05-24	257	281.71	530.44

表 1-21　移栽期与各生育期光照强度的相关性

指标	全生育期		伸根期		旺长期		成熟期	
	趋势线方程	决定系数 (r^2)	趋势线方程	决定系数 (r^2)	趋势线方程	决定系数 (r^2)	趋势线方程	决定系数 (r^2)
光照时数	$y=-6.745\ 5x+277\ 683$	0.997 9**	$y=-0.774\ 6x+32\ 025$	0.700 2	$y=-1.564\ 9x+64\ 496$	0.951 4**	$y=-4.406\ 5x+181\ 162$	0.981 9**
昼均太阳总辐射	$y=-0.497\ 9x+20\ 738$	0.912 8*	$y=-0.295\ 7x+12\ 458$	0.118 6	$y=-0.346\ 3x+14\ 516$	0.237 9	$y=-0.851\ 5x+35\ 241$	0.906 6*
昼均光和有效辐射	$y=-0.846\ 5x+35\ 323$	0.940 3**	$y=-0.857\ 8x+35\ 873$	0.302 3	$y=-0.139\ 8x+6\ 300.7$	0.018 4	$y=-1.541\ 8x+63\ 830$	0.924 0**

　　光质对烟草生长发育和品质具有明显的影响，其中蓝光对烟叶生长具有显著的抑制作用，红光能促进叶面积的增加，但会降低叶质重。从表 1-22 中可以看出，移栽期与全生育期和成熟期紫外光强度呈极显著负相关，与紫蓝光强度呈显著负相关；移栽期与成熟期的红橙光和红外辐射强度呈显著正相关。移栽期对不同生育期绿光和可见光强度无显著影响。试验结果表明，推迟移栽对紫外光、紫蓝光、红橙光和红外辐射强度在成熟期具有极显著或显著的调节效应，在伸根期和旺长期无显著调节作用。

表 1-22　移栽期与各生育阶段光质强度的相关性

指标	全生育期		伸根期		旺长期		成熟期	
	趋势线方程	决定系数 (r^2)	趋势线方程	决定系数 (r^2)	趋势线方程	决定系数 (r^2)	趋势线方程	决定系数 (r^2)
紫外光	$y=-0.058\ 5x+2\ 414.6$	0.949 3**	$y=-0.006\ 7x+287.53$	0.022 0	$y=-0.022\ 2x+925.94$	0.575 7	$y=-0.146\ 7x+6\ 030.2$	0.978 8**
紫蓝光	$y=-0.087\ 5x+3\ 628.7$	0.847 0*	$y=-0.108\ 5x+4\ 497.3$	0.216 3	$y=0.030\ 4x-1\ 210.1$	0.106 0	$y=-0.184\ 4x+7\ 598.8$	0.842 9*
绿光	$y=-0.006\ 8x+303.87$	0.056 3	$y=-0.002\ 8x+143.27$	0.004 2	$y=-0.007\ 6x+338.02$	0.045 8	$y=-0.009\ 9x+430.33$	0.017 9
红橙光	$y=0.002\ 6x-80.76$	0.032 3	$y=-0.027\ 9x+1\ 176$	0.093 2	$y=-0.015\ 8x+674.88$	0.103 4	$y=0.051\ 5x-2\ 093.1$	0.851 9*
可见光	$y=-0.046\ 6x+2\ 003$	0.461 8	$y=-0.004x+261.79$	0.001 3	$y=0.006\ 7x-188.7$	0.001 6	$y=-0.142\ 6x+5\ 936$	0.563 1
红外辐射	$y=0.007\ 3x-197.8$	0.017 5	$y=-0.107\ 4x+4\ 396.8$	0.137 3	$y=0.172\ 6x+7\ 178.2$	0.539 2	$y=0.299\ 1x-12\ 168$	0.878 4*

1.4.4　移栽期对水分与压强的影响

　　从表 1-23 中可以看出，全生育期、伸根期和成熟期降水量随着移栽期的推迟逐渐减少，旺长期的降水量则表现为增加的趋势，推迟移栽对旺长期、成熟期及全生育期的降水量分配具有显著影响。豫中地区，降水主要集中在 7 月、8 月，4 月底到 5 月初容易出现干旱的情况。由于烟草旺长期需水量较大，本试验 4 月 28

日和 5 月 5 日移栽的烟株在 7 月、8 月进入旺长期,可满足烟草正常生长对水分的需求。全生育期、旺长期和成熟期的空气湿度与移栽期呈极显著正相关,伸根期受移栽期调整的影响较小,与烟草大田生育期降水量变化趋势相符。随着移栽期的推迟,全生育期、伸根期、旺长期的土壤含水量呈逐渐增加的趋势,成熟期则表现为逐渐降低的趋势,趋势线方程的斜率分别为 0.0005、0.0006、0.001、−0.000 04,斜率较小,表明移栽期推迟各生长阶段土壤含水量变化较小。从相关性来看,移栽期与伸根期土壤含水量呈显著正相关,与全生育期和旺长期土壤含水量呈极显著正相关,表明调整移栽期,烟草各生育期的土壤含水量发生明显变化。

表 1-23　不同移栽期各生育期水分和压强的变化趋势

指标	全生育期		伸根期		旺长期		成熟期	
	趋势线方程	决定系数 (r^2)	趋势线方程	决定系数 (r^2)	趋势线方程	决定系数 (r^2)	趋势线方程	决定系数 (r^2)
降水量	$y=-0.791\,2x+32\,719$	0.824 6*	$y=-0.795\,3x+32\,648$	0.755 7	$y=1.568\,4x-64\,304$	0.876 5*	$y=-1.564\,2x+64\,375$	0.907 5*
空气湿度	$y=0.001\,3x-52.304$	0.944 9**	$y=-0.001\,3x+55.465$	0.537 1	$y=0.003\,8x-154.78$	0.974 2**	$y=0.001\,4x-57.595$	0.968 3**
大气压强	$y=-0.005\,2x+312.95$	0.925 5**	$y=-0.013\,7x+662.99$	0.850 6*	$y=-0.002\,3x+193.07$	0.533	$y=0.000\,4x+82.794$	0.182 5
土壤含水量	$y=0.000\,5x-22.298$	0.991 4**	$y=0.000\,6x-26.013$	0.877 5*	$y=0.001x-42.578$	0.981 3**	$y=-0.000\,04x+1.697\,7$	0.116 5

1.4.5　小结

烤烟是喜温作物,大气温度在 25～28℃ 时最有利于提高烟叶的品质,温度高于 35℃ 时干物质的消耗大于积累,烟叶质量明显降低,成熟期温度在 20℃ 以上并持续 30 天左右,昼夜温差大,积温在 2200～2800℃,且大田生育期光照时数大于 500h 时有利于形成高品质烟叶。本试验研究发现,豫中地区 4 月 28 日至 5 月 24 日移栽处理全生育期日均温为 25～26.5℃,活动积温为 2249.80～2581.38℃,成熟期日均温及全生育期光照时数均达到适宜条件。随着移栽期的后移,全生育期昼夜温差和活动积温逐渐降低,过晚移栽时烟草大田生长所需的活动积温减少,烟叶干物质积累较少,不利于优质烟叶生产。较高的土壤温度对烟草地上部分和地下部分生长均有重要的促进作用,调整移栽期对烟草各生育期土壤日均温、土温日较差和积温等的调节效应均与大气温度一致。试验结果表明:调整移栽期对烟草大田全生育期及各生育期温度产生极大影响,推迟移栽期显著降低了烟草全生育期的光照时数和光照强度,表现出极强的气候调节效应,4 月 21 日至 5 月 12 日移栽处理的大气温度和土壤温度较为适宜形成高品质烟叶。水分是保证烟株生长的重要因素,充足且与烟草生长需水规律相符合的降水量,是形成高品质烟叶的重要保证。试验结果表明：各处理空气湿度在 72.35%～76.26%，4 月 28 日和 5 月 5 日移栽处理的降水量分别为 428.5mm 和 441.2mm，且烟株在 7 月、8 月进入旺长期，基本可满足优质烟叶对水分的需求。

1.5　豫中烟区基于不同移栽期烟叶品质风格的气候指标研究

摘要：为明确优质烟叶生产所需的气候指标，探索了浓香型风格成因，通过调整移栽期，改变了烟叶不同生育阶段气候配置，并评价了烟叶风格品质。结果表明，调整移栽期对各气候指标影响较大，以日均温变化最突出；烟叶浓香型风格也随移栽期推迟而减弱，表现出正甜香。根据烟叶对光、温等气候条件的需要，最佳移栽在 4 月底至 5 月上旬，典型浓香型烟叶第 7 片叶、第 13 片叶、第 19 片叶发育期间所需有效积温为 900～1200℃，日平均温度为 24.5～27.5℃，气温日较差为 10.0～12.5℃，光照时数为 135h 左右；伸根期、旺长期和成熟期所需的光照时数分别为 350h、400h 和 550h 左右，日均温分别为 21～23.5℃、26.6℃和 27℃左右，气温日较差伸根期和旺长期为 13.0℃，成熟期为 9.0℃左右，有效积温伸根期为 350℃，旺长期为 550℃，成熟期为 900℃。

生态条件是影响烟叶生长发育和产质量形成的重要因素。充足的光照、丰富且适宜的热量及时段分配合理的降水是生产出特色优质烟叶的重要条件。在诸多生态因子中，光、温、水等气候因子是导致烟叶质量风格存在差异的主要生态学外因。因此，研究气候条件对烟叶风格及优质烟叶生产的影响有重要意义。豫中是典型的浓香型烟叶产区，深入研究优质浓香型烟叶形成所需的气候指标对于提升烟叶质量和彰显浓香型特色十分重要。本试验以河南襄城县为试验地点，通过设置不同移栽期，系统研究典型浓香型烟叶对光热条件的需求参数，探索烟叶不同生长发育阶段和不同部位烟叶生长发育期间光温条件的变化和其对烟叶品质特征的影响，为通过农艺措施合理安排生长季节、调节烟草生长发育、指导优质浓香型烟叶生产提供理论依据（杨园园等，2014）。

试验在河南省襄城县王洛镇进行，选取土壤肥力中等且肥力均匀的地块，按照当地栽培措施进行施肥和灌溉。试验品种为中烟 100。共设置 6 个处理水平（T1～T6），分别为 4 月 14 日、4 月 22 日、5 月 2 日、5 月 11 日、5 月 22 日、6 月 1 日移栽。使用北京澳作生态仪器有限公司的 HOBO/NRG 小型气象监测站监测气象条件，监测的主要指标有太阳总辐射、光合有效辐射、大气压强、大气温度、空气湿度、土壤温度、土壤湿度、风速、降水量。使用辽宁锦州阳光气象科技有限公司的太阳光谱分析系统采集光照数据，测量的主要指标包括各波段光谱及不同光质强度和光照时数。日均温取每天 24 个数据的平均值,气温日较差取日最大温度值与日最小温度值之差,各生育期有效积温=∑(日均温–10℃),各生育期降水量=∑日降水量,各生育期光照时数=∑日光照时数。

生育期的划分:伸根期(移栽—团棵)、旺长期(团棵—打顶)、成熟期(打顶—采收完毕)。从叶片长至 1~2cm 时记录时间,至叶片采收结束,计算叶片整个生长发育期间的气候状况。烟叶质量特色感官评价指标包括风格特色、品质特征和总体评价;风格特色指标包括香型、香韵、香气状态、烟气浓度和劲头;品质特征包括香气特性、烟气特性和口感特性,采用 0~5 等距标度评分法进行量化评价。

1.5.1 不同移栽期条件下各部位烟叶生长过程中气候参数差异

从图 1-32 可知,不同部位烟叶生长过程中的光照时数随移栽期的调整变化显著不同,在所设置的移栽期范围内,随着移栽期的推迟,下部叶(第 7 片)生长过程中光照时数先升高后降低,提前或推迟移栽都会缩短下部叶生长过程中光照时数;中部叶(第 13 片)和上部叶(第 19 片)生长过程中光照时数则总体减少,特别是上部叶在 5 月 2 日以后移栽光照时数显著下降。调整移栽期对不同部位烟叶生长过程中的日均气温影响较大,除少数处理差异不显著外,随移栽期推迟,3 个部位叶片生长过程中日均气温均表现为先升高再降低的单峰曲线变化,最大

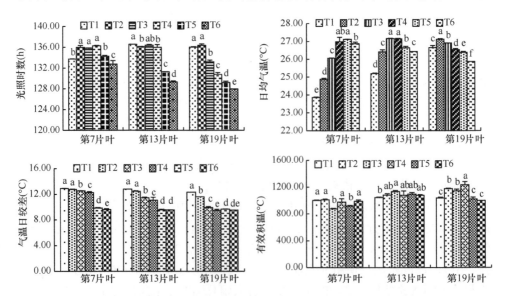

图 1-32 不同移栽期条件下各部位叶片生长发育过程中气候参数的变化

不同字母代表不同处理之间在 0.05 水平差异显著,下同

值依次为 5 月 22 日、5 月 2 日、4 月 22 日，表明早移栽对于下部叶发育温度过低，晚移栽对于上部叶发育温度过低。3 个部位叶片生长过程中气温日较差均是 4 月 14 日、4 月 22 日较高，5 月 22 日、6 月 1 日较低，且部位间差异不大；5 月 2 日、5 月 11 日随着叶片部位的升高逐渐降低。不同部位有效积温差异达到显著水平的处理较少，以中部叶的变化最为明显，由此可说明，烟叶完成生长发育与生育期天数无关，主要由是否能达到一定有效积温决定。

从图 1-33 可以看出，除 5 月 11 日移栽处理中部叶和上部叶接受的降水量较大外，3 个部位叶片 4 月 14 日、4 月 22 日、5 月 2 日、5 月 11 日移栽处理接受的降水量均较少，这对烟叶的生长发育极为不利。5 月 22 日、6 月 1 日移栽处理下部叶接受降水量 150mm 以上，中上部叶均在 200mm 以上，能够满足烟叶生长发育对水分的需求。

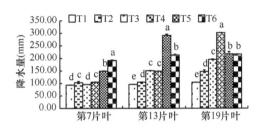

图 1-33　不同移栽期各部位叶片生长发育过程中降水量的变化

1.5.2　不同移栽期条件下各生育期气候参数差异

从表 1-24 可以看出，不同生育期气候条件的变化与不同部位叶片生长过程中气候条件的变化规律相似。光照时数和有效积温总体表现出随移栽期推迟呈先升高再降低的单峰曲线变化趋势，但峰值出现时间由伸根期的 5 月 22 日，到旺长期的 5 月 2 日，再到成熟期的 4 月 22 日，表现出早移栽对前期发育不利，晚移栽对后期发育不利。日均气温随移栽期的调整变化较大，伸根期有显著上升的趋势，旺长期上升趋势渐缓，5 月 2 日、5 月 11 日、5 月 22 日移栽的差异不显著，成熟期日均气温大体逐渐下降，且达到显著水平。气温日较差为伸根期>旺长期>成熟期，且 5 月 11 日、5 月 22 日、6 月 1 日移栽的伸根期气温日较差较高，旺长期和成熟期整体较低。5 月 11 日、5 月 22 日移栽的伸根期降水量和 4 月 14 日、4 月 22 日移栽的旺长期降水量极少，不利于烟叶生长发育，需要灌溉为烟叶生长发育提供水分；4 月 14 日、4 月 22 日、5 月 2 日移栽的成熟期降水量最为合适，既能满足烟叶生长发育的需要，又不影响烟叶成熟落黄，而 5 月 11 日、5 月 22 日、6 月 1 日移栽的降水量较大，容易造成烟叶贪青晚熟。

表 1-24 不同移栽期条件下各生育期气候参数差异

时期	移栽期 (月-日)	光照时数 (h)	日均气温 (℃)	气温日较差 (℃)	有效积温 (℃)	降水量 (mm)
伸根期	04-14	279.59c	20.07f	11.80d	258.54d	52.53a
	04-22	285.46c	21.13e	12.95c	281.85d	11.20b
	05-02	343.19b	22.01d	12.93c	360.24c	11.80b
	05-11	372.61ab	23.20c	14.51a	414.04b	2.60b
	05-22	389.05a	25.76b	14.95a	514.84b	6.13b
	06-01	349.35b	26.36a	13.71b	485.39a	45.33a
旺长期	04-14	334.10b	22.79d	14.02a	362.33d	5.00c
	04-22	304.75cd	23.87c	14.56a	355.98d	2.20c
	05-02	406.53a	26.23b	13.32b	562.51a	79.80b
	05-11	397.04a	26.50b	11.55c	561.08a	95.80a
	05-22	293.66d	26.34b	9.23e	419.35c	98.07a
	06-01	321.08bc	27.89a	10.43d	488.95b	83.53ab
成熟期	04-14	609.41b	27.22a	11.98a	889.81b	106.60c
	04-22	719.29a	27.06b	10.76b	1051.78a	151.40b
	05-02	569.83bc	27.22a	9.75c	855.15b	119.47bc
	05-11	511.77d	26.61c	9.61d	858.33b	209.80a
	05-22	553.13cd	26.06d	9.31e	813.99c	247.23a
	06-01	520.93cd	24.95e	8.81f	727.83d	208.90a

1.5.3 移栽期对烟叶质量特色的影响

从表 1-25 中可以看出,在烟叶的风格特色中,随着移栽期的推迟,烟叶的香型风格不会发生变化,但浓香型分值先升高后降低;提前或推迟移栽提高了烟气的焦甜香香韵和劲头,但会降低烟气的焦香香韵、烟气沉溢度及浓度;代表中间香型的正甜香香韵随着移栽期的推迟从无到有。在品质特征中,早移栽的处理烟气的香气质较好,5月2日、5月11日移栽的香气量大,透发性好;随着移栽期的推迟,烟气中的各种杂气,如生青气、青杂气、枯焦气和木质气分值逐渐升高,烟气的细腻度、柔和度和圆润感逐渐降低。由此可见,移栽较早的处理烟叶风格特色与品质特征得分较高,以4月22日、5月2日、5月11日移栽最佳。

表 1-25　不同移栽期第 13 片叶（C3F）风格品质变化

项目	指标		移栽期					
		4 月 14 日	4 月 22 日	5 月 2 日	5 月 11 日	5 月 22 日	6 月 1 日
风格特色	香型	香型	浓香型	浓香型	浓香型	浓香型	浓香型	浓香型
		得分	3.40	3.60	3.70	3.67	3.30	2.90
	香韵	干草香	2.60	2.20	2.40	2.20	2.75	2.67
		清甜香	0.00	0.00	0.00	0.00	0.00	0.00
		正甜香	0.00	0.00	0.00	0.00	1.00	1.50
		焦甜香	1.75	1.50	1.25	1.50	1.67	2.33
		清香	0.00	0.00	0.00	0.00	0.00	0.00
		木香	1.20	1.60	2.00	2.17	1.80	1.50
		坚果香	1.25	1.00	1.67	2.00	2.00	1.33
		焦香	3.20	3.20	3.33	3.33	3.17	2.83
		辛香	1.30	1.37	1.50	1.50	1.37	1.33
	香气状态	烟气沉溢度	3.30	3.50	3.80	3.63	3.00	3.33
		烟气浓度	3.40	3.40	3.50	3.67	3.30	2.90
		劲头	2.60	2.20	2.40	2.20	2.75	2.67
品质特征	香气特征	香气质	3.17	3.33	3.00	3.00	2.83	2.70
		香气量	3.00	3.00	3.30	3.67	3.00	2.83
		透发性	3.00	3.00	3.50	3.20	3.17	3.00
	杂气	生青气	1.00	1.00	1.00	1.33	1.50	2.25
		青杂气	1.00	1.00	0.00	0.00	1.80	2.00
		枯焦气	1.75	2.33	2.00	2.67	2.40	2.25
		木质气	1.00	1.00	1.50	1.67	1.67	2.00
	烟气特征	细腻度	3.17	3.00	2.50	2.33	2.30	2.20
		柔和度	3.17	3.00	2.50	2.83	2.33	2.30
		圆润感	3.17	3.00	2.60	2.60	2.33	2.33
	口感特性	刺激性	2.17	2.33	3.00	2.83	3.00	3.00
		干燥感	2.00	2.67	3.00	3.00	3.00	3.00
		余味	3.33	2.83	2.33	2.83	2.67	2.33

1.5.4　小结

调整移栽期后，各气候因子均发生较大变化，且不同部位叶片生长发育中和生育期气候变化规律相似，提前移栽对下部叶和伸根期的影响较大，推迟移栽对上部叶和成熟期的影响较大，提前或推迟都会使光照时数减少、日均气温和有效积温降低，可能是由于襄城县从 4～5 月光照时数逐渐变长，温度升高较快，6～8 月中下旬光照时数和气温都维持在较高水平，从 8 月底气温开始逐渐降低，日照变短，且襄城县 5～6 月降水较少，易干旱，雨水多集中于 7 月、8 月。

从试验结果看出，随着移栽期的推迟，成熟期的日均气温逐渐降低，烟叶浓香型显示度分值也逐渐降低，而正甜香分值则逐渐升高，表明成熟期日均气温与浓香型显示度有较大关联。此外，品质特征中烟气的细腻度、柔和度及圆润感分值随移栽期推迟逐渐降低，可能是由于移栽越早，成熟期越长，烟叶成熟落黄越好。

通过上述分析，在 4 月底到 5 月上旬移栽，烟叶生长期间气候条件配置优良，品质风格突出，能较好地彰显浓香型特色，是最优移栽期。此外，从最佳移栽期可以总结出浓香型特色烟叶生产所需的气候指标：典型浓香型烟叶第 7 片叶、第 13 片叶、第 19 片叶发育期间所需有效积温为 900～1200℃，日均气温为 24.5～27.5℃，光照时数为 135h 左右；伸根期、旺长期和成熟期所需光照时数分别为 350h、400h 和 550h 左右，日均气温分别为 21～23.5℃、26.6℃和 27℃左右，有效积温伸根期为 350℃，旺长期为 550℃，成熟期为 900℃。

1.6　移栽期和采收期对豫中烤烟上六片叶生育期及温度指标的影响

摘要： 为研究不同移栽期和采收期对豫中烟区上六片叶生育期温度指标的影响，确定适宜移栽期和采收期，以中烟 100 为材料，设置不同移栽期和采收期处理，使气候因子在烤烟上六片叶生育期重新配置。随着移栽期的后移，上六片叶生长期、成熟期及全生育期>0℃积温、>10℃积温、气温日较差、日均温>20℃天数、日最高温>30℃天数整体均呈逐渐降低趋势，上六片叶生长期的均温、>20℃积温都以 4 月 25 日移栽处理相对较高；在上六片叶成熟期，移栽期在 5 月 5 日前所对应不同采收期的均温都在 25℃以上，而 5 月 15 日移栽在采收期延迟 12 天时均温最低，为 24.6℃。采收期推迟，均温逐渐降低，气温日较差、日最高温>30℃天数变化不明显，各积温指标表现为升高趋势，延迟 12 天达到最高，其中成熟期>20℃积温在不同采收期的变化范围为 187.88～313.3℃，5 月 5 日前移栽延迟采收 6～12 天时，>20℃积温均可达到 240℃以上，变化范围为 242.48～313.3℃。在上六片叶生长过程中，日均温、气温日较差、日最高温>30℃天数受移栽期的影响大于采收期，日均温>20℃天数则与采收期关系密切，在 5 月 5 日之前移栽条件下，延迟采收时日均温下降不明显，但积温不断增加。

　　选择适宜的烤烟移栽期和采收期是生产优质烟叶的重要环节,烤烟移栽期和采收期不同,烟株各生育阶段的温度、光照和降水量等气候条件也有差异,进而影响烟叶的产量、质量和风格特色。在诸多气候因子中,温度与烟叶质量和风格特色的形成密切相关,成熟期温度是烟叶香型表现的决定因素,成熟期日均气温、成熟期日均地温和全生育期积温较高,昼夜温差较小是浓香型产区的共同特征(史宏志和刘国顺,2016)。豫中烟区是中国优质浓香型烟叶的典型代表区域,烟叶全生育期温度较高,热量丰富,尤其是在特定生态条件下发育而成的高成熟度上六片叶,具有香气浓郁芬芳、吃味醇厚丰富、焦油/烟碱量较低、安全性高的特点,近年来受到河南中烟工业有限责任公司等工业企业的青睐,在高端卷烟品牌建设中发挥了重要作用。但由于上六片叶生产标准体系尚未建立,上六片叶生产尚存在一定的盲目性,限制了上部叶质量和可用性的进一步提升与有效利用,因此科学建立优质上六片叶形成的生态标准和技术标准是当务之急。本试验旨在通过分析调整移栽期和采收期后上六片叶发育期间温度指标的变化,筛选出影响上六片叶质量风格的关键温度指标,为明确优质上六片叶形成所需的生态指标奠定基础(高真真等,2019a)。

　　试验于 2015~2017 年在河南省襄城县王洛镇进行,选取土壤肥力中等且肥力均匀的地块,按照当地的栽培措施进行施肥和灌溉,前茬作物为小麦,供试品种为当地主栽品种中烟 100。试验采用两因素完全随机设计,设计 4 个移栽期和 4 个采收期共 16 个处理(表 1-26),每个处理 3 次重复,取 3 年平均数据。当地传统的移栽期和采收期分别为 4 月 25 日、8 月 26 日左右。行间距为 $1.2\text{m} \times 0.55\text{m}$,密度为 1019 株/$667\text{m}^2$,每个处理栽烟 100 株。成熟采收后,采用当地常规的方式烘烤。采集样品为每个处理的上六片叶。试验中详细记载烟株每一片烟叶的出现日期,以叶片长度达 2cm 作为一片新叶,打顶以后留好上六片叶,并将上六片叶第 1 片出现日期定为上六片叶出现期,准确记录打顶期及上六片叶大小不再变化时的定长期。本试验以上六片叶基本色为黄绿色,叶面 2/3 以上落黄,主脉发白,有成熟斑作为早收 6 天的采收标准;以上六片叶顶叶达到以黄为主,主脉全白发亮和侧脉大部分(2/3 以上)发白作为正常的采收标准,之后每隔 6 天采收 1 次,共延迟 12 天。烤烟整株留叶数根据当地常规采收方式一般为 18~22 片。

表 1-26　移栽期与采收期处理组合

移栽期	采收期			
	C1(提前 6 天采收)	C2(正常采收)	C3(延迟 6 天采收)	C4(延迟 12 天采收)
T1(提前 10 天移栽,时间 4 月 15 日)	T1C1	T1C2	T1C3	T1C4
T2(正常移栽,时间 4 月 25 日)	T2C1	T2C2	T2C3	T2C4
T3(延迟 10 天移栽,时间 5 月 5 日)	T3C1	T3C2	T3C3	T3C4
T4(延迟 20 天移栽,时间 5 月 15 日)	T4C1	T4C2	T4C3	T4C4

本研究>0℃、>10℃、>20℃积温的计算方法为 $K=N(T-C)$（K 为总积温，N 为天数，T 为日均气温，C 为基点温度）。烟草为喜温作物，一般来说生长期温度在 20℃ 以下很少会种植烟草，烟草在 22～28℃ 生长良好，在 20℃ 也能顺利生长，但在 20℃ 以下烟草生长不良，因此规定>20℃积温（即 20℃ 为基点温度）是烟草能够正常生长的有效积温。

1.6.1 移栽期和采收期对上六片叶生育期的影响

不同移栽期和采收期处理组合对烤烟上六片叶生育期的影响情况见表 1-27，由其可知，随着移栽期的推迟，烤烟上六片叶的出现期、定长期及采收期都持续向后推迟。移栽时间每推迟 10 天，上六片叶出现期及定长期与上一个移栽期相比间隔时间不断缩短，相应的上六片叶生长期和全生育期天数整体呈现不断减少的趋势，可能是因为后期温度较高，制造和积累了较多的光合产物，加速了烟株的生长。上六片叶成熟期天数变化不明显，正常成熟需要 31～32 天，上六片叶采收期每推迟 6 天，相应的成熟期及全生育期天数增加 6 天。

表 1-27 不同移栽期和采收期处理组合的烤烟上六片叶生育期变化

处理	时期（月-日）			天数		
	出现期	定长期	采收期	生长期	成熟期	全生育期
T1C1	06-10	07-13	08-14	34	32	66
T1C2	06-10	07-13	08-20	34	38	72
T1C3	06-10	07-13	08-26	34	44	78
T1C4	06-10	07-13	09-01	34	50	84
T2C1	06-18	07-20	08-20	33	31	64
T2C2	06-18	07-20	08-26	33	37	70
T2C3	06-18	07-20	09-01	33	43	76
T2C4	06-18	07-20	09-07	33	49	82
T3C1	06-24	07-25	08-25	32	31	63
T3C2	06-24	07-25	08-31	32	37	69
T3C3	06-24	07-25	09-06	32	43	75
T3C4	06-24	07-25	09-12	32	49	81
T4C1	06-29	07-29	08-30	31	32	63
T4C2	06-29	07-29	09-05	31	38	69
T4C3	06-29	07-29	09-11	31	44	75
T4C4	06-29	07-29	09-19	31	50	81

1.6.2 移栽期和采收期对烤烟上六片叶温度指标的影响

由表 1-28 可知，在上六片叶生长期，>10℃积温、昼夜温差、日均温>20℃天数、日最高温>30℃天数均随移栽期的推迟不断降低，>20℃积温表现为先升高后降低，以 4 月 25 日移栽处理的>20℃积温最高，为 234.96℃，5 月 15 日移栽处理的最低，为 226.55℃；生长期的日均气温随移栽期推迟变化趋势不明显，5 月 15 日、4 月 25 日移栽处理的日均温相对较高。

表 1-28 不同移栽期条件下上六片叶生长期（出现到定长）的温度指标

移栽时间（月-日）	日均气温（℃）	积温（℃）			昼夜温差（℃）	日均温>20℃天数	日最高温>30℃天数
		>0	>10	>20			
04-15	26.89	914.23	574.23	234.23	10.60	34	34
04-25	27.12	894.96	564.96	234.96	9.80	33	33
05-05	26.41	845.05	551.22	231.22	9.27	32	32
05-15	27.31	846.55	536.55	226.55	8.96	31	33

随着移栽期的后移（图 1-34），上六片叶成熟期的均温、各积温指标均不断降低，其中移栽期在 5 月 5 日前所对应不同采收期的均温都在 25℃以上，而 5 月 15 日移栽在延迟采收 12 天时均温最低，为 24.6℃；随着移栽期推迟，上六片叶成熟期昼夜温差逐渐升高，日均温>20℃天数变化不明显，均在 40～41 天；随着采收期推迟，上六片叶成熟期均温不断降低，日最高温>30℃天数较为稳定，各积温指标、气温日较差等不断升高，并在延迟采收 12 天时达到最大，此时>20℃积温为 313.3℃。综上分析，在 5 月 5 日前移栽条件下，延迟采收 6～12 天，可保证上六片叶成熟期均温在 25℃以上，>20℃积温在 240℃以上。

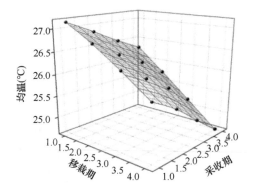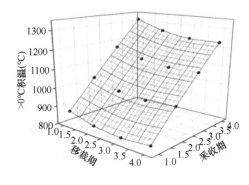

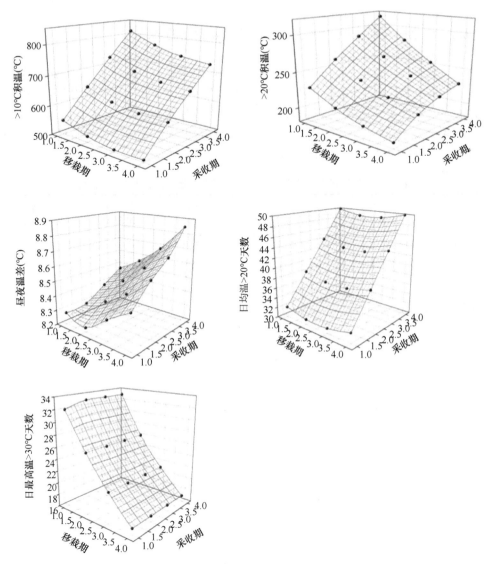

图 1-34　移栽期和采收期对烤烟上六片成熟期温度指标的交互影响

移栽期: 1.0 为 4 月 15 日, 2.0 为 4 月 25 日, 3.0 为 5 月 5 日, 4.0 为 5 月 15 日; 采收期: 1.0 为提前 6 天采收, 2.0 为正常采收, 3.0 为延迟 6 天采收, 4.0 为延迟 12 天采收; 下同

上六片叶全生育期气候指标整体都随着移栽期的后移表现为下降趋势 (图 1-35); 采收期推迟, 均温逐渐降低, 昼夜温差、日最高温>30℃天数变化不明显, 各积温指标、日均温>20℃天数整体表现为升高趋势, 5 月 5 日前移栽, >20℃ 积温在延迟采收 6~12 天时变化范围为 473.7~547.53℃。

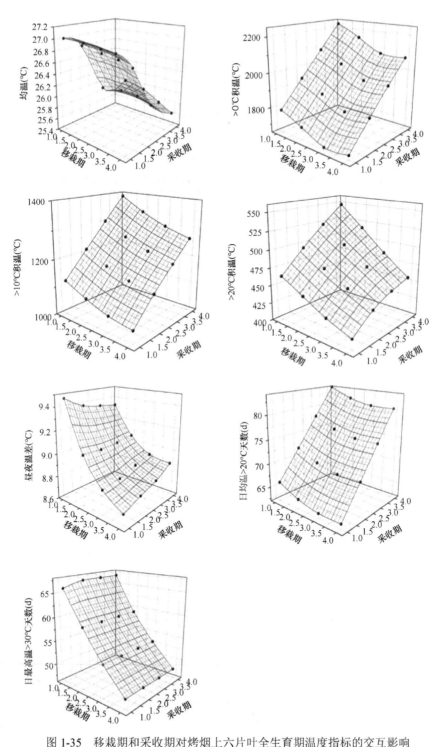

图 1-35　移栽期和采收期对烤烟上六片叶全生育期温度指标的交互影响

双因素方差分析表明（表 1-29），移栽期和采收期对烤烟上六片叶成熟期、全生育期各温度指标的影响均达到极显著水平，移栽期对日均气温、日最高温>30℃天数的影响大于采收期，对>0℃、>10℃积温的影响小于采收期，烤烟上六片叶采收期和移栽期对>20℃积温的影响差别不大。采收期对烤烟上六片叶成熟期气温日较差的贡献率较大，为 53.13%（该因素均方与总均方的比值×100%）（高真真等，2019a），而移栽期对全生育期昼夜温差的贡献率达到 99.44%。除日均温>20℃天数以外，两者交互对其他气象指标的影响均达到极显著水平。

表 1-29　不同移栽期和采收期对烤烟上六片叶生育期温度影响的方差分析

因素		日均气温	积温			气温日较差	日均温>20℃天数	日最高温>30℃天数
			>0	>10	>20			
烤烟上六片叶成熟期（上六片叶定长期到采收期）	移栽期 F	30 975.21	1.43×10^8	0.677×10^8	0.668×10^8	1 143.64	3.72×10^4	3.5×10^6
	P	<0.01**	<0.01**	<0.01**	<0.1**	<0.01**	<0.01**	<0.01**
	采收期 F	17 625.47	55.33×10^8	10.23×10^8	0.765×10^8	1 329.238	6.69×10^6	1 185.257
	P	<0.01**	<0.01**	<0.01**	<0.01**	<0.01**	<0.01**	<0.01**
	移栽期×采收期 F	129.48	2.74×10^6	1.529×10^6	1.64×10^6	28.771	0	1 185.257
	P	<0.01**	<0.01**	<0.01**	<0.01**	<0.01**	>0.05	<0.01**
烤烟上六片叶全生育期（上六片叶出现期到采收期）	移栽期 F	12 966.62	4.12×10^8	2.70×10^8	0.88×10^8	6 427.59	1.86×10^5	6.56×10^6
	P	<0.01**	<0.01**	<0.01**	<0.01**	<0.01**	<0.01**	<0.01**
	采收期 F	9 208.395	35.04×10^8	16.38×10^8	0.79×10^8	49.745	5.57×10^6	1 550.516
	P	<0.01**	<0.01**	<0.01**	<0.01**	<0.01**	<0.01**	<0.01**
	移栽期×采收期 F	179.221	1.73×10^6	2.45×10^6	1.70×10^6	86.934	0.152	1 583.732
	P	<0.01**	<0.01**	<0.01**	<0.01**	<0.01**	>0.05	<0.01**

对试验因素进行水平编码（表 1-30），由表 1-31 的决定系数可知模型模拟值与实测值拟合程度较高，可拟合试验结果，进而采用逐步回归分析不同移栽期和采收期对烤烟生育期温度的影响大小和二者关系的密切程度（表 1-31 和表 1-32）。结果表明，除昼夜温差外，移栽期和采收期对烤烟上六片叶成熟期各温度指标的影响都达到极显著水平，日均气温与采收期和移栽期呈现极显著负相关，而其他温度指标则与移栽期呈极显著负相关，与采收期呈极显著正相关；各积温指标与上六片叶采收期关系较为密切，而日均气温、日最高温>30℃天数则受移栽期的影响较大。

在烤烟上六片叶全生育期，>0℃积温、>10℃积温、>20℃积温、日均温>20℃天数都与移栽期呈极显著负相关，与采收期呈极显著正相关；除日均气温、日最高温>30℃天数受移栽期影响较大外，各积温指标都与上六片叶采收期关系密切；昼夜温差与移栽期和采收期都呈现极显著负相关，且与移栽期相关性较大（偏相关系数为–0.995）。

表 1-30　试验因素和水平编码

编码值	X_1 移栽期	X_2 采收期
1	X_{11}（4 月 15 日）	X_{21}（提前 6 天采收）
2	X_{12}（4 月 25 日）	X_{22}（正常采收）
3	X_{13}（5 月 5 日）	X_{23}（延迟 6 天采收）
4	X_{14}（5 月 15 日）	X_{24}（延迟 12 天采收）
变化区间	10	6

表 1-31　移栽期和采收期与烤烟上六片叶生育期温度指标的相关性

温度指标	上六片叶成熟期（上六片叶定长期到采收期）		上六片叶全生育期（上六片叶出现期到采收期）	
	趋势线方程	R^2	趋势线方程	R^2
日均气温	$Y=27.62-0.243X_1-0.169X_2-0.024X_1X_1-0.016X_2X_2-0.045X_1X_2$	0.999 15	$Y=27.46-0.40X_1+0.054X_1X_1-0.022X_2X_2-0.049X_1X_2$	0.905 77
>0℃积温	$Y=763.27-68.09X_1+167.26X_2+12.03X_1X_1-2.8X_2X_2-4.80X_1X_2$	0.999 95	$Y=1727.68-119.36X_1+167.25X_2+17.22X_1X_1-2.80X_2X_2-4.8X_1X_2$	0.997 14
>10℃积温	$Y=483.27-43.09X_1+107.26X_2+7.03X_1X_1-2.80X_2X_2-4.80X_1X_2$	0.999 87	$Y=1064.97-49.03X_1+107.25X_2+5.68X_1X_1-2.79X_2X_2-4.80X_1X_2$	0.999 89
>20℃积温	$Y=203.27-18.09X_1+47.26X_2+2.03X_1X_1-2.8X_2X_2-4.80X_1X_2$	0.998 94	$Y=434.97-14.026X_1+47.25X_2+0.68X_1X_1-2.79X_2X_2-4.80X_1X_2$	0.999 12
昼夜温差	$Y=8.23-0.059X_1+0.026X_2+0.021X_1X_1+0.005\ 6X_2X_2+0.021X_1X_2$	0.989 28	$Y=10.073-0.62X_1-0.12X_2+0.066X_1X_1+0.009\ 4X_2X_2+0.036X_1X_2$	0.997 65
日均温>20℃天数	$Y=37-0.5X_1+0.5X_2+6X_2X_2$	1	$Y=63-3.5X_1+6X_2+0.5X_1X_1$	1
日最高温>30℃天数	$Y=39.625-8.438X_1+0.613X_2+0.688X_1X_1-0.062\ 5X_2X_2-0.09X_1X_2$	0.991 3	$Y=74.63-9.44X_1+0.61X_2+0.69X_1X_1-0.063X_2X_2-0.09X_1X_2$	0.999 38

　　注：X_1 代表移栽期，X_2 代表采收期，在进行方程拟合时分别对其进行赋值；在非线性回归方程设计中已对各因素处理进行无量纲编码，各因子系数已经标准化，故可直接由拟合方程中系数的绝对值大小分析各因素的权重

表 1-32　移栽期和采收期与烤烟上六片叶生育期温度指标的偏相关系数

处理		日均气温	积温			昼夜温差	日均温 >20℃天数	日最高温 >30℃天数
			>0	>10	>20			
烤烟上六片叶成熟期（上六叶片定长期到采收期）	移栽期	−0.915**	−0.996**	−0.991**	−0.950**	−0.534	−1.000 **	−0.994**
	采收期	−0.845**	0.999**	0.998**	0.992**	0.269	1.000**	0.542**
	移栽期×采收期	−0.945**	−0.984**	−0.984**	−0.984**	0.836**	0	−0.543
烤烟上六片叶生育期（上六片叶出现期到采收期）	移栽期	−0.501	−0.926**	−0.993**	−0.926**	−0.995**	−1.000**	−0.995**
	采收期	0	0.960**	0.999**	0.993**	−0.888**	1.000**	0.542
	移栽期×采收期	−0.925**	−0.972**	−0.985**	−0.985**	0.969**	0	−0.543

烤烟上六片叶不同生育阶段，除日均温>20℃天数、日最高温>30℃天数外，各温度指标都受到移栽期和采收期交互作用的影响。综合来看，上六片叶延迟采收需要配合相对较早的移栽期，以保证上六片叶发育期间温度条件得到充分满足。

1.6.3 小结

移栽期和采收期是烤烟生长发育过程中的重要环节，关系到烟叶的产量和品质。通过调整移栽期和采收期，可使烟叶生长发育处于较适宜的条件，实现各生育期之间光、温、水等气候因子的最佳匹配。本试验结果表明，除日均温>20℃天数、日最高温>30℃天数外，上六片叶生长过程中各温度指标都受到移栽期和采收期显著的交互影响。移栽期和采收期过早、过晚都会影响烤烟大田期的温度指标，因此适当调节移栽期和采收期实现上六片叶田间生长过程中温度指标的优化配置，对于进一步提高烤烟上六片叶的可用性有重大意义。

烟叶生长期间的温度变化对烟叶风格和品质有重要影响，随移栽期和采收期的改变，烟叶质量风格表现出不同的变化趋势。史宏志和刘国顺（2016）认为，成熟期较高的日均气温是浓香型烟叶形成的重要条件，典型浓香型烟叶的形成一般需要成熟期温度达到25℃以上，低于25℃浓香型风格弱化，因此适当提早移栽可以保证烟叶成熟期有较高的温度条件，促进浓香型特色的彰显。本试验表明，在上六片叶成熟期随着移栽期的推迟日均气温呈下降趋势，移栽期在5月5日前所对应不同采收期的均温都在25℃以上，而5月15日移栽在延迟采收12天时均温最低，为24.6℃。因此适当提早移栽增加上六片叶成熟期的均温，对上六片叶浓香型特色的锻造起到关键性作用。相关分析显示，在上六片叶成熟期，日最高温>30℃天数与移栽期呈极显著负相关，移栽期后移，日最高温>30℃天数呈下降趋势，而采收期延迟，日最高温>30℃天数变化较小，进一步说明移栽期的推迟可能会导致烤烟浓香型典型性的下降。在本试验范围内，延迟采收期不影响烤烟浓香型烟叶的典型性。方差分析显示，积温受采收期的影响大于移栽期，且与采收期呈极显著正相关。在上六片叶成熟期，>20℃积温在不同采收期的变化范围为187.88~313.3℃，在5月5日前移栽延迟采收6~12天时，>20℃积温均可达到240℃以上，变化范围为242.48~313.3℃，随采收期延迟，>20℃积温不断增加。高成熟度是上六片叶质量的核心，与烟叶的色香味密切相关。适当推迟采收，不仅仅能够改善烟叶的外观质量，更能提高其内在品质。因此适当延迟采收期，>20℃积温增加，从而可提高上六片叶的成熟度和增加其可用性。烤烟整个生育期的气温日较差受移栽期的影响较大，且随着移栽期的后移整体呈现下降的趋势，以较晚移栽的处理5月15日最低，上六片叶生长期、成熟期气温日较差（不同采收期的均值）的变化范围分别为8.96~10.6℃、8.36~8.64℃，成熟期气温日较差总体较小，符合浓香型烟区气温日较差小的特点。鉴于以上分析，优质上六片叶的生产受移栽期和采收期的交互影响显著，适当提前移栽期、延迟采收期可能有利于提高烟叶成熟期温度，增加>20℃积温，进而促进上六片叶质量提升和浓香型特色彰显。关于移栽期和采收期对上六片叶质量与品质影响的机理还需进行进一步研究。

本研究可得到如下结论：豫中烟区上六片叶生长期间温度指标的变化与移栽期和采收期密切相关。均温、气温日较差、日最高温>30℃天数受移栽期的影响大于采收期，而活动积温（>0℃积温）、有效积温受采收期的影响较大，通过调整移栽期和采收期可以显著影响烤烟上六片叶生育期的温度指标，进而影响烟叶的质量和风格特色，5 月 5 日之前移栽条件下均温都在 25℃以上，延迟采收时均温下降不明显，上六片叶浓香型特色不受影响，但积温不断增加，烟叶质量得到不断提升。

1.7　成熟期温度对豫中烟区浓香型烤烟上六片叶产质量的影响

摘要： 明确豫中烟区烤烟上六片叶生育期温度和光照因子对烟叶质量特色的影响，明确优质上六片叶形成所需的气候指标。设置移栽期和采收期大田试验，测定上六片叶生长发育阶段的光、温等气候参数，研究其与上六片叶产质量的关系。结果表明：①上六片叶浓香型典型性与日最高温>30℃天数、成熟期日均温和>20℃积温显著相关，当上六片叶成熟期和生育期日最高温>30℃天数分别为 25～33 天和 52～70 天、成熟期日均温达 25.26～27.14℃时，浓香型特征明显。②本研究范围内，上六片叶浓香型特征随>20℃积温增加不断增强。③上六片叶质量与上六片叶成熟期和生育期积温关系更为密切，当上六片叶成熟期>0℃、>10℃、>20℃积温分别为 1122.97～1268.26℃、692.97～871.39℃、262.97～313.3℃，生育期分别为 2018.0～2332.8℃、1257.9～1425.9℃、497.9～544.5℃，同时成熟期和生育期光照时数分别达到 264.0～347.2h 和 464.5～545.5h 时，上六片叶质量较好。生育期与成熟期温度较高、热量丰富、光照充足是形成优质典型浓香型上六片叶的重要条件，适当推迟上部叶采收时间，增加积温，可以在保证浓香型风格典型性的条件下显著提升上部叶质量。

气候条件是影响烟草生长发育和质量特色形成的重要因素。我国烟叶分布地域较广，光、温、水等气候条件有较大差异，这是不同产区烟叶风格特色存在显著差异的重要原因。河南襄城县是浓香型烟叶的典型产区，享有"烟叶王国"的美誉，烟叶生育期温度较高，热量丰富，对上部叶发育和成熟十分有利。优质上六片叶香气浓郁芬芳、吃味醇厚丰富、焦油与烟碱量比值较低，近年来受到工业企业的青睐，在高档卷烟品牌中发挥了重要的调香作用。优质上六片叶生产对生态条件和栽培技术要求较高，但目前由于上六片叶生产技术指标体系不够完善，生产中存在一定的盲目性，限制了上部叶质量潜力的进一步发挥，因此科学建立优质上六片叶生产的生态指标和技术体系至关重要。为此，我们在豫中烟区开展了气候因子与上六片叶质量和浓香型典型性的关系研究，以筛选影响上六片叶质量形成的关键气候因子，并确定其指标范围，旨在为豫中烟区优质上六片叶生产技术体系的建立提供依据和支撑（高真真等，2019b）。

试验于2015～2017年在河南省襄城县王洛镇进行，前茬作物为小麦，土壤肥力中等且肥力均匀，供试品种为当地主栽品种中烟100。本试验采用裂区设计，设4个移栽期和4个采收期共16个处理，重复3次，共48个小区，每个小区面积为66m^2，每个处理组合栽烟100株。移栽行株距为1.2m×0.55m，按照当地的栽培措施进行施肥和灌溉。每亩施氮量3.0kg，氮磷钾比例为1：2：4。试验处理组合见表1-33。当地传统的移栽期和采收期分别为4与25日、8月26日左右。成熟采收后，采用三段式工艺烘烤。采集样品为每个处理的上六片叶。

表1-33 不同移栽期与采收期处理组合

移栽期	采收期			
	C1（提前6天采收）	C2（正常采收）	C3（延迟6天采收）	C4（延迟12天采收）
T1（提前10天移栽，时间4月15日）	T1C1	T1C2	T1C3	T1C4
T2（正常移栽，时间4月25日）	T2C1	T2C2	T2C3	T2C4
T3（延迟10天移栽，时间5月5日）	T3C1	T3C2	T3C3	T3C4
T4（延迟20天移栽，时间5月15日）	T4C1	T4C2	T4C3	T4C4

试验中详细记载烟株每片烟叶出现日期，以叶长至2cm作为1片新叶，打顶后留好上六片叶，并将上六片叶第1片出现日期定为上六片叶出现期，准确记录上六片叶大小不再变化时的定长日期，并将上六片叶第1片叶从出现到定长的这段时间称为上六片叶伸长期；将定长到采收的时间作为上六片叶成熟期；将上六片叶出现到采收的时间作为上六片叶生育期。本试验以上六片叶基本色为黄绿色，叶面2/3以上落黄，主脉发白，有成熟斑作为早收6天的采收标准；之后每隔6天采收1次，详情见表1-33。

1.7.1 烤烟上六片叶生育期气候因子与上六片叶经济性状的关系

由表1-34可知，上六片叶产量、平均单叶重与上六片叶成熟期日均温呈极显著正相关。图1-36显示，上六片叶产量、平均单叶重随成熟期日均温的升高逐渐增大，日均温达到27℃时，二者变化缓慢并趋于稳定；随上六片叶成熟期昼夜温差上升，上六片叶产量、平均单叶重呈指数下降趋势。上等烟比例、均价与上六片叶生育期和成熟期积温指标、光照时数均呈极显著正相关（表1-34），随>20℃积温的增加，上等烟比例、均价增幅较高（图1-37）。此外，在各气候指标中，>20℃积温对产值的影响较为显著。可见>20℃积温与上六片叶的经济性状密切相关。

表1-34　烤烟上六片叶生育期气候因子与上六片叶经济性状的相关系数

气候因素	上六片叶生长阶段	产量	产值	上等烟比例	平均单叶重	均价
日均温	上六片叶成熟期	0.70**	0.31	−0.13	0.84**	−0.22
	上六片叶生育期	0.58*	0.17	−0.26	0.78**	−0.3
昼夜温差	上六片叶成熟期	−0.73**	−0.25	0.24	−0.90**	0.34
	上六片叶生育期	0.25	0.36	0.32	0.28	0.29
>0℃积温	上六片叶成熟期	−0.44	0.31	0.77**	−0.67**	0.86**
	上六片叶生育期	−0.36	0.38	0.79**	−0.57*	0.88**
>10℃积温	上六片叶成熟期	−0.38	0.37	0.79**	−0.60*	0.88**
	上六片叶生育期	−0.29	0.44	0.82**	−0.50*	0.89**
>20℃积温	上六片叶成熟期	−0.03	0.63**	0.78**	−0.18	0.84**
	上六片叶生育期	0.03	0.61**	0.79**	−0.12	0.84**
日均温>20℃天数	上六片叶成熟期	−0.52*	0.23	0.72**	−0.75**	0.82**
	上六片叶生育期	−0.43	0.32	0.78**	−0.66**	0.86**
日最高温>30℃天数	上六片叶成熟期	0.41	0.49*	0.35	0.44	0.32
	上六片叶生育期	0.42	0.50*	0.36	0.44	0.32
光照时数	上六片叶成熟期	−0.44	0.32	0.78**	−0.68**	0.87**
	上六片叶生育期	−0.21	0.49*	0.85**	−0.44	0.90**
降水量	上六片叶成熟期	−0.21	0.41	0.71**	−0.32	0.78**
	上六片叶生育期	−0.42	0.32	0.79**	−0.70**	0.85**

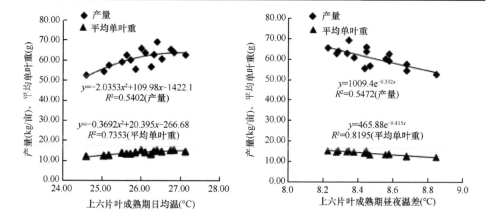

图1-36　上六片叶产量、平均单叶重与上六片叶成熟期温度指标的关系

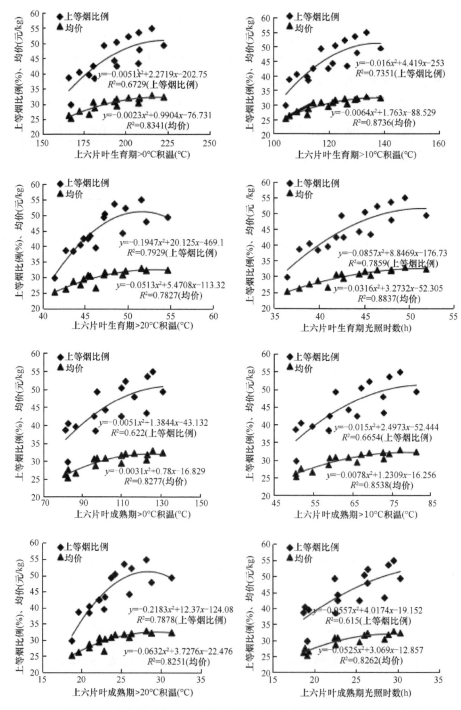

图1-37 上六片叶上等烟比例、均价与不同生育期气候指标的关系

为减少误差，图中横坐标统一缩小至原来的1/10

1.7.2　烤烟上六片叶生育期气候因子与上六片叶化学成分的关系

对不同气候因子与上六片叶主要化学成分含量进行相关分析，由表 1-35 可知，还原糖、烟碱和钾含量与气候因子相关性较大，还原糖、烟碱含量与上六片叶生育期多个气候指标均呈极显著正相关，尤其受上六片叶生育期和成熟期积温指标、光照时数的影响较大。钾含量与上六片叶成熟期昼夜温差、成熟期日均温的正相关性均达到极显著水平，其中成熟期日均温对钾含量影响最大，相关系数为 0.82。

表 1-35　烤烟上六片叶生育期气候因子与化学成分的相关系数

气候因素	上六片叶生长阶段	还原糖	钾	氯	烟碱	总氮	总糖
日均温	上六片叶成熟期	−0.78**	0.82**	0.44	−0.11	−0.51*	−0.67**
	上六片叶生育期	−0.70**	0.77**	0.48	−0.19	−0.54*	−0.69**
昼夜温差	上六片叶成熟期	0.82**	−0.81**	−0.37	0.24	0.48	0.60*
	上六片叶生育期	−0.29	0.48*	0.59*	0.41	−0.48	−0.54*
>0℃积温	上六片叶成熟期	0.78**	−0.47	0.07	0.85**	0.11	0.03
	上六片叶生育期	0.69**	−0.34	0.18	0.89**	0.02	−0.1
>10℃积温	上六片叶成熟期	0.73**	−0.4	0.13	0.88**	0.06	−0.05
	上六片叶生育期	0.64**	−0.28	0.19	0.92**	−0.06	−0.15
>20℃积温	上六片叶成熟期	0.38	−0.14	0.36	0.90**	−0.22	−0.43
	上六片叶生育期	0.33	0.07	0.37	0.89**	−0.23	−0.47
日均温>20℃天数	上六片叶成熟期	0.83**	−0.55*	0.05	0.79**	0.19	0.14
	上六片叶生育期	0.76**	−0.44	0.09	0.86**	0.11	0.02
日最高温>30℃天数	上六片叶成熟期	−0.34	0.57*	0.59*	0.44	−0.53*	−0.67**
	上六片叶生育期	−0.35	0.58*	0.58*	0.45	−0.52*	−0.67**
光照时数	上六片叶成熟期	0.81**	−0.49*	0.02	0.85**	0.17	0.04
	上六片叶生育期	0.59*	−0.22	0.21	0.93**	−0.01	−0.2
降水量	上六片叶成熟期	0.41	−0.12	0.41	0.84**	−0.24	−0.29
	上六片叶生育期	0.82**	−0.51*	−0.05	0.84**	0.25	0.11

1.7.3　烤烟上六片叶生育期气候因子与上六片叶质量特色的关系

由表 1-36 可知，上六片叶浓香型显示度与多个气候指标的相关关系达到极显著水平，尤其与上六片叶成熟期日均温和日最高温>30℃天数均呈极显著的正相关关系，且受到成熟期和生育期>20℃积温的显著影响；烟叶感官品质整体均与上六片叶成熟期和生育期积温指标、日均温>20℃天数及光照时数呈极显著正相关，尤其受上六片叶成熟期积温影响更大，其中香气质、香气量与烤烟上六片叶品质密切相关。

表 1-36　烤烟上六片叶生育期气候因子与感官品质的相关系数

气候因素	上六片叶生长阶段	浓香型显示度	烟气浓度	劲头	香气质	香气量	杂气	刺激性	余味
日均温	上六片叶成熟期	0.62**	−0.31	−0.31	−0.38	−0.27	−0.24	0.1	−0.09
	上六片叶生育期	0.45	−0.34	−0.35	−0.42	−0.4	−0.35	−0.03	−0.27
昼夜温差	上六片叶成熟期	−0.57**	0.42	0.4	0.47	0.38	0.28	0.026	0.22
	上六片叶生育期	0.50*	0.26	0.2	0.12	0.19	−0.01	0.38	0.33
>0℃积温	上六片叶成熟期	0.13	0.92**	0.90**	0.89**	0.85**	0.68**	0.64**	0.79**
	上六片叶生育期	0.23	0.93**	0.90**	0.88**	0.85**	0.65**	0.69**	0.81**
>10℃积温	上六片叶成熟期	0.22	0.93**	0.91**	0.89**	0.87**	0.690**	0.69**	0.82**
	上六片叶生育期	0.32	0.93**	0.91**	0.88**	0.87**	0.688**	0.74**	0.85**
>20℃积温	上六片叶成熟期	0.58*	0.84**	0.81**	0.77**	0.79**	0.64**	0.81**	0.83**
	上六片叶生育期	0.63**	0.82**	0.80**	0.75**	0.78**	0.64**	0.82**	0.83**
日均温>20℃天数	上六片叶成熟期	0.02	0.89**	0.87**	0.87**	0.82**	0.64**	0.56*	0.73**
	上六片叶生育期	0.14	0.92**	0.90**	0.89**	0.85**	0.66**	0.64**	0.79**
日最高温>30℃天数	上六片叶成熟期	0.69**	0.27	0.24	0.15	0.23	0.11	0.48	0.39
	上六片叶生育期	0.70**	0.27	0.24	0.16	0.24	0.12	0.49*	0.4
光照时数	上六片叶成熟期	0.13	0.92**	0.90**	0.91**	0.87**	0.72**	0.65**	0.80**
	上六片叶生育期	0.4	0.93**	0.90**	0.88**	0.89**	0.71**	0.78**	0.88**
降水量	上六片叶成熟期	0.38	0.81**	0.77**	0.71**	0.72**	0.50*	0.67**	0.74**
	上六片叶生育期	0.12	0.90**	0.91**	0.91**	0.88**	0.73**	0.62**	−0.21

上六片叶浓香型显示度与日最高温>30℃天数、成熟期日均温及日均温>20℃积温密切相关。从图 1-38 可知，在上六片叶成熟期，当日均温为 25.5～27.17℃时，浓香型特征明显，浓香型显示度分值均在 7.5 以上，当成熟期日均温低于 25.26℃或高于 27.14℃时浓香型风格出现弱化；生育期日最高温>30℃天数在 25～33 天时对应的浓香型显示度较高，均在 7.5 以上；上六片叶生育期日最高温>30℃天数在 52～70 天时浓香型特征较为明显；一定范围内，浓香型风格随>20℃积温的增加不断强化。

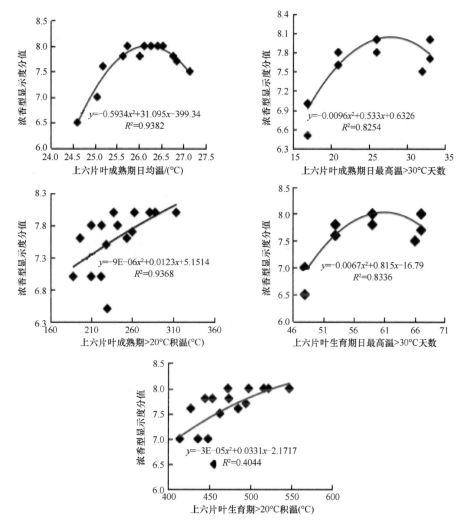

图 1-38　浓香型显示度与上六片叶不同生育期气候因子的关系

　　上六片叶质量受成熟期、生育期积温影响较大，上六片叶成熟期以香气质、香气量为代表的感官品质分值均在 7、7.5 以上时（图 1-39），上六片叶质量较好，此时>0℃、>10℃、>20℃积温需分别达到 1122.97~1268.26℃、692.97~871.39℃、262.97~313.3℃，同时日均温>20℃天数为 51~55 天、光照时数为 264.0~347.2h；上六片叶生育期的香气质、香气量分值均在 7、7.5 以上时，需>20℃积温达到 497.9~544.5℃，>0℃、>10℃积温分别达到 2018.0~2332.8℃、1257.9~1425.9℃，日均温>20℃天数和光照时数分别达到 76~94 天、464.5~545.5h（表 1-37）。

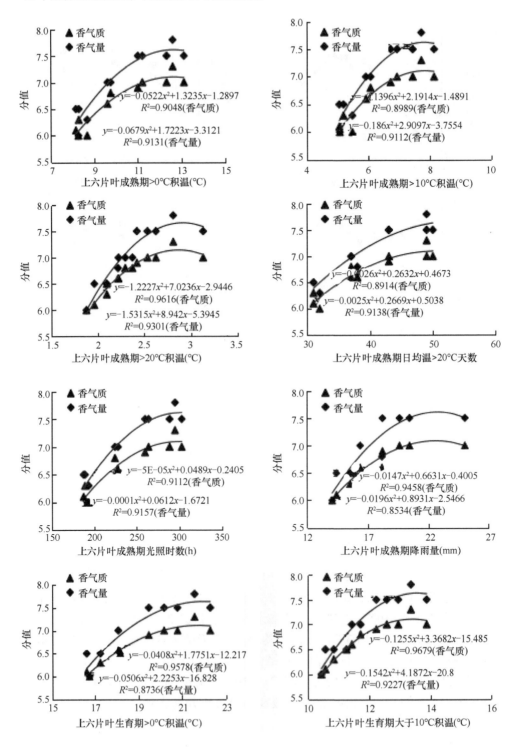

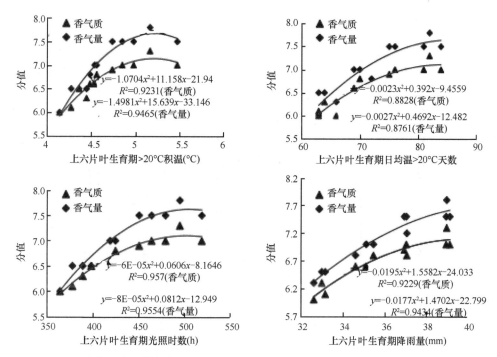

图 1-39　香气质、香气量与上六片叶不同生育期气候因子的关系

为减小误差，图中除光照时数、日均温>20℃天数外，其他气候因子在作图时横坐标均缩小至原来的1/100

1.7.4　小结

气候因子包括温度、光照、降水等多项，是影响烟叶风格特色形成的关键因子。烟草不同生育阶段各气候因子对烟叶质量特色的影响不尽相同，筛选出影响烤烟上六片叶生育期烟叶质量特色的主要因子，确定形成优质上六片叶所需的气候指标，有利于合理确定上六片叶开发区域，充分挖掘上部叶质量潜力，满足工业企业对高端卷烟原料的需求。本试验结果表明，温度因子对烤烟上六片叶经济性状、主要化学成分、感官品质和风格特色有显著影响，丰富的热量是优质上六片叶形成的重要条件。上六片叶产量、平均单叶重随上六片叶成熟期日均温的增加显著上升，这与较高的日均温有利于促进叶片扩展开片和物质积累有关。本试验中上六片叶的主要化学成分还原糖和烟碱含量与上六片叶生育期及成熟期积温指标、光照时数整体均呈极显著正相关，通过延迟采收增加积温，可促进糖分和烟碱含量提高，这与高成熟度烟叶中淀粉等大分子碳水化合物降解增加、烟碱不断从根系运输至叶片进行积累有关。

表1-37 上六片叶不同生育期感官品质随气候因子的变化趋势

感官品质指标	气候因子	成熟期				生育期			
		趋势线方程	R^2	y最大时x值	y值较好时x的取值范围	趋势线方程	R^2	y最大时x值	y值较好时x的取值范围
浓香型显示度	均温（℃）	$y=-0.5934x^2+31.095x-399.34$	0.94**	26	25.26~27.14	$y=-0.688x^2+36.378x-472.89$	0.76**	26.50	25.5~27.0
	最高温>30℃天数	$y=-0.009x^2+0.533x+0.6326$	0.83**	29	25~33	$y=-0.0067x^2+0.815x-16.79$	0.83**	61.00	52~70
香气质	>0℃积温（℃）	$y=-0.0522x^2+1.3235x-1.2897$	0.91**	1267.7	1122.97~1268.26	$y=-0.0408x^2+1.7751x-12.217$	0.96**	2175.40	2018.0~2332.8
	>10℃积温（℃）	$y=-0.1396x^2+2.1914x-1.4891$	0.90**	784.9	692.97~871.39	$y=-0.1255x^2+3.3682x-15.485$	0.97**	1341.90	1257.9~1425.9
	>20℃积温（℃）	$y=-1.2227x^2+7.0236x-2.9446$	0.96**	287.2	262.97~313.30	$y=-1.0704x^2+11.158x-21.94$	0.92**	521.20	497.9~544.5
	日均温>20℃天数	$y=-0.0026x^2+0.263x+0.4673$	0.89**	51	51~55	$y=-0.0023x^2+0.392x-9.4559$	0.88**	85.00	76~94
	光照时数（h）	$y=-5E-05x^2+0.0489x-0.2405$	0.91**	305.0	264.0~347.2	$y=-6E-05x^2+0.0606x-8.1646$	0.96**	505.00	464.5~545.5
	降雨量（mm）	$y=-0.0147x^2+0.6631x-0.4005$	0.95**	225.54	196.05~250.37	$y=-0.0195x^2+1.5582x-24.033$	0.92**	415.31	370.71~428.37
香气量	>0℃积温（℃）	$y=-0.0679x^2+1.7722x-3.3121$	0.91**	1268.3	1123.0~1268.3	$y=-0.0506x^2+2.2253x-16.828$	0.87**	2198.90	2018.0~2332.8
	>10℃积温（℃）	$y=-0.186x^2+2.9097x-3.7554$	0.91**	782.2	693.0~871.4	$y=-0.1542x^2+4.1872x-20.8$	0.92**	1357.70	1258.0~1425.9
	>20℃积温（℃）	$y=-1.531x^2+8.942x-5.3945$	0.93**	291.9	263.0~313.3	$y=-1.4981x^2+15.639x-33.146$	0.95**	522.00	497.9~544.5
	日均温>20℃天数	$y=-0.0025x^2+0.2669x+0.5038$	0.91**	53	51~55	$y=-0.0027x^2+0.4692x-12.482$	0.88**	87.00	76~94
	光照时数（h）	$y=-0.0001x^2+0.0612x-1.6721$	0.92**	306.0	264.0~347.2	$y=-8E-05x^2+0.0812x-12.949$	0.96**	507.50	464.5~545.5
	降雨量（mm）	$y=-0.0196x^2+0.8931x-2.5466$	0.85**	227.83	196.05~250.37	$y=-0.0177x^2+1.4702x-22.799$	0.94**	415.31	370.71~428.37

注：y值较好时浓香型显示度达到7.5以上，香气质、香气量分别达到7.0、7.5以上；**表示决定系数有高度统计学意义（$P<0.01$）

感官评吸是烟叶质量与特色评价的主要手段，其结果是内在化学成分协调性的感官体现。豫中上六片叶生产不仅要求烟叶质量水平较高，而且要求浓香型特色显著。本试验研究结果显示，上六片叶质量和特色对温度因子有不同的要求，其中烟叶浓香型显示度主要受温度高低的影响，其与上六片叶成熟期日均温、日最高温>30℃天数等均呈显著正相关。上六片叶成熟期日均温高于25.5℃时，浓香型特征明显，低于25℃或高于27℃时浓香型风格出现弱化。前期研究认为，烟叶成熟期日最高温>30℃天数低于25天时，烟叶的浓香型风格特色弱化，本试验结果中，上六片叶成熟期日最高温>30℃天数在25～33天所对应的浓香型显示度较高，因此在上六片叶成熟期保证较长时间的高温是形成典型浓香型风格的重要条件。研究还显示，上六片叶质量状况与积温关系更为密切，上六片叶的香气质、香气量等感官品质与上六片叶成熟期和生育期各积温指标相关性较大，特别是>20℃积温对上六片叶质量形成至关重要。因此，适当延迟采收时间，增加成熟期积温，是提升上六片叶质量的有效措施。积温的增加与烟叶成熟度的提高是同步的，充足的热量条件有利于烟叶中大分子物质的充分降解和转化，促进香气物质的形成和积累，烟叶物理性状等也因成熟度的提高而改善。

在特定生态条件下，烟株上部叶生长过程中温度等气候条件受移栽期和采收期影响较大，合理调整移栽期和适当延迟采收是满足优质上六片叶生产对温度条件要求的必要措施。豫中烟区热量丰富，生长季节较长，是优质上六片叶生产的理想区域，但如果移栽过晚，上六片叶生长期间温度下降，不利于浓香型特色的彰显，因此适当提早移栽，可使上六片叶生育期提前，进而通过延迟采收显著增加积温，促进上六片叶质量水平和可用性提升。

本研究小结如下：烤烟上六片叶成熟期的日均温、日最高温>30℃天数等与烟叶浓香型特色密切相关，成熟期日均温在25.26～27.14℃时，烟叶浓香型特征显著。上六片叶的质量主要受各积温、日均温>20℃天数等指标的影响，当上六片叶生育期和成熟期>20℃积温分别为497.9～544.5℃和262.97～313.30℃时，上六片叶质量较好。在适当早栽条件下，通过推迟上部叶采收时间增加积温，可以在保证浓香型风格典型性的条件下显著提升上部叶质量。

1.8　光强对豫南浓香型烤烟质体色素及其降解产物的影响

摘要： 为探讨光照强度对烤烟品质的影响，采用田间试验方法，以自然光照（透光率100%）为对照（CK），研究了不同遮阴处理（透光率分别为 55%、70%、85%）对烤烟质体色素及其降解产物的影响。结果表明，100% 自然光强（CK）下各部位烤后烟叶中叶绿素和类胡萝卜素含量均最低；随着光照强度的降低，中、上部烤后烟叶叶绿素含量呈先增加后降低的趋势，下部叶逐渐增加；各部位类胡萝卜素含量呈先增加后降低趋势。CK 处理类胡萝卜素降解产物总量及新植二烯含量均高于遮阴处理，遮阴处理上、中、下部位的新植二烯含量平均值较 CK 处理分别降低 13.59%、19.99%、5.66%，类胡萝卜素降解产物总量平均值较 CK 处理分别降低 6.46%、8.06%、2.88%。由此可见，遮阴处理增加烟株各部位烤后烟叶中叶绿素、类胡萝卜素含量，降低新植二烯含量及类胡萝卜素降解产物总量。

光强是影响植物生长的重要生态因子之一，它不仅影响植物的光合作用，还可以调节植物的生理代谢、生长发育和形态建成，使植物更好地适应外界环境。烟草是一种喜光作物，适宜的光照对烟草的生长发育和品质形成有重要意义。关于光强对烟草的影响，以往研究多集中在光合作用、生理代谢、形态建成及化学成分等方面。烟草通过质体色素获得光能，烟草中的质体色素包括叶绿素和类胡萝卜素，其本身不具有香气，但可通过分解、转化形成百余种致香物质。在质体色素降解产物中，叶绿素的降解产物——新植二烯含量最丰富，占致香物质总量的 85% 以上。类胡萝卜素的降解产物种类最多，有近百种，其含量占致香物质总量的 8%～12%。质体色素的合成和降解与遗传因素、生态因素、栽培措施、调制及醇化方法密切相关，其含量和性质不仅直接影响烟叶的外观质量，对烟叶的内在品质也有重要影响。光照强度降低，烟草鲜叶中质体色素含量增高，是否意味着烤后烟叶中质体色素及其降解产物含量也增加，目前尚不清楚。鉴于此，以云烟 87 为材料，研究了不同光照强度对烤后烟叶质体色素及其降解产物的影响，旨在为我国浓香型特色优质烟叶开发提供理论依据和技术支撑（刘典三等，2013）。

试验在河南省南阳市方城县金叶园进行，土壤质地为黄壤土。烟株移栽后，缓苗 15 天，之后利用不同层数的白色纱布进行遮阴，一直持续至采收结束。试验设置 4 个光强水平，即对照（CK）：自然光强（100% 光照强度）；L1：遮 1 层白纱布（85% 光照强度）；L2：遮 2 层白纱布（65% 光照强度）；L3：遮 3 层白纱布（50% 光照强度）。旺长期的平均光照强度分别为 976μmol/(m²·s)、830μmol/(m²·s)、635μmol/(m²·s)、490μmol/(m²·s)。遮阴网距地面 200cm，以保证冠层通风条件良好且便于田间观测、取样。

1.8.1　不同光强对烤后烟叶质体色素含量的影响

1. 不同光强对烤后烟叶叶绿素含量的影响

烟草叶片发育过程中最主要的质体色素是叶绿素，包括叶绿素 a、叶绿素 b 等，是烟叶成熟和调制过程中变化最剧烈的标志性物质。在成品烟叶中叶绿素是一种不利成分，如果在调制过程中其降解不充分就会形成青烟，给卷烟抽吸带来青杂气。由表 1-38 可知，随着光照强度的降低，上、中部烟叶的叶绿素含量呈先增加后降低的趋势，下部叶随光强降低而逐渐增加，但遮阴处理烤烟各部位叶片的叶绿素含量均显著高于 CK。其中，上、中部叶中 L2 处理的叶绿素含量最高，下部叶中 L3 处理含量最高。说明光照强度降低，增加了烤后烟叶中的叶绿素含量。

表 1-38　光强对烤烟质体色素含量的影响

部位	处理	叶绿素（μg/g）	类胡萝卜素（μg/g）	类胡萝卜素/叶绿素
上部叶	CK	24.69d	124.86b	5.06
	L1	42.74c	143.87b	3.37
	L2	82.61a	209.87a	2.54
	L3	47.64b	189.09a	3.97
中部叶	CK	36.80c	148.62d	4.04
	L1	50.75b	203.08b	4.00
	L2	86.34a	257.28a	2.98
	L3	84.49a	180.43c	2.14
下部叶	CK	52.77c	195.59b	3.71
	L1	63.41b	201.82b	3.18
	L2	91.48a	246.42a	2.69
	L3	105.73a	221.40ab	2.09

烤烟不同部位叶片的叶绿素含量表现为下部叶＞中部叶＞上部叶，叶绿素含量随着叶片部位的下降而逐渐升高，可能是因为随着叶位降低，烟草叶片接收到的光照强度也降低，促进了叶绿素的积累，从而使叶绿素含量升高。

2. 不同光强对烤后烟叶类胡萝卜素含量的影响

类胡萝卜素作为烟草致香物质的重要前体物，其含量与烟叶品质密切相关。由表 1-38 可见，各部位烤后烟叶类胡萝卜素含量均以 CK 处理最低、L2 处理最高。同时随着光强的降低，各部位烟叶类胡萝卜素含量均呈先升高后降低的趋势；上、中、下部叶遮阴处理的类胡萝卜素含量平均值分别为 180.94μg/g、213.60μg/g、223.21μg/g，分别较 CK 处理提高了 44.91%、43.72%、14.12%。说明光照强度的降低，增加了烤后烟叶中类胡萝卜素的含量。

CK 处理的类胡萝卜素含量表现为下部叶＞中部叶＞上部叶，可能是由靠下部位的烟叶接收到的光照强度低于靠上部位的烟叶造成的，其他各处理各部位叶片间无明显规律。

3. 不同光强对类胡萝卜素与叶绿素含量比值的影响

从表 1-38 可以看出，CK 处理上、中、下部位叶片的类胡萝卜素与叶绿素含量比值均最高，分别为 5.06、4.04、3.71，明显高于遮阴处理，说明光强降低使类胡萝卜素与叶绿素含量比值下降。主要原因可能是，遮阴处理下叶绿素含量的增幅大于类胡萝卜素含量的增幅，且遮阴处理后叶绿素不易降解。

1.8.2　不同光强对烤后烟叶质体色素降解产物的影响

1. 不同光强对烤后烟叶叶绿素降解产物的影响

新植二烯是叶绿素的降解产物，是烤烟含量最丰富的中性香气物质。新植二烯在烟草燃烧时可直接或间接转化为致香物质进入烟气，它作为捕集烟气气溶胶内香气物质的载体，能够携带烟叶中其他挥发性致香物质及添加的香气成分进入烟气，具有减轻刺激性与调和烟气的能力。由表 1-39 可以看出，新植二烯占致香物质总量的 83.70%～87.50%，其中，上部叶以 L3 处理最高，中、下部叶以 CK 处理最高。各部位新植二烯含量均以 CK 最大，上、中、下部位遮阴处理烟叶新植二烯的平均含量为 1112.66μg/g、1078.81μg/g、1124.00μg/g，较 CK 处理分别降低 13.59%、19.99%、5.66%，可见，遮阴处理降低了新植二烯的含量。另外，随着光强降低，新植二烯含量呈先降低后增加或逐渐降低的趋势，主要原因可能是遮阴不利于烟叶成熟过程中叶绿素的降解，从而导致烤后烟叶中叶绿素含量升高、新植二烯含量降低。

2. 不同光强对烤后烟叶类胡萝卜素降解产物的影响

类胡萝卜素是烟叶中重要的萜烯类化合物之一，其降解时因双键断裂的部位不同，产生近百种不同的致香物质，如 β-紫罗兰酮、β-大马酮、β-二氢大马酮、香叶基丙酮、二氢猕猴桃内酯、巨豆三烯酮等，它们的含量直接决定着烟叶的品质，如 β-大马酮可增加烟叶花香特征，并增加香气浓度；法尼基丙酮具有甜味特征；巨豆三烯酮可增加烟叶的花香和木香特征，增加烟气的舒适口感；少量二氢猕猴桃内酯能消去烟气的刺激感。这些物质香气质量好，是烟叶重要的香气成分。

表 1-39　光强对质体色素降解产物的影响　　　　　　（µg/g）

致香物质	上部叶				中部叶				下部叶			
	CK	L1	L2	L3	CK	L1	L2	L3	CK	L1	L2	L3
6-甲基-5-庚烯-2-酮	2.75	2.13	1.84	2.13	1.52	2.48	1.89	2.12	1.63	1.91	2.35	2.06
氧化异佛尔酮	0.24	0.14	0.18	0.16	0.10	0.11	0.12	0.15	0.14	0.14	0.10	0.09
β-二氢大马酮	3.48	2.07	2.06	1.79	2.56	1.87	1.71	1.61	2.40	1.82	1.48	1.97
β-大马酮	25.41	21.93	24.82	22.95	30.43	23.61	24.32	26.50	29.32	27.27	28.79	27.73
香叶基丙酮	3.31	4.76	4.41	2.50	2.26	2.88	3.23	2.21	2.06	2.80	2.59	2.07
β-紫罗兰酮	0.66	0.50	0.55	0.44	0.37	0.53	0.48	0.42	0.36	0.50	0.42	0.32
二氢猕猴桃内酯	0.97	0.90	0.93	0.73	0.81	0.74	0.68	0.87	0.63	0.63	0.71	0.92
3-羟基-β-二氢大马酮	2.69	2.61	2.33	2.63	2.01	2.51	2.90	3.81	2.03	2.64	3.71	2.80
螺岩兰草酮	2.27	1.48	1.15	1.60	2.47	2.04	1.24	1.60	2.49	1.96	1.74	1.97
法尼基丙酮	22.75	24.73	22.36	18.12	17.80	19.36	18.68	18.90	17.91	18.92	17.96	18.91
巨豆三烯酮 1	2.14	2.16	2.39	1.91	1.77	1.60	1.63	1.75	1.56	1.47	1.40	1.53
巨豆三烯酮 2	5.65	6.75	7.33	5.53	5.81	4.70	4.85	5.23	4.91	3.86	4.04	4.46
巨豆三烯酮 3	1.60	1.80	1.94	1.55	1.69	1.40	1.36	1.48	1.31	1.20	1.17	1.16
巨豆三烯酮 4	8.61	8.54	8.78	7.99	8.34	6.72	6.98	7.71	7.43	5.99	5.75	6.83
类胡萝卜素降解产物总量（A）	82.53	80.50	81.07	70.03	77.94	70.55	70.07	74.36	74.18	71.11	72.21	72.82
新植二烯（B）	1287.72	1137.32	1048.54	1152.11	1348.35	1041.46	1004.66	1190.32	1191.41	1146.35	1121.46	1104.19
致香物质总量（C）	1536.70	1337.78	1247.61	1353.42	1540.92	1244.22	1190.78	1385.57	1379.54	1343.67	1312.76	1288.26
A 占 C 的比例（%）	5.37	6.02	6.50	5.17	5.06	5.67	5.88	5.37	5.38	5.29	5.50	5.65
B 占 C 的比例（%）	83.80	85.02	84.04	85.13	87.50	83.70	84.37	85.91	86.36	85.31	85.43	85.71

由表 1-39 可以看出，类胡萝卜素降解产物占致香物质总量的比例为 5.06%～6.50%，平均为 5.57%，其中，中、上部叶均以 L2 处理最大，下部叶以 L3 处理最大。在类胡萝卜素降解产物中，上部叶除香叶基丙酮、法尼基丙酮含量以 L1 处理最高，巨豆三烯酮 4 种异构体以 L2 处理最高外，其他致香物质含量均以 CK 最高。中部叶 β-二氢大马酮、β-大马酮、螺岩兰草酮、巨豆三烯酮 4 种异构体含量均以 CK 处理最高，6-甲基-5-庚烯-2-酮、β-紫罗兰酮、法尼基丙酮含量以 L1 处理最高，香叶基丙酮含量以 L2 处理最高，其他致香物质含量均以 L3 处理最高。下部叶氧化异佛尔酮、β-二氢大马酮、β-大马酮、螺岩兰草酮、巨豆三烯酮 4 种异构体含量均以 CK 处理最高，香叶基丙酮、β-紫罗兰酮、法尼基丙酮含量以 L1 处理最高，6-甲基-5-庚烯-2-酮、3-羟基-β-二氢大马酮含量以 L2 处理最高，其他致香物质含量以 L3 处理最高。上、中、下部叶类胡萝卜素降解产物总量均以

CK 最高, 3 个部位各遮阴处理的类胡萝卜素降解产物总量平均值分别为 77.20μg/g、71.66μg/g、72.04μg/g, 较 CK 处理分别降低 6.46%、8.06%、2.88%。说明遮阴影响类胡萝卜素的降解, 不利于类胡萝卜素降解产物含量的提高, 这与遮阴处理后烤后烟叶中类胡萝卜素含量升高的结果相一致。

1.8.3 小结

叶绿素作为绿色植物吸收和转化光能的主要物质, 是烟草生长过程中烟叶碳氮代谢和物质形成的基础。光照强度对质体色素有很大的影响, 有研究表明, 随光强减弱, 烟草叶片中叶绿素含量呈增加趋势。在成熟和调制过程中, 叶绿素发生剧烈变化, 先降解形成叶醇, 再进一步脱水形成新植二烯和植物呋喃等产物, 新植二烯占总香气量的 3/4, 是一种烟草增香剂, 具有捕集烟气中致香物质及调和烟气的作用。本研究结果表明, 光强对叶绿素含量的影响很大, 随着光照强度的降低, 中、上部烤后烟叶叶绿素含量呈先增加后降低的趋势, 下部叶逐渐增加。各处理新植二烯占致香物质总量的 83.70%～87.50%, 平均为 85.19%, 各部位烟叶新植二烯含量均以 CK 最高, 并且随着光照强度的降低, 中、上部叶新植二烯含量呈现先降低后稍有增加的趋势, 下部叶呈逐渐降低的趋势, 其变化趋势刚好与叶绿素含量相反。遮阴处理不利于烟叶落黄, 不利于成熟过程中叶绿素的降解, 所以虽然遮阴处理增加了鲜烟叶中叶绿素的含量, 但其成熟过程中叶绿素降解量低, 使得烤后烟叶中叶绿素含量升高, 新植二烯含量降低。

类胡萝卜素是烤烟中多种挥发性致香物质的前体物, 其含量及降解产物含量与烟叶的外观及内在品质密切相关。本研究结果表明, 光强对烤烟类胡萝卜素及其降解产物的含量有明显影响, CK 处理各部位类胡萝卜素含量最低, 并且随着光照强度的降低, 各部位烟叶类胡萝卜素含量呈先增后稍降的趋势。此外, CK 处理各部位类胡萝卜素降解产物总量最高, 遮阴处理各部位类胡萝卜素降解产物总量随光强降低无明显规律, 上、中、下部叶各遮阴处理总量的平均值较 CK 分别降低 6.46%、8.06%、2.88%。这可能是因为遮阴处理有利于类胡萝卜素的积累, 但不利于类胡萝卜素的降解, 所以遮阴处理后烤后烟叶中类胡萝卜素的含量提高, 其降解产物的含量降低。

综合分析表明, 遮阴处理的各部位烤后烟叶中叶绿素、类胡萝卜素含量均高于 100% 自然光照, 遮阴处理有利于各部位叶绿素、类胡萝卜素的积累; 各遮阴处理的新植二烯及类胡萝卜素降解产物总量均低于 100% 自然光照处理, 且中、上部叶新植二烯含量随光强降低呈先降低后增加的趋势, 下部叶随光强降低而降低。不同生态地区的光照条件有很大的差异, 在优质烟叶生产开发过程中, 需要选择成熟期光照充足的地区, 同时在大田生产中要合理密植, 保证群体结构合理, 以确保烤烟在生长过程中能够获取充足的光照资源，促进烤烟品质的形成。

1.9　遮光对浓香型烤烟色素降解产物及质量风格的影响

摘要： 为研究光强对浓香型烤烟品质的影响，采用田间试验方法，以自然光强（透光率 100%）为对照，研究了不同光照强度（透光率分别为 40%、70%、85%）对烤烟质体色素降解产物及质量风格的影响。结果表明，叶绿素降解产物新植二烯及类胡萝卜素降解产物含量均随光照强度的降低而降低，色素残留量随光照强度的降低而升高；当光照强度低于 85% 之后，烤烟质量风格差异显著，浓香型风格下降，干草香、焦甜香等香韵特征减弱，烟气沉溢度减小，香气质变劣，香气量减少，柔和度降低，刺激性增强。由此可见，在旺长期至成熟期 100% 光照强度最有利于烟叶香气品质及质量风格的提高与特色的彰显。

生态条件在烟叶质量和特色的形成中发挥着重要作用，光照强度作为重要的气候因子，对烟叶的形态建成、生理代谢、生长发育有广泛的调节作用，对品质特征和风格特色的形成有重要影响。随着烟草化学分析手段的提高和烟叶内在化学品质与香气研究的不断深入，人们更明确地认识到，在影响烟叶内在化学成分和烟叶香气风格的诸多因子中，生态环境的综合影响最大，而光照强度是生态条件中极其重要的因子。烟草生长中，光照条件可以明显改变烟草植株的生长环境，影响光合作用、营养物质的吸收和分配、体内代谢等一系列生理生化过程，进而影响烟叶的品质、产量。烟叶含有的叶绿素在成熟和调制过程中降解形成叶醇，叶醇进一步脱水形成新植二烯和植物呋喃等降解产物。类胡萝卜素是影响烤烟香气质量的重要潜香型萜烯类化合物，类胡萝卜素的降解和热裂解产物可生成近百种香气化合物，这些化合物是形成烤烟细腻、高雅和清新香气的主要成分。本试验在大田人工控制条件下，通过设置不同覆盖处理，研究团棵至成熟期不同光照强度下烤烟质体色素降解产物及质量风格的差异，旨在针对广东浓香型烤烟产区的生态特点，阐明生态因子对浓香型特色优质烟叶风格的贡献和风格的形成机理（王红丽等，2015）。

试验于 2012 年在广东省烟草南雄科学研究所试验基地进行。供试品种为 NX232，土壤为旱地紫色土。试验自烟草团颗开始，一直到成熟采收。共设置 4 个处理：①对照，100% 光照强度（自然光强）；②85% 光照强度（遮一层防虫网）；③70% 光照强度（遮两层防虫网）；④40% 光照强度（遮一层遮阴网）。光照强度用照度计测量，通过改变纱网孔隙度和层数进行调节，光强偏差应控制在 ±5% 范围内。

1.9.1 不同遮光处理对烤烟质体色素降解产物含量的影响

由表 1-40 可知，上部叶类胡萝卜素降解产物总量随光照强度的降低而减少，其中 100%、85%光强处理总量差异不显著，70%、40%光强处理类胡萝卜素降解产物总量下降，比 100%光强处理分别降低 35.2%、44.3%。中部叶类胡萝卜素降解产物总量与上部叶变化趋势相同，随光照强度的降低而减少，其中 100%、85%光强处理总量差异较小，相比于 100%光强处理，70%、40%光强处理类胡萝卜素降解产物总量显著下降，分别降低 12.8%、24.0%。在测得的类胡萝卜素降解产物中，β-大马酮的含量最高，各处理含量占烟叶类胡萝卜素降解产物总量 35%以上，面包酮、愈创木酚、芳樟醇、氧化异佛尔酮、β-环柠檬醛含量较低。叶绿素降解产物新植二烯占质体色素降解产物总量的绝大部分，达 87%～93%。新植二烯含量有随光照强度的降低而减少的趋势，相比于 100%光照强度，上部叶 85%、70%、40%光强处理新植二烯含量分别降低 1.4%、3.0%、18.29%；中部叶与对照相比，85%、70%、40%光强处理含量分别降低 2.6%、10.5%、14.9%，可见遮光处理降低了新植二烯含量。

表 1-40　光照强度对烤烟质体色素降解产物的影响　　　　　　（μg/g）

质体色素降解产物		上部叶				中部叶			
		100%光强	85%光强	70%光强	40%光强	100%光强	85%光强	70%光强	40%光强
	面包酮	0.21	0.15	0.12	0.10	0.37	0.33	0.24	0.25
	6-甲基-5-庚烯-2-酮	0.36	0.25	0.20	0.15	0.58	0.12	0.23	0.24
	6-甲基-5-庚烯-2-醇	1.73	0.74	0.44	0.25	0.17	0.28	0.19	0.12
	愈创木酚	0.21	0.84	0.74	1.19	0.79	0.74	0.68	0.47
	芳樟醇	0.60	0.38	0.28	0.51	0.46	0.41	0.37	0.33
	β-大马酮	22.75	21.99	15.86	13.32	21.82	21.38	20.71	19.73
类胡萝卜素降解产物	β-二氢大马酮	6.62	5.59	3.40	2.04	9.83	11.65	9.08	7.48
	氧化异佛尔酮	0.14	0.12	0.06	0.11	0.12	0.14	0.11	0.10
	香叶基丙酮	1.92	1.92	1.61	1.54	1.55	1.63	1.39	1.02
	二氢猕猴桃内酯	1.99	1.27	1.05	1.02	1.31	1.20	1.13	1.03
	巨豆三烯酮 1	1.52	1.50	1.27	1.19	1.46	1.53	1.43	1.15
	巨豆三烯酮 2	5.52	5.51	3.98	3.62	5.20	6.00	4.80	3.92
	巨豆三烯酮 3	1.12	1.06	0.65	0.57	6.13	4.41	3.87	2.53
	巨豆三烯酮 4	7.19	7.06	4.09	3.47	7.89	8.37	6.98	5.19

续表

质体色素降解产物		上部叶				中部叶			
		100%光强	85%光强	70%光强	40%光强	100%光强	85%光强	70%光强	40%光强
类胡萝卜素降解产物	3-羟基-β-二氢大马酮	1.22	1.34	1.12	1.13	1.20	1.39	1.07	0.87
	螺岩兰草酮	1.20	0.91	0.84	0.67	2.27	1.24	1.60	1.26
	法尼基丙酮	9.13	7.10	5.43	4.51	9.55	9.27	7.80	7.99
	β-环柠檬醛	0.32	0.27	0.17	0.13	0.19	0.16	0.12	0.20
	总量	63.75	58.00	41.31	35.52	70.89	70.25	61.80	53.88
叶绿素降解产物	新植二烯	522.85	515.61	507.00	427.21	518.77	505.42	464.36	441.27

1.9.2　不同遮光处理对烤烟质体色素残留量的影响

由表 1-41 可知，中、上部叶色素残留量随着光照强度的降低而升高。从叶绿素总量来看，除 85%光强处理叶绿素残留量稍大于 100%光强处理外，其余各遮光处理残留量均高于 100%光强处理。类胡萝卜素残留量与叶绿素变化一致。光照强度降低，色素残留量升高，这与质体色素降解产物含量低相对应。

表 1-41　光照强度对烤烟质体色素残留量的影响

部位	处理	叶绿素 a（mg/g）	叶绿素 b（mg/g）	叶绿素 a/b	叶绿素总量（mg/g）	类胡萝卜素（mg/g）	质体色素总量（mg/g）
上部叶	100%光强	0.010	0.016	0.625	0.026	0.216	0.242
	85%光强	0.012	0.015	0.800	0.027	0.231	0.258
	70%光强	0.014	0.018	0.778	0.032	0.286	0.318
	40%光强	0.020	0.040	0.500	0.060	0.398	0.458
中部叶	100%光强	0.002	0.014	0.143	0.016	0.201	0.217
	85%光强	0.006	0.023	0.261	0.029	0.214	0.243
	70%光强	0.012	0.026	0.462	0.038	0.250	0.288
	40%光强	0.022	0.031	0.710	0.053	0.301	0.354

1.9.3　不同遮光处理对烤烟质量风格的影响

由图 1-40～图 1-43 可知，随着光照强度的降低，烟叶香气质量有下降的趋势，85%光强处理烟叶风格特色与 100%光强处理差异不大。遮光处理达到 80%光强以下，随光强的降低浓香型风格下降，干草香、焦甜香等香韵特征减弱，烟气沉溢度减小，香气质变劣，香气量减少，青杂气加重，刺激性增强，柔和度降低。

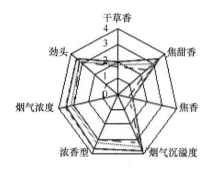

图 1-40 光照强度对烤烟上部叶风格特色的影响

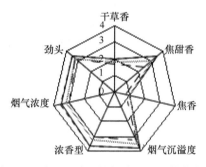

图 1-41 光照强度对烤烟中部叶风格特色的影响

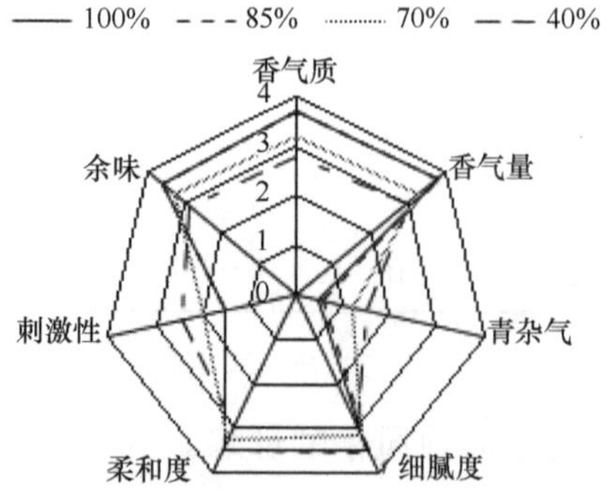

图 1-42 光照强度对烤烟上部叶品质特征的影响

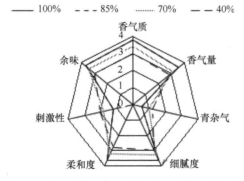

图 1-43 光照强度对烤烟中部叶品质特征的影响

1.9.4 小结

烤后烟叶色素含量可直接反映色素降解的程度，烘烤过程中色素降解充分有利于形成较多的小分子致香物质，提高烟叶的香气质量。烤后烟叶一般都残存有微量叶绿素，如果烟叶中残留的叶绿素过多，会使烟叶产生青杂气，对烟叶品质不利，所以叶绿素含量在烟叶分级中是严格控制的指标之一。类胡萝卜素是烟草香气成分的重要前体物，其含量与烟草的香气质和香气量呈正相关关系，烟叶的外观品质也与该类成分含量直接相关。试验结果表明，质体色素含量随光照强度的降低而升高，叶绿素降解产物新植二烯占色素降解产物总量的 87%～93%，且各处理新植二烯含量均以 100%光强处理最高，表现出随光照强度的降低而降低的趋势，变化趋势与叶绿素残留量正好相反。类胡萝卜素降解产物总量 100%光强处理最高，并且随光照强度的降低而降低，类胡萝卜素残留量与之变化趋势相反。成熟期随着光照强度减弱，烟叶香气质量有下降的趋势；遮光处理达到自然光强85%以下时，浓香型显示度和烟气沉溢度降低，浓香型风格特色弱化，杂气、刺激性增加，说明旺长期至成熟期光照强度对烟叶风格特色形成也有一定的影响。不同生态地区的光照条件有很大的差异，在优质烟叶生产开发过程中，需要选择光照充足和煦的地区，以确保烤烟在生长过程中能够获取充足的光照资源，促进烤烟品质的形成。在广东南雄特定生态条件下，不同光照强度处理对烤后烟叶质体色素降解产物含量及质量风格均有不同程度的影响。综合来看，100%光强处理色素残留量低，而叶绿素降解产物新植二烯、类胡萝卜素降解产物含量高，且烟叶质量风格突出，有利于优质烟叶的生产。

1.10 光强衰减对烟叶碳氮代谢关键基因表达的影响

摘要: 通过电子显微镜和反转录 PCR（RT-PCR）方法研究了遮光处理（分

别为 100%、85%、70% 和 55% 的自然光照强度）下烟叶移栽后 78 天、85 天、105 天及 120 天（采收当天）四个时期淀粉积累和淀粉、糖、氮代谢途径关键基因表达量的变化。结果表明，移栽后 105 天烟叶生理成熟期之前淀粉含量受光照强度影响最大，随着光强衰减其含量逐渐降低。葡萄糖转化及蔗糖合成途径中有 4 个关键基因表达量随光强衰减逐渐降低，且随着烟草的成熟也呈下降趋势。淀粉合酶基因 GBSSI 在叶片扩展期表达较弱，在叶片成熟期大量表达，随着光照强度衰减表达量稍有减小。氮代谢途径关键基因 Nir、GS 等同工酶基因的表达存在一定的互补性，总体趋势为随光强衰减表达量逐渐增加，表明在弱光下烟叶氮代谢滞后。

植物具有适应光环境急剧变化的能力，叶片是感受光的主要器官。植物对光照强度的反应较为复杂，低光强主要影响植物的碳代谢，研究报道碳平衡在植物对低光强的反应中起重要作用，低光强下光合速率和作物产量都显著降低。遮阴可以降低植物中可溶性糖和淀粉的含量，也可以抑制果实的生长和诱导果实酸化。光强是烟叶生长、产量和质量形成的重要决定因子。在光照较强环境中生长的烟株鲜重、干重、根体积、干鲜比、根冠比、株高和茎围都大于光照较弱环境中的烟株。随着光照强度的衰减，叶片及其表皮、栅栏组织、海绵组织的厚度都呈降低趋势，氮代谢强于碳代谢，叶片叶绿素 a 和叶绿素 b 及类胡萝卜素的含量也都随之增加。在一定范围内低光强处理可以影响烟草基因表达及信号转导。在低光低温条件下，烟草光系统 II 的活性比高光高温条件下明显降低。光在烟草叶片淀粉合成和积累过程中尤为重要，烟草氮代谢也是受光照影响较大的一个方面，对碳代谢也有影响。但目前尚无确切的研究报道不同光环境下烟叶淀粉、糖及氮代谢变化的分子机理。本研究对光强衰减环境下烟叶淀粉合成及积累及相关代谢过程中关键基因的表达进行了研究，以期探索淀粉、糖及氮代谢途径间的相互联系及其对低光强的响应机理。遮光处理分别为自然光照强度的 100%、85%、70% 和 55%（Yang et al.，2014；杨惠娟等，2015）。

1.10.1　光强衰减对烟草叶片淀粉积累的影响

电镜结果（图 1-44）显示，移栽后 78 天烤烟叶片扩展期和 85 天叶片成熟期样品中淀粉粒含量随光照强度的衰减呈逐渐减少的趋势，移栽后 85 天自然光照下的成熟期叶片淀粉粒体积大，开始积累早，85% 光照环境下的淀粉粒则体积变小，数量减少，随着光强衰减至 70% 和 55%，淀粉粒显著减少，直至最弱光下几乎无积累。移栽后 105 天生理成熟期各光照处理间淀粉粒数量差距缩小，但淀粉粒体积差异显著。纵向来看，随着叶片的生长和成熟，淀粉粒含量呈增加趋势，在移栽后 105 天烤烟生理成熟期，各处理淀粉含量都达到最大。由结果可以看出，光强对叶片淀粉积累影响最为显著的时期是移栽后 105 天即烟叶的生理成熟期以前，在叶片生理成熟期淀粉含量达峰值，至采收期样品中淀粉粒明显减少，颗粒完整度降低（图 1-44），说明此时淀粉粒已发生明显的降解，不同光强条件下的烟叶样品间淀粉粒没有明显差异，均处于减少、降解的状态。结果表明，光强衰减对生长期烤烟叶片淀粉的合成和积累影响较大。

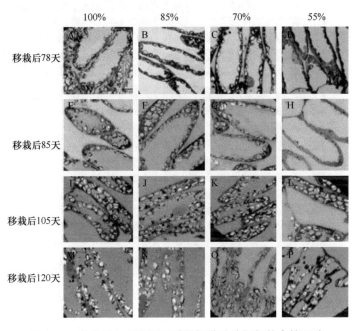

图 1-44　各光强处理及不同时期烟草叶片组织的电镜照片

电镜型号为 Hitachi TEM，放大倍数为 ×0.3k

1.10.2　光强衰减对淀粉和糖代谢途径基因表达的影响

电镜结果显示，淀粉的积累主要发生在移栽后 105 天之前，通过反转录 PCR 方法对移栽后 78 天扩展期叶片和 85 天成熟期叶片中目的基因表达量进行了检测（图 1-45）。结果显示受光强衰减的影响，有 6 个与淀粉和糖代谢相关的基因表达量发生了变化，分别为负责糖转化和合成的胞外转化酶（*INV*）、UDP-葡萄糖脱氢酶（*UGDD*）、蔗糖合酶（*SuSy*）、6-磷酸蔗糖磷酸酶（*SPP2*），以及负责淀粉合成的颗粒结合型淀粉合酶（*GBSSI*）与淀粉分支酶（*SBE*）基因。

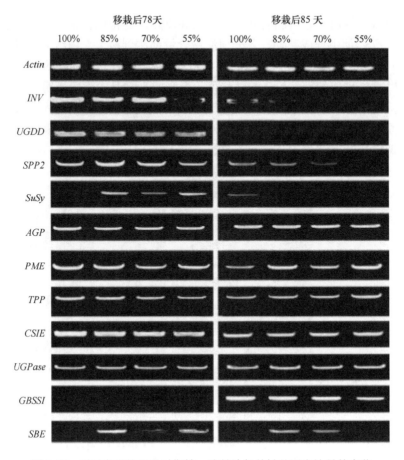

图 1-45　不同光强处理及时期糖、淀粉途径关键基因表达量的变化

　　其中糖代谢关键酶基因 *INV*、*UGDD*、*SPP2* 不仅受光照强度的影响，在不同生长时期表达量也有显著差异，其在成熟期叶片样品中表达量显著低于扩展期烟叶样品中表达。随着光照强度的衰减，基因表达量显著减少，特别是 *INV* 基因。*SuSy* 基因的变化较为复杂，扩展期样品中表达量在自然光照下较少，而在遮光条件下表达量增加，可能与烟叶的长势有关。成熟期样品中 *SuSy* 基因表达量则随光强的衰减逐渐减少，直至 55% 光照处理的样品中表达量几乎为零，整体低于叶片扩展期各处理的表达量，表明随着烟草生长发育时期的延长，糖的合成也是逐渐减弱的。糖代谢途径的 4 个关键基因控制着蔗糖的合成和转化，随着叶片成熟，这 4 个基因的表达逐渐降低，表明随着光强的衰减，在这些基因的控制下蔗糖的合成转化也会逐渐减弱。

　　涉及淀粉代谢的两个关键基因 *GBSSI* 和 *SBE* 各处理间表达量差异较为显著。淀粉合成的控制基因 *GBSSI* 受叶片生长时期的影响较大，而受光照强度的影响较小。与扩展期烟叶样品相比，该基因在成熟期烟叶样品中大量表达，表明此时淀粉大量合成，导致移栽后 105 天时淀粉粒的积累达到高峰。淀粉含量不仅受淀粉合成途径的影响，也受糖含量的影响，由此可见两个时期光强衰减导致淀粉含量逐渐减少的主要原因是低光强抑制了糖的合成和转化，因此淀粉含量减少。颗粒淀粉合成关键基因 *GBSSI* 在叶片的扩展期表达量较低，而在成熟期颗粒淀粉合酶大量表达，这与电镜显示扩展期叶片淀粉含量较低，之后逐渐增加的结果一致。结果也说明，移栽后 85～105 天叶片中淀粉大量合成，导致移栽后 105 天时各个光照强度处理的淀粉含量均达到最高。SBE 是催化直链淀粉向支链淀粉转化的酶，但对于淀粉的合成不起决定作用。结果显示 *SBE* 基因在两个时期受到光照强度的影响，都呈随光强衰减先增加后减小的表达模式，但扩展期叶片 *SBE* 基因受光强的影响程度小于成熟期。扩展期烟叶在 85% 光照强度下 *SBE* 基因表达量最高，随后逐渐降低；而在成熟期烟叶样品中随光强衰减其表达量降低更加明显，表明烟草叶片中直链淀粉向支链淀粉的转化受光强的影响较大。

1.10.3　光强衰减对氮代谢途径基因表达的影响

试验中对氮代谢途径 7 个关键基因的表达量进行了检测，包括谷氨酰胺合成酶（GS）两个同工酶基因（*GS1-3* 与 *GS1-5*）、硝酸还原酶基因（*Nit*）、谷氨酸脱氢酶（*Gdh1*）和亚硝酸还原酶三个同工酶基因（*Nir-1*、*Nir-2* 和 *Nir-3*）（图 1-46）。亚硝酸还原酶、谷氨酸脱氢酶和谷氨酰胺合成酶都是氮代谢途径中氮还原的关键酶，控制着硝态氮向铵离子的转化及铵离子的同化，两个步骤紧密相连。

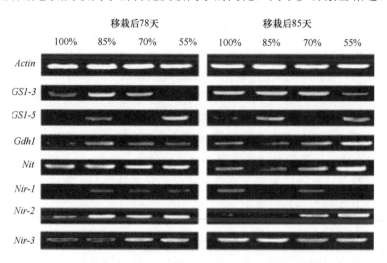

图 1-46　不同光强处理及时期氮代谢途径关键基因表达量的变化

结果显示由于 *GS1-3* 和 *GS1-5* 是同工酶，两个基因的表达呈较为明显的互补趋势，表明两个基因对光强变化的反应有差异，整体来看扩展期叶片谷氨酰胺合成酶基因在不同光强处理下的表达没有明显的规律性，在 100% 自然光强下表达最弱，低光强处理下表达量有所增加；成熟期叶片中各光强处理的表达量互相补充，差异较小，整体略高于扩展期叶片的表达量。Gdh1 在成熟期叶片中表达量随光强变化较为规律，随着光强衰减，其表达量逐渐增加。亚硝酸还原酶的三个同工酶基因 Nir-1、Nir-2 和 Nir-3 表达趋势与 GS 同工酶相似，表达具有互补效应，Nir-2 基因受光强影响最大，低光强下表达量高于自然光强条件下的表达量。亚硝酸还原酶与谷氨酸脱氢酶两个关键酶基因在低光强处理下表达模式一致，均在低光强条件下表达较强，表明氮同化代谢在弱光条件下维持在较高的水平，可能与在弱光下叶片氮代谢滞后有关。

1.10.4　小结

光强衰减导致烟叶淀粉含量的降低，糖合成相关基因受低光强影响表达量显著降低，淀粉合酶基因表达量不受光强的影响，在烟草生长的成熟期大量表达，在移栽后 105 天时各光强处理的淀粉含量均达到最高，之后淀粉开始降解，低光强促进氮代谢途径关键基因的表达，从而适度增强了氮代谢生理过程。烤烟叶片糖和氮代谢途径受光强的衰减影响最大。

1.11　成熟期减少光照时数对豫中烟区烟叶品质的影响

摘要： 为明确豫中烟区光照时数与烟叶品质的关系及其作用机理，在河南省宝丰县建造了大田遮阴棚，设置减少烟叶成熟期光照时数试验，研究了不同光照时数对烟叶色素降解、香气物质含量和风格特色的影响。结果表明，与自然光照（不遮光）相比，成熟期减少光照时数 1.5h 和 3.0h 上部与中部烟叶叶绿素 a、叶绿素 b 及类胡萝卜素含量均显著提高；还原糖和总糖含量均显著降低，钾、烟碱和总氮含量均以减少光照时数 3.0h 的处理最高；类胡萝卜素降解产物、叶绿素降解产物及香气物质含量显著降低；减少光照时数对浓香型烟叶风格特色影响较小，但烟叶香气量、香气质降低，青杂气加重。成熟期减少光照时数不利于烟叶香气品质的提高和特色的彰显。

烤烟是一种喜光作物，适宜的光照能促进烟株生长发育，而光照强度、光照时间和光质都会对烤烟化学成分产生较大影响。成熟期是烟叶内在品质形成的重要时期，光照条件对此时期物质积累、转化和降解都有重要影响。成熟期光照时数对烟叶品质的影响研究目前多集中在化学成分方面，为进一步阐明光照时数与烟叶品质的关系，在典型浓香型烤烟产区（豫中烟区）设置了减少成熟期光照时数的大田试验，旨在揭示浓香型风格形成的生态基础，为建立浓香型烟叶生态评价模型和制定相应的农艺调控和补偿措施提供依据（杨军杰等，2014）。

试验于 2012 年在平顶山市宝丰县石桥镇进行，选地势平整、肥力中等的地块。土壤为砂壤土，供试品种为中烟 100。烟苗于 4 月 30 日移栽，接近成熟期时，在田间建造遮阴棚，覆盖物为黑色帆布材料。在成熟期进行处理，设置 3 个处理，T1（−3h）为下午 16：00 时开始遮光（遮光 3h），日落时（当地平均日落时间为 19：00）揭开遮阴棚；T2（−1.5h）为下午 17：30 时开始遮光（遮光 1.5h），日落时揭开遮阴棚 T3（0h）自然光照（不遮光），为对照。

1.11.1　成熟期减少光照时数对烤后烟叶质体色素含量的影响

如表 1-42 所示，每天减少光照时数 1.5h 和 3.0h 的处理上部与中部叶叶绿素 a、叶绿素 b 及类胡萝卜素含量均显著高于对照，且减少光照时数的处理烟叶类胡萝卜素含量均超过 0.4mg/g，高于烤后烟叶类胡萝卜素的适宜含量（0.3～0.4mg/g）。

表 1-42　成熟期减少光照时数对烟叶色素含量的影响　　　（mg/g）

部位	处理	叶绿素 a	叶绿素 b	类胡萝卜素
上部叶	T1（−3h）	0.034a	0.033a	0.420ab
	T2（−1.5h）	0.032ab	0.030ab	0.426a
	T3（0h）	0.022c	0.021c	0.363c
中部叶	T1（−3h）	0.030a	0.034a	0.418ab
	T2（−1.5h）	0.027ab	0.026b	0.421a
	T3（0h）	0.018c	0.019c	0.329c

1.11.2　成熟期减少光照时数对烤后烟叶化学成分含量的影响

从表 1-43 可以看出，每天减少光照时数 1.5h 和 3.0h 的处理上部与中部叶还原糖及总糖含量均显著低于对照；钾、烟碱和总氮含量均以减少光照时数 3.0h 的处理最高，且显著高于对照。除氯和蛋白质含量之外，上部和中部叶减少光照时数的处理烟叶化学成分含量与对照间差异均达到显著水平。

表 1-43　成熟期减少光照时数对烟叶化学成分含量的影响　　　　（%）

部位	处理	还原糖	钾	氯	烟碱	总氮	总糖	蛋白质
上部叶	T1（−3h）	10.74bc	1.36a	0.76	2.96a	2.94a	13.21b	12.80
	T2（−1.5h）	11.82b	1.35ab	0.75	2.76ab	2.78b	12.85bc	12.85
	T3（0h）	13.51a	1.13c	0.79	2.17c	2.51c	16.33a	12.60
中部叶	T1（−3h）	13.10c	1.57a	0.82	2.41a	2.77a	14.15c	11.55
	T2（−1.5h）	14.23b	1.40b	0.81	1.97b	2.10b	16.27b	11.47
	T3（0h）	16.17a	1.29c	0.85	1.71bc	2.03bc	19.64a	11.39

1.11.3　成熟期减少光照时数对烤后烟叶香气物质含量的影响

从表 1-44 可以看出，类胡萝卜素降解产物中含量较高的有二氢猕猴桃内酯、巨豆三烯酮 2、巨豆三烯酮 4、β-大马酮、香叶基丙酮、法尼基丙酮、β-二氢大马酮，且减少光照时数处理的中部叶各种类胡萝卜素降解产物含量与对照相比大部分减少，而上部叶中除了二氢猕猴桃内酯、法尼基丙酮和 β-二氢大马酮含量低于对照外，其余香气物质含量无明显规律。同时，减少光照时数的处理各部位烟叶茄酮含量均低于对照；中部叶苯丙氨酸裂解产物和非酶棕色化反应产物含量也多以对照最高；上部和中部叶中新植二烯含量及香气物质总量在减少光照时数处理的烟叶中均显著降低。因此，在一定范围内减少成熟期光照时数，烤后烟叶香气物质含量减少。

表 1-44　成熟期减少光照时数对烟叶香气物质含量的影响　　　（μg/g）

香气物质类型	中性致香成分	上部叶			中部叶		
		T1	T2	T3	T1	T2	T3
类胡萝卜素降解产物	二氢猕猴桃内酯	1.46	1.84	2.18	0.60	0.96	2.44
	3-羟基-β-二氢大马酮	—	—	0.28	—	—	0.25
	氧化异佛尔酮	—	0.15	0.11	—	—	0.15
	巨豆三烯酮 1	1.72	2.12	1.71	0.37	0.73	2.08
	巨豆三烯酮 2	4.79	8.77	7.20	1.84	3.14	8.43
	巨豆三烯酮 3	0.78	1.81	1.45	0.27	0.49	1.81
	巨豆三烯酮 4	4.71	10.55	7.90	1.55	2.59	10.86
	β-大马酮	25.18	17.12	20.53	6.11	11.42	21.62
	6-甲基-5-庚烯-2-酮	0.36	—	0.43	0.21	0.19	0.24
	6-甲基-5-庚烯-2-醇	0.78	1.72	1.10	0.62	0.66	1.72
	香叶基丙酮	3.00	2.44	2.77	2.36	2.56	2.34
	法尼基丙酮	4.51	8.17	11.61	1.68	4.13	12.12

续表

香气物质类型	中性致香成分	上部叶			中部叶		
		T1	T2	T3	T1	T2	T3
类胡萝卜素降解产物	芳樟醇	0.63	0.65	0.61	0.38	0.39	0.60
	螺岩兰草酮	0.63	0.87	1.31	0.35	0.48	1.01
	β-二氢大马酮	3.48	7.71	8.80	1.01	1.99	10.17
	面包酮	0.16	0.20	0.05	0.20	0.14	0.15
	愈创木酚	1.29	1.09	0.89	0.55	0.52	1.01
西柏烷类降解产物	茄酮	25.99	20.93	27.69	12.08	19.72	24.48
苯丙氨酸裂解产物	苯甲醛	0.57	1.01	2.78	1.61	1.53	2.15
	苯甲醇	1.60	10.56	8.32	1.39	1.99	12.46
	苯乙醛	5.98	9.47	7.29	4.84	4.77	10.21
	苯乙醇	0.86	5.56	3.95	0.62	0.96	5.60
非酶棕色化反应产物	糠醛	7.39	16.90	8.15	3.77	2.68	14.42
	糠醇	0.30	1.07	0.83	0.22	0.25	1.88
	2-乙酰基呋喃	0.24	0.41	0.25	0.11	—	0.44
	5-甲基糠醛	—	—	—	—	0.13	—
	3,4-二甲基-2,5-呋喃二酮	—	0.32	0.25	—	—	0.38
	2-乙酰基吡咯	—	0.15	0.14	—	—	0.26
	2,6-壬二烯醛	0.22	0.14	0.09	—	—	0.12
	藏花醛	0.14	0.40	0.10	—	0.08	0.17
	β-环柠檬醛	0.18	0.19	0.20	—	0.07	0.21
叶绿素降解产物	新植二烯	326.29	649.29	845.82	181.16	381.85	879.91
总计		423.24	781.61	974.79	223.90	444.42	1029.69

1.11.4　成熟期减少光照时数对烤后烟叶质量的影响

评吸结果用雷达图表示，见图 1-47～图 1-50。从中可以看出，上部和中部叶风格特色的各项指标中除劲头之外，其余指标均以对照得分最高。从图 1-48和图 1-50 可以看出，上部与中部叶品质特征的各项指标规律基本一致。减少光照时数处理的烟叶香气质变差，香气量减少，透发性、细腻度、柔和度和圆润感不足，余味减少，而青杂气和生青气增加，枯焦气、干燥感和刺激性无明显变化。可见，成熟期减少光照时数对评吸结果有不利影响。

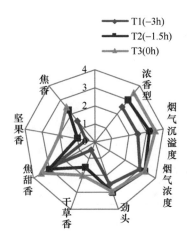

图 1-47　上部叶风格特色评吸结果（彩图请扫封底二维码）

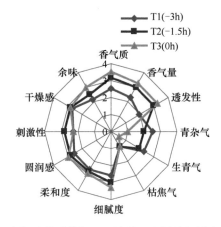

图 1-48　上部叶品质特征评吸结果（彩图请扫封底二维码）

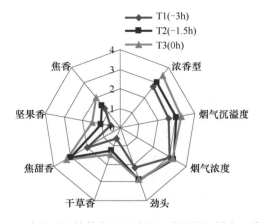

图 1-49　中部叶风格特色评吸结果（彩图请扫封底二维码）

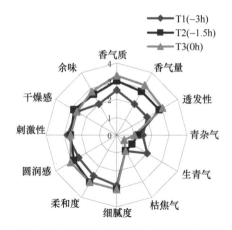

图 1-50　中部叶品质特征评吸结果（彩图请扫封底二维码）

1.11.5　小结

成熟期减少光照时数，烤后烟叶叶绿素 a、叶绿素 b 和类胡萝卜素含量均显著升高，可能是因为减少光照时数会影响烟叶正常成熟落黄和大田烟叶色素含量，进而使烤后烟叶色素含量有所提高。减少光照时数处理的上部和中部叶还原糖与总糖含量均显著降低，钾、烟碱和总氮含量均以减少光照时数 3.0h 处理最高。这可能是由于光照时间不足时，烟草光合产物减少，且大量用于含氮化合物的合成和积累，致使碳水化合物积累相对较少。因此，减少光照时数导致的烟叶化学成分含量及其比值变化不利于烟叶品质的提高。烟叶充分成熟有利于烟叶致香物质的积累，类胡萝卜素降解形成的醛酮类香气成分及叶绿素降解生成的新植二烯是烟叶香气的重要来源之一。在减少光照时数的条件下，烟叶不能正常成熟落黄，导致质体色素降解不充分，因此烟叶的中性香气物质含量降低。烟叶评吸结果表明，减少光照时数并不能改变烟叶的浓香型特征，但浓香型风格弱化，烟叶品质下降，主要表现为香气量减少，香气质变差，杂气加重。因此，成熟期光照时数减少不利于烟叶正常成熟落黄和香气品质形成。

第2章 优质上部叶形成的土壤条件和理化改良

土壤条件是影响烟叶质量和特色形成的重要因素,优质上部叶生产对土壤要求更为严格。上部叶的充分开展和内含物质的大量积累需要充足的养分供应,这是高耐熟性形成和高成熟度实现的基础。但如果后期氮素营养过剩,则会造成叶片过大,组织僵硬,贪青晚熟,对质量和可用性影响很大。因此,土壤质地、土壤肥力和养分供应特性均应达到理想的状态。多年来,我们借助项目平台,在全国浓香型烤烟产区,尤其是豫中烟区和南阳烟区开展了大量试验研究,明确了浓香型烟区的土壤特性及其与不同部位烟叶质量特色的关系,揭示了优质浓香型上部叶形成的土壤基础,确定了土壤质地、土壤肥力和碳氮平衡状态对优质上部叶形成的关键作用,并提出了相应的指标和阈值。研究表明,质地中等、结构良好、肥而通透、碳氮协调的土壤最有利于优质上六片叶的形成。通过土壤物理改良和有机培肥可以有效促进根系发育与烟株生长,为上部叶充分发育和养分积累提供保障,为高耐熟性、高成熟度、高可用性上部叶形成奠定基础。本章主要汇集了本研究团队在这方面的主要研究成果。

2.1 浓香型烟叶产区土壤质地分布与烟叶品质特征和风格特色的关系

摘要: 为明确土壤机械组成与烟叶品质特征及风格特色的关系,采集了全国 8 个省份浓香型烤烟产区 78 个点的土壤及烟叶样品,分析研究了浓香型烟区土壤质地分布状况及土壤机械组成与浓香型烟叶品质特征及风格特色的关系。结果表明,砂质土、粉砂质土和壤土在浓香型烟叶产区分布较多,占 60% 以上。烟叶的浓香型显示度和焦甜香分值均与土壤砂粒含量呈极显著的正相关,与粉粒和黏粒含量呈极显著的负相关。在土壤砂粒含量低于 10% 的范围内,烟叶浓香型显示度和焦甜香分值均随着砂粒含量的降低而急剧下降;当土壤黏粒含量高于 25% 时,烟叶的浓香型显示度降低,烟叶的焦甜香分值也显著降低。因此,适宜高砂粒、低黏粒含量的中质地土壤有利于优质浓香型烟叶品质形成和特色彰显。

　　特色优质烟叶的形成受生态、遗传和栽培因素的综合影响。生态因素包括气候、土壤、地质背景等。在特定的气候条件下，土壤对烟叶生长发育、品质形成和特色彰显起着至关重要的作用。土壤质地是主要的土壤物理性状之一，直接影响土壤的通透性、保水性、保肥性及烟草根际土壤的含氧量，对烟草的生长发育具有重要作用。土壤质地过于黏重，不利于烟草根系对养分的吸收利用，导致根系发育迟缓，最终影响烟叶品质。有关植烟土壤质地方面的研究多集中在土壤质地对烟叶农艺性状、经济性状和品质的影响方面，而对烟叶风格特色的影响研究则鲜见报道。我国浓香型烟叶产区主要分布在河南、湖南、广东、安徽、山东、江西、广西和陕西 8 省（自治区）的全部或部分烟区，虽然这些烟区的烟叶总体呈现浓香型特征，但风格特色不尽相同，土壤因素对浓香型风格有一定影响。有研究表明，砂壤土生产的烟叶香气物质含量相对较高，糖碱比适宜，感官品质较好，焦甜香突出；粉砂土生产的烟叶一般类胡萝卜素降解产物含量偏低，总糖含量较高，但含氮化合物含量偏低，糖碱比偏高，评吸结果焦甜香弱，香气量偏小；质地较重的粉黏土生产的烟叶糖含量低，烟碱含量高，糖碱比和氮碱比低。为了揭示土壤质地与烟叶品质特征的关系，选择了 8 个浓香型烟叶产区不同采样点的典型烟田采集土壤和烟叶样品，并分析了土壤的机械组成及烟叶各项指标，旨在揭示土壤机械组成与浓香型烟叶品质特征的关系，明确影响浓香型烟叶风格特色形成的土壤生态因子（史宏志等，2016；宋莹丽等，2014a）。

　　2011 年采集了河南、湖南、广东、安徽、山东、广西、陕西、江西 8 个主要烟叶生产省（自治区）的 78 个典型代表性烟田的土壤样品（代表性烟田均为浓香型特色优质烟叶开发重大专项确定的代表性烟区 A、B 点）78 份。土样在烟苗移栽前采集，土壤深度为 0~20cm 耕层，采用 5 点取样法，每个土样为 1kg。按当地烤烟生产技术规范进行栽培管理。在烟叶成熟采收后，在采集土样的相应地块取中部叶样品 78 份（C3F 等级）。

2.1.1　浓香型烟叶产区土壤机械组成的分布特征

　　全国浓香型烟叶产区土壤机械组成的含量有很大的差异。如表 2-1 所示，在全国浓香型典型烟区所测样点中，砂粒含量的变异系数达到 69.78%，变异程度较大，变幅为 0.49%~64.17%，平均含量为 25.52%；粗粉粒、粗黏粒和细黏粒的变异系数分别为 37.12%、44.67% 和 43.87%。从峰度来看，砂粒和细黏粒的含量分布较砂粒集中，粗粉粒的含量分布更接近正态分布。

表 2-1　土壤机械组成的分布特征

粒级	颗粒组成（%）			
	砂粒（0.05~1mm）	粗粉粒（0.01~0.05mm）	粗黏粒（0.001~0.01mm）	细黏粒（＜0.001mm）
变幅	0.49~64.17	10.73~69.28	3.87~42.39	5.58~44.1
平均值	25.52	33.60	21.00	19.88
峰度	0.37	0.08	−0.72	0.17
变异系数	69.78	37.12	44.67	43.87

2.1.2　浓香型烟叶产区土壤质地的分布状况

我国浓香型烟叶产区分布地域较广，土壤质地差异较大。如图 2-1 所示，浓香型烟叶产区的土壤质地为砂土、壤土和黏土，说明烟草生长对土壤环境的适应性较强。60%以上的烟区土壤质地属于砂质和粉砂质，主要集中在砂质壤土、粉砂质黏壤土、粉砂质黏土范围内，其中以砂质壤土的分布频率最高，为 19.23%，其次是粉砂质黏土，黏土的分布频率最低。

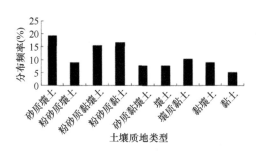

图 2-1　浓香型烟叶产区土壤质地分布状况

2.1.3　不同土壤质地烟叶化学成分及质量特色的比较

（1）常规化学成分含量的比较

不同质地的土壤所生产烟叶的常规化学成分之间有一定的差异，如表 2-2 所示，烟叶还原糖含量的平均值以砂质壤土的最高，粉砂质黏壤土的最低，粉砂质壤土的含量变异系数最小。各质地土壤所生产烟叶的烟碱含量均在优质烟叶的适宜范围内，黏土和砂质黏壤土的烟碱含量较低，粉砂质黏壤土的含量最高。总糖的含量以粉砂质壤土的最高，且变异程度最小。糖碱比以砂质壤土、壤土和粉砂质壤土的较适宜，在适宜范围（8~10）内。综合来说，砂质壤土、壤土和粉砂质壤土的烟叶化学成分较为协调。

表 2-2　不同土壤质地烟叶常规化学成分含量的比较　　　　　　（%）

土壤质地	化学成分	还原糖	钾	氯	烟碱	总氮	总糖
砂质壤土	范围	10.77~29.34	1.11~3.16	0.23~1.02	1.65~5.13	1.26~2.63	11.15~32.91
	平均值	24.75	1.82	0.45	2.78	1.82	25.79
	变异系数	22.06	26.31	46.82	34.45	21.10	21.99
粉砂质壤土	范围	19.13~28.52	1.51~2.49	0.48~0.77	2.02~3.31	1.56~2.06	20.57~31.12
	平均值	24.55	1.93	0.63	2.68	1.78	26.04
	变异系数	12.50	17.42	18.17	16.61	9.35	13.49
粉砂质黏壤土	范围	16.17~27.06	1.14~2.59	0.26~1.23	2.39~3.70	1.63~2.53	14.08~29.15
	平均值	20.45	1.95	0.63	2.98	2.10	21.78
	变异系数	18.09	21.99	61.34	15.16	14.28	19.13
砂质黏壤土	范围	20.20~27.95	1.76~2.75	0.21~0.80	1.65~2.64	1.56~2.03	18.58~30.60
	平均值	24.53	2.11	0.43	2.15	1.70	25.75
	变异系数	12.54	17.99	53.63	20.24	9.71	17.19
壤土	范围	15.60~27.71	1.41~2.49	0.18~0.99	2.32~3.32	1.56~2.44	17.51~29.45
	平均值	21.29	1.76	0.56	2.68	1.96	23.07
	变异系数	18.35	21.73	48.73	14.43	11.13	17.36
黏壤土	范围	15.61~28.51	1.41~2.42	0.16~0.72	1.98~3.82	1.48~2.23	18.39~31.26
	平均值	21.83	1.73	0.45	2.67	1.83	24.54
	变异系数	18.74	19.76	44.95	26.55	13.30	17.73
粉砂质黏土	范围	16.37~30.06	1.11~1.76	0.24~1.02	1.86~3.84	1.51~2.27	15.95~32.74
	平均值	21.94	1.56	0.50	2.83	2.01	21.26
	变异系数	17.68	98.60	39.25	20.19	10.30	20.16
壤质黏土	范围	12.79~27.17	1.49~2.32	0.19~1.26	1.72~4.68	1.47~2.59	13.64~30.74
	平均值	22.87	1.93	0.49	2.75	1.91	22.85
	变异系数	22.90	17.98	65.80	36.08	19.27	27.78
黏土	范围	20.72~28.52	1.13~2.03	0.32~0.41	2.24~2.65	1.79~2.16	22.99~31.37
	平均值	23.48	1.53	0.37	2.48	1.97	24.78
	变异系数	14.69	25.64	121.26	7.16	8.50	15.22

（2）风格特色的比较

土壤质地直接影响土壤的理化性状，进而影响烟叶生长发育及风格特色形成。如表 2-3 所示，不同土壤质地所生产烟叶的风格特色存在一定的差异。烟叶浓香型显示度以壤土表现最为突出，其次是砂质壤土和砂质黏壤土，黏土的浓香型显示度最低；烟叶甜感以砂质壤土表现得最为充分，焦甜香以砂质黏壤土最突出，黏土表现得较不充分；烟叶的焦香在壤土和砂质壤土表现得较为突出，其次是黏壤土和粉砂质壤土，黏土表现得较不充分；烟叶烟气浓度各种质地的差异不大；黏土烟叶的劲头大于壤土和砂质壤土烟叶。综合来说，砂质壤土、壤土、粉砂质壤土烟叶的风格特色较好。

表 2-3　不同土壤质地烟叶风格特色的比较

土壤质地	风格特色	浓香型显示度	甜感	焦甜香	焦香	烟气浓度	劲头
砂质壤土	范围	3.5～4.1	3.0～4.1	2.8～4.0	2.3～3.5	3.4～4.0	2.3～3.5
	平均值	3.78	3.67	3.52	2.83	3.71	2.90
	变异系数（%）	5.08	7.33	8.33	11.23	4.81	8.35
粉砂质壤土	范围	3.4～3.8	2.8～4.2	3.2～3.6	2.2～3.2	3.5～4.0	2.8～3.4
	平均值	3.64	3.50	3.39	2.70	3.79	3.03
	变异系数（%）	3.49	14.00	5.23	14.41	5.78	6.52
粉砂质黏壤土	范围	3.0～3.9	2.5～3.9	2.8～3.8	2.2～3.2	3.3～4.0	2.7～3.2
	平均值	3.57	3.34	3.26	2.67	3.59	3.05
	变异系数（%）	8.56	14.53	11.21	8.50	6.11	37.32
砂质黏壤土	范围	3.6～4.0	3.2～4.1	3.3～4.0	2.3～2.9	3.3～3.6	2.8～3.4
	平均值	3.73	3.62	3.65	2.55	3.47	2.88
	变异系数（%）	3.65	8.98	6.42	9.20	2.98	3.41
壤土	范围	3.6～4.0	2.7～3.9	3.1～3.8	2.3～3.3	3.6～4.0	2.8～3.5
	平均值	3.82	3.42	3.53	2.88	3.77	3.07
	变异系数（%）	4.50	15.63	7.53	13.43	3.62	8.15
黏壤土	范围	3.5～4.1	2.6～3.7	3.0～3.7	2.4～3.4	3.4～3.9	2.8～3.2
	平均值	3.71	3.26	3.30	2.80	3.62	2.90
	变异系数（%）	4.50	13.17	9.90	12.57	4.97	5.27
粉砂质黏土	范围	2.8～3.9	2.0～3.9	2.0～3.6	2.0～3.0	3.2～3.9	2.6～3.5
	平均值	3.45	3.12	2.81	2.55	3.62	3.08
	变异系数（%）	10.01	19.71	14.12	12.55	5.73	8.61
壤质黏土	范围	3.3～3.7	2.5～3.7	2.1～3.6	2.2～3.2	3.2～3.9	2.9～3.4
	平均值	3.54	2.98	2.84	2.65	3.43	3.11
	变异系数（%）	3.67	14.57	16.72	14.53	6.93	4.99
黏土	范围	2.5～3.3	2.5～3.6	1.8～2.7	2.0～2.6	3.4～3.8	2.9～3.2
	平均值	2.85	2.95	2.40	2.28	3.58	3.10
	变异系数（%）	12.00	17.17	17.01	10.96	4.77	4.56

（3）品质特征的比较

不同土壤质地的理化性状差异较大，对烟叶的生长发育和品质特征形成有重要影响，不同土壤质地所生产烟叶的品质特征存在较大的差异。如表 2-4 所示，烟叶的香气量、香气质及透发性评分的平均值均以砂质壤土的最高，黏土的较低；烟叶的细腻度以粉砂质壤土的评分平均值最高，其次是砂质黏壤土、砂质壤土和粉砂质黏土，壤质黏土最低；烟叶的刺激性评分平均值以粉砂质壤土最低，其次是砂质壤土，壤质黏土最大。综合来说，烟叶的品质特征以砂质壤土和粉砂质壤土表现较好。

表 2-4　不同土壤质地浓香型烟叶品质特征的比较

土壤质地	品质特征	香气质	香气量	透发性	细腻程度	余味	刺激性
砂质壤土	范围	2.8~3.8	3.1~3.9	2.7~3.7	2.7~3.5	3.0~3.6	2.2~3.1
	平均值	3.50	3.66	3.49	3.10	3.30	2.48
	变异系数（%）	6.83	6.52	7.38	8.45	6.92	10.58
粉砂质壤土	范围	3.0~3.6	3.4~3.6	3.1~3.6	2.8~3.3	3.1~3.6	2.0~3.0
	平均值	3.37	3.53	3.46	3.13	3.29	2.43
	变异系数（%）	5.86	2.69	5.15	5.75	5.09	13.77
粉砂质黏壤土	范围	2.8~3.7	3.1~3.9	3.0~3.6	2.6~3.4	2.8~3.6	2.3~2.9
	平均值	3.13	3.57	3.37	2.96	3.12	2.62
	变异系数（%）	8.32	6.66	5.53	9.61	7.71	8.43
砂质黏壤土	范围	2.8~3.5	3.2~3.7	3.2~3.3	2.7~3.4	3.0~3.5	2.5~3.1
	平均值	3.27	3.50	3.28	3.11	3.30	2.60
	变异系数（%）	7.41	4.78	12.46	8.73	6.06	9.60
壤土	范围	3.0~3.5	3.5~3.8	3.2~3.6	2.7~3.4	2.9~3.5	2.5~3.1
	平均值	3.32	3.60	3.35	3.00	3.22	2.65
	变异系数（%）	6.44	3.51	5.89	8.69	3.88	7.82
黏壤土	范围	3.2~3.5	3.4~3.7	3.0~3.6	2.8~3.3	2.8~3.5	2.1~3.0
	平均值	3.37	3.60	3.31	3.09	3.24	2.56
	变异系数（%）	3.72	3.93	7.07	5.70	7.53	11.90
粉砂质黏土	范围	2.8~3.5	3.2~3.7	2.7~3.6	2.6~3.5	2.8~3.5	2.0~3.2
	平均值	3.22	3.47	3.27	3.10	3.19	2.68
	变异系数（%）	7.80	4.61	7.93	9.32	6.20	13.18
壤质黏土	范围	2.8~3.4	3.2~3.6	3.0~3.6	2.6~3.3	2.7~3.4	2.3~3.2
	平均值	3.13	3.46	3.31	2.97	3.07	2.71
	变异系数（%）	6.78	4.35	5.92	8.00	9.17	10.86
黏土	范围	2.8~3.5	3.0~3.4	3.2~3.5	3.0~3.3	2.9~3.4	2.3~2.7
	平均值	3.05	3.28	3.30	3.08	3.15	2.55
	变异系数（%）	10.19	5.77	4.29	4.87	6.61	7.51

2.1.4　烟叶化学成分与土壤机械组成的相关性

（1）土壤机械组成与常规化学成分的相关性

土壤的机械组成与烟叶的总氮和总糖含量有一定的关系，如表 2-5 所示，烟叶总氮与土壤细砂含量呈极显著负相关，总糖与细砂含量呈极显著正相关关系；总氮与粉粒含量呈显著正相关关系，总糖与之相反。

表 2-5　烟叶常规化学成分与土壤机械组成的相关性

土壤机械组成	烟叶的常规化学成分					
	还原糖	钾	氯	烟碱	总氮	总糖
粗砂（0.2～2mm）	0.08	−0.23	0.29*	−0.02	−0.03	0.10
细砂（0.02～0.2mm）	0.09	0.14	−0.09	−0.16	−0.48**	0.46**
粉粒（0.002～0.02mm）	−0.20	−0.01	0.08	0.21	0.27*	−0.24*
黏粒（<0.002mm）	0.03	−0.02	−0.19	0.01	0.15	0.02

烟叶总糖和总氮含量之间存在一定的负相关关系，二者与土壤细砂含量的关系如图 2-2 和图 2-3 所示，总糖与细砂含量关系的拟合方程为 $y = 0.1327x + 20.886$，总氮与细砂含量关系的拟合方程为 $y = -0.0082x + 2.1194$。

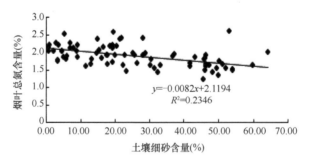

图 2-2　烟叶总氮含量与土壤细砂含量的关系

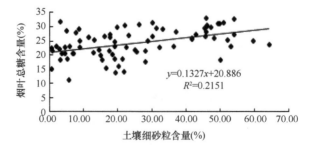

图 2-3　烟叶总糖含量与土壤细砂含量的关系

（2）烟叶风格特色与土壤机械组成的相关性

如表 2-6 所示，烟叶的风格特色与土壤的粒级组成大多数达到显著相关的水平。烟叶浓香型显示度、甜感和焦甜香评分均与细砂含量达到极显著正相关的水平，劲头评分与细砂含量达到极显著负相关的水平；烟气浓度评分与细砂含量呈极显著的正相关关系；浓香型显示度、甜感和焦甜香评分与土壤粉粒及黏粒含量均呈极显著或显著的负相关关系。

表 2-6　烟叶风格特色与土壤机械组成的相关系数

土壤机械组成	烟叶的风格特色					
	浓香型显示度	甜感	焦甜香	焦香	烟气浓度	劲头
粗砂（0.2～2mm）	0.33**	0.11	0.17	−0.14	−0.12	0.12
细砂（0.02～0.2mm）	0.49**	0.31**	0.67**	0.26*	0.34**	−0.37**
粉粒（0.002～0.02mm）	−0.34**	−0.24*	−0.48**	0.07	0.06	0.26*
黏粒（<0.002mm）	−0.62**	−0.28*	−0.61**	−0.06	−0.19	0.18

如图 2-4 所示，烟叶浓香型显示度评分随土壤中细砂含量升高呈升高趋势，在细砂含量低于 10%时，烟叶浓香型显示度随细砂含量的减少急剧下降，其关系拟合方程为：$y = 0.213\ln(x) + 2.9361$。烟叶焦甜香评分与土壤细砂含量的关系如图 2-5 所示，土壤细砂含量低于 10%时，烟叶焦甜香评分随细砂含量的增加呈急剧增加的趋势，当土壤细砂含量超过 10%时，随细砂含量的增加烟叶焦甜香评分呈现缓慢增加的趋势。烟叶浓香型显示度和焦甜香评分与土壤粉粒及黏粒含量均呈负相关关系，如图 2-6～图 2-9 所示，当土壤粉粒含量高于 40%时，烟叶浓香型显示度评分普遍低于 3.5，此时，焦甜香评分也低于 3.0；当土壤黏粒含量高于 25%时，烟叶浓香型显示度评分低于 3.5，焦甜香评分低于 3.0，焦甜香香韵显著降低。

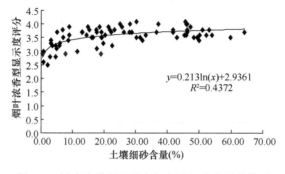

图 2-4　烟叶浓香型显示度与土壤细砂含量的关系

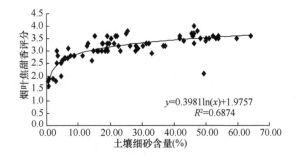

图 2-5　烟叶焦甜香与土壤细砂含量的关系

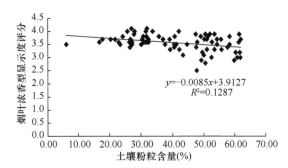

图 2-6　烟叶浓香型显示度与土壤粉粒含量的关系

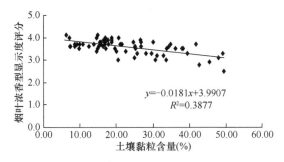

图 2-7　烟叶浓香型显示度与土壤黏粒含量的关系

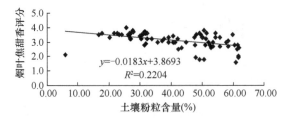

图 2-8　烟叶焦甜香与土壤粉粒含量的关系

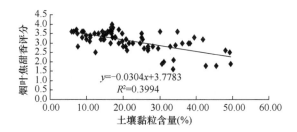

图 2-9　烟叶焦甜香与土壤黏粒含量的关系

（3）烟叶品质特征与土壤机械组成的相关性

如表 2-7 所示，烟叶香气质和香气量评分与土壤粗砂含量呈显著正相关；透发性评分与土壤细砂含量呈极显著正相关，刺激性评分与其呈负相关；余味评分与土壤砂粒含量呈正相关，与黏粒含量呈负相关；香气量评分与土壤黏粒含量呈极显著的负相关。

表 2-7　烟叶品质特征与土壤机械组成的相关系数

土壤机械组成	烟叶的品质特征					
	香气质	香气量	透发性	细腻度	余味	刺激性
粗砂（0.2～2mm）	0.23*	0.27*	-0.17	0.04	0.15	-0.04
细砂（0.02～0.2mm）	0.13	0.08	0.34**	0.01	0.21	-0.17
粉粒（0.002～0.02mm）	-0.19	-0.02	0.1	-0.09	-0.2	0.19
黏粒（<0.002mm）	-0.15	-0.32**	-0.12	0.07	-0.2	0.07

2.1.5　小结

土壤砂粒、黏粒、粉粒含量对土壤容重、通透性等物理性质影响较大，土壤水分及矿质养分的状态也受土壤砂黏比的影响。土壤砂粒、黏粒、粉粒含量对烟叶品质特征有不同程度的影响，主要表现为烟叶总氮含量与土壤细砂含量呈极显著的负相关，总糖含量与土壤细砂含量呈极显著正相关。烟叶浓香型显示度、焦甜香评分均与土壤细砂含量呈极显著的正相关，但当细砂含量超过10%时，增幅逐渐降低。烟叶浓香型显示度及焦甜香评分与土壤黏粒和粉粒含量均呈现极显著的负相关，土壤黏粒含量不宜高于25%，土壤粉粒含量不宜高于40%。烟气的余味评分与土壤砂粒含量呈正相关，与黏粒含量呈负相关。烟气的透发性评分与土壤细砂含量呈极显著的正相关，香气量评分与土壤黏粒含量呈极显著的负相关。所以，适宜的高砂粒、低黏粒含量的中质地土壤有利于烟叶品质的形成。因此，可通过改变土壤中的砂粒、黏粒和粉粒含量来改善土壤的物理性状，创造有利于烤烟生长的土壤条件。

2.2　豫中不同土壤质地烟叶色素含量的差异

摘要：在豫中烟区研究了 4 种典型质地土壤上烤烟主栽品种 NC89 不同生育时期和调制后烟叶质体色素含量的差异。结果表明，砂土烟叶 β-胡萝卜素和总类胡萝卜素在烤后烟叶样品中含量较高，其余几种色素降解程度均较高；砂壤土烟叶大部分色素含量从烟株现蕾至尚熟下降较为缓慢，成熟采收时下降较为明显，在烤后烟叶中叶绿素、β-胡萝卜素和总类胡萝卜素残留较少，质体色素降解充分；壤土烟叶各种色素含量随生育期推进下降趋势均较明显，烤后烟叶样品中质体色素含量也较低，残留较少；黏土烟叶中各种色素含量从现蕾至尚熟有下降，但在成熟采收时含量较高，色素降解程度低，烤后烟叶中叶绿素和类胡萝卜素含量偏高。砂壤土和壤土植烟有利于烤烟香气前体物的积累与适时转化。

　　豫中是我国传统烟草种植区，所产烟叶具有浓香型风格特色，该区土壤多为褐土，但土壤质地差异较大，从汝河、沙河两岸到丘陵呈现由砂土到壤土再到黏土的变化。土壤质地是土壤重要的物理性状之一，直接或间接影响土壤水、肥、气、热状况，从而影响烟草的生长动态、产量和品质形成。李志等（2010）认为皖南砂壤土是生产焦甜香烟叶的典型土壤，其特有的理化性状有利于烟叶前中期旺盛生长，制造和积累充足的光合产物与香气前体物，同时可保证成熟期物质及时充分降解和转化。另外，砂壤土烟株在外观上表现为生长快，生长量大，营养体大，开片良好，叶片内含物质充实。

　　烟草质体色素存在于烟叶植物细胞细胞器的质体中（其中的叶绿体和有色体），包括叶绿素和类胡萝卜素等，是烟草生长过程中进行光合作用所需的重要物质。在烟叶的加工过程中，质体色素的含量和性质直接影响烟叶的外观质量。同时，质体色素作为烟草香气成分的前体物直接或间接地影响烟叶的内在品质，在烟叶调制过程中，质体色素充分降解能使烟叶香气增加，质量变优。烟草生长期间叶绿素是主要的质体色素，但在调制过程中叶绿素降解不充分就会形成青烟，给卷烟抽吸带来青杂气。这不仅影响烟叶的外观，而且严重影响烟叶的内在品质。烟草调制过程，叶绿素会降解生成新植二烯和一些吡咯类香气物质。新鲜烟叶质体色素中的类胡萝卜素主要有叶黄素、新黄质、紫黄质和 β-胡萝卜素。叶黄素和β-胡萝卜素被叶绿素掩盖而显绿色，在烟叶调制过程中，叶绿素降解速度远大于类胡萝卜素，由此引起烟叶组织内色素含量比例的变化，从而使烟叶在外观上呈现黄色。类胡萝卜素降解时因双键断裂的部位不同会产生很多致香物质，如大马酮、紫罗兰酮、二氢猕猴桃内酯、柠檬醛等，对烟叶香气有十分重要的作用，类胡萝卜素降解产生的香气物质产香阈值相对较低，刺激性较小，香气质较好，对烟叶香气贡献率大，是影响烟叶香气质量的重要组分。有关烟叶香气物质的研究多集中在烟叶香气成分的分离鉴定、生理生化代谢、遗传育种及其与生态条件和栽培条件的关系方面，但土壤质地与香气物质关系的研究则少有报道，尤其是土壤质地与致香成分前体物的关系。因此，本研究分析了烟草质体色素与土壤质地的关系，以期为我国提高烟叶香气质量找出新的技术途径（钱华等，2011）。

试验在平顶山市进行，选取郏县和宝丰县的 4 种土壤质地进行试验，分别为砂土、砂壤土、壤土、黏土，不同质地土壤的性质见表 2-8。

表 2-8 不同质地土壤 0～20cm 土层养分含量

土壤质地	有机质（g/kg）	pH	碱解氮（g/kg）	速效磷（mg/kg）	速效钾（mg/kg）
砂土	17.20	7.30	78.34	19.79	71.47
砂壤土	18.70	7.83	80.48	16.04	104.67
壤土	23.40	6.97	82.48	16.10	156.65
黏土	24.70	7.50	87.08	22.96	103.92

2.2.1 不同土壤质地烟叶类胡萝卜素含量的比较

（1）叶黄素含量的比较

4 种土壤质地烤烟叶片叶黄素含量总体变化趋势一致（图 2-10），表现为随着生育期的推进而逐渐下降。其中砂土烤烟各生育期之间烟叶叶黄素降解较为明显，经烘烤后完全降解。砂壤土烤烟从现蕾至尚熟，烟叶叶黄素含量变化不大，烟叶成熟时降解了近一半，经烘烤后完全降解。壤土烤烟从现蕾至尚熟，烟叶叶黄素含量变化趋势与砂壤土烤烟一样，下降不明显，经过烘烤后烟叶叶黄素完全降解。黏土烤烟随生育期推进烟叶叶黄素含量下降较为明显，但在烟叶成熟时仍有较高含量，可能与该地前期干旱、后期雨水较多有关，经烘烤后仍有少量存在。对 4 种土壤质地不同时期烤烟叶片中叶黄素含量进行方差分析和多重比较表明：现蕾期烟叶叶黄素含量除砂壤土和壤土差异不显著外，砂土与黏土及二者均分别与砂壤土和壤土差异极显著；尚熟期烟叶叶黄素含量除砂壤土和黏土差异不显著外，砂土与壤土及二者均分别与砂壤土和黏土差异极显著；成熟采收期烟叶叶黄素含量砂土和砂壤土差异不显著，但砂土和砂壤土均分别与壤土、黏土差异极显著；烤后烟叶叶黄素含量黏土与砂土、砂壤土、壤土差异极显著，说明土壤因素对不同时期叶黄素含量的影响较大。

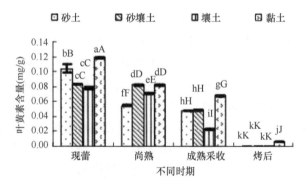

图 2-10　不同土壤质地不同时期烟叶叶黄素含量的变化

大写字母不同表示差异极显著（$P<0.01$），小写字母不同表示差异显著（$P<0.05$），下同

（2）β-胡萝卜素含量的比较

烟叶 β-胡萝卜素含量变化趋势与叶黄素变化趋势一致，在不同土壤质地烤烟中均随着烤烟生育期的推进逐渐下降（图 2-11）。砂土烤烟现蕾期烟叶 β-胡萝卜素含量较高，经尚熟至成熟采收，降解较少，烘烤调制后与成熟采收时相比变化不大，并且与其他 3 种土壤质地烤烟相比，砂土烤烟烤后烟叶 β-胡萝卜素含量最高。砂壤土烤烟叶片 β-胡萝卜素各个时期降解均较为充分，烘烤后含量最低。壤土烤烟烟叶 β-胡萝卜素含量从现蕾经尚熟至成熟采收下降较多。黏土烤烟烟叶 β-胡萝卜素含量从现蕾至尚熟降解较多，从尚熟至成熟采收含量变化不大，经烘烤后含量显著下降。方差分析和多重比较结果表明：现蕾期烟叶 β-胡萝卜素含量砂土、砂壤土和壤土差异不显著，黏土与砂土、砂壤土和壤土均差异极显著；尚熟期砂土与砂壤土、壤土、黏土均差异极显著，砂壤土与黏土差异不显著，但与壤土差异极显著，壤土与黏土差异极显著；成熟采收期和烤后烟叶 β-胡萝卜素含量 4 种土壤质地之间两两差异均极显著。

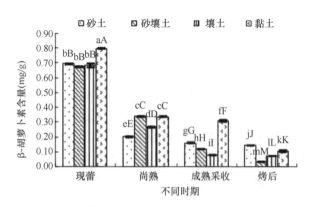

图 2-11　不同土壤质地不同时期烟叶 β-胡萝卜素含量的变化

（3）新黄质含量的比较

不同土壤质地烤烟叶片新黄质的动态变化不同（图 2-12），总的动态变化趋势为随生育期的推进均表现为下降，且烤后均完全降解。砂土烤烟烟叶新黄质含量与其他几种土壤质地相比现蕾期较低，经尚熟至成熟采收时下降幅度较大，烤后完全降解。砂壤土烤烟烟叶新黄质含量呈现递减趋势，烤后叶片新黄质完全降解。壤土烤烟烟叶新黄质含量也呈现递减趋势，且至成熟采收时含量最低，烤后完全降解。黏土烤烟烟叶新黄质含量从现蕾至尚熟下降，至成熟采收时含量最高，与该地后期雨水较多造成烟叶返青有很大关系。方差分析和多重比较结果表明：现蕾期烟叶新黄质含量砂土与砂壤土差异显著，砂土与壤土、黏土差异极显著，砂壤土与壤土、黏土差异极显著，壤土和黏土差异不显著；尚熟期砂土与砂壤土、壤土、黏土差异极显著，砂壤土与壤土差异不显著，黏土与砂壤土、壤土差异显著；成熟采收期 4 种土壤质地之间两两差异极显著。

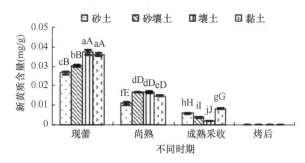

图 2-12　不同土壤质地不同时期烟叶新黄质含量的变化

（4）紫黄质含量的比较

各种土壤质地烤烟烟叶紫黄质含量变化趋势不完全一致（图 2-13）。砂土烤烟烟叶紫黄质含量随生育期推进呈下降趋势，且烤后烟叶中紫黄质完全降解。砂壤土烤烟烟叶从现蕾至尚熟紫黄质含量略有增加，成熟采收时又有较大幅度下降，烤后完全降解。壤土烤烟烟叶随生育期推进紫黄质含量呈下降趋势，烤后仍有少量存在。黏土烤烟烟叶紫黄质从现蕾至尚熟含量下降，成熟采收时含量下降较少，可能与该地前期干旱、后期雨水较多有关，烤后完全降解。方差分析和多重比较结果表明：现蕾期烟叶紫黄质含量砂土与砂壤土差异显著，砂土与壤土、黏土差异不显著，砂壤土与壤土、黏土差异极显著，壤土和黏土差异不显著；尚熟期砂土与砂壤土差异极显著，与壤土、黏土差异不显著，砂壤土与壤土、黏土差异显著，壤土和黏土差异不显著；成熟采收期砂土与其他 3 种土壤差异均极显著，砂壤土与壤土差异显著，与黏土差异极显著，壤土和黏土差异极显著；烤后 4 种土壤质地之间两两差异极显著。

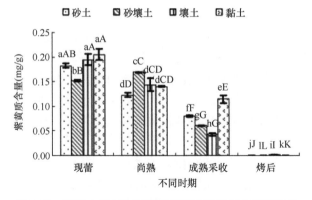

图 2-13　不同土壤质地不同时期烟叶紫黄质含量的变化

（5）总类胡萝卜素含量的比较

各土壤质地烤烟发育过程中总类胡萝卜素含量随生育时期的推进逐渐下降（图 2-14）。砂土烤烟叶片总类胡萝卜素含量从现蕾至尚熟下降幅度较大，从尚熟至成熟采收略微下降，烤后总类胡萝卜素含量仍高于其他几种土壤质地的烟叶。砂壤土烤烟叶片总类胡萝卜素含量呈梯度递减，且烤后降解幅度较大，仅剩少量。壤土烤烟叶片总类胡萝卜素含量变化趋势与砂壤土叶片变化趋势一致，烤后仅有少量存在。黏土烤烟叶片总类胡萝卜素含量从现蕾至尚熟降幅较大，成熟采收时与尚熟时相比变化不大，烤后下降幅度较大。方差分析和多重比较结果表明：总类胡萝卜素含量现蕾期砂土除与壤土差异不显著外，与砂壤土、黏土差异极显著，砂壤土和壤土、黏土差异极显著，壤土和黏土差异极显著；尚熟期砂土与其他 3 种土壤差异均极显著，砂壤土与壤土差异极显著，与黏土差异显著，壤土和黏土差异极显著；成熟采收期和烤后 4 种土壤质地之间两两差异均极显著。

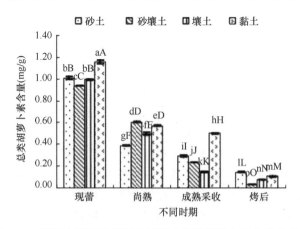

图 2-14　不同土壤质地不同时期烟叶总类胡萝卜素含量的变化

2.2.2　不同土壤质地烟叶叶绿素含量的比较

（1）叶绿素 a 含量的比较

各土壤质地烤烟烟叶叶绿素 a 含量随生育期的推进变化趋势不完全一致（图 2-15），但烘烤调制后，叶绿素 a 均完全降解消失。砂土烤烟现蕾期烟叶叶绿素 a 含量最高，经尚熟至成熟采收时依次递减，烤后完全降解。砂壤土烤烟烟叶叶绿素 a 含量从现蕾到尚熟略微下降，成熟采收时下降明显，烤后完全降解。壤土烤烟烟叶叶绿素 a 含量变化趋势与砂土烟叶变化趋势一致，各时期依次递减，烤后完全降解。黏土烤烟烟叶叶绿素 a 含量从现蕾至尚熟明显下降，成熟采收时略微下降，且成熟采收时该质地烟叶叶绿素 a 含量与其他 3 种质地土壤相比最高，经烘烤调制后完全降解消失。方差分析和多重比较结果表明：叶绿素 a 含量在现蕾期和尚熟期砂土与砂壤土、黏土差异极显著，与壤土差异不显著，砂壤土与壤土、黏土差异极显著，壤土和黏土差异极显著；成熟采收期 4 种土壤质地之间两两差异极显著。

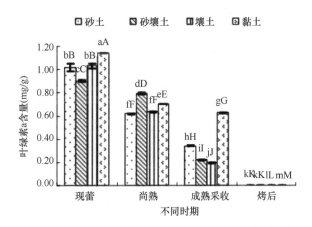

图 2-15　不同土壤质地不同时期烟叶叶绿素 a 含量的变化

（2）叶绿素 b 含量的比较

各土壤质地烟叶叶绿素 b 含量随生育期的推进呈现出不同的变化趋势（图 2-16）。砂土烟叶叶绿素 b 含量随生育期的推进逐渐下降，烤后仍有部分叶绿素 b 未完全降解，可能与该质地地区的烘烤调制技术有关。砂壤土烟叶叶绿素 b 含量从现蕾至尚熟增加，至成熟采收时下降明显，烤后仍有少量叶绿素 b 存在。壤土烟叶叶绿素 b 含量各时期依次下降，烤后仍有少量存在。黏土烟叶叶绿素 b 含量从现蕾至尚熟含量下降，成熟采收时下降不明显，烘烤调制后下降明显。各种土壤质地烟叶经烘烤调制后均含有一定量的叶绿素 b，可能与这几个地方的烘烤调制技术有关。方差分析和多重比较结果表明：叶绿素 b 含量在各个时期 4 种土壤质地之间两两差异均极显著。

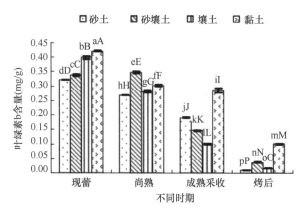

图 2-16　不同土壤质地不同时期烟叶叶绿素 b 含量的变化

（3）总叶绿素含量比较

各种土壤质地烤烟烟叶总叶绿素含量随生育期的推进变化趋势不完全一致（图 2-17）。砂土烤烟烟叶总叶绿素含量各时期逐渐递减，烤后仍有少量存在。砂壤土烤烟烟叶总叶绿素含量从现蕾至尚熟下降不明显，成熟采收时下降较为明显，且烘烤调制后含量最低。壤土烤烟烟叶总叶绿素含量变化趋势与砂土烤烟烟叶总叶绿素含量变化趋势一致，烘烤调制后也有少量存在。黏土烤烟烟叶总叶绿素含量从现蕾至尚熟下降，成熟采收时略微下降，经烘烤调制后下降明显。方差分析和多重比较结果表明：烟叶总叶绿素含量在现蕾期砂土与砂壤土差异显著，与壤土差异显著，与黏土差异极显著；尚熟期、成熟采收期和烤后总叶绿素含量在 4种土壤质地之间两两差异均极显著。

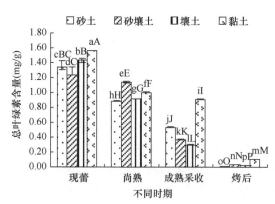

图 2-17　不同土壤质地不同时期烟叶总叶绿素含量的变化

2.2.3　小结

不同时期烟叶质体色素的测定结果表明,现蕾后各种色素含量总体呈下降趋势,所有色素均为烤后含量最低。相比而言,调制后叶绿素含量降低幅度较大,类胡萝卜素在烘烤调制过程中降解较少。砂土烟叶与其他几种质地烟叶相比,除 β-胡萝卜素和总类胡萝卜素在烤后烟叶样品中含量较高外,其余几种色素降解程度均较大。砂土烟叶调制后类胡萝卜素残留较多,可能与后期出现脱肥、烟叶身份较薄、不耐成熟、干燥过快有关。砂壤土烟叶中大部分色素含量从烟株现蕾至尚熟下降较为缓慢,成熟采收时下降较为明显,在烤后烟叶中 β-胡萝卜素和总类胡萝卜素残留较少,表明烟叶质体色素降解充分,这为香气物质的形成和积累奠定了基础。壤土烟叶各种色素含量随生育期推进下降趋势均较明显,烤后烟叶样品中 β-胡萝卜素和总类胡萝卜素含量也较低,残留较少,降解充分。黏土烟叶各种色素含量从现蕾至尚熟有下降,但在成熟采收时含量较高,与该地前期干旱导致肥料利用率较低、氮素供应滞后、烟叶贪青晚熟有很大关系,烤后烟叶叶绿素和类胡萝卜素含量较高,表明黏土烟叶成熟度较低,叶片组织紧密,质体色素降解不充分,不利于香气物质的形成和积累。感官评吸也表明,砂土烟叶香气质较好,但香气量不足,砂壤土烟叶香气量大,烟气柔和,黏土烟叶则刺激性和杂气较大。这与不同土壤质地的供肥特性和烟叶质体色素的降解程度有关,与邱立友等(2009)的氧化应激效应理论相一致,该理论认为:含沙比例较高的土壤,通透性强,土壤升温快,烟株发育早,生长代谢旺盛,干物质积累快,但由于土壤保水保肥能力差,后期易脱肥,烤烟生长受到较强的氧化应激,抗氧化物质类胡萝卜素和酚类等香气前体物代偿性合成,并能适时进入衰老成熟阶段,色素物质在采收期和烘烤时能够迅速降解,减少青杂气和刺激性,并产生大量的香气物质。也与世界著名烟草专家左天觉等所指出的烟草最适宜生长在砂壤土上的研究结果相一致。

2.3　豫中不同土壤质地烟叶中性致香物质含量和感官质量的差异

摘要:以 NC89 为材料,对豫中烟区 4 种土壤质地烤后烟叶样品中性致香物质含量及感官质量的差异进行研究。烟叶常规化学成分及石油醚提取物总量分析结果表明,砂壤土、壤土烟叶化学成分协调性较好,砂土烟叶次之,黏土烟叶协调性最差。各种中性致香物质含量在不同土壤质地烤后烟叶样品中有较大差异,类胡萝卜素降解产物、非酶棕色化反应产物、新植二烯含量及中性致香物质总量均以砂壤土为最高,苯丙氨酸裂解产物以壤土和砂壤土含量较高,西柏烷类降解产物茄酮以砂土烟叶含量最高;除砂土外,其他 3 种土壤质地烟叶随着土壤沙性的减弱,各种致香物质含量基本表现为逐渐降低的趋势。对感官质量综合评定,砂壤土烟叶感官质量最好,浓香型风格显著,具焦甜香,其次是砂土,黏土烟叶感官质量较差,这与各种土壤质地烟叶中性致香物质总量的差异性基本是一致的。综合认为,砂壤土有利于优质浓香型烟叶生产。

特色优质烟叶是烤烟生产发展的重要方向,烟叶风格特色的形成是生态因素、遗传因素和栽培因素共同作用的结果,其中生态因素决定了烟叶香气风格的类型和潜力,栽培因素决定了风格特色的显示度和彰显度。土壤是非常重要的生态因素,土壤质地和土壤性状的差异导致烟叶碳代谢与氮代谢强度、协调性及动态变化的不同,进而对烟叶化学成分和香气成分形成产生影响。土壤质地直接关系到土壤的保水性、导水性、保肥性、保温性和导温性等,对烤烟生长的影响极为复杂。一般认为生产优质烟的土壤是壤质土类,这种质地的土壤能为烟株的生长发育提供良好的水、肥、气、热环境条件。质地过黏或过砂的土壤都不是理想的植烟土壤,壤土质地的土壤肥力中等,氮素易于人为调节,是生产优质烟的理想土壤。土壤质地黏重,持水力强且排水不良,通透性差,不利于烟株根系生长,烟根易受渍害,而且往往黏重土壤保肥能力强,潜在肥力高,影响烟株正常落黄。但若土壤过砂,虽排水好,但持水不够,土壤保水保肥能力差,根系易受干旱、高温的影响而导致烟株生长发育不良,因此土壤上松下紧、面砂底黏最有利于优质烟的生产。

研究结果表明,在皖南特定的气候条件下,土壤因素对焦甜香风格烟叶的形成起关键作用(史宏志等,2009a)。砂壤土烟叶常规化学成分中总糖和烟碱含量均较高,糖碱比适宜,评吸认为其感官质量优良,焦甜香突出;水稻土烟叶总糖含量较低,上部叶烟碱和总氮含量偏高,糖碱比偏低,焦甜香不显著,虽香气量大,但劲头偏大;砂壤土烟叶一般表现为中、上部叶各类致香物质含量偏低,总糖含量较高,但含氮化合物含量偏低,糖碱比偏高,评吸认为焦甜香弱,烟叶香气量偏小。烟叶烟碱含量与土壤物理环境因素的相关性远比其与土壤化学环境因素的大,如与土壤粗粉粒含量呈正相关,与细黏粒含量呈负相关。浓香型特色烟叶是中式卷烟的核心原料,豫中地区是浓香型特色烟叶的典型代表区域,豫中烟区土壤质地差异较大。豫中烟区具有大量与皖南生产焦甜香风格烟叶相似的土壤,如河南平顶山沙河、汝河两岸的砂壤土,因此,本研究在豫中烟区选取了 4 种不同土壤质地,分析了烟草中性致香物质与土壤质地的关系,以期从生态因素方面入手为我国提高烟叶香气质量找出新的技术途径,为阐明浓香型特色烟叶的形成机理提供理论支撑（钱华等，2012a）。

按国际制标准，将土壤质地的粒级粒径大小划分为砂粒（0.02～2mm）、粉粒（0.002～0.02mm）、黏粒（<0.002mm）3 个等级（表 2-9）。

表 2-9　不同土壤质地的分类

处理	颗粒组成（%）			土壤质地
	砂粒 （0.02～2mm）	粉粒 （0.002～0.02mm）	黏粒 （<0.02mm）	
1	85.2	11.4	3.4	砂土
2	59.3	30.7	10.0	砂壤土
3	49.9	38.7	11.4	壤土
4	10.0	51.6	38.4	黏土

2.3.1　不同土壤质地对烤后烟叶样品常规化学成分含量的影响

不同土壤质地烤后烟叶样品常规化学成分含量见表 2-10。从中可知，砂土烟叶总糖、还原糖含量均最高，砂壤土烟叶钾和总氮含量均最高，壤土烟叶烟碱含量最高，黏土烟叶氯含量最高。烤烟的石油醚提取物主要包括挥发油、树脂、油脂、脂肪酸、蜡质、类脂物、甾醇、色素等，是形成烟草香气的重要成分，烤烟石油醚提取物含量与烤烟整体香气质量及香气量呈正相关，石油醚提取物含量高的烟叶整体质量也较高。不同土壤质地烤后烟叶石油醚提取物含量由高到低依次是砂壤土＞壤土＞黏土＞砂土。

表 2-10　不同土壤质地烤后烟叶样品常规化学成分含量

土壤质地	总糖 （%）	还原糖 （%）	钾 （%）	氯 （%）	烟碱 （%）	总氮 （%）	钾氯比	糖碱比	氮碱比	石油醚 提取物（%）
砂土	24.32	22.89	1.62	1.01	2.90	2.43	1.60	8.39	0.84	6.45
砂壤土	23.01	21.24	1.68	0.97	2.76	2.61	1.73	8.34	0.95	7.56
壤土	23.43	20.02	1.37	0.73	2.93	2.44	1.88	8.00	0.83	7.20
黏土	22.75	19.91	1.49	1.31	2.79	2.53	1.14	8.15	0.91	6.75

2.3.2　不同土壤质地对烤后烟叶样品中性致香物质含量的影响

香气物质是反映烟叶质量品质的重要因素之一。烟叶中化学成分的种类和数量较多，不同致香物质具有不同的化学结构和性质，因而对人的嗅觉可以产生不同的刺激作用，形成不同的嗅觉反应，对烟叶香气的质、量、型有不同的贡献。

对不同土壤质地烤后烟叶中的香气物质进行定量分析（表 2-11），其中含量较高的组分有新植二烯、糠醛、茄酮、β-大马酮、香叶基丙酮、法尼基丙酮、苯甲醇等。砂壤土烤后烟叶中 3-羟基-β-二氢大马酮等 12 种物质含量均最高，砂土烟叶中巨豆三烯酮 2 等 4 种物质含量均最高，壤土烟叶中二氢猕猴桃内酯等 6 种物质含量均最高，黏土烟叶中脱氢-β-紫罗兰酮等 5 种物质含量均最高。中性致香物质总量由高到低为砂壤土＞砂土＞壤土＞黏土，其中砂壤土烟叶是黏土烟叶的 1.48 倍，表明烤后烟叶中性致香物质含量可能与土壤质地密切相关。

表 2-11　不同土壤质地烤后烟叶中性致香物质含量　　　　（μg/g）

香气物质类型	中性致香成分	砂土	砂壤土	壤土	黏土
类胡萝卜素降解产物	二氢猕猴桃内酯	1.74	2.04	2.60	2.29
	3-羟基-β-二氢大马酮	1.87	3.12	2.24	2.27
	脱氢-β-紫罗兰酮	0.27	0.13	0.23	0.28
	氧化异佛尔酮	0.17	0.23	0.19	0.22
	巨豆三烯酮 1	1.35	1.45	1.43	1.23
	巨豆三烯酮 2	4.82	4.70	4.63	3.67
	巨豆三烯酮 3	1.78	1.94	1.42	1.13
	巨豆三烯酮 4	6.63	7.02	7.68	5.60
	β-大马酮	24.28	30.03	26.42	22.17
	6-甲基-5-庚烯-2-酮	1.49	1.35	1.50	1.53
	香叶基丙酮	9.12	8.95	7.78	7.02
	法尼基丙酮	14.57	15.81	14.89	12.79
	芳樟醇	2.15	2.42	2.35	2.53
	4-乙烯 2-甲氧基苯酚	0.10	0.12	0.11	0.22
	螺岩兰草酮	1.20	1.54	1.58	3.33
西柏烷类降解产物	茄酮	64.10	48.94	41.53	39.23
苯丙氨酸裂解产物	苯甲醛	2.51	2.94	3.01	2.44
	苯甲醇	10.96	22.63	22.70	11.40
	苯乙醛	5.86	7.43	7.30	5.88
	苯乙醇	4.74	7.83	9.60	4.79
非酶棕色化反应产物	糠醛	21.10	24.51	23.69	19.51
	糠醇	3.33	3.78	3.51	2.59
	2-乙酰基呋喃	0.69	0.85	0.80	0.66
	5-甲基 2-糠醛	1.00	1.22	1.48	0.97
	3,4-二甲基-2,5-呋喃二酮	3.01	3.25	2.78	1.67
	2-乙酰基吡咯	0.65	0.49	0.58	0.58
叶绿素降解产物	新植二烯	1096.50	1176.68	1047.71	778.09
	总计	1285.95	1381.40	1239.71	934.09

2.3.3 不同土壤质地烤后烟叶样品中性致香物质含量分类分析

为便于分析不同土壤质地烤后烟叶中性致香物质含量的差异,把所测定的致香物质按烟叶香气前体物进行分类,可分为类胡萝卜素降解产物、西柏烷类降解产物、苯丙氨酸裂解产物、非酶棕色化反应产物和新植二烯五大类。由图 2-18 和表 2-11 可知,不同土壤质地烤后烟叶的类胡萝卜素降解产物、非酶棕色化反应产物及新植二烯含量和中性致香物质总量均以砂壤土为最高,苯丙氨酸裂解产物以壤土最高,且与砂壤土无显著差异,西柏烷类降解产生的茄酮含量以砂土最高,而且除砂土外,其他 3 种土壤质地烤后烟叶随着土壤沙性的减弱各种致香物质含量基本表现为逐渐降低的趋势。

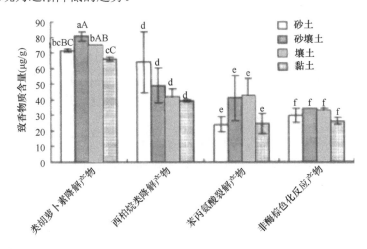

图 2-18 不同土壤质地对烤后烟叶 4 类致香物质含量的影响

2.3.4 不同土壤质地烤后烟叶样品感官评吸质量

由表 2-12 可知,不同土壤质地烤后烟叶样品评吸总分最高的是砂壤土,其次是砂土和壤土,黏土总分最低;就浓香型风格程度来说,砂土、砂壤土和壤土浓

表 2-12 不同土壤质地烤后烟叶样品感官评吸质量

土壤质地	香气质 (10)	香气量 (10)	劲头 (10)	余味 (10)	刺激性 (10)	浓度 (10)	灰色 (5)	杂气 (10)	总分 (75)	香型	风格程度	焦甜感
砂土	7.0	6.5	7.5	7.0	7.0	6.5	4.0	7.0	52.5	浓香	显著	有
砂壤土	7.5	7.0	7.5	7.7	7.2	6.5	4.0	7.0	54.5	浓香	显著	有
壤土	6.8	7.0	6.5	7.3	7.0	6.5	4.0	7.0	52.1	浓香	显著	稍有
黏土	5.5	6.5	7.5	7.0	6.5	6.0	3.5	6.5	49.0	浓香	较显著	无

香型风格显著,黏土浓香型风格较显著;砂土和砂壤土烟叶有焦甜感,壤土烟叶稍有焦甜感,黏土烟叶无焦甜感。经过感官质量综合评定,砂壤土烟叶感官质量最好,其次是砂土烟叶,黏土烟叶感官质量最差。

2.3.5 小结

一般认为,水溶性总糖是决定烟气甜度和醇和度的主要因素,而总氮和烟碱含量则反映了烟叶的生理强度与烟气浓度。糖碱比、氮碱比是评价烟气酸碱平衡状态的重要指标,通常作为烟气柔和度和细腻度的评价基础。4 种土壤质地烤后烟叶糖碱比和氮碱比均在适宜范围内,黏土烟叶钾氯比较低可能与土壤质地有关,研究表明,轻质冲积土的交换性钾与成熟烟叶的钾含量有一定关系,土壤黏重不利于烟草对钾素的吸收。优质烟叶要求在燃吸过程中产生的香气量大、质纯,香型突出,吃味醇和。通过分析烟叶致香物质含量和感官评吸鉴定,可以对烟叶质量进行客观的评价。随着土壤沙性的减弱,各种致香物质含量基本表现为逐渐降低的趋势,这与不同土壤质地烟叶各种香气前体物降解程度不同有很大的关系。史宏志等(2009a)认为含沙比例较高的土壤,通透性强,升温快,烟株发育早,生长代谢旺盛,干物质积累快,但由于土壤保水保肥能力差,后期易脱肥,烤烟生长受到较强的氧化应激,抗氧化物质类胡萝卜素和酚类等香气前体物代偿性合成,并能适时进入衰老成熟,色素物质在采收期和烘烤时能够迅速降解,减少青杂气和刺激性,并产生大量的香气物质。烟叶是满足人们吸食需要的特殊商品,感官评价是衡量烟叶品质和香气状况最直接、可靠的方法。砂壤土烤后烟叶样品香气质和香气量评吸得分最高,与其具有丰富的香气物质基础有关,而较高的香气物质含量是烟株前期能够合成较多的光合产物和香气前体物与成熟期大分子物质能够充分降解二者综合作用的结果;黏土烟叶香气物质含量和感官评价得分较低与氮代谢滞后、成熟期物质降解不充分有关。

砂土烟叶总糖、还原糖含量均最高,砂壤土烟叶钾和总氮含量均最高,壤土烟叶烟碱含量最高,钾氯比以壤土烟叶最高,其次是砂壤土烟叶,黏土烟叶最低,糖碱比以砂土烟叶最高,砂壤土烟叶次之,壤土烟叶最低,氮碱比以砂壤土烟叶最高,其次是黏土烟叶,壤土烟叶最低。不同土壤质地烤后烟叶石油醚提取物含量由高到低依次是砂壤土>壤土>黏土>砂土。各种中性致香物质含量在不同土壤质地烤后烟叶样品中有较大差异,不同土壤质地烤后烟叶样品中除类西柏烷降解产物、苯丙氨酸裂解产物外,其他几类致香物质含量及中性致香物质总量均以砂壤土为最高,并且可以看出除砂土外,其他 3 种土壤质地烟叶随着土壤沙性的减弱各种致香物质含量基本表现为逐渐降低的趋势。

感官质量综合评定认为,砂壤土烟叶感官质量最好,其次是砂土,黏土烟叶感官质量最差，这与各种土壤质地烟叶中性致香物质总量的差异性是一致的。砂土烟叶香气质好，但香气量不足，砂壤土烟叶香气量大，并且烟气柔和，因此砂壤土有利于生产出优质浓香型烟叶。

2.4　砂土和黏土比例对豫中烤烟质量特色的影响

摘要： 采用池栽方法，在河南宝丰研究了不同砂土和黏土比例对烤烟质量特色的影响。结果表明：烟草各部位干物质的积累量在不同土壤质地表现为砂质壤土（中质地）>黏壤土>黏土>砂质壤土（粗质地），2/3 砂土+1/3 黏土处理的烟草各部位的干物质积累量都最大，单叶重则表现为 2/3 砂土+1/3 黏土>1/3 砂土+2/3 黏土>100%黏土>100%砂土；烟叶的外观质量、化学成分协调性、香气成分含量及感官品质特征及风格特色均以 2/3 砂土+1/3 黏土处理最优。综合来说，2/3 砂土+1/3 黏土，即土壤砂粒比例达到 50%、粉粒比例达到 30%、黏粒比例低于 20%最适宜烤烟质量及品质特征的形成。

适宜的土壤条件是烟叶适产、优质的重要基础，其中土壤质地对烟叶生产有重要的影响，土壤质地主要通过对水、肥、气供应状态的调节，进而影响作物根系的生长发育及其对矿质元素的吸收，从而影响作物的产量和品质形成。土壤的机械组成明显影响烟叶含氮化合物的含量，烟叶含氮化合物含量与土壤粗粉粒含量呈显著正相关，与细粉粒含量呈显著负相关；不同土壤质地上的烟株对氮素吸收利用水平的顺序表现为沙土>轻壤土>红黏土>红沙土。在烟株的生长初期，保肥性强、蓄水能力好的土壤能够促进烟株的早生和快发，在成熟期，通透性好、保肥能力较弱的土壤则能保证烟叶正常落黄，易烘烤，一般表土疏松、内心紧实的土壤比较适宜种植烤烟。有研究表明，生产优质烟叶的土壤质地应该以砂壤土至中壤土为宜，砂壤土烟株在外观上表现为生长速度快，生长量大，营养体大，开片良好，叶片内含物质充实，且烟叶产量与土壤物理性黏粒含量呈现极显著的负相关性。质地较轻的砂壤土上种植的烟叶具有高糖、低碱、高糖碱比和高氮碱比的特征；质地较重的粉黏土所生产的烟叶具有低糖、高碱、低糖碱比和低氮碱比的特征（宋莹丽等，2014c）。

豫中烟区是重要的浓香型烟叶产区，主要包括河南中部的平顶山、许昌、漯河市烟区，该地区的土壤类型主要是褐土，但土壤质地差异较大，从汝河、沙河两岸到丘陵呈现由砂土到壤土再到黏土的变化特征。为明确豫中烟区土壤质地对烤烟质量特色的影响，本研究采用池栽方法，研究了不同砂土和黏土比例对烤烟质量特色的影响，以期为阐明浓香型特色烟叶的形成机理提供理论依据。

按美国农业部划分标准，将土壤质地的粒级粒径大小划分为砂粒（0.05～2mm）、粉粒（0.002～0.05mm）和黏粒（<0.002mm）3个粒级（表2-13）。

表 2-13　不同土壤质地的分类

处理	土壤颗粒组成（g/kg）			质地组	细土质地
	砂粒	粉粒	黏粒		
T1：100%砂土	653.0	289.9	57.1	粗质地	砂质壤土
T2：2/3 砂土+1/3 黏土	518.9	289.6	191.5	中质地	砂质壤土
T3：1/3 砂土+2/3 黏土	413.6	291.0	295.4	中质地	黏壤土
T4：100% 黏土	185.6	325.1	489.3	细质地	黏土

2.4.1　不同砂黏比对圆顶期烟草各部位干物质积累量的影响

如图 2-19 所示，不同砂黏比对烟株各部位的干物质积累有重要的影响。T2（2/3 砂土+1/3 黏土）处理的烟草各部位的干物质积累量都最大，且该处理烟株茎、叶的干物质积累量与其他处理之间的差异均达到显著水平；其次是 T3（1/3 砂土+2/3 黏土）和 T4（100%黏土）处理各部位的干物质积累量较大，但两者之间差异未达到显著水平；各部位干物质积累量最少的都是 100%砂土（T1）处理。由此可见，烟草各部位干物质的积累量表现为：砂质壤土（中质地）>黏壤土>黏土>砂质壤土（粗质地）。

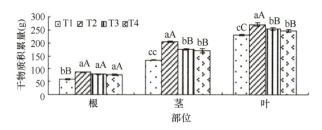

图 2-19　不同砂黏比对烟株圆顶期各部位干物质积累量的影响

2.4.2　不同砂黏比对烤后烟叶物理特性的影响

砂黏比对烤后烟叶物理特性的影响如表 2-14 所示。从中可以看出，不同处理对上部叶的叶长、叶宽、叶面积、梗重、含梗率的影响不明显，差异均未达到显著水平。上部叶单叶重则表现为 T2>T3>T4>T1，且 T2 处理与 T1 处理相比差异达到显著水平。上部叶烟丝的填充值则表现为 T3>T4>T2>T1。中部叶物理特性的表现为：T3 处理的叶长、叶宽、叶面积、含梗率、填充值均最大，且叶长、叶面积与 T1、T2 之间差异达到显著水平；T1 处理的叶面积和单叶重均最低；T3 与 T1 处理之间梗重差异达到显著水平。

表 2-14　不同砂黏比对烤后烟叶物理特性的影响

部位	处理	叶长（cm）	叶宽（cm）	叶面积（cm²）	单叶重（g）	梗重（g）	含梗率（%）	填充值（%）
上部	T1	55.38a	27.18a	1014.76a	14.54b	3.76a	27.15a	2.48
	T2	59.76a	30.28a	1141.89a	18.20a	4.26a	24.28a	2.62
	T3	57.80a	28.04a	1029.15a	17.26ab	4.36a	25.24a	2.98
	T4	57.50a	26.54a	967.00a	16.50ab	3.86a	23.51a	2.66
中部	T1	59.96b	29.10	1107.21b	14.00a	3.76b	26.77a	2.74
	T2	65.88b	30.12a	1256.57b	16.06a	4.36ab	27.38a	2.81
	T3	66.32a	31.16a	1314.67a	15.76a	4.06a	31.12a	3.40
	T4	63.66ab	29.46a	1192.82ab	15.42a	4.08ab	26.75a	2.58

2.4.3　不同砂黏比对烤后烟叶外观质量的影响

砂黏比对烤后烟叶外观质量的影响如表 2-15 所示。从中看到，各处理的上部叶和中部叶颜色、身份、油分、色度差异都不大。但不同处理的上部叶和中部叶的成熟度与结构有较大差异，上部叶的成熟度以 T2 处理最好，且与其他处理之间差异均达到显著水平；中部叶的成熟度以 T1 和 T2 处理较好，且与其他处理之间差异均达到显著水平。上部叶结构以 T2 处理最好，且与 T1 处理之间差异达到显著水平；中部叶以 T4 处理最差。从总分来说，上部叶以 T2 处理最优，中部叶以 T2 和 T1 处理较佳。

表 2-15　不同砂黏比对烤后烟叶外观质量的影响

部位	处理	颜色（10）	成熟度（10）	结构（10）	身份（10）	油分（10）	色度（10）	总分（60）
上部	T1	8.0a	8.7b	6.3b	7.7a	6.3a	7.0a	44.0b
	T2	8.7a	10.0a	8.7a	8.0a	7.0a	8.3a	50.7a
	T3	8.7a	9.0b	8.0a	7.7a	6.3a	7.0a	46.0ab
	T4	8.6a	8.7b	7.3ab	7.3a	7.0a	7.3a	46.7ab
中部	T1	7.0a	9.7a	8.7a	8.7a	7.7a	6.3a	49.0a
	T2	8.0a	10.0a	8.7a	8.0a	7.3a	7.3a	49.3a
	T3	8.0a	8.7b	8.3a	7.7a	5.7a	6.7a	45.0b
	T4	8.0a	7.7c	6.7b	8.0a	5.0b	6.7a	42.0b

2.4.4　不同砂黏比对烤后烟叶常规化学成分的影响

烤后烟叶的化学成分协调与否是评价烟叶品质好坏的重要指标之一。由表 2-16 可以看出，客土改良会引起烤后烟叶常规化学成分改变，T2 处理上部叶的总糖和还原糖含量均最高，烟碱和总氮含量相对来说都比较低，两糖比达到了优质烤烟质量的标准。中部叶则表现为 T1 处理的两糖及钾含量均最高，其次是 T2 处理，各处理烟碱的含量均在适宜范围内。T2 和 T3 处理的糖碱比均在最适范围（8～10）内。综合比较来说，T2 处理上部叶和中部叶的常规化学成分最为协调。

表 2-16　不同砂黏比对烤后烟叶常规化学成分的影响

部位	处理	总糖 (g/kg)	还原糖 (g/kg)	钾 (g/kg)	氯 (g/kg)	烟碱 (g/kg)	总氮 (g/kg)	钾氯比	糖碱比	氮碱比	两糖比
上部	T1	230.2	199.7	14.7	9.4	27.3	26.1	1.56	7.60	0.86	0.87
	T2	232.3	210.7	16.2	7.3	27.4	24.6	2.22	7.91	0.90	0.91
	T3	229.3	182.1	16.5	8.2	28.9	25.2	2.01	7.94	0.87	0.79
	T4	207.5	180.3	15.3	8.0	31.9	24.9	1.46	7.14	0.78	0.80
中部	T1	255.2	223.8	18.2	9.7	26.7	24.5	1.87	10.31	0.89	0.86
	T2	250.3	222.0	17.2	7.7	27.5	24.9	2.23	8.79	0.80	0.85
	T3	247.4	218.4	16.2	7.2	27.2	24.1	2.25	9.09	0.89	0.88
	T4	221.2	196.9	14.3	8.3	28.0	23.8	1.39	10.04	0.99	0.89

2.4.5　不同砂黏比对烤后烟叶中性致香成分的影响

（1）不同砂黏比对烤后上部叶中性致香成分的影响

砂黏比烤后烟叶中性致香成分有一定的影响，如表 2-17 所示。从中可知，砂黏比对上部叶中性致香成分有重要的影响。大部分类胡萝卜素降解产物以 T2 处理含量最高，有一部分则为 T4 处理的含量最高；非酶棕色化反应产物以 T4 处理含量较为突出；苯丙氨酸裂解产物含量的规律则不明显，但大部分以 T2 或 T4 处理为最高；茄酮的含量以 T4 处理的最高；新植二烯则以 T3 处理的含量最高。上部叶中除新植二烯之外的中性致香成分总量以 T2 处理最高，其次是 T4，T1 处理最低。

表 2-17　不同砂黏比对上部叶中性致香成分的影响　　　　　　（μg/kg）

中性致香成分		T1	T2	T3	T4
类胡萝卜素降解产物	6-甲基-5-庚烯-2-酮	2.4698	3.5941	2.7344	3.6809
	6-甲基-5-庚烯-2-醇	0.3921	0.3025	0.3237	0.3407
	芳樟醇	3.9100	4.8396	4.1091	4.0478
	氧化异佛尔酮	0.3354	0.3608	0.3292	0.3001
	4-乙烯-2-甲氧基苯酚	0.1422	0.3007	0.1370	0.1439
	β-二氢大马酮	2.5769	2.6650	2.6768	2.1553
	β-大马酮	20.0097	22.6683	20.0194	20.4217
	香叶基丙酮	2.2481	1.9747	1.9252	2.4214
	二氢猕猴桃内酯	0.8228	1.6426	1.1629	1.3378

续表

中性致香成分		T1	T2	T3	T4
类胡萝卜素降解产物	巨豆三烯酮 1	2.4968	3.2560	3.3454	2.7197
	巨豆三烯酮 2	8.5426	9.0423	11.2102	8.1378
	巨豆三烯酮 3	1.8997	2.8576	2.4787	2.0657
	3-羟基-β-二氢大马酮	1.3304	2.4748	2.1748	2.1985
	巨豆三烯酮 4	9.3801	12.9816	12.6885	10.4914
	螺岩兰草酮	1.2904	1.9223	1.7284	1.7533
	法尼基丙酮	12.3249	14.7130	16.8120	13.045
非酶棕色化反应产物	糠醛	26.2081	26.1499	25.7396	27.8249
	糠醇	2.8053	1.7981	2.2153	4.3156
	2-乙酰基呋喃	0.8874	0.7206	0.9477	0.9318
	5-甲基-2-糠醛	0.9303	0.8928	1.0229	1.036
	3,4-二甲基-2,5-呋喃二酮	0.4272	0.4951	0.4532	0.6616
	2-乙酰基吡咯	0.6702	0.9654	0.9146	1.1273
苯丙氨酸裂解产物	苯甲醇	24.2996	25.4259	25.9332	28.3108
	苯乙醛	14.7662	14.9604	13.9189	14.0575
	苯乙醇	8.2828	9.1799	9.1876	10.0781
	苯甲醛	4.3975	3.4524	4.5627	4.0123
西柏烷类降解产物	茄酮	45.0675	42.3907	35.2397	47.0289
叶绿素降解产物	新植二烯	892	972	1124	892
总量（除新植二烯外）		198.9140	212.0271	203.9911	204.6458

（2）不同砂黏比对烤后中部叶中性致香成分的影响

如表 2-18 所示，不同砂黏比处理中部叶中性致香成分的含量不同。中部叶大部分类胡萝卜素降解产物的含量以 T2 处理的最高，其次是 T4 处理；非酶棕色化反应产物含量的规律不是很明显；苯丙氨酸裂解产物的含量基本上以 T4 或者 T3处理的最高；茄酮的含量以 T2 处理的最高；新植二烯则以 T4 处理的含量最高。除新植二烯之外的中性致香成分总量以 T2 处理最高，其次是 T4 处理，T1 处理最低。

表 2-18　不同砂黏比对中部叶中性致香成分的影响　　　　　　（μg/kg）

中性致香成分		T1	T2	T3	T4
类胡萝卜素降解产物	6-甲基-5-庚烯-2-酮	1.6577	3.1004	2.0598	1.5446
	6-甲基-5-庚烯-2-醇	0.2921	0.4067	0.2037	0.2132
	芳樟醇	2.3466	3.0105	2.8328	2.8011
	氧化异佛尔酮	0.1246	0.2135	0.181	0.2057
	4-乙烯-2-甲氧基苯酚	0.1026	0.2170	0.0908	0.1434

续表

中性致香成分		T1	T2	T3	T4
类胡萝卜素降解产物	β-二氢大马酮	1.5910	2.2202	1.8538	2.0010
	β-大马酮	24.2833	26.9087	27.1083	27.5902
	香叶基丙酮	1.7228	2.1976	1.5823	1.6034
	二氢猕猴桃内酯	0.9349	0.9621	0.9779	1.2381
	巨豆三烯酮1	2.4394	2.5616	2.5792	2.5854
	巨豆三烯酮2	9.2334	9.5891	8.8991	8.8637
	巨豆三烯酮3	2.0222	2.3780	2.1605	2.0050
	3-羟基-β-二氢大马酮	2.0194	2.5405	2.7796	3.5352
	巨豆三烯酮4	10.2308	11.0971	11.1337	10.2932
	螺岩兰草酮	1.2262	2.0356	1.4204	1.5279
	法尼基丙酮	11.4676	13.8210	11.2633	11.6929
非酶棕色化反应产物	糠醛	17.0680	21.5601	22.0167	23.3387
	糠醇	2.1092	3.8498	4.7478	4.4385
	2-乙酰基呋喃	0.5755	0.8644	0.7824	0.6967
	5-甲基-2-糠醛	1.1741	1.9320	1.6411	1.9181
	3,4-二甲基-2,5-呋喃二酮	0.3639	0.4600	0.5711	0.4621
	2-乙酰基吡咯	0.7315	0.9955	0.9934	0.9604
苯丙氨酸裂解产物	苯甲醛	3.0804	3.8519	3.9614	3.4574
	苯甲醇	13.1571	22.9733	32.0440	36.1183
	苯乙醛	10.6734	11.3455	13.2027	14.3445
	苯乙醇	5.8117	9.4268	11.9409	11.5071
西柏烷类降解产物	茄酮	29.9380	49.1281	31.9942	29.4884
叶绿素降解产物	新植二烯	1016	947	1056	1131
总量（除新植二烯外）		156.3774	209.6470	200.7519	204.5742

2.4.6 不同砂黏比对烟叶感官品质特征和风格特色的影响

（1）不同砂黏比对烟叶感官品质特征的影响

不同砂黏比对烟叶感官品质特征的影响如表 2-19 所示。从中可知，上部叶香气量的评分以 T2 和 T3 处理的较高，T4 处理的评分最低；中部叶香气量和香气质的评分均以 T2 处理的最高，T1 处理的评分最低。上部叶和中部叶杂气与刺激性的评分以 T1 及 T2 处理较低，余味以 T2 处理的评分最高。综合来说，T2 处理的感官品质特征最优。

表 2-19　不同砂黏比对烟叶感官品质特征的影响

部位	处理	香气量（5）	香气质（5）	透发性（5）	杂气（5）	刺激性（5）	余味（5）
上部	T1	3.2	3.5	2.9	2.6	2.2	3.0
	T2	3.8	3.7	3.2	2.6	2.0	3.3
	T3	3.6	3.7	3.3	2.8	2.3	3.3
	T4	3.1	3.2	3.3	3.1	2.6	3.1
中部	T1	3.3	3.6	2.7	2.4	2.1	3.2
	T2	3.7	3.9	3.2	2.3	2.2	3.6
	T3	3.6	3.7	3.0	2.5	2.4	3.5
	T4	3.6	3.6	3.0	2.8	2.5	3.4

（2）不同砂黏比对烟叶感官风格特色的影响

如表 2-20 所示，不同砂黏比条件下烟叶的感官风格特色有一定的差异。上部叶和中部叶均以 T2 处理的浓香型显示度最好，其次是 T3 和 T4 处理；香韵和烟气沉溢度均以 T2 处理最佳。不同处理上部叶和中部叶的烟气浓度均以 T2 与 T3 处理的评分最高。综合来说，T2 处理上部叶和中部叶的感官风格特色最佳。

表 2-20　不同砂黏比对烟叶感官风格特色的影响

部位	处理	香型		香韵		烟气沉溢度（5）	烟气浓度（5）	劲头（5）
		香型	显示度（5）	焦甜香（5）	焦香（5）			
上部	T1	浓香	3.6	3.0	2.1	3.2	3.1	2.6
	T2	浓香	3.9	3.5	2.0	3.6	3.5	2.8
	T3	浓香	3.8	3.2	2.3	3.5	3.5	3.0
	T4	浓香	3.8	2.6	2.5	3.5	3.3	3.3
中部	T1	浓香	3.5	3.2	2.0	3.2	3.0	2.3
	T2	浓香	3.7	3.8	2.0	3.5	3.3	2.6
	T3	浓香	3.7	3.7	2.2	3.4	3.3	2.8
	T4	浓香	3.6	3.0	2.3	3.3	3.2	3.0

2.4.7　小结

客土改良主要通过改变土壤的物理性质，包括改变土壤机械组成、土壤体积质量（容重）、土壤通透性等物理指标，来影响土壤的水分含量和营养元素的存在形态，从而改善烟草的生长环境，进而对烟叶的质量及品质产生影响。本研究发现，客土改良对烟叶的干物质积累量、物理性状、外观质量、常规化学成分、中性致香成分、感官品质特征和风格特色均有不同程度的影响，其结果主要表现为，2/3 砂土+1/3 黏土的 T2 处理烟草各部位的干物质积累量都最大，且该处理烟株茎、叶的干物质积累量与其他处理之间差异均达到显著水平。烟草各部位干物质的积累量在不同土壤质地表现为砂质壤土（中质地）>黏壤土>黏土>砂质壤土（粗质地）。

上部叶单叶重表现为 T2>T3>T4>T1，且 T2 处理与 T1 处理相比差异达到显著水平。上部叶的外观质量以 T2 处理最优，中部叶以 T2 和 T1 处理较佳。T2 处理上部叶和中部叶的常规化学成分最为协调，其次是 T3 处理，T4 处理的表现最差。上部叶和中部叶大部分类胡萝卜素降解产物和苯丙氨酸裂解产物以 T2 处理含量最高，综合来说，T2 处理的烟叶香气成分最充分。烟叶的香气量、香气物质、浓香型显示度、香韵和烟气沉溢度均以 T2 处理表现较好，刺激性和杂气也以 T2 处理最低，所以该处理的烟叶感官品质特征和风格特色最佳。综合各处理烟叶的物理与化学性状、香气成分及感官品质特征和风格特色来看，砂壤土最有利于浓香型特色烟叶生产，其土壤砂粒比例达到 50%、粉粒比例低于 30%、黏粒比例低于 20%较为合理。

不同土壤质地烟叶化学成分及中性香气物质的差异与土壤的理化性质有重要的关系，黏质土壤通透性不良，不利于烟株前期的生长发育，而后期养分供应相对充足，导致烟株成熟落黄晚，氮代谢滞后。砂土的沙性太强，土壤孔隙度过大，容易造成养分的流失，不利于烟株的生长，导致烟株碳氮代谢水平较低。而砂壤土土质疏松多孔，通透性良好，为土壤有效养分的供应提供了有利条件，为前、中期烟叶旺盛的碳氮代谢、充足的光合产物形成和大量的香气前体物积累奠定了基础，而后期由于烟株生长对氮素的消耗和雨水对氮素的淋失，烟株氮代谢减弱，为烟叶大分子有机物，特别是香气前体物的降解转化提供了条件。因此，通过改良土壤创造有利于烤烟质量特色形成的环境条件，是发展优质特色烟叶有效的途径之一。

烟草各部位干物质的积累量，以及烟叶的外观质量、化学成分协调性、香气成分及感官品质特征和风格特色等在不同砂黏比土壤上表现不尽相同，综合来说，2/3 砂土+1/3 黏土，即土壤砂粒比例达到 50%、粉粒比例低于 30%、黏粒比例低于 20%最适宜烤烟质量及品质特征的形成。

2.5　典型香型烟区植烟土壤氮素矿化动态及其与温度和含水量的关系

摘要：为探究典型香型烟区植烟土壤氮素矿化特征及其与温度和含水量的关系，采用室内培养试验研究了土壤温度（15℃、28℃、37℃）和土壤含水量（50%、65%、80%田间持水量）对云南大理、贵州毕节、河南许昌 3 个典型香型烟区植烟土壤氮素矿化的影响。结果表明：不同地区植烟土壤矿质氮含量和矿化速率的变化规律与温度及含水量密切相关。3

个产区植烟土壤的矿质氮含量和矿化速率均随着温度的升高而升高,在同一温度条件下,以土壤有机质含量较高的云南大理土壤氮素矿化量最大,有机质含量较低的河南许昌土壤氮素矿化量最小。不同地区植烟土壤含水量与氮素矿化的关系不尽相同,土壤相对黏重的贵州毕节土壤以50%田间持水量处理土壤氮素矿化量和矿化速率最大,80%田间持水量处理最不利于氮素矿化;而质地相对较轻的河南许昌土壤和云南大理土壤均为65%田间持水量条件最有利于氮素矿化,以50%田间持水量处理氮素矿化量最小。基于一级动力学方程的模拟,3个植烟土壤的氮素矿化势(N_0)都随温度的增加而提高,总体以28~37℃的培养温度较为适宜,低于15℃不利于土壤有机氮的矿化,3个植烟土壤的N_0以云南大理最高,河南许昌最低;土壤矿化速率常数(K)以云南大理最大。土壤含水量也对N_0有一定影响,且土壤温度和含水量对不同土壤氮素矿化量与矿化速率均存在显著的互作影响,合理调控土壤温度和含水量,可以有效调节不同生态烟区土壤氮素矿化动态变化。

烟株吸收的氮素主要来源于土壤氮和当季施入的肥料氮,土壤中的氮绝大部分以有机态氮的形式存在于土壤有机质中,而大多数的植物所吸收利用的氮主要是无机态的铵态氮和硝态氮。植烟土壤的供氮特性在一定程度上取决于土壤有机氮的矿化水平,烟叶不同生育阶段土壤氮素的矿化能力及变化特征对烟叶质量特色有重大的影响。我国植烟土壤养分状况普查成果显示,全国50%以上的植烟土壤有机质含量超过25g/kg,加之烤烟生长期间高温高湿的气候条件,因此我国一些植烟土壤氮素的矿化量可能较高,对烟草氮素吸收和品质形成将会产生重要影响。有研究表明,烤烟生育期吸收的大部分氮素来自土壤矿化氮,随着生育期的推进,烟叶吸收土壤氮的比例不断增加,在打顶之前以肥料氮的吸收为主,成熟期则是以土壤氮的吸收为主,因此认识不同类型土壤的氮素矿化过程及影响氮素矿化的生态因子具有重要意义。土壤氮素矿化量与土壤质地、有机质含量、生物分解特性及温度和水分条件等都有关。我国烟区分布广泛,其中云南、河南和贵州是传统的清香型、浓香型和中间香型烤烟典型产区,这些产区不仅气候条件迥异,土壤理化性质差异也较人。为了探究不同烟区植烟土壤有机氮矿化的差异,本研究分别选取了云南大理、河南许昌、贵州毕节烟区典型植烟土壤为研究对象,采用室内培养法探讨了3个典型香型烟区土壤矿质氮含量和矿化速率与温度及含水量的关系,并用一级动力学模型模拟了土壤可矿化氮在不同温度和水分条件下随培养时间的变化规律,以期为典型香型烟区烤烟合理施用氮肥、提高氮肥利用率、生产特色优质烤烟提供理论依据(高真真等,2019d)。

云南大理弥渡县属亚热带季风气候,年平均气温15.1℃,主要植烟土壤为红壤土，多属微酸性至中性土壤，有机质含量丰富，采样烟田曾多年种植烟草，本季烤烟前作为豌豆；贵州毕节属亚热带季风气候，年均温 12.8℃，植烟土壤以黄壤土为主，有机质含量较适宜，采样地为典型烟田，本季烤烟前作为玉米；河南许昌襄城属暖温带季风气候，年平均气温 14.7℃，土壤为黄河沉积物发育的潮土，呈中性至弱碱性，有机质含量偏低，具有多年种烟历史，采样烟田前作为红薯。

2.5.1 云南大理植烟土壤氮素矿化与温度和含水量的关系

（1）土壤矿质氮含量

由图 2-20 可以看出，大理植烟土壤中的矿质氮含量随着温度的增加而明显升高。当土壤含水量从 50%田间持水量增加至 65%田间持水量时，矿质氮的含量有所升高，当达到 80%田间持水量时，矿质氮含量反而下降，可能是由于土壤含水量升高，土壤中的氧气含量降低，因此厌氧细菌如反硝化细菌的作用加强，土壤中的部分无机氮以气体形式散失。

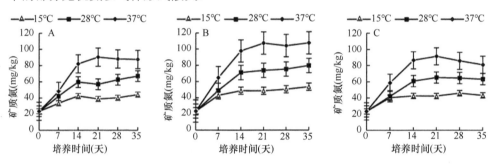

图 2-20　温度和含水量对云南大理植烟土壤矿质氮含量的影响

A、B、C 分别表示 50%、65%、80%田间持水量

表 2-21 为土壤温度和含水量对云南大理植烟土壤矿质氮含量影响的分析，结果表明，土壤温度和含水量对大理植烟土壤矿质氮含量均有极显著的影响，且二者存在显著的交互作用，随着培养时间的延长，两者交互作用越来越明显。

表 2-21　土壤温度和含水量对云南大理植烟土壤矿质氮含量影响的分析

源	自由度	P				
		培养 7 天	培养 14 天	培养 21 天	培养 28 天	培养 35 天
温度	2	<0.001	<0.001	<0.001	<0.001	<0.001
含水量	2	<0.001	<0.001	<0.001	<0.001	<0.001
温度×含水量	4	0.047	0.012	0.004	<0.001	<0.001

（2）土壤氮素矿化速率

由图 2-21 可以看出，土壤氮素矿化速率整体都是随着温度的升高而升高。65%、80%田间持水量条件下土壤氮素矿化速率在培养第 7 天达到峰值，而 50%

田间持水量条件下在培养第 14 天达到峰值。土壤含水量由 50%田间持水量增加至 65%田间持水量时，不同温度下的矿化速率均表现为增加，当含水量增加至 80% 田间持水量时，土壤氮素矿化速率反而降低，且 3 个含水量条件下的土壤氮素矿化速率都在培养后期出现了负增长。随着含水量的增加，土壤氮素矿化速率表现出先增加后降低的趋势，表明在一定范围内，土壤含水量增大对氮素矿化有利，超过一定范围后，土壤含水量增加不利于土壤的氮素矿化。在此次培养试验中，以 65%田间持水量对云南大理植烟土壤氮素矿化最有利。

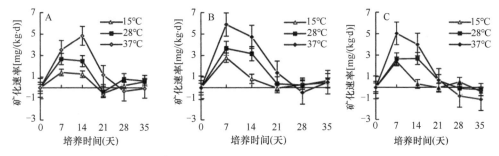

图 2-21 温度和含水量对云南大理植烟土壤氮素矿化速率的影响
A、B、C 分别表示 50%、65%、80%田间持水量

（3）土壤氮素矿化势与矿化速率常数

从一级动力学方程的模拟值来看（表 2-22），云南大理植烟土壤的 N_0 值整体都随着温度的上升不断增加，表现为 37℃时最高，15℃时最低，而土壤含水量对 N_0 值的影响不明显。云南大理植烟土壤氮素的矿化速率常数 K 在土壤含水量为 65%田间持水量、温度为 37℃时达到最大，为 0.8042。当土壤含水量为 80%田间持水量时，云南大理土壤氮素的矿化速率常数 K 在不同温度条件下均较低，且可矿化氮库与培养时间的相关性较低，其他条件下的 K 值变化不明显。

表 2-22 不同温度和含水量下培养 5 周期间云南大理植烟土壤氮素矿化的一级动力学方程模拟值

土壤含水量	温度（℃）	氮素矿化势 N_0（mg/kg）	氮素矿化速率常数 K（/周）	R^2
50%田间持水量	15	25.2525	0.2791	0.7384
	28	49.3969	0.3878	0.9217
	37	90.9913	0.2602	0.7696
65%田间持水量	15	32.2581	0.4694	0.9096
	28	62.8058	0.4343	0.9337
	37	85.9805	0.8042	0.8509
80%田间持水量	15	32.6588	0.1688	0.6269
	28	49.8655	0.3464	0.7525
	37	87.7193	0.2197	0.5390

2.5.2 贵州毕节植烟土壤氮素矿化与温度和含水量的关系

（1）土壤矿质氮含量

图 2-22 显示贵州毕节植烟土壤矿质氮含量随培养温度的增加而增大，且在 3 个不同含水量条件下，矿质氮含量随着含水量的升高而降低，以 50%田间持水量处理最佳。

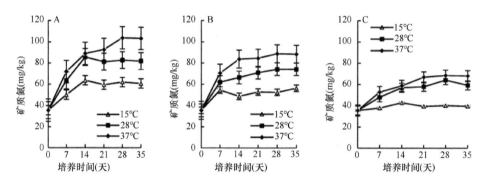

图 2-22 温度和含水量对贵州毕节植烟土壤矿质氮含量的影响

A、B、C 分别表示 50%、65%、80%田间持水量

由表 2-23 可知，温度和含水量对贵州毕节植烟土壤矿质氮含量的影响均达到极显著水平，多数情况下两者对矿质氮含量有明显的交互作用。

表 2-23 土壤温度和含水量对贵州毕节植烟土壤矿质氮含量影响的分析

源	自由度	P				
		培养 7 天	培养 14 天	培养 21 天	培养 28 天	培养 35 天
温度	2	<0.001	<0.001	<0.001	<0.001	<0.001
含水量	2	<0.001	<0.001	<0.001	<0.001	<0.001
温度×含水量	4	0.027	<0.001	0.240	<0.001	0.001

（2）土壤氮素矿化速率

由图 2-23 可以看出，贵州毕节植烟土壤氮素矿化速率整体都随培养时间增加

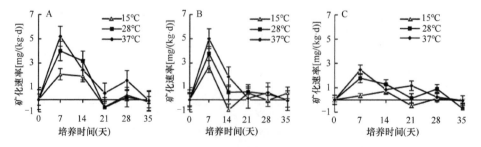

图 2-23 温度和含水量对贵州毕节植烟土壤矿化速率的影响

A、B、C 分别表示 50%、65%、80%田间持水量

呈现先增加后降低的趋势，且都随着温度的升高而增加，随着含水量的增加而下降，各处理都在培养第 7 天达到峰值，以 80%田间持水量的氮素矿化速率最小，并与其他两个含水量处理差距较大，其他两处理间差距不明显。

（3）土壤氮素矿化势与矿化速率常数

从表 2-24 可以看出，贵州毕节植烟土壤的氮素矿化势（N_0）整体随温度的升高不断增加，以 28℃时最高，当温度处于 15℃时，各处理的累计氮素矿化量与培养时间的相关性较小，且 N_0 值较低。当培养温度相同时，贵州毕节植烟土壤的 N_0 值随着土壤含水量的增加不断降低，大小顺序为 50%田间持水量>65%田间持水量>80%田间持水量。氮素矿化速率常数（K）在土壤含水量为 80%田间持水量、温度为 15℃时最小，为 0.0921；在土壤含水量为 50%田间持水量、温度为 37℃时最大，为 0.5117；整体随着温度的升高不断增加。

表 2-24　不同温度和含水量下培养 5 周期间贵州毕节植烟土壤氮素矿化的一级动力学方程模拟值

土壤含水量	温度（℃）	氮素矿化势 N_0（mg/kg）	氮素矿化速率常数 K（/周）	R^2
50%田间持水量	15	35.9712	0.2291	0.5593
	28	63.6943	0.2448	0.5910
	37	65.9933	0.5117	0.9483
65%田间持水量	15	21.8940	0.4065	0.5478
	28	43.6681	0.4330	0.9603
	37	63.2911	0.3505	0.8459
80%田间持水量	15	8.6460	0.0921	0.0750
	28	38.6210	0.2195	0.7130
	37	38.0803	0.4194	0.9219

2.5.3　河南许昌植烟土壤氮素矿化与温度和含水量的关系

（1）土壤矿质氮含量

图 2-24 显示河南许昌植烟土壤矿质氮含量随着温度的增加而增加。当土壤含水量由 50%田间持水量增加至 65%田间持水量时，各温度下的矿质氮含量达到最大。同一温度处理下，不同含水量条件下培养结束时矿质氮含量总体表现为 65%田间持水量＞80%田间持水量＞50%田间持水量。

由表 2-25 可以看出，温度和含水量对河南许昌植烟土壤矿质氮含量均有极显著影响，且温度和含水量条件对矿质氮含量的影响有显著的交互作用。

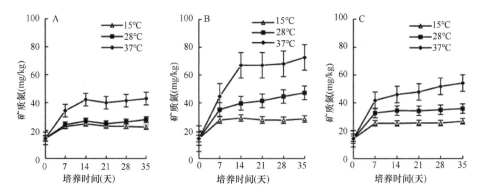

图 2-24　温度和含水量对河南许昌植烟土壤矿质氮含量的影响

A、B、C 分别表示 50%、65%、80%田间持水量

表 2-25　土壤温度和含水量对河南许昌植烟土壤矿质氮含量影响的分析

源	自由度	P				
		培养 7 天	培养 14 天	培养 21 天	培养 28 天	培养 35 天
温度	2	<0.001	<0.001	<0.001	<0.001	<0.001
含水量	2	<0.001	<0.001	<0.001	<0.001	<0.001
温度×含水量	4	0.013	0.022	0.009	<0.001	0.004

（2）土壤氮素矿化速率

从图 2-25 中可以看出，培养前期（0～14 天），河南许昌植烟土壤氮素矿化速率较大，且随着培养时间增加呈现先升高后降低的变化，培养 14 天以后，土壤氮素矿化速率较低，且趋于稳定。温度对土壤氮素矿化速率的影响表现为：培养前期，随温度增加，土壤氮素矿化速率明显增大，后期各温度处理的氮素矿化速率差异不大。含水量对氮素矿化速率也有较大影响，在此次培养中表现为：65%田间持水量处理氮素矿化速率高于 80%田间持水量处理，50%田间持水量处理氮素矿化速率最低。

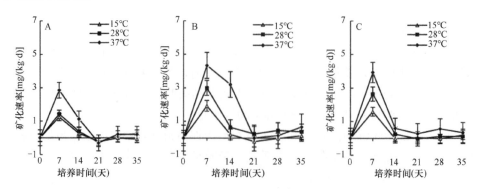

图 2-25　温度和含水量对河南许昌植烟土壤矿化速率的影响

A、B、C 分别表示 50%、65%、80%田间最大持水量

（3）土壤氮素矿化势与矿化速率常数

表 2-26 显示河南许昌植烟土壤的 N_0 值随着温度的增加不断增大。当土壤含水量为 65%田间持水量时 N_0 最大，50%田间持水量时 N_0 最小。当土壤含水量为 50%田间持水量、温度为 15℃时，河南许昌植烟土壤的氮素矿化速率常数 K 及 N_0 均最小，此时可矿化氮库与培养时间的相关性最低，最不利于土壤有机氮的矿化，其他条件的 K 值变化不明显。

表 2-26　不同温度和含水量下培养 5 周期间河南许昌植烟土壤氮素矿化的一级动力学方程模拟值

土壤含水量	温度（℃）	氮素矿化势 N_0（mg/kg）	氮素矿化速率常数 K（/周）	R^2
50%田间持水量	15	12.0210	0.1476	0.1735
	28	14.0649	0.5145	0.7320
	37	31.8470	0.3901	0.7415
65%田间持水量	15	15.9400	0.5117	0.4831
	28	35.4610	0.4760	0.9603
	37	63.0957	0.4797	0.8895
80%田间持水量	15	12.9097	0.5170	0.7296
	28	21.8341	0.7252	0.8742
	37	41.8410	0.5437	0.9570

2.5.4　小结

本试验研究表明，3 个典型香型烟区植烟土壤的矿质氮含量、矿化速率整体都随着温度的升高而相应升高。相同的温度下，3 个烟区不同含水量梯度下土壤的矿质氮含量、矿化速率不尽相同，河南许昌和云南大理都表现为随着含水量的增加先增大后减小；贵州毕节随着含水量的增加逐渐降低。Stanford 和 Epstein 研究发现，氮素进行硝化作用的最适土壤含水量为饱和含水量的 50%～60%，当低于 30%饱和含水量或高于 70%饱和含水量时硝化作用明显减弱。在本试验中，3 个典型香型烟区的最适含水量河南和云南相对较高，贵州相对较低，可能与土壤质地密切相关，所测试的贵州毕节土壤黏性较强，氮素矿化对土壤通透性要求高，含水量过高不利于氮素矿化。质地较轻、通透性相对较好的土壤更要注意保持适宜的含水量，特别是烟叶生长前期干旱对土壤氮素矿化十分不利，易造成前期氮代谢偏弱，后期供氮能力过强，不利于烟叶成熟落黄。

在土壤培养试验过程中，不同烟区植烟土壤 NH_4^+-N 含量表现出一个共同的变化趋势，随着培养时间的增加，NH_4^+-N 含量呈速增、平缓、速降，最终稳定在一个较低水平。在不同烟区，以贵州毕节植烟土壤在矿化过程中能够产生最多 NH_4^+-N，其次为云南大理植烟土壤，而 NO_3^--N 含量则随着培养时间的延长整体呈现上升的趋势，培养结束时 NO_3^--N 含量为云南大理>贵州毕节>河南许昌，可能与这 3 个地区植烟土壤的有机质含量有关。云南大理土壤的有机质含量最高，有机氮源丰富，土壤生物活性较高，因而在相同温度条件下土壤矿化能力较强。在土壤培养过程中矿质氮含量的变化趋势与 NO_3^--N 变化趋势一致，3 个典型香型烟区的无机氮形态均以 NO_3^--N 为主，即这 3 个地区氮素矿化的变化主要表现为 NO_3^--N 的变异。

温度、含水量及其交互作用与氮素矿化有显著的相关性，在一定范围内，高温会引起微生物种类、数量及活性的增加，而低温和干燥对微生物种类、数量及活性有限制作用，反映在季节性变化上尤其明显。因此，在施用氮肥时，应根据不同地区的水热条件和土壤有机氮库，合理计算施用量，既保证土壤对生物的供氮能力，又不影响环境。本次研究，室内培养结束时，3 种典型香型烟区植烟土壤的有效氮含量为云南大理>贵州毕节>河南许昌，与矿质氮含量变化相符，同时显示出云南大理植烟土壤肥力高及可供烟株吸收利用的有效氮含量丰富。河南许昌是典型的浓香型烤烟产区，其气候特点是烤烟生长中后期降水量较多，温度高，相对于烤烟生长后期温度较低的云南、贵州土壤更有利于土壤氮素矿化，因此应特别注意调节土壤氮素的动态供应，通过提高土壤通气性，调节土壤 pH、温度和含水量，进而促进前期烟叶对氮素的吸收，减少后期土壤氮素供应，从而促进烟叶成熟落黄和香气物质形成，提高烟叶品质。贵州毕节的黏壤土因为保水持肥能力较强，因此要特别注意含水量的调控，防止含水量过高影响土壤的氧分压，导致土壤中的氧气含量越来越低，抑制氨化作用细菌的活性，从而减弱土壤的氮素矿化。

从一级动力学方程的模拟值可以看出，28～37℃是这 3 个植烟地区土壤氮素矿化的适宜温度，温度过低（<15℃）则不利于土壤中易分解有机氮矿化。因 3 个植烟地区的矿化速率常数变化不明显，因此 N_0 越大，土壤氮素供应强度越大。

不同香型风格的烟区生态条件迥异，其中气候因素对烟叶香型等风格特色的形成起决定作用，土壤因素如 pH、有机质含量等对烟叶质量影响较大，并对风格特色起修饰作用，也直接影响烟叶特色的彰显程度。本试验所测试的三大典型香型植烟土壤条件有显著差异，土壤氮素矿化特性不尽相同，根据优质烟叶形成规律，改善土壤条件，促进土壤氮素及时矿化，保证土壤氮素合理供应，是促进优质特色烟叶生产的重要途径。

概括起来，本试验得到如下结论：温度和含水量对 3 个典型香型烟区植烟土壤氮素矿化的影响显著，在 15～37℃温度越高，N_0 越大，矿化作用越强，3 个地区均以温度在 28～37℃较为适宜，低于 15℃则不利于可矿化氮素的积累，同时矿化速率常数（K）在云南大理达到最大，其他地区变化不明显。同一温度下，云南大理和河南许昌植烟土壤矿质氮含量、矿化速率均在 65%田间持水量条件下最高，贵州毕节植烟土壤氮素矿化最适宜含水量为 50% 田间持水量。土壤温度和含水量对土壤矿化存在交互作用。室内培养结束时，3 个不同植烟土壤的 N_0 值及矿质氮含量均为云南大理>贵州毕节>河南许昌，而有效氮含量的变化与其相符，显示出云南大理植烟土壤肥力高及可供烟株吸收利用的有效氮含量丰富；贵州毕节的黏壤土因持水保肥能力好，应特别注意保持良好的土壤通透性；河南许昌砂壤土则要注意氮素运筹，减少后期氮素供应。

2.6　土壤肥力对烤烟各部位烟叶中性香气成分含量的影响

摘要：在豫中烤烟产区设置了高、中、低 3 个肥力水平，研究了烤烟底脚叶、下二棚、腰叶、上二棚、顶叶 5 个部位烤后烟叶中性香气成分含量的变化。结果表明，在高肥力条件下，大多数的类胡萝卜素降解产物、非酶棕色化反应产物、苯丙氨酸裂解产物含量随着叶位的升高呈增加趋势，茄酮含量则在腰叶与上二棚处处于较低水平，新植二烯含量在上二棚处最高；中等肥力条件下，多数香气成分在上二棚处达到最高值，茄酮与新植二烯则分别在下二棚与腰叶处含量最高；低肥力条件下，烟叶多数香气成分含量在腰叶或下二棚处最高。这说明，随着土壤肥力水平的降低，大多数香气成分含量达到最大值时的叶位也随之降低。整体来看，底脚叶在不同肥力条件下香气物质总量均为最低，高肥力时上部叶香气物质总量最高，中、低肥力时分别为腰叶与下二棚处香气物质含量最为丰富。

栽培因素直接影响烟叶香气前体物的制造、转化与致香成分的形成和积累，因而对香气风格产生显著影响。目前香气成分研究多集中在产区、基因型及成熟度等与香气成分的关系上，通过栽培措施提高香气成分含量的研究也都集中在肥料的种类、形态、用量和配比对烟叶香气物质含量的影响方面。研究表明，随着施氮水平的增加，烟叶石油醚提取物、类胡萝卜素、脂类物质含量表现为增加，其相应的降解产物含量也增高，烟叶香气量增加，因此良好的营养水平是培育优质烟叶的重要条件。同时，不同部位烟叶由于生长条件不同，化学成分含量差异较大，但香气成分含量的变化研究较为欠缺，尤其是在不同营养条件下香气成分的含量分布可能有不同的特点。本试验研究了不同肥力水平条件下烟叶中的香气成分含量与部位的关系，旨在丰富烟草香味学理论，为提高烟叶可用性提供理论依据（邸慧慧等，2010c）。

烟苗于 2008 年 5 月 2 日移栽，7 月 15 日打顶，9 月 8 日采收结束。施肥方法：复合肥和磷肥全部作基肥，钾肥 60% 作基肥施用，40% 作追肥，分别在移栽后 25

天和 40 天分 2 次施用。试验田除处理外，其他管理措施力求一致。各小区选择有代表性的烟株 40 株挂牌，按叶位分 5 次采收底脚叶（自下往上第 3～4 片叶）、下二棚（自下往上第 5～8 片叶）、腰叶（自下往上第 9～14 片叶）、上二棚（自下往上第 15～18 片叶）、顶叶（自下往上第 19～22 片叶），单独编竿挂牌标记，均采用密集式烤房烘烤。每一部位选取叶片完整、等级基本一致的烟叶 2kg，去梗后在 50℃条件下烘干粉碎，过 60 目筛用于中性香气物质含量测定。

2.6.1 不同肥力对烤烟不同部位烟叶类胡萝卜素降解产物含量的影响

类胡萝卜素是烟草中最重要的萜烯类化合物之一，其降解产物包括芳樟醇、氧化异佛尔酮、4-乙烯基-2-甲氧基苯酚、β-大马酮、香叶基丙酮、二氢猕猴桃内酯、巨豆三烯酮 1、巨豆三烯酮 2、巨豆三烯酮 3、3-羟基-β-二氢大马酮、脱氢-β-紫罗兰酮、巨豆三烯酮 4、螺岩兰草酮、法尼基丙酮等，其中不少化合物是烟草中关键的致香成分。由表 2-27 可以看出，在不同肥力条件下，烟叶中的类胡萝卜素降解产物含量从底脚叶至顶叶的变化趋势有显著差异。高肥力条件下，类胡萝卜素降解产物的大多数成分随着叶位的升高表现为含量先升高后降低，个别成分如 β-大马酮以腰叶含量最高，且其含量最高导致类胡萝卜素降解产物总量在腰叶处含量最高。中等肥力条件下，烟叶类胡萝卜素降解产物总量在上二棚处达到最高，腰叶略有降低。低等肥力条件下，烟叶类胡萝卜素降解产物总量虽然也在腰叶处达到最高，但各部位烟叶类胡萝卜素降解产物总水平低于中等肥力的烟叶，特别是上部叶类胡萝卜素降解产物总量下降显著。对不同肥力水平烟叶的类胡萝卜素降解产物含量比较可知，中肥力条件下顶叶的类胡萝卜素降解产物总量低于高肥力，其中顶叶类胡萝卜素降解产物总量分别是中、低肥力条件下总量 1.20 倍、2.25 倍。低肥力条件下上部叶的类胡萝卜素降解产物总量最低。

表 2-27 不同肥力对烤烟不同部位烟叶类胡萝卜素降解产物含量的影响（μg/g）

香气成分	肥力水平	部位				
		底脚叶	下二棚	腰叶	上二棚	顶叶
芳樟醇	高	1.627	1.907	2.189	2.699	2.396
	中	1.665	2.138	2.176	2.364	2.081
	低	1.504	1.921	2.032	1.923	1.356
氧化异佛尔酮	高	0.037	0.217	0.167	0.289	0.209
	中	0.048	0.134	0.189	0.191	0.112
	低	0.021	0.076	0.153	0.131	0.094
4-乙烯基-2-甲氧基苯酚	高	0.225	0.835	1.068	1.297	1.449
	中	0.426	0.960	0.619	1.335	1.230
	低	0.156	0.239	0.266	0.296	0.292

续表

香气成分	肥力水平	部位				
		底脚叶	下二棚	腰叶	上二棚	顶叶
β-大马酮	高	22.797	34.517	37.031	32.084	28.022
	中	29.797	32.321	34.926	30.897	28.572
	低	20.465	29.159	25.020	18.461	15.420
香叶基丙酮	高	3.131	5.078	5.172	5.811	5.920
	中	4.694	4.707	5.710	5.821	4.476
	低	3.273	3.414	4.319	2.506	2.268
二氢猕猴桃内酯	高	0.785	2.636	4.051	4.462	4.850
	中	1.332	2.309	3.431	3.632	3.311
	低	1.412	2.100	2.421	3.052	3.078
巨豆三烯酮 1	高	0.638	1.410	2.664	2.947	2.560
	中	1.711	2.249	2.471	2.625	2.380
	低	1.410	2.048	1.883	1.522	1.114
巨豆三烯酮 2	高	2.182	8.016	8.857	8.679	8.910
	中	4.718	7.106	7.321	7.742	6.767
	低	3.920	4.718	6.786	5.962	4.076
巨豆三烯酮 3	高	0.563	1.217	1.932	2.071	2.181
	中	0.969	1.434	1.831	1.866	1.429
	低	0.853	1.746	1.348	0.959	1.183
3-羟基-β-二氢大马酮	高	0.173	1.385	2.816	2.972	3.136
	中	0.818	1.399	1.922	2.130	2.024
	低	0.336	0.849	0.800	0.964	0.588
脱氢-β-紫罗兰酮	高	0.109	0.771	1.936	2.095	2.269
	中	0.786	0.978	1.681	1.964	1.501
	低	0.445	0.818	1.197	0.942	0.728
巨豆三烯酮 4	高	3.599	5.009	7.057	8.425	8.784
	中	4.647	7.921	7.194	8.302	7.746
	低	1.786	5.183	6.753	5.675	4.776
螺岩兰草酮	高	0.195	1.494	1.230	1.218	1.566
	中	0.869	1.331	1.018	1.631	1.579
	低	0.732	1.242	0.908	0.504	0.139
法尼基丙酮	高	5.044	11.022	13.228	13.332	13.809
	中	8.538	11.955	12.010	13.784	11.579
	低	8.583	11.022	10.228	7.032	3.309
总量	高	41.105	75.514	89.398	88.381	86.061
	中	61.018	76.942	82.499	84.284	74.787
	低	44.896	64.535	64.114	49.929	38.421

2.6.2 不同肥力对烤烟不同部位烟叶茄酮含量的影响

茄酮是腺毛分泌物西柏烷类的主要降解产物,其含量高低受腺毛密度和腺毛分泌能力的综合影响。由表2-28可以看出,高肥力水平下除顶叶外,其他部位烟叶茄酮含量均处于相对较低水平;中肥力条件下,烟叶各部位茄酮含量变化幅度相对较小;低肥力条件下,除顶叶茄酮含量略低于高中肥力条件外,其他各部位茄酮含量显著高于高中肥力条件,尤其是底脚叶与下二棚。

表 2-28　不同肥力对烤烟不同部位烟叶茄酮含量的影响　　　　（μg/g）

香气成分	肥力水平	部位				
		底脚叶	下二棚	腰叶	上二棚	顶叶
茄酮	高	17.127	16.694	9.334	8.276	28.793
	中	21.475	22.973	12.301	8.979	15.074
	低	42.782	45.107	29.100	19.038	12.641

2.6.3 不同肥力对烤烟不同部位烟叶非酶棕色化反应产物含量的影响

美拉德反应是形成烤烟香气成分的重要过程之一,其反应产物可以加到各种卷烟制品中,起到掩盖杂气、增强香气和提高烟气质量的作用。本试验共检测出7种非酶棕色化反应产物。由表2-29可以看出,非酶棕色化反应产物总量在高肥力条件下随着烟叶部位的升高而逐渐升高;中肥力条件下烟叶非酶棕色化反应产物总量随着叶位的升高逐渐增加,在上二棚处达到最大值;低肥力条件下在下二棚处达到最高值,随着部位的继续升高含量逐渐降低。高肥力条件下,底脚叶的非酶棕色化反应产物总量极低;中肥力条件下,部位间总量的变化幅度较小;低肥力条件下,底脚叶和顶叶含量较低,下二棚处含量最高,分别是底脚叶、顶叶2.78倍和1.69倍。

表 2-29　不同肥力对烤烟不同部位烟叶非酶棕色化反应产物含量的影响　（μg/g）

香气成分	肥力水平	部位				
		底脚叶	下二棚	腰叶	上二棚	顶叶
糠醛	高	11.560	29.835	30.382	33.237	33.454
	中	16.734	27.629	29.752	32.734	31.560
	低	12.752	34.010	32.182	28.658	22.242
糠醇	高	0.766	2.057	2.180	2.416	2.750
	中	1.295	2.307	2.072	2.301	1.985
	低	1.057	2.611	1.295	2.184	0.800

续表

香气成分	肥力水平	部位				
		底脚叶	下二棚	腰叶	上二棚	顶叶
2-乙酰呋喃	高	0.088	0.683	0.642	0.452	0.542
	中	0.157	0.551	0.529	0.549	0.444
	低	0.209	0.594	0.545	0.521	0.477
5-甲基糠醛	高	0.608	1.803	2.032	2.827	3.303
	中	0.121	1.583	1.763	2.026	1.870
	低	0.743	2.207	1.727	1.830	1.213
6-甲基-5-庚烯-2-酮	高	0.150	1.030	1.235	1.216	1.681
	中	0.472	2.168	1.509	1.930	1.534
	低	0.227	1.991	1.363	1.073	1.220
3,4-二甲基-2,5-呋喃	高	0.126	1.707	1.414	2.141	2.915
	中	1.103	2.342	2.818	2.949	2.606
	低	0.382	1.337	1.898	2.113	1.337
2-乙酰基吡咯	高	0.087	0.305	0.267	0.268	0.127
	中	0.157	0.275	0.176	0.286	0.130
	低	0.130	0.295	0.287	0.271	0.101
总量	高	13.385	36.700	38.152	42.557	44.772
	中	20.039	36.855	38.619	42.775	40.129
	低	15.500	43.045	39.297	36.650	27.390

2.6.4　不同肥力对烤烟不同部位烟叶苯丙氨酸裂解产物含量的影响

苯丙氨酸裂解产物中的苯甲醇、苯乙醇是烟叶重要的香气物质。由表 2-30 可知，在不同肥力条件下，苯丙氨酸裂解产物含量随着叶位的变化与其他种类香气成分的变化趋势基本一致。从中可以看出，在高肥力条件下，4 种苯丙氨酸裂解产物均随着叶位的升高总量整体增加；在中肥力和低肥力条件下，分别在上二棚和腰叶处达到最大值，随着叶位的继续升高其总量又逐渐降低。高肥力条件总量的最大值分别是中肥力和低肥力条件最大值的 1.19 倍和 1.50 倍。

表 2-30　不同肥力对烤烟不同部位烟叶苯丙氨酸裂解产物含量的影响（µg/g）

香气成分	肥力水平	部位				
		底脚叶	下二棚	腰叶	上二棚	顶叶
苯甲醛	高	0.211	2.304	2.356	2.652	2.795
	中	0.543	2.886	1.958	2.272	2.131
	低	0.304	1.711	1.652	0.929	1.169

续表

香气成分	肥力水平	部位				
		底脚叶	下二棚	腰叶	上二棚	顶叶
苯甲醇	高	1.632	11.711	15.415	15.098	15.396
	中	2.217	7.686	13.817	14.492	12.793
	低	1.779	6.027	10.623	8.031	5.084
苯乙醛	高	1.128	4.473	4.634	5.538	8.513
	中	1.721	4.060	4.607	5.610	4.055
	低	1.336	3.722	4.582	5.067	3.316
苯乙醇	高	1.077	4.966	5.033	6.667	7.573
	中	2.493	5.558	4.135	6.310	5.874
	低	1.120	2.949	5.950	5.089	4.471
总量	高	4.048	23.454	27.438	29.955	34.277
	中	6.974	20.190	24.517	28.684	24.853
	低	4.539	14.409	22.807	19.116	14.040

2.6.5　不同肥力对烤烟不同部位烟叶新植二烯含量的影响

新植二烯是叶绿素的降解产物，是含量最丰富的中性香气成分。由于新植二烯香气阈值较高，因此其对香气贡献相对较小。由表 2-31 可以看出，高肥力条件下，烟叶中的新植二烯含量在上二棚处达到最高；中肥力条件下，新植二烯含量在腰叶处达到最高值；低肥力条件下，新植二烯含量在下二棚处达到最大值。不同肥力条件的新植二烯含量在底脚叶处均为最低值。

表 2-31　不同肥力对烤烟不同部位烟叶新植二烯含量的影响　　　　（µg/g）

香气成分	肥力水平	部位				
		底脚叶	下二棚	腰叶	上二棚	顶叶
新植二烯	高	207.634	535.056	787.453	875.088	686.543
	中	373.656	710.276	753.512	619.277	509.165
	低	267.746	582.755	435.056	344.915	320.657

2.6.6　不同肥力对烤烟不同部位烟叶中性香气物质总量的影响

由表 2-32 可知，高肥力条件下，底脚叶与下二棚的中性香气物质总量低于中肥力和低肥力条件下相同部位的中性香气物质总量；腰叶的中性香气物质总量略高于中低肥力相同部位；上二棚中性香气物质总量最高，分别是中、低肥力的 1.33 倍和 2.22 倍；3 个肥力条件下顶叶的中性香气物质总量较上二棚均略有降低，且随着肥力的降低总量降低。除新植二烯外的香气物质总量，在高肥力条件下随着烟叶部位的升高而增加；中肥力条件下，除底脚叶总量较低外，其他各部位总量差异较小且上二棚处总量最高；低肥力条件下，随着叶位的升高总量增加，在腰叶处达到最大值，随着部位的继续升高总量逐渐降低。

表 2-32　不同肥力对烤烟不同部位烟叶中性香气物质总量的影响　（μg/g）

香气成分	肥力水平	部位				
		底脚叶	下二棚	腰叶	上二棚	顶叶
中性香气物质总量	高	283.315	676.512	951.807	1044.257	880.446
	中	484.153	869.789	911.789	783.999	661.008
	低	375.463	725.334	601.454	470.288	412.925
除新植二烯外香气物质总量	高	75.701	141.456	164.354	169.169	193.903
	中	110.497	159.513	158.277	164.722	151.843
	低	107.717	142.579	166.398	125.373	92.268

2.6.7　小结

土壤肥力水平不同导致烟叶营养条件存在差异，进而对不同部位烟叶香气成分含量造成显著影响。在高肥力条件下，类胡萝卜素降解产物、非酶棕色化反应产物、苯丙氨酸裂解产物含量随着叶位的升高一般呈增加趋势，新植二烯含量在上二棚处最高，茄酮含量则在中上部处于较低水平；中等肥力条件下，多数香气成分在上二棚达到最高值；低肥力条件下，烟叶的多数香气成分含量在腰叶或下二棚处最高。从整体来看，高肥力条件下烟叶的中性香气物质总量除底脚叶与下二棚含量低于中、低肥力条件外，其他部位含量均高于中、低肥力条件；中肥力条件下烟株各部位的中性香气物质总量均高于低肥力。除新植二烯外的香气物质总量，在高肥力条件下随着烟叶部位的升高而增加；中肥力条件下，除底脚叶总量较低外，其他各部位总量差异较小，且上二棚处最高；低肥力条件下，随着叶位的升高总量增加，在腰叶处达到最大值，随着部位的继续升高总量逐渐降低。随着土壤肥力水平的降低，大多数香气成分含量达到最大值时的叶位也随之降低。在肥力水平较低的条件下，烟株香气成分含量低，香气不足；随着肥力水平的提高，香气成分含量变丰富，烟叶重要香气成分（如 β-大马酮、巨豆三烯酮等）含量增加，特别是苯甲醛、苯乙醛等在碳氮代谢协调时含量最高，从而赋予烟叶优良的香吃味；高肥力水平条件下，底脚叶与下二棚由于不易调制，香气物质转化不充分，香气成分含量较低，但腰叶、上二棚及顶叶中的香气成分含量明显高于中、低肥力水平。茄酮主要为腺毛分泌物，受土壤肥力与叶面积的综合影响，随着叶面积增大，腺毛密度降低，茄酮含量减少，因此在低肥力条件下由于叶片相对较小，腺毛密度较大，中下部叶片茄酮含量显著高于高肥力烟叶，但上部叶则可能是由于营养缺乏，腺毛分泌能力较弱，茄酮含量下降明显。因此，烟株的营养条件直接影响叶片的发育状况，进而对香气物质的组成和含量产生显著影响。与进口优质烟叶相比，国内烟叶普遍存在类胡萝卜素降解产物含量偏低，而腺毛分泌物降解产物茄酮含量偏高的问题，可能是由烟叶营养和发育状况不同所致，因此生产上通过采取栽培措施，改善烟株营养状况，促进烟叶碳氮代谢的协调发展，促进香气成分优化，是提高香气质量的重要手段。

2.7 有机肥对烤烟上六片叶生长和质量的影响

摘要： 旨在通过有机肥培肥土壤的方式，提高土壤有机碳含量，促进烟株发育，达到提高上六片叶质量的目的。本研究采用大田试验，设置了1个对照和3个试验处理：C1（对照）：纯无机肥；C2：腐熟芝麻饼肥+无机肥（其中有机氮施用量为 1.0kg）；C3：有机碳生物有机肥+无机肥（其中有机氮施用量为1.0kg）；C4：动植物有机肥+无机肥（其中有机氮施用量为1.0kg）。研究结果表明，C3处理在农艺性状各个方面优于其他处理且与其差异显著；C2处理在含梗率和单叶重方面优于其他处理；C2处理上等烟比例较C1提高了13.28%；C2处理的常规化学成分最为协调；腐熟芝麻饼肥与无机肥配施对上六片叶中性致香成分含量的提升效果最大；C2处理在香气质、烟气浓度、刺激性、余味、劲头等方面表现最佳。综合来看，腐熟芝麻饼肥+无机肥的处理促进烤后烟叶的物理性质、化学和致香成分含量及经济性状提升的作用最为明显。

豫中烟区土壤普遍存在碳氮失衡、有机质含量偏低、理化性状不良、生物活性较低等问题，影响烟叶的营养协调性和耐熟性。通过施用有机肥培肥土壤是促进烟株健壮发育、提高上六片叶可用性的重要途径，但目前与豫中烟区土壤相适应的有机肥种类尚不明确。通过在田间比较分析不同种类有机肥与无机肥配施方式下，烤烟生长发育和上六片叶经济性状、生理生化、品质性状等方面的不同，确定适宜豫中烟区的可促进烤烟上六片叶形成的有机肥与无机肥配施的最佳选择，为促进有机肥在烤烟上六片叶生产中的应用推广提供指导（谢湛，2019）。本研究采用大田试验的方式，具体试验设计如表2-33所示。

表2-33 有机肥试验处理设计

处理	处理方法
C1	纯无机肥
C2	腐熟芝麻饼肥+无机肥（其中有机氮施用量为1.0kg）
C3	有机碳生物有机肥+无机肥（其中有机氮施用量为1.0kg）
C4	动植物有机肥+无机肥（其中有机氮施用量为1.0kg）

2.7.1 不同种类有机肥与无机肥配施对烤烟农艺性状的影响

由表 2-34 可看出，整个生育期中，C2～C4 处理在农艺性状各个方面均与 C1 存在差异，且长势均优于 C1。对比 C2、C3、C4 可以看出，在移栽后 45 天时，C3 处理在农艺性状各个方面与其他处理均表现出显著差异，且长势最优，尤其在最大叶长、叶宽方面优势最为显著，较 C1 高出 3.27cm、2.77cm。在移栽后 60 天，C3 处理仅在最大叶宽上较其他处理存在显著优势。在移栽 75 天及以后，C2～C4 各处理间的农艺性状差异逐渐变小，转而表现为 C2 处理在最大叶宽上与其他处理存在显著差异，且表现最佳。

表 2-34 不同处理对烤烟农艺性状的影响

移栽后天数	处理	最大叶长 (cm)	最大叶宽 (cm)	株高 (cm)	茎围 (cm)	节距 (cm)	有效叶片数 (片/株)
45	C1	35.42d	21.75c	51.37b	6.7c	3.1c	14.2c
	C2	37.33b	22.35b	51.36b	6.7c	3.2b	15.5b
	C3	38.69a	24.52a	52.81a	7.2a	3.4a	16.8a
	C4	36.58c	22.03bc	51.48b	6.9b	3.2b	15.3b
60	C1	63.76b	36.41c	106.61b	9.3c	5.0b	22.4c
	C2	66.72a	38.46b	109.64a	10.1a	5.4a	26.8ab
	C3	66.92a	40.44a	109.03a	10.2a	5.4a	27.2a
	C4	66.54a	38.14b	108.91a	9.8b	5.4a	25.8b
75	C1	65.24b	38.54c	113.12c	10.3b	4.2d	21.4b
	C2	72.43a	42.52a	124.56a	11.0a	5.2a	22.4a
	C3	70.06a	39.98b	122.64a	10.8a	4.9b	22.5a
	C4	71.12a	40.42b	117.04b	10.8a	4.8c	22.1a
90	C1	71.41c	40.33b	102.75b	10.7b	4.9c	19.0b
	C2	73.47a	42.84a	108.37a	11.4a	5.6a	19.7a
	C3	72.26b	41.52b	107.14a	11.2a	5.1b	19.6a
	C4	73.37a	41.48b	108.07a	11.4a	5.2b	19.8a

由此得出，有机肥与无机肥配施能够有效促进烟株生长发育。其中有机碳生物有机肥与无机肥配施在前期对烟株生长的促进效果较好，但生长后期促进效果减弱。腐熟芝麻饼肥与无机肥配施能够有效增大最大叶宽，促进烤烟生长发育的效果最佳。

2.7.2 不同种类有机肥与无机肥配施对上六片叶物理性状的影响

由表 2-35 可看出，不同有机肥和无机肥配施对上六片叶物理性状的影响有所不同。C2 与 C1 处理在物理性状各个方面均存在显著差异,且 C2 处理表现优于 C1 处理,叶长增加 4.12cm,叶宽增加 3.55cm,叶质重增加 15.54g/m²,单叶重 2.54g/片,含梗率降低 5.26 个百分点。C3 处理在叶长、叶宽、含梗率、叶质重方面表现优于 C1,且二者存在显著差异。C4 处理在含梗率、叶质重、单叶重方面表现优于 C1,且二者存在显著差异。对比 C2、C3、C4 处理可以看出,C2 处理在含梗率和单叶重方面与其他处理存在显著差异,在叶长、叶宽和叶质重方面与 C4 存在显著差异。

表 2-35 不同处理对烤烟物理性状的影响

处理	叶长(cm)	叶宽(cm)	含梗率(%)	叶质重(g/m²)	单叶重(g/片)
C1	63.31c	27.59b	27.34a	88.32c	21.77c
C2	67.43a	31.14a	22.08c	103.86a	24.31a
C3	66.53ab	30.83a	24.82b	101.57a	22.26c
C4	64.72bc	28.65b	24.28b	94.37b	23.28b

由此可得,有机肥与无机肥配施能够有效改善上六片叶的物理性状。其中有机碳生物有机肥能够有效增加叶长、叶宽和叶质重,降低含梗率;动植物有机肥能够有效提高叶质重、单叶重,降低含梗率;腐熟芝麻饼肥更有利于改善上六片叶物理性状,且在含梗率和单叶重方面表现最佳。

2.7.3 不同种类有机肥与无机肥配施对上六片叶经济性状的影响

由表 2-36 可看出,不同有机肥和无机肥配施对烤烟经济性状的影响有所不同。对比不同指标可以看出,在产量方面,各处理两两间均存在显著差异,表现为 C3>C2>C4>C1,C3 处理产量最高,亩产量相比 C1 处理提高 31.6kg;在产值方面,C2 处理与 C1、C4 处理存在显著差异,表现为 C2>C3>C4>C1,C2 处理产值最高,亩产值相比 C1 处理提高 1382.48 元;在均价方面,各处理两两间均存在显著差异,表现为 C2>C4>C3>C1,C2 处理均价最高,相比 C1 处理提高 4.6 元/kg;在上等烟比例方面,各处理两两间均存在显著差异,表现为 C2>C4>C3>C1,C2 处理比例最高,相比 C1 处理提高 13.28 个百分点。

表 2-36 不同处理对烤烟经济性状的影响

处理	产量(kg/667m²)	产值(元/667m²)	均价(元/kg)	上等烟比例(%)
C1	94.8d	3014.64c	31.8d	43.24d
C2	120.8b	4397.12a	36.4a	56.52a
C3	126.4a	4235.52ab	33.5c	52.28c
C4	110.5c	3878.55b	35.1b	54.25b

由此可得出，有机肥与无机肥配施能够有效提高上六片叶的经济性状。其中配施有机碳生物有机肥产量提升效果最佳，但在产值、均价和上等烟比例方面的提升效果不及腐熟芝麻饼肥；动植物有机肥能在一定程度上提升上六片叶的经济性状；腐熟芝麻饼肥在产量方面的提升效果不及有机碳生物有机肥，但在产值、均价和上等烟比例方面的提升效果均表现最佳。

2.7.4 不同种类有机肥与无机肥配施对上六片叶化学成分的影响

根据表 2-37 不同处理化学成分含量的对比可以看出，除两糖以外，C2 与 C1 处理的化学成分各项指标均存在显著差异，C3 与 C1 处理在还原糖、总糖、烟碱、钾和氯含量方面存在显著差异，C4 与 C1 处理在还原糖、烟碱和钾含量方面存在显著差异。其中 C2 处理相对 C1 提升还原糖 3.479 个百分点、总糖 3.919 个百分点、钾 0.2125 个百分点，增幅最大，降低总氮 0.2622 个百分点，降幅最大。观察不同处理糖碱比等各项指标可以看出，在糖碱比方面，C2、C3、C4 处理均与 C1 处理存在显著差异，其中 C2 处理表现最为协调；在氮碱比方面，C2、C4 处理均与 C1 处理存在显著差异；在钾氯比方面，C2、C3、C4 处理均与 C1 处理存在显著差异，且 C2 表现最为协调。

表 2-37 不同处理对化学成分的影响

处理	还原糖（%）	总糖（%）	烟碱（%）	总氮（%）	钾（%）	氯（%）	糖碱比	氮碱比	两糖比	钾氯比
C1	14.854d	16.351c	4.0686a	2.3482a	1.1846d	1.01420a	4.0188c	0.5772b	0.9084a	1.1680d
C2	18.333a	20.270a	3.3783c	2.0860b	1.3971a	0.78373b	6.0000a	0.6175a	0.9043a	1.7826a
C3	16.207b	17.821b	3.8704b	2.2819a	1.3099c	0.76633b	4.6044b	0.58958b	0.9094a	1.7093b
C4	15.243c	16.620c	3.7257b	2.2830a	1.3543b	1.00500a	4.4609b	0.6128a	0.9171a	1.3476c

由此可得，有机肥与无机肥配施能够有效改善上六片叶的化学成分含量，其中有机碳生物有机肥能有效提升还原糖、总糖和钾含量，降低氯含量，使糖碱比和钾氯比更为协调；动植物有机肥能够有效提升还原糖和钾含量，使糖碱比、氮碱比和钾氯比更为协调。综合来看，腐熟芝麻饼肥对各项化学成分的改善效果更为显著，各项比值更为协调，在本试验条件下最适宜豫中烟区中烟 100 在滴灌模式下的种植。

2.7.5 不同种类有机肥与无机肥配施对上六片叶香气成分的影响

由表 2-38 可看出，不同有机肥和无机肥配施对上六片叶香气成分的影响有所不同。其中香气成分总量表现为 C2>C3>C4>C1，C2 处理较 C1 处理提升了191.3771μg/g。对比不同处理不同香气成分含量可以看出，类胡萝卜素降解产物总量表现为 C2＞C3＞C4＞C1，C2 处理较 C1 处理提升了 11.7625μg/g；西柏烷类降解产物含量表现为 C4＞C1＞C3＞C2，C4 处理较 C1 处理提升了 4.63μg/g；苯丙氨酸裂解产物总量表现为 C2＞C3＞C4＞C1，C2 处理较 C1 处理提升了 7.9199μg/g；非酶棕色化反应产物总量表现为 C2＞C4＞C3＞C1，C2 处理较 C1 处理提升了 3.6672μg/g；叶绿素降解产物含量表现为 C2＞C3＞C4＞C1，C2 处理较 C1 处理提升了 173.6182μg/g。

表 2-38　不同处理对香气成分的影响

香气物质类型	中性致香成分（μg/g）	处理			
		C1	C2	C3	C4
类胡萝卜素降解产物	β-大马酮	12.8858	14.7484	13.6680	12.8316
	β-二氢大马酮	8.6372	10.0912	10.2747	7.8845
	香叶基丙酮	2.5911	2.2521	2.4579	2.1965
	二氢猕猴桃内酯	1.2866	1.4248	1.7459	1.3710
	巨豆三烯酮 1	1.6094	1.9504	1.9339	1.9330
	巨豆三烯酮 2	6.9691	7.9117	8.5761	8.7252
	巨豆三烯酮 3	2.9697	4.1817	3.7282	4.2238
	巨豆三烯酮 4	7.0457	10.1205	9.4006	10.9559
	螺岩兰草酮	0.6050	0.5747	0.6196	0.4514
	法尼基丙酮	8.0356	10.3260	8.6475	7.6438
	愈创木酚	1.8197	1.9993	1.9385	1.8587
	芳樟醇	0.6335	0.6477	0.6157	0.5988
	3-羟基-β-二氢大马酮	1.1858	1.7704	1.6126	1.8823
	6-甲基-5-庚烯-2-醇	0.9272	0.9070	1.0771	1.2347
	6-甲基-5-庚烯-2-酮	0.8090	0.8670	0.8648	0.7295
	异佛尔酮	—	—	—	—
	氧化异佛尔酮	—	—	—	—
	小计	58.0104	69.7729	67.1611	64.5207
西柏烷类降解产物	茄酮	27.9758	22.3851	24.8525	32.6058
苯丙氨酸裂解产物	苯甲醛	0.5598	0.6812	0.5283	0.5004
	苯甲醇	5.4551	8.6836	7.1129	6.4746
	苯乙醛	4.3825	6.9893	6.7376	6.7050
	苯乙醇	2.3921	4.3553	3.6596	3.3141
	小计	12.7895	20.7094	18.0384	16.9941
非酶棕色化反应产物	糠醛	12.1427	14.6740	14.2846	14.5585
	糠醇	0.5145	0.7047	0.5150	0.4313
	2-乙酰基呋喃	0.3052	0.3892	0.3396	0.3824
	2-乙酰基吡咯	—	—	—	—

续表

香气物质类型	中性致香成分 （μg/g）	处理			
		C1	C2	C3	C4
非酶棕色化反应产物	5-甲基糠醛	1.3688	2.1761	1.8806	2.0375
	3,4-二甲基-2,5-呋喃二酮	2.1882	2.3397	2.3037	2.2301
	2,6-壬二烯醛	0.1404	0.1205	0.1299	0.1475
	藏花醛	0.2501	0.2444	0.2317	0.2520
	β-环柠檬醛	0.5211	0.4496	0.4575	0.4529
	小计	17.4310	21.0982	20.1426	20.4922
叶绿素降解产物	新植二烯	503.5108	677.1290	607.2294	548.6836
	总计	619.7175	811.0946	737.4240	683.2964

由此可得出，在豫中烟区中烟 100 的种植过程中，有机肥与无机肥配施有利于提高上六片叶中性致香成分的含量。其中有机碳生物有机肥可以有效提高类胡萝卜素降解产物含量、苯丙氨酸裂解产物含量和叶绿素降解产物含量；动植物有机肥可以有效提高西柏烷类降解产物茄酮含量和非酶棕色化反应产物含量。总体上腐熟芝麻饼肥与无机肥配施对上六片叶中性致香成分含量的提升效果最大。

2.7.6　不同种类有机肥与无机肥配施对上六片叶感官质量的影响

由图 2-26 可看出，不同有机肥和无机肥配施对上六片叶感官质量的影响有所不同。总体表现 C2、C3、C4 处理均优于纯无机肥处理（C1）。比较 C2~C4 处理可看出，C2 处理在香气量、烟气浓度、刺激性、余味、劲头等方面表现最佳，在香气质、杂气和燃烧性等方面与 C3 处理无显著差异。

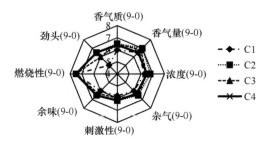

图 2-26　不同处理上六片叶感官质量差异比较

括号中数据表示感官评价采用 9 分制，下同

由此得出，有机肥与无机肥配施有利于改善上六片叶感官质量。其中动植物有机肥能有效改善香气质、刺激性、余味和劲头，有机碳生物有机肥能有效改善香气质、杂气和劲头，综合表现腐熟芝麻饼肥与无机肥配施效果最佳。

2.7.7 小结

在豫中烟区中烟 100 采用滴灌模式的种植过程中，有机碳生物有机肥与无机肥配施，在前期对烟株生长的促进效果较好，但生长后期效果减弱，能够有效增加上六片叶的叶长、叶宽和叶质重，降低含梗率，同时能够显著提高上六片叶的产值。此外，该处理能有效提升还原糖、总糖和钾含量，降低氯含量，使糖碱比和钾氯比更为协调，有效提高类胡萝卜素降解产物含量、苯丙氨酸裂解产物含量和叶绿素降解产物含量，使香气成分更为协调，有效改善香气质、杂气和劲头，使感官质量更优。动植物有机肥与无机肥配施，能够有效促进烤烟生长发育，提高上六片叶叶质重、单叶重，降低含梗率；在一定程度上提升上六片叶的经济性状，有效提升上六片叶还原糖和钾含量，使糖碱比、氮碱比和钾氯比更为协调，有效提高西柏烷类降解产物茄酮含量和非酶棕色化反应产物含量，改善香气成分，有效改善香气质、刺激性、余味和劲头，提升感官质量。腐熟芝麻饼肥与无机肥配施，通过调控最大叶宽，促进烤烟生长发育的效果最佳，有利于改善上六片叶物理性状，且在含梗率和单叶重方面表现最佳，在产值、均价和上等烟比例的提升效果方面均表现最佳，对各项化学成分的改善效果更为显著，各项比值更为协调，提升上六片叶中性致香成分含量的效果最大，香气成分最为协调，能够有效改善香气质、杂气和劲头，提升感官质量的效果最佳。因此，腐熟芝麻饼肥与无机肥配施最为适宜。

2.8 有机物料对植烟土壤碳氮及细菌群落的影响

摘要：为探究同一碳氮比条件下，不同碳源有机物料对植烟土壤碳氮、细菌群落及烤烟生长发育的影响，本研究采用盆栽试验，添加花生壳炭、沼渣、腐熟小麦秸秆、腐熟牛粪 4 种有机物料，通过与无机氮混合调成碳氮比统一为 30 的物料，研究其对烤烟生长发育和植烟土壤的影响。结果表明，有机物料的施用可降低土壤容重，增加碱解氮、铵态氮含量，降低硝态氮含量，增加土壤总碳、总氮、微生物生物量碳氮含量，为土壤微生物的生长发育提供了良好的环境条件，进而影响土壤细菌多样性及群落结构。与对照相比，麦秆处理的土壤容重降低 9.21%，总碳和总氮含量分别增加 80.46%、40.00%，微生物生物量碳、氮分别增加 49.22%、93.69%，细菌 OTU 数增加 6.70%，土壤细菌优势菌群为 Actinobacteriota（放线菌门）。综合来看，以麦秆与无机氮配施改善植烟土壤肥力状况的效果最好。

烟草是我国重要的经济作物，烟草在种植中存在过度依赖化肥的现象，不仅造成了部分烟区烟田土壤板结、肥力衰退、碳氮比失调、有机质含量下降，而且限制了烟叶产质量进一步的提高。长期大量单一施用化学肥料，忽视有机肥料的施用，导致土壤中碳氮含量的失调，碳氮比降低，生物活性下降，难以满足生产优质烤烟的需要。因此，增碳减氮，恢复土壤健康，降低生产成本是烟草优质高产的重要前提。近年来，一些学者针对我国烟田肥力及烟叶质量下降等现象开展了大量植烟土壤改良研究工作。相关研究表明，有机物料与无机肥配合长期使用，能使作物产量与品质得到明显提高，不仅可以提高土壤肥力水平，而且可以通过有机肥与无机肥的综合使用，显著提高肥料利用率，改善土壤的碳氮水平，提高烟草产质量，其中以秸秆还田、施加生物炭和沼渣等添加有机物料的改良方式较为普遍且效果显著。

有机物料中富含有机物，其施用能够带来大量碳源。同时生物炭、麦秆、牛粪等有机肥中含碳物质在土壤中的转化和分布会直接影响土壤有机碳的组成与含量，进而影响土壤养分循环，从而平衡过度施肥造成的土壤板结、营养失衡等不利影响。不同碳源有机物料种类众多，由于其理化性质差异较大，对土壤肥力的影响也不相同。氮素在土壤氮库中的转化是由微生物驱动的生物化学过程，而土壤微生物的生存与繁衍主要由土壤有机碳提供碳源与能源，所以氮素养分在土壤氮库中的转化主要受土壤有机碳的调控。碳氮代谢是烤烟最基本的代谢过程，直接或间接影响烟叶化学成分及烟叶品质，因此，通过添加不同碳源有机物料来调节土壤碳氮比，对烟叶品质提高及植烟土壤改良具有重要意义。一般认为，土壤碳氮比为 20～40 可以使烤烟的碳氮循环更加协调，能够使烤烟在适当的时间从碳循环过渡到氮循环，从而提高烤烟的品质。本试验采用盆栽试验，在同一碳氮比条件下研究不同碳源有机物料（生物炭、沼渣、腐熟小麦秸秆、腐熟牛粪）对植烟土壤理化特性、细菌多样性及群落结构的影响，为明确不同碳源改良土壤的效果，筛选出最有利于优质烤烟生产的有机物料提供理论依据（张燊等，2022）。

试验在河南农业大学烟草栽培实验室进行，采用盆栽试验，试验所用有机物料成分见表 2-39，其中沼渣为啤酒发酵腐熟产物。本试验采用单因素设计，共 5个处理（表 2-40）。

表 2-39 供试有机物料基本理化性质

肥料	全碳（%）	全氮（%）	C/N
生物炭	45.46	1.81	25.12
腐熟小麦秸秆	38.02	1.81	21.00
腐熟牛粪	39.77	2.52	15.78
沼渣	41.50	2.21	18.81

表 2-40　不同处理有机物料施用量

处理	肥料施用量（C/N=30）	
	有机物料（g/kg）	化肥纯氮（g/kg）
A（单施化肥）	0	0.30
B（化肥+生物炭）	19.80	0.30
M（化肥+麦秆）	23.68	0.30
N（化肥+牛粪）	22.63	0.16
Z（化肥+沼渣）	21.68	0.18

2.8.1　不同碳源有机物料对植烟土壤物理性状及化学特性的影响

（1）植烟土壤理化特性及酸性磷酸酶活性

由表 2-41 可知，各处理土壤 pH 差异不显著，Z 处理比对照低 4.38%。土壤容重各处理比对照低且 M 处理比对照低 9.21%。土壤含水量 Z 处理比对照高 16.52%。碱解氮含量 M、N 处理均与对照差异显著，且比对照分别高 34.41%、43.56%。铵态氮含量 M 处理比对照低 4.54%，N 处理比对照高 41.01%且二者差异显著。硝态氮含量各处理均比对照低且 Z 处理与对照差异显著，M 处理比对照低 12.73%。说明添加有机物料在烤烟生长前期对土壤容重降低、土壤碱解氮含量增加及土壤硝态氮含量降低有不同程度的促进作用。

表 2-41　不同处理对土壤指标的影响

处理	pH	土壤容重（g/cm³）	土壤含水量（%）	碱解氮含量（mg/g）	铵态氮含量（mg/kg）	硝态氮含量（mg/kg）
A	8.00a	1.41a	17.55	54.25b	5.73c	36.06a
B	8.05a	1.27b	15.53	57.31b	6.58bc	33.24a
M	7.99a	1.28b	15.49	72.92a	5.47c	31.47ab
N	8.01a	1.34ab	17.12	77.88a	8.08a	34.75a
Z	7.65a	1.34ab	20.45	59.73b	7.79b	25.46b

由图 2-27 可知，B、M 处理与对照处理土壤酸性磷酸酶活性随烟株生长发育呈先上升后下降的趋势且在移栽后 60 天达到最大值，Z 处理呈上升趋势，N 处理呈下降趋势。M、N 处理酸性磷酸酶活性比对照高，三个时期 M 处理比对照分别高 8.12%、7.72%、14.30%。

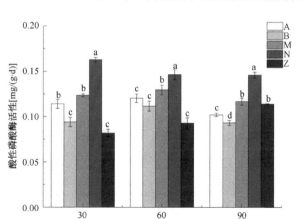

图 2-27　不同处理对土壤酸性磷酸酶活性的影响

（2）植烟土壤碳氮含量

由图 2-28 可知，有机物料施用对土壤总碳（TC）、总氮（TN）含量增加均有促进作用。随烟株生长发育时期的推移，Z、N 处理的土壤总碳含量呈先增加后降低的趋势，与对照处理趋势一致且在移栽后 60 天达到最大值，B 处理总碳含量一直呈增加趋势，M 处理呈下降趋势；对照处理土壤总氮含量先升高后降低，B、Z、M、N 处理总氮含量呈下降趋势，各处理与对照均差异显著。在三个生长发育时期 B 处理对土壤总碳含量影响较大，分别比对照高 54.41%、77.70%、159.77%，N 处理对土壤总氮含量影响较大，分别比对照高 66.05%、42.48%、67.00%。

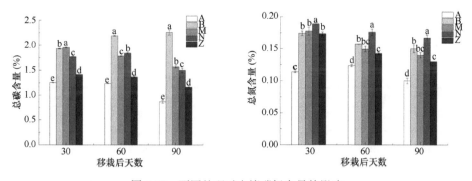

图 2-28　不同处理对土壤碳氮含量的影响

（3）植烟土壤微生物生物量碳氮含量

由图 2-29 可知，移栽后 30～60 天，对照、生物炭、牛粪处理土壤微生物生物量碳（MBC）含量增加，沼渣、麦秆处理降低，移栽后 30 天沼渣、麦秆、牛粪处理与对照有显著差异，移栽后 60 天生物炭、麦秆、牛粪与对照差异显著；对照、生物炭、沼渣、麦秆处理的土壤微生物生物量氮（MBN）含量随时间降低，

而牛粪处理含量增加,移栽后 30 天生物炭、麦秆、牛粪与对照差异显著,移栽后
60 天麦秆、牛粪与对照有显著差异。不同时期麦秆处理微生物生物量碳分别比对
照高 58.07%、49.22%,微生物生物量氮比对照高 104.81%、93.69%,沼渣处理微
生物生物量生物碳、氮在移栽后 60 天比对照分别低 2.97%、6.45%。

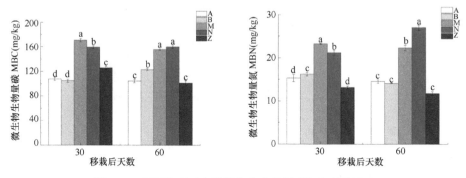

图 2-29　不同处理对土壤微生物生物量碳氮含量的影响

2.8.2　不同碳源有机物料对土壤根际细菌多样性和群落结构的影响

（1）土壤细菌 α 多样性

Chao 指数属于微生物 α 多样性指标,是反映样品中 OTU (operational
taxonomic unit) 数目的指数,是衡量微生物群落丰度的重要指标。Shannon 指数
是反映土壤微生物 α 多样性的重要指标,反映微生物群落的多样性。OTU、ACE
指数和 Chao 指数、Shannon 指数值越大,Simpson 指数值越小,说明环境所含物
种越多,该环境物种越丰富,各物种分配越均匀,群落多样性越高。由表 2-42 可
得,M 处理的土壤细菌 α 多样性相对对照显著提高。

表 2-42　不同处理 α 多样性指数

处理	OTU	ACE 指数	Chao 指数	Shannon 指数	Simpson 指数
A	2841b	3814bc	3828b	6.59b	0.0044b
B	2953ab	3973ab	3974ab	6.67ab	0.0040b
M	3019a	4046a	4060a	6.76a	0.0030c
N	2812b	3757c	3807b	6.60b	0.0039b
Z	2153c	2874d	2930c	6.16c	0.0058a

由图 2-30 可知,稀释曲线趋于平缓且测序所得数据也达到了饱和,能够覆盖
根际土壤中细菌群落的绝大部分物种。ACE 指数是衡量土壤微生物 α 多样性的重
要指标,反映样本中微生物物种的均匀度与丰度。对比有机物料处理和对照处理
的 ACE 指数（图 2-31）发现,M 处理、N 处理 ACE 指数高于对照组,B 处理高
于对照但二者差异不显著,而 Z 处理 ACE 指数显著低于对照组。

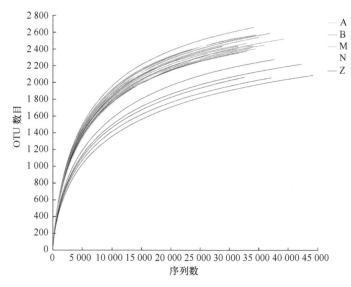

图 2-30 各处理样品的稀释曲线分析（OTU 水平）（彩图请扫封底二维码）

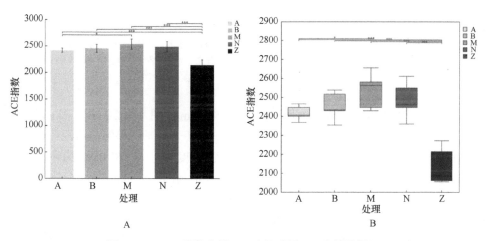

图 2-31 ACE 指数分析（A 为柱形图，B 为箱线图）
*表示 $P<0.05$，***表示 $P<0.001$，下同

（2）细菌群落物种组成

由图 2-32A 物种 Venn 图可知，B、M、N 处理的细菌 OTU 数均大于对照组，分别比对照 A 处理高出 4.09%、6.70%、7.42%，而 Z 处理比 A 处理低 1.45%。5 个处理共有 OTU 数为 2500。A 处理独有 OTU 数为 9，占总 OTU 数的 0.36%；B 处理独有 OTU 数为 19，占总 OTU 数的 0.60%；M 处理独有 OTU 数为 79，占总 OTU 数的 2.44%；N 处理独有 OTU 数为 50，占总 OTU 数 1.54%；Z 处理独有 OTU 数为 100，占总 OTU 数的 3.35%。

通过图 2-32B 的 PCA 分析发现，A、B、M、N 和 Z 处理的土壤样本细菌组成具有明显差异，说明细菌微生物群落结构随不同有机物料的施入而发生改变，表明细菌群落结构对有机物料比较敏感。同时，A、B、M、N 处理与 Z 处理距离较远，而其他处理之间相对集中，说明施用生物炭、麦秆、牛粪和沼渣可以引导土壤中细菌物种结构朝特定方向发展。

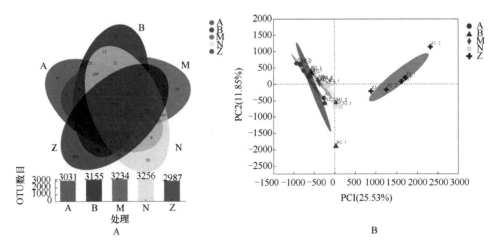

图 2-32　物种 Venn 图分析（A）和样本 PCA 分析（OTU 水平）（B）（彩图请扫封底二维码）
不同的颜色代表不同的分组（或样本）；A 图下部为选定分类学水平下各分组中总的物种数目柱形图

（3）细菌群落物种差异及样本比较分析

对门水平物种群落 Bar 图（图 2-33A）和 Heatmap 图（图 2-33B）、样本菌群分型（图 2-33C）、物种差异（图 2-33D）分析可知，各个处理优势细菌菌种是相同的，但菌种丰度有所差异。各处理门水平种群丰度处于前 8 的细菌物种均为 Actinobacteriota（放线菌门）、Proteobacteria（变形菌门）、Chloroflexi（绿弯菌门）、Acidobacteriota（酸杆菌门）、Gemmatimonadota（芽单胞菌门）、Firmicutes（厚壁菌门）、Bacteroidota（拟杆菌门）、Myxococcota（粘球菌门）。有机物料添加增加了变形菌门、拟杆菌门、粘球菌门的丰度；降低了放线菌门、绿弯菌门的丰度。B 处理增加了酸杆菌门的丰度，而其他处理降低了该菌门丰度。Z 处理显著增加变形菌门的丰度。B、M、N 处理和 A 处理的群落结构分型相似，而 Z 处理与其他处理不同。在有机物料影响下，土壤细菌群落结构朝特定方向发展，B、M、N 处理优势菌群为 Actinobacteriota（放线菌门），Z 处理优势菌群为 Proteobacteria（变形菌门）。在门水平，各处理的土壤细菌种群丰度相对对照变化不同，同时不同处理的细菌物种丰度也不同，施用有机物料改变了细菌物种组成结构，提高了细菌物种数量。

由图 2-34 的样本 ANOSIM/Adonis 分析可知，按施用的不同有机物料设置分组，不同处理土壤真菌群落表现出按单个样本（Bray-Curtis ANOSIM=0.05）或

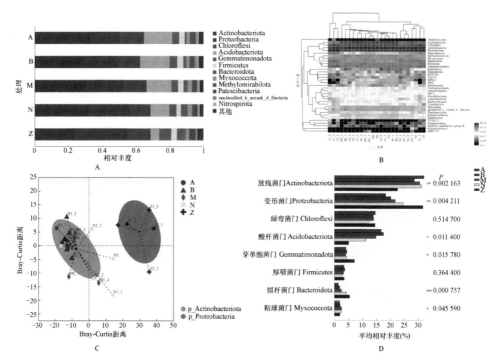

图 2-33　门水平物种群落 Bar 图（A）和 Heatmap 图（B）、样本菌群分型（C）和物种差异（D）
分析（彩图请扫封底二维码）

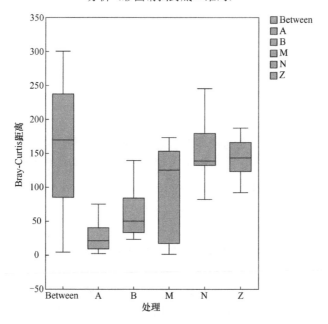

图 2-34　ANOSIM/Adonis 分析

总共有 $N+1$ 个盒子，N 为分组数量；"Between" 盒子指代的是分组之间的差异，其他图例分别代表各自组内差异

按住宿环境（Bray-Curtis ANOSIM=0.01）的聚类，样品组间差异显著大于组内差异，说明不同分组之间差异明显，不同处理分组是有意义的。

（4）环境因子关联分析

冗余分析（RDA）揭示了微生物群落结构受环境特征影响的情况。除去冗余变量后，如图 2-35 所示，RDA 分析选择了 6 个环境特征。由其可知，铵态氮（NH_4^+-N）、微生物生物量碳（MBC）显著影响土壤细菌的多样性；Z 处理的细菌多样性受环境因素影响程度较大。

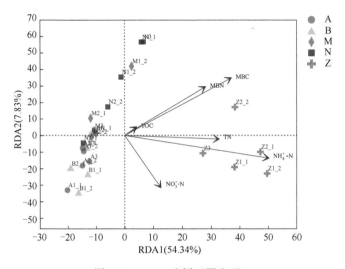

图 2-35　RDA 分析（属水平）

冗余分析显示样品中细菌群落与环境因素之间的相关性，箭头代表数量型环境因素；TOC：有机碳，TN：总氮，MBC：微生物生物量碳，MBN：微生物生物量氮，NO_3^--N：硝态氮，NH_4^+-N：铵态氮

2.8.3　小结

土壤容重是土壤最重要的物理性状之一，反映了土壤的持水性、入渗能力、紧实度、透气性等，可以有效地指示土壤生产力，与微生物活性等密切相关。肥力较好的土壤通常容重较低，土壤田间持水量和孔隙度较高。土壤容重与土壤疏松度成反比，由上述结果来看，有机物料可以有效降低土壤容重，降低土壤紧实度，使土壤疏松，其中施用麦秆和牛粪与对照差异显著，麦秆的施用使土壤容重降低了 9.21%。有机物料的施用可降低土壤容重，增加碱解氮含量，增加铵态氮含量。土壤 pH 一直被认为是影响土壤微生物群落结构的重要因素，与土壤细菌群落结构及多样性指数呈显著正相关。土壤细菌在偏碱性土壤中占据优势地位。土壤 pH 能够通过影响土壤基质组成、化学性质和化学物质利用效率而使土壤微生物群落组成及多样性受到干扰。

　　土壤碳氮比是影响土壤微生物群落结构的重要因素。本试验中从土壤碳含量来看,生物炭处理对土壤碳含量影响较大,且其土壤碳含量一直处于上升趋势,其他处理均处于下降趋势,可能与生物炭中碳素矿化有关,也可能与生物炭本身所含营养物质基本呈惰性,很难被微生物分解有关。从土壤氮含量来看,牛粪处理对土壤氮含量增加的促进作用最为突出,且 3 个时期均与其他处理具显著差异。烤烟生长发育过程中的碳氮代谢规律为:氮代谢逐渐减弱,碳的积累代谢逐渐增强,而碳的固定和转化代谢逐渐减弱。生物炭处理对土壤碳含量的影响有利于烤烟碳氮代谢和转化,而牛粪处理土壤后期氮含量依旧很高,不利于烟株碳氮代谢和转化。

　　土壤微生物生物量碳氮含量是反映土壤肥力状况的指标之一。施用有机物料不仅能调控烤烟对土壤中碳氮的吸收转化,而且能提高土壤微生物生物量碳氮含量,进而提高土壤肥力。有机肥的投入带来了大量的碳源,使土壤微生物大量增殖,数量大增,并分解有机物质,提供植物所需的养分,而无机肥的施用为土壤微生物提供了大量的氮源,反映在土壤微生物生物量上则是 MBC、MBN 含量增加。施用有机物料能够提高土壤微生物生物量碳氮含量。随烟株生长发育,生物炭、牛粪处理的 MBC 含量增加,而沼渣、麦秆处理呈降低趋势。施用生物炭、沼渣、麦秆使 MBN 含量降低,这是因为在烤烟生长前期,土壤有机碳源充足,微生物大量繁殖,同时由于基肥施用了氮肥,在移栽初期土壤中氮含量较高,而烟株吸收较少,其中一部分被微生物固定,此时 MBN 较高,随着烟株生长发育,一部分 MBN 又被释放出来,以供烟株生长发育需要,MBN 含量逐渐降低。MBC 和 MBN 均与总 C、总 N 呈显著相关,土壤有机质与 MBC、MBN 有密切的正相关关系。麦秆处理的微生物生物量碳含量相比对照明显增加,可能是因为秸秆还田投入了外源有机物,土壤中微生物所需碳源增加,促使土壤微生物加速繁殖,进而提高了 MBC 和 MBN,微生物数量的增加又加快了有机物料的分解,最终提高了土壤中活性有机碳组分含量。

　　土壤微生物是土壤生态系统的重要组成部分,其中细菌是微生物中含量最多、丰度最高的种群,土壤中细菌多样性变化会影响土壤养分循环等过程。麦秆处理的土壤细菌 α 多样性相对对照提高显著,OTU、ACE 指数和 Chao 指数、Shannon 指数值较大,Simpson 指数值较小,说明其所含物种较多,该环境物种较丰富,各物种分配较均匀,群落多样性较高。由 PCA 分析发现,施用生物炭、麦秆、牛粪、沼渣可以引导土壤中细菌物种结构朝特定方向发展,各处理丰度处于前 4 的优势菌种均为 Actinobacteriota(放线菌门)、Proteobacteria(变形菌门)、Chloroflexi(绿弯菌门)、Acidobacteriota(酸杆菌门)。细菌微生物群落结构随不同有机物料的施入而发生改变,表明细菌群落结构对有机物料比较敏感。在有机物料影响下,土壤细菌群落结构朝特定方向发展,生物炭、麦秆、牛粪处理优势菌群均为放线菌门, 沼渣处理优势菌群为变形菌门。微生物群落的丰度和多样性, 反映了群落结构的均衡性和稳定性, 其提高有利于土壤生态系统的稳定, 可提高微生物对土壤微生态环境恶化的缓冲能力, 是微生物得以均衡发展的基础。

本试验表明, 有机物料的施用能够降低土壤容重, 影响土壤中碳氮含量, 有助于烤烟碳氮代谢, 进而提高烟叶内在质量。不同有机物料会不同程度地影响土壤理化特性, 进而影响烤烟的生长发育及产质量。从土壤碳氮调节、土壤细菌群落等方面来看, 施用小麦秸秆处理效果较好。

2.9 有机无机氮配比对南阳烟区土壤碳氮及上部叶质量的影响

摘要: 为探究南阳地区适宜的有机肥与无机肥施用比例, 提高上部叶品质及可用性, 改善当地植烟土壤的碳氮结构, 以烤烟品种云烟 87 为材料, 以沼渣有机肥和芝麻饼肥为有机氮源, 设置有机氮与无机氮不同配比试验, 施用比例设为 1:9、2:8、3:7、4:6、5:5, 以纯化肥处理为对照, 对相应的烟叶和土壤样品进行检测分析。结果表明, 与纯化肥处理相比, 施用沼渣有机肥和芝麻饼肥的处理叶片大小、单叶重、钾氯比、淀粉含量、产值、香气物质总量等均显著提升, 其中施用有机氮与无机氮比为 3:7 时烟叶的叶长、叶宽、钾离子含量、淀粉含量、均价、产值、香气物质总量分别提升了 9.23%、10.49%、33.68%、24.19%、21.31%、26.57%、10.23%。与纯化肥处理相比, 施用有机肥处理的土壤总碳含量、碳氮比、土壤有机碳含量、微生物生物量碳氮含量均有提高。整体看来, 在南阳烟区按照有机氮与无机氮比例为 3:7 施用沼渣有机肥和芝麻饼肥能够有效提升上部叶的质量、耐熟性及成熟度, 改善土壤碳氮比。

我国烤烟上部叶具有香气量足、满足感强等特点, 是卷烟配方的重要组成部分, 但生产中往往存在烟叶内部化学成分不协调、杂气重、成熟度偏低等问题, 导致可用性较差, 因此, 提升上部叶的质量至关重要。提高上部叶质量需要充足合理的光照、适宜的 pH、成熟期有充足的水分等生态条件。选择适当的移栽期、合理密植、调整供氮形态、追施钾肥、适当推迟打顶、适当延迟采收、改进烘烤方法等措施也能够显著提升烟草上部叶的质量、成熟度及可用性。优质的土壤是保证烟草质量和产量的关键, 也是烟草生长的重要基础。施肥对于土壤肥力的保持至关重要, 农业农村部倡导 "两减", 鼓励使用有机肥来部分替代化肥, 因此有机肥研究越来越多。研究发现, 适当施用有机肥能够增加土壤有机质含量, 还能增加土壤中各种植物生长必需的营养元素含量。用秸秆有机肥部分替代化肥能够有效降低土壤容重,增加土壤大粒径团聚体含量,增加土壤保水保肥性。配施有机肥还可以提高大田生长各阶段土壤有机质含量,协调土壤碳氮,增加土壤微生物功能多样性。有机肥提供的养分大都是自然原始的活性有机成分,相较于化肥,更加绿色健康,能够造就优质、无污染的农业生产。

沼渣肥作为一种优质有机肥,是有机物质发酵后剩余的固形物质,富含有机质、腐殖酸、微量营养元素、多种氨基酸等,能调节土壤碳氮比例,还能为土壤补充各种植物生长必需的营养元素,满足作物生长的需要。芝麻饼肥是芝麻取油后剩余物质经过加工得到的肥料,是一种营养全面的有机肥,可以增加土壤碳氮含量,提供多种营养物质。研究发现,施用芝麻饼肥的烟叶香气质纯净、香气量大、柔和、杂气小、余味舒适,感官质量较好。使用芝麻饼肥还可使烟草增产,增加经济效益,提高产值。有机肥与化肥配合施用,可以取长去短,充分发挥有机肥改良土壤、培肥地力、改善烟叶品质等效果。为探索基于当地主推有机肥种类的有机氮与无机氮适宜施用比例,本研究以常用的芝麻饼肥为基础,通过增加沼渣有机肥用量调节有机氮与无机氮施用比例,探究烟叶化学成分、香气物质、感官评吸质量、经济性状及土壤碳氮和微生物生物量碳氮等的变化,以明确不同施用有机肥比例对烟叶品质及土壤性质的影响,以期为南阳烟区施肥方式的改良提供理论依据(李耕等,2022)。

试验在南阳市内乡县灌涨镇进行,共设 6 个处理,T1 处理为对照,在每个处理施氮量一定的情况下(纯 N 按 52.5kg/hm² 计算),通过调整有机肥和化肥的施用量将一部分无机氮替换为有机氮,磷钾用量和对照保持一致。具体比例如表 2-43 所示。

表 2-43　试验处理设计

处理	有机氮:无机氮	芝麻饼肥用量 (kg/hm²)	沼渣有机肥用量 (kg/hm²)	C 含量 (kg/hm²)	N 含量 (kg/hm²)	P₂O₅ 含量 (kg/hm²)	K₂O 含量 (kg/hm²)
T1:纯化肥	0:10	0	0	0	52.5	46.5	188.25
T2:化肥+芝麻饼肥	1:9	240	0	150.0	52.5	46.5	188.25
T3:化肥+芝麻饼肥+沼渣有机肥	2:8	240	240	271.5	52.5	46.5	188.25
T4:化肥+芝麻饼肥+沼渣有机肥	3:7	240	480	393.0	52.5	46.5	188.25
T5:化肥+芝麻饼肥+沼渣有机肥	4:6	240	720	514.5	52.5	46.5	188.25
T6:化肥+芝麻饼肥+沼渣有机肥	5:5	240	960	636.0	52.5	46.5	188.25

2.9.1 有机无机氮配比对南阳烟区植烟土壤碳氮的影响

（1）植烟土壤总碳、总氮

由图 2-36 可知，施用沼渣有机肥和芝麻饼肥影响了土壤的总碳、总氮含量。随着生育期的推移，各处理的总碳、总氮含量有所下降，碳氮比有所提高，总氮含量后期下降较慢。在同一时期内，随着有机肥比例的增加，土壤总碳、碳氮比大致呈现上升的趋势，T6 处理达到最大值。与 T1 处理相比，配施有机肥的各处理总碳含量、碳氮比均有增加。各处理的碳氮比在移栽后各时期大致都高于 T1 处理。T6 处理相较于 T1 处理在移栽后 50 天、80 天、110 天、140 天总碳含量分别提高了 11.02%、10.13%、8.35%、9.56%，碳氮比分别提高了 10.64%、10.44%、10.53%、8.26%。

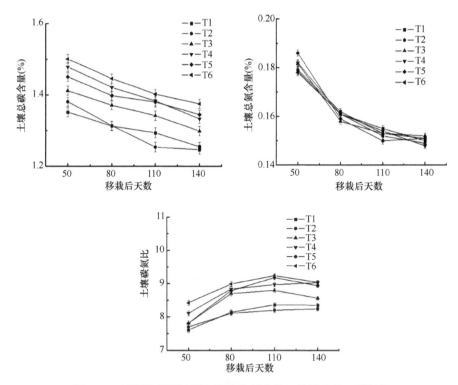

图 2-36　不同处理下植烟土壤的总碳含量、总氮含量、碳氮比

（2）植烟土壤有机碳

由图 2-37 可知，施用沼渣有机肥和芝麻饼肥提升了植烟土壤有机碳含量，随着移栽后天数的增加，各处理的土壤有机碳含量有所下降。在同一时期内，随着有机肥比例的增加，土壤有机碳含量大致呈现上升的趋势，T6 处理达到最大值。

与 T1 处理相比，施用沼渣有机肥和芝麻饼肥的各处理土壤有机碳含量增加，各处理的土壤有机碳含量在移栽后各时期基本都高于 T1 处理。T6 处理相较于 T1 处理在移栽后 50 天、80 天、110 天、140 天土壤有机碳含量分别提高了 10.75%、8.77%、8.85%、6.16%。

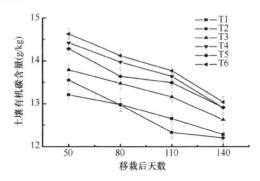

图 2-37　不同处理下植烟土壤的土壤有机碳含量

（3）植烟土壤微生物量碳

由图 2-38 可知，施用沼渣有机肥和芝麻饼肥提升了植烟土壤微生物生物量碳含量和微生物生物量氮含量，随着移栽后天数的增加，各处理土壤微生物生物量碳含量和微生物生物量氮含量有所下降。在同一时期内，随着有机肥比例的增加，土壤微生物生物量碳含量和微生物生物量氮含量大致呈现先增大后减小的趋势，T4 处理达到最大值。与 T1 处理相比，施用沼渣有机肥和芝麻饼肥的各处理土壤微生物生物量碳含量和微生物生物量氮含量均有所增加。各处理的土壤微生物生物量碳含量和微生物生物量氮含量在移栽后各时期均高于 T1 处理。T4 处理相较于 T1 处理在移栽后 50 天、80 天、110 天、140 天土壤微生物生物量碳含量分别提高了 32.29%、32.11%、23.40%、17.75%，土壤微生物生物量碳含量分别提高了 37.13%、35.66%、28.41%、16.80%。

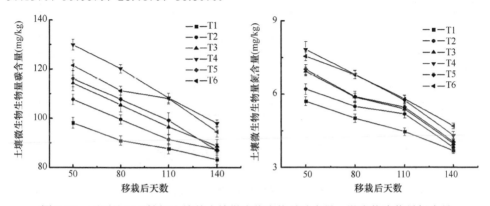

图 2-38　不同处理下植烟土壤的土壤微生物生物量碳含量、微生物生物量氮含量

2.9.2 有机无机氮配比对烟草上部叶经济性状的影响

从表 2-44 可以看出，施用沼渣有机肥和芝麻饼肥可以提高烟株上部叶经济效益，随着有机肥施用比例增加，均价、产值、中上等烟比例呈现先增大后减小的趋势。与 T1 处理相比，配施有机肥的处理在均价、产值、中上等烟比例等方面均有显著提高，其中 T4 处理的提升幅度最大，T4 处理的均价相对于 T1 处理提高了 21.31%，产值提高了 26.57%，中上等烟比例提高了 31.56%。

表 2-44　不同处理下烟草上部叶的经济性状

处理	均价（元/kg）	产量（kg/hm²）	产值（元/hm²）	中上等烟比例（%）	单叶重（g）
T1	24.78c	1537.65a	38 106.12d	62.89e	16.01a
T2	26.39d	1566.15a	41 327.15c	69.86cd	16.31a
T3	28.95a	1571.41a	45 487.51b	72.56bc	16.36a
T4	30.06a	1604.79a	48 232.22a	82.74a	16.71a
T5	28.78ab	1536.53a	44 209.65b	75.22b	15.99a
T6	26.83b	1544.46a	41 440.84c	68.42d	16.08a

2.9.3 有机无机氮配比对烟草上部叶物理性状的影响

从表 2-45 可以看出，施用沼渣有机肥和芝麻饼肥可以改善烟株上部叶物理性状，且部分处理达到显著水平，随着有机肥施用比例增加，叶长、叶宽、叶面积、单叶重、拉力等均呈现先增大后减小的趋势，叶厚一直减小。与 T1 处理相比，配施有机肥的处理在叶长、叶宽、单叶重、拉力等方面得到一定程度改善，其中 T4 处理的提升幅度最大，叶长、叶宽、叶面积、单叶重、拉力相较于 T1 处理分别提高了 9.23%、10.49%、9.77%、15.72%、47.85%。

表 2-45　不同处理下烟草上部叶的物理性状

处理	叶长(cm)	叶宽(cm)	叶面积(cm²)	单叶重(g)	含梗率(%)	叶厚(mm)	拉力（N）	平衡含水量(%)
T1	66.52c	25.54b	39.20c	17.62c	0.2422a	0.24a	3.03cd	18.05d
T2	68.34bc	26.56ab	40.49bc	18.34bc	0.2418a	0.21b	3.27b	23.28a
T3	69.60abc	27.10ab	41.27abc	19.24ab	0.2341a	0.20c	3.22bc	21.27b
T4	72.66a	28.22a	43.03a	20.39a	0.2337a	0.20c	4.48a	17.39d
T5	70.78ab	27.74a	42.09ab	18.66bc	0.2358a	0.17d	2.85d	16.29e
T6	68.26bc	26.40ab	40.35bc	18.34bc	0.2496a	0.15e	2.48e	19.88c

2.9.4 有机无机氮配比对烟草上部叶化学成分的影响

从表 2-46 可以看出，施用沼渣有机肥和芝麻饼肥可以改善烟株上部叶化学成分，提高糖碱比、淀粉和钾含量，且部分处理达到显著水平。随着有机肥施用比例增加，钾含量、钾氯比及淀粉含量均呈现先增大后减小的趋势，T4 处理的钾含量、钾氯比及淀粉含量均为最高，相较于 T1 处理分别提高了 50.79%、63.20%、31.91%。施用有机肥的处理与 T1 处理相比，糖碱比明显升高，烟碱含量有所降低。

表 2-46　不同处理下烟草上部叶的化学成分

处理	蛋白质 (%)	淀粉 (%)	还原糖 (%)	钾 (%)	氯 (%)	烟碱 (%)	总氮 (%)	总糖 (%)	钾氯比	糖碱比	氮碱比
T1	13.51	2.35	17.92	1.26	1.01	2.66	2.43	23.63	1.25	6.74	0.93
T2	11.96	2.60	17.78	1.62	1.11	2.61	2.50	23.80	1.45	6.81	0.96
T3	13.00	2.70	17.24	1.64	1.05	2.46	2.65	24.27	1.56	7.01	1.00
T4	12.56	3.10	18.03	1.90	0.93	2.14	2.45	25.36	2.04	8.43	1.14
T5	13.09	2.42	19.03	1.71	1.04	2.58	3.08	26.62	1.64	7.38	1.19
T6	12.27	2.30	18.45	1.48	1.04	2.42	2.63	24.85	1.43	7.62	1.18

2.9.5　有机无机氮配比对烟草上部叶香气成分的影响

从表 2-47 可以看出，施用沼渣有机肥和芝麻饼肥可以显著提高烟株上部叶香气物质含量，且部分处理达到显著水平，随着有机肥施用比例增加，香气物质总量呈现先增大后减小的趋势。与 T1 处理相比，配施有机肥的处理在香气质与香气量等方面均得到改善，T4 处理香气物质总量最多。T4 处理的非酶棕色化反应产物、类胡萝卜素降解产物、苯丙氨酸裂解产物、西柏烷类降解产物、叶绿素降解产物含量及香气物质总量相较于 T1 处理分别提升了 36.52%、48.57%、91.16%、12.11%、15.16%、19.92%。

表 2-47　不同处理下烟草上部叶的中性香气成分含量　　　　　（μg/g）

香气物质类型	中性致香成分	处理					
		T1	T2	T3	T4	T5	T6
非酶棕色化反应产物	糠醛	16.0274	18.7346	16.7497	19.1135	16.4330	17.0754
	糠醇	0.3070	1.2499	0.8745	3.5018	3.2194	2.5459
	2-乙酰基吡咯	—	0.1198	0.0873	—	0.4386	0.3959
	5-甲基糠醛	1.3659	1.7031	1.7694	1.4369	2.5736	2.0072
	3,4-二甲基-2,5-呋喃二酮	0.4227	0.9394	0.7959	1.5345	1.5313	1.1752
	2,6-壬二烯醛	1.1600	1.1115	0.8027	0.7394	0.5912	0.5953
类胡萝卜素降解产物	愈创木酚	2.1054	2.4184	2.6222	2.3506	2.1899	2.2497
	芳樟醇	0.6581	0.7653	0.6921	0.7231	0.9522	0.7970
	6-甲基-5-庚烯-2-醇	0.3898	0.6141	0.3831	0.2895	0.6646	0.5737
	异佛尔酮	0.1608	0.2469	0.2751	0.1747	0.2878	0.2303

续表

香气物质类型	中性致香成分	处理					
		T1	T2	T3	T4	T5	T6
类胡萝卜素降解产物	氧化异佛尔酮	0.1324	0.1665	0.1589	0.1096	0.1956	0.1351
	6-甲基-5-庚烯-2-酮	1.8265	2.0905	1.7079	1.9500	2.5524	1.7662
	藏花醛	0.1538	0.1754	0.1849	0.1469	0.2132	0.2035
	β-环柠檬醛	0.9968	1.0039	0.9878	0.8889	0.9999	1.0049
	β-大马酮	13.9386	15.3743	15.3376	13.7320	15.1700	15.2709
	β-二氢大马酮	6.9063	7.5280	8.5694	15.0280	12.8810	12.8149
	香叶基丙酮	4.3033	4.1320	3.8957	4.1415	5.0944	3.9685
	二氢猕猴桃内酯	3.0390	3.9764	3.3606	5.3688	3.7212	4.3703
	巨豆三烯酮 1	1.4031	1.5780	1.6568	2.3320	1.1937	1.5810
	巨豆三烯酮 2	5.8972	7.1971	7.6506	12.3636	8.8296	8.8591
	巨豆三烯酮 3	5.3276	6.3255	7.2390	7.3184	5.2951	5.7473
	3-羟基-β-二氢大马酮	1.1021	1.9091	2.1403	2.0559	2.3781	1.7159
	巨豆三烯酮 4	5.8927	8.3936	9.8347	12.2364	7.9265	9.8785
	螺岩兰草酮	0.8541	1.1117	1.0989	1.3206	1.4704	1.2304
	法尼基丙酮	6.3052	9.1315	8.4591	7.6519	15.664	14.2104
苯丙氨酸裂解产物	苯甲醛	0.9577	0.9331	1.0919	0.8201	1.6610	1.2002
	苯甲醇	6.2595	7.4315	7.7367	11.7778	8.7400	8.0624
	苯乙醇	1.2787	2.6984	2.5590	4.8682	3.4753	3.4746
	苯乙醛	5.7802	6.0013	7.0489	9.8824	6.6779	5.4144
西柏烷类降解产物	茄酮	34.8791	35.6262	37.6902	39.1017	36.5590	35.8392
叶绿素降解产物	新植二烯	679.769	703.458	716.906	787.899	738.62	737.465
	总量	809.60	854.15	870.37	970.86	908.20	901.86

2.9.6 有机无机氮配比对烟草上部叶感官评吸质量的影响

从表 2-48 可以看出,施用沼渣有机肥和芝麻饼肥可以提高烟株上部叶感官评吸质量,评吸得分随着有机肥施用比例增加呈现先增大后减小的趋势。与 T1 处理相比,配施有机肥的处理在香气质、香气量、烟气浓度、杂气、劲头、余味、燃烧性等方面均得到改善,其中 T4 处理的各项指标得分均为最高。T4 处理的香气质、香气量、烟气浓度、杂气、劲头、余味、燃烧性得分分别较 T1 处理提高了 13.33%、12.90%、11.67%、10.00%、8.33%、8.33%、7.14%。

表 2-48 不同处理下烟草上部叶感官评吸质量

处理	香气质	香气量	烟气浓度	杂气	劲头	刺激性	余味	燃烧性
T1	6.00	6.20	6.00	6.00	6.00	6.20	6.00	7.00
T2	6.30	6.30	6.20	6.30	6.20	6.30	6.10	7.00
T3	6.40	6.60	6.40	6.30	6.30	6.30	6.30	7.00
T4	6.80	7.00	6.70	6.60	6.50	6.50	6.50	7.50
T5	6.50	6.80	6.50	6.50	6.20	6.40	6.30	7.50
T6	6.30	6.40	6.20	6.10	6.00	6.40	6.10	7.00

2.9.7 小结

沼渣有机肥和芝麻饼肥营养成分全面，肥效持久，效果优良，成本低廉，来源广泛，是优秀的肥料和土壤改良剂。基于有机肥的种种优点，有关有机肥土壤改良的研究越来越多。本研究发现，施用沼渣有机肥和芝麻饼肥的处理相较于纯化肥处理，总碳含量、碳氮比均有所提高，说明施用沼渣有机肥和芝麻饼肥可以起到增碳固碳的作用。施用沼渣有机肥和芝麻饼肥的处理土壤有机碳含量与纯化肥处理相比有明显升高，可能是因为施用沼渣有机肥和芝麻饼肥后微生物活性增强，加速了土壤有机质的转化。施用沼渣有机肥和芝麻饼肥处理的微生物生物量碳氮含量高于纯化肥处理，并且提升了烟叶中钾含量和钾氯比，可能是因为施入沼渣有机肥后，增强了土壤微生物活性，活化了土壤中的钾离子。

有机肥肥效较为持久，有机肥与无机肥配施能够提高无机肥肥效，延缓氮素释放，增加叶片面积和重量，增强叶片柔韧度，降低叶片糖碱比。土壤有机质的增多有利于促进烟叶营养均衡，生理代谢协调，上部叶淀粉积累量增加。均衡的营养和协调的代谢是提升烟叶耐熟性与成熟度的重要基础，较高的淀粉积累量有利于提高烟叶耐熟性，并可通过延迟采收充分提升成熟度，促进香气物质的形成和积累。增施有机肥在一定的范围内能够有效提高烟叶的香气物质总量，但是过量施用会使烟叶成熟度降低，从而影响烤烟质量。本试验还发现，施用沼渣有机肥和芝麻饼肥能够增加烟叶的中性挥发性香气物质、色素降解产物含量，并且能够减少刺激性、杂气，提升香气质、香气量、烟气浓度、余味、燃烧性。施用沼渣有机肥和芝麻饼肥后上部叶的中上等烟比例、均价、产值等均有大幅提升，经济效益显著提高。

第3章 优质上部叶的化学成分特征和品种效应

浓香型烤烟产区上部叶发育期间光热充足，空间优势明显，且在打顶后为生长中心，营养充分，光合作用较强，碳氮代谢旺盛，物质含量丰富；在上部叶成熟期间，温度高有利于大分子香气前体物降解转化，因此优质浓香型上部叶具有高香气、高碱、高烟气浓度、高满足感等特点。质体色素和腺毛分泌物是烟叶重要的香气前体物，优质烟叶的形成不仅需要烟叶在生长发育过程中合成和积累较多的前体物，而且要求在成熟过程中这些前体物充分降解转化成具有挥发性的香气成分。近些年来，我们在豫中典型浓香型烤烟产区围绕优质浓香型烟叶化学成分和烟叶次生物质代谢开展了大量研究，明确了优质浓香型烟叶化学成分的组成、含量、分布特征，以及香气物质合成、积累、代谢、转化的特点。不同品种在碳氮代谢和次生代谢方面有显著差异，烟叶耐肥性和成熟特性也不尽相同，选择有利于上部叶发育、成熟和具有较高质量潜力的优良品种，是提升烟叶质量、彰显浓香型特色的重要措施。以下主要汇集了我们在国内核心期刊发表的相关研究结果。

3.1 豫中烤烟烟碱和总氮含量与中性香气成分含量的关系

摘要：在对浓香型烤烟产区 27 个上二棚烟叶样品分析测定的基础上，研究了烟碱和总氮含量与烟叶中性香气成分含量的关系。结果表明，烟叶烟碱和总氮含量与类胡萝卜素降解产物含量呈显著的二次曲线相关关系，在烟碱含量为 3.82%时类胡萝卜素降解产物香气物质总量最高，在烟碱含量为 1.28%~3.92%时，巨豆三烯酮 2、巨豆三烯酮 4、法尼基丙酮、二氢猕猴桃内酯和香叶基丙酮含量随烟碱含量的增高呈持续增加趋势。西柏烷类降解产物茄酮含量与烟碱和总氮含量也呈极显著的二次曲线相关关系，但茄酮含量最大值出现在烟碱含量为 2.62%、总氮含量为 2.77%时，此后显著下降。非酶棕色化反应产物仅个别成分与烟碱和总氮含量显著相关。苯丙氨酸裂解产物总量、新植二烯、挥发性中性香气物质总量与烟碱和总氮含量呈显著的二次曲线相关关系，在烟碱和总氮含量分别为 2.89%和 3.05%时挥发性中性香气物质总量出现最大值。

特色优质烟叶是烤烟生产发展的重要方向，浓香型特色烟叶是中式卷烟的核心原料，其中豫中地区是浓香型最为典型的烟区。烟叶风格的形成是生态因素、遗传因素和栽培因素共同作用的结果，其中生态因素决定了烟叶香气风格的类型和潜力，栽培因素决定了风格特色的显示度和彰显度。烟叶特色是烟叶内一系列与香气有关的多种化学成分含量和组成比例共同作用的结果，其中挥发性中性香气成分对烟叶香气品质有重要贡献。国外优质高香气烟叶一般表现为类胡萝卜素降解产物如巨豆三烯酮含量较高，而西柏烷类降解产生的茄酮含量相对较低。烟叶烟碱和总氮含量是烟叶内在质量与感官质量的主要影响因子，也是土壤氮素营养水平的直接反映，一般认为随着烟碱和总氮含量的提高，烟叶香气量增加，但烟碱和总氮含量过高，烟叶刺激性增强。目前对烟叶进行降焦减害十分重要，但卷烟中焦油含量降低的同时烟碱含量和烟叶香气会同步下降，这对烟叶中烟碱和香气物质的含量提出了新的要求。阐明烟碱和总氮含量与主要香气成分含量的关系，有利于明晰各类香气成分随烟碱和总氮含量变化的趋势与规律，便于调控烟叶烟碱含量，以提高目标香气成分的含量或协调各香气成分的比例。本研究通过对豫中浓香型烟叶产区同一品种相同部位烤后烟叶化学成分的分析测定，研究了中性香气成分含量与烟碱和总氮含量的关系，旨在丰富烟草香味学理论，并为生产上浓香型烟叶栽培技术制定提供理论依据（史宏志等，2009c）。

试验于 2007 年在河南许昌襄城县进行，取样地点共 27 个，土壤为褐土，品种均为中烟 100。为保证烟叶烟碱和总氮含量具有较大的变异性，不同取样点的土壤肥力和氮肥施用量具有差异性，土壤有机质含量为 1.0%～1.6%，每公顷施氮量为 42.0～67.5kg。在每个取样点选取调制后的上二棚烟叶进行化学成分和香气物质含量测定。

3.1.1　不同样品烟碱、总氮及挥发性中性香气成分含量的变异

27 个烟叶样品中烟碱含量为 1.28%～3.92%，总氮含量为 1.41%～4.05%（表 3-1）。采用气相色谱-质谱（GC/MS）共定性和定量了 25 种含量较为丰富的挥发性中性香气成分。按照与前体物的关系分类，类胡萝卜素降解产物包括 3 个巨豆三烯酮异构体、β-大马酮、二氢猕猴桃内酯、香叶基丙酮、3-羟基-β-二氢大马酮、3-氧化-α-紫罗兰醇、法尼基丙酮；西柏烷类降解产物主要为茄酮；苯丙氨酸裂解产物包括苯甲醛、苯甲醇、苯乙醛、苯乙醇；非酶棕色化反应产物包括糠醛、糠醇、乙酰基呋喃、5-甲基-2-糠醛、3,4-二甲基-2,5-呋喃二酮、2-乙酰基吡咯、吲哚等；叶绿素降解产物主要为新植二烯。在挥发性中性香气成分中新植二烯含量最为丰富，其变幅为 0.0114%～0.0323%，但新植二烯香气阈值较高，本身只具有微弱香气，在调制和陈化过程中可进一步降解转化为其他低分子量成分。类胡萝卜素降解产物也较丰富，在所测样品中的变幅为 0.0025%～0.0068%，其中以巨

豆三烯酮 2、巨豆三烯酮 4、β-大马酮、二氢猕猴桃内酯和法尼基丙酮含量较高，巨豆三烯酮是叶黄素的降解产物，对烟叶的香气有重要贡献，也是国外优质烟叶的显著特征。西柏烷类是烟叶腺毛分泌物的主要成分，其降解产生的挥发性香气成分茄酮含量总体上略低于类胡萝卜素降解产物，其变幅为 0.0019%～0.0053%。糖和氨基酸进行美拉德反应产生的香气成分（非酶棕色化反应产物）含量低于西柏烷类降解产物。苯丙氨酸裂解产物含量最低（表 3-1）。

表 3-1 不同烟叶样品烟碱、总氮及各类挥发性香气物质含量的变异性

成分	变幅（%）	平均值(%)	标准偏差	峰度系数	偏度系数	中值（%）	变异系数
烟碱	1.28～3.92	2.77	0.74	−0.62	−0.34	2.89	0.27
总氮	1.41～4.05	2.95	0.70	−0.40	−0.45	3.03	0.24
苯丙氨酸裂解产物	（3.01～8.31）E−04	6.00E−04	1.47	−0.61	−0.43	6.15E−04	0.24
非酶棕色化反应产物	（1.92～2.86）E−03	2.24E−03	2.32	0.76	0.84	2.19E−03	0.10
西柏烷类降解产物	（1.93～5.37）E−03	3.86E−03	9.24	−0.30	−0.62	4.07E−03	0.21
类胡萝卜素降解产物	（2.50～6.84）E−03	5.11E−03	12.25	0.01	−0.90	5.49E−03	0.21
新植二烯	（1.14～3.23）E−02	2.09E−02	56.30	−0.49	0.003	2.17E−02	0.27
挥发性中性香气物质总量	（1.89～4.62）E−02	3.28E−02	70.11	−0.50	−0.37	3.47E−02	0.21

3.1.2 烟碱含量与各香气成分含量的关系

将各样品烟碱含量与各香气成分含量进行回归分析，并对方程进行模拟寻优，得到烟碱含量与各香气成分含量的回归方程（表 3-2）。对回归方程求 R^2 值，并进行显著性检验。结果表明，类胡萝卜素降解产物巨豆三烯酮 1、巨豆三烯酮 2、巨豆三烯酮 4、β-大马酮、法尼基丙酮、二氢猕猴桃内酯、香叶基丙酮含量与烟碱含量均呈极显著的二次曲线相关关系，且具有最大值，即随着烟碱含量的增高，上述香气成分含量增加，当达到最大值后，香气成分含量又表现为下降。其中 β-大马酮、巨豆三烯酮 1 的最大值出现在所测样品的烟碱含量变幅内，分别在烟碱含量达到 3.08% 和 3.54% 时含量最高；巨豆三烯酮 2、巨豆三烯酮 4、法尼基丙酮、二氢猕猴桃内酯、香叶基丙酮的最大值均出现在所测样品烟碱含量变幅之外，即烟碱含量为 1.28%～3.92%，随着烟碱含量的增加，这些香气成分含量呈持续增加趋势。对类胡萝卜素降解产物总量与烟碱含量进行相关分析，表明二者呈显著的二次曲线相关关系，且在烟碱含量变幅内有最大值（图 3-1），出现在烟碱含量为

表 3-2　烟碱含量（x）与各香气成分含量（y）的相关分析

香气成分	回归方程	R^2	y 最大时的 x 值（%）
糠醛	$y=-0.4482x^2+2.0111x+13.798$	0.0644	2.24
糠醇	$y=-0.0633x^2-0.0001x+3.7079$	0.0851	0.00
2-乙酰基呋喃	$y=-0.028x^2+0.1686x+0.3562$	0.0690	3.01
5-甲基-2-糠醛	$y=1.0313x^{0.3912}$	0.2686**	—
苯甲醛	$y=-0.0791x^2+0.5536x+0.0282$	0.1679	3.50
6-甲基-5-庚烯-2-酮	$y=0.2485x^{0.4390}$	0.1560	—
3,4-二甲基-2,5-呋喃二酮	$y=0.1216x^{0.7187}$	0.1685	—
苯甲醇	$y=0.7086x^{0.9312}$	0.5861**	—
苯乙醛	$y=-0.6175x^2+3.3865x-2.1927$	0.1975	2.74
2-乙酰吡咯	$y=-0.0951x^2+0.6252x-0.2112$	0.1919	3.29
芳樟醇	$y=0.0254x^2-0.1745x+1.2774$	0.0227	—
苯乙醇	$y=0.4543x^{0.8253}$	0.3247**	—
吲哚	$y=-0.1082x^2+0.6129x-0.4172$	0.1548	2.83
4-乙烯基-2-甲氧基苯酚	$y=-0.0066x^2-0.00007x+0.1249$	0.1874	0.00
茄酮	$y=-12.788x^2+66.938x-41.862$	0.6660**	2.62
β-大马酮	$y=-2.8675x^2+17.691x-9.8084$	0.5649**	3.08
香叶基丙酮	$y=0.093x^2+0.3331x+0.7891$	0.6654**	—
二氢猕猴桃内酯	$y=-0.2009x^2+1.92x-0.7242$	0.7823**	4.78
巨豆三烯酮 1	$y=-0.182x^2+1.2888x-1.1307$	0.3731**	3.54
巨豆三烯酮 2	$y=-0.7697x^2+6.9802x-5.4032$	0.7727**	4.53
3-羟基-β-二氢大马酮	$y=-0.12x^2+0.7847x-0.118$	0.0491	3.30
巨豆三烯酮 4	$y=-0.9222x^2+7.5112x-6.8385$	0.6522**	4.10
3-氧化-α-紫罗兰醇	$y=-0.1067x^2+0.6103x+0.3367$	0.0121	2.86
新植二烯	$y=-49.104x^2+279.89x-163.07$	0.3257*	2.85
法尼基丙酮	$y=-0.5764x^2+6.3439x-0.9715$	0.4490**	5.50
挥发性中性香气物质总量	$y=-69.725x^2+402.79x-215.68$	0.4594*	2.89

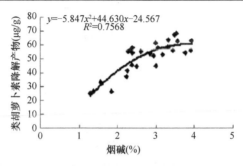

图 3-1　类胡萝卜素降解产物总量与烟碱含量关系

3.82%时，接近所测样品的最大烟碱含量，烟碱含量小于 2.5%时，类胡萝卜素降解产物含量较低。因此，适当提高烟碱含量，有利于促进类胡萝卜素降解产物的形成。

腺毛分泌物西柏烷类降解产物茄酮含量与烟碱含量呈极显著的二次曲线相关关系（表 3-2 和图 3-2）。在烟碱含量为 2.62%时，茄酮含量最高，此后随着烟碱含量的增加，茄酮含量显著下降，表明烟碱含量过低和过高均不利于茄酮含量的提高。

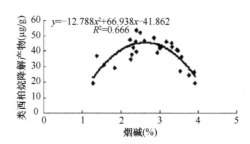

图 3-2 西柏烷降解产物总量与烟碱含量关系

在非酶棕色化反应产物中，除 5-甲基-2-糠醛含量与烟碱含量呈极显著指数关系外，其他香气成分含量与烟碱含量相关性均不显著，表明烟碱含量与这些香气成分含量无关。苯丙氨酸裂解产物苯甲醇和苯乙醇含量与烟碱含量呈极显著的指数关系，随着烟碱含量的增加，这两种香气成分含量呈指数增长；苯甲醛和苯乙醛含量与烟碱含量没有显著相关性；苯丙氨酸裂解产物总量与烟碱含量呈显著的二次曲线相关关系，且在烟碱含量达到 3.10%时出现最大值。新植二烯含量与烟碱含量呈显著的二次曲线相关关系，在烟碱含量为 2.85%时出现最大值。挥发性中性香气物质总量与烟碱含量也呈显著的曲线相关关系（表 3-3 和图 3-3），在烟碱含量达到 2.89%时，挥发性中性香气物质总量最高。

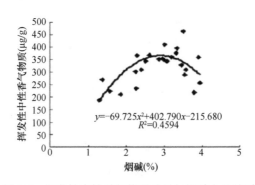

图 3-3 挥发性中性香气物质总量与烟碱含量关系

3.1.3　总氮含量与各香气成分含量的关系

将各样品总氮含量与各香气成分含量进行相关分析，得到烟叶总氮含量与各香气成分含量的回归方程及相关系数（表 3-3）。结果表明，类胡萝卜素降解产物巨豆三烯酮 1、巨豆三烯酮 2、巨豆三烯酮 4、β-大马酮、法尼基丙酮、二氢猕猴桃内酯、香叶基丙酮含量与总氮含量均呈极显著二次曲线相关关系，但除 β-大马酮最大值出现在总氮含量为 3.28% 时外，其余香气成分最大值均出现在所测样品的总氮含量变幅之外，表明在所测样品中，随着总氮含量的增加，这些香气成分含量呈持续增加趋势。对类胡萝卜素降解产物总量与总氮含量进行相关分析，表明二者呈显著的二次曲线相关关系（图 3-4），最大值出现在总氮含量为 4.37% 时，因此，烟叶总氮含量的增加，有利于促进类胡萝卜素降解产物的形成。

表 3-3　总氮含量（x）与各香气成分含量（y）的回归分析

香气成分	回归方程	R^2	y 最大时的 x 值（%）
糠醛	$y=-0.7084x^2+3.5136x+11.824$	0.1119	2.48
糠醇	$y=-0.1228x^2+0.3444x+3.2978$	0.0833	1.40
2-乙酰基呋喃	$y=-0.0352x^2+0.2212x+0.2646$	0.0899	3.14
5-甲基-2-糠醛	$y=0.9657x^{0.4275}$	0.2493*	—
苯甲醛	$y=-0.0906x^2+0.6452x-0.1593$	0.1634	3.56
6-甲基-5-庚烯-2-酮	$y=0.2211x^{0.5207}$	0.1705	
3,4-二甲基-2,5-呋喃二酮	$y=0.0989x^{0.8669}$	0.1905	
苯甲醇	$y=0.5681x^{1.0790}$	0.6114**	
苯乙醛	$y=-0.5938x^2+3.4294x-2.5482$	0.1566	2.89
2-乙酰吡咯	$y=-0.1092x^2+0.7469x-0.4610$	0.2149*	3.42
芳樟醇	$y=0.0137x^2-0.1114x+1.2052$	0.0133	
苯乙醇	$y=0.3915x^{0.9114}$	0.3077*	
吲哚	$y=-0.1140x^2+0.6807x-0.5686$	0.1495	2.99
4-乙烯基-2-甲氧基苯酚	$y=-0.0175x^2+0.0642x+0.0412$	0.1736	1.83
茄酮	$y=-13.741x^2+76.219x-60.160$	0.6576**	2.77
β-大马酮	$y=-2.643x^2+17.317x-11.166$	0.4689**	3.28
香叶基丙酮	$y=0.1530x^2+0.0098x+1.0456$	0.6562**	—
二氢猕猴桃内酯	$y=-0.2292x^2+2.1957x-1.4265$	0.7943**	4.79
巨豆三烯酮 1	$y=-0.1248x^2+1.0663x-1.0535$	0.3821**	4.27
巨豆三烯酮 2	$y=-0.5075x^2+5.8914x-5.0976$	0.7404**	5.80
3-羟基-β-二氢大马酮	$y=-0.1240x^2+0.8811x-0.3897$	0.0620	3.55
巨豆三烯酮 4	$y=-0.6599x^2+6.4194x-6.4741$	0.6022**	4.86
3-氧化-α-紫罗兰醇	$y=-0.1576x^2+0.9305x-0.1480$	0.0206	2.95
新植二烯	$y=-53.09x^2+317.47x-240.09$	0.3237*	2.99
法尼基丙酮	$y=-0.0869x^2+4.0030x+0.8721$	0.4483*	23.03
挥发性香气物质总量	$y=-73.80x^2+447.84x-316.01$	0.4434*	3.05

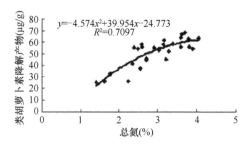

图 3-4　类胡萝卜素降解产物总量与总氮含量关系

　　腺毛分泌物西柏烷类的降解产物茄酮含量与总氮含量呈极显著的二次曲线相关关系（表 3-3 和图 3-5）。在总氮含量为 2.77%时，茄酮含量最高，随着总氮含量的进一步增加，茄酮含量显著下降。

　　在非酶棕色化反应产物中，除 2-乙酰基吡咯和 5-甲基-2-糠醛含量与总氮含量相关显著外，其他香气成分与总氮含量相关性均不显著。苯丙氨酸裂解产物苯甲醇和苯乙醇含量与总氮含量分别呈极显著和显著的指数关系，苯甲醛和苯乙醛含量与总氮含量没有显著相关性，苯丙氨酸裂解产物总量与总氮含量呈显著的二次曲线相关关系，且在总氮含量达到 3.28%时出现最大值。新植二烯含量与总氮含量的曲线相关性也达到了显著水平，在总氮含量为 2.99%时出现最大值。挥发性中性香气物质总量与总氮含量也呈显著的曲线相关关系，在总氮含量达到 3.05%时，挥发性中性香气物质总量出现最大值（表 3-3 和图 3-6）。

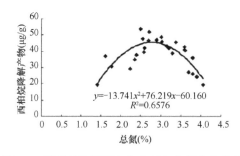

图 3-5　类西柏烷降解产物含量与总氮含量关系

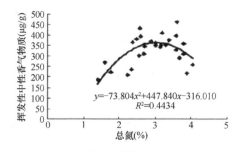

图 3-6　挥发性中性香气物质总量与总氮含量关系

3.1.4 小结

烟碱和总氮是烟叶的常规化学成分，与烟叶的内在质量和感官质量关系密切，二者与挥发性中性香气物质含量的关系相似。挥发性中性香气物质总量与烟碱和总氮含量呈极显著的二次曲线相关关系，但不同种类香气成分含量与烟碱和总氮含量的相关性及模型参数显著不同，类胡萝卜素降解产物含量最大值出现在较高的烟碱和总氮水平，说明较高的氮素营养水平有利于类胡萝卜素降解产物的形成。前期研究表明，随着施氮水平的提高，烟叶类胡萝卜素含量呈增加趋势，因此，充足的氮素营养条件不仅有利于烟碱和总氮的积累，还可以形成较多的类胡萝卜素香气前体物，这可能是烟叶在发育良好、营养充足情况下一般香气量较大的原因。茄酮是腺毛分泌物西柏烷类降解产物，其含量与烟碱和总氮含量也呈极显著的二次曲线相关关系，但最大值出现在烟碱和总氮含量相对较低时，与不同氮素营养条件下腺毛分泌物含量有关。腺毛分泌物多少取决于腺毛密度和单个腺毛的分泌能力，在氮素营养水平较低时，虽然叶片较小，但腺毛密度较大，而腺毛分泌能力较弱，当氮素营养超过一定水平时，虽然单个腺毛分泌能力较强，但叶片增大，腺毛密度减小，单位叶面积分泌物含量也较低。随着施氮水平的提高，腺毛分泌物西柏烷类含量降低。国外进口优质烟叶一般表现为叶面积较大，叶片较厚，单叶重较高，营养充分，发育良好，感官质量表现为香气量较大，香气成分中类胡萝卜素降解产物如巨豆三烯酮等含量显著高于国内烟叶，但茄酮含量偏低，与其氮素营养水平较高、烟碱等含氮化合物含量较高、叶片展开良好有关。因此，对于浓香型烟叶的生产来说，保证烟叶有充足的营养条件、促进烟叶开片良好十分重要。

本研究的主要结论如下：豫中烟叶挥发性中性香气物质总量与烟碱和总氮含量呈显著的二次曲线相关关系，随着烟碱和总氮含量的增高，挥发性中性香气物质总量呈现先增高后下降的趋势，但不同种类香气成分含量与烟碱和总氮含量的相关性及模型参数显著不同，大多数类胡萝卜素降解产物含量与烟碱和总氮含量呈显著的二次曲线相关关系，且香气成分含量最大值出现在较高的烟碱和总氮水平，在烟碱含量为 1.28%～3.92%时，许多重要的香气成分如巨豆三烯酮 2、巨豆三烯酮 4、法尼基丙酮、二氢猕猴桃内酯、香叶基内酮含量呈持续增加趋势。茄酮含量与烟碱和总氮含量也呈极显著的二次曲线相关关系，但最大值出现在烟碱和总氮含量相对较低时，随着烟碱含量的增高，茄酮含量呈极显著下降趋势。苯丙氨酸裂解产物总量、叶绿素降解产物新植二烯含量均分别与烟碱和总氮含量呈显著和极显著的二次曲线相关关系，但相关系数相对较低，非酶棕色化反应产物含量与烟碱和总氮含量没有显著相关性。

3.2 豫中烤烟中性香气成分含量的叶点分布

摘要： 以豫中烟区主栽品种中烟 100 中部叶为试验材料，研究了叶片不同位点香气成分含量的分布，为在生产上采取有效措施调控叶片生长、促进优质烟叶生产提供理论依据。结果表明，类胡萝卜素降解产物在叶中部含量最高，从主脉两侧向叶边缘逐渐降低，叶尖端含量最低；非酶棕色化反应产物含量与类胡萝卜素降解产物含量分布相反，叶尖端含量最高，叶中部含量最低；苯丙氨酸裂解产物含量在叶片的分布与生物碱在叶片的分布相似，均为从主脉两侧向叶边缘含量逐渐增加，叶基部含量最低，叶尖端含量最高；西柏烷类降解产物在叶基部含量较高，其他位点差异较小；新植二烯含量在叶中部较高，在叶基部及叶边缘含量较低。

香气是烟草品质的核心，烟叶的香气量、香气质和香型风格是烟叶中多种香气成分组成比例、种类、含量相互作用的结果。烟叶香气物质含量受生态、品种和栽培因素的综合影响，不同地区烟叶香气物质含量的差异多有报道，同一地区不同品种香气物质组成和含量有较大差异，同一烟株不同部位烟叶香气物质含量也表现迥异，但不同叶点香气物质含量的分布尚不清楚。由于不同叶点发育程度、组织结构、营养分配等不同，叶片香气品质具有不均等性，研究香气物质含量的叶点间变化有利于深入认识烟叶香气品质的形成规律和变异特点。笔者以豫中烟区烤烟中部叶为材料，研究了不同叶点类胡萝卜素降解产物、非酶棕色化反应产物、苯丙氨酸裂解产物、西柏烷类降解产物和叶绿素类降解产物含量的分布，为进一步丰富烟草香味学理论和在生产上采取有效措施调控叶片生长、促进优质烟叶生产提供理论依据（邸慧慧等，2010b）。

试验于 2008 年在河南许昌襄城县进行，采用大田试验方式，品种为当地主栽品种中烟 100，集中漂浮育苗。试验地土壤质地为壤土，地势平坦，地力水平中等。烟苗于 5 月 1 日移栽，6 月 25 日打顶，9 月 10 日采收结束。基肥采用条施，复合肥、高效钾、饼肥施用量分别为 20kg/667m^2、25kg/667m^2、15kg/667m^2，重过磷酸钙施用量 15kg/667m^2；移栽时穴施 5kg/667m^2 复合肥。其他田间管理与当地大田水平一致。

选取叶片完整、大小相似、等级为 C3F（中橘三）的烟叶 2kg，每片叶先以主脉为界分为两半，每半叶横向平均分为 3 部分自主脉向外分别标记为 1，2，3；纵向分别分为 9 个、7 个、5 个点自叶基部向叶尖依次标记为 1，2，3…，共分为 21 个近似正方形的部分，每片叶分为 42 个位点。将不同叶片相同位点的叶组织混合，在 50℃条件下烘干粉碎，过 60 目筛，用于香气成分含量测定。

3.2.1　不同叶点类胡萝卜素降解产物总量的分布

本试验共检测出 13 种类胡萝卜素降解产物，包括 4 个巨豆三烯酮异构体、芳樟醇、氧化异佛尔酮、β-大马酮、二氢猕猴桃内酯、香叶基丙酮、3-羟基-β-二氢大马酮、3-氧化-α-紫罗兰醇、螺岩兰草酮、法尼基丙酮。由图 3-7 可以看出，类胡萝卜素降解产物总量在叶基部与叶尖端较低，叶中部较高；从主脉两侧向叶边缘总量逐渐降低；叶中部靠近主脉叶点总量最高，叶尖端总量最低。

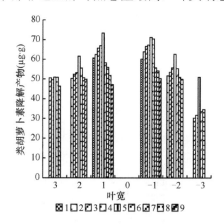

图 3-7　不同叶点类胡萝卜素降解产物总量的分布

横坐标 0 为主脉，自内向外分别标记为 1，2，3（左半叶）和-1，-2，-3（右半叶）；图例 1~9 为纵向分段自叶基向上序号增大，下同

3.2.2　不同叶点非酶棕色化反应产物总量的分布

烟叶在调制、陈化过程中氨基酸和糖类可以发生美拉德反应（非酶棕色化反应）而产生糖-氨基酸复合物（非酶棕色化反应产物），又称阿美杜里（Amadori）复合物。烟叶醇化后的坚果香、甜香、爆米花香等优质香气与这些化合物有很大关系。如图 3-8 所示，非酶棕色化反应产物总量在叶中部最低，并且从主脉

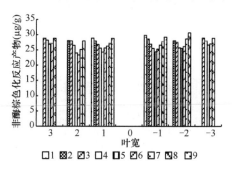

图 3-8　不同叶点非酶棕色化反应产物总量的分布

两侧向叶边缘逐渐增加；叶基部与叶尖端总量较高，整个叶片不同位点间总量差异较小。

3.2.3 不同叶点苯丙氨酸裂解产物总量的分布

苯丙氨酸裂解产物包括苯甲醛、苯甲醇、苯乙醛、苯乙醇，其中苯甲醇、苯乙醇是烟叶重要的香气物质。由图 3-9 可以看出，苯丙氨酸裂解产物总量在叶片的不同位点差异较大且呈现明显的变化规律，从叶基部到叶尖端逐渐增加；由主脉两侧向叶边缘总量逐渐增加；叶基部总量最低，叶尖端最高。其分布规律与生物碱的分布规律基本一致。

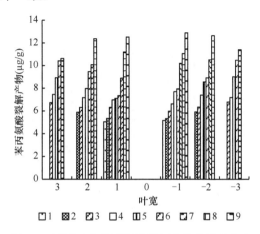

图 3-9　不同叶点苯丙氨酸裂解产物总量的分布

3.2.4 不同叶点西柏烷类降解产物含量的分布

西柏烷类降解产物主要为茄酮。如图 3-10 所示，在靠近主脉的叶基部，茄酮含量显著高于其他部位，且由叶基部向叶尖端逐渐降低；由主脉两侧向叶边缘茄酮含量逐渐降低；除叶基部茄酮含量显著较高外，其他各叶点在纵向上差异较小。

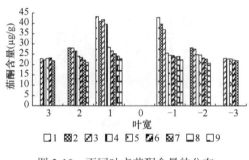

图 3-10　不同叶点茄酮含量的分布

3.2.5 不同叶点叶绿素降解产物含量的分布

由图 3-11 可以看出，新植二烯在叶中部含量较高，在叶基部和叶边缘较低。叶绿素降解产物主要为新植二烯，在挥发性中性香气成分中新植二烯含量最为丰富。在烟叶成熟和调制过程中，叶绿素降解产生叶绿醇，一部分脱水转变为新植二烯，是烟草挥发物中性香气物质中含量最大的成分，这种萜烯类化合物不仅本身具有一定的香气，而且可在醇化过程中进一步分解转化为低分子量的香气物质。新植二烯进一步降解产生的产物能增加烤烟香气，其降解产物具有强烈的清香气，但刺激性也较强。新植二烯具有携带烟叶挥发性香气物质进入烟气的能力，是烟叶的重要致香剂。

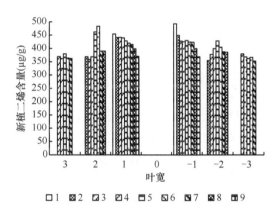

图 3-11　不同叶点新植二烯含量的分布

3.2.6 小结

烤烟叶片的外观特征与内在化学成分具有密切的相关性，探索烤烟叶片不同位点中性香气成分含量，并以此为依据在生产上采取措施调控叶片定向生长、培育优质烟叶具有一定意义。本研究表明，烟叶中性香气成分含量在叶片的不同部位存在差异，且不同种类呈现不同的分布规律。类胡萝卜素降解产物在叶中部总量最高，从主脉两侧向叶边缘逐渐降低，叶尖端最低；非酶棕色化反应产物总量与类胡萝卜素降解产物总量分布相反，叶尖端最高；苯丙氨酸裂解产物总量在叶片的分布与生物碱在叶片的分布相似，均为从主脉两侧向叶片边缘逐渐增加，叶基部最低，叶尖端最高；西柏烷类降解产物在叶基部含量较高，其他位点差异较小；新植二烯含量在叶中部较高，在叶基部及叶边缘含量较低。

不同叶点间香气物质含量分布的差异与叶片特有的生理、发育和营养状态直接有关，叶尖端和边缘有利于生物碱与含氮物质的积累，因此苯丙氨酸裂解产物和氮杂环香气物质含量较高，叶中部色素合成和积累丰富，质体色素裂解产物含量较高。

3.3 浓香型烤烟不同叶点生物碱含量的分布

摘要：生物碱的组成和含量与烟叶香气品质密切相关，不同叶点由于发育状况不同生物碱含量有一定差异。以豫中浓香型烤烟产区主栽品种中烟100中部叶为试验材料，研究了不同叶点生物碱含量的分布，以阐明浓香型风格烟叶的化学成分组成和分布特点，为在生产上采取有效措施调控叶片生长、促进优质浓香型烟叶生产提供理论依据。结果表明：烟碱、降烟碱、假木贼碱和新烟草碱含量从叶基部到叶尖端均逐渐增加，从主脉两侧向叶边缘也呈增加趋势，以近尖端的边缘部位含量最高，基部近主脉处最低，烟碱含量最高点较最低点高41.32%。总生物碱中烟碱含量占94.18%，新烟草碱占2.94%，降烟碱占2.23%，假木贼碱占0.63%。

生物碱的组成和含量是反映烟叶质量的重要指标，直接影响烟草制品的生理强度、烟气特征和安全性。烟草栽培品种中主要有4种生物碱，即烟碱、降烟碱、新烟草碱和假木贼碱。其中烟碱含量最高，一般占总生物碱组分含量的90%以上。烟碱不仅是烟叶中特有的化学成分之一，而且是重要的品质衡量指标，优质烤烟一般要求烟碱含量适中，上部叶和中部叶烟碱含量分别以2.8%~3.5%和2.0%~2.8%为宜，其中浓香型烤烟适宜的烟碱含量高于清香型烟叶。烟碱含量过高，劲头较大，香气质变劣，刺激性较强；含量过低，则吃味平淡，香气量不足。烟叶生物碱含量受生态、遗传和栽培因素等的综合影响，同时与烟叶的外观性状有密切联系，不同部位和不同叶点由于发育状况不同，生物碱含量也有显著差异。白肋烟不同叶点生物碱含量差异明显。豫中烟区是中国浓香型烟叶的典型代表区域，关于浓香型烟叶不同叶点生物碱含量的分布目前尚无系统研究报道，笔者以豫中浓香型中部叶为材料，研究了不同叶点4种主要生物碱含量的分布，为进一步丰富烟草生物碱理论和在生产上采取有效措施调控叶片生长、促进优质浓香型烟叶生产提供理论依据（邸慧慧等，2009c）。

试验于2008年在中国浓香型烟叶主产区河南许昌襄城县进行，采用大田试验方式，品种为当地主栽品种中烟100，漂浮育苗，由襄城烟草分公司提供。试验地土壤质地为壤土，地势平坦，地力水平中等偏上。烟苗于4月15日移栽，7月10打顶，9月4日采收结束。基肥施用：条施复合肥15kg/667m²、高效钾25kg/667m²、饼肥20kg/667m²、重过磷酸钙15kg/667m²；移栽时穴施复合肥5kg/667m²；其他田间管理与当地大田水平一致。

　　不同叶点试验：烟叶等级为 C3F（中橘三），挑取叶片完整、大小相似的叶片 50 片，将每片叶分为 42 个位点，以主脉为分界线将叶片分为两部分，每部分纵向分为 9 点，横向分为 1～3 点，将不同叶片相同叶点的叶组织混合，用于生物碱含量测定。

3.3.1　不同叶点烟碱含量的分布

　　烟碱是烤烟中最重要的化学成分之一，中部叶烟碱含量占总生物碱含量的 94.18%。图 3-12 为烟碱含量在叶片不同位点的分布，从叶基部至叶尖端烟碱含量逐渐增高；在横向上，从主脉至叶边缘烟碱含量逐渐升高。主脉的烟碱含量显著低于叶片，从叶基部到叶尖端也呈逐渐增加趋势，但增加量较小。叶片中烟碱含量最低点为叶基部靠近主脉两侧，最高点为叶尖端边缘，最高点较最低点平均高出 41.32%；叶片各部位烟碱含量平均值分别为：主脉 5.99mg/g，主脉两侧 28.49mg/g，叶中部 31.22mg/g，叶边缘 32.58mg/g，其中叶边缘较主脉两侧高出 14.36%，较叶中部高出 4.36%。

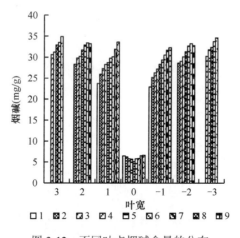

图 3-12　不同叶点烟碱含量的分布

3.3.2　不同叶点降烟碱含量的分布

　　研究结果表明，降烟碱含量占总生物碱含量的 2.23%。由图 3-13 可以看出，叶尖端降烟碱含量最高，为 0.81mg/g，叶基部降烟碱含量最低，为 0.54mg/g，叶尖端较叶基部高 0.27mg/g，恰为叶基部含量的一半；叶片各部位降烟碱含量平均值分别为：主脉 0.10mg/g，主脉两侧 0.70mg/g，叶中部 0.74mg/g，叶边缘 0.78mg/g，叶边缘较主脉两侧高 11.43%。中部叶降烟碱平均含量为 0.73mg/g。

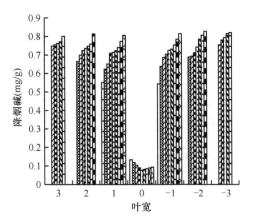

图 3-13　不同叶点降烟碱含量的分布

3.3.3　不同叶点假木贼碱含量的分布

假木贼碱为烟草叶片中含量最低的生物碱，仅占叶片总生物碱含量的 0.63%。由图 3-14 可以看出，叶基部与叶尖端差异十分明显，距叶基 7/9 处假木贼碱含量显著增加，叶尖端达到最高，最高值为 0.22mg/g，叶基部最低，为 0.16mg/g，最高值较最低值高 37.5%；叶片各部位假木贼碱含量平均分别为：主脉 0.05mg/g，主脉两侧 0.20mg/g，叶中部 0.20mg/g，叶边缘 0.22mg/g，叶边缘较主脉两侧高 10%，较叶中部高 10%。

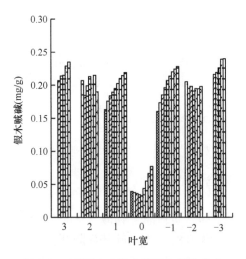

图 3-14　不同叶点假木贼碱含量的分布

3.3.4　不同叶点新烟草碱含量的分布

新烟草碱占总生物碱含量的 2.94%，新烟草碱含量在叶片的分布与烟碱含量分布呈正相关。由图 3-15 可以看出，新烟草碱在叶片各部位含量的差异较大，尤其从叶基部到叶尖端逐渐增加的趋势十分明显，叶基部含量平均为0.69mg/g，叶尖端含量平均为 1.03mg/g，较叶基部增加 49.27%；叶边缘新烟草碱含量平均为 1.01mg/g，叶脉两侧含量平均为 0.91mg/g，叶中部含量平均为0.96mg/g；叶片新烟草碱含量平均为 0.96mg/g，主脉含量平均为 0.12mg/g，为叶片含量的 12.50%。

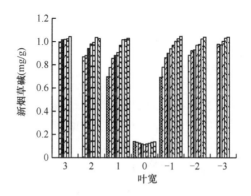

图 3-15　不同叶点新烟草碱含量的分布

3.3.5　小结

豫中烟区是中国浓香型烤烟的典型代表区域，在中式卷烟品牌建设中具有不可替代的重要作用（周冀衡等，2008）。烟叶浓香型风格程度与烟叶化学成分和外观特征有密切联系，探索烟叶性状与烟叶化学成分的关系对于确定优质浓香型烟叶的形态和物理性状指标，以及在生产上采取措施调控烟叶定向生长具有一定意义。研究表明，同一叶片的不同位点生物碱含量具有显著差异，生物碱含量从叶基部到叶尖端逐渐增加，从主脉两侧向叶边缘也呈逐渐增加趋势，以基部靠近主脉两侧含量最低，以叶尖端边缘含量最高，烟碱、降烟碱、假木贼碱和新烟草碱具有相似的变化趋势。生物碱在烤烟不同叶点的分布规律与在白肋烟不同叶点的分布相似，但最高值和最低值相差较小，白肋烟同一叶片烟碱最高含量和最低含量相差 2～3 倍，而烤烟的烟碱含量最高值接近为最低值的 1.5 倍。这与不同烟草类型生长发育状况和采收及调制方式不同有关。

3.4 豫中烟区不同叶位和成熟度烟叶化学成分的区域分布

摘要：以烤烟品种中烟 100 为材料，研究了烟株不同部位和不同成熟度叶片常规化学成分含量在不同区域的分布规律。结果表明：总氮、烟碱、还原糖含量在叶尖端、叶边缘较高，在叶基部最低；糖碱比在叶中部、叶边缘较高，在叶尖端最低；钾含量在上二棚以下各部位烟叶中由叶基部向叶尖端逐渐降低；常规化学物质含量在下二棚叶片各区域间的变异性较大，总氮含量和糖碱比在顶叶各区域间的变异系数最小，而还原糖含量在腰叶各区域间的变异系数最小；随着烟叶成熟度的提高，总氮、钾含量逐渐降低，而烟碱、还原糖含量和糖碱比逐渐升高；钾、还原糖含量在尚熟叶片中变异性较小，烟碱、总氮含量在完熟叶片中变异性较小。

烤烟中的常规化学成分包括还原糖、烟碱、总氮、淀粉等。化学成分含量与烟叶品质密切相关。在不同的烤烟品种之间，烟叶内在化学成分含量均存在显著差异。同一株烤烟不同部位烟叶和不同成熟度烟叶化学成分和感官质量也表现迥异。长期以来，国内外学者对不同等级、不同成熟度烟叶的常规化学物质含量差异进行了研究，但有关不同部位和不同成熟度烟叶不同区域化学物质含量、分布规律及差异性的研究鲜有报道。同一株烤烟不同部位烟叶所接受的光照条件不同，叶片不同区域的外观特征、内在化学成分含量也存在较大差异，从而对烟叶的精细加工、特色彰显和卷烟配方的配伍性都产生较大影响。笔者选择河南中烟工业有限责任公司许昌襄城县原料基地优质烤烟标准烟株，系统分析了不同部位和不同成熟度烟叶不同区域常规化学物质的含量及分布规律，旨在为卷烟企业有效和充分利用烤烟叶片提供科学依据（李亚伟等，2016b）。

试验于 2012 年在许昌襄城县河南中烟工业有限责任公司特色烟基地单元进行。供试烤烟品种为中烟 100，施氮量为 30kg/hm^2，留叶数为 20 片（从底部到顶部以 1，2，3，…，20 依次编号），行株距为 1.20m×0.55m，其他栽培管理措施及病虫害防治均按照当地优质烟生产技术方案要求。

选择标准优质烟株 60 株，每 20 株为 1 个重复。分 4 个部位进行取样，分别为顶叶（17～20 叶位）、上二棚（13～16 叶位）、腰叶（9～12 叶位）、下二棚（5～8 叶位），均达到工艺成熟时采收。其中上二棚又分为 3 个成熟度采收，分别为工艺成熟前 7 天采收、工艺成熟期采收和工艺成熟后 7 天采收。编竿后采用三段式烘烤工艺进行调制，之后取样分析。

每个处理分别选取叶片完整、大小相似的优质烟叶 40 片，每片叶先以主脉为界分为两半，每半叶沿垂直于主脉方向平均分为 5 部分（从叶尖端到叶基部分别编号为 1、2、3、4、5）；另半叶沿与主脉平行方向分为 3 部分（从叶边缘到主脉分别编号为 a、b、c）。将不同叶片相同位点的叶组织混合，在 50℃ 条件下烘干粉碎，过 60 目筛，用于常规化学成分含量测定。

3.4.1　不同部位烟叶不同区域化学成分的差异

（1）烤烟叶片中还原糖含量纵向和横向的变化规律

由表 3-4 可以看出：还原糖含量在叶片各区域间的差异较大，尤其从叶基部到叶尖端增加趋势十分明显，腰叶的前半部（靠近叶尖端）含量最高；还原糖含量的横向分布表现为叶边缘较高，中间区域多偏低；下二棚叶片中还原糖含量在不同区域间变异性最大，腰叶中最小，说明腰叶接受光照更均匀，还原糖含量分布差异较小。

表 3-4　不同部位叶片中不同区域还原糖含量的分布

分布方向	区域	还原糖含量（%）			
		顶叶	上二棚	腰叶	下二棚
纵向分布	1	18.25	18.66	21.29	31.63
	2	17.24	20.97	22.12	31.93
	3	17.37	21.26	21.75	31.59
	4	16.25	20.28	20.91	30.44
	5	15.71	17.85	20.35	25.39
	平均值	16.96	19.80	21.28	30.20
	变异系数	0.06	0.08	0.03	0.09
横向分布	a	17.19	21.85	22.10	32.32
	b	17.15	20.63	21.45	31.80
	c	17.77	21.31	21.69	30.65
	平均值	17.37	21.26	21.75	31.59
	变异系数	0.02	0.03	0.02	0.03

（2）烤烟叶片中钾含量纵向和横向的变化规律

从表 3-5 可以看出：烤烟叶片中钾含量最高的区域随着叶位的上升由叶基部不断向上移动，从主脉到叶边缘含量多呈降低趋势；下二棚叶片中钾含量最低，且不同区域间变异性最大，钾含量分布最不均匀。

（3）烤烟叶片中烟碱含量纵向和横向的变化规律

由表 3-6 可知：烟碱含量从叶基部到叶尖端总体上呈增加趋势，且由主脉到叶边缘逐渐增加；顶叶中烟碱含量最高，不同区域间变异性最小，烟碱分布较均匀，而其他部位叶片中烟碱含量的变异性较大。

表 3-5 不同部位叶片中不同区域钾含量的分布

分布方向	区域	钾含量（%）			
		顶叶	上二棚	腰叶	下二棚
纵向分布	1	1.69	1.61	1.50	0.89
	2	1.80	1.63	1.62	0.92
	3	1.86	1.79	1.68	0.96
	4	1.71	1.78	1.72	1.10
	5	1.67	1.80	1.78	1.21
	平均值	1.75	1.72	1.66	1.02
	变异系数	0.05	0.05	0.06	0.13
横向分布	a	1.80	1.70	1.64	0.97
	b	1.82	1.72	1.70	0.89
	c	1.83	1.75	1.71	1.02
	平均值	1.82	1.72	1.68	0.96
	变异系数	0.01	0.01	0.02	0.07

表 3-6 不同部位叶片中不同区域烟碱含量的分布

分布方向	区域	烟碱含量（%）			
		顶叶	上二棚	腰叶	下二棚
纵向分布	1	3.42	3.00	1.71	1.57
	2	3.32	2.73	1.54	1.41
	3	3.09	2.37	1.44	1.37
	4	3.04	2.30	1.23	1.28
	5	3.01	2.23	1.19	1.13
	平均值	3.18	2.53	1.42	1.35
	变异系数	0.06	0.13	0.15	0.12
横向分布	a	3.52	2.67	1.58	1.48
	b	3.03	2.34	1.45	1.40
	c	2.73	2.09	1.29	1.24
	平均值	3.09	2.37	1.44	1.37
	变异系数	0.13	0.12	0.10	0.09

（4）烤烟叶片中总氮含量纵向和横向的变化规律

表 3-7 表明：烤烟叶片中总氮含量从叶基部到叶尖端总体上呈增加趋势，从主脉到叶边缘呈增加趋势，顶叶中以叶中部含量最高；腰叶总氮含量在不同区域间变异性较大，而在其他部位叶片中不同区域间总氮含量变异性较小，分布较均匀。

表 3-7　不同部位叶片中不同区域总氮含量的分布

分布方向	区域	总氮含量（%）			
		顶叶	上二棚	腰叶	下二棚
纵向分布	1	2.47	1.91	1.69	1.31
	2	2.55	1.92	1.67	1.32
	3	2.56	1.89	1.59	1.30
	4	2.55	1.87	1.57	1.26
	5	2.50	1.80	1.56	1.23
	平均值	2.53	1.88	1.62	1.28
	变异系数	0.02	0.03	0.04	0.03
横向分布	a	2.66	1.87	1.67	1.35
	b	2.59	1.82	1.59	1.31
	c	2.44	1.69	1.48	1.25
	平均值	2.56	1.79	1.58	1.30
	变异系数	0.04	0.05	0.06	0.04

（5）烤烟叶片中糖碱比纵向和横向的变化规律

表 3-8 表明：糖碱比纵向上总体表现为叶中部较高，并且从主脉到叶边缘逐渐降低。糖碱比在顶叶中最低，区域间变异性最小；下二棚叶片中糖碱比最高，纵向上是顶叶的 4.2 倍。

表 3-8　不同部位叶片中不同区域糖碱比的分布

分布方向	区域	糖碱比			
		顶叶	上二棚	腰叶	下二棚
纵向分布	1	5.34	6.22	12.45	20.15
	2	5.19	7.68	14.36	22.65
	3	5.62	8.97	15.10	23.06
	4	5.35	8.82	17.00	23.78
	5	5.22	8.00	17.10	22.47
	平均值	5.34	7.94	15.20	22.42
	变异系数	0.03	0.14	0.13	0.06
横向分布	a	4.88	8.18	13.99	21.84
	b	5.66	8.82	14.79	22.71
	c	6.51	10.20	16.81	24.72
	平均值	5.68	9.07	15.20	23.09
	变异系数	0.14	0.11	0.10	0.06

3.4.2 不同成熟度上二棚烟叶不同区域化学成分的差异

（1）还原糖含量纵向和横向的变化规律

如表 3-9 所示：还原糖含量随成熟度的提高而逐渐增加；还原糖含量在纵向上从叶基部到叶尖端逐渐增加，且以成熟叶差异较大，随着成熟度的增加，叶尖端还原糖含量增加幅度增大；还原糖含量在横向上从主脉到叶边缘逐渐增加，高成熟度烟叶间差异较小。

表 3-9　不同成熟度上二棚烟叶不同区域还原糖含量的分布

分布方向	区域	还原糖含量（%）		
		尚熟	成熟	完熟
纵向分布	1	18.41	20.66	21.62
	2	18.56	19.97	20.41
	3	17.66	19.26	20.31
	4	17.13	18.28	20.01
	5	16.78	17.85	19.78
	平均值	17.71	19.20	20.43
	变异系数	0.04	0.06	0.03
横向分布	a	17.92	19.45	20.45
	b	17.82	19.23	20.24
	c	17.23	18.91	20.21
	平均值	17.66	19.20	20.30
	变异系数	0.02	0.01	0.01

（2）钾含量纵向和横向的变化规律

钾含量随成熟进程的推进而逐渐降低，且不同区域间钾含量差异加大，成熟度高的烟叶叶尖端钾含量降幅较大。钾含量横向分布表现为自边叶边缘到主脉逐渐增加（表 3-10）。

表 3-10　不同成熟度上二棚烟叶不同区域钾含量的分布

分布方向	区域	钾含量（%）		
		尚熟	成熟	完熟
纵向分布	1	1.88	1.71	1.43
	2	1.86	1.73	1.53
	3	1.87	1.81	1.56
	4	1.86	1.90	1.62
	5	1.88	1.80	1.67
	平均值	1.87	1.79	1.56
	变异系数	0.01	0.04	0.06

分布方向	区域	钾含量（%）		
		尚熟	成熟	完熟
横向分布	a	1.84	1.75	1.60
	b	1.87	1.80	1.65
	c	1.90	1.85	1.68
	平均值	1.87	1.80	1.64
	变异系数	0.02	0.03	0.02

（3）烟碱含量纵向和横向的变化规律

烟碱含量随成熟进程的推进而逐渐增加，尚熟叶中烟碱含量显著低于成熟叶和完熟叶。烟碱含量从叶基部到叶尖端逐渐增加，且以尚熟叶中的差异较大；随着成熟度的增加，叶基部烟碱含量增加幅度增大，使纵向分布差异减小。烟碱含量横向分布表现为自叶边缘到主脉逐渐降低，高成熟度烟叶间差异有减小趋势（表 3-11）。

表 3-11　不同成熟度上二棚烟叶不同区域烟碱含量的分布

分布方向	区域	烟碱含量（%）		
		尚熟	成熟	完熟
纵向分布	1	2.92	2.90	2.89
	2	2.63	2.73	2.72
	3	2.31	2.37	2.51
	4	2.26	2.30	2.45
	5	2.18	2.23	2.51
	平均值	2.46	2.51	2.62
	变异系数	0.13	0.12	0.07
横向分布	a	2.61	2.67	2.80
	b	2.23	2.34	2.42
	c	2.03	2.09	2.32
	平均值	2.29	2.37	2.51
	变异系数	0.13	0.12	0.10

（4）总氮含量纵向和横向的变化规律

如表 3-12 所示，总氮含量随成熟进程的推进而逐渐降低。总氮含量在纵向上从叶基部到叶尖端总体上增加，且以尚熟叶中的差异较大；随着成熟度的增加，叶尖端总氮含量减小幅度降低，使纵向分布差异减小。总氮含量在横向上自叶边缘到主脉逐渐降低，高成熟度烟叶间差异较小。

表 3-12　不同成熟度上二棚烟叶不同区域总氮含量的分布

分布方向	区域	总氮含量（%）		
		尚熟	成熟	完熟
纵向分布	1	2.33	1.91	1.87
	2	2.26	2.02	1.86
	3	2.01	1.89	1.84
	4	1.98	1.87	1.83
	5	1.96	1.84	1.79
	平均值	2.11	1.91	1.84
	变异系数	0.08	0.04	0.02
横向分布	a	2.04	1.98	1.92
	b	2.04	1.99	1.80
	c	1.95	1.70	1.78
	平均值	2.01	1.89	1.83
	变异系数	0.03	0.09	0.04

（5）糖碱比纵向和横向的变化规律

如表 3-13 所示，糖碱比随成熟进程的推进而逐渐增加。在纵向上，叶片中间区域糖碱比较大，并且从主脉到叶边缘逐渐减小。尚熟叶中糖碱比在纵向上差异较大，随着成熟度的增加，叶片中间区域糖碱比增加幅度减小，使纵向分布差异减小。

表 3-13　不同成熟度上二棚烟叶不同区域糖碱比的分布

分布方向	区域	糖碱比		
		尚熟	成熟	完熟
纵向分布	1	6.30	7.12	7.48
	2	7.06	7.32	7.50
	3	7.65	8.13	8.09
	4	7.58	7.95	8.17
	5	7.70	8.00	7.88
	平均值	7.26	7.70	7.82
	变异系数	0.08	0.06	0.04
横向分布	a	6.87	7.28	7.30
	b	7.99	8.22	8.36
	c	8.49	9.05	8.71
	平均值	7.78	8.18	8.12
	变异系数	0.11	0.11	0.09

3.4.3　小结

不同部位烟叶不同区段化学成分含量有显著差异，对于卷烟企业根据不同部位和区段烤烟叶片特征特性进行原料精细加工和配方应用有重要意义。本研究分析表明：烤烟叶片中还原糖、总氮、烟碱含量在叶尖端、叶边缘较高，在主脉次之，在叶基部最低；糖碱比以叶中部最高，叶基部次之，叶尖端最低，其中主脉高于叶边缘；钾含量较高的区域一般在叶基部，而在叶尖端较低，以下部叶和完熟叶更为明显。此外，化学物质在不同部位烤烟叶片间的变异性有一定差异，如纵向上还原糖、钾在下二棚叶中的变异系数最大，钾、烟碱、总氮含量和糖碱比在顶叶中的变异系数最小，还原糖含量在腰叶中的变异系数最小。烤烟叶片在田间生长发育过程中，光照时数和光照强弱会影响其物质积累，使同一叶片不同区域间化学物质含量存在差异。

烟叶质量的形成与烟叶的成熟度密切相关。研究表明，中上部烟叶总氮含量随成熟度的提高而下降，还原糖含量随成熟度的提高而上升。本研究发现，烟叶中总氮、钾含量随成熟进程的推进而逐渐降低；烟碱、还原糖含量和糖碱比随成熟进程的推进而逐渐增加；钾含量的分布差异随成熟度的增加而增大，烟碱含量的分布差异随成熟度的增加而减小。

3.5　豫中浓香型烟区新引烤烟品种特征特性研究

摘要：为筛选出适合豫中烟区生态条件并具有优质、适产、抗性好、浓香型特色突出优点的烤烟新品种，2009 年在平顶山烟区进行了 6 个品种的比较试验。对 6 个烤烟品种 NC297、NC102、KRK26、KRK28、NC89 和中烟 100 的生物学性状、经济性状、抗病性、外观品质及内在质量进行了研究分析。结果表明，①KRK26 和 KRK28 大田生育期、株高、茎围、叶数、节距明显高于其他品种，NC297 和 NC102 均与两对照的生物学性状相差不大。②烟叶产量以 KRK28 最高，产值和中上等烟比例均以中烟 100 最高，NC297 的产量、产值、中上等烟比例均优于对照 NC89。③NC297、KRK26、NC89 原烟外观品质最佳，化学成分协调性和感官评吸质量均以 NC297 与NC89 较佳。④新品种对普通花叶病、黑胫病的抗性均好于对照 NC89，KRK26 的综合抗病性表现最好，对照 NC89 最差。从各品种烟叶农艺性状、经济性状、内在质量和抗病性综合分析结果来看，品种 NC297 表现最好，可以在豫中烟区进一步示范验证。

烟叶产质量的形成主要受气候、品种及土壤、施肥、大田管理、成熟采收、烘烤等因素的制约，在相同的气候生态环境中，对烟叶品质形成起主导作用的是品种和配套栽培技术。品种不同其特性也不同，对生态因素即气候和土壤的要求也存在较大的差异，只有将品种特性和当地自然条件结合起来，才能发挥良种的增产、增效潜力。特色优质烟叶是烤烟生产发展的重要方向，浓香型特色烟叶是中式卷烟的核心原料，豫中地区是浓香型特色烟叶的典型代表区域，但品种单一、现有品种浓香型风格不突出等原因，造成烟叶浓香型风格弱化。因此，品种问题成为制约豫中地区优质特色烟叶生产的主要因素，积极筛选、研究、推广浓香型风格突出的优良品种，对于恢复、提高和彰显浓香型烟叶风格特色，打造优质浓香型烟叶品牌，促进中式卷烟品牌优质原料体系建设具有十分重要的意义。因此，为改善豫中烟区烤烟种植品种布局，提高烟叶产质量，不断满足工业企业对原料产品的需求，在豫中烟区进行了 2 个美国引进烤烟新品种和 2 个津巴布韦引进烤烟新品种的小区对比、生态适应性及生产示范研究。利用严谨的科学试验手段、行业鉴定规范与科学的数据处理及分析方法相结合，期筛选出兼顾农业和卷烟工业需求的烤烟新品种（顾少龙等，2011b）。

试验于 2009 年在平顶山市郏县白庙乡杨洼村进行，选择土壤肥力均匀、地面平整、排灌方便、肥力中上等的代表性烟田进行试验。土壤 pH 为 7.83，碱解氮、速效磷、速效钾、有机质含量分别为 87.08mg/kg、16.04mg/kg、104.67mg/kg 和 24.72g/kg。试验于 3 月 6 日播种，采用漂浮育苗，5 月 20 日移栽。采用随机区组设计，行株距为 120cm×50cm，其他栽培管理措施及病虫害防治均按照当地优质烟生产技术方案要求。

3.5.1　主要生育期表现

6 个品种的播种期均为 3 月 6 日，移栽期均为 5 月 20 日，其生育期差异明显，大田生育期最长的是 KRK28，为 135 天，较对照分别长了 12 天（NC89）和 15 天（中烟 100），大田生育期最短的是 NC297，为 119 天，较对照分别短了 4 天（NC89）和 1 天（中烟 100）。KRK26 和 KRK28 整个生育期均长于其他品种，表现出生育期长的特性（表 3-14）。

表 3-14　各参试品种主要生育期

品种	播种期 （月-日）	移栽期 （月-日）	现蕾期 （月-日）	始花期 （月-日）	底脚叶 成熟期 （月-日）	顶叶 成熟期 （月-日）	移栽至以下各期时间（天）			大田生育期 （天）
							现蕾期	始花期	底脚叶 成熟期	
NC297	03-06	05-20	07-19	07-23	08-17	09-16	60	64	89	119
NC102	03-06	05-20	07-20	07-24	08-18	09-18	61	65	90	121
KRK26	03-06	05-20	08-05	08-10	08-22	09-30	77	82	94	133
KRK28	03-06	05-20	08-10	08-15	08-23	10-02	82	87	95	135
NC89	03-06	05-20	07-22	07-26	08-20	09-20	63	67	92	123
中烟 100	03-06	05-20	07-23	07-27	08-19	09-17	64	68	91	120

3.5.2 形态特征及生长势

由表 3-15 可知,各品种株型均呈筒形,除 KRK28 叶型为宽椭圆形外,其他品种叶型均为长椭圆形。NC89 叶色较重,KRK26 和 KRK28 叶色较浅,NC297、NC102、中烟 100 叶色黄绿。KRK28 主脉较其他品种粗,各品种田间生长势差异明显,NC297、NC102 整个大田期生长势都表现为强,KRK26 和 KRK28 前期长势分别为弱和中,生长发育较慢,后期长势均为强。

表 3-15 各参试品种形态特征及生长势

品种	株型	叶型	叶色	茎叶角度	主脉粗细	田间整齐度	田间生长势	
							团棵期	旺长期
NC297	筒形	长椭圆形	黄绿	中	适中	整齐	强	强
NC102	筒形	长椭圆形	黄绿	中	适中	整齐	强	强
KRK26	筒形	长椭圆形	浅绿	中	适中	整齐	弱	强
KRK28	筒形	宽椭圆形	浅绿	中	粗	整齐	中	强
NC89	筒形	长椭圆形	深绿	中	适中	整齐	强	中
中烟 100	筒形	长椭圆形	黄绿	中	适中	整齐	中	强

3.5.3 主要农艺性状表现

从表 3-16 可看出,KRK26 和 KRK28 的株高、叶数、茎围、节距均明显高于对照,而 NC297、NC102 均与两对照差异不明显。从生育期和主要农艺性状可看出,KRK26 和 KRK28 是多叶型品种,其生育期长,从开花比较晚可看出其光合特性应为短日性。打顶后参试品种叶面积最大的是中烟 100,最小的是 NC102。

表 3-16 各参试品种主要农艺性状

品种	自然株高 (cm)	打顶株高 (cm)	自然叶数	有效叶数	茎围 (cm)	节距 (cm)	最大叶长 (cm)	最大叶宽 (cm)	最大叶面积 (cm²)
NC297	156.7	97.3	32.6	22	7.64	3.32	74.40	33.05	1560.18
NC102	149.7	91.4	34.8	22	7.96	2.63	70.23	30.38	1353.76
KRK26	222.6	148.9	41.0	30	8.26	4.48	73.43	35.47	1652.59
KRK28	230.4	161.1	40.0	31	9.16	4.91	65.48	40.83	1696.37
NC89	159.6	92.4	31.6	22	7.48	3.93	74.10	33.45	1572.70
中烟 100	163.4	89.0	32.4	22	8.44	3.99	71.40	37.80	1712.46

3.5.4 经济性状的方差分析与多重比较

对各参试品种的产量、产值、上等烟比例等经济指标进行方差分析和多重比较表明：各品种之间经济性状差异明显（表3-17），产量表现为 KRK28>KRK26>中烟 100>NC297>NC89>NC102，KRK26、KRK28、中烟 100 产量与 NC89、NC297、NC102 差异均分别达到显著水平，NC297 与 NC102 差异显著，其他品种两两之间差异均不显著；产值表现为中烟 100>KRK26>NC297>NC102>NC89>KRK28，KRK26、中烟 100 产值与其他品种差异均显著，NC297 与 NC102、NC89 差异均显著；均价表现为中烟 100>NC297>KRK26>NC102>NC89>KRK28；上等烟比例表现为中烟 100>NC297>KRK26>NC102>NC89>KRK28；中上等烟比例表现为中烟 100>NC297>NC102>KRK26>NC89>KRK28。中烟 100 的产值、均价、上等烟比例、中上等烟比例最高。通过对上述 5 项经济性状指标的综合分析认为，除 KRK28 表现较差外，品种 NC102 与对照 NC89 相当，NC297 和 KRK26 的综合表现较为理想。

表 3-17　各参试品种主要经济性状

品种	产量（kg/hm^2）	产值（元/hm^2）	均价（元/kg）	上等烟比例（%）	中上等烟比例（%）
NC297	2296.8b	35 141.0b	15.3	41.0ab	90.7a
NC102	2204.3c	31 741.9c	14.4	36.4c	80.7b
KRK26	2707.0a	41 146.4a	15.2	39.1b	80.5b
KRK28	2725.0a	30 792.5c	11.3	19.0d	53.1c
NC89	2248.5bc	31 479.0c	14.0	35.6c	79.4b
中烟 100	2667.5a	41 613.0a	15.6	42.2a	91.9a

3.5.5　原烟外观品质

从表3-18可以看出各参试品种 C3F 样品的烟叶外观质量：NC297、KRK26、NC89 的油分充足，NC102、KRK28 次之，中烟 100 最少；NC297、NC102、KRK26、NC89 的叶片厚度适中，KRK28 和中烟 100 稍厚；从光泽上看，NC297、KRK26、NC89 为强，其余品种为中；除中烟 100 叶片结构尚疏松外，其他品种叶片结构均为疏松。综合外观质量分析结果，NC297、KRK26、NC89 原烟外观品质较佳，叶片成熟均匀，颜色以橘黄为主，光泽度好，叶片结构疏松，油分较多。

表 3-18　各参试品种 C3F 样品原烟外观质量

品种	成熟度	颜色	光泽	油分	叶片结构	叶片厚度
NC297	成熟	橘黄	强	多	疏松	适中
NC102	成熟	橘黄	中	有	疏松	适中
KRK26	成熟	橘黄	强	多	疏松	适中
KRK28	成熟	橘黄	中	有	疏松	稍厚
NC89	成熟	橘黄	强	多	疏松	适中
中烟 100	成熟	橘黄	中	稍有	尚疏松	稍厚

3.5.6　烟叶主要化学成分

从表 3-19 可知，上部叶化学成分中，各品种总糖和还原糖含量均在适宜范围内；烟碱含量除 KRK28 大于 4% 外，其他品种都较适宜；总氮含量各品种都较为适宜；钾氯比以 NC89 最高，其余都小于 3；氮碱比以 NC89、中烟 100 较为适宜；糖碱比以 NC89 最为适宜。中部叶化学成分中：总糖含量以 NC102 最高，为 32.06%，其他品种都较适宜；烟碱含量以 KRK28 最高，为 3.82%；糖碱比以 NC89、中烟 100、NC297 较为适宜，均在 10 左右；NC89、中烟 100 的氮碱比较为适宜；钾氯比以 NC89 最高，为 3.33，以 KRK28 最低，为 1.30；从整体化学成分协调性看，NC89 最好，其次为中烟 100、NC297、KRK26。下部叶化学成分中：总糖和还原糖含量以 NC89 最高，分别为 29.46% 和 24.79%，KRK28 最低，分别为 20.46% 和 18.21%；烟碱含量除 NC102 和 KRK28 较高外，其他品种都较适宜；总氮含量各品种都较为适宜；钾氯比以 NC89 最高，达到 5.09，其他品种均较低；氮碱比以中烟 100 和 NC297 较适宜；糖碱比以 NC297 最适宜。

表 3-19　各参试品种烟叶化学成分

等级	品种	总糖(%)	还原糖(%)	烟碱(%)	氯(%)	钾(%)	总氮(%)	钾氯比	氮碱比	糖碱比
B2F	NC297	24.37	20.53	3.11	0.44	1.19	2.13	2.70	0.68	6.60
	NC102	20.86	19.23	3.51	0.47	0.77	2.27	1.64	0.65	5.48
	KRK26	24.24	22.13	3.72	0.54	1.17	2.23	2.17	0.60	5.95
	KRK28	19.80	18.52	4.43	0.65	1.55	2.73	2.38	0.62	4.18
	NC89	28.91	24.59	2.23	0.42	1.47	1.77	3.50	0.79	11.03
	中烟 100	24.45	23.08	3.18	0.61	1.79	2.58	2.93	0.81	7.26
C3F	NC297	29.11	25.75	2.96	0.52	1.06	1.73	2.04	0.58	8.70
	NC102	32.06	28.65	1.76	0.44	1.14	1.85	2.59	1.05	16.28
	KRK26	25.82	23.36	3.61	0.66	1.36	2.11	2.06	0.58	6.47
	KRK28	22.16	20.39	3.82	0.92	1.20	2.25	1.30	0.59	5.34
	NC89	28.86	24.05	2.40	0.45	1.50	1.77	3.33	0.74	10.02
	中烟 100	27.01	25.49	2.59	0.68	1.39	2.01	2.04	0.78	9.84
X2F	NC297	27.83	23.14	2.69	0.56	0.95	1.88	1.70	0.70	8.60
	NC102	22.09	20.26	3.40	0.45	0.77	1.95	1.71	0.57	5.96
	KRK26	22.35	19.77	2.95	0.86	0.91	1.82	1.06	0.62	6.70
	KRK28	20.46	18.21	3.63	0.67	1.24	2.32	1.85	0.64	5.02
	NC89	29.46	24.79	1.76	0.22	1.12	2.23	5.09	1.27	14.09
	中烟 100	23.38	21.91	2.79	0.71	1.19	2.13	1.68	0.76	7.85

3.5.7 烟叶感官评吸质量

对各参试品种 C3F 样品烟叶进行感官评吸质量评价。专家感官评价意见（表 3-20）为：NC297 烟气比较甜润、细腻，透发较好，烟气平衡。NC102 烟气流畅，烤甜香明显，烟气平衡，香气质好，香气量比较足。KRK26 香气质中等，烟气浓度略显不够，杂气、刺激性较强。KRK28 香气质较差，烟气干燥，刺激性强、杂气重，口腔有残留。NC89 香气质中等，较透发，烟气较细腻，烟气浓度较高，有杂气和刺激性。中烟 100 香气质较好，香气量中等，烟气平衡，不足在于烟气较粗糙，碱性刺激性强，口腔有残留。综合评吸总分以 NC297、NC102 较高，NC89、KRK28、中烟 100 次之，KRK26 的评吸总分最低。研究发现，NC102 和中烟 100 的香型风格为浓偏中，其他均表现为浓香型，说明烤烟的香型除与不同地区的生态条件有关外，还受品种等因素的影响。

表 3-20 各参试品种 C3F 样品烟叶感官评吸质量

品种	香型	香气质	香气量	烟气浓度	柔和度	余味	杂气	刺激性	劲头	燃烧性	灰色	综合得分	突出特点
NC297	浓香型	7.0	6.5	7.0	6.5	6.5	6.0	6.5	中	7.0	7.0	60.0	香气透发，香气量较足，烟气平衡
NC102	浓偏中	7.0	6.5	6.5	6.5	6.5	6.5	6.5	中−	7.0	7.0	60.0	烟气流畅，烤甜香明显
KRK26	浓香型	6.5	6.5	6.0	6.0	6.0	6.0	6.0	中+	7.0	5.0	55.0	香气质中等，香气量较足，烟气基本平衡
KRK28	浓香型	6.0	6.5	6.5	6.0	6.0	6.0	6.0	中	7.0	7.0	58.0	烟气干燥，杂气重
NC89	浓香型	7.0	6.5	6.5	6.5	6.5	6.5	6.0	中	7.0	7.0	59.5	香气较透发，烟气较细腻，略发干
中烟100	浓偏中	6.5	6.5	6.5	6.0	6.0	6.0	6.0	中	7.0	7.0	57.5	香气较好，烟气平衡，碱性刺激性强

3.5.8 对主要病害的抗性表现

田间自然发病率在一定程度上反映了品种的抗病能力。各品种抗病性比较结果见表 3-21。在参试品种中，综合抗性以 KRK26 为最好，对几种病害均表现为高抗；从烟草普通花叶病（TMV）、赤星病和气候斑点病的自然发病率、病情指数来看，新引试验品种的抗病性多超过了两对照品种。KRK28 对黑胫病的抗性较差。对照品种 NC89 的 TMV、黑胫病、赤星病和气候斑点病自然发病率、病情指数均最高，抗性较差。

表 3-21　各参试品种主要病害发生情况

品种	TMV		黑胫病		赤星病		气候斑点病	
	发病率(%)	病情指数	发病率(%)	病情指数	发病率(%)	病情指数	发病率(%)	病情指数
NC297	5.56	3.33	4.54	4.17	0.00	0.00	6.67	5.34
NC102	8.00	5.56	3.34	2.50	1.11	0.56	8.89	6.76
KRK26	3.33	0.83	1.11	0.00	0.00	0.00	10.01	6.67
KRK28	6.67	2.78	24.40	18.30	0.00	0.00	14.44	10.00
NC89	35.56	14.72	32.22	34.17	6.67	1.67	15.00	11.67
中烟 100	12.20	5.00	3.33	4.58	3.33	1.39	16.67	8.33

3.5.9　小结

本试验表明，NC297 在豫中烟区表现为苗床期出苗较快，大田期现蕾和开花早，大田生育期 119 天左右；烟株呈筒形，叶片长椭圆形，节距较小，有效叶数较少，大田长势强；抗黑胫病，感普通花叶病；烟叶产量、产值、均价和中上等烟比例低于对照中烟 100，高于对照 NC89；烟叶成熟特征明显，分层落黄快，易烘烤，原烟外观品质好；烟叶还原糖、糖碱比、烟碱含量适宜，钾含量较低，整体化学成分协调性好；评吸质量最好。

NC102 表现为苗床期出苗快，大田期现蕾和开花较早，大田生育期 121 天左右；烟株呈筒形，叶片长椭圆形，节距较小，有效叶数较少，最大叶面积较小，大田长势较强；抗黑胫病，感普通花叶病、气候斑点病；烟叶产值、均价和中上等烟比例低于对照中烟 100，高于对照 NC89，产量低于 NC89 但二者差异并不显著；不易烘烤，易挂灰，原烟外观品质较好；烟叶还原糖、糖碱比、烟碱含量适宜，钾含量较低；综合评吸质量好于对照中烟 100。

KRK26 和 KRK28 表现为苗床期出苗慢，大田期现蕾和开花较晚；烟株呈筒形，叶片长椭圆形，节距较大，有效叶数较多，苗期长势较弱，后期长势相对较强，大田生育期长；抗病性好；烟叶产量高于两对照，产值、均价和中上等烟比例相对较低；评吸质量较差。

综上所述，根据各品种生物学性状、经济性状、抗病性、外观品质及内在质量综合分析结果，以 NC297 表现最好，可以在豫中烟区进行示范验证。NC102、KRK26 和 KRK28 可继续试种或作为品种资源利用。

3.6 不同基因型烤烟化学成分与中性致香物质含量的差异性研究

摘要：以 9 个不同基因型烤烟品种为材料，在豫中地区对烤后烟叶常规化学成分和中性致香物质含量进行了研究。结果表明，常规化学成分在不同基因型间存在着广泛的变异，钾的变异最大；不同基因型间烟叶中性致香物质的种类基本相同，但含量有很大差异，中性致香物质总量由高到低依次为 KRK28、NC72、NC71、KRK26、NC102、NC297、CC402、NC89、中烟 100；不同基因型之间中性致香物质类群含量也有很大的差异，KRK28 的类胡萝卜素降解产物、非酶棕色化反应产物、苯丙氨酸裂解产物和新植二烯含量明显高于其他品种，品种 NC297 的西柏烷类降解产物含量最高，各类中性致香物质含量中性都以中烟 100 最低。

特色优质烟叶是烤烟生产发展的重要方向，优良品种是特色烟叶形成最重要的条件之一。不同品种由于遗传因素不同，在不同的生态环境和栽培条件作用下，在烟株的生长发育和烟叶的物理性状、化学成分、吸食品质与风格等方面，都有诸多的差异。遗传因素不同，烟株的生长发育、养分吸收及分配规律不同，叶片 C、N 代谢强度及代谢产物，化学成分的种类、数量与比例不同，进而形成不同质量风格的烟叶。由于基因型受生态因素和生产条件的影响较大，因此，只有将品种特性与各地生态条件结合起来，才能发挥优良品种的生产潜力，生产出符合卷烟工业所需的优质烟叶。烟叶化学成分是决定评吸质量和烟气特性等质量特性的内在因素。烟叶中主要化学成分的含量及其比值，在很大程度上决定了烟叶及其制品的烟气特性，因而直接影响烟叶品质的优劣。烟叶致香物质含量与其香气质量密切相关，通过分析烟叶致香物质含量，可以对烟叶质量进行比较客观准确的评价。烟草香气物质的形成是一种生理生化过程，这一过程受内部的遗传基因及外部的环境条件和调制、陈化等过程的综合影响。特定的生态条件是难以通过人为因素改变的，但通过筛选寻找适于本地区生态条件的种植品种是可以实现的。适宜的优良品种在特定地区种植可以表现出较高的商品价值和工业可用性。浓香型特色烟叶是中式卷烟的核心原料，豫中地区是浓香型特色烟叶的典型代表区域，但近年来由于品种退化、现有主栽品种中烟 100 浓香型风格不突出等，浓香型风格弱化。因此品种问题成为制约豫中地区优质特色烟叶生产的主要因素，积极筛选、研究、推广浓香型风格突出的优良品种，对于恢复、提高和彰显浓香型烟叶风格特色，打造优质浓香型烟叶品牌，促进中式卷烟品牌优质原料体系建设具有十分重要的意义。本试验选取 9 个不同基因型烤烟品种，对其烤后叶片化学成分和中性致香物质含量进行分析比较，旨在为豫中烟区烟叶生产选择适宜的栽培品种提供理论依据（顾少龙等，2011a）。

以 NC297、NC102、KRK26、KRK28、NC71、NC72、CC402、NC89、中烟100（ZY100）9 个烤烟品种为参试材料，其中 NC297、NC102、NC71、NC72、CC402 从美国引进，KRK26、KRK28 从津巴布韦引进。试验于 2009 年在平顶山市郏县茨芭镇吴洞村进行，选择土壤肥力均匀、地面平整、排灌方便、肥力中上等的代表性地块进行试验。试验地前茬为烤烟，土壤 pH 为 7.13、碱解氮含量为 66.09mg/kg、速效磷含量为 7.99mg/kg、速效钾含量为 153.56mg/kg、有机质含量为 20.80g/kg。施纯氮 52.5kg/hm^2，m（N）：m（P$_2$O$_5$）：m（K$_2$O）=1：2：3，各品种处理施肥和田间管理同常规措施。所用肥料为芝麻饼肥、烟草复合肥（10-12-18）、重过磷酸钙、硝酸钾。试验采用单因子完全随机区组设计，行株距为 120cm×50cm，单株留叶 20～22 片，其他栽培管理措施及病虫害防治均按照当地优质烟生产技术方案要求，采用三段式烘烤工艺进行调制。各品种样品取 B2F 和 C3F 两个等级进行分析。

3.6.1　不同基因型烤烟的常规化学成分含量分析

化学成分含量及其比值是评价烟叶内在质量的基础，也是烟叶香吃味质量的内在反映。对不同基因型烤烟化学成分的含量检测，结果表明，常规化学成分在品种间存在广泛的变异，见表 3-22。常规成分中钾含量的变异系数最大，说明钾含量稳定性最低，受遗传因素的影响最大；蛋白质的变异系数最小，说明其稳定

表 3-22　不同基因型烤烟 C3F 的化学成分含量

基因型	总糖（%）	还原糖（%）	总氮（%）	烟碱（%）	蛋白质（%）	钾（%）	氯（%）	氮碱比	糖碱比	钾氯比
NC297	260.81	221.59	25.20	38.97	47.23	10.87	2.07	0.65	5.69	5.25
NC102	207.85	187.91	27.80	41.64	58.81	8.60	1.72	0.67	4.51	5.00
KRK26	207.18	200.07	22.20	35.23	43.04	16.18	2.71	0.63	5.68	5.97
KRK28	210.98	182.20	31.30	31.99	43.62	14.54	1.98	0.98	5.70	7.34
NC71	244.68	202.48	25.20	37.72	49.79	8.29	1.55	0.67	5.37	5.35
NC72	273.88	232.98	24.90	33.46	53.43	8.15	2.06	0.74	6.96	3.96
CC402	275.53	239.05	22.10	33.40	47.04	6.69	2.35	0.66	7.16	2.85
NC89	282.79	248.26	22.10	30.94	43.76	9.08	1.62	0.71	8.02	5.60
中烟 100	339.92	283.86	20.90	24.08	42.65	8.24	1.66	0.87	11.79	4.96
平均值	255.96	222.04	24.63	34.16	47.71	10.07	1.97	0.73	6.76	5.14
标准差	39.82	32.66	3.31	5.13	5.48	3.22	0.38	0.12	2.17	1.26
变异系数(%)	15.16	14.71	13.44	15.02	11.49	31.98	19.29	16.42	32.08	24.50

性最好。不同基因型烤烟品种之间总糖、还原糖、总氮、烟碱、蛋白质、氯含量虽有所差异，但并不十分明显，其绝大多数化学成分含量在较适宜的范围之内。就单个成分而言，总糖含量的变化范围为210.98~339.92g/kg，还原糖为182.20~283.86g/kg，中烟100的总糖和还原糖含量均最高，KRK28的总糖和还原糖含量均最低；KRK28的总氮含量最高，NC102的烟碱和蛋白质含量均最高，中烟100的总氮、烟碱和蛋白质含量均最低，说明中烟100的烟气浓度和生理强度较其他品种小。就化学比值而言，基因型之间的差异较大，糖碱比的变异系数最大，KRK28和中烟100的氮碱比较为适宜；糖碱比以NC89最为适宜；除CC402和NC72以外，各基因型的钾氯比都大于4。

3.6.2 不同基因型烤烟的中性致香物质含量分析

香气是构成烟叶风格特色和质量特征的核心内容，但香气物质成分非常复杂，有些香气物质含量很少，却对烟叶香气质量贡献很大。对不同基因型烤烟中性致香物质的定量分析结果表明，在检测出的28种中性致香物质中，含量较高的组分有新植二烯、糠醛、茄酮、β-大马酮、香叶基丙酮等（表3-23）。不同基因型烤烟中所含中性致香物质的种类相同，但各中性致香物质含量有所差异。品种KRK28的中性致香物质β-大马酮、3-羟基-β-二氢大马酮、巨豆三烯酮4、螺岩兰草酮、法尼基丙酮、6-甲基-5-庚烯-2-酮、6-甲基-5-庚烯-2-醇、芳樟醇、糠醛、糠醇、5-甲基-2-糠醛、3,4-二甲基-2,5-呋喃二酮、2-乙酰基吡咯、苯甲醇、苯乙醛、苯乙醇、新植二烯17种含量都是最高的，茄酮以NC297含量最高，NC102的脱氢β-紫罗兰酮、苯甲醛含量均最高，KRK26的二氢猕猴桃内酯含量最高，NC72的香叶基丙酮、巨豆三烯酮2、巨豆三烯酮3含量均最高，CC402的氧化异佛尔酮、4-乙烯-2-甲氧基苯酚含量均最高，NC89的巨豆三烯酮1含量最高。不同基因型烤烟中性致香物质总量由高到低依次为KRK28、NC72、NC71、KRK26、NC102、NC297、CC402、NC89、中烟100，其中KRK28是中烟100的2.73倍，表明烟叶的中性致香物质含量与基因型密切相关。

表 3-23 不同基因型烤烟 C3F 的中性致香物质含量　　　　　　（μg/g）

	中性致香物质	NC297	NC102	KRK26	KRK28	NC71	NC72	CC402	NV89	中烟100
类胡萝卜素降解产物	β-大马酮	20.60	22.19	25.17	25.62	20.99	21.12	21.91	21.50	19.81
	香叶基丙酮	11.15	9.84	8.04	11.82	6.39	12.80	1.16	10.70	4.80
	二氢猕猴桃内酯	1.81	1.65	1.90	1.76	1.45	1.32	1.46	1.62	1.38
	脱氢-β-紫罗兰酮	0.22	0.24	0.15	0.16	0.13	0.13	0.16	0.22	0.19
	巨豆三烯酮 1	0.29	0.28	0.21	0.29	0.22	0.22	0.25	0.34	0.12
	巨豆三烯酮 2	0.30	0.25	0.35	0.42	0.28	0.43	0.31	0.27	0.25

中性致香物质		NC297	NC102	KRK26	KRK28	NC71	NC72	CC402	NV89	中烟 100
类胡萝卜素降解产物	巨豆三烯酮 3	0.97	0.91	0.77	0.99	0.92	1.05	0.59	1.04	0.27
	3-羟基-β-二氢大马酮	1.25	0.90	1.05	1.32	1.16	1.09	0.97	1.04	0.40
	巨豆三烯酮 4	1.48	0.73	1.30	2.35	1.28	1.31	0.84	1.13	0.45
	螺岩兰草酮	8.05	5.45	5.45	9.95	9.61	8.76	4.59	7.26	1.95
	法尼基丙酮	8.57	7.75	9.36	15.86	10.42	10.17	6.83	8.73	3.57
	6-甲基-5-庚烯-2-酮	2.75	2.09	1.71	3.52	2.71	2.28	0.95	2.00	0.41
	6-甲基-5-庚烯-2-醇	0.55	0.47	0.55	0.77	0.48	0.48	0.32	0.45	0.31
	芳樟醇	1.60	1.53	1.87	4.35	1.56	1.74	1.32	1.80	1.59
	氧化异佛尔酮	0.19	0.18	0.07	0.19	0.15	0.25	0.26	0.24	0.16
非酶棕色化反应产物	糠醛	18.60	17.86	13.87	21.86	16.15	19.61	15.62	18.68	9.45
	糠醇	1.85	1.09	1.68	6.65	2.15	2.01	1.13	3.23	0.36
	2-乙酰基呋喃	0.60	0.54	0.46	0.38	0.56	0.63	0.47	0.62	0.31
	5-甲基-2-糠醛	0.74	0.76	0.63	1.22	0.44	0.55	0.39	0.44	0.33
	3,4-二甲基-2,5-呋喃二酮	4.60	5.45	3.62	6.47	4.32	3.45	2.01	3.23	1.69
	2-乙酰基吡咯	0.36	0.23	0.26	0.57	0.49	0.40	0.25	0.27	0.13
苯丙氨酸裂解产物	苯甲醛	1.60	1.79	0.99	1.68	1.69	1.42	1.29	1.29	0.64
	苯甲醇	8.21	5.45	4.78	23.64	8.75	13.14	5.43	6.41	1.38
	苯乙醛	0.63	0.37	0.39	0.92	0.76	0.79	0.46	0.55	0.11
	苯乙醇	2.02	1.57	2.07	13.33	2.13	3.33	1.28	1.66	0.31
西柏烷类降解产物	4-乙烯-2-甲氧基苯酚	0.11	0.12	0.12	0.15	0.17	0.14	0.30	0.16	0.27
	茄酮	151.36	124.31	108.78	133.90	127.83	125.99	79.69	108.79	59.04
叶绿素降解产物	新植二烯	713.23	756.80	825.02	1280.00	874.47	893.14	752.38	658.96	465.62
	总量	963.69	970.80	1020.62	1570.14	1097.76	1127.75	902.62	862.63	575.30

3.6.3　不同基因型烤烟的中性致香物质分类分析

　　烟叶中化学成分众多，不同中性致香物质具有不同的化学结构和性质，对烟叶香气的质、量、型有不同的贡献。为便于分析不同基因型烤烟中性致香物质含量的差异，对所测定的中性致香物质按烟叶香气前体物进行了分类。由表 3-24 可知，在中性致香物质中，类胡萝卜素降解产物较丰富，在不同基因型中的变异范围为 35.66～79.36μg/g，变异系数最小，其中巨豆三烯酮是叶黄素的降解产物，对烟叶的香气有重要贡献，也是国外优质烟叶的显著特征，KRK28 中巨豆三烯酮含量最高。非酶棕色化反应产物也较丰富，其变幅为 12.27～37.16μg/g，变异系数较大。以苯丙氨酸裂解产物含量最低，在基因型之间变异系数最大，为78.62%。西柏烷类是烟叶腺毛分泌物的主要成分，其降解产生的挥发性香气成分茄酮含量总体上仅低于新植二烯，其变异幅度为59.31～151.47μg/g。叶绿素降解产物新植二烯是含量最高的成分，在不同基因型中的变异范围为465.62～1280.00μg/g，不同基因型烤烟叶片中性致香物质总量的差异主要是由新植二烯含量不同造成的。KRK28的新植二烯含量最高，中烟100的含量最低，但新植二烯香气阈值较高，本身只具有微弱香气，在调制和陈化过程中可进一步降解转化为其他低分子量成分。KRK28的类胡萝卜素降解产物、非酶棕色化反应产物、苯丙氨酸裂解产物和新植二烯含量明显高于其他品种，品种NC297的西柏烷类降解产物含量最高，各类致香物质含量都以中烟100最低。

表3-24　不同基因型烤烟C3F中性致香物质的分类分析　　　　（μg/g）

基因型	类胡萝卜素降解产物	非酶棕色化反应产物	苯丙氨酸裂解产物	西柏烷类降解产物	新植二烯
NC297	59.78	26.75	12.46	151.47	713.23
NC102	54.47	25.92	9.17	124.43	756.80
KRK26	57.93	20.52	8.24	108.90	825.02
KRK28	79.36	37.16	39.56	134.05	1280.00
NC71	57.75	24.11	13.43	128.00	874.47
NC72	63.15	26.54	18.67	126.13	893.14
CC402	41.91	19.85	8.46	79.99	752.38
NC89	58.35	26.47	9.92	108.95	658.96
中烟100	35.66	12.27	2.44	59.31	465.62
平均值	56.48	24.40	13.59	113.47	802.18
标准差	12.43	6.73	10.69	28.40	220.39
变异系数（%）	22.00	27.58	78.62	25.03	27.47

3.6.4　小结

　　烟叶化学成分种类多、结构复杂，受气候、栽培、加工等多种因素影响，各种化学成分含量和相互间比值的变化较大。水溶性总糖是决定烟气甜度和醇和度的主要因素，而总氮和烟碱则反映了烟叶的生理强度与烟气浓度。糖碱比、氮碱比是评价烟气酸碱平衡状态的重要指标，通常作为烟气柔和度和细腻度的评价基础，糖碱比一般以8～10、氮碱比一般以0.9～1.0较为适宜。本试验结果表明，几种化学成分在基因型间存在着广泛的变异，说明各种化学成分与基因型存在密切的关系，不同基因型烟叶中不仅主要化学成分如总糖、还原糖、总氮、烟碱、蛋白质之间含量有差异，而且各种化学成分比值如糖碱比、氮碱比的差异更为明显，表明烟叶化学成分的协调性与基因型表现和品种地域适应性有关。研究发现，钾、氯含量在不同基因型烤烟中的变异较大，表明在相同的栽培措施和施肥水平条件下，各个基因型烟叶中钾、氯含量的表现并不一致，说明不同基因型烤烟对钾、氯的吸收能力存在着差异。本试验发现，KRK26 和 KRK28 吸收钾的能力较强，田间观察中这 2 个品种伸根期比较长，根系生长量较大，可能与这 2 个品种吸收钾的能力强有关。

基因型是烤烟香气的遗传基础。由于基因型不同，香气前体物代谢转化成的各种致香成分的种类和含量也各不相同。本试验结果表明，主要挥发性中性致香物质含量与基因型之间存在密切关系，不同基因型烤烟中性致香物质的种类基本相同，但含量有较大差异。不同基因型烤烟中性致香物质总量以 KRK28 为最高，中烟 100 为最低。对中性致香物质进行分类比较，KRK28 的类胡萝卜素降解产物、非酶棕色化反应产物、苯丙氨酸裂解产物和新植二烯含量明显都高于其他基因型，品种 NC297 的西柏烷类降解产物含量最高，各类致香物质含量都以中烟 100 最低。其中类胡萝卜素降解产物 KRK28 是中烟 100 的 2.23 倍，非酶棕色化反应产物 KRK28 是中烟 100 的 3.03 倍，苯丙氨酸裂解产物和新植二烯 KRK28 分别是中烟 100 的 16.21 倍和 2.75 倍，西柏烷类降解产物 NC297 是中烟 100 的 2.55 倍。同类中性致香物质含量的差异性，反映了不同基因型之间中性致香物质类群的差异性，这可能是不同基因型烤烟表现出不同香吃味质量和风格的重要原因。但烟叶中的中性致香物质种类很多，不同种类的致香物质对烟叶香气的作用和贡献各不相同，某些物质的含量很少，但可能对烟叶香气的贡献很大，也可能是某些特征香气的重要来源。因此，还需要系统探索各致香物质组分对烟叶香气的作用和贡献，并运用多种分析方法了解各组分含量及其比值对烟叶香气质和香气量的影响。

中性致香物质含量的差异是不同基因型烤烟香气存在差异的主要原因，也为选育某种特定香气质量的品种提供了依据。本试验中 KRK28 和 NC72 的中性致香物质含量丰富，中烟 100 各类中性致香物质含量都低于其他品种，这可能是其香气量不足、浓香型风格不突出的重要原因。

3.7　不同基因型烤烟质体色素降解及其与烤后烟叶挥发性降解产物的关系

摘要：采用液相色谱方法测定豫中浓香型烟区 9 个不同基因型烤烟中部叶质体色素含量，研究不同基因型烤烟成熟和调制过程中色素降解及其与烤后烟叶挥发性中性降解产物含量的关系。结果表明，在成熟和调制过程中烟叶的质体色素含量呈下降趋势，叶绿素的总降解量总体大于类胡萝卜素，且叶绿素 a 的降解量显著大于叶绿素 b，在调制后烟叶中叶绿素 b 残留较多，叶绿素在烟叶成熟期的降解量大于在调制期的降解量。在类胡萝卜素中叶黄素含量和降解量最大，且在成熟期的降解量大于在调制期的降解量，新黄质在成熟期的降解量大于在调制期的降解量，但 β-胡萝卜素和紫黄质在调制期的降解量大于在成熟期的降解量。不同基因型烤烟色素降解量不同，且与调制后烟叶色素降解类中性香气成分含量多呈显著正相关关系，与调制后烟叶色素含量无显著相关性或呈负相关关系。类胡萝卜素降解产物总量和许多重要香气成分含量与色素成熟期降解量的相关性大于与调制期降解量的相关性。本研究的结果表明，烟叶成熟期的叶绿素、叶黄素和新黄质的降解量大于调制期的降解量，烤后烟叶中挥发性色素降解类中性香气成分含量与质体色素的降解量，特别是成熟期色素降解量有密切关系，提高烟叶成熟度对于促进烟叶香气物质形成至关重要。

烟草质体色素主要包括叶绿素和类胡萝卜素，主要存在于烟叶细胞的细胞器质体中，是烟草生长过程中进行光合作用所需的重要物质。质体色素是烟叶重要的香气前体物，其本身不具有香气，但通过分解、转化可形成对烟叶香气品质有重要贡献的香气成分，因此研究烟叶成熟和调制阶段色素降解规律及其与烟叶香气物质的关系，对于促进色素物质降解转化、提高烟叶香气品质有重要意义。烟叶质体色素的降解产物是所测定挥发性中性香气物质中含量最高的成分，占挥发性中性香气物质总量的 85%～96%，其中以类胡萝卜素降解产物对烟叶香气质量影响最大，色素降解及相关因素研究在国内外一直是热点。质体色素及其降解产物的含量受基因型、栽培条件、生态条件、成熟度等多种因素的影响。有学者认为调制后烟叶的香气品质与类胡萝卜素的含量呈负相关，类胡萝卜素在调制、醇化期间降解不充分，烟叶的香气就难以充分体现。比较不同品种烤烟的类胡萝卜素含量后发现，在等级一致的条件下，类胡萝卜素含量中等的品种感官质量较好。皖南焦甜香特色烟叶质体色素含量检测结果表明，具有焦甜香的烟叶烤后质体色素含量较低，残留较少，与国外优质烟叶接近，而不具焦甜香的烟叶色素含量高，残留多，因此认为，成熟和调制过程中较为彻底的色素降解是形成优质烟叶的重要条件。不同基因型烤烟的成熟和烘烤特性有一定差异，质体色素的降解量不同，从而影响降解产物的形成和最终的烟叶香气质量。目前已有的研究都集中在烟叶成熟过程中色素和香气成分的变化，以及烤后烟叶质体色素与香气质量的关系上。笔者针对烟叶成熟和调制过程中色素降解对香气物质形成的作用及其与烟叶香气物质的关系开展研究，以更深入地揭示烟叶香气物质形成的规律。本研究选取 9 个烤烟基因型，对烟叶打顶后不同时期及烤后叶片质体色素及其降解产物含量与变异性进行了分析，并引入了色素总降解量、成熟和调制阶段色素降解量等指标来揭示色素降解量与烟叶香气物质含量的关系，旨在为揭示浓香型特色优质烟叶形成机理和提高烟叶香气物质含量提供理论支撑（史宏志等，2012）。

以 NC297、NC102、KRK26、KRK28、NC71、NC72、CC402、NC89、中烟 100（ZY100）9 个烤烟品种作为参试材料，其中 NC297、NC102、NC71、NC72、CC402 从美国引进，KRK26、KRK28 从津巴布韦引进。试验于 2009 年在平顶山市郏县茨芭镇吴洞村进行，选择土壤肥力均匀、地面平整、排灌方便、肥力中上等的代表性地块进行试验。试验地前茬为红薯，土壤 pH 为 7.13、碱解氮含量为 66.09mg/kg、速效磷含量为 7.99mg/kg、速效钾含量为 153.56mg/kg、有机质含量为 17.80g/kg。试验采用单因子完全随机区组设计，行株距为 120cm×50cm，单株留叶 20～22 片。于 3 月 5 日播种，采用漂浮育苗，5 月 19 日移栽，施纯氮 52.5kg/hm^2，N：P$_2$O$_5$：K$_2$O=1：2：3，所用肥料为芝麻饼肥、烟草复合肥（10-12-18）、重过磷酸钙、硝酸钾。其他栽培管理措施及病虫害防治均按照当地优质烟生产技术方案要求，采用三段式烘烤工艺进行调制。

3.7.1 不同基因型烤烟烟叶叶绿素含量的动态变化

不同基因型烤烟叶片中叶绿素的含量动态变化趋势相同（图 3-16），叶绿素含量随生育期的推进而逐渐下降，各品种叶绿素 a（chl a）含量在打顶至打顶后 15 天下降缓慢，之后开始快速下降，在烘烤过程中下降更显著，到烘烤后叶片中叶

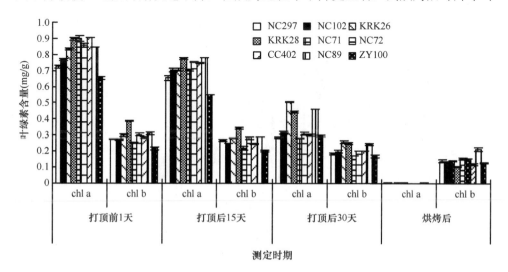

图 3-16　不同基因型烤烟叶片中叶绿素含量的动态变化

绿素降解到微量，叶绿素 a 残留较少。而叶绿素 b（chl b）在整个过程中下降幅度小于叶绿素 a，变化比较平缓，烘烤过程中，叶绿素 b 下降幅度小，因此，虽然在烟叶成熟期叶绿素 a 和叶绿素 b 的比值大于 1，但逐渐减小，至烘烤后，各品种比值均低于 0.2。同一时期不同基因型烤烟的叶绿素含量存在明显差异，打顶前 1 天，KRK28 含量最高，叶绿素 a 为 0.90mg/g，叶绿素 b 为 0.39mg/g，中烟 100 的叶绿素含量最低，叶绿素 a 为 0.66mg/g，叶绿素 b 为 0.22mg/g。打顶后 15 天及烘烤后都以 NC89 含量最高，表明 NC89 在成熟过程中叶绿素降解缓慢。

3.7.2 不同基因型烤烟烟叶类胡萝卜素含量的动态变化

鲜烟叶中的类胡萝卜素以叶黄素含量最高，其次为 β-胡萝卜素和紫黄质，新黄质含量最低。烤烟叶片打顶后各种类胡萝卜素随叶片的成熟逐渐降解，但不同种类类胡萝卜素含量变化特点有一定的差异，β-胡萝卜素和新黄质在烟叶成熟过程中降解幅度相对较小，在烘烤过程中降解显著，烤后烟叶含量低于检测阈值；紫黄质在烘烤过程中降解量也较大；但叶黄素在烘烤过程中降解幅度小，烤后烟叶中残留较多。叶黄素成熟后期代谢基本达到动态平衡，含量保持在 150μg/g 左右，烤后烟叶叶黄素含量都保持在 100μg/g 以上（图 3-17～图 3-20）。不同基因型烤烟烟叶类胡萝卜素总量和变化动态有很大差异，打顶前 1 天时，KRK28 总量最高，为 1.13mg/g，中烟 100 总量最低，为 0.63mg/g，KRK28 类胡萝卜素总量是中烟 100 的 1.79 倍。成熟到烘烤过程中类胡萝卜素总量下降，烘烤后叶片中 NC89 的总量最高，KRK28 的总量最低（图 3-21）。

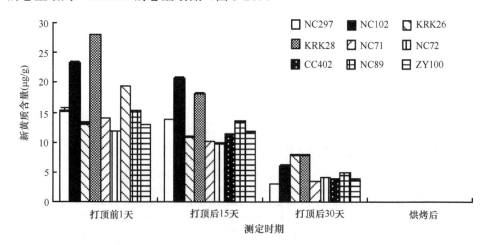

图 3-17　不同基因型烤烟叶片中新黄质含量的动态变化

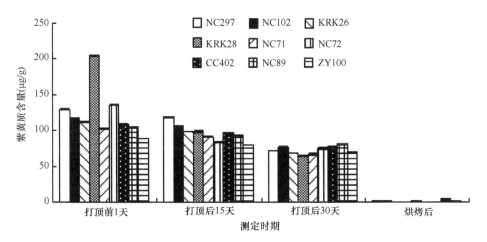

图 3-18　不同基因型烤烟叶片中紫黄质含量的动态变化

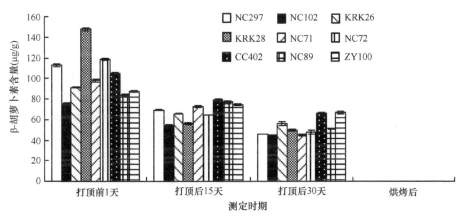

图 3-19　不同基因型烤烟叶片中 β-胡萝卜素含量的动态变化

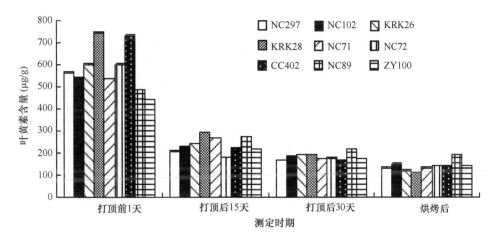

图 3-20　不同基因型烤烟叶片中叶黄素含量的动态变化

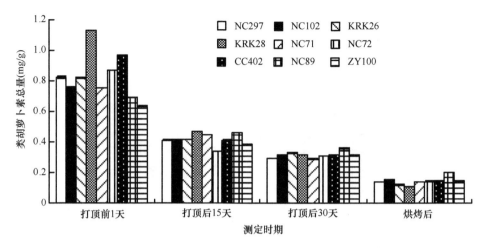

图 3-21　不同基因型烤烟叶片中类胡萝卜素总量的动态变化

3.7.3　不同基因型烤烟烟叶质体色素的降解量

为描述质体色素降解量和降解进程的不同，本研究引入了总降解量和成熟期、调制期降解量的概念。总降解量用打顶前 1 天质体色素含量与烤后烟叶中质体色素含量的差值来表示，成熟期降解量用打顶前 1 天质体色素含量与采收时（打顶后 30 天）质体色素含量的差值来表示，调制期降解量用采收时（打顶后 30 天)质体色素含量与烤后烟叶中质体色素含量的差值表示。由表 3-25 可知，叶绿素的总降解量总体大于类胡萝卜素，且叶绿素 a 的降解量大于叶绿素 b，两者在烟叶成熟期的降解量均大于在调制期的降解量，其中叶绿素 a 在成熟期和调制期的平均降解量分别为 465.20μg/g 和 353.89μg/g，叶绿素 b 分别为 80.91μg/g 和 65.75μg/g，叶绿素 b 降解量在不同基因型间的变异性最大。类胡萝卜素中叶黄素的降解量最大，其次为紫黄质和 β-胡萝卜素，新黄质最小。叶黄素在成熟期的降解量远大于在调制期的降解量，新黄质在成熟期的降解量也大于在调制期的降解量，但 β-胡萝卜素和紫黄质在调制期的降解量大于在成熟期的降解量。不同基因型烤烟烟叶质体色素降解量存在极大差异，其中 KRK28、CC402 的降解量较大，其次为 NC72、KRK26、NC71、NC297、NC102，中烟 100 和 NC89 的降解量较小。不同基因型间类胡萝卜素降解量的变异性以新黄质最大，β-胡萝卜素最小，成熟期降解量的变异性以紫黄质最大，而调制期降解量的变异性以叶黄素最大。

表 3-25　不同基因型烤烟烟叶质体色素的降解量

质体色素	基因型	NC297	NC102	KRK26	KRK28	NC71	NC72	CC402	NC89	ZY100	平均值	变异系数(%)
叶绿素总计 (μg/g)	总降解量	858.69	904.30	993.78	1178.01	996.69	1006.47	1066.67	941.83	745.39	965.76	12.84
	成熟期降解量	531.95	524.11	370.45	590.58	698.67	653.71	682.88	457.28	405.42	546.12	21.93
	调制期降解量	326.74	380.19	623.33	587.43	298.02	352.76	383.79	484.55	339.97	419.64	28.06
叶绿素 a (μg/g)	总降解量	722.39	769.64	832.01	893.47	896.62	856.21	904.35	842.27	654.87	819.09	10.54
	成熟期降解量	441.70	453.54	327.53	452.25	616.46	548.42	602.58	385.95	358.40	465.20	22.31
	调制期降解量	280.69	316.10	504.48	441.22	280.16	307.79	301.77	456.32	296.47	353.89	24.71
叶绿素 b (μg/g)	总降解量	136.30	134.66	161.77	284.54	100.07	150.26	162.32	99.56	90.52	146.67	39.82
	成熟期降解量	90.25	70.57	42.92	138.33	82.21	105.29	80.30	71.33	47.02	80.91	35.96
	调制期降解量	46.05	64.09	118.85	146.21	17.86	44.97	82.02	28.23	43.50	65.75	64.92
类胡萝卜素总计 (μg/g)	总降解量	686.11	605.04	700.03	1019.75	616.93	726.26	820.43	493.24	488.11	683.99	24.18
	成熟期降解量	535.07	473.67	432.42	825.63	464.81	611.78	652.02	313.00	337.52	516.21	31.26
	调制期降解量	151.04	131.37	267.61	194.12	152.12	114.48	168.41	180.24	150.59	167.78	26.49
叶黄素 (μg/g)	总降解量	430.79	389.77	482.96	639.00	403.59	459.97	587.49	294.02	299.81	443.04	26.28
	成熟期降解量	398.58	354.64	407.55	557.15	365.31	422.73	566.67	266.40	268.20	400.80	26.69
	调制期降解量	32.21	35.13	75.41	81.85	38.28	37.24	20.82	27.62	31.61	42.24	50.55
β-胡萝卜素 (μg/g)	总降解量	112.52	75.61	91.42	147.80	97.86	118.60	104.55	83.57	87.39	102.15	21.53
	成熟期降解量	66.71	30.54	35.46	98.21	53.28	70.71	38.13	32.55	20.71	49.59	50.08
	调制期降解量	45.81	45.07	55.96	49.59	44.58	47.89	66.42	51.02	66.68	52.56	16.50
新黄质 (μg/g)	总降解量	15.35	23.40	13.19	28.03	14.08	11.87	19.38	15.35	12.89	17.06	32.11
	成熟期降解量	12.27	17.30	5.29	20.15	10.56	7.76	15.54	10.40	9.16	12.05	39.68
	调制期降解量	3.08	6.10	7.90	7.88	3.52	4.11	3.84	4.95	3.73	5.01	37.02
紫黄质 (μg/g)	总降解量	127.44	116.25	112.47	204.92	101.40	135.81	109.00	100.30	88.03	121.74	28.21
	成熟期降解量	57.50	41.18	44.12	140.54	35.66	60.58	31.67	23.65	19.66	50.51	72.18
	调制期降解量	69.94	75.07	68.35	64.38	65.74	75.23	77.33	76.65	68.37	71.23	6.89

3.7.4 不同基因型烤烟烟叶质体色素降解产物的含量

新植二烯是烟叶中叶绿素降解产生的重要香气成分之一，也是烟叶挥发性中性香气成分中含量最高的成分。新植二烯不仅本身具有一定的香气，而且可分解转化形成低分子量香气成分。由于其可直接转移到烟气中，并具有减轻刺激性和柔和烟气的作用，因此与烟气的品质密切相关。表3-26表明，不同基因型烤烟之间新植二烯含量存在较大的差异，KRK28的新植二烯含量最高，NC72、NC71、KRK26、NC102、NC297、NC89含量居中，CC402、中烟100含量较低。不同基因型烤烟烟叶新植二烯含量占中性致香物质总量的比例介于84.96%~89.97%，可见新植二烯对中性致香物质总量的多少起决定性作用。利用GS/MS方法从烤后烟叶中分离鉴定出15种类胡萝卜素降解产物（表3-26），主要有β-大马酮、香叶基丙酮、二氢猕猴桃内酯、巨豆三烯酮等。类胡萝卜素降解产物是构成烟叶香气质量的重要组分，许多类胡萝卜素降解产物已是烤烟中确定的重要香气成分，它们产生香气的阈值相对较低、刺激性较小、香气质较好，对烟气香气贡献率大，是

表 3-26 不同基因型烤烟烟叶质体色素降解产物含量的分析 （μg/mg）

质体色素降解产物	NC297	NC102	KRK26	KRK28	NC71	NC72	CC402	NC89	ZY100
β-大马酮	20.60	22.19	25.17	25.62	20.99	21.12	21.91	21.50	19.81
香叶基丙酮	11.15	9.84	8.04	11.82	6.39	12.80	1.16	10.70	4.80
二氢猕猴桃内酯	1.81	1.65	1.90	1.76	1.45	1.32	1.46	1.62	1.38
脱氧-β-紫罗兰酮	0.22	0.24	0.15	0.16	0.13	0.13	0.16	0.22	0.19
巨豆三烯酮1	0.29	0.28	0.21	0.29	0.22	0.22	0.25	0.34	0.12
巨豆三烯酮2	0.30	0.25	0.35	0.42	0.28	0.43	0.31	0.27	0.25
巨豆三烯酮3	0.97	0.91	0.77	0.99	0.92	1.05	0.59	1.04	0.27
3-羟基-β-二氢大马酮	1.25	0.90	1.05	1.32	1.16	1.09	0.97	1.04	0.40
巨豆三烯酮4	1.48	0.73	1.30	2.35	1.28	1.31	0.84	1.13	0.45
螺岩兰草酮	8.05	5.45	5.45	9.95	9.61	8.76	4.59	7.26	1.95
法尼基丙酮	8.57	7.75	9.36	15.86	10.42	10.17	6.83	8.73	3.57
6-甲基-5-庚烯-2-酮	2.75	2.09	1.71	3.52	2.71	2.28	0.95	2.00	0.41
6-甲基-5-庚烯-2-醇	0.55	0.47	0.55	0.77	0.48	0.48	0.32	0.45	0.31
芳樟醇	1.60	1.53	1.87	4.35	1.56	1.74	1.32	1.80	1.59
氧化异佛尔酮	0.19	0.18	0.07	0.19	0.15	0.25	0.26	0.24	0.16
类胡萝卜素降解产物总量	59.78	54.46	57.95	79.37	57.75	63.15	41.92	58.34	35.66
新植二烯	713.23	756.80	825.02	1280.00	874.47	893.14	752.38	658.96	465.62
挥发性中性香气物质总量	832.79	865.72	940.92	1438.74	989.97	1019.44	836.22	775.64	536.94
新植二烯与挥发性中性香气物质总量的比值（%）	85.64	87.42	87.68	88.97	88.33	87.61	89.97	84.96	86.72

形成烤烟细腻、高雅、清新香气的主要成分。在 15 种类胡萝卜素降解产物中，以 β-大马酮的含量最高。不同基因型烤烟中所含类胡萝卜素降解产物的种类相同，但各类胡萝卜素降解产物含量有差异，各品种类胡萝卜素降解产物总量大小顺序为：KRK28＞NC72＞NC297＞NC89＞KRK26＞NC71＞NC102＞CC402＞中烟 100，且 KRK28 是中烟 100 的 2.23 倍。

3.7.5 不同基因型烤烟烟叶质体色素降解量与其降解产物含量的相关性

质体色素降解量与其降解产物含量多呈正相关关系（表 3-27）。叶绿素总降解量与叶绿素降解产物新植二烯含量呈极显著正相关，β-大马酮含量与叶黄素总降解量呈显著正相关。巨豆三烯酮 2 含量与 β-胡萝卜素总降解量呈极显著正相关，与叶黄素和紫黄质总降解量呈显著正相关，巨豆三烯酮 4 含量与 β-胡萝卜素和紫黄质总降解量都呈极显著正相关。法尼基丙酮、6-甲基-5-庚烯-2-醇、芳樟醇含量与 β-胡萝卜素总降解量均呈显著正相关，与紫黄质总降解量都呈极显著正相关。二氢猕猴桃内酯、3-羟基-β-二氢大马酮、螺岩兰草酮、氧化异佛尔酮含量与各种类胡萝卜素总降解量均呈正相关。因此，促进烟叶质体色素充分降解、提高色素降解量有利于提高烟叶香气物质含量。质体色素降解产物含量与其成熟期、调制期降解量相关关系明显不同，质体色素降解产物总量及新植二烯、巨豆三烯酮 2、3-羟基-β-二氢大马酮、巨豆三烯酮 4、法尼基丙酮、螺岩兰草酮含量与成熟期色素降解量多呈显著或极显著正相关关系，比与调制期降解量的关系更密切，β-大马酮、二氢猕猴桃内酯含量与类胡萝卜素调制期降解量多表现出更密切的相关性，香叶基丙酮等含量与 β-类胡萝卜素调制期降解量多呈负相关。

3.7.6 小结

质体色素是烟叶重要香气成分的前体物，烟株中部叶一般在打顶前质体色素积累量达到高峰，打顶以后进入以降解和转化为主的阶段。研究结果表明，不同基因型烤烟的质体色素含量总的变化趋势表现为打顶后随成熟进程的推进而逐渐下降。不同质体色素含量变化规律有明显差异，叶绿素 a 的总降解量大于叶绿素 b，至调制结束，叶绿素 b 残留较多。类胡萝卜素降低幅度总体小于叶绿素，不同种类类胡萝卜素的降解量也显著不同，叶黄素降解量最大，质体色素在成熟期和调制期的降解量也显著不同，叶黄素在成熟期的降解量远大于在调制期的降解量，新黄质在成熟期的降解量也大于在调制期的降解量，但 β-胡萝卜素和紫黄质在调制期的降解量则大于在成熟期的降解量。不同色素在不同阶段降解量存在差异可能与其成熟特性和对烘烤环境的反应有关，调制过程中叶黄素降解量低可能是影响

表 3-27 烤烟叶片质体色素降解量与其降解产物含量的相关性分析

质体色素降解产物	总降解量						成熟期降解量						调制期降解量					
	Chl	Cars	Lut	β-Car	Vio	Neo	Chl	Cars	Lut	β-Car	Vio	Neo	Chl	Cars	Lut	β-Car	Vio	Neo
β-大马酮	0.71*	0.68*	0.67*	0.41	0.65*	0.55	-0.15	0.49	0.55	0.39	0.66*	0.27	0.91**	0.74*	0.89**	-0.08	0.93**	-0.34
香叶基丙酮	0.12	0.13	-0.05	0.34	0.54	0.12	-0.10	0.16	-0.12	0.56	0.52	0.03	0.23	-0.12	0.36	-0.76*	0.30	-0.09
二氢猕猴桃内酯	0.18	0.28	0.26	0.10	0.35	0.35	-0.47	0.10	0.16	0.18	0.37	0.15	0.66*	0.69*	0.60	-0.27	0.63	-0.31
脱氧-β-紫罗兰酮	-0.55	-0.45	-0.49	-0.49	-0.21	0.23	-0.48	-0.41	0.46	-0.39	-0.25	0.27	-0.09	-0.18	-0.35	-0.12	-0.04	0.36
巨豆三烯酮 1	0.39	0.22	0.15	0.16	0.37	0.48	0.15	0.22	0.17	0.33	3.00	0.48	0.25	0.01	-0.01	-0.54	0.19	0.33
巨豆三烯酮 2	0.69*	0.75*	0.68*	0.82**	0.76*	0.14	0.31	0.73*	0.63	0.79**	0.74*	0.02	0.41	0.14	0.59	-0.19	0.37	-0.19
巨豆三烯酮 3	0.47	0.26	0.16	0.32	0.47	0.21	0.33	0.29	0.14	0.59	0.43	0.17	0.17	-0.09	0.20	-0.87**	0.20	0.09
3-羟基-β-二氢大马酮	0.70*	0.61	0.55	0.60	0.63	0.32	0.45	0.58	0.52	0.77**	0.62	0.27	0.28	0.17	0.40	-0.67*	0.24	-0.18
巨豆三烯酮 4	0.71*	0.75*	0.63	0.84**	0.88**	0.44	0.24	0.68*	0.54	0.91**	0.89**	0.32	0.51	0.30	0.71*	-0.48	0.46	-0.51
螺岩兰草酮	0.60	0.46	0.35	0.62	0.61	0.22	0.54	0.50	0.31	0.82**	0.61	0.21	0.09	-0.09	0.33	-0.79**	0.10	-0.28
法尼基丙酮	0.82**	0.73*	0.62	0.74**	0.86**	0.52	0.35	0.68*	0.53	0.86**	0.87**	0.38	0.50	0.23	0.70*	-0.57	0.54	-0.42
6-甲基-5-庚烯-2-酮	0.54	0.50	0.37	0.60	0.73*	0.43	0.36	0.52	0.30	0.83**	0.74*	0.38	0.20	-0.01	0.48	-0.84**	0.29	-0.40
6-甲基-5-庚烯-2-醇	0.58	0.64*	0.51	0.67*	0.86**	0.53	0.03	0.57	0.39	0.80**	0.89**	0.36	0.58	0.33	0.81**	-0.59	0.64*	-0.55
芳樟醇	0.62	0.71*	0.57	0.76*	0.90**	0.67*	0.03	0.65*	0.46	0.73*	0.92**	0.52	0.62	0.30	0.77**	-0.18	0.65*	-0.54
氧化异佛尔酮	0.15	0.09	0.06	0.20	0.09	0.14	0.52	0.27	0.19	0.16	0.00	0.34	-0.37	-0.63*	-0.61	0.04	-0.46	0.69*
总量	0.65*	0.60	0.46	0.67*	0.83**	0.44	0.20	0.56	0.36	0.84**	0.83**	0.30	0.48	0.17	0.66*	-0.71*	0.53	-0.35
新植二烯	0.88**	0.86**	0.78**	0.79**	0.89**	0.61	0.44	0.82**	0.70**	0.85**	0.90**	0.47	0.48	0.20	0.71*	-0.43	0.57	-0.41

注: Chl. 叶绿素; Cars. 类胡萝卜素; Lut. 叶黄素; β-Car β-胡萝卜素; Vio. 紫黄质; Neo. 新黄质

类胡萝卜素降解和香气物质形成的不可忽视的因素，叶黄素是烟叶重要香气成分巨豆三烯酮的前体物，促进叶黄素的降解对于提高烟叶香气至关重要。

不同基因型烤烟的质体色素降解量存在明显差异，KRK28 的质体色素总降解量最高，NC89、中烟 100 的总降解量较低。不同色素降解量在不同基因型间的变异性有一定差异，如叶绿素 b、叶黄素、新黄质调制期降解量和紫黄质及 β-胡萝卜素成熟期降解量的变异系数较高，表明在这些阶段提高相应色素的降解量具有较大的潜力，可作为育种和栽培调制主攻目标。叶绿素降解产物新植二烯在烟草燃烧时，可直接进入烟气，具有减轻刺激性和柔和烟气的作用，并且新植二烯作为捕集烟气气溶胶内香气物质的载体，具有携带烟叶挥发性中性香气物质和致香成分进入烟气的能力，故又是烟叶的重要致香剂。类胡萝卜素是烟草香气成分的重要前体物，与烟草的香气量和香气品质呈正相关。类胡萝卜素降解和热裂解可生成多种香气化合物，这些化合物是形成烤烟香气风格的主要成分。目前的研究已证明类胡萝卜素降解产物多数对烟叶的香气品质有利。本试验研究发现，不同基因型烤烟中质体色素及其降解产物含量有一定的差异，KRK28 和 NC72 质体色素降解产物含量较高，中烟 100 的质体色素降解产物含量最低，这可能是不同基因型烤烟品种表现出不同香气质量和风格的重要原因。

不同基因型烤烟烤后叶片质体色素降解产物含量与其成熟过程中质体色素的降解量有一定的对应关系，如 KRK28 在打顶前叶绿素和类胡萝卜素总量都为最高，在成熟及调制过程中色素迅速降解形成致香物质，所以形成的香气成分含量也较高，而 NC89、中烟 100 在打顶前 1 天色素物质较少，而且在成熟及调制过程中降解速率较低，因此形成的香气成分较少。这种现象可能与不同基因型烤烟降解色素的酶活性存在差异有关，也可能与细胞膜结构有关，具体降解及转化机理还有待进一步研究。质体色素降解量与其降解产物含量多呈正相关关系，表明质体色素的降解与香气物质的形成关系密切，当生长过程中质体色素合成较少，或者合成虽多但不能充分降解，都不利于提高烟叶香气物质含量，导致香气量不足。因此，在烟叶生长过程中，促进质体色素的积累，在成熟和调制过程中促进烟叶质体色素的充分降解，提高色素降解量，将有利于促进烟叶香气物质的形成，提高烟叶的香气品质。由于类胡萝卜素降解产物总量和许多重要香气成分含量与色素成熟期降解量的相关性大于与调制期降解量的相关性，因此，在目前生产水平下，充分提高成熟度、促进色素降解对于提高烟叶香气质量十分重要。

本研究主要结论如下：在成熟和调制过程中烟叶的质体色素含量呈下降趋势，叶绿素的总降解量总体大于类胡萝卜素，且叶绿素 a 的降解量显著大于叶绿素 b，在调制过程中叶绿素 b 残留较多，叶绿素在烟叶成熟期的降解量大于在调制期的降解量。在类胡萝卜素中叶黄素和新黄质成熟期的降解量远大于调制期的降解量，

但 β-胡萝卜素和紫黄质在调制期的降解量则大于在成熟期的降解量。不同基因型色素降解量不同，且与调制后烟叶色素降解类中性香气成分含量多呈显著正相关关系。类胡萝卜素降解产物总量和许多重要香气成分含量与色素成熟期降解量的关系更为密切。烟叶香气成分含量与调制后烟叶色素残留量无显著相关性或呈负相关关系。

3.8 豫中烟区主要种植烤烟品种光合生理特性研究

摘要： 为了弄清平顶山烟区主要烤烟品种旺长期的光合差异，以烤烟品种 NC297、NC89 和中烟 100 为供试材料，利用 LI-6400 便携式光合测定系统对各品种的光响应曲线进行了拟合，对其旺长期光合生理指标及光合色素含量的差异进行了研究。结果表明，随着光照强度的增大，气孔导度、净光合速率和蒸腾速率随之升高，而胞间 CO_2 浓度则随之降低；NC297 和 NC89 在强光下出现光抑制现象，中烟 100 在设定的光强内光合速率未达到完全饱和；中烟 100 的光补偿点（LCP）最低，光饱和点（LSP）最高，呼吸速率最低，NC89 的光饱和最大净光合速率和表观量子产额（AQY）最高；叶绿素、类胡萝卜素含量均以 NC89 最高，中烟 100 最低，中烟 100 的叶绿素 a/b 最高。

光合作用是作物生长发育和产量形成的基础，是研究植物生长生理过程的基本内容之一，作物生产的实质是光能驱动的一种生产体系，作物产量和品质形成依赖于光合作用产生的有机物质，提高作物产量和品质的根本途径就是改善作物的光合性能。研究表明，作物生物学产量的 90%～95% 来自光合作用产物，只有5%～10% 来自根系吸收的营养成分。在烤烟生产和种植过程中，叶片是收获的最终产品，而烤烟叶片既是光合作用的场所和光合作用产物的生产者，又是那些与烟叶品质有关的各种化学物质的储藏场所，烟株的生长发育和产量品质形成，最终取决于烟草植株个体与群体的光合作用。此外，光合作用的某些生理参数如净光合速率、光补偿点、光饱和点等已成为制定栽培措施的科学依据，因此，研究烤烟叶片的光合生理参数对于探讨烤烟叶片的产质量至关重要。不同烤烟品种产量和品质变化、干物质积累动态、品种区域试验等方面的研究较多，而关于不同品种的需光特点，如光补偿点、光饱和点及光能利用效率等的研究却少见报道。本研究选择豫中浓香型烟区主栽烤烟品种中烟100、NC89 和新引烤烟品种 NC297 作为试验材料，研究 3 个品种的光合生理特性，为科学制定配套栽培技术提供理论依据（钱华等，2012b）。

供试品种为 NC297、NC89、中烟 100。试验于 2009 年在平顶山市郏县进行，

3 月 6 日播种，采用漂浮育苗，5 月 7 日移栽，行株柜为 120cm×50cm，自然光照。试验地前茬为烤烟，土壤碱解氮含量 78.36mg/kg，速效磷含量 18.54mg/kg，速效钾含量 105.79mg/kg，有机质含量 14.49g/kg，pH 6.69。施纯氮 52.5kg/hm²，m（N）：m（P₂O₅）：m（K₂O）=1：2：3，各品种处理施肥和田间管理同常规措施。所用肥料为芝麻饼肥、烟草复合肥（10-12-18）、重过磷酸钙、硝酸钾。其他栽培管理措施及病虫害防治均按照当地优质烟生产技术方案要求。

3.8.1　不同烤烟品种光合因子的光响应曲线

图 3-22 是以净光合速率（Pn）为纵轴，以光照强度（PARi）为横轴拟合的光合速率-PARi 响应曲线，可以看出，光照强度对光合速率有显著影响，不同烤烟品种对光强的响应也不相同，其光合速率变化在强光和弱光下均有差异。当光照强度在 0～200μmol/(m²·s)时，烤烟叶片的净光合速率随光照强度的增加而迅速增大，光合速率几乎呈线性增长。随着光照强度的继续增加，Pn 的增长速度减缓，当光照强度达到光饱和点以后，Pn 的增长处于极缓慢状态，甚至有下降的趋势。NC297 和 NC89 均在光照强度为 1200μmol/(m²·s)左右达到最大净光合速率，分别为 22.6μmol CO₂/(m²·s)、21.0μmol CO₂/(m²·s)，中烟 100 在光照强度为 1500μmol/(m²·s)以下未达到最大净光合速率（图 3-22），说明其潜在的光合能力很大。NC297 和 NC89 在光照强度为 1500μmol/(m²·s)时净光合速率降低，出现光抑制现象，NC297 下降幅度大于 NC89。

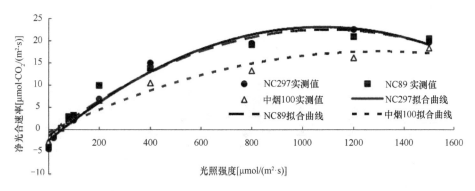

图 3-22　不同烤烟品种净光合速率（Pn）的光响应曲线（点为实测值，曲线由回归所得）

由图 3-23 和图 3-24 可知，3 个品种的蒸腾速率（Tr）和气孔导度（Gs）都随光照强度增加而增加，变化趋势与净光合速率相同，光照强度为 0～100μmol/(m²·s)时，气孔导度和蒸腾速率随光照强度的增加而急剧增加，在光强为 1500μmol/(m²·s)时达到最大值，稍大于达到最大净光合速率时的光照强度。NC89 的蒸腾速率和气孔导度都高于 NC297，中烟 100 最低。由图 3-25 可知，胞间 CO₂ 浓度（Ci）变化趋势与净光合速率相反，NC297、NC89 和中烟 100 的胞间 CO_2 浓度在光照强度为 0μmol/(m²·s)时最大，随着光照强度的增加，气孔迅速张开，光合作用增强，使得胞间 CO_2 浓度急剧下降，随着光照强度的继续增大，胞间 CO_2 浓度下降减缓，随后基本保持稳定。

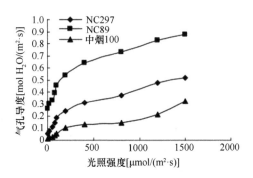

图 3-23 不同烤烟品种气孔导度（Gs）的光响应曲线

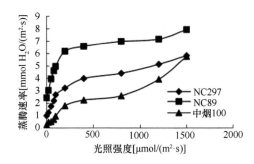

图 3-24 不同烤烟品种蒸腾速率（Tr）的光响应曲线

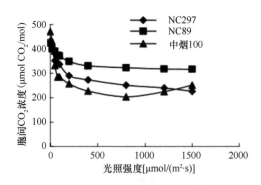

图 3-25 不同烤烟品种胞间 CO_2 浓度（Ci）的光响应

3.8.2 不同烤烟品种光响应曲线特征参数

对光照强度（x）和净光合速率（y）进行二次多项式逐步回归，得到 NC297、

NC89 和中烟 100 净光合速率的光响应曲线方程式（3-1）～式（3-3），这 3 个方程的相关系数分别为 0.9854、0.9658 和 0.9632，说明方程有效，能很好地反映 3 个品种旺长期在不同光照强度下净光合速率的变化。利用式（3-1）～式（3-3）计算可得 3 个品种旺长期中部叶的光饱和点（LSP）和光饱和最大净光合速率（Pn_{max}）（表 3-28）。

$$y=-0.000\ 02x^2+0.047\ 7x-2.496\ 3,\ R^2=0.985\ 4 \tag{3-1}$$

$$y=-0.000\ 02x^2+0.044x-1.478,\ R^2=0.965\ 8 \tag{3-2}$$

$$y=-0.000\ 01x^2+0.028x-0.651\ 4,\ R^2=0.963\ 2 \tag{3-3}$$

表 3-28　NC297、NC89 和中烟 100 净光合速率的光响应曲线特征参数

光合参数	NC297	NC89	中烟 100
光饱和点[μmol/(m²·s)]	1192.5	1100.0	1400.0
光补偿点[μmol/(m²·s)]	59.97	49.04	44.77
表观量子产额[μmol CO₂/(m²·s)]	0.0529	0.0679	0.0450
光饱和最大净光合速率[μmol CO₂/(m²·s)]	22.7	25.9	18.9
呼吸速率[μmolCO₂/(m²·s)]	4.39	4.11	2.73

在低光合有效辐射[即 PARi 小于 200μmol/(m²·s)]范围内测定 3 个烤烟品种的净光合速率（Pn），作净光合速率-PARi 散点图（图 3-26）。从中可知，3 个烤烟品种的 Pn 与 PARi 之间存在较好的线性关系，回归后可得方程 $y=A+Bx$[x 自变量为光强小于 200μmol/(m²·s)范围内给定 PARi，y 因变量为对应光强下的净光合速率（Pn）]。这 3 个方程的相关系数分别为 0.9563、0.9863 和 0.9808，说明方程有效，可求得光补偿点、表观量子产额等光合参数，见表 3-28。NC297、NC89 和中烟 100 在光照强度为 0μmol/(m²·s)时的净光合速率分别为–4.39μmol CO₂/(m²·s)、–4.11μmol CO₂/(m²·s)和–2.73μmol CO₂/(m²·s)，此时因为光合速率为零，净光合速率即为呼吸速率（Rd）。

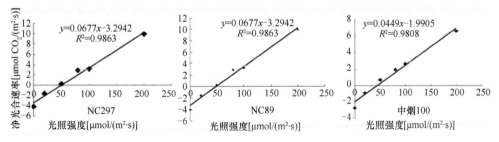

图 3-26　NC297、NC89 和中烟 100 净光合速率的光响应曲线（点为实测值，直线由线性回归所得）

3.8.3 不同烤烟品种叶片光合色素含量与相对组成

表 3-29 表明，NC89 的叶绿素 a、叶绿素 b、叶绿素 a+b 和类胡萝卜素含量都极显著高于 NC297 和中烟 100，NC297 和中烟 100 之间没有显著差异，叶绿素 a/b 三个品种之间差异没有达到显著水平。从总体上看，光合色素含量以 NC89 最高，NC297 居中，中烟 100 最低。

表 3-29   不同烤烟品种叶片光合色素含量与相对组成

品种	叶绿素 a（mg/g）	叶绿素 b（mg/g）	叶绿素 a+b（mg/g）	类胡萝卜素（mg/g）	叶绿素 a/b
NC297	1.005bB	0.361bB	1.366bB	0.219bB	2.784
NC89	1.237aA	0.455aA	1.692aA	0.259aA	2.719
中烟 100	0.935bB	0.327bB	1.262bB	0.200bB	2.859

3.8.4 小结

本试验研究结果表明，随着光照强度的增加，3 个烤烟品种的净光合速率、气孔导度和蒸腾速率明显增加，而胞间 CO_2 浓度降低。在植株旺长期烤烟品种间叶片净光合速率、气孔导度、胞间 CO_2 浓度和蒸腾速率对光照强度的响应不同，表明不同烤烟品种的生理活性对光强的适应性不同，烤烟叶片在较低光强刺激下，能够很快地打开气孔，蒸腾速率快速增加，从而使光合速率也迅速增加。品种 NC89 和 NC297 在达到光饱和点后继续增加光照强度，其气孔导度继续增加，净光合速率反而下降，造成这一现象的原因可能是强光抑制了解偶联的电子传递活性，导致一些光合碳代谢酶活性下降而形成光抑制现象，但只依靠气孔导度的大小来判断光合速率受到限制是不全面的，还有一些非气孔限制因素，如很多研究已经表明 1,5-二磷酸核酮糖（RUBP）羧化酶是非常重要的非气孔限制因素，具体原因还需要进一步研究。而中烟 100 则表现出较强的适应能力，未出现光抑制现象。

各烤烟品种的光合作用参数有较大的差异，一般来说，光补偿点越低的植物利用弱光的能力越强，光饱和点高的植物能更有效地利用全日照的强光，同时光饱和点高的植物生长较快。比较各烤烟品种的光合参数，中烟 100 的光补偿点最低，光饱和点最高，且在光照强度为 $0\sim200\mu mol/(m^2 \cdot s)$ 时的净光合速率略高，说明中烟 100 利用弱光的能力最强，对环境光照强度的适应范围更广。NC89 的光饱和最大净光合速率和表观量子产额最高。中烟 100 的呼吸速率小于 NC297 和 NC89，说明中烟 100 的分解代谢能力弱于 NC297 和 NC89，更能积累光合产物。具有相对较高的光饱和点、较低的光补偿点和呼吸速率的光合特性，可能是中烟 100

生长速度快、生物学产量较高的原因。

光合色素尤其是叶绿素，在植物光合作用的光能吸收、传递和转化过程中起着极为重要的作用。类胡萝卜素是植物光合作用色素蛋白复合体不可缺少的组分，它们可以作为捕光色素，并且在保护光合器官免受单线态氧的伤害中起重要作用。较高的叶绿素 a/b 值（即具有相对较低的叶绿素 b 含量）对于避免因吸收过量光能而导致光抑制具有重要意义，而相对较高含量的叶绿素 b 可以引起明显的光抑制现象。本试验研究发现，中烟 100 的叶绿素 a、叶绿素 b、叶绿素 a+b 和类胡萝卜素含量最低，可能与其净光合速率较低有一定的联系；中烟 100 具有高叶绿素 a/b 值，与中烟 100 在本试验所设置的高光强下没有发生光抑制现象可能有关。从以上分析和讨论可以看出，在平顶山烟区，3 个烤烟品种的光合特性存在较大的差异，但其具体生理机制尚需进一步研究。

3.9　豫中浓香型烟区烤烟替代品种豫烟 5 号、豫烟 7 号特性研究

摘要： 为了找到最具浓香型特色的烤烟替代品种，2008 年在河南省襄城县种植了豫烟 5 号、豫烟 7 号，以常规品种中烟 100 作为对照，调查各品种长势长相、物理性状、化学性状、经济性状、外观质量及感官评吸质量。结果表明，豫烟 5 号、豫烟 7 号与对照相比，具有长势强，上部叶叶质重低、氯含量低、总糖含量高、钾氯比大，产量高，外观质量好，评吸总分高等优势，但也有下部叶叶质重低、含梗率高，上部叶钾含量较低等缺点。综合比较，豫烟 5 号与豫烟 7 号烟叶品质优于对照中烟 100，但豫烟 7 号不易烘烤，需要进一步研究配套烘烤技术。

烤烟品种是开发特色烟叶、优化资源配置、实现现代化烟草农业的基础，因此，加快新品种应用步伐、发挥新品种潜力是烟草行业的迫切需求。在烟叶生产中，烟草品种对地区生态环境的适应性主要反映在生育期、烟叶质量和产量及稳定性等方面。合理利用当地农业气候资源，实施品种区域化合理布局，是不断提高烤烟生产质量和效益的重要途径。浓香型烟叶风格的形成是生态和栽培因素共同作用的结果，其中生态因素起决定作用。豫中是浓香型烟叶的典型产区，现有品种已不能满足烟草生产发展的需要，必须尽快引进、筛选出适于河南种植的烤烟新品种，努力恢复、挖掘和彰显豫中烟叶的浓香型特色。2005 年已有部分烤烟新品种在河南烟区进行了适应性研究，但未得到大面积推广。豫烟 5 号为 2007 年全国烟草品种审定委员会审定的新品种，由 G28、红花大金元、净叶黄、NC89 通过双交法选育而来，评吸结果与浓香型特色较为突出的 NC89 相当，适合在黄

淮平原烟区种植。豫烟 7 号虽未经全国烟草品种审定委员会审定，但其品质特性较为优越。近年推广种植的品种中烟 100 浓香型特色有退化的趋势，为找到最具浓香型特色的替代品种，开展了烤烟新品种特性研究（邸慧慧等，2010d）。

供试品种为中烟 100（CK）、豫烟 5 号、豫烟 7 号。试验点设在襄城县的颍阳、紫云、库庄、双庙、王洛 5 个乡。试验采用随机区组排列，3 次重复。施肥和管理措施按当地生产优质烟叶的方法。

3.9.1 农艺性状与长势长相

由表 3-30 和表 3-31 可知，豫烟 5 号烟株的株高、叶数、茎围均略低于豫烟 7 号，但高于对照中烟 100，叶片颜色浓绿且呈长椭圆形；豫烟 7 号烟株的株高高、叶片数多，茎围粗，叶片呈宽椭圆形；豫烟 5 号、豫烟 7 号在整个生育期的长势均为强，对照品种中烟 100 相对于新品种表现较差。

表 3-30 豫烟 5 号、豫烟 7 号及中烟 100 的农艺性状

品种	农艺性状								
	株高（cm）	叶数	茎围（cm）	腰叶长（cm）	腰叶宽（cm）	腰叶长宽比	顶叶长（cm）	顶叶宽（cm）	顶叶长宽比
豫烟 5 号	117.1	25.1	11.8	78.8	39.0	2.0	65.6	34.0	1.9
豫烟 7 号	132.4	27.6	15.0	64.3	38.1	1.7	61.6	36.4	1.7
中烟 100	100.4	23.8	10.2	58.8	33.0	1.8	48.8	30.6	1.6

表 3-31 豫烟 5 号、豫烟 7 号及中烟 100 的长势长相

品种	株型	叶型	叶色	生长势		
				苗期	栽后 30 天	栽后 50 天
豫烟 5 号	筒形	长椭圆	深绿	强	强	强
豫烟 7 号	筒形	宽椭圆	绿	强	强	强
中烟 100	筒形	椭圆	浅绿	中	较强	中

3.9.2 物理性状

由表 3-32 可知，豫烟 5 号各部位烟叶长宽比在 3 个品种中最大，中烟 100 除上部叶略低于豫烟 7 号外，中、下部叶长宽比高于豫烟 7 号；叶质重以中烟 100 各部位烟叶最大，豫烟 7 号除下部叶略高于豫烟 5 号外，中、上部叶均较其略低；填充值以豫烟 5 号最大，尤其上部叶最为突出，豫烟 7 号各部位均低于中烟 100；豫烟 5 号下部叶含梗率最高，中烟 100 除上部叶外，整体含梗率较高，豫烟 5 号、豫烟 7 号中、上部叶含梗率差异不大。

表 3-32　豫烟 5 号、豫烟 7 号及中烟 100 的物理性状

物理性状	豫烟 5 号			豫烟 7 号			中烟 100		
	下部叶	中部叶	上部叶	下部叶	中部叶	上部叶	下部叶	中部叶	上部叶
长宽比	2.192	2.526	2.221	1.905	2.077	1.988	2.112	2.158	1.959
叶质重（mg/cm²）	4.450	5.228	6.423	4.901	5.154	5.986	5.319	5.992	8.002
填充值（cm³/g）	3.618	3.690	4.322	3.096	3.042	2.976	3.162	3.110	3.096
含梗率（%）	34.552	27.135	28.652	30.358	27.948	27.746	31.059	31.476	27.052

3.9.3　化学性状

化学成分是反映烟叶品种优劣的一个重要指标。由表 3-33 可知，豫烟 5 号、豫烟 7 号中、上部叶烟碱含量均高于中烟 100。中烟 100 氯含量高于豫烟 5 号与豫烟 7 号，豫烟 5 号上部叶氯含量高于豫烟 7 号，中、下部叶氯含量较其略低。中烟 100 各部位烟片总糖含量低于豫烟 5 号与豫烟 7 号，且不同部位间差异较小；豫烟 7 号除下部叶外，总糖含量均高于豫烟 5 号。中烟 100 中、上部叶钾含量略高于豫烟 5 号与豫烟 7 号，豫烟 5 号上部叶钾含量较低。

表 3-33　豫烟 5 号、豫烟 7 号及中烟 100 的化学性状

化学性状	豫烟 5 号			豫烟 7 号			中烟 100		
	下部叶	中部叶	上部叶	下部叶	中部叶	上部叶	下部叶	中部叶	上部叶
烟碱（%）	1.346	1.832	2.336	1.866	2.126	2.726	1.900	1.798	1.948
氯（%）	0.551	0.698	0.508	0.704	0.844	0.494	0.970	0.846	0.950
总糖（%）	23.922	20.764	22.556	21.312	27.800	25.088	20.872	20.154	20.866
钾（%）	1.876	1.732	1.262	1.630	1.500	1.600	1.554	1.962	1.950
钾氯比	3.405	2.481	2.484	2.315	1.777	3.239	1.602	2.319	2.053

3.9.4　经济性状

由表 3-34 可知，豫烟 7 号产量最高，但产值与中上等烟比例最低；豫烟 5 号产量、产值均高于中烟 100，但中上等烟比例略低于中烟 100；中烟 100 产量最低，但中上等烟比例最高。豫烟 5 号、豫烟 7 号烘烤技术还不够成熟，是中上等烟比例较低的一个重要原因，尤其是豫烟 7 号。

表 3-34　豫烟 5 号、豫烟 7 号及中烟 100 的经济性状

品种	产量（kg/hm²）	产值（元/hm²）	中上等烟比例（%）
豫烟 5 号	2 598.6	35 037	84.9
豫烟 7 号	2 722.2	27 018	81.6
豫烟 100	2 455.2	34 806	87.2

3.9.5 原烟外观质量

烟叶外观质量以成熟度为核心,以叶片结构和色度为重点。不同成熟度烟叶内含物质积累多少,对烤后烟叶物理性状、化学成分及中性致香物质含量具有重要影响。由表 3-35 可知,豫烟 5 号、豫烟 7 号原烟颜色大部分为橘黄,中烟 100 大部分为柠檬黄,3 个品种均达到成熟。豫烟 7 号叶片结构疏松、豫烟 5 号尚疏松、中烟 100 稍密结构所占比例较大。豫烟 7 号身份较薄,豫烟 5 号大部分为中等,中烟 100 身份中等。豫烟 5 号与豫烟 7 号油分多、色度强,中烟 100 油分少、色度弱。

表 3-35   豫烟 5 号、豫烟 7 号及中烟 100 的原烟外观质量

品种	颜色	成熟度	结构	身份	油分	色度
豫烟 5 号	橘黄 93	成熟	疏松 9	中等 58	有 22	浓 23
	柠檬黄 7		尚疏松 52	稍厚 42	多 78	强 46
			稍密 39			中 31
豫烟 7 号	橘黄 83	成熟	疏松 88	稍薄 71	有 76	强 13
	柠檬黄 17		尚疏松 12	中等 29	多 24	中 87
中烟 100	橘黄 47	成熟	疏松 19	稍薄 11	稍有 65	中 60
	柠檬黄 53		尚疏松 38	中等 74	有 35	弱 40
			稍密 43	稍厚 15		

注:表中数据为各质量等级烟叶所占比例(%)

3.9.6 感官评吸质量

从表 3-36 可以看出,与对照相比, 3 个品种 X2F(下橘二)烟叶感官评吸总分差异不大,豫烟 5 号最高,豫烟 7 号最低;各品种 C3F(中橘三)烟叶感官

表 3-36   豫烟 5 号、豫烟 7 号及中烟 100 的感官评吸结果

品种	部位	香气质	香气量	浓度	柔和度	余味	杂气	刺激性	燃烧性	灰分	总分	劲头
豫烟 5 号		6.0	6.0	6.5	7.0	7.0	6.5	6.5	5.0	5.0	55.5	中+
豫烟 7 号	X2F	6.5	6.0	6.0	6.0	7.0	6.0	6.0	5.0	5.0	53.5	中+
豫烟 100		6.0	5.5	6.0	6.5	7.0	6.5	6.5	6.0	5.0	55.0	中
豫烟 5 号		6.5	7.5	6.5	7.0	7.5	7.0	7.0	7.0	7.0	63.0	中
豫烟 7 号	C3F	6.5	7.5	6.5	7.0	7.5	6.5	6.0	6.0	7.0	61.5	中
豫烟 100		6.0	7.0	6.5	6.0	6.0	6.0	6.5	7.0	7.0	58.0	大
豫烟 5 号		6.5	6.5	7.0	7.0	6.5	6.5	6.5	6.0	6.0	60.0	中
豫烟 7 号	B2F	6.0	6.0	6.5	6.5	7.0	6.5	6.0	6.0	6.0	56.5	大
豫烟 100		6.0	6.0	6.5	6.5	7.0	7.0	7.0	6.0	6.0	58.0	中

评吸总分有一定的差异，中烟 100 的总分最低，其中香气质、香气量均低于其他 2 个品种，豫烟 5 号总分最高；B2F（上橘二）烟叶感官评吸总分仍以豫烟 5 号最高，豫烟 7 号相对于对照略低。豫烟 5 号、豫烟 7 号下部叶劲头均为中偏上，中烟 100 中部叶及豫烟 7 号上部叶劲头较大。

3.9.7　小结

优良品种是影响烟叶质量和产量形成的内因，实现烟叶优质、丰产是增加农民收入的基本措施。豫烟 5 号与豫烟 7 号在长相方面均为优质烟叶的标准长相；长势方面，2 个品种在株高、茎围及叶片大小等方面均强于中烟 100。综合比较各品种不同部位烟叶物理性状的平均值，结果表明，豫烟 5 号叶片长宽比最大，叶质重低于中烟 100 而高于豫烟 7 号，填充值明显高于豫烟 7 号与中烟 100，下部叶含梗率略高；豫烟 7 号叶片长宽比、叶质重、填充值及含梗率均低于对照中烟 100。综合比较各品种不同部位烟叶化学成分的平均值，结果表明，豫烟 5 号、豫烟 7 号与对照中烟 100 相比，烟碱、总糖含量和钾氯比较高，氯、钾含量较低；豫烟 7 号烟碱、氯、总糖含量均高于豫烟 5 号，钾含量和钾氯比较低。豫烟 5 号产量、产值高于中烟 100，但中上等烟比例较其略低；豫烟 7 号虽然产量较高，但产值与中上等烟比例均低于对照中烟 100。豫烟 5 号颜色橘黄，结构尚疏松，身份中等，油分多，色度强；豫烟 7 号颜色橘黄，结构疏松，身份稍薄，油分有，色度中；豫烟 5 号与豫烟 7 号二者外观质量均优于中烟 100。豫烟 5 号 C3F 烟叶感官质量评吸总分最高，且各部位总分均高于对照中烟 100，豫烟 7 号 X2F 烟叶感官质量评吸总分最低。综合比较豫烟 5 号与豫烟 7 号各特性，豫烟 5 号烟叶质量优于豫烟 7 号，且二者均优于对照中烟 100。

中烟 100 具有生长整齐一致、抗病性强、易于烘烤等优点，因此，烟农种植积极性较高，但其内在品质不能满足卷烟工业企业对浓香型烟叶的要求，寻找新的替代品种已较为紧迫。烤烟新品种豫烟 5 号、豫烟 7 号田间长势强，产量高，尤其是浓香型特色较为突出，但对烤烟香气特征有重要影响的烘烤技术还不够成熟，尤其豫烟 7 号不易烘烤，这已成为烤烟新品种推广的一个重要障碍，但目前已有关于提高烤烟品种调制质量的报道，因此，加快烤烟新品种烘烤特性研究，将有利于优质浓香型烟叶在河南烟区的大面积推广。

第4章 优质上部叶形成的肥水效应和运筹技术

　　肥、水是影响烟草生长发育的两大要素，烟株的营养和水分状况是影响烤烟上部叶质量形成的关键因素。养分供应不足时，上部叶不能正常开片、内含物质缺乏、耐熟性低、香气和满足感弱、质量较差；氮素供应过多时，又会造成上部叶过大过厚、化学成分失调、物理性状不良、杂气和刺激性加重，质量显著下降。同样，水分过少也严重影响上部叶开片，并会造成叶片增厚、组织紧密；水分过多则会使叶片变薄、香气不足，上部叶质量潜力不能充分发挥。近些年来的项目研究充分证明，优质上部叶生产必须在保障矿质营养充分供应的基础上，促进氮素前移、营养协调，前中期氮素供应充分，成熟期氮素适当调亏，保证团棵期打好基础、旺长期健壮生长、打顶后适时成熟。烟株在打顶前要合成与积累较多的光合产物与香气前体物，在圆顶时上部叶充分开展、富含营养，圆顶后逐渐成熟落黄，避免氮素过剩和氮代谢滞后，促进大分子物质充分降解转化，形成和积累较多的香气成分。要实现这一目标，必须在选择优良土壤的基础上，进行水、肥、土一体化管理，以土定肥、以水调肥、水肥协同、促控结合，促进烟株定向生长，保证上部叶发育完全、营养充实、成熟充分。本章主要汇集了我们在河南浓香型烤烟产区通过水肥合理运筹促进优质烟叶生产的研究成果。

4.1 成熟期氮素调亏对烟叶质体色素降解和香气物质含量的影响

摘要：成熟期氮素营养状况对于烟叶质量形成至关重要。本研究采用套盆设计和基质培养，通过改变打顶后营养液供应来调控烤烟生长后期的氮素营养，探索成熟期不同氮素调亏程度对烟叶色素降解和香气物质含量及感官质量的影响。结果表明，随着成熟期氮素调亏程度的增加（0~100%），烟叶色素降解提早、含量降幅增大，烟叶成熟提前，调制后色素残留减少。其中，成熟期氮素供应量调至打顶前的 1/4~1/2，叶片成熟落黄正常，烤后烟叶色素残留相对较少，叶绿素和类胡萝卜素降解产物及苯丙氨酸裂解产物含量较高。氮素调亏程度过大时（100%），色素含量下降早，中性香气成分含量低；不进行氮素调亏（0）或调亏程度过小（25%）时，叶片色素含量下降缓慢，调制后烟叶色素残留较多，降解不充分，中性香气成分含量较低。因此，成熟期氮素供应减少至打顶前的 1/4～1/2，有利于烟叶香气物质的形成和质量的提高。

　　良好的氮素营养条件是烟叶质量和风格特色形成的物质前提，同时，氮素供应动态精准调控对于促进烟株按照优质烟叶的形成规律进行生长十分重要。烟叶中性香气物质含量与烟叶质量密切相关，通过分析烟叶中性香气物质含量，可以对烟叶质量进行比较客观准确的评价。质体色素是烟叶重要的香气前体物，其本身不具有香气，但通过分解、转化可形成对烟叶香气品质有重要贡献的香气成分，烟叶质体色素的降解产物是所测定的挥发性中性香气物质中含量最高的成分，且以类胡萝卜素降解产物对烟叶香气质量影响较大，因此，研究色素的降解规律对于提高烟叶香气品质有重要意义。在烟株生育后期，减少氮素供应，将碳氮代谢由以氮代谢和碳的固定与转化代谢为主及时转变为以碳的积累和分解代谢为主，有助于把质体色素等香气前体物充分降解转化为香气成分，从而有利于烤烟优良品质的形成。在栽培措施上，选择通透性良好的砂壤土，有利于生长前中期烤烟光合产物、香气前体物的充分积累及后期烟株氮代谢的减弱，为烟叶香气前体物的降解转化提供条件。在烟叶生产上，烟农往往过量施用氮肥，致使土壤中的氮素营养大量盈余，在烟叶生长后期继续为烟株供应大量氮素，最终导致烟叶营养过剩，不能正常落黄，香气前体物降解不充分，所形成的香气成分含量低，香气量较小。以往有关氮素营养对烟叶生长发育和烟叶质量的影响研究，主要是在大田条件下通过控制氮素用量和氮素形态进行的，由于在大田条件下难以精确控制不同生育时期烟叶氮素营养状况和动态变化，有关烤烟打顶后氮素调控对烤烟香气物质和质量特色的影响研究鲜有报道。本试验采用盆栽试验和基质栽培，通过调控营养液中的氮素质量浓度，在烤烟生长后期设置不同氮素供应水平处理，研究了成熟期氮素营养状况对烟叶质体色素降解和香气物质含量的影响，以期探讨烤烟生长后期氮素供应与其质量形成的关系，为阐明浓香型特色烟叶的形成机理提供理论支撑（顾少龙等，2012a）。

　　试验于 2010 年在河南郏县长桥镇进行，供试烤烟品种为 NC297。整个试验采用套盆设计，内盆直径为 50cm、高为 60cm，底部留孔，外盆直径为 55cm，内盆装育苗基质，基质材料为草炭、膨化珍珠岩、蛭石（7∶1.5∶1.5）。选取大小一致、健壮的烟苗，5 月 24 日移栽，每盆栽苗 1 株，内外盆之间充满 Hoagland 全营养液，氮素质量浓度为 140mg/L。团棵前每 4 天更换一次营养液，团棵后每 2 天更换一次营养液。下雨时用薄膜遮盖，培养至打顶期。7 月 20 日打顶，统一留叶 21 片，打顶后挑选大小均匀一致的烟株，用清水对全部烟株进行冲淋，使盆内基质附着的氮肥淋失。将冲淋后的烟株设置成 5 个处理，分别采用不同的营养液供应养分，即 0 调亏（营养液中氮素供应量与打顶前一致）、25%调亏（营养液中氮素供应量减少至打顶前的 3/4）、50%调亏（营养液中氮素供应量减少至打顶前的 1/2）、75%调亏（营养液中氮素供应量减少至打顶前的 1/4）、100%调亏（营养液中去除氮素）。各处理营养液中除氮素外，其他营养元素含量与打顶前一致。

4.1.1 成熟期氮素调亏对烤烟中上部叶叶绿素含量变化的影响

烤烟叶片的叶绿素含量是反映叶片光合特性强弱的重要指标，它直接关系到光合碳固定生成有机物。由图 4-1 和图 4-2 可知，不同处理叶绿素含量的动态变化趋势基本一致，均表现为各部位烟叶的叶绿素含量随生育期的推进而逐渐下降，在同一时期不调亏或轻度调亏的烟叶叶绿素含量明显高于调亏程度较高的处理，表明氮素调亏可以有效降低叶片叶绿素的含量，促进烟叶的成熟落黄。氮素调亏程度小的处理，叶绿素含量下降缓慢，烤烟生育后期叶片捕获光能较多，虽有利于提高叶片后期的光合能力，但会延缓叶片衰老，不利于叶片的成熟落黄，也不利于烟叶烘烤过程中色素的降解。按照烘烤后烟叶叶绿素残留量占打顶时烟叶叶

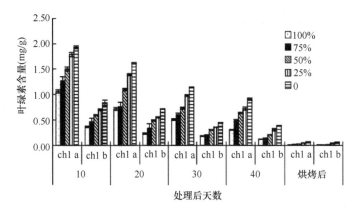

图 4-1　成熟期不同氮素调亏处理烤烟上部叶叶绿素含量的变化

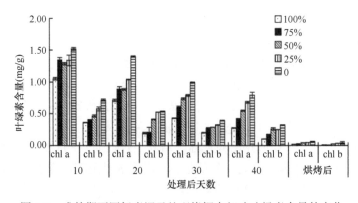

图 4-2　成熟期不同氮素调亏处理烤烟中部叶叶绿素含量的变化

绿素含量比例计算，上部叶叶绿素 a、叶绿素 b 降幅最大的为 100%氮素调亏处理，降幅较小的为未进行氮素调亏的对照；中部叶叶绿素 a 和叶绿素 b 也为 100%氮素调亏处理降幅最大，降幅较小的为不调亏对照和 25%氮素调亏处理。从长势来看，100%氮素调亏处理在氮素调亏后，上部叶生长缓慢、叶片较小、叶色浅淡，在处理后 40 天叶片已经基本全部变黄；而 25%氮素调亏和不调亏处理烟叶在处理后 40 天，叶片仍然为浓绿色，落黄效果差；以 75%氮素调亏处理叶片长势正常，落黄良好，且烟叶烘烤后色素残留较少。

4.1.2　成熟期氮素调亏对烤烟中上部叶类胡萝卜素含量变化的影响

烟叶类胡萝卜素是烟叶重要香气成分的前体物，类胡萝卜素及其降解产物的种类、含量与烟叶香气品质密切相关。由图 4-3 和图 4-4 可见，随生育期的推进，各处理烟叶类胡萝卜素含量均逐渐降低。氮素调亏程度对类胡萝卜素含量的影响明显，在处理后 10 天，随着氮素调亏程度的增加，类胡萝卜素含量持续下降，表明氮素调亏促进了质体色素的降解。不调亏或轻度调亏处理的类胡萝卜素含量明显高于调亏程度较高的处理。不调亏或轻度调亏处理在氮素调亏处理后 40 天仍

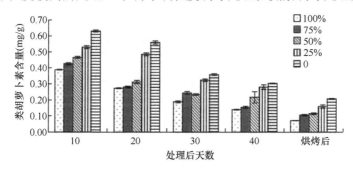

图 4-3　熟期不同氮素调亏处理烤烟上部叶类胡萝卜素含量的变化

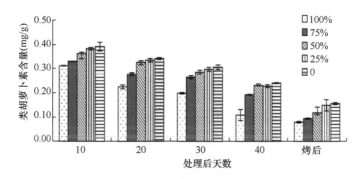

图 4-4　成熟期不同氮素调亏处理烤烟中部叶类胡萝卜素含量的变化

能维持较高的类胡萝卜素含量。类胡萝卜素能保护受光激发的 Chl b 免遭后期强光的氧化破坏，降低光合膜受损的程度，使光合作用得以进行，但类胡萝卜素含量较高，叶片成熟衰老延缓，物质降解程度低，不利于香气物质的形成，在烟叶烘烤后，类胡萝卜素含量残留较多。上部叶和中部叶类胡萝卜素降解幅度最大的均为 100%氮素调亏处理，类胡萝卜素降解幅度最小的均为不调亏对照。

4.1.3　成熟期氮素调亏对烤后烟叶中性香气成分含量变化的影响

由表 4-1 可知，各处理烤后烟叶含量最丰富的中性香气成分均为叶绿素的降解产物新植二烯，其次为腺毛分泌物西柏烷类降解产物茄酮，其他含量较高的成分有巨豆三烯酮 2、β-大马酮、苯乙醇、苯乙醛、糠醛、香叶基丙酮、法尼基丙酮等。结果表明，成熟期氮素调亏造成叶片营养状况存在差异，对香气前体物的形成和降解及调制后烟叶的香气成分含量产生一定的影响。上部叶中性香气成分总量表现为 75%调亏>25%调亏>50%调亏>0 调亏>100%调亏，中部叶中性香气成分总量表现为 50%调亏>75%调亏>25%调亏>0 调亏>100%调亏。由此可见，适度氮素调亏有利于中性香气成分的形成，在烟株成熟期，氮素供应过多或过少都不利于中性香气成分的形成

表 4-1　不同氮素调亏程度对烤后烟叶中性香气成分含量的影响　　（μg/g）

香气成分	上部叶					中部叶				
	100%	75%	50%	25%	0	100%	75%	50%	25%	0
β-大马酮	24.54	27.14	24.30	24.53	23.30	27.58	30.58	33.27	28.46	24.21
香叶基丙酮	3.22	2.76	3.18	2.59	3.29	3.36	2.92	3.65	2.55	3.33
二氢猕猴桃内酯	0.85	1.27	1.03	0.87	0.77	0.78	1.13	0.85	0.54	0.77
脱氢-β-紫罗兰酮	0.53	0.54	0.72	0.54	0.55	0.29	0.30	0.53	0.36	0.37
巨豆三烯酮 1	1.94	2.47	2.29	1.96	1.66	1.48	2.12	2.41	1.91	1.50
巨豆三烯酮 2	6.64	9.34	7.90	7.21	5.58	5.10	7.88	8.48	7.45	5.21
巨豆三烯酮 3	1.63	2.22	1.87	1.72	1.40	1.24	1.98	2.01	1.82	1.26
3-羟基-β-二氢大马酮	0.67	0.81	1.06	0.69	1.16	1.44	1.59	1.12	0.98	1.31
巨豆三烯酮 4	9.96	11.70	11.36	10.31	8.73	7.65	10.83	11.46	11.69	7.63
螺岩兰草酮	1.94	2.69	1.96	2.11	2.05	2.44	2.96	2.05	2.26	2.22
法尼基丙酮	14.74	18.08	15.01	15.37	16.99	16.57	19.73	19.75	15.24	17.93
6-甲基-5-庚烯-2-酮	1.25	1.37	1.38	1.20	1.55	1.04	1.21	0.88	0.99	0.91
6-甲基-5-庚烯-2-醇	0.73	0.69	0.62	0.58	0.69	0.92	0.67	0.59	0.53	0.79
芳樟醇	1.91	2.46	2.10	2.31	2.09	1.39	1.59	1.38	1.67	1.19
氧化异佛尔酮	0.27	0.22	0.27	0.29	0.32	0.25	0.21	0.32	0.41	0.22
β-二氢大马酮	3.68	2.67	3.68	3.13	3.41	3.41	2.26	3.75	3.90	2.56

续表

香气成分	上部叶					中部叶				
	100%	75%	50%	25%	0	100%	75%	50%	25%	0
糠醛	24.33	22.75	27.11	23.82	24.05	24.26	23.29	20.38	25.28	21.65
糠醇	1.73	3.05	3.10	2.15	3.63	4.47	3.39	1.71	2.57	3.28
2-乙酰呋喃	0.68	1.18	0.81	0.79	0.90	0.52	0.58	0.49	0.65	0.51
5-甲基糠醛	1.69	1.56	1.27	1.49	1.34	1.47	1.82	1.27	1.99	1.83
3,4-二甲基-2,5-呋喃二酮	1.17	1.18	1.40	1.03	1.48	1.33	1.33	1.01	0.97	1.20
2-乙酰基吡咯	0.23	0.42	0.38	0.30	0.35	0.23	0.37	0.14	0.25	0.20
苯甲醛	2.67	4.55	3.17	3.10	2.56	2.03	3.54	2.25	3.19	1.89
苯甲醇	5.77	7.94	9.05	7.31	8.51	7.68	9.65	5.73	5.17	7.24
苯乙醛	6.66	11.55	6.94	7.61	5.48	3.69	7.43	4.31	6.31	2.92
苯乙醇	3.41	5.07	4.41	4.33	4.17	3.07	6.37	2.91	3.52	3.25
茄酮	75.62	99.10	64.19	65.84	89.12	46.70	72.44	44.31	53.52	45.53
新植二烯	1234.00	1554.00	1468.00	1523.00	1327.00	1340.00	1686.00	2022.00	1702.00	1410.00
合计	1432.46	1798.79	1668.58	1716.19	1542.13	1510.40	1904.17	2199.01	1886.18	1570.91

　　将测定的中性香气成分按烟叶香气前体物进行分类，可分为苯丙氨酸裂解产物、非酶棕色化反应产物、西柏烷类降解产物、类胡萝卜素降解产物和新植二烯。其中，苯丙氨酸裂解产物 4 种，非酶棕色化反应产物 6 种，西柏烷类降解产物 2 种，类胡萝卜素降解产物 16 种。由表 4-1 和图 4-5 可知，不同处理烟叶各类香气物质含量有明显的差异，其中，上部叶类胡萝卜素降解产物含量和新植二烯含量都以 75%氮素调亏处理最高，中部叶类胡萝卜素降解产物和新植二烯含量都以 50%氮素调亏处理最高，适度氮素调亏（25%、50%、75%）处理的含量要高于

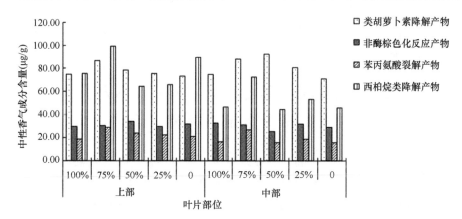

图 4-5　成熟期氮素调亏对烤后烟叶不同种类香气成分含量的影响

重度调亏（100%）和不调亏（0）处理。非酶棕色化反应产物表现为上部叶以 50%氮素调亏处理最高，中部叶以 100%氮素调亏处理最高；苯丙氨酸裂解产物和西柏烷类降解产物茄酮在上部叶与中部叶中均以 75%氮素调亏处理最高。

4.1.4 小结

烟叶的质量特色是烟叶和烟气中香气成分种类、含量及其比例共同作用的结果，而香气成分是由大分子的香气前体物降解转化而来的，其中，质体色素是烟叶重要香气成分的前体物，其合成、降解和转化对于烟叶香气品质的形成至关重要。试验表明，成熟期氮素供应状况对烟叶质体色素的降解转化和香气物质的含量有重要影响。随着氮素调亏程度的增加，叶片色素降解提早、含量降低，烘烤后色素残留减少。但打顶后停止供应氮素（100%氮素调亏），烟株上部叶小、色素降解早、色素含量降低幅度大，表明氮素营养对上部叶物质积累的促进效应主要表现在烤烟生长后期，在生长后期停止为烟株供氮将加速叶绿素的降解，导致烟叶快速落黄，积累的香气前体物较少，因而降解转化产生的香气物质就较少，烤后烟叶中性香气成分含量相对较低。不调亏处理和 25%氮素调亏处理的叶片物质积累多，但色素含量在处理后 40 天仍较高，表明后期持续供氮将使烟株生育期延长，造成过度生长，不能适时落黄，烟株体内碳氮代谢失调，不利于香气前体物的适时转化和品质形成。成熟期氮素供应量调至打顶前的 1/4～1/2，叶片成熟落黄正常，烤后烟叶色素残留相对较少，中性香气成分中叶绿素降解产物（新植二烯）、类胡萝卜素降解产物（巨豆三烯酮、β-大马酮等）及苯丙氨酸裂解产物含量较高。适度氮素调亏，使烟叶处于适度的营养条件，不仅能够满足烟叶的生长需要，又能保证烟叶正常成熟落黄，为烟叶大分子有机物特别是香气前体物的降解转化提供条件，因此形成的香气物质就较多，烟叶品质较好。综上所述，成熟期土壤氮素供应量减少至打顶前的 1/4～1/2 具有显著的增香效果，是特色优质烟叶形成的基础。

4.2 成熟期氮素调亏对烤烟叶片生长和化学成分含量的影响

摘要： 为实现烤烟氮素的动态精准供应，采用套盆设计，在基质培养条件下，通过改变烤烟打顶后的营养液供应来调控烤烟生长后期的氮素营养，探索成熟期不同氮素调亏程度对上部叶生长、化学成分含量及感官质量的影响。结果表明，随着氮素调亏程度的增加，上部叶叶面积、单叶重呈降低趋势，烟叶含氮化合物含量降低，且在打顶后总氮含量下降幅度增大，烟碱含量上升幅度减小。烤后烟叶烟碱、总氮和蛋白质含量随氮素调亏程度增加呈降低趋势，还原糖含量呈相反的变化。以氮素调亏 75%和 50%的处理烟叶长势正常，叶面积适宜，叶片成熟落黄良好，烤烟化学成分较协调，感官质量最好。氮素调亏程度过高（100%）时，烟叶生长受到抑制，烟叶早衰，糖碱比高，石油醚提取物含量低，不利于产质量的形成。不调亏或氮素调亏程度过低（0 或 25%）时，烟叶贪青晚熟，含氮化合物积累量大，化学成分不协调，感官质量较差。综合分析，成熟期氮素供应量减少至打顶前的 1/4～1/2，有利于优质烟叶的形成和浓香型风格特色的彰显。

氮素营养状况对烤烟的生长发育、产量和烟叶的质量形成有重要影响。优质烟叶的生产不仅要求氮素营养水平适宜，而且要求碳氮代谢在烤烟生长发育过程中具有合理的动态变化和分布，烤烟生育后期减少氮素供应，将碳氮代谢由以氮代谢与碳的固定和转化代谢为主及时转变为以碳的积累和分解代谢为主，有利于把积累的光合产物和香气前体物充分降解转化为香气成分，促进烤烟优良品质的形成。目前有关氮素营养对烤烟生长发育、烟叶内在化学成分及感官质量的影响研究，主要是在大田条件下通过控制氮素用量和氮素形态进行的，由于在大田条件下难以精确控制烤烟不同生育时期的氮素营养状况和动态变化，因此，关于烤烟某个生育期的氮素营养状况和氮素调亏程度对烤烟生长发育与品质影响的研究鲜有报道。鉴于此，我们在豫中以烤烟品种 NC297 为材料，采用盆栽试验，在烤烟生长后期通过调控氮素营养模拟烤烟生长后期土壤供氮水平，研究了成熟期氮素营养状况对烤烟叶片后期生长及品质形成的影响，以期通过农艺措施科学实现氮素动态精准供应，为优质特色烟叶生产提供理论依据（顾少龙等，2012c）。

本研究与前文研究结果出自同一试验设计，于打顶后先用清水对全部烟株进行冲淋，然后将冲淋后的烟株设置成 5 个处理，分别采用不同的营养液供应养分，即 0 调亏（营养液中氮素供应量与打顶前一致）、25%调亏（营养液中氮素供应量减少至打顶前的 3/4）、50%调亏（营养液中氮素供应量减少至打顶前的 1/2）、75%调亏（营养液中氮素供应量减少至打顶前的 1/4）、100%调亏（营养液中去除氮素）。

4.2.1　成熟期氮素调亏对烤烟上部叶生长发育的影响

由表 4-2 可知，成熟期氮素调亏对烤烟上部叶生长有显著影响。随着氮素调亏程度的加大，烤烟上部叶叶面积减小，单叶重下降。100%氮素调亏处理的上部各叶片叶面积均较小，单叶重均较低，表明成熟期氮素调亏对上部叶的生长发育和物质积累有明显的抑制作用。0 氮素调亏处理的烤烟后期生长相对旺盛，烟株呈伞形,上部叶倒挂。以 75%和 50%氮素调亏处理的烟叶长势正常,叶面积适宜,叶片成熟落黄良好。

表 4-2　成熟期氮素调亏对上部叶生长发育的影响

叶位	指标	氮素调亏程度				
		100%	75%	50%	25%	0
倒1叶	叶长(cm)	47.9d	47.9d	58.2c	63.7b	68.5a
	叶宽(cm)	24.3e	31.7c	28.4d	35.0b	40.6a
	叶面积(cm²)	738.5d	963.4c	1048.8c	1414.6b	1764.6a
	单叶重(g)	37.5e	41.3d	51.8c	55.9b	81.4a
倒2叶	叶长(cm)	52.2d	53.7cd	55.5c	61.4b	67.0a
	叶宽(cm)	24.7d	29.5c	29.4c	32.0b	38.7a
	叶面积(cm²)	818.1d	1006.8c	1035.3c	1246.7b	1645.2a
	单叶重(g)	36.0e	43.6d	56.9c	68.6b	74.2a
倒3叶	叶长(cm)	53.2d	57.6c	64.1b	64.4b	69.4a
	叶宽(cm)	27.7c	28.4c	35.0b	38.3a	35.5b
	叶面积(cm²)	935.0c	1037.9c	1423.5b	1565.0a	1563.2a
	单叶重(g)	43.3e	49.5d	59.0c	76.2a	71.4b
倒4叶	叶长(cm)	53.4d	53.8d	60.0c	67.6b	72.5a
	叶宽(cm)	22.2e	29.6d	31.7c	34.9b	37.7a
	叶面积(cm²)	752.2e	1010.4d	1206.8c	1496.9b	1734.3a
	单叶重(g)	39.4e	48.9d	58.0c	63.0b	73.3a
倒5叶	叶长(cm)	60.0b	69.4a	61.3b	60.7b	69.9a
	叶宽(cm)	25.1d	27.8c	29.3bc	30.2b	36.5a
	叶面积(cm²)	955.6c	1224.2b	1139.6b	1163.1b	1618.8a
	单叶重(g)	50.3b	57.9a	58.1a	58.7a	58.5a
倒6叶	叶长(cm)	58.9d	63.0c	66.1b	67.5ab	69.2a
	叶宽(cm)	27.2d	29.4c	30.5c	34.1b	37.0a
	叶面积(cm²)	1016.5d	1175.2c	1279.2c	1460.5b	1624.6a
	单叶重(g)	50.3e	56.0d	59.1c	62.9b	79.2a

4.2.2　成熟期氮素调亏对烟叶总氮和烟碱含量的影响

总氮、烟碱是烟叶氮代谢的产物。由表 4-3 可见,处理后 10 天,不同氮素营养处理的烤烟叶片总氮和烟碱含量相差不大。随着生育期的推进,叶片总氮含量明显下降,烟碱含量明显上升。与处理后 10 天相比,处理后 40 天上部叶总氮含量 100%氮素调亏减少了 1.17 个百分点,0 氮素调亏处理减少了 0.85 个百分点,

烟碱含量 100%氮素调亏处理增加了 0.82 个百分点，0 氮素调亏处理增加了 1.37
个百分点；中部叶总氮含量 100%氮素调亏处理减少了 0.52 个百分点，0 氮素调亏
处理减少了 0.37 个百分点，烟碱含量 100%氮素调亏处理增加了 0.45 个百分点，0
氮素调亏处理增加了 1.59 个百分点。结果表明，氮素营养的持续大量供应（0 和
25%氮素调亏）可有效提高烟叶含氮化合物的含量，但其含量过高可能导致叶片
烘烤后产生过多的碱性物质，造成烟气辛辣、杂气重、余味欠舒适，不利于提高
叶片品质。而 100%氮素调亏处理叶片中总氮和烟碱含量过低，会导致烤后烟叶吃
味平淡、劲头小，无法满足消费者的吸食需求。

表 4-3　成熟期氮素调亏对上、中部叶总氮和烟碱含量变化的影响

部位	氮素调亏程度	处理后不同时间总氮含量（%）				处理后不同时间烟碱含量（%）			
		10 天	20 天	30 天	40 天	10 天	20 天	30 天	40 天
上部叶	100%	2.77	1.90	1.79	1.60	1.46	1.70	2.18	2.28
	75%	2.86	2.07	1.83	1.69	1.60	1.98	2.25	2.46
	50%	2.97	2.15	2.12	2.06	1.57	2.01	2.83	2.79
	25%	3.15	2.56	2.24	2.13	1.68	2.12	2.42	2.70
	0	3.02	2.32	2.23	2.17	1.65	2.10	2.71	3.02
中部叶	100%	1.97	1.67	1.60	1.45	1.55	1.74	1.86	2.00
	75%	2.01	1.71	1.62	1.60	1.62	1.82	1.96	2.67
	50%	2.02	1.99	1.99	1.65	1.73	1.91	2.33	2.56
	25%	2.25	1.92	1.88	1.62	1.52	1.85	1.91	2.47
	0	2.14	1.93	1.90	1.77	1.51	1.78	2.41	3.10

4.2.3　成熟期氮素调亏对烤后烟叶化学成分含量的影响

由表 4-4 可知，100%氮素调亏处理的烤烟各部位烟叶中烟碱、总氮和蛋白质
含量均为最低，总糖和还原糖含量均最高。随着氮素调亏程度的降低，烟碱、总
氮和蛋白质含量有增加的趋势。0 氮素调亏处理的烤烟上部叶、中部叶烟碱、总
氮含量均为最高，中部叶的两糖含量均为最低。烤烟上部叶、中部叶的钾含量、
钾氯比都以 50%和 25%氮素调亏处理较高，氯含量都以适度氮素调亏处理（75%、
50%和 25%）较低，而 100%和 0 氮素调亏处理的氯含量较高。烟叶品质的好坏不
仅取决于主要化学成分含量的多少，还取决于各成分之间是否协调平衡。一般认
为，优质烤烟的糖碱比（还原糖与烟碱的比值）为 8～10，氮碱比（总氮与烟碱
的比值）接近于 1。从烤后烟叶的糖碱比和氮碱比来看，75%氮素调亏处理的上部
叶糖碱比为 7.93、氮碱比为 0.85，中部叶糖碱比为 7.89、氮碱比为 0.84，烤烟化

学成分较协调，与优质烟的要求最为接近。

表 4-4　成熟期氮素调亏对上、中部叶化学成分含量的影响

部位	氮素调亏程度	总糖(%)	还原糖(%)	总氮(%)	烟碱(%)	钾(%)	氯(%)	蛋白质(%)	糖碱比	钾氯比	氮碱比
上部叶	100%	25.54	22.47	1.43	1.78	1.51	0.96	9.52	12.62	1.58	0.80
	75%	23.78	21.56	2.30	2.72	1.72	0.91	10.94	7.93	1.88	0.85
	50%	22.74	20.40	2.18	3.26	1.96	0.69	10.45	6.26	2.84	0.67
	25%	15.16	14.19	2.49	4.27	1.88	0.91	11.80	3.32	2.07	0.58
	0	16.45	14.25	2.71	4.40	1.42	0.97	11.00	4.06	1.46	0.62
中部叶	100%	24.20	21.81	1.51	1.86	1.34	1.01	9.30	11.73	1.33	0.81
	75%	23.81	21.62	2.29	2.74	1.42	0.86	10.03	7.89	1.65	0.84
	50%	23.06	19.74	2.32	2.82	1.65	0.99	11.95	7.00	1.67	0.82
	25%	22.74	19.31	2.37	3.76	2.15	0.76	11.13	5.14	2.83	0.63
	0	20.06	18.74	2.45	4.57	1.52	1.07	11.09	4.10	1.42	0.54

4.2.4　成熟期氮素调亏对烤后烟叶石油醚提取物含量的影响

烟叶石油醚提取物是用石油醚作为溶剂对烟叶样品进行萃取后得到的混合物，主要包括挥发油、树脂、油脂、脂肪酸、蜡质、类脂物、甾醇、色素等，这些物质是形成烟草香气的重要成分。烤烟石油醚提取物含量与烤烟的整体质量及香气量呈正相关。由图 4-6 可知，成熟期适度氮素调亏可以提高烤后烟叶石油醚提取物含量，上部叶不同氮素调亏处理烤后烟叶的石油醚提取物含量表现为：75%调亏>50%调亏>0 调亏>25%调亏>100%调亏，中部叶则表现为 50%调亏>75%调亏>25%调亏>0 调亏>100%调亏，说明氮素调亏程度过大或过小均不利于烤后烟叶中石油醚提取物含量的提高。

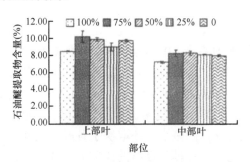

图 4-6　成熟期氮素调亏对烤后烟叶石油醚提取物含量的影响

4.2.5　成熟期氮素调亏对烤后烟叶感官质量的影响

烟叶是满足人们吸食需要的特殊商品，其感官特征是烟叶品质优劣最直接和最客观的反映。由表 4-5 可知，上中部叶均以 75%氮素调亏处理烟叶的香气量较足、香气质好、杂气较少、刺激性较低、余味舒适、烟气浓度较高、燃烧性较好，总得分最高，分别为 53.5、56.3，浓香风格程度较高；100%、50%、25%氮素调亏处理次之；0 氮素调亏处理得分最低，分别为 47.3、46.1。各处理香型均为浓香型，但适度氮素调亏处理的风格程度较高，调亏程度过大或过小均造成风格程度较低。这是因为香型主要受生态因素的影响，栽培因素决定风格特色的显示度和彰显度。

表 4-5　成熟期氮素调亏对烤后烟叶感官质量的影响

部位	氮素调亏程度	香气量（10）	香气质（10）	浓度（10）	劲头（10）	刺激性（10）	余味（10）	杂气（10）	燃烧性（5）	总分（75）	香型	风格程度（10）
	100%	7.0	7.0	6.8	7.0	6.8	6.5	7.0	4.5	52.6	浓香	7.7
	75%	7.5	7.0	7.2	7.3	6.5	6.5	7.0	4.5	53.5	浓香	8.5
上部叶	50%	7.5	6.8	7.0	7.0	6.5	6.5	6.8	4.0	52.1	浓香	8.6
	25%	7.0	6.6	6.5	6.5	6.0	6.0	6.0	4.0	48.6	浓香	7.2
	0	7.0	6.0	6.5	6.0	5.5	5.8	6.0	4.0	47.3	浓香	6.5
	100%	6.5	7.0	6.0	6.8	7.0	6.5	7.0	4.0	50.8	浓香	7.0
	75%	7.5	7.8	6.5	8.0	7.5	7.0	7.0	5.0	56.3	浓香	7.9
中部叶	50%	7.3	7.0	6.5	7.5	7.3	7.0	6.5	4.0	53.1	浓香	7.8
	25%	7.0	6.5	6.0	6.5	6.5	6.5	6.0	4.0	49.3	浓香	7.3
	0	6.3	6.0	6.0	6.0	6.0	6.3	6.0	3.5	46.1	浓香	6.2

4.2.6　小结

烤烟成熟期氮素调亏对烤烟上部叶的生长发育有显著影响，随着氮素调亏程度的增加，叶片大小、单叶重呈降低趋势，表明氮素营养对上部叶物质积累的促进效应主要是在烤烟生长后期发挥。不调亏或调亏程度较低处理的叶片较大，物质积累多，持续供氮使烤烟生育期延长，不能适时落黄。

烟碱含量与烟草的氮素用量存在着极显著的正相关，氮素是影响烟草烟碱含量的最重要的营养元素，测定生育期内烟碱的含量，有助于了解烟碱在生育期内的合成情况，从而在适当时期采取合理的措施对烟碱含量进行调控，也有助于寻求生产烟碱含量适中的烤烟所需的合理氮用量。本试验结果表明，氮素调亏程度对中上部叶烟碱积累存在着显著影响。在烟株生育后期持续供氮将导致烟碱大量合成积累。调亏程度过高导致烟株的氮代谢强度太低,烟叶生长受抑制,严重影响烟碱的合成积累;而调亏程度较低时,到生育后期烟叶的氮代谢强度仍然很高,这将推迟烟叶由氮代谢转化为碳代谢的时间,使烟叶贪青、落黄晚,从而影响烟叶品质。因此,在烤烟生产中,对于氮肥施用过多的烟田,可以在打顶后采取一些有效措施(如适度灌水等)来调控土壤中的氮素,以便于控制烟叶对氮素的奢侈吸收,促使烟叶适时由氮代谢向碳代谢转化,在生产上注意改善土壤的通透性,使土壤后期氮素供应及时减弱,从而促进烟叶成熟落黄和物质降解转化,达到增质增香的目的。

综上所述,成熟期氮素供应量减少至打顶前的 1/4~1/2,烟叶生长发育良好,既能保证上部叶开片良好,又能保证后期烟叶适时落黄和充分成熟,化学成分较为协调,感官质量最好,有利于优质烟叶的形成和浓香型风格特色的彰显。

4.3 氮素营养对成熟期烤烟碳氮代谢及萜类代谢基因表达的影响

摘要: 为探索氮素营养对烤烟碳氮代谢的影响,在前期不同氮素营养水平的基础上于成熟期统一调亏,分析烤烟叶片糖代谢、氮代谢、淀粉代谢及萜类代谢相关关键基因的表达水平。结果显示,糖代谢中 3 个关键基因,即蔗糖转化酶(*INV*)和蔗糖合酶(*SUS*)基因随着烟叶的成熟表达量升高,但在不同氮素营养水平处理间的表达水平差异无统计学意义;蔗糖磷酸合酶(*SPS*)基因表达量在烟叶成熟前期随前期氮素营养水平的降低而降低。淀粉代谢中颗粒淀粉合酶(*GBSSI*)基因表达量既不受烟叶成熟时期的影响,也不受前期氮素营养水平的影响。氮代谢中硝酸还原酶(*NR*)基因在不同成熟时期及不同氮素营养水平处理间的表达量均无差异。谷氨酰胺合成酶(*GS*)基因的表达量在烟叶成熟后期呈降低趋势,且受前期氮素营养水平的影响较大。萜类代谢中 3-羟基-3-甲基戊二酰辅酶 A 还原酶(*HMGR*)基因的表达量随着烟叶的成熟先升高再降低,在成熟后期表达量随前期氮素营养水平的降低而降低。表明在前期氮素营养水平不一致的基础上于成熟期统一调亏,对成熟后期烟叶氮素的同化吸收和萜类代谢影响较大。烟叶糖代谢和淀粉代谢受烟叶成熟时期的影响最大。

在烟叶各种代谢过程中,碳氮代谢是最基本和最重要的代谢,其代谢强度和协调程度对烟叶的生长发育与决定烟叶产量品质的各类化学成分的形成转化有重要影响,直接或间接关系到烟叶产量和品质的形成与提高。随着烟叶的生长成熟,叶绿素含量、硝酸还原酶和转化酶活性均呈下降趋势,不同烤烟品种不同生长阶段的碳氮代谢强度具有显著差异。随氮素营养水平的提高，同一品种烟草的硝酸还原酶、蔗糖转化酶、淀粉酶活性均提高；但在成熟期，增加施氮量后，烟草的淀粉酶活性反而降低。在叶片功能盛期以前，随着氮素营养水平的增加，淀粉酶活性增高，碳的固定和转化增强，但碳积累代谢减弱；烟叶成熟阶段，淀粉酶活性高时，碳的分解代谢旺盛，其活性与氮素营养水平呈负相关。随着氮素营养水平的增高，烟叶各期的转化酶活性均升高，表明增施氮肥可以促进碳代谢的增强。目前，关于氮素营养对烟叶生长发育和品质影响的研究多集中在大田条件下控制氮素用量和氮素形态比例等方面，但在大田条件下很难实现氮素营养的动态精准调控。氮素供应不足将导致烟叶刺激性降低，劲头不足；氮素过多，则烟株氮代谢旺盛，烟叶难以正常生理成熟。合理的氮素营养水平可以保证烟株正常生长发育，体内碳氮代谢达到平衡，有利于优良品质的形成。鉴于此，本研究采用盆栽试验，在育苗基质固持的条件下进行全营养液培养，使烟株前期生长在不同氮素营养条件下，后期则进行氮素调亏，减少氮素供应，研究了不同生长时期氮素动态精准供应对烤烟碳氮代谢关键基因表达水平的影响，以期为烤烟的动态精准施肥提供依据（王红丽等，2014）。

本研究在豫中采用盆栽试验进行，选用套盆设计，供试品种为烤烟 NC297。盆栽试验中种植盆钵高 30cm，直径 35cm，底盆直径 40cm，所用填充固持材料为烤烟育苗基质。烟株生长营养全部由 Hoagland 营养液提供。研究设计了前期不同氮素营养水平协同成熟期氮素调亏试验，团棵前每 5 天添加 1 次营养液，之后每 3 天添加 1 次营养液。共设 4 个处理，团棵前 N1、N2、N3、N4 处理每次分别添加营养液的体积为 2.250L、1.875L、1.500L、1.125L，其中 N2 处理为根据大田推荐施氮量确定的正常氮素营养水平，添加后均用清水补足到 2.5L；团棵后 N1、N2、N3、N4 处理每次分别添加营养液的体积为 2.725L、2.213L、1.700L、1.188L，添加后均按差量用清水补足到 3.0L。打顶后进行同量氮素调亏，即把氮素质量浓度降至 35mg/L，Hoagland 营养液中其他元素浓度保持不变。打顶后各处理每次分别添加营养液的体积均为 1L，按差量用清水补足到 2L。

4.3.1　碳氮代谢基因和萜类代谢基因的 RT-PCR 检测

分别在移栽后 60 天、70 天和 80 天选取生长发育良好的不同烟株的 3 片上二棚叶，于液氮中冷冻保存。采用 Trizol 试剂法提取烟草总 RNA，通过随机引物法反转录合成 cDNA。检测内参基因 *L25* 及目的基因 *INV*、*SUS*、*SPS*、*GBSS*、*NR1*、*GS* 和 *HMGR* 表达量用的引物如表 4-6 所示。PCR 体系：cDNA 为 1μL，ddH$_2$O 为 11μL，上游引物和下游引物均为 1.5μL，含染料的 *Taq* Mix 为 15μL，整个 PCR 体系共 30μL。反应程序：94℃预变性 5min；94℃变性 30s；退火温度依各引物 Tm 值变化而变化（47～60℃）；72℃延伸 1min，35 个循环；72℃延伸 10min，于 4℃保存。

表 4-6　扩增引物序列

种类	基因名称	NCBI 登录号	引物序列（5′-3′）
内参基因	*L25*	L18908	F：GCTTTCTTCGTCCCATCA R：CCCCAAGTACCCTCGTAT
糖代谢基因	蔗糖转化酶 *INV*	AB055500	F：CTTGCGAGGGATAGGGTG R：TGGTTGGAAGGGATTGAG
	蔗糖合酶 *SUS*	AB055497.1	F：CCATTTCTCAGCCCAGTTTA R：CTCTGCCTGTTCTTCCAAGT
	蔗糖磷酸合成酶 *SPS*	AF194022	F：GGAATTACAGCCCATACGAG R：AAGTTCTGGGTGAGCAAA
淀粉代谢基因	颗粒粉合酶 *GBSSI*	DQ069270.1	F：GGTAGGAAAATCAACTGGATG R：TATCCATGCCATTCACAATCC
氮代谢基因	硝酸还原酶 *NR1*	X14058.1	F：ATCCAGTTATCAGCGGTA R：GGCAGTTCAGTCACATAGA
	谷氨酰胺合成酶 *GS*	X95933.1	F：CAGCAATCTCCGCAATCC R：CGAGCCTATCCCGACAAA
萜类代谢基因	3-羟-3-甲基戊二酰辅酶 A 还原酶 *HMGR*	AF004232.1	F：AAATCTTACTGGCTCTGCG R：CTGTTGGCACCTTTCACTC

注：F 表示上游引物，R 表示下游引物

4.3.2　前期不同氮素营养水平协同成熟期同量调亏处理对糖代谢关键基因表达的影响

蔗糖转化酶（invertase，INV）在高等植物蔗糖代谢中起着关键的作用，参与植物的生长、器官建成、糖分运输、韧皮部卸载，以及调节库组织糖分构成与水平，其活性常作为衡量碳代谢强度的重要指标。如图 4-7 和表 4-7 所示，*INV* 基因的表达强度随生育期的推进而逐渐增强，移栽后 60 天各处理表达量均最低，在处理间表现为 N1<N2<N4<N3。而在移栽后 70 天、80 天表达量明显增加，70 天时处理间没有明显差异，80 天时表现为基因表达量随前期氮素营养水平的增加而增加。蔗糖合酶（sucrose synthase，SUS）主要是将运输到叶片中的蔗糖降解，提供淀粉等多糖合成所需的葡萄糖供体，在非光合组织中承担着为其他合成反应提供核苷酸糖类的任务。*SUS* 基因在不同的生育期表达量不同，随生育期的推进其表达量有逐渐增加的趋势，但不如 *INV* 基因表达量增加明显。蔗糖磷酸合酶（sucrose phosphate synthase，SPS）是催化蔗糖生成的关键酶，也是控制碳素分配和流向的关键酶。*SPS* 基因在移栽后 60 天的表达强度弱于移栽后 80 天，*SPS* 基因表达量在移栽后 60 天 4 个处理间有差异，N3 处理的表达量明显低于其余各处理，在移栽后 70 天与 80 天表达量在不同发育时期与处理间均无明显差异。

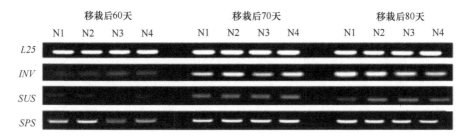

图 4-7　不同发育时期烤烟 *INV*、*SUS* 和 *SPS* 基因的检测结果

表 4-7　前期不同氮素营养水平协同成熟期同量调亏处理对糖代谢关键基因表达的影响

基因	移栽后天数	N1	N2	N3	N4
	60	81.4	100.0	117.8	103.8
INV	70	206.7	271.5	198.7	275.1
	80	341.5	321.7	277.5	223.2
	60	91.1	100.0	21.3	89.7
SUS	70	402.9	405.2	409.5	435.0
	80	200.7	421.3	422.3	327.2
	60	101.2	100.0	59.3	72.6
SPS	70	89.0	99.0	100.4	107.9
	80	107.8	103.2	89.4	79.2

注：表中数据为亮度相对值，移栽后 60 天 N2 处理计为 100，下同

4.3.3　前期不同氮素营养水平协同成熟期同量调亏处理对淀粉代谢关键基因表达的影响

颗粒结合型淀粉合酶（granule bound starch synthase I，GBSSI）是控制直链淀粉合成的关键酶。如图 4-8 和表 4-8 所示，*GBSSI* 基因在不同发育时期表达量变化不大，同一时期不同处理间差异不明显；在移栽后 70 天，N4 处理的表达量稍高于其余各处理；移栽后 80 天，N4 处理表达量低于其余各处理。

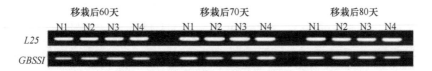

图 4-8　不同发育时期烤烟 *GBSSI* 基因的检测结果

表 4-8　前期不同氮素营养水平协同成熟期同量调亏处理对 *GBSSI* 基因表达的影响

移栽后天数	处理			
	N1	N2	N3	N4
60	84.7	100.0	106.4	100.2
70	117.9	104.4	109.7	126.9
80	98.5	123.8	104.0	84.0

4.3.4　前期不同氮素营养水平协同成熟期同量调亏处理对氮代谢关键基因表达的影响

硝酸还原酶（nitrate reductase，NR）是氮代谢的一个关键酶和限速酶，主要作用是把 NO_3^- 还原成 NO_2^-。如图 4-9 和表 4-9 所示，*NR* 的基因表达量随生育期的推进先升高再降低，在同一时期不同处理间无明显差异。谷氨酰胺合成酶（glutamine synthetase，GS，又称为氮素转移酶）催化产生谷氨酰胺，GS 常与谷氨酸合酶（glutamate synthase，GOGAT）协同作用，组成 GS/GOGAT 循环，这是高等植物 NH_4^+ 同化的主要途径。*GS* 基因的表达量在移栽后 70 天高于其余两个时期，在移栽后 60 天和 70 天各处理间表达量均没有明显差异，在移栽后 80 天 N3、N4 处理的表达量均明显低于 N1、N2 处理。

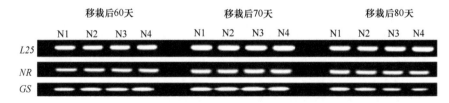

图 4-9　不同发育时期烤烟 *NR* 和 *GS* 基因的检测结果

表 4-9　前期不同氮素营养水平协同成熟期同量调亏处理对氮代谢关键基因表达的影响

基因	移栽后天数/d	N1	N2	N3	N4
NR	60	89.9	100.0	99.3	105.5
	70	114.4	117.8	122.9	124.3
	80	112.9	111.4	104.7	97.8
GS	60	91.6	100.0	102.3	113.3
	70	116.5	122.5	127.3	114.3
	80	101.8	93.5	70.1	54.1

4.3.5　前期不同氮素营养水平协同成熟期同量调亏处理对萜类代谢关键基因表达的影响

3-羟-3-甲基戊二酰辅酶 A 还原酶（3-hydroxy-3-methylglutaryl coenzyme A reductase，HMGR）是植物甲羟戊酸途径中的第一个限速酶，也是细胞质萜类代谢中的重要调控位点。如图 4-10 和表 4-10 所示，各处理 *HMGR* 基因的表达量在移栽后 70 天均高于 60 天时的表达量，N2、N3、N4 处理在移栽后 80 天表达量又降低。4 个处理间的表达量有明显差异，在移栽后 60 天，N3、N4 处理的 *HMGR* 基因表达量均明显高于 N1、N2 处理；移栽后 70 天，N1 处理的 *HMGR* 基因表达量明显低于其余各处理；移栽后 80 天，表现为随前期氮素营养水平的增加基因表达量度增加。

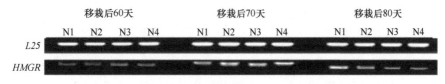

图 4-10　不同发育时期烤烟 *HMGR* 基因的检测结果

表 4-10　前期不同氮素营养水平协同成熟期同量调亏处理对 *HMGR* 基因表达的影响

移栽后天数	处理			
	N1	N2	N3	N4
60	103.5	100.0	204.5	183.0
70	387.9	584.5	518.0	546.4
80	504.5	339.4	228.9	202.2

4.3.6　小结

在烟叶生长和成熟过程中，其碳氮代谢的动态变化会对烟叶品质产生重大影响。本研究表明，糖代谢中 3 个关键基因，蔗糖转化酶和蔗糖合酶基因表达均受烟叶成熟时期的影响较大，烟叶越趋向成熟其基因表达量越高，而不受前期氮素营养水平影响；*SPS* 基因的表达量在烟叶成熟前期随打顶前氮素营养水平的降低而降低，随着烟叶成熟期的推移，其表达量在 4 个处理间趋于一致。打顶后随着烟叶的成熟，糖代谢 3 个关键基因表达量整体趋向升高，表明糖代谢活动越来越活跃，糖代谢过程受烟叶成熟时期影响较大，而受前期氮素营养水平影响较小。

淀粉代谢中颗粒结合型淀粉合酶（*GBSSI*）基因表达既不受烟叶成熟时期的影响，也不受前期氮素营养水平的影响，表明前期氮素营养水平对淀粉合成代谢影响不大。

氮代谢中硝酸还原酶（NR）基因在不同成熟时期和不同前期氮素营养水平处理间表达量均无差异。谷氨酰胺合成酶（GS）基因的表达量在成熟前期无差异，越到烟叶成熟后期表达量越低，且随前期氮素营养水平的降低表达量也降低。结果说明，烟叶固氮能力随着烟叶的成熟而降低，且前期氮素营养水平越低氮素吸收能力越低。

萜类代谢途径中 3-羟-3-甲基戊二酰辅酶 A 还原酶（HMGR）是控制萜类代谢的限速酶，其表达量随着烟叶的成熟先升高再降低，成熟前期表达量在 4 个处理均较低，成熟中期表达量都升高；成熟后期表达量受前期氮素营养水平的影响，前期氮素营养水平越高，其表达量也越高。结果表明，萜类代谢在烟叶成熟中期最活跃，前期氮素营养水平对烟叶成熟后的萜类代谢影响最大。

综上所述，在前期氮素营养水平不一致的基础上于成熟期统一调亏，对烟叶糖代谢和淀粉代谢影响不大，而对成熟后期烟叶氮素的同化吸收和萜类代谢影响较大。

4.4 氮素营养和成熟期调亏对烤烟质体色素与相关基因表达的影响

摘要：为了探索前期不同烟株氮素营养状况协同成熟期氮素调亏对烟叶质体色素代谢的影响，筛选出表达水平与氮素营养水平密切相关的色素转化降解基因，运用盆栽试验，在前期不同氮素营养水平协同后期同量调亏的条件下对烤烟 NC297 的质体色素含量、成熟期净光合速率、叶片超微结构和相关基因表达进行了研究。结果表明，移栽后 30 ~ 60 天，各时期质体色素含量随着氮素营养水平的增加而增加。随着氮素营养水平的增加，成熟期烟株净光合速率增加，细胞内的嗜锇颗粒、叶绿体和类囊体片层数量增加，衰老特异性半胱氨酸蛋白酶（CP1）基因的表达逐渐减弱，细胞衰老降解速度减慢。高氮素营养水平处理 N1 的脱镁叶绿酸 a 单加氧酶（PAO）基因在发育后期表达水平高于其他处理；ζ-胡萝卜素脱氢酶（ZDS）、类胡萝卜素裂解双加氧酶（CCD）和 9-顺式环氧类胡萝卜素双加氧酶（NCED）基因对氮素营养水平反应敏感，随着氮素营养水平增加其表达高峰向后推移。综上，基因 PAO、ZDS、CCD 和 NCED 表达高峰的出现时间可作为后期氮素调亏条件下反映烟株氮素营养状况是否适宜的有效指标。

氮素是烤烟品质的决定元素，对烟叶优良品质的形成和风格特色的彰显有重要贡献。优质烟叶生产需要充足的营养以积累较多的光合产物和香气前体物，在生长后期需要及时减弱氮代谢以促进光合产物和香气前体物充分降解与转化。烟株生长发育前期合成充足的质体色素，对于提高光合速率和增加光合同化产物有重要作用，而在烟株生育后期，减弱氮素供应，调控质体色素的代谢转化以分解代谢为主，可使烟叶及时落黄成熟，将积累的光合产物和香气前体物充分降解转化为香气成分，有利于烟叶优良品质的形成。由于在大田条件下很难实现氮素营养的动态精准调控，因此，我们采用盆栽试验研究了不同生长时期氮素动态精准调控对烤烟叶片质体色素含量、成熟期净光合速率、叶片超微结构和相关基因表达的影响，系统探索烤烟生长前期氮素供应调控与质体色素代谢及其关键基因表达的关系，筛选出表达水平与氮素营养水平密切相关的色素转化降解基因，阐明前期不同烟株氮素营养状况与后期氮素调亏的协同效应对烟叶质体色素合成、积累、降解的影响，旨在为烤烟的动态精准施肥提供依据（苏菲等，2013）。

本研究在河南省郏县开展盆栽试验，试验方法和材料与前文所述试验相同。共设 4 个处理，各处理的前期氮素营养水平及后期调亏水平如表 4-11 所示。

表 4-11 前期不同氮素营养水平协同打顶后同量调亏处理

处理	打顶前氮素营养水平 （g/盆）	打顶后调亏处理氮素营养水平 （g/盆）	总氮素营养水平 （g/盆）
N1	4.760	0.490	5.250
N2	3.885	0.490	4.375
N3	3.010	0.490	3.500
N4	2.135	0.490	2.625

4.4.1 生育期烟叶的质体色素含量

由图 4-11～图 4-13 可见，移栽后 30 天随着前期氮素营养水平的增加，质体色素含量表现为升高趋势。其中，叶绿素 a、叶绿素 b 和叶绿素总量变化趋势一致，均为 N1 处理最高，N2 处理次之，叶绿素 a 和叶绿素总量表现为 N1、N2 处理均显著高于 N3、N4 处理。类胡萝卜素含量表现为 N1 处理最高，其他 3 个处理间差异不显著。移栽后 45 天叶绿素总量除 N1 处理比移栽后 30 天高外，其余 3 个处理的叶绿素总量均较移栽后 30 天有不同程度的降低，表明打顶后 N1 处理的叶绿素分解代谢有所推迟；此外，叶绿素 a、叶绿素 b、叶绿素总量及类胡萝卜素含量均表现为 N1>N3>N2>N4。移栽后 60 天质体色素含量有所下降，较移栽后 30 天低。其中，叶绿素 a、叶绿素总量及类胡萝卜含量素变化趋势一致，表现为 N1>N2>N3>N4。叶绿素 a 和类胡萝卜素含量表现为各处理间差异显著，N1 处理显著高于其他 3 个处理；叶绿素 b 含量的趋势表现为 N1>N3>N2>N4。

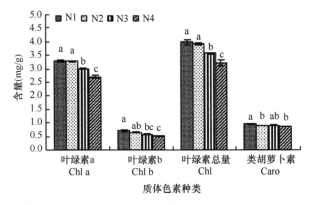

图 4-11 移栽后 30 天各处理烤烟叶片的质体色素含量

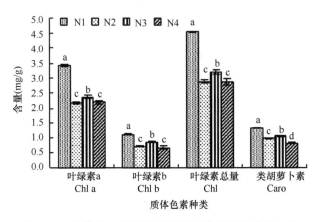

图 4-12 移栽后 45 天各处理烤烟叶片的质体色素含量

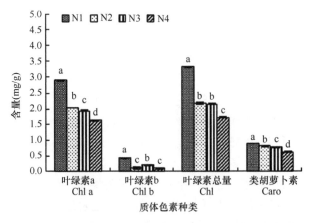

图 4-13 移栽后 60 天各处理烤烟叶片的质体色素含量

4.4.2　烤后烟叶的质体色素含量

烟叶烘烤后叶绿素大量降解,产生香气物质新植二烯。从表 4-12 可见,烘烤后类胡萝卜素占质体色素含量的比例得到大幅提升。烤后上二棚叶中,叶绿素总量随着前期氮素营养水平的增加而增加,各处理间差异显著。N1、N2 处理的叶绿素 a 和叶绿素 b 含量均显著高于 N3、N4 处理。N1 处理的类胡萝卜素含量显著高于 N2、N3 和 N4 处理。类胡萝卜素含量与叶绿素总量的比值随着氮素营养水平的增加而降低。

表 4-12　上二棚烤后样的质体色素含量

处理	叶绿素 a 含量 （μg/g）	叶绿素 b 含量 （μg/g）	叶绿素总量 （μg/g）	类胡萝卜素含量（μg/g）	类胡萝卜素含量/叶绿素总量
N1	37.91a	27.20a	65.11a	388.36a	5.96
N2	34.92a	25.24a	60.16b	362.17b	6.02
N3	30.68b	22.03b	52.71c	319.35c	6.06
N4	27.03c	19.93b	46.96d	307.49c	6.55

4.4.3　烤烟成熟期的净光合速率

在移栽后 60 天（8 月 10 日）和 82 天（9 月 1 日）分别测定各处理烟株自上往下第 8～10 片叶（上二棚叶）的净光合速率。由图 4-14 可见,2 个时期各处理的净光合速率均随着前期氮素营养水平的增加而增大。移栽后 60 天,N1 处理的净光合速率最高,N2、N3、N4 处理间差异不显著。移栽后 82 天,各处理烟叶的净光合速率均较移栽后 60 天大幅下降,各处理间差异显著,且 N1 处理的净光合速率显著高于 N2、N3、N4 处理。

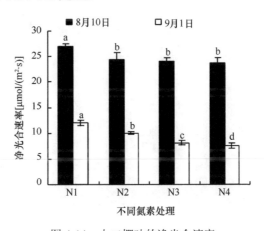

图 4-14　上二棚叶的净光合速率

4.4.4 烤烟叶片的超微结构

由图 4-15 可以看到，在移栽后 60 天，各处理叶绿体紧贴细胞壁排列。细胞内的嗜锇颗粒、叶绿体和类囊体片层数量都随着氮素营养水平的减少而依次减少。其中，N1、N2 处理细胞核有轻微降解，N3、N4 处理的线粒体与细胞核均有轻微降解。在移栽后 70 天，除 N1 处理的叶绿体紧贴细胞壁排列外，其他 3 个处理的叶绿体有所变化，但基本也都贴细胞壁排列。N1、N2 处理的细胞核有轻微降解，N3 处理线粒体、细胞核有轻微降解，N4 处理线粒体、细胞核已降解。在移栽后

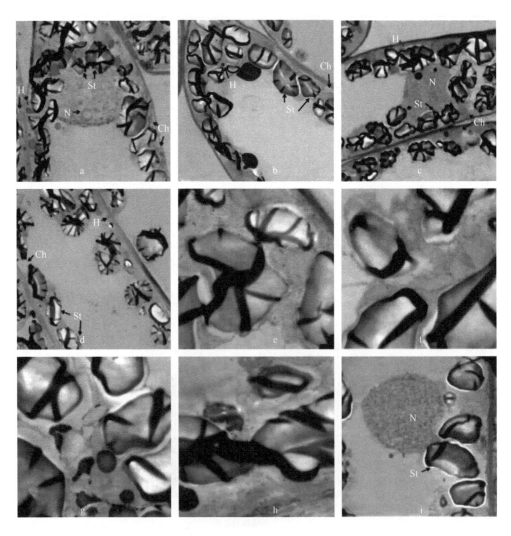

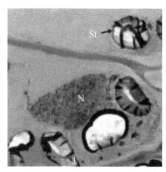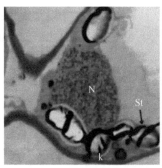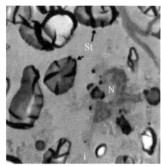

图 4-15　不同发育时期烟叶叶绿体的超微结构

N：细胞核；S：淀粉粒；Ch：叶绿体或者质体；H：嗜锇颗粒或嗜锇物质；a～d 分别表示 N1～N4 处理烤烟移栽后 60 天叶片细胞栅栏组织中的叶绿体（标尺=5μm），e～h 分别表示 N1～N4 处理烤烟移栽后 70 天叶片细胞中的线粒体（标尺= 1μm），i～l 分别表示 N1～N4 处理烤烟移栽后 80 天叶片细胞中的细胞核（标尺=2μm）

80 天，各处理的叶绿体多数已不再贴细胞壁排列，嗜锇颗粒数量均较少，且随着氮素营养水平的降低依次减少。此时，N1 处理叶绿体中的类囊体片层极少并扩张，线粒体、细胞核有轻微降解；N2、N3 处理叶绿体中所含类囊体片层极少，同时扩张较严重，线粒体、细胞核降解；N4 处理仅存的少量类囊体片层已扩张，散落在细胞中的细胞器有少量的高电子密度嗜锇颗粒、降解的线粒体及固缩的细胞核。

4.4.5　叶绿素代谢关键基因的表达特征

镁离子螯合酶（magnesiumion chelatase，CHL）是四吡咯化合物生物合成途径中叶绿素合成分支（镁分支）的第一个酶，它催化镁离子螯合到原卟啉 IX 中，形成镁原卟啉 IX。该酶不仅控制着叶绿素的合成，其不同亚基还参与叶绿体到细胞核的反向信号转导。如图 4-16 所示，在 3 个取样时期内，CHL 表达量在各处理间没有表现出明显的差异，在移栽后 80 天表达水平降低。脱镁叶绿酸 a 单加氧酶（pheophorbide a monooxygenase，PAO）是叶绿素分解代谢过程中的关键限速酶，

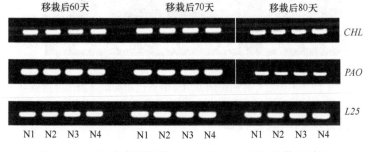

图 4-16　不同发育时期烤烟 CHL 和 PAO 基因的检测结果

催化叶绿素卟啉环开环成为四元线性吡咯衍生物。*PAO* 的表达水平在移栽后 60
天、70 天没有表现出明显差异；在移栽后 80 天，*PAO* 的表达水平以 N1 处理最高，
其他 3 个处理间差异不显著。

4.4.6　类胡萝卜素代谢关键基因的表达特征

八氢番茄红素合酶（phytoene synthase，PSY）是类胡萝卜素合成途径重要的
限速酶。在 3 个取样时期内，*PSY* 基因的表达量在各处理间均无明显差异。ζ-胡
萝卜素脱氢酶（ζ-carotene desaturase，ZDS）催化 ζ-胡萝卜素向番茄红素的转化。
ZDS 基因的表达量变化较为规律：移栽后 60 天，*ZDS* 的表达水平随着前期氮素营
养水平的增加而减弱；移栽后 70 天，*ZDS* 表达水平在 4 个处理间无明显差异；移
栽后 80 天，*ZDS* 表达水平随着前期氮素营养水平的增加而增强，说明随着前期氮
素营养水平增加，类胡萝卜素的合成高峰后移。类胡萝卜素裂解双加氧酶（carotenoid
cleavage dioxygenase，CCD）可催化裂解多种类胡萝卜素底物生成许多天然活性化
合物，如生长调节剂、色素、风味和芳香味物质、防御化合物等，*CCD* 基因表达
量变化趋势与 *ZDS* 一致。9-顺式环氧类胡萝卜素双加氧酶（9-*cis*-epoxy carotenoid
dioxygenase，NCED）基因的表达量在 3 个取样时期内有不同的变化趋势：移栽后
60 天，前期氮素营养水平低的处理 *NCED* 表达量更高；移栽后 70 天，表现为 N1、
N4 处理较高，N2、N3 处理较低；移栽后 80 天，随着前期氮素营养水平的减少，
NCED 的表达量降低，与 *CCD* 表达水平变化趋势基本一致（图 4-17）。

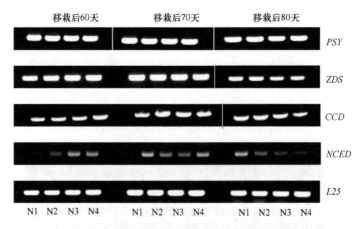

图 4-17　不同发育时期烤烟类胡萝卜素代谢关键基因的检测结果

4.4.7　衰老特征基因的表达特征

烟草衰老特异性半胱氨酸蛋白酶（*Nicotiana tabacum* senescence-specific

cysteine protease，CP1）是一种烟草衰老后特有的半胱氨酸蛋白酶，*CP1* 基因只在衰老叶片中表达，在成熟的绿色叶片中或者干旱、高温胁迫下都不能诱导表达。如图 4-15 和图 4-18 所示，从基因表达情况和叶绿体超微结构的差异来看，*CP1* 表达水平变化趋势与叶绿体超微结构变化趋势表现较为一致。移栽后 60 天，*CP1* 基因的表达水平随着氮素营养水平的增加而减少，表现为 N1<N2<N3<N4，说明前期氮素营养水平低的处理提前进入衰老期。移栽后 70 天，*CP1* 基因的表达水平表现为 N4 处理最高，其次为 N1、N3 和 N2 处理。移栽后 80 天，除 N1 处理有 *CP1* 基因的表达外，其他 3 个处理均未检测到 *CP1* 基因的表达。从烟株的生育时期来看，在 3 个取样时期 N1 处理的 *CP1* 基因表达水平先升后降；N2、N3 处理均表现出逐渐降低的趋势；N4 处理的 *CP1* 基因在移栽后 60 天、70 天都保持较高的表达水平，在移栽后 80 天完全没有表达。

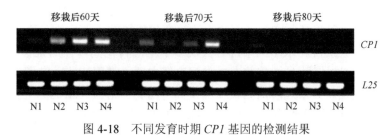

图 4-18　不同发育时期 *CP1* 基因的检测结果

4.4.8　小结

质体色素对烟叶的生长发育、香气品质及风格形成起着重要作用。一般研究认为，烟株生长发育前期促进质体色素合成并于成熟后期调控色素及时转化代谢，以及调制过程中较为彻底的色素降解是烟叶香气风格和优质烟叶形成的重要条件。前期质体色素合成水平低或后期质体色素降解滞后均不利于烟叶香气量的增加和香气品质的提高。本研究表明，在生育期内烟叶质体色素含量随着氮素营养水平的增加而增加，因此在后期氮素调亏的条件下，适当提高烤烟生长前期的氮素营养水平，有利于增加香气前体物的含量，为提高香气物质含量奠定基础。同一部位叶片类胡萝卜素与叶绿素总量的比值随成熟度的提高而变大，该比值可以反映叶片在成熟过程中类胡萝卜素与叶绿素降解速度的快慢。不同氮素营养水平协同后期统一氮素调亏处理还对烤后烟叶质体色素含量及其比例产生影响。有研究认为，每 100g 烤后烟叶的叶绿素含量在 8mg 以下时，类胡萝卜素含量介于 30～40mg 时烟叶质量较好。在适宜范围内提高类胡萝卜素含量、降低叶绿素含量，有利于烟叶品质的提高。烤后上二棚烟叶中，叶绿素和类胡萝卜素含量，以及类胡萝卜素与叶绿素总量的比值都随着前期氮素营养水平的增加而升高。

烟草衰老特异性半胱氨酸蛋白酶（CP1）基因对氮素营养水平的响应与叶绿体超微结构的表现趋势相一致，表明前期高氮素营养水平可以在一定程度上延缓叶片衰老。叶绿素合成关键酶（CHL）基因并未对前期不同氮素处理表现出明显的响应。在移栽后 80 天，叶绿素分解代谢过程中的关键限速酶（PAO）基因在 N1 处理的表达水平最高，在其他 3 个处理间无显著差异，表明前期不同氮素营养水平协同后期统一调亏处理没有对叶绿素后期的合成代谢产生影响，但对其分解代谢产生了一定影响。氮素营养水平过高时，叶片在发育后期仍保持较高的 PAO 表达水平，叶绿素的降解延迟，而适当增加氮素营养水平（N2）协同后期氮素调亏处理仍可保证叶绿素及时降解。

在打顶后类胡萝卜素合成途径重要限速酶（PSY）基因的表达水平在 4 个处理均无显著差异，但类胡萝卜素代谢途径重要的转化和降解酶基因表达量则表现出与前期氮素营养水平有密切的相关性。其中 ζ-胡萝卜素脱氮酶（ZDS）和类胡萝卜素裂解双加氧酶（CCD）基因的表达量变化规律较为一致，在移栽后 60~80 天，随着前期氮素营养水平的增加，类胡萝卜素的转化高峰往后推移。9-顺式环氧类胡萝卜素双加氧酶是类胡萝卜素降解途径中的关键限速酶，它催化的 9-顺式紫黄质或 9-顺式新黄质裂解成为黄质醛是高等植物脱落酸（ABA）生物合成的关键步骤，与植物的抗逆性有关。9-顺式环氧类胡萝卜素双加氧酶（NCED）与类胡萝卜素裂解双加氧酶（CCD）基因的表达水平变化趋势基本一致，说明这些基因表达高峰的出现时间可作为反映烟株氮素营养状况是否适宜的重要指标。如果出现过早，表明在后期氮素调亏的条件下，前期氮素营养水平偏低，不利于香气前体物的积累；如果出现过晚，则表明前期氮素营养水平过高，不利于后期质体色素的降解和转化。

本研究得到如下结论：在烟株旺长期烟叶质体色素含量随着前期氮素营养水平的增加而增加，前期充足的氮素营养有利于合成和积累较多的香气前体物。细胞的衰老降解速度随着氮素营养水平的增加而减缓。移栽后 80 天，线粒体及细胞核除氮素营养水平过高的 N1 处理降解较少外，其他处理均能有效降解，以低氮素营养水平处理降解最早且彻底。烟草衰老特异性半胱氨酸蛋白酶（CP1）基因对氮素营养水平的响应与叶绿体超微结构变化趋势相一致。打顶后质体色素合成基因对不同氮素营养水平的响应较小，但质体色素转化和降解基因表达与氮素营养密切相关。氮素营养水平过高处理（N1）的脱镁叶绿酸 a 单加氧酶（PAO）基因在发育后期表达水平高于其他处理；ζ-胡萝卜素脱氢酶（ZDS）、类胡萝卜素裂解双加氧酶（CCD）和 9-顺式环氧类胡萝卜素双加氧酶（NCED）基因均出现表达高峰，且高峰出现的时间随着氮素营养水平增加向后推移。这些基因表达高峰的出现时间可作为反映烟株氮素营养状况是否适宜的重要指标。

4.5 氮素营养和成熟期调亏对烤烟香气物质含量及烟叶质量的影响

摘要： 采用盆栽试验，研究了打顶前不同氮素营养水平协同打顶后同量调亏处理对烤烟 NC297 的中性香气成分含量及评吸质量的影响。结果表明，中部叶中，高氮素营养水平处理 N1（5.250g/盆）的类胡萝卜素降解产物、苯丙氨酸裂解产物、非酶棕色化反应产物、新植二烯含量及中性香气成分总量均高于其他处理；上部叶中，随着氮素营养水平增加，类胡萝卜素降解产物、苯丙氨酸裂解产物、非酶棕色化反应产物、新植二烯含量及中性香气成分总量表现出先增后降的趋势，在高氮素营养水平处理 N2（4.375g/盆）达到最大值。上部叶的茄酮含量变异性较大，其含量分布为37.65～74.08μg/g，且随着氮素营养水平的增加，其含量下降显著。中部叶评吸结果以高氮素营养水平处理 N1（5.250g/盆）得分最高，上部叶以高氮素营养水平处理 N2 得分最高。综合来看，打顶前丰富的氮素营养协同打顶后调亏处理即 N2（4.375g/盆）有利于烟叶优良品质的形成。

氮素供应影响烟株对氮素的吸收、分配和利用，进而影响烟叶的品质。优质烟叶的生产不仅要求氮素营养水平适宜，而且要求碳氮代谢在烤烟生长发育过程中具有合理的动态变化和分布，烟株大约在打顶后由以氮代谢和碳的固定与转化代谢为主转变为以碳的积累和分解代谢为主，有利于把积累的光合产物和香气前体物充分降解转化为香气成分，从而形成优良品质。烟株氮素积累量随着氮素营养水平增加而增加；烤烟的氮素快速积累期在移栽后 7～9 周，之后烟株氮素积累量继续增加。合理的氮素营养水平可以保证烟株正常生长发育，使烟叶碳氮化合物的比例达到平衡，对提高烟叶香气具有明显作用。过量施用氮肥的烟田在生育后期进行灌水，可减少土壤有效氮的供应，促进烟叶适时落黄，提高烟叶成熟度。适度的水分亏缺控制，可促进硝酸还原酶活性下降，也能有效地降低高氮素营养水平下的氮代谢。在烤烟生产上，氮素供应不平衡及在烤烟不同生育时期分配不合理的问题突出，氮用量少则烤烟中后期脱肥；而氮用量多、追肥时期不当或土壤通透性较差等均可造成烤烟生育后期土壤中的氮素营养盈余，继续为烟株大量供氮，最终导致烟叶氮代谢滞后、不能正常落黄、大分子物质降解不充分、香气不足、风格弱化。本研究采用盆栽试验，研究了打顶前不同氮素营养水平协同打顶后同量调亏对烤烟中性致香物质含量和评吸结果的影响，旨在解决氮素动态精准、合理供应问题，为优质烟叶生产提供科学依据（苏菲等，2012）。

本研究为系列研究的一部分，采用的试验设计和方法与前文所述相同。NC297

成熟期最佳氮素调亏程度研究表明,成熟期氮素供应量减少至打顶前的1/4,有利于优质烟叶的形成和浓香型风格特色的彰显,在此基础上设定了氮素同量调亏量。试验共设 N1、N2、N3、N4 共 4 个处理,具体氮素营养水平见表 4-13。

表 4-13　打顶前不同施氮量及打顶后同量调亏处理　　　　　（g/盆）

处理	打顶前氮素营养水平	打顶后调亏处理氮素营养水平	总氮素营养水平
N1	4.760	0.490	5.250
N2	3.885	0.490	4.375
N3	3.010	0.490	3.500
N4	2.135	0.490	2.625

4.5.1　不同氮素营养水平对烤后烟叶类胡萝卜素降解产物含量的影响

烟叶的挥发性中性香气成分中有一大部分化合物是类胡萝卜素降解产物,其中有很多是烟草中的重要致香成分。由表 4-14 可知,中部叶中,类胡萝卜素降解

表 4-14　不同氮素营养水平对烤后烟叶类胡萝卜素降解产物含量的影响　（μg/g）

类胡萝卜素降解产物	中部叶				上部叶			
	N1	N2	N3	N4	N1	N2	N3	N4
6-甲基-5-庚烯-2-酮	0.43	0.43	0.39	0.38	0.64	0.69	0.75	0.64
6-甲基-5-庚烯-2-醇	0.28	0.29	0.29	0.36	0.45	0.46	0.50	0.50
芳樟醇	0.91	0.94	0.94	0.88	0.98	1.13	1.08	1.06
氧化异佛尔酮	0.11	0.14	0.13	0.11	0.10	0.14	0.14	0.12
4-乙烯基-2-甲氧基苯酚	—	0.07	0.07	0.06	0.15	0.19	0.17	0.14
β-二氢大马酮	1.02	1.01	1.06	0.89	0.87	1.38	1.03	0.83
β-大马酮	16.94	16.30	16.14	16.05	14.24	14.91	14.77	14.64
香叶基丙酮	0.65	0.65	0.72	0.95	0.82	0.89	0.84	0.79
β-紫罗兰酮	—	—	—	0.15	0.16	0.19	0.21	0.22
二氢猕猴桃内酯	0.16	0.17	0.19	0.19	0.18	0.21	0.19	0.17
巨豆三烯酮1	1.36	1.48	1.13	1.63	1.29	1.20	1.17	0.99
巨豆三烯酮2	5.14	3.77	3.54	3.27	4.40	5.22	4.71	3.83
巨豆三烯酮3	0.84	1.23	0.95	1.39	1.50	1.60	1.77	1.70
巨豆三烯酮4	6.88	7.31	6.61	5.70	5.65	5.93	5.00	5.04
3-羟基-β-二氢大马酮	0.51	0.34	0.39	0.21	—	—	—	—
螺岩兰草酮	0.86	1.06	1.06	0.96	0.76	0.85	0.83	0.76
法尼基丙酮	4.17	4.46	4.26	4.52	3.32	3.53	3.96	3.52
总量	40.26	39.65	37.87	37.70	35.51	38.52	37.12	34.95

注:"—"表示痕量。

产物总量表现为 N1>N2>N3>N4，其中 β-大马酮、3-羟基-β-二氢大马酮和巨豆三烯酮 2 含量均以 N1 处理最高，氧化异佛尔酮和巨豆三烯酮 4 含量均以 N2 处理最丰富。上部叶中，类胡萝卜素类降解产物总量表现为 N2>N3>N1>N4，芳樟醇、4-乙烯基-2-甲氧基苯酚、β-二氢大马酮、β-大马酮、香叶基丙酮、二氢猕猴桃内酯、巨豆三烯酮 2、巨豆三烯酮 3 和螺岩兰草酮含量均以 N2 处理最高。各处理的类胡萝卜素降解产物中均以 β-大马酮含量最高。β-紫罗兰酮在中部叶中，除 N4 处理外，在其余处理中只有痕量存在，在上部叶中其含量随着氮素营养水平的增加而减少。3-羟基-β-二氢大马酮在上部叶各处理中均只有痕量存在。

4.5.2　不同氮素营养水平对烤后烟叶苯丙氨酸裂解产物含量的影响

苯丙氨酸裂解产物对烤烟的果香、清香贡献最大。在烤烟的挥发油中，最重要的化合物是苯甲醇和苯乙醇，可使烟气具有花香的香气。由表 4-15 可知，中部叶中，苯甲醛和苯乙醛含量随着氮素营养水平的增加表现出先增后降的趋势，苯甲醇、苯乙醇含量及苯丙氨酸类降解产物总量均表现为 N1>N2>N3>N4。上部叶中，除苯甲醛含量变化无明显规律外，苯甲醇和苯乙醇含量表现为 N2>N1>N3>N4，苯乙醛含量及苯丙氨酸裂解产物类总量表现为 N2>N3>N1>N4。

表 4-15　不同氮素营养水平对烤后烟叶苯丙氨酸裂解产物含量的影响　（μg/g）

苯丙氨酸裂解产物	中部叶				上部叶			
	N1	N2	N3	N4	N1	N2	N3	N4
苯甲醛	1.21	1.25	1.25	1.01	1.26	1.14	1.48	1.84
苯甲醇	7.86	5.71	5.56	5.35	4.61	4.69	4.15	3.31
苯乙醛	3.05	4.61	3.55	2.94	7.63	9.17	8.14	7.21
苯乙醇	2.38	1.70	1.56	1.53	2.20	2.22	2.11	1.59
总量	14.50	13.27	11.92	10.83	15.70	17.22	15.88	13.95

4.5.3　不同氮素营养水平对烤后烟叶非酶棕色化反应产物含量的影响

氨基酸和糖类之间的非酶棕色化反应又称美拉德反应，反应产生的复杂混合物包括各种挥发性化合物和聚合的棕色物质，其含量的多少与烤烟的特征性香气有一定关系。从表 4-16 可以看出，糠醛是非酶棕色化反应产物中的主要致香成分。随氮素营养水平增加，中部叶糠醛含量逐渐降低；上部叶表现出先升后降的趋势，在 N2 水平达到最大值。中部叶中，其余非酶棕色化反应产物含量随着氮素营养水平的变化未表现出明显变化规律。上部叶中，5-甲基糠醛、2-乙酰基吡咯的含量随着氮素营养水平的增加表现出先增后降的趋势，均在 N2 水平达到峰值；2-乙酰呋喃、糠醇和 3,4-二甲基-2,5-呋喃二苯乙醛含量无明显变化规律。中部叶中，非酶棕色化反应产物总量表现为 N1>N2>N3>N4。上部叶中，非酶棕色化反应产物总量随着氮素营养水平的增加表现出先升后降的趋势，在 N2 水平达到最大值，其次为 N1 和 N3，N4 最低。

表4-16 不同氮素营养水平对烤后烟叶非酶棕色化反应产物含量的影响 （µg/g）

非酶棕色化反应产物	中部叶				上部叶			
	N1	N2	N3	N4	N1	N2	N3	N4
糠醛	12.59	12.51	11.69	10.99	12.54	13.17	11.98	10.12
糠醇	1.20	1.26	1.43	0.72	0.92	1.26	0.94	1.24
2-乙酰呋喃	0.38	0.36	0.37	0.35	0.28	0.27	0.30	0.25
5-甲基糠醛	0.68	0.72	0.57	0.60	1.03	1.11	1.03	0.90
2-乙酰基吡咯	0.29	0.30	0.31	—	0.11	0.23	0.21	0.18
3,4-二甲基-2,5-呋喃二苯乙醛	0.48	0.45	0.49	0.54	0.29	0.38	0.34	0.36
总量	15.62	15.60	14.86	13.20	15.17	16.42	14.80	13.05

注："—"表示痕量

4.5.4 不同氮素营养水平对烤后烟叶茄酮和新植二烯含量的影响

中、上部烟叶的茄酮含量均随着氮素营养水平的增加而减少（表 4-17），与前期最低氮素营养水平处理 N4 相比，中与上部叶中 N1、N2 和 N3 的茄酮含量均有不同程度的减少。随着前期氮素营养水平的增加，中部叶的降幅较上部叶平缓，上部叶的茄酮含量范围较大。茄酮是腺毛分泌物西柏烷类的主要降解产物，叶片的大小直接影响腺毛的密度，由于前期氮素营养水平高的烟株叶片相对较大，尤其是上部叶扩展充分，腺毛的密度降低，可能是腺毛分泌物及其降解产物含量显著下降的原因。新植二烯是含量最高的香气成分，可以减轻刺激性、醇和烟气，其进一步分解可转化为具清香气味的植物呋喃，有利于提高烟叶香气。中部叶中，新植二烯含量大小为 N1>N2>N3>N4；上部叶中，新植二烯含量大小为 N2>N1>N3>N4。

表4-17 不同氮素营养水平对烤后烟叶茄酮和新植二烯含量的影响 （µg/g）

中性香气成分种类	中部叶				上部叶			
	N1	N2	N3	N4	N1	N2	N3	N4
茄酮	32.39	32.84	34.19	42.33	37.65	58.97	63.72	74.08
新植二烯	493.57	473.97	456.63	437.92	389.36	403.90	382.41	367.23

4.5.5 不同氮素营养水平对烤后烟叶中性香气成分总量的影响

利用气相色谱/质谱（GC/MS）对烤后烟叶样品进行定性和定量分析，共检测出 29 种对烟叶香气有较大影响的化合物（表 4-18）。把所测定的致香物质按烟叶香气前体物进行分类，中部叶中，除西柏烷类降解产物外，N1 的各类香气物质含量均高于其他处理，各处理香气物质总量大小为 N1>N2>N3>N4，除新植二烯外总量大小为 N4>N1>N2>N3。上部叶中，除西柏烷类降解产物外，N2 的各类香气物质含量均高于其他处理，各处理香气物质总量大小为 N2>N3>N4>N1，除新植二烯外总量大小为 N4>N3>N2>N1。上部叶中茄酮含量变异较大，其含量分布在 37.65～74.08μg/g，平均值为 58.61μg/g，其占中性香气成分总量的百分比仅次于新植二烯；随着氮素营养水平的升高，其含量下降明显。

表 4-18 不同氮素营养水平对烤后烟叶中性香气成分总量的影响 （μg/g）

中性香气成分种类	中部叶				上部叶			
	N1	N2	N3	N4	N1	N2	N3	N4
类胡萝卜素降解产物	40.24	39.64	37.87	37.68	35.51	38.48	37.14	34.96
苯丙氨酸裂解产物	14.50	13.27	11.92	10.83	15.70	17.23	15.87	13.95
非酶棕色化反应产物	15.61	15.59	14.86	13.21	15.16	16.41	14.79	13.05
西柏烷类降解产物——茄酮	32.39	32.84	34.19	42.33	37.65	58.97	63.72	74.08
新植二烯	493.57	473.97	456.63	437.92	389.36	403.90	382.41	367.23
总量	596.31	575.31	555.47	541.97	493.38	534.99	513.93	503.27
除新植二烯外总量	102.74	101.34	98.84	104.05	104.02	131.09	131.52	136.04

4.5.6 不同氮素营养水平对烤烟烤后烟叶评吸质量的影响

通过感官评吸鉴定，可以直接、准确地评价烟叶及其制品质量的优劣。不同氮素营养水平处理烟叶评吸质量结果如表 4-19 所示。中部叶中，以 N1 的各项评

表 4-19 不同氮素营养水平对烤后烟叶评吸质量的影响

部位	处理	香气量（20）	香气值（20）	浓度（10）	劲头（10）	刺激性（10）	杂气（10）	余味（10）	燃烧性（10）	总分
中部叶	N1	14.0	14.0	6.5	8.0	7.0	6.5	6.5	4.5	67.0
	N2	13.0	12.0	6.0	7.5	6.5	6.2	6.0	4.2	61.4
	N3	12.0	11.6	6.0	6.0	6.0	6.0	5.6	4.5	57.7
	N4	10.0	11.0	5.5	5.0	5.5	5.5	5.0	4.0	51.5
上部叶	N1	14.0	12.0	6.0	6.0	6.0	6.0	6.0	4.0	61.0
	N2	14.4	13.0	6.5	7.5	6.5	6.5	6.3	4.5	65.2
	N3	13.0	12.4	6.5	6.0	6.0	6.0	6.2	4.3	61.4
	N4	11.0	11.6	5.8	6.0	5.5	5.8	5.2	4.0	54.9

吸指标评分及总分最高，其次为 N2 和 N3，N4 的评吸结果最差。除燃烧性外，中部叶的其余指标均随着前期氮素营养水平的增加，其得分增加。上部叶中，N2 各项指标评分及总分最高，N3、N1 紧随其后且总分相近，N4 的评吸结果最差。上部叶的各项评吸指标评分均随着氮素营养水平的增加，表现出先升后降的趋势，在 N2 水平达到峰值。

4.5.7 小结

本研究结果表明，氮素营养水平为 3.500g/盆（N4）～5.250g/盆（N1）时，类胡萝卜素降解产物、苯丙氨酸裂解产物、非酶棕色化反应产物、茄酮及新植二烯含量均表现为：中部叶随着氮素营养水平的增加而增加，上部叶表现出先升后降的趋势，N2 处理达到最大值。茄酮含量与氮素营养水平呈现出一定的负相关关系，且在上部叶 4 个处理间变异较大，该种成分含量的不同导致了处理间除新植二烯外中性致香物质总量的差异。茄酮是腺毛分泌物西柏烷类的主要降解产物，叶片的大小直接影响腺毛的密度，由于前期氮素营养水平高的烟株叶片相对较大，尤其是上部叶扩展充分，腺毛的密度降低，可能是腺毛分泌物及其降解产物含量显著下降的原因。

评吸结果表明，除燃烧性外的各项感官评吸指标得分均随着氮素营养水平的增加表现出不同幅度的上升趋势。其中，中部叶评吸总分依次为 N1>N2>N3>N4；上部叶评吸总分 N2 最高，其次为 N3 和 N1 且二者差异较小，N4 得分最低，这与中性香气成分总量和除新植二烯外中性香气成分总量结果不尽一致。烤烟中性香气成分含量与评吸结果关系研究表明，对评吸结果影响较大的是类胡萝卜素降解产物和非酶棕色化反应产物，西柏烷类降解产物和苯丙氨酸裂解产物的贡献较小，中、上部叶各处理的类胡萝卜素降解产物和非酶棕色化反应产物总量与评吸结果位次一致。

综合以上分析，打顶前丰富的氮素营养协同打顶后调亏处理即 N2（4.375g/盆）有利于烟叶优良香气品质的形成和评吸质量的协调。

4.6 豫中烟区氮高效品种经济性状和质量性状对施氮量的响应

摘要：研究豫中烤烟烟叶物理性状、经济性状、化学成分及中性香气成分含量对施氮量的响应，可为豫中地区浓香型烤烟施肥提供技术支持。以 NC297、豫烟 5 号 2 个烤烟品种为材料，设置施氮量梯度（0kg/hm^2、22.5kg/hm^2、45kg/hm^2、67.5kg/hm^2 和 90kg/hm^2）试验，分析 2 个品种物理性状、经济性状、化学成分及中性香气成分含量对施氮量的响应趋势，提出 2 个品种的最优施氮水平。在施氮量为 0～90kg/hm^2 时，叶长、叶宽、叶面积、单叶重、叶质重与施氮量呈线性相关；叶片厚度、含梗率与施氮量间存在二次曲线关系，随着施氮量的增加叶片厚度先升高后降低，含梗率先降低后升高。产量、产值、均价、上等烟比例与施氮量均为二次曲线相关，随着施氮量的增加，产量逐渐上升，但增加幅度逐渐减小，NC297、豫烟 5 号获得最大产值时的施氮量分别为 42.92kg/hm^2 和 44.34kg/hm^2；均价最高时的施氮量分别为 27.81kg/hm^2 和 29.43kg/hm^2；上等烟比例达到最大值时的施氮量分别为 40.62kg/hm^2 和 37.91kg/hm^2。NC297、豫烟 5 号均以施氮量 22.5kg/hm^2 和 45kg/hm^2 处理的化学成分较为协调，中性香气成分含量以施氮量 45kg/hm^2 处理最高。NC297、豫烟 5 号的较适宜施氮量分别为 27.81～42.92kg/hm^2、29.43～44.34kg/hm^2。2 个品种均属于氮高效品种，适宜施氮量低于主栽品种中烟 100。

豫中地区是浓香型烟叶的典型产区，所产烟叶是中式卷烟不可缺少的重要原料。目前该地区广泛种植的烤烟品种为中烟 100，该品种适应性强、耐肥水、易烘烤、产量高，但其烟叶质量与工业企业对烟叶原料的要求不相适应，已成为制约原料水平的主要瓶颈之一。近年来，为筛选新的烤烟替代品种，研究者从国外引进了大量新品种并进行了系统的比较试验，认为 NC297 为适合豫中地区种植的浓香型烤烟品种，其化学成分协调性、感官评吸质量较优，并且 NC297 属于对氮素敏感的氮高效品种。豫烟 5 号浓香型特色突出，适合在黄淮平原烟区种植，且其碳氮代谢性状、打顶后酶活性、物理性状、化学成分及经济性状均较优。但在新品种示范栽培过程中，由于对品种需肥特性认识不够，缺乏合理的施肥方案，出现烟叶黑暴、贪青晚熟、难以烘烤等问题。为此，本试验于 2010 年在豫中烟区系统开展了烤烟新品种配套技术研究，以 NC297、豫烟 5 号为材料，设置了不同施氮量试验，研究了烟叶物理性状、经济性状、化学成分及中性香气成分含量对施氮量的响应，旨在探明这两个烤烟品种适宜的施肥参数及对氮肥的响应规律，充分发挥品种的潜力，为烟叶增质增效提供依据（穆文静等，2013）。

本试验于 2010 年在河南省许昌市襄城县进行。2 个烤烟品种分别设置 0kg/hm^2、22.5kg/hm^2、45kg/hm^2、67.5kg/hm^2 和 90kg/hm^2 共 5 个施氮量处理，采用裂区设计。供试肥料为烟草专用复合肥、硝酸钾、饼肥和硫酸钾肥。所有肥料混匀后，取 2/3 作为基肥，施肥方式为条施；之后起垄，栽烟时取剩余肥料的 2/3 作为窝肥，施肥方式为穴施；剩余肥料在烟叶团棵期作为追肥施用。

4.6.1 烟叶物理性状对施氮量的响应

NC297、豫烟 5 号物理性状（y）对施氮量（x）的响应见表 4-20。结果表明，烤烟叶长、叶宽、叶面积、单叶重、叶质重与施氮量呈线性相关，随着施氮量的增加，叶长、叶宽、叶面积、单叶重、叶质重均呈上升趋势。叶厚、含梗率与施氮量间存在着二次曲线关系，在施氮量 $0\sim90kg/hm^2$，叶厚随着施氮量的增加先升高后降低；含梗率随着施氮量的增加先降低后升高。当叶厚达最大时，NC297 的施氮量为 $84.59kg/hm^2$，豫烟 5 号的施氮量为 $65.46kg/hm^2$。在施氮量的变化范围内含梗率均有最小值，此时，NC297 的施氮量为 $70kg/hm^2$，豫烟 5 号的施氮量为 $52.5kg/hm^2$。

表 4-20　NC297、豫烟 5 号烟叶物理性状（y）对施氮量（x）的响应

品种	物理性状（y）	相关类型	函数方程	R^2	y 最大或最小时 x 的值（kg/hm^2）
NC297	叶长	直线	$y=0.279x+47.498$	0.9383	无
	叶宽	直线	$y=0.1503x+23.754$	0.8336	无
	叶面积	直线	$y=11.16x+715.34$	0.9669	无
	叶厚	曲线	$y=-0.0016x^2+0.2707x+59.479$	0.9604	$x=84.59$ 时，y 有最大值
	单叶重	直线	$y=0.1901x+6.458$	0.9535	无
	含梗率	曲线	$y=1\times10^{-5}x^2-0.0014x+0.3003$	0.6899	$x=70$ 时，y 有最小值
	叶质重	直线	$y=0.0499x+7.888$	0.9877	无
豫烟 5 号	叶长	直线	$y=0.2034x+54.644$	0.9935	无
	叶宽	直线	$y=0.1459x+23.764$	0.9990	无
	叶面积	直线	$y=10.014x+826.64$	0.9993	无
	叶厚	曲线	$y=-0.0047x^2+0.6153x+50.463$	0.9603	$x=65.46$ 时，y 有最大值
	单叶重	直线	$y=0.1703x+7.394$	0.9658	无
	含梗率	曲线	$y=2\times10^{-5}x^2-0.0021x+0.3239$	0.8500	$x=52.5$ 时，y 有最小值
	叶质重	直线	$y=0.0617x+7.408$	0.9112	无

4.6.2 烟叶经济性状对施氮量的响应

由图 4-19、图 4-20 和表 4-21 可以看出，烟叶产值、产量与施氮量均呈现出二次曲线的关系，且决定系数较高。在施氮量 $0\sim90kg/hm^2$，烟叶产量逐渐上升，产值呈现出先升高后降低的趋势。这是由于产量过高导致烟叶质量下降、均价下降。不施氮处理的产值最低，在施氮量 $90kg/hm^2$ 条件下，烟叶贪青晚熟，积累了较多的内含物质，虽然烘烤质量下降，但产值明显高于不施氮处理。随着施氮量

的增加，NC297 与豫烟 5 号产量虽逐渐上升，但增加幅度明显减小，表明氮肥利用率明显降低，产值在施氮量的变化范围内出现拐点，但不同品种的拐点不同，NC297、豫烟 5 号获得最大产值时的施氮量分别为 42.92kg/hm^2 和 44.34kg/hm^2。

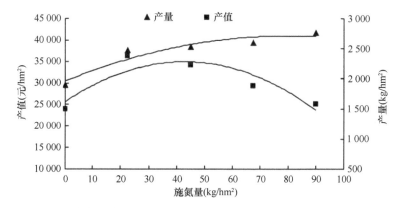

图 4-19　NC297 烟叶产量、产值对施氮量的响应

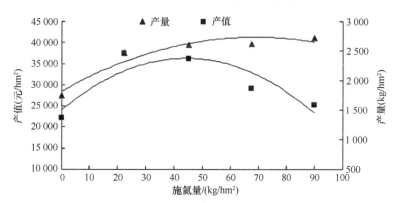

图 4-20　豫烟 5 号烟叶产量、产值对施氮量的响应

表 4-21　NC297、豫烟 5 号烟叶经济性状（y）对施氮量（x）的响应

品种	经济形状（y）	函数方程	R^2	y 最大时 x 的值（kg/hm^2）
NC297	均价	$y=-0.013x^2+0.072\ 3x+13.073$	0.943 8	27.81
	上等烟比例	$y=-0.012x^2+0.974\ 8x+37.069$	0.833 9	40.62
	产量	$y=-0.118x^2+18.915x+1\ 957.6$	0.910 0	无
	产值	$y=-5.055\ 4x^2+433.94x+25\ 627$	0.801 3	42.92
豫烟 5 号	均价	$y=-0.001\ 4x^2+0.082\ 4x+13.063$	0.894 0	29.43
	上等烟比例	$y=-0.016\ 9x^2+1.281\ 3x+33.48$	0.943 8	37.91
	产量	$y=-0.192\ 4x^2+26.551x+1821.3$	0.923 8	无
	产值	$y=-6.224\ 2x^2+551.91x+24\ 042$	0.781 4	44.34

均价、上等烟比例与施氮量的关系为二次曲线关系，随着施氮量的增加，均价与上等烟比例先增加后减少，在施氮量 $0\sim90\text{kg/hm}^2$ 存在最大值。NC297、豫烟 5 号均价最高时的施氮量分别为 27.81kg/hm^2 和 29.43kg/hm^2；上等烟比例达到最大值时的施氮量分别为 40.62kg/hm^2 和 37.91kg/hm^2。

4.6.3 烟叶化学成分含量对施氮量的响应

由表 4-22 可知，随施氮量的增加，烤后烟叶总氮和烟碱含量升高，且 2 个烤烟品种规律一致。总糖、还原糖、钾、氯含量随着施氮量的增加变化规律不明显。有研究表明，烤后烟叶的氮碱比以 1∶1 较为合适。在本试验中，氮碱比随施氮量的增加而降低，说明随着施氮量的增加，烟叶化学成分不协调性增加、酸碱失衡加重、碱性和刺激性变大。还原糖与烟碱含量的比值直接影响烟叶的香吃味和刺激性，优质烤烟要求还原糖/烟碱的值为 $8\sim10$。随着施氮量的增加，还原糖/烟碱的值先升高后降低，且较优质烟的还原糖/烟碱比值低。随着施氮量的增加，钾氯比呈现出先增大后减小的趋势，且与优质烟叶相比偏低。总体来看，NC297 和豫烟 5 号这两个品种均以施氮量 22.5kg/hm^2 和 45kg/hm^2 处理的烟叶化学成分较为协调。

表 4-22　NC297、豫烟 5 号烟叶化学成分含量对施氮量的响应

品种	施氮量（kg/hm²）	总糖（%）	还原糖（%）	钾（%）	氯（%）	烟碱（%）	总氮（%）	还原糖/烟碱	钾氯比	氮碱比
NC297	0	20.96	16.23	1.26	0.75	2.04	2.16	7.96	1.68	1.06
	22.5	24.73	21.11	1.56	0.64	2.44	2.35	8.65	2.44	0.96
	45	26.70	23.93	1.72	0.52	2.81	2.64	8.52	3.31	0.94
	67.5	22.38	17.84	1.82	0.68	3.14	2.79	5.68	2.68	0.89
	90	22.91	17.35	1.93	0.76	3.32	2.87	5.23	2.54	0.86
豫烟 5 号	0	19.24	14.69	1.64	0.69	1.90	1.88	6.30	2.38	1.04
	22.5	19.30	16.35	1.74	0.65	2.40	2.23	6.81	2.68	0.93
	45	22.78	19.86	1.79	0.59	2.78	2.62	7.14	3.03	0.94
	67.5	24.99	18.69	1.52	0.61	3.20	2.81	5.84	2.49	0.88
	90	23.04	16.33	1.71	0.73	3.57	2.93	4.57	2.34	0.82

4.6.4 烟叶中性香气成分含量对施氮量的响应

由表 4-23 可见，NC297 与豫烟 5 号烟叶中类胡萝卜素降解产物含量随着施氮量的增加先升高后降低，苯丙氨酸裂解产物、西柏烷类降解产物、新植二烯含量的变化规律与类胡萝卜素降解产物的变化规律相同。西柏烷类降解产物的含量随

着施氮量的增加先增大后减小，与不同氮素营养条件下腺毛分泌物含量有关，茄酮是腺毛分泌物西柏烷类的主要降解产物，腺毛分泌物多少取决于腺毛密度和单个腺毛的分泌能力。在氮素营养水平较低时，虽然叶片变小，但腺毛密度较大、分泌能力较弱；而当氮素营养超过一定水平时，虽然单个腺毛分泌能力较强，但叶片增大，腺毛密度减小，单位叶面积分泌物含量也较低。NC297 与豫烟 5 号的非酶棕色化反应产物含量随着施氮量的增加逐渐增大，中性香气成分总量在施氮量 $45kg/hm^2$ 时最大。对比发现，在施氮量 $22.5 \sim 45kg/hm^2$ 时，NC297 的中性香气成分总量大于豫烟 5 号。

表 4-23　NC297、豫烟 5 号烟叶中性香气成分含量对施氮量的响应

品种	施氮量（kg/hm^2）	类胡萝卜素降解产物（µg/g）	非酶棕色化反应产物（µg/g）	苯丙氨酸裂解产物（µg/g）	西柏烷类降解产物（µg/g）	新植二烯（µg/g）	中性香气成分总量（µg/g）
	0	39.11	8.47	5.50	32.81	440.73	526.62
	22.5	84.52	22.83	22.50	45.23	866.26	1041.33
NC297	45	92.50	28.75	21.01	43.75	979.08	1165.09
	67.5	64.85	29.26	16.83	34.22	758.59	903.75
	90	55.66	35.58	12.46	33.07	634.35	771.12
	0	25.52	14.10	4.01	15.22	547.58	606.43
	22.5	70.55	22.40	23.72	40.34	731.07	888.07
豫烟 5 号	45	87.30	30.36	18.09	30.10	917.29	1083.14
	67.5	77.87	31.52	18.83	28.37	785.05	941.64
	90	57.39	37.95	17.03	39.72	612.97	764.97

4.6.5　小结

本研究结果表明，随着施氮量的增加，烟叶叶长、叶宽、叶面积、单叶重、叶质重均呈线性上升趋势，叶厚、含梗率与施氮量间存在着二次曲线关系，在施氮量为 $0 \sim 90kg/hm^2$ 时，叶厚随着施氮量的增加先升高后降低，含梗率随着施氮量的增加先降低后升高。烟叶产量、产值与施氮量均为二次曲线相关，烟叶产量随着施氮量的增加逐渐增大，但产值呈现为先升高后降低的趋势，原因是过量的氮肥施用致使烟叶不能适时落黄，烘烤时黑糟烟及下等烟比例增加。均价、上等烟比例与施氮量亦为二次曲线关系，随着施氮量的增加，均价与上等烟比例先升高后降低，在施氮量为 $0 \sim 90kg/hm^2$ 时均有最大值。随着施氮量的增加，烟碱和总氮含量呈增加趋势，而氮碱比逐渐降低，钾氯比偏低，主要因为钾含量不够高，这是我国烟叶普遍存在的问题。综合分析认为，NC297、豫烟 5 号均以施氮量 $22.5kg/hm^2$ 和 $45kg/hm^2$ 处理化学成分较为协调。这两个品种中性香气物质总量均

以施氮量 45kg/hm^2 处理最高，施氮量 22.5kg/hm^2 和 67.5kg/hm^2 处理次之。

综上所述，NC297 的最适宜施氮量为 27.81～42.92kg/hm^2，豫烟 5 号的最适宜施氮量为 29.43～44.34kg/hm^2，低于主栽品种中烟 100 在豫中地区种植的施氮量 45～52.5kg/hm^2，说明 NC297 与豫烟 5 号在低氮条件下氮肥利用率较高，在豫中地区推广种植这两个品种可减少氮肥的使用和浪费。本试验为施氮量梯度试验，目的在于确定 NC297 与豫烟 5 号在豫中地区的适宜施氮量，但要从根本上实现两个品种的产值最大化和质量最优化，就要建立起施氮量与产值、化学成分协调性、感官评吸得分等性状之间的数据模型，真正实现施肥有依可循，这样才能对豫中地区的烟叶发展产生更为深远的指导意义。

4.7　水肥一体化对上六片叶生长和质量的影响

摘要：为探索水肥一体化技术在烤烟上六片叶生产上的应用效果，确定适于促进豫中烟区烤烟上六片叶生长发育和正常成熟落黄的水肥一体化灌溉施肥制度，采用大田试验研究不同的灌溉（沟灌、滴灌、水肥一体化）与追肥（撒施、水肥一体化）模式对上六片叶生长、化学成分含量及感官质量等方面的影响。结果表明，与传统的撒施+沟灌模式相比，撒施+滴灌和水肥一体化这两种模式均不同程度地促进了烟株生长，提高了烟叶产质量，且水肥一体化模式对烟叶产质量的提升效果明显优于撒施+滴灌模式。此外，将撒施+滴灌和水肥一体化这两种模式与氮肥施用量结合，氮肥施用减量 20% 后的上六片叶经济性状、化学成分、中性香气成分及感官质量等各项指标均优于常规施氮量的上六片烟叶。综合本试验研究结果，氮肥减量 20%+水肥一体化模式提升上六片叶质量的效果最优，可以为指导当地上六片叶生产的施肥和灌溉提供一定的依据。

烟草作为产质并重的经济作物之一，其经济价值和使用价值由烟叶品质决定。水分和肥料是影响烟草生长发育、产量和品质的两大生态因素，也是人们有效调控烟草产量和质量的重要手段。我国主要烟区水资源紧缺，灌溉条件差，干旱胁迫频繁发生，制约了烤烟的生长发育和产量形成。灌溉作为烤烟栽培的关键技术之一，是弥补自然降水不足的有效措施。目前，我国烟草灌溉主要采取大水漫灌方式，不仅造成水资源严重浪费，还使土壤养分大量流失、土壤质量降低。氮作为植物必需的大量营养元素之一，对于烤烟生长至关重要，直接影响烟株的营养状况和产质量。然而，生产中普遍存在化肥施用过量、肥料利用率低、土壤中氮素残留较高等问题，不仅导致烟株中上部叶成熟落黄慢、色素降解不充分，烟叶品质和烤后烟叶工业可用性降低，肥料增产效益降低而浪费资源，还造成土壤板结，存在巨大的环境污染隐患。

灌溉和施肥作为调控烟草产量与质量的重要手段，二者密切联系，协调互作，相互制约。合理的水肥耦合手段，不仅节约资源，保护生态环境，还能够促进烤烟生长发育，提升其产质量。但在我国目前的烤烟生产中，灌溉和施肥这两项重要农事操作一般是分开进行的，在一定程度上造成资源浪费、成本增加、土壤结构变化和水体质量下降，而且由于水、肥在时空上的分离，不能很好地发挥水肥耦合作用，水、肥利用率受到制约，影响烤烟产质量。水肥一体化技术在烤烟生产上具有提质增效、降本减工、维护生态等技术优势，改善了烤烟产质量，具有广阔的应用前景（谢湛等，2019）。目前豫中烟区基本采用滴灌的灌溉方式，但灌溉和施肥仍然是分开进行的。本试验在当地常规施肥和灌溉的基础上，与氮肥减量施用结合，比较不同的灌溉与施肥模式对烤烟生长发育、产量、品质的影响，从而为指导上六片叶生产的灌溉和施肥提供理论依据，促进烟叶的优质高效生产（谢湛，2019）。

本试验在豫中典型烟区河南省许昌市襄城县王洛镇进行，试验地土质为褐土，土壤肥力中等，有机质 1.58%，碱解氮 66.6mg/kg，速效磷 20.18mg/kg，速效钾 122mg/kg。试验品种为当地主栽品种中烟 100。试验所用肥料为芝麻饼肥（N：P：K=2：2：1）、烟草专用复合肥（N：P：K=1：1：2）。前茬作物为烤烟，目前基本以滴灌为主要灌溉方式。试验共设 5 个处理（表 4-24），其中 CK、T1、T2 为不减氮处理，施氮量为 3.0kg/667m^2；T3、T4 为减氮处理（减氮 20%），施氮量为 2.4kg/667m^2。试验烟田面积共计 5×667m^2，采用随机区组设计，各处理设 3 次重复，每个处理面积为 667m^2。所有处理均采用传统施肥方式；在移栽前施基肥、移栽时施窝肥，基肥和窝肥的总施氮量占各处理总施氮量的 70%。追肥施氮量占各处理总施氮量的 30%，采取不同灌溉和施肥模式分 3 次完成施用。移栽时间为 4 月 28 日，行距 120cm，株距 55cm，田间农事操作按照当地习惯。

表 4-24　试验处理与方法

处理	总施氮量（kg/667m^2）	追肥与灌溉方式
CK	3.0	人工撒施+沟灌
T1	3.0	人工撒施+滴灌
T2	3.0	水肥一体化
T3	2.4	水肥一体化
T4	2.4	人工撒施+滴灌

4.7.1　水肥一体化对烤烟农艺性状的影响

从烤烟 4 个不同生长时期的农艺性状来看（表 4-25），T1～T4 的农艺性状基本优于 CK，且最大叶长和叶宽、株高均显著高于 CK。不减氮条件下，相比常规施肥滴灌处理 T1，水肥一体化处理 T2 的最大叶长和株高、茎围均有不同程度增加，最大叶宽始终显著高于 T1。减氮条件下，与常规施肥滴灌处理 T4 相比，水肥一体化处理 T3 的最大叶长、最大叶宽、株高、茎围始终显著高于 T4（移栽后90 天的最大叶长除外），此外，T3 的各方面农艺性状在移栽后 45 天和 60 天均显著高于 T4。水肥一体化模式下，比较不减氮处理 T2 和减氮处理 T3 可以看出，除了移栽后 60 天的最大叶宽和移栽后 90 天的有效叶片数以外，T3 处理的最大叶长、最大叶宽、株高、茎围、有效叶片数始终显著高于 T2。常规施肥滴灌模式下，不减氮处理 T1 和减氮处理 T4 的农艺性状没有明显规律。

表 4-25　不同处理烤烟农艺性状差异比较

移栽后天数	处理	最大叶长（cm）	最大叶宽（cm）	株高（cm）	茎围（cm）	节距（cm）	有效叶片数（片/株）
	CK	34.47d	21.82d	43.17e	6.4c	2.4d	12.3d
	T1	36.57c	23.13c	50.32c	6.5c	2.8a	12.3d
45	T2	37.48b	24.15b	51.58b	6.8b	2.7b	12.7c
	T3	40.83a	26.60a	54.24a	7.3a	2.4d	14.0a
	T4	37.43b	23.43bc	48.81d	6.8b	2.5c	13.2b
	CK	60.50d	39.06c	87.21c	9.6b	4.7d	19.6c
	T1	64.08c	42.76b	94.23b	9.6b	5.2c	19.8c
60	T2	66.08b	44.68a	96.44b	9.8b	5.4ab	19.8c
	T3	68.38a	45.48a	99.24a	10.5a	5.5a	22.2a
	T4	63.54c	42.52b	94.42b	9.9b	5.3bc	21.6b
	CK	64.76d	39.16d	99.18e	10.1d	5.1b	20.2d
	T1	70.12c	42.81c	111.76d	10.8c	5.0b	21.0c
75	T2	71.36c	45.02b	114.44c	10.9bc	5.4a	22.4b
	T3	75.72a	46.36a	129.43a	11.9a	5.5a	23.0a
	T4	72.96b	43.21c	118.07b	11.1b	5.6a	21.6c
	CK	64.86c	40.68d	105.32d	10.5d	5.3b	18.3b
	T1	72.03b	44.43c	113.05c	10.8c	5.1c	18.7b
90	T2	73.35b	45.91b	117.73b	11.2b	5.3b	19.2a
	T3	76.25a	48.34a	129.37a	12.3a	5.3b	19.6a
	T4	74.25ab	43.77c	118.26b	11.3b	5.6a	19.5a

　　以上结果表明，与传统施肥+沟灌模式（CK）相比，传统施肥+滴灌模式（T1 和 T4）有利于促进烤烟生长发育，水肥一体化模式对烤烟生长发育的促进效果更明显，水肥一体化模式下减氮 20% 对烤烟生长发育的促进效果最为显著。

4.7.2　水肥一体化对上六片叶经济性状的影响

总体来看，T1~T4 的产量、产值、均价和上等烟比例均显著高于 CK（表 4-26）。相同施氮水平下，T2 处理的产量、产值和上等烟比例均显著高于 T1 处理，T3 处理的产量、产值、均价和上等烟比例均显著高于 T4，表明水肥一体化处理（T2、T3）的经济性状优于常规施肥滴灌处理（T1、T4）。此外，相同施肥灌溉模式下，T4 处理的经济性状高于 T1 处理，其中产量和产值显著提高；T3 处理的经济性状显著高于 T2 处理，其中每亩提高产量 14.9 kg、产值 872.43 元、均价 3.1 元/kg、上等烟比例提升 5.89 个百分点，表明水肥一体化模式下减氮处理的经济性状优于非减氮处理。

表 4-26　不同处理上六片叶经济性状差异比较

处理	产量（kg/667m²）	产值（元/667m²）	均价（元/kg）	上等烟比例（%）
CK	88.4d	2625.48e	29.7c	39.68d
T1	95.5c	3008.25d	31.5b	47.65c
T2	110.8b	3589.92b	32.4b	51.48b
T3	125.7a	4462.35a	35.5a	57.37a
T4	108.2b	3484.04c	32.2b	49.25c

相较于传统施肥+沟灌模式，传统施肥+滴灌模式有利于烤烟经济性状的提高，水肥一体化模式对经济性状的提升效果更优；此外，水肥一体化模式下减氮20%对上六片叶经济性状的提升效果最为显著，表现最佳。

4.7.3　水肥一体化对上六片叶化学成分的影响

表 4-27 显示了不同处理烤后烟叶的化学成分含量。与 CK 相比，T1~T4 处理的还原糖、总糖、钾含量显著升高，烟碱、总氮、氯含量不同程度下降。分别对比 T2 与 T1、T3 与 T4 可以看出，烟碱和总氮含量均表现出显著差异，且 T1>T2、

表 4-27　不同处理上六片叶化学成分差异比较

处理	还原糖(%)	总糖（%）	烟碱（%）	总氮（%）	钾（%）	氯（%）	糖碱比	氮碱比	两糖比	钾氯比
CK	13.557d	15.490d	3.2153a	2.4945a	1.1959d	1.0639a	4.8176d	0.7758b	0.8752a	1.124d
T1	15.274c	18.231c	3.0971b	2.4062a	1.2441c	0.9895b	5.8865c	0.7769b	0.8378b	1.257c
T2	16.240b	18.604bc	2.8877c	2.1846b	1.2699c	0.9741b	6.4425b	0.7565c	0.8729a	1.304c
T3	17.263a	20.393a	2.3378d	2.0554c	1.5129a	0.7282d	8.7232a	0.8792a	0.8465b	2.078a
T4	16.748ab	19.082b	2.9269c	2.1662b	1.3161b	0.7749c	6.5195b	0.7401d	0.8777a	1.698b

T4>T3。分别对比 T1 和 T4、T2 和 T3，不同化学成分的含量均表现出显著差异，其中 T3 的还原糖、总糖、钾含量比 T2 分别增加了 1.023 个百分点、1.789 个百分点、0.243 个百分点，烟碱、总氮、氯含量分别减少了 0.5499 个百分点、0.1292 个百分点、0.2459 个百分点。对比不同处理的糖碱比、氮碱比、两糖比、钾氯比可以看出，T1 与 T2 的糖碱比、氮碱比、两糖比差异显著，T2 表现更为协调；T2 和 T3、T3 和 T4 的各项指标均表现出显著差异，且均以 T3 表现较协调。

由此可得，相较于传统施肥+沟灌模式，传统施肥+滴灌模式能够显著提高还原糖、总糖和钾含量，降低氯含量，使得糖碱比、两糖比和钾氯比相对协调；水肥一体化模式能够显著降低总氮含量，使得糖碱比、氮碱比、两糖比较为协调；而水肥一体化模式下减氮 20%则能够显著提高还原糖、总糖和钾含量，降低烟碱、总氮和氯含量，使得各项指标均更为协调。

4.7.4　水肥一体化对上六片叶中性香气成分的影响

烟叶中性香气成分为类胡萝卜素降解产物、苯丙氨酸裂解产物、非酶棕色化反应产物、西柏烷类降解产物和叶绿素降解产物共五大类。由表 4-28 可看出，T1~T4 的中性香气物质总量均高于 CK，其中 T3 的中性香气物质总量最高。分别比较 T1 和 T2、T3 和 T4，中性香气物质总量表现为 T2>T1、T3>T4，其中类胡萝卜素降解产物、西柏烷类降解产物、苯丙氨酸裂解产物总量也呈此规律。T4 处理的类胡萝卜素降解产物、西柏烷类降解产物、非酶棕色化反应产物总量略高于 T1。此外，T3 处理的中性香气物质总量比 T2 处理高出 23.7654μg/g，其中类胡萝卜素降解产物总量高出 2.9406μg/g，西柏烷类降解产物总量高出 8.6096μg/g，叶绿素降解产物新植二烯含量高出 19.4040μg/g。

表 4-28　不同处理上六片叶中性香气成分差异比较　　　　　　（μg/g）

香气物质类型	中性香气成分	CK	T1	T2	T3	T4
	β-大马酮	17.5063	15.0294	16.0891	15.1702	14.2927
	β-二氢大马酮	8.3151	7.4991	9.8884	10.7243	8.4804
	香叶基丙酮	2.3435	2.0350	2.8222	2.7257	2.2809
	二氢猕猴桃内酯	1.6778	1.1432	1.5243	2.0642	1.0898
类胡萝卜素 降解产物	巨豆三烯酮 1	1.8454	1.7959	2.0372	2.2721	1.6949
	巨豆三烯酮 2	7.3758	7.2517	7.9312	10.0146	8.0403
	巨豆三烯酮 3	2.6685	2.6373	3.1921	3.6247	2.6717
	巨豆三烯酮 4	7.7494	8.1040	10.2025	11.5981	8.3070
	螺岩兰草酮	0.3994	0.4858	0.5962	0.6244	0.5102
	法尼基丙酮	7.2148	7.9172	9.3192	8.3966	8.5256

续表

香气物质类型	中性香气成分	CK	T1	T2	T3	T4
类胡萝卜素降解产物	愈创木酚	1.8851	1.6921	2.0942	1.6280	1.8081
	芳樟醇	0.5783	0.5328	0.7810	0.6662	0.5691
	3-羟基-β-二氢大马酮	1.3347	1.4094	1.7815	1.9922	1.5657
	6-甲基-5-庚烯-2-醇	0.8963	0.7237	1.0026	0.8057	0.7423
	6-甲基-5-庚烯-2-酮	0.8195	0.5961	0.9135	0.8088	0.7311
	异佛尔酮	—	—	—	—	—
	氧化异佛尔酮	—	—	—	—	—
	小计	62.6099	58.8527	70.1752	73.1158	61.3098
西柏烷类降解产物	茄酮	25.4388	19.9345	26.1411	34.7507	25.4383
苯丙氨酸裂解产物	苯甲醛	0.4922	0.4755	0.4962	0.5295	0.6090
	苯甲醇	5.7725	4.3883	7.8854	4.1124	3.2269
	苯乙醛	5.7470	5.5464	5.3717	6.6962	6.0449
	苯乙醇	2.5967	2.4605	3.9400	2.2737	2.1183
	小计	14.6084	12.8707	17.6933	13.6118	11.9991
非酶棕色化反应产物	糠醛	11.1083	10.2495	13.9302	11.7478	12.6144
	糠醇	0.6741	0.6237	0.8121	0.5316	0.4386
	2-乙酰基呋喃	0.3145	0.2847	0.3214	0.3213	0.2883
	2-乙酰基吡咯	—	—	—	—	—
	5-甲基糠醛	1.3782	1.4755	1.9799	1.7263	1.8150
	3,4-二甲基-2,5-呋喃二酮	2.0098	1.9491	2.3783	1.9618	2.0311
	2,6-壬二烯醛	0.1828	0.2135	0.2130	0.2422	0.2114
	藏花醛	0.1308	0.2341	0.3023	0.2756	0.2572
	β-环柠檬醛	0.3964	0.3673	0.5351	0.5584	0.4152
	小计	16.1949	15.3974	20.4723	17.3650	18.0712
叶绿素降解产物	新植二烯	558.6207	590.5612	576.0377	595.4417	564.5149
	总量	677.4727	697.6165	710.5196	734.2850	681.3333

　　相较于传统施肥+沟灌模式、传统施肥+滴灌模式，水肥一体化模式更有利于提高类胡萝卜素降解产物、西柏烷类裂解产物、苯丙氨酸裂解产物含量，进而使上六片叶中性香气成分更为协调；而在水肥一体化模式下减氮20%，可以提高上六片叶中类胡萝卜素降解产物β-二氢大马酮、巨豆三烯酮2和巨豆三烯酮4的含量，叶绿素降解产物新植二烯的含量，对上六片叶中性香气成分含量的提升效果最大。

4.7.5 水肥一体化对上六片叶感官质量的影响

由图 4-21 可明显看出，采用滴灌方法的处理 T1~T4 感官质量的各个指标均优于沟灌处理 CK。分别对比 T1 和 T2、T3 和 T4 可以看出，采用水肥一体化模式的处理（T2、T3）在香气质、香气量、浓度方面分别优于传统施肥滴灌处理（T1、T4）。比较 T2 和 T3 发现，T3 在香气质、香气量、浓度、杂气、刺激性、余味、劲头方面均优于 T2，总体评分最高。

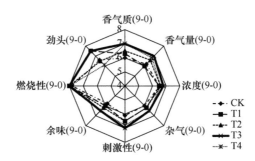

图 4-21　不同处理上六片叶感官质量差异比较

由此可得，相较于传统施肥+沟灌模式，传统施肥+滴灌模式能够有效改善上六片叶感官质量；水肥一体化模式可以有效提高香气质、香气量和浓度，进而改善上六片叶的感官质量，且水肥一体化模式下减氮 20%对上六片叶的感官质量更为有利。

4.7.6 小结

传统沟灌不仅浪费水资源，还可能导致土壤板结，不利于土壤氮素矿化，进而影响烤烟的氮素吸收、生长发育及烟叶质量。滴灌技术在烤烟生产中应用以平原地区居多，能够降低人工成本，有效节约资源。滴灌模式可以根据烤烟不同生育期的水分需求定时定量灌水，进而促进烤烟生长发育。本研究表明，滴灌模式下，烤后烟叶经济性状明显提高，烟叶化学成分发生显著变化且趋向更加协调，烟叶香气成分更为协调，感官质量得到有效改善。因此，在豫中烟区中烟 100 的种植过程中，滴灌技术的应用可以有效提高烤烟上六片叶质量。

多项研究表明，与沟灌常规施肥处理相比，水肥一体化能够促进烤烟生长发育，使其田间农艺性状表现良好。原因在于水肥一体化可以创造良好的根系形态，提高根系生理活性，增强光合作用和光能利用效率，从而促进烤烟生长发育，有助于提高烤后烟叶的经济性状。考虑到水肥一体化提升肥料利用率的效果，本试验同时对比了水肥一体化模式下常规施氮量与减少施氮量的应用效果,结果表明,在水肥一体化模式下减氮 20%对烤烟生长发育的促进效果最为显著,上六片叶经济性状表现出显著优势,烤后烟叶化学成分和中性香气成分最为协调,且感官质量最佳。在豫中烟区,水肥一体化合理运用能满足烟株前期的水肥需要,有效解决前期干旱致使生育期后移的问题,使烟株生长发育正常,有利于上六片叶成熟度的提高,有效提升上六片叶质量。

综合本试验研究结果,在豫中典型烟区中烟 100 种植过程中,可以通过制定配套水肥制度、合理运用水肥一体化技术来提高烤烟上六片叶质量:在该烟区总体施氮量为 3kg/667m² 基础上减氮 20%,将全部施氮量的 70%以基肥和窝肥的方式分别在移栽前和移栽时施入,全部施氮量的 30%以追肥方式采用水肥一体化模式分三次间隔 15 天施入。这种施肥和灌溉模式更有利于当地烤烟生长发育,并在上六片叶经济性状、化学成分、香气成分及感官质量等方面表现出明显优势。本试验相关成果可为水肥一体化技术在烤烟上六片叶生产中的应用推广提供一定理论依据和技术支撑。后续可以进一步研究水肥一体化模式下肥料在垄体内的迁移和分布,探索水肥深施的途径方法和施肥制度,引导根系向土壤深处伸长生长,增强烟株抗逆性,进一步细化不同的肥水制度对烤烟上六片叶质量的影响,以期为不同地区、不同烤烟品种水肥一体化技术的应用提供理论依据和参考。

4.8 微喷灌水定额对烟田土壤物理性状和养分运移的影响

摘要:以不灌水和传统沟灌为对照,研究了不同微喷灌水定额对河南宝丰壤质土壤物理性状和养分运移的影响。结果表明,与传统沟灌相比,微喷可有效控制每次灌水定额、降低土壤容重,微喷定额为 24~36mm 不仅能有效补充土壤水分,还可使土壤湿润层保持在耕层范围内。灌溉后 24h 各灌水处理 0~30cm 土层中碱解氮含量均高于不灌水处理,且随着灌水定额的增加,碱解氮含量呈增加趋势,圆顶期则呈现相反的变化,以不灌水处理最高。传统沟灌水分下渗过深,造成土壤速效养分的淋失,灌水后 24h 测定,耕层土壤碱解氮含量低于微喷 36mm 处理,速效钾含量低于其他处理,而碱解氮含量在 20cm 以下土层、速效钾含量在 30cm 以下土层提高。

水分是烟叶生长发育和产量品质形成所需的重要物质,良好的烟田灌溉条件是促进烟叶正常生长和实现烟叶优质稳产的保障。北方烟区降水量偏少,季节间、年际间变异大,且在烟草生长季节频繁发生不同程度的干旱。实践证明,烟草生长前期持续少雨干旱是制约优质上部叶生产的主要气象因素,前期干旱不仅影响烟草对肥料的吸收利用，导致烟株生长缓慢、叶片小、有效叶少、产质量下降，还会造成烟株对氮、钾的吸收高峰期推迟，使烟株在成熟期持续吸收较多的氮素，造成上部叶贪青不落黄，烤后叶片厚而色暗，工业上难以利用。目前中国灌溉手段和技术还比较落后，主要采取大水漫灌的方式，不仅造成水资源浪费，还使土壤理化性质遭到破坏，养分大量淋失，早期灌水过多会造成土壤温度下降，引发花叶病，并且多与烟株的需水规律不相符，不利于根系的建成和发育。2007 年在河南平顶山首次应用微喷节水技术进行烟田灌溉，取得了理想的效果。2008 年系统设置了微喷灌水试验，以不灌水和传统沟灌为对照，设置不同微喷灌水定额，进行了微喷灌水定额对土壤物理性状和养分运移的影响研究，旨在为确定合理的灌水方法和灌水参数提供依据（史宏志等，2009a）。

　　试验于 2008 年在平顶山市宝丰县石桥镇进行，品种为中烟 100，集中漂浮育苗。于 2008 年 5 月 2 日移栽，7 月中旬开始采摘。2007~2008 年微喷试验示范所采用的微喷系统由 1 根主管和 3~5 根支管组成，主管直径 80mm，支管直径 40mm，支管上分布有微喷孔，直径 0.3mm，孔距 40mm，孔的走向为"S"形，水雾高度 1.4~1.6m，喷幅 3~4m。2008 年该区烟叶生长季降水量及其分布情况具有代表性，全生育期总降水量 443.8mm，其中 5~8 月的降水量分别为 67.6mm、8.3mm、199.8mm、168.1mm，旺长期之前土壤持续干旱。本试验灌水处理的 2 次灌水时间分别为伸根期（5 月 29 日）和圆顶期（7 月 7 日），其灌水定额和灌水量如表 4-29 所示。

表 4-29　不同灌水处理的灌水定额和灌水量

处理	灌水方法	灌水定额（mm/次）	灌水次数	折合灌水量（mm/hm^2）
对照	不灌	0	0	0
处理 1	微喷	12	2	360
处理 2	微喷	24	2	720
处理 3	微喷	36	2	1080
传统沟灌	沟灌	60	2	1800

4.8.1　不同灌水定额对土壤湿润层深度的影响

　　由于移栽后持续干旱，在伸根期进行了灌溉，图 4-22 为伸根期灌水后 24h 测定的土壤湿润层深度。结果表明，微喷处理中随灌水定额的增加，土壤湿润层深度增加，传统沟灌的灌水量难以控制，灌溉量较大，土壤湿润层深度达到 42cm。烟草根系一般密集分布于 25cm 以上土层，灌水过多，下渗过深，将不可避免造成养分淋失到根系分布层以外。

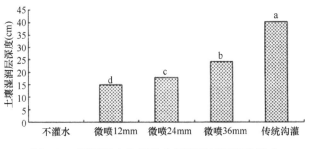

图 4-22　不同灌水定额对土壤湿润层深度的影响

4.8.2　不同灌水定额对不同土层土壤容重的影响

烟田灌水后 24h，分 5 个土层测定土壤容重，结果如图 4-23 所示。从中可知，不同处理各土层土壤容重为 $1.4 \sim 1.9 \text{g/cm}^3$。与不灌水相比，各灌水处理在灌水后 24h 土壤容重均增加，在 $0 \sim 30 \text{cm}$ 土层传统沟灌的土壤容重最高。传统沟灌 $10 \sim 20 \text{cm}$、$20 \sim 30 \text{cm}$ 土层的土壤容重高于各微喷处理。不同微喷灌水定额处理之间比较，在 30cm 以上各土层，随着灌水定额的增加，土壤容重呈增加趋势，但除了 $0 \sim 10 \text{cm}$ 土层微喷 36mm 处理显著高于微喷 12mm 和微喷 24mm 处理外，其他土层和处理间无显著差异。30cm 以下土层各处理间土壤容重变化较小。

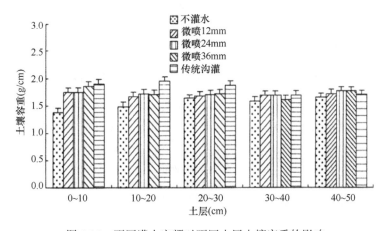

图 4-23　不同灌水定额对不同土层土壤容重的影响

4.8.3　不同灌水定额对土壤碱解氮运移的影响

1. 不同灌水定额在伸根期灌水后 24h 对碱解氮运移的影响

碱解氮含量不仅能反映土壤的供氮强度，而且与作物氮素的吸收量具有一定的相关性，对于了解土壤肥力状况、合理施肥和灌溉具有重要意义。图 4-24 为灌水后 24h 各灌水处理不同土层碱解氮含量的分布。从不同土层比较看，各处理均以 0～10cm 土层碱解氮含量最高，随着土层深度增加，碱解氮含量呈下降趋势，30cm 以下趋于稳定。灌水各处理 0～30cm 土层中碱解氮含量均高于对照，40～50cm 土层中低于对照；随着灌水定额的增加，各微喷处理碱解氮含量也增加（40～50cm 除外）。在 0～10cm 和 10～20cm 土层中均以微喷 36mm 处理碱解氮含量最高，灌水后耕层土壤碱解氮含量提高是由于水分增加了土壤氮素的有效性。传统沟灌在 0～20cm 土层内碱解氮含量低于微喷 36mm 处理，但在 20～30cm 土层中高于各微喷处理，说明传统沟灌较大的灌水量造成养分向下层移动。

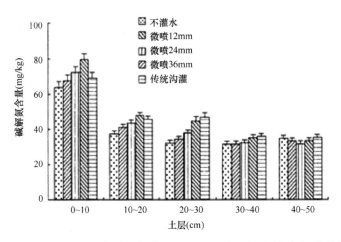

图 4-24　不同灌水定额在伸根期灌水后 24h 对不同土层碱解氮运移的影响

2. 不同灌水定额在圆顶期灌水后 24h 对碱解氮运移的影响

　　圆顶期是烟株旺盛生长的后期阶段，烟株形态已基本建成。各处理不同土层碱解氮含量的测定结果见图 4-25。结果表明，0～20cm 土层各灌水处理的碱解氮

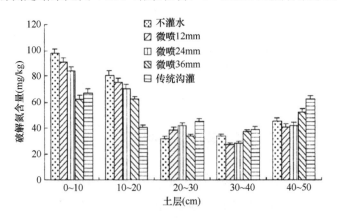

图 4-25　不同灌水定额在圆顶期对碱解氮运移的影响

含量与不灌水相比均不同程度地下降，微喷处理有随着灌水定额的增加碱解氮含量逐渐降低的趋势，与烟叶长势呈相反变化。灌水处理烟叶生长发育旺盛，烟株营养体大于不灌水处理，在 3 个微喷定额处理中，随着灌水定额的增加，烟叶生长发育趋于旺盛，这是烟株对土壤中氮素吸收利用较多的结果。传统沟灌 0～10cm土层碱解氮含量高于微喷 36mm 处理，但 10～20cm 土层的碱解氮含量低于后者。30cm 以下土层以传统沟灌的碱解氮含量最高。

4.8.4　不同灌水定额对土壤速效钾运移的影响

1. 不同灌水定额在伸根期灌水后 24h 对速效钾运移的影响

速效钾是衡量土壤为农作物供应钾素能力的重要指标。伸根期灌水后 24h 不同土层土壤速效钾含量的测定结果表明（图 4-26），0～40cm 土层随着深度增加，土壤速效钾含量呈降低趋势，40～50cm 土层速效钾含量又表现为增加。0～10cm土层的速效钾含量以不灌水处理最高，其次为微喷 12mm 和微喷 24mm，传统沟灌速效钾含量最低；10～20cm 土层不灌水对照、微喷 12mm、微喷 24mm 及微喷36mm 的土壤速效钾含量差别不大，传统沟灌的速效钾含量低于其他处理；20～30cm 土层各处理差别较小；但 30cm 以下土层的速效钾含量表现为传统沟灌高于其他处理，与传统沟灌造成养分淋失的作用有密切关系。

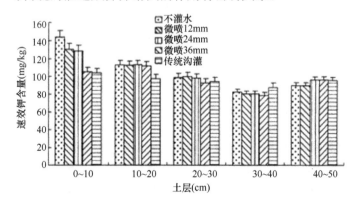

图 4-26　不同灌水定额在伸根期灌水后 24h 对速效钾运移的影响

2. 不同灌水定额对圆顶期灌水后 24h 速效钾运移的影响

对圆顶期各处理不同土层速效钾含量进行测定，结果见图 4-27。与不灌水相比，0～20cm 土层各灌水处理速效钾含量呈下降趋势，尤以传统沟灌速效钾含量最低；20～40cm 土层各处理间速效钾含量差异较小；40～50cm 土层速效钾含量以传统沟灌最高，其他处理间含量有所波动。

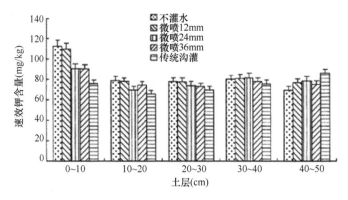

图 4-27   不同灌水定额在圆顶期对速效钾运移的影响

4.8.5   小结

微喷是一种高效节水灌溉方法，以省水、增产、省工、省地、对地形和土壤适应性强、能结合施肥且肥效高、可减少平地除草等田间管理工作量、易于实现自动化灌水等多方面优点而引起人们的关注和重视，在烟草上应用取得了良好的节水、增产和增质效果。本试验表明，与传统沟灌相比，微喷可保持土壤结构、降低土壤容重、有效控制每次灌水定额、避免灌水量过大造成土壤湿润层过深。在本试验采用的壤质土壤上，微喷定额控制在 24~36mm，不仅能有效补充土壤水分，还可使土壤湿润层保持在耕层范围内。传统沟灌不仅灌水量大，浪费水资源，还会造成土壤速效养分的淋失，伸根期灌水后24h测定结果表明，耕层土壤碱解氮和速效钾含量均低于其他处理，而在 30cm 以下土层中含量增高。与不灌水对照相比，微喷各处理在伸根期灌水后24h耕层中土壤碱解氮含量显著增加，这是因为灌水后增加了土壤养分的有效性，水肥之间产生了正向互作效应，为烟株的旺盛生长和肥料利用率的提高奠定了良好的基础。

灌水可显著促进烟株生长发育和地上部茎叶生长，试验中观察到各灌水处理烟株生长发育均显著优于不灌水对照，且随着微喷灌水定额的增加，烟株生长趋于旺盛，以微喷 36mm 处理烟叶长势最好，传统沟灌烟株长势次于微喷 36mm 处理。这与本试验中微喷后土壤耕层内有效养分含量增加是一致的。烟株旺长后的圆顶期，微喷处理土壤碱解氮和速效钾含量显著低于不灌水对照，表明烟株吸收利用了较多的速效养分。根据优质烟叶生产的养分吸收利用规律，烟株旺长期保证充足的养分供应，打顶后土壤根层有效氮含量及时降低，有利于促进前期烟株生长和烟叶开片，同时可保证后期烟叶适时落黄和充分成熟，采取微喷方法，按照 24~36mm 的灌水定额进行灌水，有利于实现烟株生长与优质烟叶形成需肥规律相吻合，促进烟叶的优质稳产。传统沟灌圆顶期耕层土壤有效养分含量较低，是由养分淋失和烟株吸收利用两方面所造成的。而不灌水对照的烟株生长后期土壤中残留有效养分较多，烟株晚发，不仅产量低，而且不利于后期烟叶成熟落黄。

4.9 微喷条件下灌水量对烤烟生长发育和水分利用效率的影响

摘要： 2008 年在豫中烟区采用大田试验比较了微喷节水灌溉条件下不同灌水量处理与传统沟灌在烟株生长发育、产量、产值和水分利用效率方面的差异。结果表明，在伸根期干旱情况下灌溉处理可显著促进烟株生长发育，表现为株高增加、茎围增大、有效叶数增多、叶面积扩大，以灌水定额为 36mm、总灌水量为 72mm 处理效果最好；烟叶产量、产值均以总灌水量 72mm 处理最高；水分生产率和水分产值率均以总灌水量 48mm 处理最高。微喷各处理灌水生产率、灌水产值率、灌水增产率和灌水增值率均显著高于传统沟灌，灌水生产率和灌水产值率均以总灌水量 24mm 处理最高，灌水增产率以总灌水量 24mm 和 48mm 较高，灌水增值率以总灌水量 48mm 处理最高。豫中烟区在正常气候条件下，选择每次灌水定额为 24 ～ 36mm、总灌水量为 48 ～ 72mm 为宜。

土壤水分状况是影响烤烟生长的关键因素之一。在烤烟生长发育过程中，由于降水量地域分布极不均匀，阶段性干旱时常发生，对烟株的个体营养生长有明显影响。合理灌溉是调控烟叶产量和质量的有效手段，加强烟草生产配套设施建设、合理调控烟田水分供给是确保烟叶优质稳产的关键，也是我国烟叶生产中亟待解决的问题。目前我国烟草灌溉手段和技术还比较落后，主要采取大水漫灌的方式，不仅造成水资源浪费，还使土壤理化性质遭到破坏，养分大量淋失，特别是在北方烟区伸根期灌水会造成土壤温度下降，引发花叶病，此外，早期灌水过多与烟株的需水规律不相符，不利于根系的建成和发育，因此发展烟草节水优化灌溉技术具有十分重要的意义。2007 年首先在平顶山将微喷技术应用于烟草灌溉并取得显著的节水、省工效果。本研究在微喷条件下，探讨了不同灌水量对烟株生长发育、烟叶产量和质量及水分利用效率的影响，旨在为烟田优化灌溉、提高烟叶产量与品质提供理论依据与技术措施（邸慧慧等，2009a）。

试验于 2008 年在河南省平顶山宝丰县石桥镇进行，供试品种选用当地主栽品种中烟 100。试验地土壤质地为壤土，地势平坦，地力水平中等偏上。试验以全生育期不灌水和传统沟灌为对照，以不同灌水量为处理。各处理灌水方法、灌水定额、灌水次数及灌水量见表 4-30。与该区 2008 年以前的 30 年烟叶生长季节的降水量及其分布情况相比较（表 4-31），2008 年较具有代表性，表现为旺长期之前土壤持续干旱，生育期降水量为 443.8mm。本试验灌水处理的两次灌水时间分别为 6 月 1 日、6 月 11 日。

表 4-30　微喷不同灌水量试验设计

处理	灌水方法	灌水定额（mm）	灌水次数	总灌水量（mm）
CK	不灌	0	0	0
1	微喷	12	2	24
2	微喷	24	2	48
3	微喷	36	2	72
4	沟灌	60	2	120

注：灌水量采用水表测量

表 4-31　宝丰地区烟叶生长季节 2008 年以前的 30 年月平均降水量与 2008 年月平均
降水量比较　　　　　　　　　　　　　　　　　　　　（mm）

时间	4 月	5 月	6 月	7 月	8 月
30 年月平均	44.2	70.1	12.8	171.2	153.1
2008 年月平均	45.6	67.6	8.3	199.8	168.1

4.9.1　不同灌水定额对烟株生长发育的影响

1. 对烟株株高的影响

在烟叶伸根期出现干旱情况下进行灌水对烟株生长具有显著促进作用。由图 4-28 可以看出，第 1 次灌水后 10 天（6 月 11 日），灌水处理烟株均高于不灌水对照，且随着灌水定额的增加，烟株株高增加。第 2 次灌水后 10 天（6 月 21 日），灌水处理烟株株高与不灌水对照的差异进一步加大，其中沟灌 60mm 处理与微喷

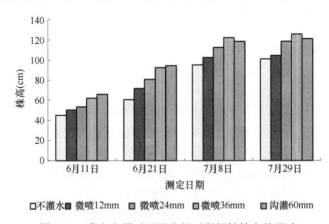

图 4-28　灌水定额对不同生长时期烟株株高的影响

36mm 处理的株高基本相同，都明显高于对照。旺长后期，微喷 36mm 处理的烟株株高超过沟灌的株高。烟株打顶后进入成熟期，由于自然降水补充土壤水分，不灌水对照的烟株生长量相对较大，但株高仍然最低；各灌水处理株高增加量相对较小，以微喷 36mm 处理最高，其次为沟灌 60mm 和微喷 24mm 处理。

2. 对烟株茎围的影响

由图 4-29 可以看出，第 1 次灌水后 10 天，灌水处理烟株随着灌水定额的增加茎围加粗，但当灌水定额达到 36mm 时，随着灌水定额的增加烟株茎围反而降低，微喷 36mm 处理与微喷 24mm 处理茎围相同，沟灌 60mm 处理茎围小于微喷 36mm 处理。第 2 次灌水后 10 天，灌水处理的烟株茎围与不灌水对照的差异进一步拉大，微喷 36mm 处理茎围最大，沟灌 60mm 处理茎围为除对照外最小。旺长后期，灌水处理间茎围差异明显，微喷 36mm 处理烟株茎围最粗，微喷 12mm 处理茎围与不灌水对照基本相同；沟灌 60mm 处理茎围与微喷 24mm 处理茎围基本相同。烟株打顶后进入成熟期，各处理烟株茎围基本无变化。

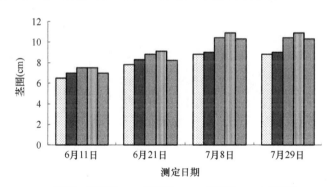

图 4-29　灌水定额对不同生长时期烟株茎围的影响

3. 对烟株叶片数的影响

与对照相比，灌水可显著促进叶片的发生和生长。由图 4-30 可知，第 1 次灌水后 10 天，灌水各处理有效叶片数均多于不灌水对照，且随着灌水定额的增加，有效叶数呈增加的趋势；除微喷 12mm 外，其他处理间差异较小。第 2 次灌水后 10 天，随着灌水定额的增加，烟株有效叶片数也随之增加。旺长后期，烟株有效叶片数以微喷 36mm 处理最多。烟株打顶后进入成熟期，各处理烟株有效叶片数无变化。

4. 对烟株最大叶面积的影响

由图 4-31 可知，第 1 次灌水后 10 天，灌水各处理随着灌水定额的增加最大叶

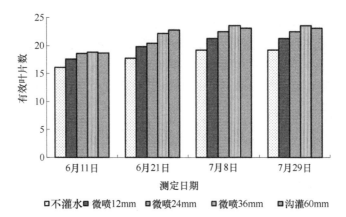

图 4-30　灌水定额对不同生长时期烟株有效叶数的影响

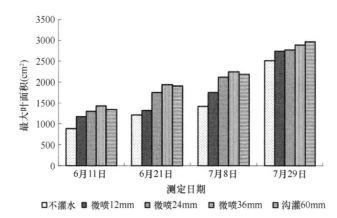

图 4-31　灌水定额对不同生长时期烟株最大叶面积的影响

面积逐渐增大，但当灌水定额大于 36mm 时最大叶面积反而下降。第 2 次灌水后
10 天，不同灌水定额间烟株最大叶面积差异十分明显。旺长后期，微喷 12mm 处
理最大叶面积与对照差异明显增大。烟株打顶后，灌水各处理叶面积均迅速增加，
沟灌 60mm 处理最大叶面积超过微喷 36mm 处理，由于自然降水补充土壤水分，
不灌水对照的烟叶最大叶面积增加量最大。

4.9.2　不同总灌水量对烟叶经济性状的影响

　　试验表明，在烟叶旺长前出现干旱情况下进行灌水可有效促进烟叶产量、产
值的增加（表 4-32）。烟叶产量、产值、均价均以总灌水量 72mm 处理最高，且
与总灌水量 48mm 处理无明显差异。传统沟灌方法灌水量大，本试验中灌水量达
120mm，其增产幅度反而低于总灌水量 72mm 和总灌水量 48mm 处理，表明节水
灌溉具有更大的增产潜力。

表 4-32　不同灌水量对烟叶经济性状的影响

灌水定额（mm）	灌水方式	总灌水量（mm）	产量（kg/hm²）	产值（元/hm²）	均价（元/kg）
0	不灌	0	1654.5	20 193.9	12.21
12	微喷	24	2214.0	28 693.4	12.90
24	微喷	48	2691.0	39 518.0	14.40
36	微喷	72	2740.5	41 064.6	15.30
60	沟灌	120	2502.0	38 226.9	14.41

4.9.3　不同总灌水量对烟叶水分利用效率和灌水效率的影响

1. 对水分利用效率的影响

水分生产率可反映烟叶对水分的利用效率。由表 4-33 可以看出，随着总灌水量的增加耗水量也逐渐增加。采用微喷方法进行节水灌溉可不同程度提高烟叶水分生产率，总灌水量 48mm 处理最高，随着耗水量的进一步增加，水分生产率反而下降。水分产值率与水分生产率表现出相同的变化趋势，以总灌水量 48mm 最高，其次为总灌水量 72mm。

表 4-33　不同总灌水量对烟叶水分利用效率的影响

总灌水量（mm）	灌水方式	耗水量（mm）	水分生产率[kg/（hm²·mm）]	水分产值率[元/(hm²·mm)]
0	不灌	369.59	4.47	54.64
24	微喷	475.82	4.65	60.30
48	微喷	487.74	5.52	81.02
72	微喷	511.43	5.35	80.29
120	沟灌	523.67	4.77	72.99

注：水分产值率为单位耗水量所能生产的农产品产值（每公顷烟叶产值/生育期耗水量）

2. 对烟叶灌水效率的影响

灌水生产率可直接反映灌水效率。由表 4-34 可以看出，传统沟灌总灌水量大，灌水效率最低，微喷节水灌溉可以显著提高灌水效率，提高水分的利用效率。随着总灌水量的增加，灌水效率呈下降趋势，总灌水量 24mm 处理灌水效率最高，表明在干旱情况下，较小总灌水量可以充分发挥灌溉水的作用，提高水分的利用效率。同样，灌水产值率也以总灌水量 24mm 处理最高，其次为总灌水量 48mm 和总灌水量处理 72mm，均高于传统沟灌。各灌水处理与不灌水对照相比均有明显的增产增值作用，但每毫米灌水每公顷增产量（灌水增产率）和增值量（灌水增值率）不尽相同，微喷节水灌溉处理高于传统沟灌处理，其中灌水增产率以总灌水量 24mm 和总灌水量 48mm 处理较高，灌水增值率以总灌水量 48mm 处理最高。

表 4-34　不同总灌水量对烟叶灌水效率的影响

总灌水量 （mm）	灌水 方式	灌水生产率 [kg/(hm²·mm)]	灌水产值率 [元/(hm²·mm)]	灌水增产率 [kg/(hm²·mm)]	灌水增值率 [元/(hm²·mm)]
0	不灌	—	—	—	—
24	微喷	92.250	1195.56	23.31	354.14
48	微喷	56.062	823.29	21.59	402.58
72	微喷	28.545	427.75	11.31	217.40
120	沟灌	20.850	318.56	7.06	150.27

注：灌水生产率. 单位灌溉水量所能生产的农产品产量；灌水产值率. 单位灌溉水量所能生产的农产品产值；灌水增产率. 处理组与对照相比，增加的单位灌溉水量所能生产的农产品产量；灌水增值率. 处理组与对照相比，增加的单位灌溉水量所能生产的农产品产值

4.9.4　小结

灌溉具有明显的促进烟叶生长发育，提高烟叶产量、产值的作用。豫中烟区属于半丰水易旱区，在烟叶移栽后至旺长期干旱频率较高，可对烟叶生长发育造成直接影响。本试验表明，在伸根期干旱情况下，灌溉处理与不灌水对照相比烟株生长得到有效促进，表现为株高增加、茎围增大、有效叶数增多、叶面积扩大。微喷节水灌溉是在烟草上应用的新灌溉方法，与传统沟灌相比具有很多优点，不仅节水、省时，还可及时、定量、均匀供应烟株生长需要的水分。本试验中以灌水定额 36mm、总灌水量 72mm 处理促进烟叶生长发育的效果最好，优于传统沟灌（灌水定额 60mm、总灌水量 120mm）或无明显差异；灌水定额为 24mm、总灌水量为 48mm 处理的烟株生长发育与传统沟灌差异较小，特别是烟株后期，节水灌溉优势明显。传统沟灌处理的烟株生育前期株高最高，有效叶片数最多，但生育后期株高、茎围、有效叶片数均低于微喷灌水定额 36mm 处理。

灌水可有效促进烟叶产量、产值的增加，烟叶产量、产值以总灌水量 72mm 最高，且与总灌水量 48mm 无明显差别，二者均高于传统沟灌，表明节水灌溉具有更大的增产、增值潜力。微喷节水灌溉提高烟叶水分利用效率和灌水效率的效果十分明显。水分生产率和水分产值率均以总灌水量 48mm 处理最高，其次为总灌水量 72mm 处理。传统沟灌方式灌水量大，灌水效率最低，微喷节水灌溉可以明显提高灌水效率，提高水分利用效率。总灌水量 24mm 处理灌水生产率和灌水产值率均最高，灌水增产率以总灌水量 24mm 和 48mm 处理较高，灌水增值率以总灌水量 48mm 处理最高。在宝丰地区正常气候条件下，综合考虑灌水量对产量、产值和水分利用效率的影响，每次微喷灌水定额以 24～36mm 为宜。

微喷节水灌溉的增产增质作用与其可增加土壤耕层有效养分含量、减少养分

淋失、提高肥料利用率、保持土壤结构良好、促进烟株根系发育有关。传统沟灌灌水量过大，对养分的吸收和利用会产生负面影响，一是土壤中的硝态氮和微量元素发生淋失损失，直接导致养分的流失，降低肥料的利用率；二是土壤透气性变差，造成土壤缺氧，引起反硝化作用，发生脱氮损失；三是水分过多，抑制根系的纵深发展，根系分布浅，根量减少，抗倒性、抗旱性下降，不利于根系对养分特别是深层养分的吸收利用。因此，微喷节水灌溉在烟草生产中具有较大的推广利用价值。

4.10 灌水量对豫中烤烟中性香气成分含量的影响

摘要： 2008 年在大田条件下，采用微喷和沟灌两种灌溉方式研究了不同灌水量对烤烟香气物质含量的影响。结果表明，不同部位的类胡萝卜素降解产物、苯丙氨酸裂解产物、非酶棕色化反应产物含量随灌水量的变化趋势有显著差异。下部叶香气物质含量随着灌水量的增加而增加，当灌水量达到 48mm 时香气物质含量最多，随着灌水量继续增加香气物质含量下降；不同灌水量处理的中部叶香气物质含量差异较小，且与灌水量无明显关系；上部叶以灌水量 48mm、72mm 处理香气物质含量较高，灌水量 120mm 处理香气物质含量最低，不灌水对照略高于传统沟灌处理。由此可见，微喷灌水量在 48~72mm 有利于烟株各部位叶片香气物质的积累，不灌水处理下部叶香气物质含量偏低，传统沟灌处理上部叶香气物质含量偏低，说明干旱和水分过多均不利于香气物质的积累。

烟叶的香气成分含量受生态因素和栽培因素的综合影响。栽培因素对烟叶香气物质含量的影响多集中在成垄、施肥、移栽、打顶、除芽和采摘时间等方面，但灌水量对烟叶香气物质含量的影响研究少有报道。烟田水分状况直接影响烟株生长、叶片开片和烤后烟叶化学成分含量，进而对香气品质造成影响。本试验在大田条件下，采用微喷和沟灌两种灌溉方式研究了不同灌水量对烤烟香气物质含量的影响。具体试验设计如表 4-35 所示（邸慧慧等，2009b）。

表 4-35 微喷不同灌水量试验设计

处理	灌水方法	灌水定额（mm）	灌水次数	灌水量（mm）
CK	不灌	0	0	0
1	微喷	12	2	24
2	微喷	24	2	48
3	微喷	36	2	72
4	沟灌	60	2	120

注：灌水量采用水表测量

4.10.1 不同灌水量条件下类胡萝卜素降解产物含量的变化

类胡萝卜素降解产物是烟草中关键的香气物质，其含量仅次于叶绿素降解产物。其中紫罗兰酮、大马酮可增加烟草的花香香气，二氢猕猴桃内酯可消除刺激性。共检测出 14 种类胡萝卜素降解产物，由表 4-36 可知，在下部烟叶中，除 4-乙酰基-2-甲氧基苯酚、香叶基丙酮、巨豆三烯酮 1、脱氢-β-紫罗兰酮这 4 种降解产物外，其他香气物质含量均在灌水量 48mm 处理达到最高值；当灌水量小于 48mm 时，随着灌水量的增加香气物质含量增加。不同灌水量处理的中部叶降解产物含量差异较小且无明显规律。灌水量 120mm 处理的上部叶香气物质含量明显低于其他处理（3-羟基-β-大马酮除外），且不同灌水量处理间降解产物含量差异较小。总量方面，下部叶随着灌水量的增加总量增加，且在灌水量 48mm 处理达到最大值，灌水量继续增加则总量降低；中部叶各处理总量之间无明显规律；上部叶灌水量 120mm 处理总量最低；整体来说，中部叶降解产物总量明显高于其他部位。

表 4-36　不同灌水量处理类胡萝卜素降解产物含量变化　　　　　　（μg/g）

化学成分	部位	灌水量（mm）				
		0	24	48	72	120
芳樟醇	上	1.581	1.841	1.356	1.796	0.988
	中	1.864	1.494	1.743	1.725	2.043
	下	1.236	1.581	1.779	1.640	1.642
氧化异佛尔酮	上	0.162	0.208	0.132	0.148	0.104
	中	0.118	0.133	0.177	0.176	0.200
	下	0.138	0.162	0.224	0.161	0.195
4-乙酰基-2-甲氧基苯酚	上	1.832	2.951	2.142	1.443	1.127
	中	2.907	2.686	3.170	3.192	3.878
	下	0.317	0.832	2.057	3.703	2.499
β-大马酮	上	18.921	22.395	16.108	23.393	15.359
	中	22.206	23.439	26.385	26.719	29.507
	下	18.921	22.739	36.415	30.794	33.340
香叶基丙酮	上	6.329	4.703	4.456	4.543	3.637
	中	4.739	4.240	4.492	3.762	4.633
	下	4.571	4.690	5.457	6.273	5.642
二氢猕猴桃内酯	上	4.704	5.052	4.314	4.724	3.427
	中	3.447	2.763	3.059	4.494	6.876
	下	1.508	4.704	7.116	6.422	5.775
巨豆三烯酮 1	上	1.968	2.396	1.804	1.909	1.696
	中	2.474	2.554	2.227	2.608	2.168

续表

化学成分	部位	灌水量（mm）				
		0	24	48	72	120
巨豆三烯酮 1	下	1.189	1.968	2.129	2.979	2.140
巨豆三烯酮 2	上	6.636	7.791	6.802	5.839	4.409
	中	8.095	6.070	7.353	6.036	7.772
	下	4.377	6.636	8.017	7.339	7.296
巨豆三烯酮 3	上	1.210	1.550	1.547	1.156	0.993
	中	1.447	1.222	1.404	1.174	1.731
	下	0.852	1.210	1.876	1.582	1.550
3-羟基-β-大马酮	上	0.677	1.763	1.138	1.306	0.768
	中	3.587	0.960	0.802	1.643	2.928
	下	0.247	0.677	2.729	2.140	2.165
脱氢-β-紫罗兰酮	上	0.667	0.723	0.872	0.741	0.531
	中	0.828	0.846	0.940	0.653	0.970
	下	0.209	0.867	1.190	1.232	0.814
巨豆三烯酮 4	上	6.651	10.263	6.330	7.401	5.817
	中	9.357	8.251	9.315	8.064	8.969
	下	3.414	6.651	10.565	10.215	9.405
螺岩兰草酮	上	1.218	2.842	1.731	1.494	1.139
	中	0.931	1.048	1.040	0.631	0.679
	下	0.492	1.218	1.230	0.657	0.566
法尼基丙酮	上	13.713	18.468	16.281	15.474	10.343
	中	18.689	17.012	19.656	15.423	17.691
	下	7.174	13.713	20.939	16.625	19.725
总量	上	66.269	82.946	65.013	71.367	50.338
	中	80.689	72.718	81.763	76.300	90.045
	下	44.645	67.648	101.723	91.762	92.754

4.10.2　不同灌水量条件下非酶棕色化反应产物含量的变化

非酶棕色化反应产物可以加到各种卷烟制品中，起到掩盖杂气、增强香气和提高烟气质量的作用。共检测出 7 种非酶棕色化反应产物，由表 4-37 可知，不灌水处理的下部叶各香气物质含量最低，下部叶非酶棕色化反应产物随灌水量增加呈先升后降的趋势；中部叶的非酶棕色化反应产物含量随灌水量增加无明显规律；灌水量 120mm 处理的上部叶各产物含量均低于其他处理；就总量来看，下部叶的非酶棕色化反应产物总量随着灌水量的增加先升高后降低；各灌水处理的中部叶非酶棕色化反应产物总量差异较小；灌水量 120mm 处理的上部叶产物总量最低，其他各处理间差异较小；中部叶香气物质总量整体上高于其他部位。

表 4-37　不同灌水量处理非酶棕色化反应产物含量变化　　　（µg/g）

化学成分	部位	灌水量（mm）				
		0	24	48	72	120
糠醛	上	24.769	31.868	25.804	23.803	20.610
	中	36.394	28.997	28.210	37.953	33.181
	下	15.511	24.769	27.547	28.627	24.840
糠醇	上	1.374	1.078	1.052	1.382	0.939
	中	2.600	2.791	2.325	2.057	3.015
	下	0.953	1.374	4.951	3.130	3.082
2-乙酰呋喃	上	0.452	0.642	0.683	0.442	0.144
	中	0.551	0.521	0.617	0.594	0.545
	下	0.340	0.452	0.425	0.413	0.410
5-甲基糠醛	上	1.583	1.411	1.267	1.754	0.873
	中	3.303	1.303	1.763	1.727	3.070
	下	1.153	1.583	2.827	2.207	2.198
6-甲基-5 庚烯-2-酮	上	1.030	1.216	1.235	1.681	0.688
	中	1.509	1.363	1.073	1.220	1.991
	下	0.778	1.030	2.168	1.034	0.807
3,4-二甲基-2,5-呋喃	上	1.337	2.141	1.707	1.414	0.702
	中	2.915	2.113	2.088	1.898	2.949
	下	0.649	1.337	2.818	2.342	2.266
2-乙酰基吡咯	上	0.178	0.288	0.236	0.176	0.127
	中	0.275	0.295	0.271	0.212	0.267
	下	0.178	0.178	0.325	0.287	0.230
总量	上	30.723	38.644	31.984	30.652	24.083
	中	47.547	37.383	36.347	45.661	45.018
	下	19.562	30.723	41.061	38.040	33.833

4.10.3　不同灌水量条件下苯丙氨酸裂解产物含量的变化

苯丙氨酸裂解产物中的苯甲醇、苯乙醇是烟叶重要的香气物质。由表 4-38 可知，下部叶苯丙氨酸裂解产物含量随着灌水量的增加先升高后降低，且在灌水量 48mm 处理含量达到最大。中部叶苯丙氨酸裂解产物含量与灌水量无明显关系。不同灌水量条件下，上部叶苯丙氨酸裂解产物在灌水量 120mm 处理含量最低。从整体来看，下部叶的苯丙氨酸裂解产物总量随着灌水量的增加先升高后降低，在灌水量 48mm 处理达到最高值，灌水量继续增加总量略有降低；不灌水对照和灌水量 120mm 处理的中部叶苯丙氨酸裂解产物总量略高于其他处理；灌水量 120mm 处理的上部叶苯丙氨酸裂解产物总量明显低于其他各处理，其次为对照处理。

表 4-38　不同灌水量处理苯丙氨酸裂解产物含量变化　　　　（μg/g）

化学成分	部位	灌水量（mm）				
		0	24	48	72	120
苯甲醛	上	1.726	2.362	2.345	2.006	0.965
	中	3.465	2.043	2.313	2.431	3.489
	下	1.359	1.726	3.389	3.063	2.704
苯甲醇	上	6.027	7.686	7.484	7.492	5.084
	中	15.415	11.711	10.817	9.396	15.098
	下	1.889	6.027	10.623	10.031	8.793
苯乙醛	上	4.060	3.722	4.582	4.610	3.055
	中	7.136	4.473	4.634	5.538	8.513
	下	3.675	4.060	11.607	11.067	8.316
苯乙醇	上	2.949	5.558	4.135	3.310	2.874
	中	4.258	4.966	5.033	3.667	7.573
	下	0.687	2.949	5.950	5.089	4.471
总量	上	14.762	19.328	18.546	17.418	11.978
	中	30.274	23.193	22.797	21.032	34.673
	下	7.610	14.762	31.569	29.250	24.284

4.10.4　不同灌水量条件下新植二烯与茄酮含量的变化

新植二烯是叶绿素的降解产物，是含量最丰富的中性香气成分。由于新植二烯香气阈值较高，因此其对香气贡献相对较小。茄酮是腺毛分泌物西柏烷类的主要降解产物，可以作为衡量烟叶表面分泌物可形成香气物质含量多少的重要指标。由表 4-39 可知新植二烯含量，上部叶以灌水量 72mm 处理最高，以灌水量 120mm 处理最低；中部叶以灌水量 48mm 处理最高，其次为灌水量 120mm 处理，其他各处理间含量差异较小；下部叶以灌水量 48mm 处理最高，不灌水处理含量最低。茄酮含量，上部叶以不灌水的对照最高，其次是灌水量 48mm 处理，灌水量最多的 120mm 处理含量最低；中部叶以灌水量 72mm 处理最高，其次为灌水量 120mm 处理；下部叶以灌水量 72mm 处理最高，其次为灌水量 48mm 处理。

表 4-39　不同灌水量处理新植二烯与茄酮含量变化　　　　　（μg/g）

化学成分	部位	灌水量（mm）				
		0	24	48	72	120
新植二烯	上	595.056	653.512	629.165	686.543	415.338
	中	610.276	587.453	675.088	619.277	655.515
	下	412.755	495.056	694.915	620.657	658.749
茄酮	上	39.790	32.717	36.681	36.604	24.142
	中	29.369	23.750	32.771	34.985	33.290
	下	29.291	32.790	35.840	39.637	34.258

4.10.5　不同灌水量条件下烟叶中性香气成分总量的变化

由表 4-40 可知，上部叶以灌水量 120mm 处理香气物质总量最低；中部叶不灌水处理与灌水量 120mm 处理香气物质总量略高于其他处理，其他处理间差异不明显；下部叶香气物质总量与生育期灌水量关系明显，随着灌水量的增加香气物质总量也随之增加，当灌水量超过 48mm 时随着灌水量的增加香气物质总量反而降低。

表 4-40　不同灌水量处理中性香气成分总量变化　　　　　（μg/g）

化学成分	部位	灌水量（mm）				
		0	24	48	72	120
中性香气成分总量	上	746.600	827.147	781.389	842.584	525.879
	中	805.155	744.497	848.766	797.255	858.540
	下	513.862	640.978	905.107	819.346	843.878
除新植二烯外中性香气成分总量	上	151.544	173.635	152.224	156.041	110.541
	中	194.879	157.044	173.678	177.978	203.025
	下	101.107	145.922	210.192	198.689	185.129

4.10.6　小结

试验中的 2 次灌水分别在伸根后期和旺长前期，正值烟叶干旱需水的关键时期。下部叶当灌水量达到 48mm 时烟叶香气物质含量最多；中部叶各处理间香气物质含量差异较小且与灌水量无明显关系；上部叶以传统沟灌 120mm 处理香气物质含量最低。中、后期由于自然降水，不灌水处理烟叶养分吸收增加，促进了烟叶的生长发育，有利于香气前体物的合成。传统沟灌 120mm 处理各部位烟叶香气物质含量以上部叶最低。微喷灌水量 24mm、48mm、72mm 处理中，香气物质含量大部分在 48mm 处理达到最大值，其次为 72mm 处理，而 24mm 处理香气物质含量相对较低。由此可见，干旱和水分过多都不利于香气物质的形成与转化，影响优质烟叶的生产，总体上微喷灌水量在 48～72mm 最优。

4.11　烤烟成熟期氮素灌淋调亏对烤烟生长发育及质量的影响

摘要：选豫中砂壤土设计田间试验，在两个施氮水平（常规施氮水平、常规施氮水平上增加 15%）下，研究成熟期统一氮素灌淋调亏对烤烟生长发育和烤后烟叶化学成分、中性香气成分及感官质量等的影响。结果表明：烤烟成熟期氮素灌淋调亏处理有利于控制烟株生长后期的长势，促进烟叶成熟落黄，降低烤后烟叶的蛋白质、烟碱、总氮、钾及氯含量，提高还原糖和总糖含量，化学成分更趋协调；增氮条件下调亏处理中上等烟比例、均价、亩产值、上部叶中性香气成分均高于增氮不调亏处理。因此，适当增加施氮量并结合成熟期灌淋调亏处理既有利于促进烟株前中期发育和干物质积累，提高中性香气成分含量，又可促进成熟期烟叶成熟，提高烟叶感官质量、均价、产量及亩产值，从而提高经济效益。

氮素对烟叶品质形成和风格特色彰显具有重要贡献，对烤烟生长发育、产量和质量及烤后烟叶可用性有重要作用。氮素是合成叶绿素等物质的主要成分，是碳氮代谢的基础，烟株生长发育前期充足的氮供应，对合成充足的质体色素、提高光合速率及增加光合产物有重要作用。优质烟叶生产过程中，烟株生长前期需要充足的氮素等营养物质，便于光合产物、香气前体物积累。而在烟株生长发育后期，减弱氮供应，调节质体色素转向以分解为主，促进烟叶及时落黄成熟，并将积累的香气前体物充分降解，提高香气物质含量，从而有利于优质烟叶形成。在烟株成熟期氮素过量条件下，进行田间灌溉可降低氮素的供应量，从而加快烟叶成熟落黄。质地较粗的土壤，通透性较好，通过灌水可更有效淋失氮素而达到调控氮供应的目的。鉴于此，本研究在已有研究的基础上，采用大田试验，对砂壤土在烤烟成熟期进行氮素灌淋调亏处理，研究其对大田栽培条件下烤烟生长发育及成熟落黄的影响，并进一步探究烟叶成熟后期氮供应对烟叶化学成分、中性香气成分及感官质量等的影响，旨在为烤烟生产制定合理的施肥和调控方案和彰显烟叶风格特色奠定理论基础（许东亚等，2015a）。

试验于 2013 年在河南省平顶山市宝丰县实施，选取地势平坦、灌排方便、肥力中等的代表性砂壤土试验田，供试品种为中烟 100。设置正常调亏（S1）、正常不调亏（S2）、增氮不调亏（S3）、增氮调亏（S4）共 4 个处理，正常处理施纯氮

60kg/hm², 增氮处理施纯氮 69kg/hm²。烤烟移栽后 70 天统一打顶,留叶数 20~22 片。烤烟移栽后 80 天进入成熟初期,进行烟田氮素灌淋调亏处理,即用河水统一冲沟灌水。

4.11.1 成熟期氮素灌淋调亏对烤烟生长发育的影响

各处理烤烟生长发育过程中株高、茎围、最大叶面积及叶片数如图 4-32 所示。烤烟移栽后前 80 天,S3、S4 处理的各指标增长较快,表明增施氮肥有利于烟株旺长期生长;80 天后,S1、S4 处理的烟株株高、茎围、最大叶面积与 S2、S3 处理相比呈增加趋缓,烟株成熟落黄较快,表明氮素灌淋调亏处理有利于控制烟株后期的长势,促进烟叶成熟落黄。

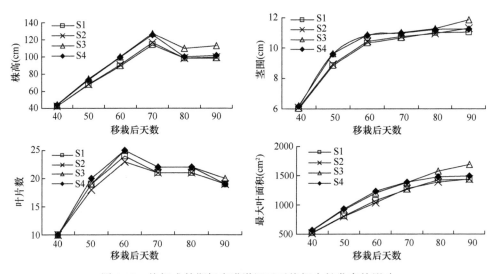

图 4-32　烤烟成熟期氮素灌淋调亏对烤烟生长发育的影响

4.11.2 成熟期氮素灌淋调亏对烤烟质量的影响

1. 烟叶化学成分及其协调性

各处理烟叶的化学成分含量及糖碱比、氮碱比、钾氯比如表 4-41 所示。由其可知,蛋白质、烟碱、氯及上部叶总氮含量以增氮不调亏的 S3 处理最高,正常调亏的 S1 处理最低,调亏处理一般低于不调亏处理;而还原糖、总糖含量则是增氮处理较低,调亏处理较高;钾含量是 S2>S1>S3>S4,且 S2 与 S4 有显著或极显著差异。说明增氮处理的烤后烟叶蛋白质、烟碱、总氮及氯含量较高,还原糖、总糖及钾含量较低;调亏处理的烤后烟叶蛋白质、烟碱、总氮、钾及氯含量较低,还原糖、总糖含量则较高，且差异到达显著甚至极显著水平。由此可知，增氮处理有利于物质积累，调亏处理可促进成熟期烟叶中蛋白质、淀粉等大分子物质降解，在淋溶氮素的同时影响烟株对钾的吸收。

表 4-41　成熟期氮素灌淋调亏对烤烟烟叶化学成分的影响

部位	处理	蛋白质 (g/kg)	还原糖 (g/kg)	钾 (g/kg)	氯 (g/kg)	烟碱 (g/kg)	总氮 (g/kg)	总糖 (g/kg)	糖碱比	氮碱比	钾氯比
上部叶	S1	101.7Cc	242.0Aa	19.3Aab	5.4Bc	29.4Cd	20.6Bb	250.3Aa	8.23Aa	0.70a	3.57Aa
	S2	108.2Bb	239.1Aa	20.3Aa	6.2Bbc	34.1Bb	22.3ABa	245.0Aa	7.01Bb	0.65ab	3.27Aa
	S3	116.1Aa	190.6Cc	19.1Aab	8.6Aa	38.9Aa	23.2Aa	204.7Bb	4.9Cc	0.60b	2.23Bc
	S4	111.7ABb	227.5Bb	18.0Ab	6.5Bb	31.7BCc	22.1ABa	217.3Bc	7.18Bb	0.70a	2.77ABb
中部叶	S1	98.9Bb	255.1Aa	17.3ABab	4.6Cc	27.3b	20.8Bb	276.1Aa	9.33Aa	0.76Aa	3.77Aa
	S2	99.4Bb	251.8Aa	18.5Aa	5.6BCb	29.6ab	21.0Bb	260.9ABAa	8.51ABa	0.71Ab	3.30Aa
	S3	107.2Aa	228.7Bb	16.4BCb	7.8Aa	30.5a	22.3Aa	234.8Bc	7.50Bb	0.73Aab	2.10Bb
	S4	106.5Aa	244.9ABa	15.1Cc	6.2Bb	29.7ab	22.3Aa	252.7Bb	8.25ABab	0.75Aab	2.43Bb

注：同列不同小写字母表示处理间差异显著（$P<0.05$），不同大写字母表示处理间差异极显著（$P<0.01$），下同

烤后烟叶的协调性主要包括糖碱比、氮碱比、钾氯比 3 个指标。一般认为，优质烤烟的糖碱比为 8～10，氮碱比为 1 左右。S1、S2、S4 处理的糖碱比处于 7.01～9.33，较为适宜，S3 处理的较小，且与其他处理差异显著或极显著；各处理氮碱比均处于较低水平，S1、S4 处理稍高，较为适宜；S1、S2 处理钾氯比高于 S3、S4 处理，且差异达到显著或极显著水平。表明 S1、S2 处理糖碱比、氮碱比更为适宜，二者钾氯比均低于 4，整体水平偏低，但 S2 处理低于 S1 处理。由此可知，调亏处理的协调性比不调亏处理要好，正常处理比增氮处理要好。

2. 烟叶中性香气成分

从烤后烟叶样品中鉴定出 32 种中性香气成分（表 4-42），按照香气前体物不同分为类胡萝卜素降解产物、苯丙氨酸裂解产物、西柏烷类降解产物、非酶棕色化反应产物、叶绿素降解产物五大类。由表 4-39 可知，上部叶中性香气成分总量 S4>S2>S1>S3，且各类中性香气成分含量均以 S4 处理最高；中部叶中性香气成分总量 S2>S4>S3>S1，且除苯丙氨酸裂解产物含量外其他种类中性香气成分以 S2 处理最高。说明中上部叶中性香气成分总量增氮调亏处理（S4）和正常不调亏处理（S2）较高；上部叶以 S4 处理最高，中部叶以 S2 处理最高且 S4 处理与之较为接近。因此，S4 处理有利于提高烟叶尤其是上部叶中性香气成分含量。

表 4-42　成熟期氮素灌淋调亏对烤烟烟叶中性香气成分的影响　（μg/g）

香气物质类型	中性香气成分	上部叶				中部叶			
		S1	S2	S3	S4	S1	S2	S3	S4
类胡萝卜素降解产物	二氢猕猴桃内酯	—	0.58	0.80	0.68	0.89	1.13	0.77	0.97
	3-羟基-β-二氢大马酮	1.42	1.66	1.55	1.80	1.54	1.68	1.66	1.78
	氧化异佛尔酮	0.20	0.12	0.16	0.19	0.17	0.15	0.19	0.16
	巨豆三烯酮 1	1.10	1.30	1.18	1.34	1.24	1.33	1.32	1.41
	巨豆三烯酮 2	5.14	5.86	5.06	5.83	5.20	6.24	5.60	5.84
	巨豆三烯酮 3	1.69	2.69	2.19	2.39	3.76	2.93	2.91	2.44
	巨豆三烯酮 4	6.72	10.52	8.76	10.76	9.48	10.37	9.67	10.15
	β-大马酮	20.7	18.78	18.27	20.98	20.18	25.62	21.41	23.78
	6-甲基-5-庚烯-2-酮	0.51	1.31	1.47	1.64	0.66	0.43	0.54	0.46
	6-甲基-5-庚烯-2-醇	0.38	0.85	1.08	1.23	1.06	0.77	0.92	1.13
	香叶基丙酮	4.87	3.03	4.87	5.01	5.44	4.15	5.21	5.55
	法尼基丙酮	12.6	10.08	13.86	13.93	17.04	16.29	15.37	16.97
	芳樟醇	0.77	0.85	1.02	0.99	0.90	0.89	0.86	0.99
	螺岩兰草酮	0.58	0.64	0.66	0.73	0.98	0.94	0.92	1.22
	β-二氢大马酮	4.24	7.63	8.00	10.06	7.71	9.64	9.45	8.90
	面包酮	—	0.12	0.06	0.07	0.08	0.07	0.10	0.08
	愈创木酚	1.93	1.86	2.19	2.33	1.55	1.76	1.52	1.71
	小计	62.85	67.88	71.18	79.96	77.88	84.39	78.42	83.54
西柏烷类降解产物	茄酮	43.65	46.73	45.04	51.59	27.68	33.82	24.92	29.35
苯丙氨酸裂解产物	苯甲醛	0.38	0.83	0.97	1.09	1.11	1.15	1.25	0.93
	苯甲醇	1.50	3.20	2.52	3.09	3.12	3.16	2.41	2.74
	苯乙醛	0.59	2.96	1.57	4.56	1.03	3.53	2.95	4.85
	苯乙醇	0.81	1.49	1.85	1.88	0.87	1.50	1.35	1.72
	小计	3.28	8.48	6.91	10.62	6.13	9.34	7.96	10.24
非酶棕色化反应产物	糠醛	—	9.86	9.48	10.25	9.71	11.95	9.97	10.17
	糠醇	0.35	0.93	0.74	0.98	0.24	0.70	1.08	0.54
	2-乙酰基呋喃	—	0.33	0.29	0.32	0.37	0.22	0.34	0.25
	5-甲基糠醛 1	0.02	0.03	0.04	0.05	0.09	0.06	—	—
	3,4-二甲基-2,5-呋喃二酮	0.79	1.20	1.27	1.72	1.08	1.29	1.42	2.11
	2-乙酰基吡咯	0.03	0.14	0.07	0.10	0.06	0.05	0.09	0.03
	2,6-壬二烯醛	0.12	0.31	0.17	0.16	0.28	0.34	0.32	0.37
	藏花醛	0.15	0.19	0.22	0.24	0.21	0.19	0.20	0.22
	β-环柠檬醛	0.26	0.27	0.28	0.36	0.30	0.34	0.29	0.34
	小计	1.72	13.26	12.56	14.18	12.34	15.14	13.71	14.03
叶绿素降解产物	新植二烯	697.80	707.87	661.65	824.65	744.91	973.22	863.13	939.80
	总量	809.30	844.22	797.34	981.00	868.94	1115.91	988.14	1076.96

3. 烟叶感官质量

各处理烟叶感官质量如表 4-43 所示，中上部叶以 S4 处理的各项评吸指标及总分最高，S2 处理次之，S3 处理评吸结果最差。增氮处理浓香突出、香气量足、透发性好；调亏处理香气质好、香气量足、杂气小、劲头足、细腻度好、余味足。可见，增氮调亏有利于烟叶感官质量的提高。因此适当提高氮用量并于成熟期进行氮素灌淋调亏有利于提高烟叶感官质量。

表 4-43 成熟期氮素灌淋调亏对烤烟烟叶感官质量的影响

部位	处理	浓香（10）	香气质（10）	香气量（10）	透发性（10）	杂气（10）	浓度（10）	劲头（10）	细腻度（10）	刺激性（10）	余味（10）	燃烧性（5）	总分
上部叶	S1	6.5	6.0	6.5	6.0	6.3	6.0	6.0	6.0	6.5	6.3	4.0	66.1
	S2	6.5	6.5	6.8	6.5	6.5	6.0	6.3	6.0	6.5	6.5	4.0	68.1
	S3	6.5	6.1	6.8	6.5	5.8	6.4	6.1	5.5	5.8	6.1	4.0	65.6
	S4	6.8	6.5	7.1	7.3	6.6	6.5	6.5	6.5	6.7	6.8	4.0	71.3
中部叶	S1	6.3	6.0	6.0	6.0	6.5	6.0	6.5	6.0	6.5	6.3	4.5	66.6
	S2	6.1	6.8	6.3	6.0	6.5	6.0	6.5	6.5	6.5	6.5	4.5	68.2
	S3	6.5	5.8	6.5	6.0	5.5	6.0	6.3	5.8	6.0	6.0	4.5	64.9
	S4	6.5	6.5	6.5	6.0	6.5	6.0	6.8	6.5	6.5	6.5	4.5	68.8

4. 烟叶等级与经济性状

氮用量及调亏处理对烟叶等级、经济性状有较大影响。由表 4-44 可知，烟叶中上等烟比例、均价均以 S2 处理最高，S4 处理次之，S3 处理最差，S2、S4 处理差异不显著，且二者与 S1、S3 处理差异达到极显著水平。产量表现为 S3>S4>S2>S1，且各处理之间差异均达到显著水平。亩产值表现为 S4>S3>S2>S1，S4 处理与其他处理差异极显著。说明增氮条件下调亏（S4）可显著提高中上等烟比例、均价，虽然产量低于不调亏处理，但亩产值显著提高；正常条件下调亏（S1）则不利于提高中上等烟比例和均价，产量和产值也较低。因此，适当提高氮用量并于成熟期进行氮素灌淋调亏有利于提高烟叶质量和经济效益。

表 4-44 成熟期氮素灌淋调亏对烤烟烟叶等级比例、经济性状的影响

处理	中上等烟比例（%）	均价（元）	产量（kg）	亩产值（元）
S1	0.65Bb	11.25Bb	148Cd	1665.00Cc
S2	0.75Aa	12.53Aa	155Cc	1942.15Bb
S3	0.61Bc	10.23Cc	192Aa	1964.16Bb
S4	0.72Aa	12.30Aa	180Bb	2214.00Aa

4.11.3　小结

氮素对烟草生长发育、质量形成的影响至关重要。打顶前氮素供应充足，烟株合成代谢旺盛，蛋白质、淀粉、色素等大分子物质合成积累较多，成熟期若氮素持续供应，则大分子物质降解较慢，影响烟叶成熟落黄及中性香气成分等形成，从而影响烟叶质量。本研究表明，烤烟成熟期氮素灌淋调亏对烤烟生长发育影响显著，可有效减少烤烟生长后期物质积累，促进烟叶成熟落黄；增氮条件下烟株旺长期生长较快，尤其是不调亏处理，持续的氮供应可延长其生育期，叶片厚而大，难以正常落黄。增氮条件下，叶片蛋白质、烟碱、总氮及氯含量较高，还原糖、总糖含量则较低。成熟期调亏处理则使烟叶的蛋白质、烟碱、总氮、钾及氯含量降低，还原糖、总糖含量提高，表明调亏处理可有效降低氮供应，促进大分子物质降解，增氮结合成熟期调亏处理烟叶的中性香气成分含量较高，尤其是上部叶，感官质量也最好。

总之，通过适量提高生长前中期施氮水平和在成熟期进行氮素灌淋调亏来动态调控氮素，能促进成熟期烟叶中蛋白质、淀粉等大分子物质降解，使化学成分较为协调，控制烟株后期的长势，促进其成熟落黄，增加上部叶中性香气成分含量，从而有效提高烟叶产量、品质和经济效益，彰显浓香型烟叶风格，有效提高上部叶可用性。

4.12　水分动态调控对烤烟生长发育及质量的影响

摘要： 为探究水分动态调控对烤烟生长发育及烤后烟叶质量的影响，设计田间试验，通过对烤烟进行伸根期节水灌溉、成熟期灌淋调亏等处理，研究烤烟生长发育及烟叶质量的变化。结果表明，烤烟伸根期节水灌溉条件下，烟株生长发育较快；成熟期灌淋调亏条件下，可有效控制烟株后期长势；相对于常规处理（伸根期正常沟灌+成熟期不灌淋调亏），伸根期节水灌溉+成熟期灌淋调亏处理烤后烟叶还原糖、总糖、钾含量较高，蛋白质、烟碱、总氮、氯含量较低，协调性较好，色素含量较低，中性香气成分含量较高，评吸质量较好。因此，伸根期节水灌溉并于成熟期灌淋调亏，能够促进烟株生长发育和烟叶成熟落黄，色素、蛋白质等大分子物质降解充分，烤后烟叶质量提高，为豫中烟区烤烟生长前期干旱缺水、后期难以成熟落黄的问题提供了解决办法，有利于稳定烟叶质量，彰显浓香型风格。

水分是烟株一切代谢过程的介质和光合作用的原料，又是烟株吸收和运输物质的溶剂，是影响烤烟产量和品质的关键因素之一。烟株伸根期、旺长期水肥耦合有利于促进其生长发育。我国北方烟区降水量偏少，季节间、年际间变异大，在烟草生长季节频繁发生不同程度的干旱，植株生长缓慢；而且后期雨水偏多，土壤供氮能力增强，叶片成熟推迟，难以落黄，造成烟叶产量和质量很不稳定。因此，在烟株生育期进行合理水分调控，提高水分利用有效性，以及调控成熟期氮素供应等问题亟待解决。研究表明，烟叶伸根期和旺长期采用微喷与滴灌方式灌水有利于提高土壤养分的有效性，促进烟株对氮的吸收利用，使氮素利用前移；另外，氮素供应过剩的烟田，成熟期灌溉能够降低氮素供应量，有利于促进烟叶成熟落黄，尤其是砂质壤土，土壤疏松、通透性较好，灌水可有效淋失氮素，从而调控成熟期氮素供应。目前，关于伸根期节水灌溉与成熟期氮素灌淋调亏相结合对烤烟生长发育及质量的影响研究鲜有报道。鉴于此，在已有的技术与理论基础上，研究烤烟伸根期节水灌溉、成熟期灌淋调亏以及二者相结合对烤烟生长发育及烟叶质量的影响，探究更加适合烟叶生产的灌水方法，以期为优质烤烟的生产提供理论支撑和技术示范（许东亚等，2016c）。

大田试验于 2014 年在河南省许昌市襄城县进行，选取地势平坦、灌排方便、肥力中等的代表性砂壤土试验田，供试烤烟品种为中烟 100。设置伸根期节水灌溉+成熟期灌淋调亏（T1）、伸根期节水灌溉+成熟期不灌淋调亏（T2）、伸根期不灌溉+成熟期灌淋调亏（T3）、伸根期正常沟灌+成熟期不灌淋调亏（即常规管理灌水，T4）4 个处理。移栽后 20 天，T1、T2 处理烤烟进行伸根期微喷节水灌溉，移栽后 70 天烟叶进入成熟初期，T1、T3 处理进行烟田氮素灌淋调亏处理，统一冲沟灌水。调制后取上部（B2F）、中部（C3F）叶进行常规化学成分、色素、中性致香成分、感官质量等的测定和分析。

4.12.1　节水灌溉、灌淋调亏对烤烟生长发育的影响

如图 4-33 所示，移栽后前 65 天，株高、茎围、叶片数、最大叶面积以 T1、T2 处理较高，T4 处理次之，T3 处理最小；75 天后，除叶片数以外，其他指标以 T2、T4 处理较高，T1、T3 处理较低。表明伸根期节水灌溉能够有效促进烟株在旺长期生长，沟灌后烟株的生长发育状况处于不灌溉与节水灌溉处理之间，成熟期灌淋调亏则有利于控制烟株持续旺长，从而促进烟叶由合成代谢转向分解代谢，较快成熟落黄。

4.12.2　节水灌溉、灌淋调亏对烤烟质量的影响

1. 烟叶化学成分及其协调性

由表 4-45 可知，中、上部叶的蛋白质、烟碱、总氮含量均以 T4 处理最高，

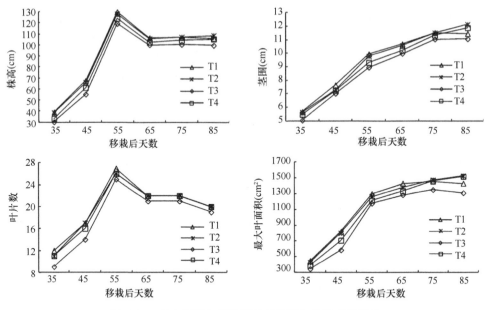

图 4-33 节水灌溉、灌淋调亏对烤烟生长发育的影响

表 4-45 节水灌溉、灌淋调亏对烤后烟叶化学成分含量及协调性的影响

部位	处理	蛋白质 (g/kg)	还原糖 (g/kg)	钾 (g/kg)	氯 (g/kg)	烟碱 (g/kg)	总氮 (g/kg)	总糖 (g/kg)	糖碱比	氮碱比	钾氯比
上部叶	T1	104.2Cc	229.0Bb	22.0Aa	6.1Bb	25.4Bb	24.6Aa	246.1Bb	9.01Bb	0.97Aa	3.61Bb
	T2	106.6Bb	205.9Cc	17.9Cc	5.3Bc	29.1Aa	23.5Ab	214.6Cc	7.07Cc	0.81Bb	3.38BCb
	T3	92.7Dd	234.7Aa	18.1Cc	4.1Cd	23.3Cc	21.6Bc	260.9Aa	10.09Aa	0.93Aa	4.41Aa
	T4	113.0Aa	203.1Dd	19.7Bb	7.3Aa	29.5Aa	24.7Aa	193.7Dd	6.87Cc	0.83Bb	2.70Cc
中部叶	T1	85.8Bb	237.9Cc	19.8Aa	4.1Cd	22.2Bb	19.7Bb	254.4Bb	10.71Bb	0.89Aa	4.87Aa
	T2	83.7Cc	241.9Bb	17.8Cc	5.7Aa	20.0Cc	17.8Cc	255.3Bb	12.08Aa	0.89Aa	3.15Cc
	T3	81.5Dd	256.0Aa	18.6Bb	4.8Bc	21.8Bb	19.0BCb	267.4Aa	11.73Aa	0.90Aa	3.84Bb
	T4	90.2Aa	221.5Dd	18.6Bb	5.3ABb	23.7Aa	21.1Aa	236.4Cc	9.34Bb	0.89Aa	3.54BCb

且 T1>T3；还原糖、总糖含量以 T3 处理最高，T4 处理最低，T1<T3；钾含量以 T1 处理最高；各处理氯含量介于 4.1~7.3g/kg，处理间变化规律不明显。由此可见，常规管理灌水处理烤后烟叶的蛋白质、烟碱、总氮含量均最高，还原糖、总糖含量均最低；成熟期氮素灌淋调亏条件下，伸根期节水灌溉处理蛋白质、烟碱、总氮、钾含量较高，还原糖、总糖含量较低；伸根期节水灌溉条件下，成熟期氮素灌淋调亏处理钾含量较高。烤后烟叶的糖碱比、氮碱比、钾氯比可用于评价化学成分协调性，一般认为，优质烤烟的糖碱比为 8~10，氮碱比在 1 左右，钾氯比≥4。各处理烤后烟叶的糖碱比，上部叶以 T1、T3 处理较为适宜，T2、T4 处

理偏低；中部叶以 T1、T4 处理较为适宜，T2、T3 处理偏高。各处理烤后烟叶的氮碱比，中部各处理较为接近，上部叶 T1、T3 处理优于 T2、T4 处理。各处理钾氯比，中、上部叶均以 T1、T3 处理较高，更接近或者大于 4，较为适宜。综上，伸根期节水灌溉条件下，化学成分协调性以成熟期灌淋调亏处理较好；成熟期灌淋调亏条件下，化学成分协调性中部叶以伸根期节水灌溉处理较好，上部叶则以伸根期不灌溉处理较好，总体均优于常规管理灌水处理。

2. 烟叶色素含量

如图 4-34 所示，中部叶和上部叶的叶绿素 a、叶绿素 b、叶绿素、类胡萝卜素含量均以 T2、T4 处理较高，T1、T3 处理较低，且总体上表现为 T4 处理稍高于 T2 处理，T1 处理稍高于 T3 处理。表明伸根期正常沟灌+成熟期不灌淋调亏处理烤后烟叶色素含量最高；伸根期节水灌溉条件下，成熟期灌淋调亏处理色素含量较低；成熟期灌淋调亏条件下，伸根期节水灌溉处理色素含量较高。这可能是因为伸根期节水灌溉促进烟株生长发育，合成色素较多，成熟期灌淋调亏则可减少生长后期氮素供应，烟叶合成代谢较弱，分解代谢旺盛，色素较快分解，烤后烟叶色素残留较少；而沟灌则影响烟田土壤通透性，土壤氮素释放较慢；成熟期不灌淋调亏，氮素持续供应，烟株贪青晚熟，色素残留较多。

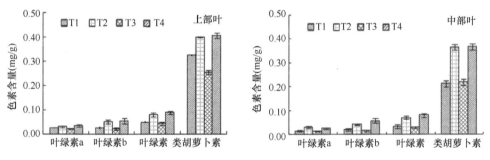

图 4-34　节水灌溉、灌淋调亏对烤后烟叶色素含量的影响

3. 烟叶中性香气成分含量

烤后上部叶鉴定出 29 种中性香气成分，见表 4-46，按照香气前体物不同分为类胡萝卜素降解产物、苯丙氨酸裂解产物、西柏烷类降解产物、非酶棕色化反应产物、叶绿素降解产物五大类。中性香气成分总量表现为 T1>T2>T3>T4，除新植二烯外中性香气成分总量表现为 T1>T3>T2>T4，处理之间差异达到显著或极显著水平，各类中性香气成分含量均以 T1 处理最高。表明烤后上部叶中性香气成分总量以伸根期节水灌溉+成熟期灌淋调亏处理最高，伸根期正常沟灌+成熟期不灌淋调亏处理最低。因此，伸根期节水灌溉+成熟期灌淋调亏有利于提高烤烟上部叶中

表 4-46　节水灌溉、灌淋调亏对烤后上部叶中性香气成分含量的影响　　（μg/g）

香气物质类型	中性香气成分	T1	T2	T3	T4
类胡萝卜素降解产物	二氢猕猴桃内酯	2.23	2.04	2.23	1.91
	3-羟基-β-二氢大马酮	1.83	1.39	1.60	1.51
	异佛尔酮	0.36	0.23	0.16	0.30
	氧化异佛尔酮	0.22	0.17	0.14	0.13
	巨豆三烯酮 1	1.96	1.57	1.72	1.64
	巨豆三烯酮 2	8.08	6.53	7.34	7.59
	巨豆三烯酮 3	3.25	2.88	2.73	2.08
	巨豆三烯酮 4	12.72	10.73	11.11	10.28
	β-大马酮	14.80	13.67	13.70	13.63
	6-甲基-5-庚烯-2-酮	1.53	1.36	1.34	1.11
	6-甲基-5-庚烯-2-醇	0.92	0.75	0.97	0.76
	香叶基丙酮	3.60	3.89	4.25	3.13
	法尼基丙酮	13.85	11.39	12.55	11.08
	芳樟醇	0.76	0.75	0.74	0.72
	螺岩兰草酮	0.53	0.50	0.42	0.10
	β-二氢大马酮	14.82	11.30	12.79	10.91
	愈创木酚	2.07	2.10	2.29	2.02
	小计	83.53	71.25	76.08	68.90
西柏烷类降解产物	茄酮	51.68	47.22	44.58	35.05
苯丙氨酸裂解产物	苯甲醛	0.52	0.50	0.63	0.53
	苯甲醇	7.95	7.10	8.03	6.77
	苯乙醛	5.11	4.71	4.87	4.13
	苯乙醇	4.79	4.15	4.54	3.86
	小计	18.37	16.46	18.07	15.29
非酶棕色化反应产物	糠醛	19.59	16.50	17.44	17.02
	2-乙酰基呋喃	0.50	0.33	0.35	0.39
	5-甲基糠醛	2.85	1.87	1.96	1.33
	2,6-壬二烯醛	0.36	0.24	0.24	0.42
	藏花醛	0.16	0.17	0.15	0.16
	β-环柠檬醛	0.35	0.33	0.37	0.49
	小计	23.81	19.44	20.51	19.81
叶绿素降解产物	新植二烯	754.41	672.88	661.72	605.72
总量		931.80Aa	827.25Bb	820.96Cc	744.77Dd
除新植二烯外总量		177.39Aa	154.37Bc	159.24Bb	139.05Cd

性香气成分含量，伸根期正常沟灌+成熟期不灌淋调亏不利于中性香气成分形成，可能是由于烟株生长前期沟灌影响烟株生长发育，成熟后期土壤氮素持续供应不利于烟株成熟落黄及大分子物质降解，从而不利于合成中性香气成分。

4. 烟叶感官质量

由表 4-47 可见，中、上部叶评吸各指标及总分均以 T1 处理最高，T4 处理最低，T2、T3 处理较为接近。结果表明，伸根期节水灌溉+成熟期灌淋调亏处理的烤后烟叶感官质量总分最高；伸根期节水灌溉条件下，成熟期灌淋调亏处理的烟叶香气质、细腻度好、香气量足、刺激性小，总体优于不灌淋调亏；成熟期氮素灌淋调亏条件下，伸根期节水灌溉处理的烟叶香气质好，总体优于伸根期不节水灌溉；常规管理灌水处理的烤后烟叶感官质量总体最差。因此，伸根期节水灌溉+成熟期灌淋调亏有利于提高烟叶的感官质量。

表 4-47　节水灌溉、灌淋调亏对烤后烟叶感官质量的影响

部位	处理	香气质	香气量	透发性	杂气	浓度	劲头	细腻度	刺激性	余味	总分
上部叶	T1	6.8	7.0	6.5	6.5	6.6	6.5	6.5	6.5	6.5	59.4Aa
	T2	6.5	6.8	6.5	6.3	6.6	6.2	6.4	6.3	6.5	58.1Ab
	T3	6.6	7.0	6.5	6.5	6.5	6.5	6.5	6.5	6.5	59.1Aab
	T4	6.0	6.5	6.3	6.0	6.5	5.8	6.0	6.0	6.0	55.1Bc
中部叶	T1	7.0	6.6	6.3	6.5	6.5	7.0	6.8	6.8	6.6	60.1Aa
	T2	6.3	6.5	6.3	6.5	6.6	7.0	6.3	6.5	6.3	58.3Bb
	T3	6.6	6.3	6.0	6.3	6.5	6.5	6.8	6.5	6.5	58.0Bb
	T4	6.0	6.0	6.0	6.0	6.5	6.8	6.2	6.5	6.0	56.0Cc

4.12.3　小结

水分是影响烤烟光合特性的重要因素，土壤养分供应是烟草生长的物质基础，适时以水调肥有利于烟株生长发育、质量形成。本研究于伸根期进行节水灌溉，烟株生长发育较快，烟叶内含物质积累丰富，烤后烟叶中性香气成分含量提高，沟灌同样有利于促进烟株生长，但效果次于节水灌溉，这是由于节水灌溉将水分均匀渗入土壤中，补充水分的同时保持土壤通透性，适宜烟株生长，而沟灌快速大量灌水，土壤板结，通透性差，土壤理化性质遭到破坏。成熟期灌淋调亏将多余的氮素淋失，控制烟株持续旺盛生长，促进烟叶转向以分解代谢为主，形成较多香气前体物，有利于烟株成熟落黄，烤后烟叶色素含量降低、中性香气成分含量及感官质量提高，同时有利于提高钾含量、改善协调性。伸根期节水灌溉+成熟期灌淋调亏处理适时控水，达到较好的水分动态供应效果，烟叶生长发育较好，

质量较优；伸根期正常沟灌+成熟期不灌淋调亏处理烟株的生长发育状况处于不灌溉与节水灌溉处理之间，蛋白质、烟碱、总氮含量较高，还原糖、总糖含量较低，色素残留量大，中性香气成分含量低，评吸质量相对较差。

综上所述，烤烟伸根期节水灌溉并于成熟期灌淋调亏，促进烟株前期生长发育及后期成熟落黄，烤后烟叶化学成分趋于协调，色素残留较少，中性香气成分含量较高，感官质量较好，能够有效解决豫中地区烟株生长前期干旱缺水、生长缓慢，成熟期烟株持续生长、难以成熟落黄的问题，从而有利于在节水条件下提高烟叶的品质，彰显浓香型风格。

第5章 优质上部叶的结构特征和定向调节

烤烟上部叶形态特征及物理性状是烟叶生长发育状况和生理代谢特性的外在反映,与上部叶质量和可用性密切相关。优质上部叶的形成要求叶片营养协调,内含物质充盈,既要充分开片,又不能生长过大。叶片过小,则营养不良,耐熟性较差,烤后烟叶香气不足,满足感不强;叶片过大过重,则营养失调,叶片僵硬,刺激性和杂气较重,严重影响质量特色的呈现。适宜的叶长、叶面积、单叶重是形成优质上部叶的必然要求,建立优质烟叶的外部形态标准,并通过控制群体和个体发育促进上部叶定向生长,是提高上部叶可用性研究的重要课题。种植密度、氮肥施用、打顶留叶等是上部叶生长发育重要的调节手段,特别是烟株生长后期,由于种植密度和氮肥施用已不可改变,留叶数便成为关键的调控措施,留叶数多少对上部叶形态建成和质量形成具有关键作用。近些年来,我们在河南浓香型烟区针对特定品种和生态条件,围绕密度、施氮量、留叶数及其互作效应等开展了大量试验研究,提出了"群体、个体、叶片"三维一体的优质上部叶调控理念,建立了优质上部叶叶长、叶宽、单叶重等指标体系和优质上部叶生产关键栽培技术体系。本章主要汇集了本研究团队在该领域的研究成果。

5.1 豫中烤烟上六片叶叶长与主要化学成分及感官质量的关系

摘要: 选取豫中烤烟主栽品种中烟100的11个叶长区段的上六片叶,探究烟叶主要化学成分及感官质量与叶长的关系,以建立优质上六片叶适宜的叶长标准。结果表明,随叶长增加,上六片叶的糖碱比先增加后降低;氮碱比先降低后增加;钾氯比逐渐降低。上三片和下三片叶香气特征与烟气特征的感官指标得分随叶片长度变化的趋势一致,均表现为随叶片长度的增加先增加后降低,上三片和下三片叶感官评价总分分别在叶片长度为62.90cm和69.71cm时有最高得分,此时烟叶的感官品质最佳,对应的化学成分协调。可见,叶长对上六片叶的化学成分和感官品质影响较大;上三片和下三片叶感官品质最佳的叶长范围分别为59.80～66.00cm和66.22～73.20cm,此时上六片叶的香气浓郁、质好,化学成分协调。

优质烟叶是烟株和烟叶正常生长发育的结果，叶片大小是反映烟株生长发育状态的重要指标，不同叶长的烟叶其物理特性、组织结构、生理代谢、营养积累都有很大差异，决定了其耐熟性和质量潜力存在差异。豫中烤烟上六片叶是在典型浓香型烟区特定的生态条件下发育而成的烟株上部的高成熟度烟叶，具有香气浓郁芬芳、吃味醇厚丰富、焦油/烟碱量较低、安全性高的特点，近年来受到河南中烟工业责任有限公司等工业企业的青睐，在高端卷烟品牌建设中发挥了重要作用。优质上六片叶的形成对烟叶素质和耐熟性要求较高，且叶片长度与烟叶生长发育状态、质量潜力密切相关，研究叶长与高成熟度上部叶质量的关系，有利于确定适宜的叶片长度指标，对于通过农艺措施调控上部叶生长发育、促进上六片叶定向生长具有重要意义。豫中浓香型烤烟上部叶弹性很大，施肥量、打顶时期和留叶数等栽培措施直接影响叶片大小，进而对烟叶耐熟性和质量产生影响。目前，上六片叶长度与烟叶质量的关系尚不明确，优质上六片叶发育指标体系尚不完善，影响了烟叶质量潜力的发挥。另外，前人研究的烟叶长度范围较窄，不能真实反映各个部位烟叶长度与内在化学成分含量及感官品质的联系。本研究以上六片叶为材料，设置 11 个叶长区组，并分为上三片和下三片两叶位，分析不同叶长区段烟叶的常规化学成分含量及感官评价得分的变化，以探索叶片长度与烟叶内在化学成分和感官品质的关系，初步寻找适宜的上六片叶叶长范围，为提高上部叶质量及可用性、科学建立标准化的上六片叶物理指标提供理论依据（刘扣珠等，2019）。

试验品种采用当地主栽烤烟品种中烟 100，于中部叶采收结束后，在与河南中烟工业有限责任公司合作的标准化上六片叶烟田测定上六片（分为上三片和下三片）叶叶长，所获得的烟叶长度区间为 35～95cm 及以上。按叶位、叶长进行挂牌标记，并分开采收，单独编竿烘烤。将叶长分为（35，41]cm、（41，47]cm、（47，53]cm、（53，59]cm、（59，65]cm、（65，71]cm、（71，77]cm、（77，83]cm、（83，89]cm、（89，95]cm、>95cm 共 11 个区段，每个叶长区段选取 B3R 等级水平以上的不少于 10 片烤后烟叶作为试验样品备用。

5.1.1　上三片叶常规化学成分含量及其与叶长的关系

如图 5-1 所示，在研究的叶长区段范围内，随着烟叶长度的增加，上三片叶的糖含量先增加后降低，其中还原糖含量变化范围为 11.40%～18.46%，在叶长 71.36cm 时含量最高；总糖含量变化范围为 11.90%～19.90%，在叶长 70.88cm 时含量最高。随着烟叶长度的增加，烟碱和氯含量逐渐增加，烟碱含量变化范围为 3.0%～4.2%，氯含量为 0.90%～1.62%。随着烟叶长度的增加，总氮和钾含量先降低后增加，总氮含量变化范围为 2.60%～3.50%，在叶长 80.24cm 时含量最低；钾含量变化范围为 1.50%～2.27%，在叶长 82.76cm 时含量最低。

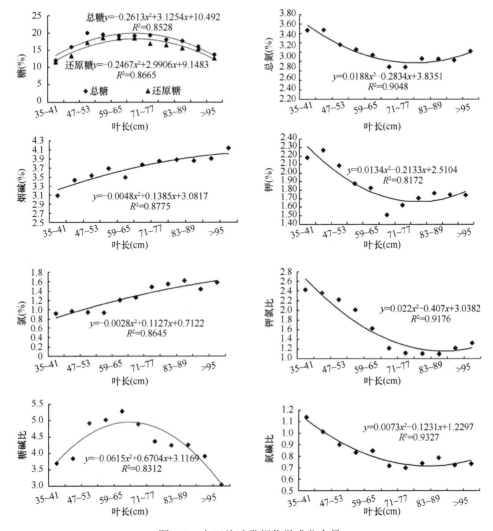

图 5-1　上三片叶常规化学成分含量

优质的上六片叶不仅要有适宜的化学成分含量，几个主要成分的含量间还要有一个相互协调的比值。上三片叶的钾氯比、氮碱比随叶片长度增加先降低后增加，糖碱比先增加后降低。各叶长区段内，钾氯比、糖碱比、氮碱比的变化范围分别为 1.09～2.43、3.00～5.28、0.69～1.14。

5.1.2　下三片叶常规化学成分含量及其与叶长的关系

如图 5-2 所示，在研究的叶长区段范围内，随着烟叶长度的增加，下三片叶的糖和烟碱含量先增加后降低，还原糖含量变化范围为 11.50%～20.50%，总糖含量变化范围为 12.70%～21.10%，在叶长为 69.32cm 时两糖含量均达最高；烟碱含量变化范围为 2.77%～4.42%，在叶长为 79.04cm 时含量最高。随着烟叶长度的增加，总氮和钾含量呈逐渐降低的趋势，总氮含量变化范围为 2.34%～3.00%，在叶长为 89.96cm 时含量最低；钾含量变化范围为 1.57%～2.41%，在研究范围内无拐点。随着烟叶长度的增加，氯含量在 0.73%～1.98% 逐渐增加，在叶长 40.58cm 时含量最低。随着烟叶长度的增加，下三片叶的钾氯比逐渐降低，变化范围为 0.79～2.64；糖碱比先增加后降低，变化范围为 2.68～4.83；氮碱比先降低后增加，变化范围为 0.57～1.08。

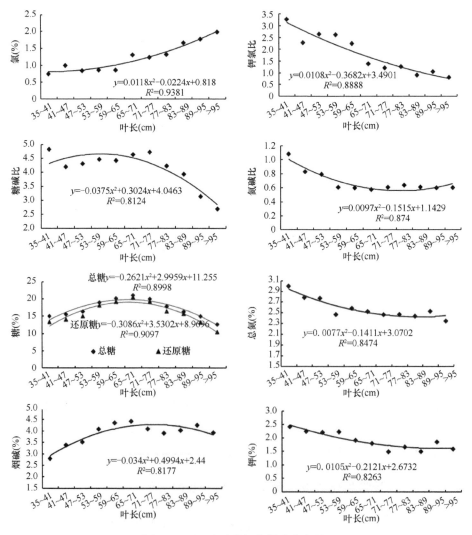

图 5-2　下三片叶常规化学成分含量

5.1.3　上三片叶感官评价结果及其与叶长的关系

如图 5-3 所示，随叶片长度的增加，感官评价总分先增加后降低，说明叶长过短或过长均不利于烟叶的感官品质建成，且在叶长为 62.90cm 时感官评价总分最高，烟叶的感官品质最好；香气质得分为 5.1～6.5，先增加后减小，在叶长 62.0cm 时香气质最佳；香气量得分为 4.8～7.5，先增加后减小，在叶长 67.82cm 时香气量最大；杂气得分范围为 4.6～6.6，在叶长 45.92cm 时杂气最多。以 95%置信区间求得感官评价总分最佳的叶长范围为 59.80～66.00cm，此叶长对应的化学成分含量（图 5-1）：还原糖 17.26%～19.08%，总糖 18.82%～20.80%，总氮 2.69%～2.97%，烟碱 3.52%～3.90%，钾 1.64%～1.82%，氯 1.20%～1.32%。如图 5-4 所示，随叶片长度的增加，劲头得分为 4.9～7.1，先逐渐增大后略有减小，且在

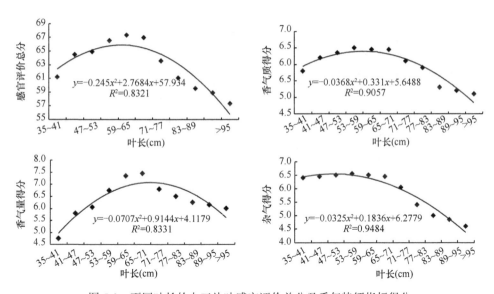

图 5-3　不同叶长的上三片叶感官评价总分及香气特征指标得分

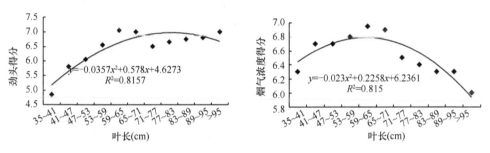

图 5-4　不同叶长的上三片叶烟气特征指标得分

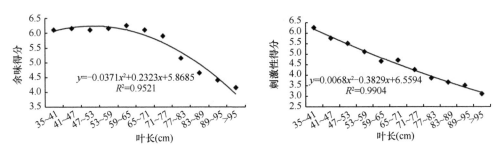

图 5-5　不同叶长的上三片叶口感特征指标得分

叶长 83.6cm 时劲头最大；烟气浓度得分为 6.0～7.0，先增加后减小，在叶长 58.46cm 时浓度最大。如图 5-5 所示，随叶片长度的增加，余味得分为 4.2～6.3，先增加后减小，在叶长 47.78cm 时有最高分，余味较舒适；刺激性得分为 6.3～3.1，逐渐减小。

5.1.4　下三片叶感官评价结果及其与叶长的关系

　　下三片叶感官评价结果及其与叶长的关系如图 5-6～图 5-8 所示，下三片叶的感官评价总分随叶长的增加呈现先增加后降低的趋势，在叶长为 69.71cm 时最高；香气质、香气量得分随叶长增加均呈开口向下的单峰曲线变化，香气质得分范围为 5.5～6.6，在叶长 61.82cm 时香气质达最佳，香气量得分范围为 5.8～7.6，在叶长 68.96cm 时香气量最大；杂气得分先增加后减少，得分范围为 4.9～6.4，在叶长 60.14cm 时杂气最多（图 5-6）。以 95% 的置信区间求得感官评价总分最佳的叶

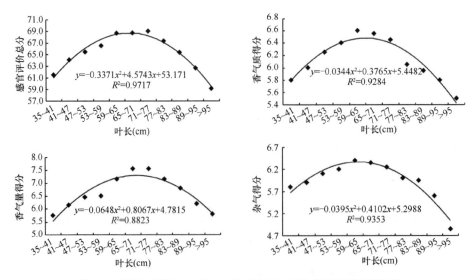

图 5-6　不同叶长的下三片叶感官评价总分及香气特征指标得分

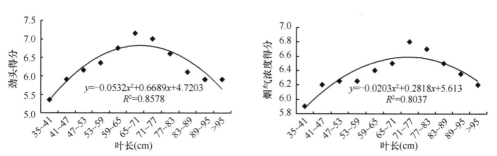

图 5-7　不同叶长的下三片叶烟气特征指标得分

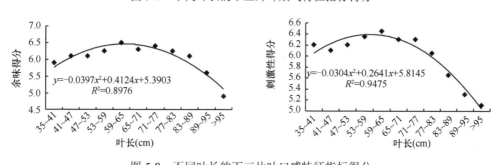

图 5-8　不同叶长的下三片叶口感特征指标得分

长范围为 66.22～73.20cm，对应的下三片叶化学成分含量（图 5-2）：还原糖 17.77%～19.65%，总糖 18.53%～20.49%，总氮 2.35%～2.9%，烟碱 4.05%～4.47%，钾 1.63%～1.81%，氯 1.15%～1.27%。随叶长增加（图 5-7），下三片叶的劲头得分先增加后减小，得分范围为 5.4～7.2，在叶长 66.74cm 时劲头最大；烟气浓度得分范围为 5.9～6.8，在叶长 70.64cm 时浓度最大。随叶片长度增加（图 5-8），下三片叶的余味得分先增加后降低，范围为 4.9～6.5，在叶长 60.14cm 时余味最舒适；刺激性得分先增加后减小，范围为 5.1～6.5，在叶长 55.04cm 时刺激性最强。

5.1.5　小结

化学成分的协调性是评价烟叶内在品质的重要指标和卷烟配方的主要参考依据。本研究结果显示，上六片叶的上三片和下三片各常规化学成分含量随叶长变化的趋势一致。随着叶片长度的增加，上六片叶的糖含量先增加后降低，烟碱含量先逐渐增加后略有降低，上三片和下三片叶糖碱比的变化范围分别为 3.00～5.28 和 2.68～4.83。糖碱比作为反映烟气生理强度和醇和度的重要指标，主要用于评价烟叶的吃味。本试验上六片叶的糖碱比偏低，可能是由于上部叶的糖含量不高且烟碱等含氮化合物含量较高。感官评价结果反映烟叶的吸食品质，烟叶的感官品质与内在化学成分相辅相成，且与烟叶的质量风格表达紧密相关。趋势图分析结果显示，在研究的叶长区段内，上三片与下三片叶的最优叶长范围分别为

59.80～66.00cm 和 66.22～73.20cm。此时烟叶的化学成分含量及其比值处于较优的水平，整体感官品质表现为烟叶香气浓郁饱满，香气量足，香气质较好-好，烟气浓度较浓-浓，劲头较大，刺激性较小，余味较舒适，青杂气较轻-无。随叶片长度的增加，上六片叶的感官评价总分和香气特征指标得分先增加后降低，说明烟叶大小可作为反映烟株生长发育状况的重要指标，过大或过小都导致烟叶内在养分含量发生显著变化，影响烟叶的感官品质。过小和过大叶片的形成与烟株生长的土壤肥力、打顶高度及留叶数有关，本研究所选取的叶长区段虽然跨度较大，但试验烟叶样品均来自成熟采收的上六片叶标准化烟田，因此烟株生长的土壤基础肥力一致，叶长的差异可能来自分次人工打顶的高度和留叶数不同，因此烟株具有不同株型和群体结构，进而影响烟叶品质。叶长对烟叶感官品质和内在化学成分的影响可能与不同大小烟叶内物质的存储和转化能力有关，并且对于有高成熟度要求的上部叶会直接影响其耐熟性，其机理还有待进一步研究。

上三片和下三片叶的化学成分含量随叶片长度变化的趋势一致。随叶片长度的增加，上六片叶的总糖、还原糖和烟碱含量先增加后降低，总氮和钾含量逐渐降低，氯含量增高；糖碱比先增加后降低，氮碱比先降低后增加，钾氯比逐渐降低。

上三片叶长 59.80～66.00cm、下三片叶长 66.22～73.20cm 为上六片叶感官评价得分最高、品质最佳的适宜叶长范围。此时，上六片叶整体感官评价得分较高、香气质佳、香气量充足、香气浓郁、杂气轻且余味较舒适，烟叶的化学成分较协调。

5.2　烤烟叶片长度与中性香气成分含量及感官质量的关系

摘要：为明确烤烟叶片长度与烟叶中性香气物质含量的关系，以烤烟品种 NC89 为试验材料，研究了烤烟中、上部叶长度与中性香气成分含量的关系。结果表明，多数类胡萝卜素降解产物、非酶棕色化反应产物、苯丙氨酸裂解产物含量在中部叶长 59～62cm 时达到最大值，随着中部叶长度的继续增加含量迅速降低；除新植二烯外香气物质总量在中部叶长 62cm 时达到最大值。而大部分类胡萝卜素降解产物、非酶棕色化反应产物、苯丙氨酸裂解产物在上部叶长 65～68cm 时含量较高；除新植二烯外香气物质总量在上部叶长 65cm 时最高。感官评吸结果表明，中、上部叶分别长 59～62cm、59～65cm 时浓香型风格程度较为突出。综合各香气成分的含量，中部叶与上部叶最适叶长范围分别为 59～62cm 和

65～68cm。

　　叶片大小是反映烟株生长发育状态的重要指标，不同大小的叶片其物理特性、化学成分组成和含量有显著差异，因而叶片大小与烟叶质量间存有一定的联系。叶片大小包括叶长和叶宽两个方面，一般而言，叶宽受生态条件影响较大，而叶长与栽培条件关系更为密切，对于一个特定产区来说，叶长是衡量烟叶营养状况的重要指标，叶片过小，一般养分积累较少，耐熟性较差，烟碱含量偏低，烟碱含量随叶长的增长而提高，逐渐趋于优质烟叶的标准。优质烟叶的适宜长度不应小于 50cm。关于烤烟叶片长度与常规化学成分及物理特性间关系的研究报道较多，但烤烟叶片长度与中性香气成分含量的关系研究鲜见报道。烟叶香气是烟草品质的核心，烟叶的香气质、香气量和香型风格是由烟叶中香气成分的组成、含量及相互作用决定的。明确烤烟叶片长度与烟叶中香气成分含量的关系，对于通过改善栽培措施来提高烟叶品质具有一定的指导意义（邸慧慧和史宏志，2012）。

　　2009 年在河南省襄城县以主栽烤烟品种 NC89 为试验材料，取正常烘烤后中部和上部叶进行试验。中、上部叶以每隔 3cm 选取一个叶组，每一叶组 1cm 的变化范围。中部叶共分为 9 组，分别为 47（47.01～47.99）cm、50（50.01～50.99）cm、53（53.01～53.99）cm、56（56.01～56.99）cm、59（59.01～59.99）cm、62（62.01～62.99）cm、65（65.01～65.99）cm、68（68.01～68.99）cm、71（71.01～71.99）cm；上部叶共分为 7 组，分别为 53（53.01～53.99）cm、56（56.01～56.99）cm、59（59.01～59.99）cm、62（62.01～62.99）cm、65（65.01～65.99）cm、68（68.01～68.99）cm、71（71.01～71.99）cm。

5.2.1　不同叶长中、上部叶类胡萝卜素降解产物含量差异

　　由表 5-1 可知，不同叶长中部叶类胡萝卜素降解产物含量差异明显，大部分降解产物在叶长 47～53cm 时含量较低，在叶长 59～65cm 时含量达到最大值，在叶长 68～71cm 随着叶片长度的增长类胡萝卜素降解产物含量降低。中部叶类胡萝卜素降解产物总量随着叶长的增加而增加，当叶长达到 59cm 时达到最大值，然后随着叶长的增长降解产物总量降低。上部叶大部分类胡萝卜素降解产物在叶长 62～68cm 时含量较高，在叶长 53～56cm 时含量明显低于最高值，在叶长 68～71cm 随着叶片长度的增长类胡萝卜素降解产物含量降低；但 3-羟基- β-二氢大马酮在叶长 53～56cm 时含量较高，后随着叶片长度的增长含量逐渐降低。不同叶长上部叶类胡萝卜素降解产物总量差异明显，随着叶片长度的增长类胡萝卜素降解产物总量逐渐增加，当叶长为 65cm 时总量达到最大值，之后随着叶片长度的

继续增长总量逐渐降低。

表 5-1　不同叶长中、上部叶类胡萝卜素降解产物含量　　（μg/g）

香气成分	部位	不同叶长（cm）								
		47	50	53	56	59	62	65	68	71
芳樟醇	中部	1.177	1.396	1.736	2.371	2.880	2.706	2.742	2.728	2.502
	上部			2.290	2.552	2.570	2.702	2.631	2.591	2.314
氧化异佛尔酮	中部	0.040	0.098	0.195	0.467	0.601	0.488	0.588	0.493	0.332
	上部			0.334	0.370	0.321	0.430	0.521	0.469	0.329
4-乙烯基-2-甲氧基苯酚	中部	0.122	0.168	0.218	0.264	0.574	0.191	0.175	0.630	0.291
	上部			0.146	0.211	0.221	0.318	0.343	0.216	0.142
β-大马酮	中部	12.678	19.211	22.265	30.740	38.189	25.412	25.419	23.078	27.006
	上部			21.145	23.745	22.532	27.855	29.985	23.807	22.665
香叶基丙酮	中部	2.267	3.133	3.976	8.067	6.695	9.760	7.666	3.961	3.757
	上部			8.825	5.502	9.971	14.010	16.952	15.695	15.945
二氢猕猴桃内酯	中部	1.880	2.637	2.778	2.284	2.509	3.305	3.290	4.430	3.170
	上部			3.299	3.619	3.923	4.713	4.501	4.301	4.641
巨豆三烯酮 1	中部	0.062	0.121	0.177	0.355	0.377	0.334	0.308	0.188	0.191
	上部			0.154	0.288	0.313	0.349	0.355	0.224	0.373
巨豆三烯酮 2	中部	0.264	0.254	0.440	0.453	0.793	0.360	0.350	0.576	0.393
	上部			0.423	0.428	0.440	0.460	0.553	0.460	0.417
巨豆三烯酮 3	中部	0.066	0.587	0.661	0.603	1.094	0.834	0.851	0.866	0.383
	上部			0.373	0.344	0.350	0.333	0.407	0.373	0.375
3-羟基-β-二氢大马酮	中部	0.294	0.270	0.529	2.361	1.524	4.197	3.667	0.341	0.574
	上部			1.476	1.525	0.812	0.862	0.729	0.603	0.417
巨豆三烯酮 4	中部	0.411	0.964	1.158	2.547	4.189	4.977	6.524	1.915	1.274
	上部			1.237	2.150	2.516	3.535	3.645	4.012	2.543
脱氢-β-紫罗兰酮	中部	0.058	0.177	0.266	0.265	0.352	0.246	0.275	0.293	0.251
	上部			1.006	1.960	2.916	3.880	3.219	5.155	2.860
螺岩兰草酮	中部	0.710	1.534	1.737	5.395	8.469	12.814	11.616	2.774	1.316
	上部			5.959	15.209	15.732	18.143	25.758	21.525	15.433
法基尼丙酮	中部	2.530	5.422	5.329	13.631	19.784	18.969	16.445	8.277	4.022
	上部			12.718	17.825	20.676	21.206	25.249	24.148	18.718
6-甲基-5-庚烯-2-酮	中部	0.134	0.164	0.165	0.453	0.499	1.029	0.817	0.284	0.169
	上部			1.210	1.542	1.562	1.273	2.009	1.750	1.580
6-甲基-5-庚烯-2-醇	中部	0.386	0.461	0.432	0.407	0.462	0.774	0.705	0.631	0.600
	上部			0.577	0.688	0.683	0.704	0.833	0.735	0.793
总量	中部	23.079	36.597	42.062	70.663	88.991	86.396	81.438	51.465	46.231
	上部			61.337	78.411	86.037	101.802	118.507	106.348	89.714

5.2.2 不同叶长中、上部叶非酶棕色化反应产物含量差异

由表 5-2 可知，不同叶长中部叶非酶棕色化反应产物含量差异明显，中部叶长 59～65cm 时，棕色化反应产物含量较高且全部反应产物均在此范围内出现最大值；当中部叶长 47～56cm 时，大部分反应产物随着叶片长度增长含量增加；当中部叶长超过 65cm 时，大部分反应产物含量明显降低，其余反应产物虽随着叶长的增长略有增加，但仍处于较低水平。中部叶非酶棕色化反应产物总量在叶长 59～65cm 时较高，在叶长 65cm 时达到最大值；在叶长 47～56cm 时随着叶片增长总量逐渐增加；在叶长 68～71cm 时非酶棕色化反应产物总量较低，但随着叶片长度的增长略有增加。不同叶长上部叶的非酶棕色化反应产物含量差异明显，大部分反应产物含量随着上部叶长度的增长而增加，当含量达到最大值后随着叶长的继续增长含量略有降低。上部叶非酶棕色化反应产物总量随着叶片长度的增长而增加，当叶片长度为 68cm 时总量达到最大值，叶长继续增长总量则降低。

表 5-2 不同叶长中、上部叶非酶棕色化反应产物含量 （μg/g）

化学成分	部位	不同叶长（cm）								
		47	50	53	56	59	62	65	68	71
糠醛	中部	4.733	7.980	19.001	20.923	22.601	21.616	23.490	8.441	12.069
	上部			17.360	26.020	26.300	29.154	30.116	32.779	28.939
糠醇	中部	1.698	1.141	3.240	3.101	3.498	4.648	4.729	1.669	1.855
	上部			3.519	4.685	5.360	5.931	9.591	9.371	6.540
2-乙酰呋喃	中部	0.171	0.231	0.609	0.626	0.281	0.757	0.746	0.274	0.406
	上部			0.519	0.818	0.870	0.909	0.890	0.844	0.721
5-甲基糠醛	中部	0.816	0.617	0.657	0.617	0.826	1.313	0.878	0.821	0.718
	上部			1.505	1.369	2.037	1.685	1.847	1.687	1.581
3,4-二甲基-2,5-呋喃二酮	中部	2.302	2.512	3.870	3.904	4.283	4.847	4.272	2.683	4.025
	上部			3.620	4.543	6.462	7.834	5.575	5.066	8.378
2-乙酰基吡咯	中部	0.157	0.124	0.518	0.776	1.236	0.748	1.543	0.155	0.197
	上部			0.216	0.452	1.311	1.052	1.191	0.777	0.650
总量	中部	9.877	12.605	27.895	29.947	32.725	33.929	35.658	14.043	19.270
	上部			26.739	37.887	42.340	46.565	49.209	50.524	46.809

5.2.3 不同叶长中、上部叶苯丙氨酸裂解产物含量差异

由表 5-3 可知，中部叶苯丙氨酸裂解产物苯甲醇、苯乙醛、苯乙醇均在叶长 65cm 时达到最大值，苯甲醛在叶长 59cm 时达到最大值；大部分苯丙氨酸裂解产

物含量均随着叶长的增长而逐渐增加，当含量达到最大值后，随着叶长的继续增长含量逐渐降低且处于较低水平。中部叶苯丙氨酸裂解产物总量在叶长 59~65cm 时较高且在叶长 65cm 时达到最大值；中部叶长 47~56cm 时苯丙氨酸裂解产物总量随着叶长的增长而逐渐增加；中部叶长 68~71cm 时随着叶长的增长苯丙氨酸裂解产物总量逐渐降低。在上部叶中当叶片长度小于 53cm 时苯丙氨酸裂解产物含量均较低，苯甲醛、苯乙醛含量随着叶长的增长先增加后减少，当叶长为 68cm 时含量最高。上部叶苯丙氨酸裂解产物总量在叶长 53~59cm 时较低，在叶长 62~71cm 时较高，在叶长 68cm 时最高。

表 5-3　不同叶长中、上部叶苯丙氨酸裂解产物含量　　　　　　　（μg/g）

化学成分	部位	不同叶长（cm）							
		47	50	53	56	59	62	65	68	71
苯甲醛	中部	0.693	1.887	2.731	2.973	2.994	2.213	2.052	1.787	0.914
	上部			1.411	2.363	2.748	2.950	3.118	3.378	3.290
苯甲醇	中部	6.285	7.355	11.618	12.481	15.581	17.832	19.325	12.141	10.464
	上部			10.503	31.929	29.898	30.362	27.235	30.769	30.454
苯乙醛	中部	0.248	0.647	1.099	1.102	1.187	1.421	1.432	1.258	0.925
	上部			0.404	0.948	1.088	1.865	2.126	2.327	1.777
苯乙醇	中部	2.858	2.910	4.636	5.478	5.508	5.551	5.708	3.660	2.748
	上部			4.319	8.355	10.086	12.331	14.501	11.597	12.51
总量	中部	10.084	12.799	20.084	22.034	25.270	27.017	28.517	18.846	15.051
	上部			16.637	43.595	43.820	47.508	46.980	48.071	48.031

5.2.4　不同叶长中、上部叶茄酮、新植二烯含量及除新植二烯外香气物质总量差异

由表 5-4 可知，中部叶茄酮含量在叶长 59~65cm 时较高且在叶长 62cm 时达到最大值；中部叶新植二烯含量在叶长 56cm 时达到最大值；除新植二烯外香气物质总量在中部叶长 59~65cm 时较高，在叶长 62cm 时最高。上部叶茄酮含量随着叶片长度的增长逐渐降低，当上部叶长 53cm 时含量最高，达 117.996μg/g；上部叶新植二烯含量在叶长 62cm 时最高；除新植二烯外香气物质总量随叶片长度的变化趋势明显，随着叶片长度的逐渐增长总量逐渐增大，当叶长为 65cm 时总量达到最大值，随着叶长长度的继续增长总量逐渐降低，上部叶长 62~65cm 时除新植二烯外香气物质总量较高。

表 5-4 不同叶长中、上部叶茄酮、新植二烯含量及除新植二烯外香气物质总量

（μg/g）

化学成分	部位	不同叶长（cm）								
		47	50	53	56	59	62	65	68	71
茄酮	中部	39.715	44.885	47.867	50.098	68.749	75.428	64.683	51.041	52.856
	上部			117.996	97.245	87.770	86.001	71.899	71.359	49.244
新植二烯	中部	661.096	1194.532	1286.370	1471.100	1439.700	1047.470	915.727	534.743	465.270
	上部			1012.000	1157.000	1158.310	1289.000	1104.000	1206.000	1142.000
除新植二烯外香气物质总量	中部	82.754	106.887	137.908	172.742	216.274	222.766	210.295	135.395	133.409
	上部			222.542	256.683	259.468	280.845	285.776	276.017	233.628

5.2.5 不同叶长中、上部叶感官质量差异

由表 5-5 可知，中部叶随着叶片长度的增加香气量评分逐渐增加，当叶长超过 62cm 时随着叶长继续增长香气量评分降低；中部叶长 50～59cm 时香气质感官评吸得分较高，当叶片长 71cm 时香气质较差；当中部叶长度在 53～59cm 时劲头、杂气、余味、烟气浓度评吸得分均较高，而叶片较短或较长时感官评吸得分均较低。

表 5-5 不同叶长中、上部叶感官质量

评吸指标	部位	不同叶长（cm）								
		47	50	53	56	59	62	65	68	71
香气量	中部	6.0	6.5	6.6	7.2	7.5	7.5	7.0	6.8	6.2
	上部			5.5	6.5	7.8	8.0	7.5	7.5	6.5
香气质	中部	6.8	7.0	7.0	7.5	7.0	6.5	6.5	6.0	5.0
	上部			7.0	7.0	7.2	7.1	6.0	6.2	5.0
劲头	中部	6.0	6.5	7.0	8.0	7.5	7.0	6.8	6.5	6.5
	上部			5.8	6.0	7.5	8.5	7.6	7.0	7.0
刺激性	中部	7.0	7.0	7.3	7.0	6.5	6.5	6.2	6.0	5.8
	上部			7.0	7.0	7.5	7.0	6.0	6.0	5.5
杂气	中部	6.5	7.0	7.0	7.5	7.0	6.3	6.5	6.0	5.2
	上部			7.0	7.3	7.5	7.5	6.0	6.5	5.0
余味	中部	6.5	6.5	7.0	7.0	7.0	6.5	6.5	6.3	6.0
	上部			6.5	6.5	6.5	7.0	6.0	6.0	5.5
烟气浓度	中部	6.5	6.5	7.0	7.0	7.5	7.0	6.5	6.5	6.5
	上部			6.0	6.5	6.5	7.5	7.0	6.5	5.5
浓香型风格程度	中部	中	中	中+	中+	强	强-	中	中	中
	上部			中-	中	强-	强	强	中	中

中部叶浓香型风格程度在叶长为 59~62cm 时强，在 59cm 时浓香型风格程度最为突出。上部叶长 59~62cm 时香气量、香气质、刺激性、杂气、余味感官评吸得分较高；在 62~65cm 时劲头、烟气浓度感官评吸得分较高；上部叶浓香型风格程度在叶长 59~65cm 时强；当上部叶长度小于 59cm 或大于 65cm 时主要感官评吸指标得分均较低。

5.2.6 小结

NC89 中部叶多数类胡萝卜素降解产物、非酶棕色化反应产物、苯丙氨酸裂解产物含量在中部叶长 59~62cm 时达到最大值，随着中部叶长度的增长含量迅速降低；除新植二烯外香气物质总量在中部叶长 62cm 时达到最大值。上部叶大部分类胡萝卜素降解产物、非酶棕色化反应产物、苯丙氨酸裂解产物在叶长 65~68cm 时含量较高；除新植二烯外香气物质总量在上部叶长 65cm 时最高。综合各香气成分的含量，NC89 中部叶与上部叶最适叶长范围分别为 59~62cm 和 65~68cm。

烤烟中类胡萝卜素降解产物和非酶棕色化反应产物对卷烟评吸结果有很大影响（于建军等，2006）。而由试验结果可知，当中上部叶处于最适叶长时，类胡萝卜素降解产物和非酶棕色化反应产物含量最高，此时的评吸结果也最理想。烤烟调制过程中由于环境温度的升高和烟叶水分的散失，烟叶内部发生了激烈的生理生化反应，色素也在此阶段大量降解（李富强等，2007）。当叶长较长时叶片较大且含水量较高，对烘烤过程中类胡萝卜素降解及非酶棕色化反应均产生不利的影响（宋朝鹏等，2008）。茄酮是腺毛分泌物西柏烷类的降解产物，叶片过长或者过短时腺毛分泌物含量都偏低（邸慧慧等，2009）。新植二烯的含量在中上部叶随着叶长的增长先逐渐增加后逐渐降低，其含量与叶片结构在调制过程中变化相关。结合试验结果可知，当中上部叶处于自己的最适叶长时，烟叶的香气量达到最大，评吸结果也最理想。

因为品种的差异性，不同品种烟叶的最适叶长是不同的，而同一品种同一部位同样长度的烟叶，宽度不同时对烟叶中性香气成分含量及感官质量也有影响，具体有待进一步研究。

5.3 浓香型烤烟叶片性状与生物碱含量的关系

摘要： 以豫中浓香型烟区主栽品种中烟 100 中部叶为试验材料，研究了中部叶不同叶长、叶宽、单叶重与烤烟生物碱含量的相关性，以阐明浓香型风格烟叶化学成分分布特点，为在生产上采取有效措施调控叶片生长、促进优质浓香型烟叶形成提供理论依据。结果表明，各种生物碱含

量与中部叶叶长、叶宽和单叶重均呈正相关关系，相关系数从高到低依
次为生物碱与叶长、生物碱与叶宽、生物碱与单叶重，通过控制叶长调
控烟叶生物碱含量效果较好。

生物碱的组成和含量是烟叶的重要质量要素，直接影响烟草制品的生理强度、
烟气特征和安全性。烟草栽培品种中主要有 4 种生物碱，即烟碱、降烟碱、新烟
草碱和假木贼碱，其中烟碱含量最高，一般占总生物碱含量的 90%以上。烟碱不
仅是烟叶中特有的化学成分之一，而且是重要的品质指标，优质烤烟一般要求烟
碱含量适中，中部叶烟碱含量以 2.0（%）～2.8（%）为宜，其中浓香型烤烟适宜
的烟碱含量高于清香型烟叶。烟碱含量过高，劲头较大，香气质变劣，刺激性较
强；含量过低，则吃味平淡，香气量不足（史宏志等，2001）。烟叶生物碱含量受
生态、遗传和栽培因素等的综合影响，同时与烟叶的外观性状有密切联系，不同
部位和不同叶点烟叶由于发育状况不同，生物碱含量也有显著差异。随着叶位的
升高，烟叶生物碱含量一般表现出增加的趋势。豫中烟区是我国浓香型烟叶的典
型代表区域，关于浓香型烟叶性状与生物碱含量的关系目前尚无系统研究报道，
本试验以豫中浓香型烤烟中部叶为材料，研究了中部叶叶长、叶宽、单叶重与生
物碱含量的关系，为进一步丰富烟草生物碱理论和在生产上采取有效措施调控叶
片生长、促进优质浓香型烟叶形成提供理论依据（邸慧慧和史宏志，2011）。

试验于 2008 年在我国浓香型烟叶主产区河南许昌襄城县进行，品种为当地
主栽品种中烟 100。取长 50～73cm 的中部叶，每 3cm 为一个叶组，共分 8 组，
每组选取 30 片正常的代表性叶片进行混合，用于生物碱含量测定。烟叶分组后，
对叶片宽度和单叶重逐一进行测定，分别取平均数，用于分析其与生物碱含量
的关系。

5.3.1　叶长与烟碱含量的关系

叶片长度与烟叶品质密切相关，黄淮烟区叶片长度一般略低于津巴布韦优质
烟叶。研究表明，豫中烟区中部叶长 50～73cm，烟碱含量与叶片长度之间存在极
显著的正相关关系（图 5-9），R^2 为 0.9641。中部叶 71～73cm 叶组的烟碱含量最
高，较烟碱含量最低的 50～52cm 叶组高出 98.41%，但叶长超过 65cm 后烟碱含
量增加幅度有减小趋势。

5.3.2　叶长与降烟碱、假木贼碱、新烟草碱含量的关系

研究结果表明，中部叶长 50～73cm，3 种微量碱含量与叶长均呈直线相关关
系，均随着中部叶长度的增长而逐渐增加。如图 5-10 所示，新烟草碱含量与不同

叶组之间线性方程的 R^2 值为 0.9955；降烟碱含量和假木贼碱含量与不同叶组之间线性方程的 R^2 值分别为 0.8677 和 0.8687。

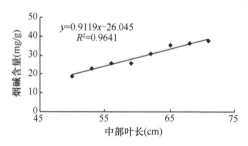

图 5-9　中部叶长与烟碱含量的关系

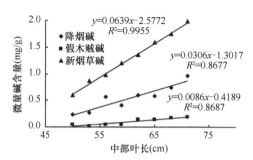

图 5-10　中部叶长与微量碱含量的关系

5.3.3　叶宽与生物碱含量的关系

中部叶长 50～73cm 时，中部叶宽与烟碱含量存在 $y=1.873x-25.142$ 的直线方程关系（图 5-11），$R^2=0.9492$，叶宽与烟碱含量的相关性达到 0.01 显著水平；中部叶宽与新烟草碱、降烟碱、假木贼碱含量分别存在 $y=0.1319x-2.5152$、$y=0.0608x-1.2058$、$y=0.0187x-0.44$ 的方程关系，R^2 分别为 0.9145、0.7401、0.8928，相关性均达到了显著水平（图 5-12）。叶宽超过 30cm，4 种生物碱的增加幅度均较大。

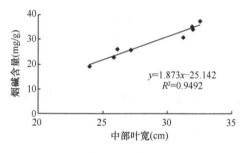

图 5-11　中部叶宽与烟碱含量的关系

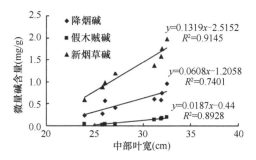

图 5-12　中部叶宽与微量碱含量的关系

5.3.4　单叶重与生物碱含量的关系

中部叶长 50～73cm 时，单叶重与各种生物碱含量也存在正相关关系，随着单叶重的增加，生物碱含量表现出增加的趋势，但相关性小于生物碱含量与叶长、叶宽的关系。单叶重与烟碱含量之间线性方程的 R^2 值为 0.8979，如图 5-13 所示，当单叶重超过 14g 时，烟碱含量增加幅度较小。单叶重与新烟草碱、降烟碱及假木贼碱含量之间线性方程的 R^2 值分别为 0.7244、0.7328 和 0.3341（图 5-14）。当单叶重过高时，3 种生物碱含量反而有下降趋势。

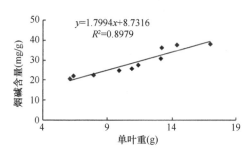

图 5-13　单叶重与烟碱含量的关系

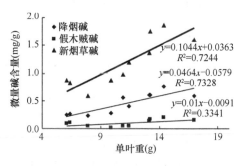

图 5-14　单叶重与微量碱含量的关系

5.3.5 小结

豫中烟区是我国浓香型烤烟的典型代表区域,在中式卷烟品牌建设中具有不可替代的重要作用。烟叶浓香型风格程度与烟叶的化学成分和外观特征有密切联系,探索烟叶性状与化学成分的关系,对于确定优质浓香型烟叶的形态和物理性状指标及在生产上采取措施调控烟叶定向生长具有一定意义。研究表明,生物碱含量与烟叶的叶长、叶宽、单叶重都呈正相关关系,相关性从高到低依次为生物碱与叶长、生物碱与叶宽、生物碱与单叶重,因此通过控制叶长调控叶片生物碱含量的效果较好,叶宽与生物碱含量的相关性也较大,与云南清香型烟叶叶宽和烟碱含量的关系不同,研究表明,云南烟叶叶宽与烟碱含量呈负相关关系,可能与西南烟区烟叶普遍狭长,叶宽变小导致叶厚增加有关。叶片单叶重与生物碱含量相关性相对较小,可能是单叶重不仅与叶面积有关,还与叶片厚度和紧实度有关所致。

5.4 浓香型烤烟叶片单叶重与中性香气成分含量的关系

摘要: 以豫中烟区主栽品种 NC89 为试验材料,研究了中上部叶单叶重与中性香气成分含量的关系。结果表明:中部叶多数类胡萝卜素降解产物、棕色化反应产物及茄酮含量在单叶重为 12g 时达到最大值,随着单叶重的继续增加含量迅速降低并趋于平缓;大部分苯丙氨酸裂解产物在单叶重为 10g 时达到最大值,随单叶重的继续增加而逐渐降低。上部叶大部分中性香气成分含量在单叶重为 12 ~ 15g 时达到最大值,茄酮含量在单叶重为 9g 时最高,随单叶重的继续增加逐渐降低。除新植二烯外香气成分总量表现为中部叶大于上部叶,且二者均在单叶重为 12g 时达到最大值。综合各香气成分的含量,中部叶与上部叶的最适单叶重范围分别为 10 ~ 12g 和 12 ~ 15g。

豫中烟区烟叶以色泽鲜亮、油分充足、香气浓郁、配伍性强而闻名,被誉为浓香型烟叶的典型代表,是中国卷烟配方中十分重要、不可替代的组成部分,尤其是烤烟品种 NC89 浓香型风格最为突出。但是近年来,豫中烟区的烟叶种植面积大幅萎缩,浓香型风格淡化,建立典型浓香型烟叶的形态指标体系、培育优质浓香型烟叶已成为烟草工作者的一项首要任务。香气成分是烟叶内在品质的根本内容之一,烟叶的香气质量与中性致香物质的含量密切相关。根据香气成分的来源可将其分为类胡萝卜素降解产物、西柏烷类降解产物、非酶棕色化反应产物、苯丙氨酸裂解产物等。单叶重可直接反映烟叶的发育程度和营养状况,对香气物质形成有重要影响，控制单叶重是优质烟叶定向生产的重要技术途径。本研究探讨了豫中浓香型烤烟产区上部和中部叶单叶重与香气成分含量之间的相关性，旨在为建立典型浓香型烟叶形态和产量因素指标体系、促进烟株定向生长、充分彰显浓香型风格特色提供理论依据（邸慧慧等，2011）。

2009 年以河南许昌襄城县主栽品种 NC89 为试验材料，按照部位代表性原则，取中部和上部叶。中部叶单叶重共分 6 个叶组，以每隔 2g 选取一个叶组，分别为 8（8.001～8.999）g、10（10.001～10.999）g、12（12.001～12.999）g、14（14.001～14.999）g、16（16.001～16.999）g、18（18.01～18.99）g；上部叶也取 6 组，以每隔 3g 选取一个叶组；分别为 9（9.001～9.999）g、12（12.001～12.999）g、15（15.001～15.999）g、18（18.001～18.999）g、21（21.001～21.999）g、24（24.01～24.999）g。每一叶组选取 20 片烟叶，50℃烘干，粉碎，过 60 目筛备用。

5.4.1　中部叶单叶重与类胡萝卜素降解产物含量的关系

类胡萝卜素是烟叶香气前体物中重要的萜烯类化合物。烟叶挥发性香气成分中有很多化合物为类胡萝卜素降解产物，其中许多都是烟叶中关键的致香成分。由表 5-6 可知，不同单叶重中部叶类胡萝卜素降解产物含量差异明

表 5-6　中部叶单叶重与类胡萝卜降解产物含量的关系　　　（μg/g）

香气成分	中部叶单叶重					
	8g	10g	12g	14g	16g	18g
芳樟醇	1.704	2.256	2.708	1.658	1.645	2.090
氧化异佛尔酮	0.129	0.270	0.366	0.270	0.201	0.322
4-乙烯基-2-甲氧基苯酚	0.061	0.109	0.208	0.072	0.059	0.148
β-大马酮	29.465	29.807	32.370	25.210	21.199	20.440
香叶基丙酮	13.689	11.679	12.779	9.834	8.123	7.525
二氢猕猴桃内酯	3.008	3.843	4.315	3.279	3.248	3.233
巨豆三烯酮 1	0.242	0.113	0.585	0.220	0.208	0.137
巨豆三烯酮 2	0.342	0.399	0.448	0.409	0.307	0.311
巨豆三烯酮 3	0.317	0.343	0.367	0.384	0.337	0.257
3-羟基-β-二氢大马酮	0.760	1.099	1.766	1.032	0.933	0.959
巨豆三烯酮 4	2.416	2.476	2.718	3.074	2.522	2.663
脱氢-β-紫罗兰酮	2.832	3.539	3.073	2.178	2.462	2.693
螺岩兰草酮	9.128	9.437	9.536	6.078	6.467	5.616
6-甲基-5-庚烯-2-酮	0.680	1.002	0.682	0.592	0.530	0.586
6-甲基-5-庚烯-2-醇	0.478	0.683	0.744	0.637	0.617	0.635
法基尼丙酮	19.675	21.817	20.899	15.586	12.118	13.385
总量	84.926	88.872	93.564	70.513	60.976	61.000

显，大部分降解产物在单叶重为 12g 时达到最大值，然后随单叶重继续增加先迅速降低后趋于平缓。类胡萝卜素降解产物总量在单叶重为 12g 时达到最大值，8～12g 时总量明显高于 14～18g，而高于 14g 时，随着单叶重增加总量变化较小。

5.4.2　中部叶单叶重与非酶棕色化反应产物含量的关系

由表 5-7 可知，非酶棕色化反应产物含量均在单叶重为 10～12g 时达到最大值，之后随单叶重的继续增加绝大多数反应产物含量先有较大幅度的下降后趋于平稳。非酶棕色化反应产物总量在单叶重为 12g 时达到最大值，且明显高于其他单叶重区间，在 14～18g 变化较小。

表 5-7　中部叶单叶重与棕色化反应产物含量的关系　　　　（μg/g）

香气成分	中部叶单叶重					
	8g	10g	12g	14g	16g	18g
糠醛	20.068	23.815	26.738	19.589	19.325	20.714
糠醇	4.706	5.930	4.933	4.938	4.730	4.447
2-乙酰呋喃	0.482	0.949	1.063	0.883	0.882	0.866
5-甲基糠醛	1.201	1.836	1.849	1.815	1.415	1.239
3,4-二甲基-2,5-呋喃二酮	6.351	6.363	4.915	4.718	4.320	2.922
2-乙酰基吡咯	0.853	1.120	0.895	0.890	0.833	0.977
总量	33.661	40.013	40.393	32.833	31.505	31.165

5.4.3　中部叶单叶重与苯丙氨酸裂解产物含量的关系

苯丙氨酸裂解产物主要包括苯甲醛、苯甲醇、苯乙醛、苯乙醇 4 种香气成分，由表 5-8 可知，除苯甲醛含量在单叶重为 12g 时达到最大值外，其他 3 种均在单叶重为 10g 时含量最高。苯丙氨酸裂解产物总量在单叶重为 10g 时最高，在单叶重为 18g 时最低。

表 5-8　中部叶单叶重与苯丙氨酸裂解产物含量的关系　　　　（μg/g）

化学成分	中部叶单叶重					
	8g	10g	12g	14g	16g	18g
苯甲醛	2.205	2.674	2.824	1.676	1.630	1.757
苯甲醇	13.672	16.892	15.000	14.627	14.640	13.404
苯乙醛	1.203	1.572	1.188	1.081	1.143	1.079
苯乙醇	6.167	6.677	4.372	4.266	5.042	4.758
总量	23.247	27.815	23.384	21.650	22.455	20.998

5.4.4　中部叶单叶重与茄酮、新植二烯含量及除新植二烯外香气成分总量的关系

由表 5-9 可知，中部叶茄酮含量、除新植二烯外香气成分总量在单叶重为 12g 时达最大值，新植二烯含量在单叶重为 8g 时最大，之后逐渐降低。

表 5-9　中部叶单叶重与茄酮、新植二烯含量及除新植二烯外香气成分总量的关系

（μg/g）

香气成分	中部叶单叶重					
	8g	10g	12g	14g	16g	18g
茄酮	37.1652	56.6446	73.7334	57.3716	54.4369	52.4001
新植二烯	1456.0000	1445.0000	1207.0000	1109.0000	807.5702	720.9738
除新植二烯外香气成分总量	178.9963	213.3425	231.0717	182.3666	169.3711	165.5614

5.4.5　上部叶单叶重与类胡萝卜素降解产物含量的关系

由表 5-10 可知，上部叶中大部分类胡萝卜素降解产物在单叶重为 12g 时含量达到最大值，其总量在单叶重为 9g 时最低，在 12g 时最高，在 21～24g 时较低且呈下降趋势。

表 5-10　上部叶单叶重与类胡萝卜素降解产物含量的关系　（μg/g）

香气成分	上部叶单叶重					
	9g	12g	15g	18g	21g	24g
芳樟醇	2.153	2.307	2.174	2.145	2.104	2.093
氧化异佛尔酮	0.186	0.198	0.174	0.172	0.171	0.171
4-乙烯基-2-甲氧基苯酚	0.374	0.196	0.199	0.181	0.162	0.143
β-大马酮	22.821	24.666	22.159	20.687	18.857	17.895
香叶基丙酮	7.933	7.368	7.130	8.509	8.851	8.499
二氢猕猴桃内酯	3.517	3.117	4.568	4.102	3.481	3.253
巨豆三烯酮 1	0.185	0.295	0.252	0.271	0.234	0.281
巨豆三烯酮 2	0.272	0.367	0.334	0.365	0.238	0.193
巨豆三烯酮 3	0.725	0.986	1.309	1.196	0.159	0.646
3-羟基-β-二氢大马酮	0.592	1.279	1.152	1.024	1.077	1.006
巨豆三烯酮 4	1.159	1.331	1.656	2.162	1.973	1.837
脱氢-β-紫罗兰酮	0.240	0.216	0.169	0.177	0.154	0.153
螺岩兰草酮	6.287	7.540	8.390	9.466	6.572	5.662
6-甲基-5-庚烯-2-酮	0.721	0.999	0.981	1.308	1.046	1.065
6-甲基-5-庚烯-2-醇	0.674	0.872	1.572	1.274	1.254	0.780
法基尼丙酮	6.598	18.199	14.382	13.526	11.577	11.403
总量	54.437	69.936	66.601	66.565	57.910	55.080

5.4.6 上部叶单叶重与非酶棕色化反应产物含量的关系

由表 5-11 可知，非酶棕色化反应产物大部分在上部叶单叶重为 12～15g 时达到最大值，在 9g 及 24g 时较低，其总量在 12g 时最高，随单叶重的继续增加逐渐降低并逐渐平缓。

表 5-11　上部叶单叶重与非酶棕色化反应产物含量的关系　（μg/g）

香气成分	上部叶单叶重					
	9g	12g	15g	18g	21g	24g
糠醛	14.881	27.353	23.895	19.588	16.917	16.007
糠醇	3.294	4.779	4.968	3.632	2.473	2.995
2-乙酰呋喃	0.364	0.650	0.674	0.422	0.427	0.517
5-甲基糠醛	1.062	1.038	0.872	0.878	0.783	1.063
3,4-二甲基-2,5-呋喃二酮	6.383	6.345	4.517	4.481	3.226	2.086
2-乙酰基吡咯	0.398	0.693	0.412	0.336	0.292	0.296
总量	26.382	40.858	35.338	29.337	24.118	22.964

5.4.7 上部叶单叶重与苯丙氨酸裂解产物含量的关系

由表 5-12 可知，上部叶苯丙氨酸裂解产物中，苯甲醇在单叶重为 15g 时含量达到最大值，其他均在 12g 时达到最大值，且随着单叶重的继续增加逐渐降低，其总量在单叶重为 15g 时达到最大值，之后逐渐降低。

表 5-12　上部叶单叶重与苯丙氨酸裂解产物含量的关系　（μg/g）

香气成分	上部叶单叶重					
	9g	12g	15g	18g	21g	24g
苯甲醛	1.495	2.007	1.714	1.614	1.610	1.737
苯甲醇	13.582	14.526	19.808	11.797	12.110	11.099
苯乙醛	1.350	1.386	0.988	0.865	0.779	0.601
苯乙醇	1.676	5.504	3.340	4.824	4.853	4.655
总量	18.104	23.423	25.849	19.100	19.352	18.092

5.4.8 上部叶单叶重与茄酮、新植二烯含量及除新植二烯外香气成分总量的关系

由表 5-13 可知，上部叶茄酮含量在单叶重为 9g 时最高，之后逐渐降低；新植二烯含量在单叶重为 15g 时达最大值；除新植二烯外香气成分总量在单叶重为

12g 时达到最大值，之后逐渐降低。

表 5-13　上部叶单叶重与茄酮、新植二烯含量及除新植二烯外香气成分总量的关系

（µg/g）

香气成分	上部叶单叶重					
	9g	12g	15g	18g	21g	24g
茄酮	71.8065	65.455	63.2492	60.6217	57.2204	53.8249
新植二烯	508.4588	671.1102	963.4544	680.5054	648.3947	679.5641
除新植二烯外香气成分总量	170.729	199.6735	191.0381	175.6222	155.2036	153.3531

5.4.9　小结

大多数类胡萝卜素降解产物及非酶棕色化反应产物含量均在中部叶单叶重为 10～12g 时达到最大值，在 14～18g 时显著降低；在上部叶单叶重为 12g 或 15g 时达到最大值，在 18～24g 时逐渐降低。综合分析认为：单叶重适宜范围中部叶为 10～12g，上部为 12～15g。

单叶重由叶面积和叶质重两个因素构成，其高低是叶片发育程度、营养状况的直接反映。单叶重过低，一般多是由于土壤肥力水平较低，或留叶数较多，因此叶片营养不良，叶片小而薄，香气量不足。单叶重过高，往往是由于土壤氮素营养过剩，或留叶数偏少，叶片过大过厚等，因此叶片碳氮代谢失调，氮代谢滞后，成熟不良，不宜烘烤，所以大分子物质不能充分降解转化，香气成分含量少，香气质量差。豫中烟区不少烟田存在施肥过多或打顶过早，留叶数少，中、上部叶过厚，单叶重过高等问题，对烟叶品质造成较大影响，因此通过合理施肥、均衡营养、合理留叶等栽培措施促进各部位烟叶正常生长、充分发育，使单叶重处于合理范围，有利于提高浓香型烟区烟叶质量水平，充分彰显浓香型风格特色。

5.5　移栽期对浓香型烤烟农艺和经济性状及质量特色的影响

摘要： 通过田间试验，研究了不同移栽期对烤烟生长发育、农艺性状、经济效益、感官评吸、物理性状、常规化学成分及色素和香气物质的影响。结果表明，提前或推迟移栽主要使烟叶成熟期和还苗期延长或缩短，其次是伸根期，对旺长期影响不大；04-28 和 05-05 移栽处理烟株的农艺性状、经济效益和感官质量较好；随着移栽期的后移，除顶叶外，其余部位叶片蛋白质含量总体上呈逐渐增加的趋势；顶叶和上二棚叶总糖含量总体呈逐渐增加的趋势，腰叶呈先降低后升高再降低的趋势，下二棚叶呈先升高后降低再升向的趋势，底脚叶呈先升高后降低的趋势；顶叶、上二棚叶和底脚叶还原糖含量呈先升高后降低再升高的趋势，而腰叶和下二棚叶呈先升高后降低的趋势；顶叶钾含量呈先升高后降低的趋势，而上二棚叶、腰叶、下二棚叶和底脚叶总体呈先升高后降低再升高的趋势。糖碱比则随着移栽期的后移而逐渐升高，各化学成分含量总体以 04-28 至 05-12 移栽处理较好；色素降解产物、非酶棕色化反应产物、西柏烷类降解产物及苯丙氨酸裂解产物总体以 04-28 至 05-12 移栽处理含量较高。

烟草是一种对环境条件反应非常敏感的作物，生态条件变化对烟叶的产量和品质都有很大影响，且对质量的影响尤为明显，因此，选择合适的移栽期十分重要。移栽过早，前期遭遇低温，易早花，叶数减少，降低产量和品质；移栽过晚，烟苗前中期处于高温环境下，生长加快，干物质积累少，叶片薄，烟叶不能正常成熟，品质降低，后期的高温高湿会使烟叶的发病率提高。通过调整移栽期，对烟草生长过程中的气候条件进行合理布局，使其充分利用气候资源，最大限度地促进优质烟叶的形成，是优质烟叶生产的重要措施。不同产区由于气候条件存在差异，适宜移栽期不尽相同。豫中地区具有独特的气候条件，其烤烟表现出典型的浓香型风格，但随着生态条件、品种和栽培措施的改变，豫中浓香型烟区的移栽期也在发生变化。20 世纪六七十年代，豫中烟区的移栽期在 5 月初左右，后提至 4 月上旬甚至 4 月初，最后又改至 5 月上旬。随着品种的更新和栽培技术的改进，对烤烟适宜移栽期不断提出新的要求，特别是工业企业对优质浓香型特色烟叶的需求不断增加，通过选择移栽期可使烟叶浓香型特色风格彰显。本试验通过设置不同移栽期，研究不同生育时期光温变化对烤烟生长发育、农艺性状、经济性状和质量特色的影响，为揭示浓香型特色优质烟叶形成机理和促进优质浓香型烟叶批量生产提供理论依据（杨园园等，2013a）。

试验于 2011 年在河南省襄城县王洛镇进行，选取地势平坦、土壤肥力中等且肥力均匀的地块，按照当地的最佳栽培措施进行施肥和灌溉，供试品种为中烟 100。本试验采用单因素随机区组设计，共设置 6 个处理，每个处理 3 次重复。各处理分别为 A：04-21 移栽，B：04-28 移栽，C：05-05 移栽，D：05-12 移栽，E：05-18 移栽，F：05-24 移栽。当地传统的移栽期为 05-05 至 05-12。每个小区 600 株烟。成熟采收后，采用当地常规的烘烤方式。收集样品下部叶取下橘二（X2F），中部叶取中橘三（C3F），上部叶取上橘二（B2F）。

5.5.1 不同移栽期对各生育阶段天数的影响

由表 5-14 可知，随着移栽期的后移，烟株还苗期、伸根期、旺长期、成熟期及全生育期天数逐渐减少，其中还苗期和成熟期受影响最大，降幅分别达到

72.7%、28.6%，全生育期降幅达到 26.1%，但不同移栽期对伸根期和旺长期天数的影响不大。移栽期与各生育阶段天数都有极显著的相关关系，全生育期天数与移栽期的 P 值最小、R^2 最大，然后是还苗期和成熟期，回归方程的斜率也以全生育期最大，成熟期和还苗期次之，即移栽期每推迟 1 天，全生育期缩短 0.90 天左右，成熟期推迟 0.38 天左右，还苗期推迟 0.25 天左右。可以看出，提前或推迟移栽期，主要是缩短了整个生育过程中的还苗期和成熟期，对烟株旺长期天数影响比较小。从各个处理来看，05-05 移栽处理的还苗期、伸根期、旺长期和成熟期天数都在合适的范围之内。

表 5-14　移栽期与各生育阶段天数的回归方程及其显著性

阶段	各生育阶段天数						回归方程	P 值	R^2
	04-21	04-28	05-05	05-12	05-18	05-24			
还苗期	11	9	7	5	4	3	$y=10.69-0.247x$	6.35E-05	0.987 0**
伸根期	31	28	27	26	26	25	$y=29.90-0.161x$	0.006 168	0.874 5**
旺长期	31	30	29	29	28	27	$y=30.90-0.112x$	0.000 592	0.960 5**
成熟期	42	41	38	34	33	30	$y=42.78-0.379x$	0.000 199	0.977 1**
全生育期	115	108	101	94	91	85	$y=114.28-0.899x$	1.61E-05	0.993 5**

5.5.2　不同移栽期对烤烟农艺性状的影响

于烟株的圆顶期测量茎围、节距、有效叶数、株高及第 10 叶位的叶长和叶宽，从表 5-15 可以看出，移栽期对烟株农艺性状的影响主要表现在节距、有效叶数、株高及叶片大小等方面，对茎围的影响没有明显的规律。随着移栽期的后移，烟株的节距、有效叶数、株高及第 10 叶位叶长和叶宽整体逐渐降低，其中节距降幅最大，达到 48.98%，叶宽降幅最小，为 6.28%。表明烟株节距和叶宽受气候条件影响较大。从 6 个处理看，以 04-28 和 05-05 移栽处理烟叶的各项农艺性状指标较为合理。由此可知，推迟移栽期使烟株矮化，节距、有效叶数、第 10 叶位、叶长和叶宽减小，对茎围的影响没有明显的规律。

表 5-15　不同移栽期对烤烟农艺性状的影响

移栽期	茎围（cm）	节距（cm）	有效叶数（片）	株高（cm）	第 10 叶位叶长（cm）	第 10 叶位叶宽（cm）
04-21	9.77	6.86	22.57	115.07	70.16	31.21
04-28	8.82	6.47	21.83	108.33	68.17	27.55
05-05	8.58	5.82	21.67	98.83	65.40	27.97
05-12	9.57	4.57	18.29	91.86	58.14	28.37
05-18	9.85	3.94	17.83	80.83	52.22	28.47
05-24	9.18	3.50	15.00	64.83	45.83	29.25

5.5.3 不同移栽期对烤后烟叶经济性状的影响

由表 5-16 可知，烤后上、中、下部叶单叶重、产量及产值总体均随着移栽期的后移而逐渐降低，其中产值降低最为明显，降幅达到 49.45%。均价、上等烟比例均随着移栽期的后移表现出先上升再下降的趋势，以 04-28 至 05-12 移栽处理的均价及上等烟比例较高，而产量也在一个较为适宜的范围之内。由此表明，04-28 和 05-05 移栽的烟株烤后烟叶的质量和经济效益较高。

表 5-16　不同移栽期对烤烟经济性状的影响

移栽期	单叶重（g）			产量（kg/hm²）	产值（元/hm²）	均价（元/kg）	上等烟比例（%）
	上部叶	中部叶	下部叶				
04-21	14.37	9.19	7.60	2 821.20	46 042.05	16.32	50.94
04-28	13.74	8.92	7.24	2 422.50	43 508.10	17.96	56.26
05-05	12.34	8.68	7.28	2 286.75	43 173.75	18.88	58.51
05-12	11.75	8.66	6.53	2 121.75	38 021.70	17.92	59.18
05-18	10.29	6.70	6.16	2 054.70	31 067.10	15.12	49.66
05-24	9.25	5.97	4.82	1 686.45	23 272.95	13.80	38.57

5.5.4 不同移栽期对烟叶感官质量和风格的影响

由表 5-17 可知，随着移栽期的后移，香气质、香气量、烟气浓度、劲头及刺激性得分呈逐渐降低的趋势；前 3 个移栽期杂气和余味得分相同，之后逐渐降低；燃烧性除 04-21 移栽处理外受移栽期影响不明显。随着移栽期的后移，烤后烟叶的感官质量总分先增加后降低，以 04-28 移栽处理最高。在风格评价中，浓香型显示度和焦甜香得分都表现出先增大再逐渐减小的趋势，04-28 移栽处理得分最高，6 个移栽处理均表现为浓香型。总分以 04-28 移栽处理最高，04-21 移栽处理次之，05-24 移栽处理最低。

表 5-17　不同移栽期对上二棚叶感官质量和风格的影响

移栽期	感官质量									风格	
	香气量（10）	香气质（10）	浓度（10）	劲头（10）	刺激性（10）	杂气（10）	余味（10）	燃烧性（10）	总分	浓香型显示度（5）	焦甜香（5）
04-21	7.0	6.3	6.5	7.2	6.3	6.0	6.0	4.5	49.8	3.8	3.6
04-28	7.0	6.5	6.5	7.5	6.3	6.0	6.0	4.2	50.0	4.1	3.8
05-05	6.5	6.1	6.0	7.0	6.0	6.0	6.0	4.2	47.8	3.9	3.5
05-12	5.9	5.5	6.0	6.8	6.0	5.8	5.6	4.3	45.9	3.5	3.1
05-18	5.2	5.5	6.0	6.0	6.0	5.5	5.1	4.3	43.6	3.3	3.0
05-24	5.0	5.2	6.0	5.8	5.8	5.3	5.0	4.3	42.4	2.8	3.0

5.5.5　不同移栽期对烤后烟叶物理性状的影响

　　烟叶的物理性状包括烟叶的外部形态及物理性能，是反映烟叶质量与加工性能的重要指标，直接影响烟叶质量和卷烟制造过程中的产品风格、成本及其他经济指标（左天觉，1993；邓小华等，2009）。由表 5-18 可知，各部位烟叶单叶重、叶片厚度和叶质重总体上随着移栽期的后移而逐渐降低，不同移栽期处理顶叶的单叶重和叶片厚度变化较大，最大差幅分别为 10.05g 和 65.33μm，平均差幅

表 5-18　不同移栽期对烤后烟叶物理性状的影响

部位	移栽期	单叶重（g）	叶片厚度（μm）	含梗率（%）	叶质重（mg/cm²）
顶叶	04-21	17.09	142.00	25.10	6.861
	04-28	15.83	120.67	26.89	6.683
	05-05	14.02	136.00	25.23	5.655
	05-12	13.87	99.00	26.03	5.677
	05-18	9.80	89.67	24.59	5.961
	05-24	7.04	76.67	27.84	4.185
上二棚	04-21	11.64	127.00	26.03	6.055
	04-28	11.35	119.67	27.22	4.836
	05-05	11.07	86.00	30.14	4.990
	05-12	10.42	126.67	32.25	5.665
	05-18	8.46	101.00	25.73	5.610
	05-24	7.46	121.33	31.37	5.709
腰叶	04-21	11.19	121.67	28.15	4.455
	04-28	10.92	100.33	25.71	6.282
	05-05	10.13	95.67	27.04	5.648
	05-12	9.58	81.33	28.63	5.227
	05-18	8.70	82.67	29.89	4.850
	05-24	6.97	109.67	30.99	5.333
下二棚	04-21	10.61	153.67	27.14	5.258
	04-28	9.33	118.67	28.43	5.672
	05-05	9.85	86.33	26.01	5.296
	05-12	8.92	132.33	28.68	5.116
	05-18	8.78	101.33	28.02	4.638
	05-24	8.57	98.00	27.89	4.649
底脚叶	04-21	8.19	104.33	27.28	5.345
	04-28	8.12	92.33	25.85	5.038
	05-05	8.04	126.33	26.69	4.848
	05-12	7.98	87.33	26.05	4.704
	05-18	7.54	89.33	26.35	3.850
	05-24	6.06	74.33	26.35	3.934

分别为 4.72g 和 33.73μm；腰叶叶质重差幅最大，为 1.827mg/cm²，平均差幅为 0.833mg/cm²。顶叶和腰叶含梗率均以 05-24 移栽处理最高，分别为 27.84% 和 30.99%，而上二棚叶含梗率以 05-12 移栽处理最高，达到 32.25%。

5.5.6 不同移栽期对不同部位烤后烟叶常规化学成分含量的影响

由表 5-19 可知，各部位烟叶不同移栽期处理的蛋白质含量具有相似的变化规律，随着移栽期的后移，除顶叶外，蛋白质含量总体上呈逐渐增加的趋势，蛋白质含量最低为 04-21 移栽处理下二棚叶的 87.6g/kg，最高为 04-21 移栽处理顶叶的 120.8g/kg，且 05-18 和 05-24 移栽处理与其他移栽期处理有显著差异（$P<0.05$），同一移栽期烟叶蛋白质含量表现为从底脚叶到顶叶逐渐增加。顶叶的总糖含量各处理无显著差异，受移栽期的影响不大；随着移栽期的后移，顶叶和上二棚叶总糖含量总体呈逐渐增加的趋势，腰叶呈先降低后升高再降低的趋势，下二棚叶总体呈先升高后降低再升高的趋势，底脚叶呈先升高后降低的趋势；顶叶、上二棚叶和底脚叶还原糖含量呈先升高后降低再升高的趋势，而腰叶和下二棚叶呈先升高后降低的趋势。其中中部叶糖含量较高，总体与其他部位差异显著。随着移栽期的后移，烤后各部位烟叶除顶叶钾含量呈先升高后降低的趋势外，其余部位钾含量总体呈先升高后降低再升高的趋势，可能与钾在烟株内的流动有关。烟叶烟碱含量随着移栽期的后移呈逐渐降低的趋势，以 04-21 和 04-28 移栽处理较高，且与其他处理相比差异达到显著水平。不同处理之间总氮含量无显著差异，说明烟叶总氮含量受移栽期影响不大。各部位烟叶糖碱比均随着移栽期的后移而逐渐升高，且各移栽期处理间差异达到显著水平（$P<0.05$），糖碱比最高可达 14.51，最低为 6.32，糖碱比变化较大。

表 5-19 不同移栽期对不同部位烟叶常规化学成分的影响

化学成分	移栽期	顶叶	上二棚	腰叶	下二棚	底脚叶
蛋白质（g/kg）	04-21	120.8	102.6	96.1	87.6	88.7
	04-28	116.0	108.2	102.3	96.5	88.6
	05-05	112.6	102.7	100.1	95.7	89.3
	05-12	110.5	101.4	96.5	96.0	97.6
	05-18	111.4	109.3	103.9	95.8	106.0
	05-24	117.1	107.5	111.9	104.8	107.7
总氮（g/kg）	04-21	25.8	20.6	18.2	16.3	18.3
	04-28	21.9	21.8	19.5	17.4	16.9
	05-05	21.6	21.0	18.7	17.4	16.0
	05-12	25.4	20.6	18.4	16.9	17.7
	05-18	22.7	19.5	19.5	16.9	19.7

续表

化学成分	移栽期	顶叶	上二棚	腰叶	下二棚	脚叶
总氮（g/kg）	05-24	21.4	19.2	21.9	18.6	19.6
烟碱（g/kg）	04-21	29.8	28.7	22.5	17.7	16.5
	04-28	27.4	27.0	19.8	16.5	16.1
	05-05	25.0	25.8	19.0	16.2	13.1
	05-12	23.4	21.4	16.5	14.4	12.8
	05-18	22.4	18.4	16.5	12.0	11.7
	05-24	21.0	17.4	14.9	11.3	11.2
总糖（g/kg）	04-21	179.1	192.9	258.8	194.7	207.5
	04-28	183.7	195.5	225.3	211.8	242.1
	05-05	187.4	195.3	219.7	228.5	256.7
	05-12	191.3	201.7	205.1	194.5	244.0
	05-18	192.6	227.4	214.6	203.0	178.9
	05-24	199.9	231.0	198.7	209.4	156.4
还原糖（g/kg）	04-21	188.1	220.4	165.9	122.1	124.3
	04-28	231.9	237.5	189.4	150.5	144.2
	05-05	229.0	246.6	194.6	165.5	120.7
	05-12	252.7	235.2	206.9	179.3	137.3
	05-18	251.2	210.9	221.7	169.8	141.7
	05-24	262.7	225.4	216.1	161.6	151.1
钾（g/kg）	04-21	18.6	18.1	18.0	17.7	20.8
	04-28	19.2	17.8	18.9	21.8	20.8
	05-05	20.5	19.9	20.2	22.1	21.6
	05-12	19.2	21.0	18.9	20.4	20.7
	05-18	18.0	18.6	19.4	19.2	22.2
	05-24	15.5	19.5	20.7	27.6	23.9
糖碱比	04-21	6.32	7.69	7.36	6.89	7.53
	04-28	8.45	8.79	9.56	9.11	8.96
	05-05	9.16	9.56	10.23	10.23	9.25
	05-12	10.78	10.99	12.56	12.45	10.76
	05-18	11.24	11.48	13.46	14.16	12.13
	05-24	12.51	12.96	14.51	14.25	13.54

5.5.7　不同移栽期对烤后烟叶色素含量的影响

质体色素中的叶绿素和类胡萝卜素是烟叶品质形成所需的重要致香前体物,

同时是光合作用中光能吸收转换所需的重要元件（韩锦峰，2003）。烟叶生长过程中的色素含量变化，不仅仅会影响烤烟的生长发育，更会影响烟叶品质和香气成分含量及组成，进而对香型产生影响（邬春芳等，2011）。从表 5-20 中可以看出，底脚叶、下二棚叶、腰叶、上二棚叶的叶绿素含量均随着移栽期的后移，总体呈逐

表 5-20   不同移栽期对不同部位烟叶烤后色素含量的影响　　　　　（mg/g）

部位	移栽期	叶绿素 a	叶绿素 b	叶绿素	类胡萝卜素
顶叶	04-21	0.020	0.034	0.054	0.292
	04-28	0.014	0.011	0.025	0.252
	05-05	0.030	0.022	0.053	0.294
	05-12	0.031	0.013	0.044	0.299
	05-18	0.044	0.012	0.056	0.321
	05-24	0.014	0.011	0.025	0.210
上二棚	04-21	0.016	0.008	0.024	0.268
	04-28	0.010	0.007	0.016	0.216
	05-05	0.016	0.007	0.024	0.282
	05-12	0.018	0.011	0.029	0.284
	05-18	0.022	0.013	0.035	0.291
	05-24	0.010	0.004	0.015	0.243
腰叶	04-21	0.034	0.008	0.042	0.320
	04-28	0.018	0.004	0.022	0.240
	05-05	0.021	0.003	0.024	0.264
	05-12	0.025	0.004	0.030	0.274
	05-18	0.021	0.011	0.032	0.266
	05-24	0.010	0.010	0.020	0.186
下二棚	04-21	0.040	0.014	0.054	0.190
	04-28	0.028	0.009	0.037	0.167
	05-05	0.028	0.011	0.039	0.202
	05-12	0.029	0.011	0.040	0.223
	05-18	0.036	0.013	0.049	0.277
	05-24	0.019	0.002	0.021	0.141
底脚叶	04-21	0.038	0.015	0.053	0.318
	04-28	0.027	0.013	0.040	0.262
	05-05	0.029	0.013	0.042	0.150
	05-12	0.034	0.013	0.047	0.318
	05-18	0.045	0.017	0.062	0.342
	05-24	0.023	0.010	0.033	0.139

渐下降的趋势，前 5 个移栽期处理差异并不显著，但与 05-24 移栽处理差异达到显著水平，且不同移栽期处理间最高差幅达到 61.11%，不同移栽期顶叶叶绿素含量变化无明显规律。顶叶、下二棚叶、腰叶、上二棚叶、底脚叶类胡萝卜素含量随着移栽期的后移表现出先降低后升高再降低趋势，05-24 移栽处理类胡萝卜素含量最低，与其他处理差异达到显著水平，不同移栽期处理间底脚叶类胡萝卜素含量差异最大，最大差幅为 59.36%。试验结果表明，以 04-28 和 05-24 移栽处理色素降解较充分，且不同移栽期对烤后烟叶色素含量影响较大。

5.5.8　不同移栽期对烤后烟叶香气物质含量的影响

根据烤烟香气物质的来源，将烤烟香气物质分为色素降解产物、非酶棕色化反应产物、西柏烷类降解产物及苯丙氨酸降解产物（邸慧慧等，2010）。从表 5-21 中可以看出，随着移栽期的后移，色素降解产物总量表现出先升高后降低再升高的趋势，04-28 至 05-12 移栽处理较高，最高为 1208.83μg/g，占香气物质总量的 91.29%，与其他移栽期相比差异达到显著水平。色素降解产物中的 β-大马酮、巨豆三烯酮 4、新植二烯及法尼基丙酮含量均超过 10μg/g。非酶棕色化反应产物总量以 04-28 和 05-05 移栽处理较高，表现出随着移栽期的后移呈先升高后降低的趋势，糠醛占各移栽期处理非酶棕色化反应产物总量比例较高，其中 04-28 和 05-05 移栽处理分别达到 75.15% 和 73.36%。西柏烷类降解产物茄酮则随着移栽期的后移含量总体上呈逐渐降低的趋势，以前 2 个移栽处理较高。苯丙氨酸裂解产物总量随移栽期后移总体上呈先升高后降低的趋势，以 04-28 和 05-12 处理总量较高，分别占香气物质总量的 2.47% 和 2.41%。

表 5-21　不同移栽期对上二棚叶香气成分含量的影响　　　　（μg/g）

类型	香气种类	04-21	04-28	05-05	05-12	05-18	05-24
	6-甲基-5-庚烯-2-醇	0.326	0.522	0.430	0.393	0.335	0.312
	芳樟醇	1.698	2.288	2.162	1.706	1.631	1.934
	氧化异佛尔酮	0.365	0.551	0.378	0.410	0.177	0.343
	4-乙烯基-2-甲氧基苯酚	0.259	0.343	0.277	0.203	0.120	0.142
	β-二氢大马酮	2.111	2.705	1.973	1.787	1.426	1.844
色素降解产物	β-大马酮	23.062	24.077	21.596	22.832	17.971	19.202
	香叶基丙酮	3.012	3.358	2.917	3.048	2.420	2.942
	β-紫罗兰酮	0.607	0.670	0.222	0.584	0.644	0.624
	二氢猕猴桃内酯	0.644	1.013	0.673	0.701	0.591	0.800
	巨豆三烯酮 1	2.764	2.530	2.044	2.203	1.916	2.282
	巨豆三烯酮 2	10.717	9.489	8.016	9.079	8.164	9.520
	巨豆三烯酮 3	2.548	2.117	1.883	2.253	1.840	2.238

续表

类型	香气种类	04-21	04-28	05-05	05-12	05-18	05-24
色素降解产物	3-羟基-β-二氢大马酮	1.373	1.738	2.534	0.981	1.517	0.727
	巨豆三烯酮4	15.019	14.641	11.723	13.361	11.144	13.363
	螺岩兰草酮	3.374	4.740	4.622	3.481	3.651	5.326
	新植二烯	1013.00	1123.00	1079.62	1090.00	815.83	998.00
	法尼基丙酮	14.897	15.052	12.746	13.877	10.785	14.092
	小计	1095.78	1208.83	1153.82	1166.90	880.16	1073.69
非酶棕色化反应产物	糠醛	19.902	21.754	19.988	21.357	15.339	14.557
	糠醇	1.085	1.954	2.796	0.754	1.290	0.521
	2-乙酰呋喃	1.169	1.005	0.779	1.207	1.157	0.836
	5-甲基糠醛	0.907	1.235	0.886	1.119	1.162	1.144
	3,4-二甲基-2,5-呋喃二酮	0.491	0.777	0.705	0.458	0.556	0.444
	2-乙酰基吡咯	0.820	0.914	1.001	0.578	1.062	0.461
	6-甲基-5-庚烯-2-酮	0.760	1.308	1.091	0.503	1.410	0.819
	小计	25.134	28.947	27.246	25.976	21.976	18.782
西柏烷类降解产物	茄酮	53.618	53.618	46.244	51.623	36.342	34.084
苯丙氨酸裂解产物	苯甲醛	2.984	3.708	3.213	2.630	2.776	2.540
	苯甲醇	7.659	11.875	10.563	10.893	5.093	4.982
	苯乙醛	9.956	10.784	9.196	11.438	12.118	10.645
	苯乙醇	4.379	6.345	5.197	5.741	3.068	3.385
	小计	24.978	32.712	28.169	30.702	23.055	21.552
	总量	1199.51	1324.11	1255.48	1275.20	961.53	1148.11

5.5.9 小结

试验结果表明，移栽期对烟株还苗期和成熟期天数及烤后烟叶产量、上等烟比例、感官质量影响较大，对烟株旺长期天数影响较小。较早移栽处理在还苗期和伸根期温度较低，烟株生长受抑制，因此还苗期和伸根期延长。推迟移栽时，由于温度升高，有利于烟株还苗，缩短了还苗期和伸根期天数，但高温高湿导致烟叶生长加快，叶片干物质积累不够充分，因此成熟期较短，落黄较快。04-28至05-05移栽处理，烟株农艺性状、经济效益和感官质量较好。烤后烟叶单叶重、叶片厚度及叶质重随着移栽期的后移总体上表现出逐渐降低的趋势，叶片含梗率则总体上逐渐升高，综上05-05移栽处理的物理性状最好。烟叶的化学成分除受品种和栽培工艺影响外，气候因素对其也有较大影响。试验结果表明，随着移栽期的后移，顶叶和上二棚叶总糖含量总体呈逐渐增加的趋势，腰叶呈先降低后升高再降低的趋势，下二棚叶呈先升高后降低再升向的趋势，底脚叶呈先升高后降低的趋势；顶叶、上二棚叶和底脚叶还原糖含量呈先升高后降低再升高的趋势，而腰叶和下二棚叶呈先升高后降低的趋势；顶叶钾含量呈先升高后降低的趋势，而上二棚叶、腰叶、下二棚叶和底脚叶总体呈先升高后降低再升高的趋势。糖碱比则随着移栽期的后移而逐渐升高，各化学成分含量总体以 04-28 至 05-12 移栽处理较好。本试验表明，不同移栽期对烟叶物理性状和化学成分影响非常大。对烟叶的香气成分分析，色素降解产物、非酶棕色化反应产物、西柏烷类降解产物及苯丙氨酸裂解产物总体以 04-28 至 05-12 移栽处理含量较高。

综上所述，从对各生育期天数，农艺性状和经济性状各项指标、常规化学成分含量、色素及香气成分含量的分析中可以看出，04-28 至 05-12 移栽处理，株型较好，各种常规成分协调，色素降解充分，香气成分含量较高，同时经济性状中产值和上等烟比例较高，所以，适合的移栽期为 04-28 至 05-12，其中以 05-05 移栽最优，与当地的移栽时期相一致。

5.6　施氮量和留叶数互作对豫中烤烟产量与质量的影响

摘要：以促进 NC297 产量和质量协调与最优化为目的，研究施氮量和留叶数互作对 NC297 物理特性、化学成分、经济性状的影响。结果表明：在施氮量为 7.5～60kg/hm^2、留叶数为 17～26 片时，NC297 叶长、叶宽、叶面积、叶厚、单叶重均随施氮量的增加而增加；含梗率、叶质重随施氮量的增加先降低后升高；烟碱和总氮含量随着施氮量的增加而显著上升，随着留叶数的增加而显著下降；产量随着施氮量和留叶数的增加持续上升，产值、均价、中上等烟比例随着施氮量和留叶数的增加先增大后减小；在物理性状、化学成分、经济性状上，除还原糖和糖碱比外，施氮量对其余各指标的影响均最大，留叶数的影响次之，二者交互作用产生的影响最小。NC297 的适宜施氮量为 30kg/hm^2，适宜留叶数为 20～23 片。

氮素营养直接影响烟叶内在成分的积累，不足或过多都对烤烟产量和品质不利。留叶数是关系到烟叶产量和品质高低的又一重要因素。留叶数可改变以氮肥为主的养分的分配和供给状况，并通过改善通风透光条件影响烤烟品质。在一定范围内，施氮量是烤烟产量的主要影响因素，留叶数是次要因素。近年来，由于施肥和留叶过多，烟叶采收和烘烤质量下降，为此，开展品种栽培配套技术研究已成为满足工业企业对原料要求的首要任务。笔者于 2011 年以烤烟 NC297 为研究对象，在河南省许昌市襄城县进行不同施氮量（7.5kg/hm^2、15kg/hm^2、30kg/hm^2、

$45kg/hm^2$、$60kg/hm^2$）和留叶数（17 片、20 片、23 片、26 片）配合下的烟叶产量与质量研究，测定各处理物理性状、化学成分、经济性状并分析探讨其对该品种产质量的影响，以期更好地发挥 NC297 品种的潜力，并避免肥料浪费和减少环境污染（穆文静等，2014）。

5.6.1 不同施氮量和留叶数处理对 NC297 物理性状的影响

由表 5-22 可知，叶长随着施氮量的增加总体呈现上升趋势，除施氮量 $15kg/hm^2$ 与 $30kg/hm^2$ 差异不显著外，其余处理两两均呈现出显著差异。叶宽随着施氮量的增加逐渐增大，当施氮量为 $7.5kg/hm^2$、$15kg/hm^2$ 和 $30kg/hm^2$ 时，各施氮量处理间两两差异显著，但施氮量 $30kg/hm^2$ 的烟叶叶宽与施氮量 $45kg/hm^2$ 的差异不显著。同样的，施氮量 $45kg/hm^2$ 的叶宽与施氮量 $60kg/hm^2$ 的叶宽差异也不显著。叶面积、叶厚、单叶重的变化规律一致，均表现为随着施氮量的增加呈增加的趋势（除施氮量 $60kg/hm^2$ 的叶厚外），两两差异均显著。含梗率、叶质重均随着施氮量的增加先降低后升高，含梗率在施氮量为 $7.5kg/hm^2$ 时最大，在施氮量为 $30kg/hm^2$ 时最小。叶长、叶宽、叶面积、叶厚、单叶重在留叶 17 片时均有最大值。叶质重、含梗率随着留叶数的增加逐渐增大，且两两差异显著。对比 F 值发现，各个物理性状指标均表现 $F_{施氮量}>F_{留叶数}>F_{交互}$，说明施氮量的效应大于留叶数的效应，而二者交互作用的效应最小；施氮量对物理性状的影响均达到极显著水平。

表 5-22 不同施氮量和留叶数处理的 NC297 物理性状与方差分析

施氮量（kg/hm²）	叶长（cm）	叶宽（cm）	叶面积（cm²）	叶厚（μm）	单叶重（g）	含梗率（g）	叶质重（g/m²）
7.5	48.775	22.183	704.174	98.673	8.354	29.403	96.735
15	61.700	27.825	1116.634	105.240	12.479	23.842	82.787
30	59.967	31.992	1248.210	113.558	13.508	23.535	83.077
45	64.350	32.933	1375.767	128.611	15.490	25.712	87.236
60	66.533	33.708	1459.303	98.874	17.807	26.039	88.638
留叶数（片）	叶长（cm）	叶宽（cm）	叶面积（cm²）	叶厚（μm）	单叶重（g）	含梗率（g）	叶质重（g/m²）
17	62.267	30.553	1252.964	117.535	14.897	23.565	82.663
20	60.273	30.120	1193.415	114.943	13.987	24.765	85.481
23	60.247	29.087	1152.921	111.598	13.079	26.349	89.410
26	58.273	29.153	1123.970	109.489	12.147	28.145	93.224
$F_{施氮量}$	91.152**	115.075**	173.472**	1013.365**	134.899**	50.468**	50.806**
$F_{留叶数}$	6.371**	3.294*	7.712**	95.765**	18.858**	45.308**	42.084**
$F_{交互}$	0.915	0.569	0.641	1.799	2.152*	3.233**	2.394*

*表示差异达显著水平，**表示差异达极显著水平，下同

5.6.2　不同施氮量和留叶数处理对 NC297 化学成分的影响

由表 5-23 可知，中、高施氮量下的烟叶总糖含量高于低施氮量下的含量，且存在显著差异。烟碱、总氮含量随着施氮量的增加逐渐上升，且两两间差异显著。钾含量以施氮量为 30kg/hm² 时最大，且此时氯含量最低。随着留叶数的增加，总糖含量差异不显著，还原糖的变化规律不明显。烟碱和总氮含量随着留叶数的增加逐渐降低，且两两差异显著。钾和氯含量随着留叶数的增加差异不明显。对比各个 F 值发现，对于总糖而言，施氮量的效应最大，达到了显著水平；而各因子对还原糖的效应均不显著；烟碱的 $F_{施氮量} > F_{留叶数} > F_{交互}$，且均达到了极显著水平；总氮 F 值中除了交互作用的影响不显著外，施氮量和留叶数的效应达到了极显著水平；钾的 F 值中施氮量和交互作用的效应极显著，而留叶数的影响不显著。依据氯的 F 值，施氮量的效应最大，达到极显著水平，交互作用的效应次之，且达到显著水平，留叶数的作用不明显。

表 5-23　不同施氮量和留叶数处理的 NC297 化学成分与方差分析

施氮量（kg/hm²）	总糖(%)	还原糖(%)	烟碱（%）	总氮（%）	钾（%）	氯（%）	钾氯比	糖碱比	两糖比	氮碱比
7.5	23.704	18.277	1.622	1.636	1.662	0.798	2.082	11.268	0.771	1.009
15	23.398	17.953	2.048	2.002	1.729	0.673	2.569	8.766	0.767	0.978
30	26.067	20.117	2.208	2.201	1.940	0.550	3.527	9.111	0.772	0.997
45	25.592	19.836	2.664	2.401	1.813	0.788	2.301	7.446	0.775	0.901
60	25.099	17.294	2.936	2.550	1.662	0.900	1.847	5.890	0.689	0.869
留叶数（片）	总糖(%)	还原糖(%)	烟碱（%）	总氮（%）	钾（%）	氯（%）	钾氯比	糖碱比	两糖比	氮碱比
17	23.842	17.603	2.357	2.441	1.762	0.715	2.464	7.468	0.738	1.036
20	24.998	18.950	2.163	2.217	1.794	0.725	2.474	8.761	0.758	1.025
23	25.276	19.242	2.041	2.040	1.742	0.746	2.335	9.428	0.761	1.000
26	24.972	17.387	1.741	1.830	1.716	0.782	2.194	9.987	0.696	1.051
$F_{施氮量}$	3.426*	1.9	91.365**	143.141**	4.703**	7.446**	5.791**	12.574**	2.765*	15.706**
$F_{留叶数}$	1.259	2.361	86.038**	85.532**	0.396	0.452	1.43	21.260**	1.826	2.073
$F_{交互}$	0.706	1.62	2.840**	1.987	3.224**	2.118*	3.363**	1.064	1.574	1.33

由表 5-23 可知，钾氯比随着施氮量的增大先升高后降低，在施氮量为 30kg/hm² 时达最大值，且钾氯比最为适宜。优质烟叶糖碱比小于接近 10，施氮量 30kg/hm² 的烟叶糖碱比最为适宜，其次是施氮量 30kg/hm² 的烟叶，两者显著优于其他施氮量处理的烟叶。除施氮量 60kg/hm² 的烟叶两糖比最小外，其余处理并无显著差异。依据优质烟叶氮碱比得出，施氮量为 15kg/hm²、30kg/hm² 时的

烟叶较适宜。随着留叶数的增加，钾氯比无显著差异。糖碱比以留叶 20 片、23
片较为适宜，且与留叶 17 片差异显著。两糖比随着留叶数的增加变化规律不明
显。氮碱比在留叶23片时等于1。综合对比得出，施氮量为 $30kg/hm^2$、留叶20～
23 片时，各化学指标最优。在钾氯比的 F 值中，$F_{施氮量}>F_{交互}>F_{留叶数}$，且施氮量
与交互作用的影响均达到了极显著水平。糖碱比为 $F_{留叶数}>F_{施氮量}>F_{交互}$，且施氮
量与留叶数对糖碱比的效应均达到了极显著水平。施氮量对两糖比影响显著，对
氮碱比的影响达到了极显著水平。

5.6.3　不同施氮量和留叶数处理对 NC297 经济性状的影响

由表 5-24 可知，随着施氮量的增加，产量呈上升趋势，且增加显著。产值随
着施氮量的增加，呈现出先上升后下降的趋势，留叶数最多和最少的烟叶产值低
于中间 2 个水平的烟叶产值。均价、中上等烟比例表现出和产值相同的变化趋势。
对比 F 值得出，产量、产值、均价、中上等烟比例均为 $F_{施氮量}>F_{留叶数}>F_{交互}$，
且施氮量和留叶数的作用均达到了极显著水平，交互作用对中上等烟比例的效
应不显著，但对均价的影响达到了显著水平，对产量、产值的影响达到了极显
著水平。

表 5-24　不同施氮量和留叶数处理的 NC297 经济性状与方差分析

施氮量（kg/hm²）	产量（kg/hm²）	产值（元/hm²）	均 价（元/hm²）	中上等烟比例（%）
7.5	2 043.692	17 456.086	8.533	46.697
15	2 274.507	23 549.079	10.375	62.671
30	2 857.935	39 813.005	14.000	69.266
45	3 335.409	39 686.482	11.983	57.791
60	3 568.348	33 321.618	9.350	40.750
留叶数（片）	产量（kg/hm²）	产值（元/hm²）	均 价（元/hm²）	中上等烟比例（%）
17	2 615.929	28 060.322	10.667	53.411
20	2 702.055	32 247.235	11.727	57.245
23	2 919.071	32 991.342	11.220	58.823
26	3 026.858	29 762.117	9.780	52.261
$F_{施氮量}$	440.938**	242.820**	89.528**	120.876**
$F_{留叶数}$	45.992**	15.767**	16.323**	10.768**
$F_{交互}$	3.369**	3.059**	2.559*	1.247

5.6.4　小结

本试验得出，除还原糖和糖碱比外，各个物理性状、化学成分、化学指标及

经济性状均为 $F_{施氮量}>F_{留叶数}>F_{交互}$。在施氮量为 7.5～60kg/hm² 、留叶数 17～26
片时，叶长、叶宽、叶面积、叶厚、单叶重的变化规律一致，均随着施氮量的增
加而总体上升，含梗率、叶质重随着施氮量的增加先降低后升高。烟碱和总氮随
着施氮量的增加含量上升显著，但随着留叶数的增加而下降，且亦达到了显著水
平，这与李章海等的研究结果相似（李章海等，2005；刘泓等，2006）。钾氯比随
着施氮量的增大先升高后降低，在施氮量为 30kg/hm² 时有最大值，且钾氯比最
为适宜，随着留叶数的增加，钾氯比无显著差异。糖碱比和氮碱比在施氮量为
30kg/hm² 时最适宜。糖碱比以留叶 20 片、23 片较为适宜，且与留叶 17 片、26
片差异显著。这是由于氮肥过少时，烟叶叶绿素合成受到限制，影响了烟叶的生
长和发育，而氮肥过多时，烟叶易黑暴，贪青晚熟，烤后多黑糟和含青烟，降低
了烟叶等级。留叶数不仅影响氮素在烟株中的分配，而且对田间小气候产生影响。
留叶过多，田间空气流通减弱，减弱了光合作用，降低了营养物质的积累，分配
到每片烟叶的营养减少；留叶过少，单株分配的营养过高，特别是氮素分配过多，
造成烟叶品质下降。产量在研究范围内随着留叶数和施氮量的增加持续上升，但
增加幅度有所减弱。烟叶在施氮量为 30kg/hm² 、留叶 20～23 片时，均价、中上
等烟比例、产值较优。这说明 NC297 在施氮量为 7.5～60kg/hm² 、留叶数为 17～
26 片时可以发挥出最大潜力，即存在最大潜力下的施氮量和留叶数拐点值，且与
本试验的研究结果相近。建议进一步精确定位最佳施氮量和留叶数，更好地指导
该品种的种植。综合本试验各指标得出，NC297 的适宜施氮量为 30kg/hm² ，适宜
留叶数为 20～23 片。

5.7　豫中烟区烟草 NC297 不同留叶水平的光合生理特性

摘要：以烟草品种 NC297 为材料，分析研究了其 4 个留叶水平旺长期
光合作用的光响应曲线差异。结果表明，随着光照强度的增大，各留叶
水平净光合速率、气孔导度、蒸腾速率均呈现出开始增加较快，随后趋
于缓和的趋势，不同留叶水平胞间 CO_2 浓度变化趋势与之相反，而留
叶 24 片胞间 CO_2 浓度最低；在光响应曲线特征参数方面，留叶 24 片
具有较低的光补偿点和较高的光饱和点，有效光合辐射的范围较宽，表
现出较强的弱光利用能力和强光利用潜力，并且留叶 24 片表观量子产
额、最大净光合速率均最高，说明留叶 24 片处理光合能力较强，光能
利用效率较高，可能与比留叶水平的叶片大小、叶片厚度、叶面积指数
有很大关系。

植物的光合特性是指叶片叶绿素含量和叶片光合作用强度，它直接影响作物

碳水化合物及其他有机物质量的合成量。光合作用是植物生产和积累有机物质的主要途径，是作物获得高产的重要生理基础。绿色植物通过光合作用将太阳能转变为化学能并储藏在合成的有机物中，这一过程是地球生态系统一切生命活动的物质基础和能量来源。光合作用是植物干物质积累和产量形成的基础，较高的光合碳同化能力是获得高产的前提。植物光合作用的光响应曲线描述的正是光量子通量密度与植物净光合速率之间的关系。光响应曲线对于研究植物光合作用十分有用，通过光响应曲线可以得到最大净光合速率、光补偿点、呼吸速率、表观量子产额等光合生理参数。烟草是我国的重要经济作物，主要以叶片作为收获目标。在烟草生产上，留叶数是烟草生产中的重要技术参数，留叶数的多少与烟株的田间性状密切相关，对烟叶产量及品质有着重要的影响。在合理的群体结构下，通过对烟株留叶数控制，可以获得适宜产量，保证烟草质量。烟草是一种喜光作物，在大田生长发育和品质形成过程中需要充足适宜的光照。留叶数对烟草品质的影响主要是改变了以氮肥为代表的养分的分配。光合作用强是烟草产量和品质提高的基础，深入研究烟草的光合作用具有重要意义。本试验旨在通过对不同留叶水平的光响应曲线及其特征参数进行研究，探讨烟草新品种 NC297 不同留叶水平光响应曲线参数的变化特征及其生理机制，从而为制定合理的栽培措施提供依据（钱华等，2012b）。

试验于 2010 年在河南省平顶山市郏县长桥镇楼王村进行，供试烟草品种为 NC297，设 4 个留叶水平：18 片、21 片、24 片、27 片，分别以 T1、T2、T3、T4 表示，每个处理 3 次重复。前茬为烟草，土壤速效钾含量为 107.98mg/kg，速效磷含量为 17.26mg/kg，有机质含量为 18.81mg/kg，碱解氮含量为 74.84mg/kg，pH 为 7.97。3 月 6 日播种，采用漂浮育苗，5 月 11 日移栽，密度为当地推荐密度 1.65 万～1.8 万株/hm²，自然光照。施纯氮 52.5kg/hm²，$m(\text{N}):m(\text{P}_2\text{O}_5):m(\text{K}_2\text{O})=1:2:3$，除留叶水平不同外，其他田间管理及病虫害防治措施均参照当地优质烟生产技术方案要求。

5.7.1　不同留叶水平光合作用的光响应曲线

净光合速率（Pn）高低是叶片光合性能优劣的最终体现，Pn 的大小是反映叶片光合性能高低的重要指标（高贵等，2005；李向东等，2002）。由图 5-15 可知，随着光照强度的增大，各留叶水平净光合速率逐渐增大，光照强度在 0～200μmol/(m²·s) 时，净光合速率增加较快，随后逐渐趋于平缓，达到光饱和点以后 T1、T2 和 T3 净光合速率均有下降的趋势，T4 下降趋势不明显。

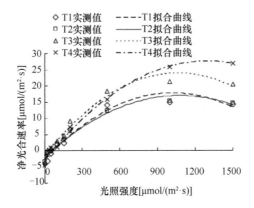

图 5-15　不同留叶水平净光合速率的光响应曲线

由图 5-16 可知，随着光照强度的增大，各留叶水平气孔导度逐渐增大，但变化趋势不完全相同。T1 气孔导度在 0～150μmol/(m²·s)增加缓慢，在 150～200μmol/(m²·s)增加较快，随后趋于缓慢；在 0～200μmol/(m²·s)，T2 气孔导度几乎呈直线增加；T3 气孔导度总体增加比较缓慢；T4 气孔导度在 0～200μmol/(m²·s)几乎呈直线增加，随后趋于缓慢。

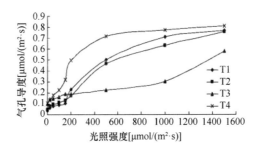

图 5-16　不同留叶水平气孔导度的光响应曲线

图 5-17 是不同留叶水平胞间 CO_2 浓度对光照强度的响应曲线，可以看出各处理的胞间 CO_2 浓度随着光照强度的增加总体变化趋势大致相同。在 0～

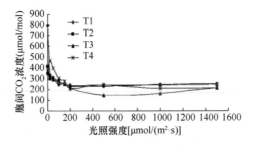

图 5-17　不同留叶水平胞间 CO_2 浓度的光响应曲线

200μmol/(m^2·s)，胞间 CO_2 浓度下降较快，在 200～1600μmol/(m^2·s)变化不明显。T3 胞间 CO_2 浓度最低，说明 T3 处理在光照强度变化过程中为光合作用提供了更多的反应底物，光能利用能力最高。

由图 5-18 可以看出，各处理蒸腾速率随光照强度的增加变化趋势与气孔导度的变化趋势基本一致。光照强度在 0～200μmol/(m^2·s)时，各处理蒸腾速率增幅较大，可满足烟叶进行光合作用的需要。

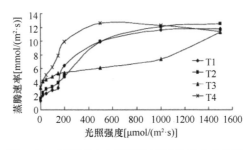

图 5-18 不同留叶水平蒸腾速率的光响应曲线

5.7.2 不同留叶水平叶片光响应曲线特征参数

通过对光照强度（x）和净光合速率（y）进行二次多项式逐步回归，得到 T1、T2、T3、T4 的光响应曲线方程式（5-1）～式（5-4），这 4 个方程的 r^2 分别为 0.9566、0.9778、0.9744、0.9924，说明模拟结果与观测值相关性较高，拟合程度较好，能很好地反映 4 个留叶水平旺长期不同光照强度下净光合速率的变化。利用式（5-1）～式（5-4）计算，可得 4 个留叶水平旺长期中部叶的光饱和点（LSP）和光饱和最大净光合速率（$P_{n\,max}$）（表 5-25）。

$$y=-2\times10^{-5}x^2+0.0401x-2.7620, \quad r^2=0.9566 \qquad (5-1)$$

$$y=-2\times10^{-5}x^2+0.0347x-1.6915, \quad r^2=0.9778 \qquad (5-2)$$

$$y=-2\times10^{-5}x^2+0.0478x-1.4970, \quad r^2=0.9744 \qquad (5-3)$$

$$y=-2\times10^{-5}x^2+0.0468x-2.7893, \quad r^2=0.9924 \qquad (5-4)$$

针对 4 个留叶水平在低光合有效辐射[即 PARi 小于 200μmol/(m^2·s)]水平测定净光合速率 Pn，作净光合速率-光合有效辐射散点图（图 5-19），3 个烟草品种的 Pn 与 PARi 之间存在较好的线性关系，回归后可得方程 $y = A + Bx$ [x 自变量为弱光照小于 200μmol/(m^2·s)的给定光强 PARi，y 因变量为对应光强下的净光合速率 Pn]，4 个方程的相关系数分别为 0.9617、0.9515、0.9422、0.9077，说明方程有效，可求得光补偿点、表观量子产额等光合参数，见表 5-25。T1、T2、T3、T4 在光照强度为 0μmol/(m^2·s)时的净光合速率分别为-3.98μmol/(m^2·s)、-2.27μmol/(m^2·s)、-2.12μmol/(m^2·s)、-2.57μmol/(m^2·s)，此时因为光合速率为零，净光合速率即呼吸速率（Rd）。T3 光饱和点最高，为 1195μmol/(m²·s)，光合潜力最大，光照强度增加时，能充分利用光照条件，其次是 T4，最低是 T2；光补偿点最高的是 T1，为 77.137μmol/(m²·s)，其次是 T4，最低是 T3，为 43.157μmol/(m²·s)，T3 在较低的光照强度下净光合速率就可以达到很高；表观量子产额以 T3 最高，其次是 T1，最低是 T2。净光合速率的光响应曲线参数中，光饱和点与光饱和最大净光合速率呈极显著正相关（表 5-26）。

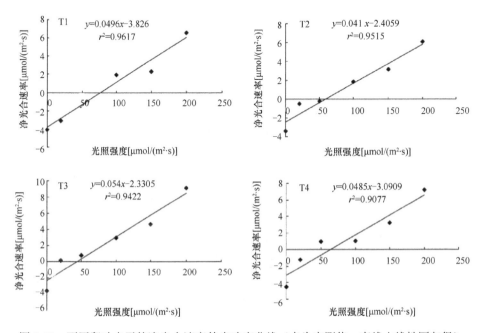

图 5-19　不同留叶水平的净光合速率的光响应曲线（点为实测值，直线由线性回归得）

表 5-25　不同留叶水平叶片光响应曲线特征参数

留叶水平	光饱和点 LSP [μmol/(m²·s)]	光补偿点 LCP [μmol/(m²·s)]	表观量子产额 AQY	光饱和最大净光合速率 [μmol/(m²·s)]	呼吸速率 [μmol/(m²·s)]	模型拟合 r^2 值
T1	1002.5	77.137	0.0496	17.338	4.06	0.9566
T2	867.5	58.680	0.0410	13.360	3.37	0.9778
T3	1195.0	43.157	0.0540	27.064	3.57	0.9744
T4	1170.0	63.730	0.0485	24.589	4.51	0.9924

表 5-26　净光合速率的光响应曲线参数的相关性

参数	x1：光饱和点	x1：光补偿点	x3：表观量子产额	x4：光饱和最大净光合速率	x5：呼吸速率
x1	1				
x2	−0.4009	1			
x3	0.8532	−0.2782	1		
x4	0.9906**	−0.5251	0.8391	1	
x5	0.4890	0.5260	0.2790	0.3710	1

5.7.3 小结

试验结果表明，随着光照强度的增大，各留叶水平净光合速率、气孔导度、蒸腾速率均呈现出开始增加较快，随后趋于缓和的趋势；不同留叶水平胞间 CO_2 浓度变化趋势与之相反，呈现开始下降较快，随后趋于缓和的趋势，T3 胞间 CO_2 浓度最低，说明 T3 处理在光照强度变化过程中为光合作用提供了更多的反应底物，光能利用能力最高。

光补偿点（LCP）和光饱和点（LSP）是植物光合能力的重要体现。LCP 能够反映不同品种对弱光的适应能力，LSP 能够反映不同品种对强光的适应能力。T3 的光饱和点高于 T1、T2、T4，并且光补偿点和呼吸速率较低，在弱光下仍可为机体固定一定的 CO_2。T3 具有较低的光补偿点和较高的光饱和点，有效光合辐射的范围较宽，表现出较强的弱光利用能力和强光利用潜力。在一定环境条件下，叶片的光饱和最大净光合速率表示了叶片的最大光合能力，表观量子产额反映了叶片对光能的利用情况，尤其是对弱光的利用能力，呼吸速率则与叶片的生理活性有关。T3 表观量子产额、光饱和最大净光合速率均最高，说明 T3 处理光合能力较强，光能利用效率较高，可能与此水平的叶片大小、叶片厚度、叶面积指数有很大关系。

但光合作用是一个极其复杂的生理过程，叶片光合速率与自身因素如叶绿素含量、叶片成熟程度密切相关，又受光照强度、气温、空气相对湿度、土壤含水量等外界因子影响。不同留叶水平是否导致叶绿素含量变化，以及田间通风状况不同是否导致田间温度变化，从而引起叶片光合速率的变化等还有待进一步研究。

5.8 留叶数对上部叶质量和中性香气成分含量的影响

摘要： 为探明不同留叶数对烟叶质量及风格特色的影响，以指导豫中烤烟生产，通过田间试验，比较烤烟不同留叶数（15~16 片、17~18 片、19~20 片、21~22 片）处理的烟叶质量差异。结果表明：随留叶数增加，烤后烟叶单叶重、叶质重和叶面积显著变小，留叶数 15~16 片处理比 21~22 片处理分别高 89.51%、17.86% 和 48.08%；蛋白质、烟碱及总氮含量降低，还原糖、总糖含量增高，糖碱比、氮碱比、钾氯比更加适宜，化学成分趋于协调；烟叶色素含量降低，中性致香物质总量增加；香气质、杂气、细腻度、刺激性、余味评分及总分提高，留叶数 19~22 片的评吸质量较好。结论：一定范围内，增加留叶数（15~22 片），有利于提高上部叶质量，豫中烤烟留叶数为 19~22 片时，上部叶质量较好，留叶数低于 18 片时，上部叶质量严重下降。

豫中烟区是我国最早种植烤烟的地区之一，生态条件适宜生产优质烟叶，是浓香型特色烟叶的典型代表区域，在中式卷烟中起着不可替代的作用。优质特色烟叶的生产对烟叶的产量水平和产量因素构成有一定的要求，特别是单叶重对质量的形成贡献较大。在密度一定的条件下，留叶数和单叶重呈显著负相关，打顶留叶是调控叶片发育、控制单叶重在合理范围内的重要手段。烤烟产量过高或过低对烟叶的质量均有不利影响，同一产量水平下产量因素构成对烟叶生长发育及质量形成影响较大，只有留叶数适当、群体结构合理时，烟叶的产质量才能平衡发展。目前豫中烟叶生产中普遍存在打顶偏低、留叶偏少、叶片过大、单叶重过高、株型不合理等问题，从而造成上部叶成熟度低、结构紧密、僵硬、粗糙、刺激性大、可用性差，难以在高档卷烟中使用。另外，由于上部叶遮光严重，中部叶内含物质欠缺，烟叶质量受到严重影响。因此，为进一步明确不同留叶数对烟叶质量及风格特色的影响，笔者通过田间试验，比较不同留叶数的烟叶质量及中性香气物质差异，提出适宜的留叶数范围，以期为规范和指导优质烤烟生产提供参考（许东亚等，2015a）。

试验于 2013 年在河南省襄城县王洛镇实施，供试品种为中烟 100，土壤为褐土，质地为壤土。土壤性质：pH 7.25，有机质 19.64g/kg，碱解氮 78.29g/kg，速效磷 18.31mg/kg，速效钾 101.51mg/kg，砂粒（0.02～2mm）653g/kg，粉粒（0.002～0.02mm）241g/kg，黏粒（<0.002mm）79g/kg。烟苗于 5 月 3 日移栽，行株距 1.2m×0.50m，植烟密度 1.65 万株/hm^2，除打顶外，施肥、灌水等实行统一管理。

烟株进入打顶期进行留叶数处理，形成 4 种株型的烟株，即 T1 单株留叶数 15～16 片，T2 单株留叶数 17～18 片，T3 单株留叶数 19～20 片，T4 单株留叶数 21～22 片。试验重复 3 次，每小区面积 60m^2。各处理正常成熟落黄采收，标准化密集烤房烘烤，均匀选取有代表性的烟叶 5kg，分别测定分析其物理性状、化学成分、质体色素、中性致香成分、感官质量等。

5.8.1　不同留叶数对烤后上部叶物理性状的影响

由表 5-27 可知，单叶重、叶质重、叶长、叶宽、叶面积均表现为 T1>T2>T3>T4，差异达显著或极显著水平。单叶重 T1 达 25.11g，分别比 T3、T4 高 48.93%和 89.51%；叶质重 T1 达 100.36g，比其他处理高 6.17%～17.86%；叶面积 T1、T2 较大，比 T3、T4 高 12.87%～48.08%；含梗率则是 T3>T2>T1>T4，除 T1 与 T2 外，其他各处理两两差异较为明显。结果表明，在一定范围（留叶数 15～22 片）内随留叶数的增加，烤烟上部叶叶长、叶宽、叶面积、单叶重、叶质重明显减小，含梗率变化规律不明显。

表 5-27　不同留叶数处理烤后上部叶的物理性状

处理	单叶重（g）	叶质重（g/m²）	含梗率（%）	叶长（cm）	叶宽（cm）	叶面积（m²）
T1	25.11	100.36	29.85	61.89	30.44	0.1195
T2	20.75	94.53	30.17	59.11	28.54	0.1070
T3	16.86	90.98	30.40	56.84	26.28	0.0948
T4	13.25	85.15	28.99	53.47	23.80	0.0807

5.8.2　不同留叶数对烤后上部叶色素含量的影响

烟叶中色素直接影响外观质量，其降解可产生新植二烯、紫罗兰酮、大马酮、异佛尔酮等致香成分，作为烟草香气成分的前体物直接或间接地影响烟叶的内在品质（王瑞新，2003）。由图 5-20 可知，各处理之间，叶绿素 a、叶绿素、类胡萝卜素含量均为 T1>T2>T3>T4，叶绿素 b 则是 T1>T3>T2>T4。表明，在一定范围（留叶数 15～22 片）内随着留叶数的增加，烤后烟叶的叶绿素 a、叶绿素 b、叶绿素及类胡萝卜素含量趋于降低，烟叶成熟期色素降解较为充分，有利于致香物质含量增加。

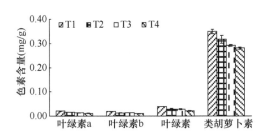

图 5-20　不同留叶数处理烤后上部叶的色素含量

5.8.3　不同留叶数对烤后上部叶化学成分含量的影响

烟叶的化学成分及其协调性评价参照《中国烟草种植区划》（王彦亭，2010）。由表 5-28 可知，蛋白质、烟碱及总氮含量均表现为 T1>T2>T3>T4，其中，蛋白质、烟碱含量处理间差异显著；还原糖、总糖含量表现为 T1<T2<T3<T4，处理间差异达显著或极显著水平；钾含量表现为 T1<T3<T2<T4，部分处理间差异显著；氯含量表现为 T1>T3>T2>T4，部分处理间差异显著。一般以糖碱比处于 8.5～9.5，氮碱比处于 0.95～1.05，钾氯比≥8.00，烟叶协调性较好（王彦亭，2010）。各处理糖碱比表现为 T1<T2<T3<T4，T3、T4 处于 8～10，较为适宜；氮碱比表现为 T1<T2<T3<T4；钾氯比表现为 T1<T3<T2<T4。表明，在一定范围（留叶数 15～22 片）内随着留叶数增加，蛋白质、烟碱及总氮含量减小，还原糖、总糖含量增

加，糖碱比、氮碱比、钾氯比更加适宜，化学成分趋于协调。

表 5-28　不同留叶数处理烤后上部叶的常规化学成分含量

处理	蛋白质(%)	还原糖(%)	钾（%）	氯（%）	烟碱（%）	总氮（%）	总糖（%）	糖碱比	氮碱比	钾氯比
T1	9.93	18.50	1.65	0.56	2.73	2.01	21.03	6.77	0.74	2.95
T2	9.57	18.71	2.24	0.48	2.54	1.94	22.23	7.36	0.76	4.67
T3	9.05	19.41	2.07	0.51	2.32	1.91	22.42	8.37	0.82	4.07
T4	9.03	20.58	2.29	0.39	2.27	1.90	23.40	9.05	0.84	5.88

5.8.4　不同留叶数对烤后上部叶中性香气成分含量的影响

从烤后烟叶样品中鉴定出 32 种中性致香物质（表 5-29），按照香气前体物不同分为类胡萝卜素降解产物、苯丙氨酸裂解产物、西柏烷类降解产物、非酶棕色化反应产物、叶绿素降解产物五大类。中性致香成分总量表现为 T1<T2<T3<T4，各处理之间差异达极显著水平，五大类中性致香成分总量均表现为 T1<T2<T3<T4，且各处理之间差异达显著或极显著水平，其中，T4 处理的中性致香成分总量较其他处理高 6.88%～43.72%。表明，在一定范围（留叶数 15～22 片）内随着留叶数增加，烟叶的中性致香成分总量明显增高。

表 5-29　不同留叶数处理烤后上部叶的中性致香物质含量　（μg/g）

香气物质类型	中性致香成分	T1	T2	T3	T4
类胡萝卜素降解产物	二氢猕猴桃内酯	3.02	3.31	3.94	5.29
	3-羟基-β-二氢大马酮	1.27	1.34	1.56	1.51
	氧化异佛尔酮	0.12	0.13	0.12	0.12
	异佛尔酮	0.14	0.63	0.68	0.84
	巨豆三烯酮 1	1.17	1.55	1.23	1.20
	巨豆三烯酮 2	7.07	7.92	7.51	7.69
	巨豆三烯酮 3	1.12	1.97	1.46	1.77
	巨豆三烯酮 4	9.34	10.44	11.20	11.21
	β-大马酮	14.78	15.70	15.27	19.71
	6-甲基-5-庚烯-2-酮	0.57	0.89	0.76	1.09
	6-甲基-5-庚烯-2-醇	0.42	0.57	0.54	0.41
	香叶基丙酮	5.18	5.50	5.08	5.54
	法尼基丙酮	11.90	15.04	15.32	17.65
	芳樟醇	0.66	0.77	0.76	0.86
	螺岩兰草酮	0.45	0.65	0.53	0.68
	β-二氢大马酮	0.74	2.70	5.36	6.45
	面包酮	0.37	0.41	0.36	0.54

续表

香气物质类型	中性致香成分	T1	T2	T3	T4
类胡萝卜素降解产物	愈创木粉	1.62	1.77	1.61	1.65
	小计	59.94	71.29	73.29	84.21
西柏烷类降解产物	茄酮	22.64	25.93	27.12	28.22
苯丙氨酸裂解产物	苯甲醛	1.28	1.03	1.07	1.39
	苯甲醇	0.51	0.74	1.09	1.76
	苯乙醛	2.98	3.77	3.67	5.08
	苯乙醇	0.27	0.88	0.93	0.51
	小计	5.04	6.42	6.76	8.74
非酶棕色化反应产物	糠醛	13.81	14.00	14.87	14.93
	糠醇	0.29	0.42	0.55	0.88
	2-乙酰基呋喃	0.35	0.41	0.45	0.42
	5-甲基糠醛	1.29	1.52	1.64	1.71
	3,4-二甲基-2,5-呋喃二酮	0.95	1.28	1.71	2.46
	2,6-壬二烯醛	0.26	0.33	0.40	0.36
	藏花醛	0.18	0.27	0.19	0.18
	β-环柠檬醛	0.37	0.44	0.36	0.38
	小计	17.50	18.67	20.17	21.32
叶绿素降解产物	新植二烯	516.01	658.81	707.91	750.20
	总量	621.13	781.12	835.25	892.69

5.8.5 不同留叶数对烤后上部叶评吸质量的影响

由表 5-30 可知，香气质、杂气、细腻度、刺激性、余味评分和总分均表现为 T1<T2<T3<T4，T3、T4 总分显著高于其他处理，T4 处理的总分较其他处理高 12.68%~20.70%。香气量、烟气浓度、劲头评分表现为 T1<T2<T4<T3，浓香评分表现为 T1<T2<T3=T4，透发性、燃烧性评分表现为 T1<T2=T3=T4。结果表明，在一定范围（留叶数 15~22 片）内随着留叶数增加，烟叶的香气质较好、杂气较轻、细腻度好、刺激性较小、余味较好、总分较高、浓香突出、透发性及燃烧性较好，而香气量、烟气浓度、劲头则是呈先增加后减小的趋势。

表 5-30 不同留叶数处理烤后上部叶的评吸质量

处理	浓香	香气质	香气量	透发性	杂气	烟气浓度	劲头	细腻度	刺激性	余味	燃烧性	总分
T1	6.5	5.6	6.0	6.0	5.0	6.5	6.5	5.5	5.7	6.0	4.0	63.3
T2	7.0	6.0	6.5	6.5	5.5	6.5	6.5	6.0	6.5	6.3	4.5	67.8
T3	8.0	7.0	7.5	6.5	6.6	7.0	8.0	7.0	7.0	6.5	4.5	75.6
T4	8.0	7.5	7.3	6.5	7.0	6.8	7.5	7.3	7.2	6.8	4.5	76.4

5.8.6　小结

豫中地区烤烟不同留叶数对上部叶质量和中性香气物质含量的影响明显。研究表明，在一定留叶数范围（15~22 片）内随着留叶数增加，上部叶物理性状、化学成分、评吸质量、致香成分综合品质趋于更好。单株留叶 19~22 片的处理其单叶重和叶长适宜，上部综合质量较好；留叶低于 18 片的处理其单叶重超过20g，烟叶综合质量明显下降。

在烤烟留叶 15~22 片时，随着留叶数增加，叶片大小、单叶重、叶质重增加较快，其中留叶数 15~16 片比 21~22 片的单叶重、叶质重和叶面积分别高89.51%、17.86%和48.08%，留叶数较少的烟株上部叶接受养分过多，叶片大而厚，烟株呈伞形。随留叶数增加，上部叶烟碱、蛋白质、总氮含量降低，还原糖、总糖含量增加，钾、氯含量与留叶数关系不明显，化学成分更加协调；而随留叶数减小，叶片营养过多，氮代谢旺盛，叶片生长较快，尤其是接受充足阳光的上部叶，含氮化合物含量较高，糖含量较低。随留叶数增加，烟叶的香气质较好、余味较好，留叶数较少的烟株，烟叶生长后期持续生长，难以成熟落黄，大分子物质降解不充分，香气质差、香气量少、刺激性大，评吸质量显著降低。随留叶数增加，上部叶烤后色素含量降低，这是由于留叶数过多时，叶片过早衰老，色素含量下降。

近年来豫中烤烟种植过程中留叶数较少、施肥量大等问题较为突出，烟叶质量尤其是中烟 100 等耐肥品种受到严重影响。本研究探明了留叶数较少不利于烟叶品质形成，并明确了适宜的留叶数范围（19~22 片），旨在为指导烟叶生产提供理论支撑，为卷烟工业提供更为优质适用的烟叶原料，从而为品牌的建设、稳定与发展提供较为坚实的物质基础。

5.9　基于产值和感官指标的豫中上六片叶栽培措施优化

摘要：为建立豫中烟区烤烟上六片叶的栽培技术指标体系，以烤烟品种中烟 100 为试验材料，设置施氮量（30~66kg/hm²）、种植密度（13 500~18 000 株/hm²）和留叶数（16~22 片/株）3 个栽培因子，采用 L₉（3⁴）正交试验设计，研究 3 个栽培因子及因子间互作对烤烟上六片叶产值和感官指标的影响。单因子效应分析表明，在本试验范围内，上六片叶产值随着施氮量、种植密度的增加呈现先增加后降低趋势；感官品质随施氮量的增加逐渐降低，随种植密度和留叶数的增加先增加后降低。双因子交互作用分析表明，施氮量和种植密度的互作对产值、感官品质与香气质影响显著，施氮量和留叶数的互作主要影响香气量。综合单因子和双因子分析结果，对产值和感官指标的数学模型分别进行模拟寻优，结果表明施氮量为 45.9285~50.1690kg/hm²、种植密度为 15 720~16 045 株/hm²、留叶数为 19~22 片/株时，豫中烟区上六片叶的产值和感官品质可达最佳，为豫中烟区生产优质上六片叶的优化栽培组合。

提高上部叶可用性是促进"卷烟上水平"的重要措施。优质的上部叶具有烟气浓度厚实饱满且香气浓郁的特点，有利于增加吃味浓度与丰富烟香，在卷烟叶组配方中，可作为主料烟起骨架支撑作用，尤其是完熟的上部叶香气浓度大，可以弥补烤烟型低焦油卷烟香气不足的缺陷，自 21 世纪初朱尊权院士提出上六片叶概念以来，豫中烟区进行了积极探索和实践，所生产的优质上六片叶在河南中烟工业有限责任公司高端品牌中应用取得显著效果（朱尊权，2010）。

上六片叶是在特定的"光、温、水、土"条件下发育而成的一种高成熟度的烟叶，是在传统上部叶生产技术上，为进一步提高上部叶的可用性，采取特定的生产措施培育而成的烟叶。营养充分、发育良好、耐熟性高，是形成优质上六片叶的基础，而与之相适应的配套栽培技术是优质上六片叶生产的保障，其中施氮量、种植密度和留叶数是豫中烟区影响烟叶生长发育状况与质量形成的关键因素，合理调控施氮量、种植密度和留叶数三大栽培措施能对产量增加、质量提高、效益提高起到重要作用。烟草对氮比较敏感，氮肥供应不足，烟叶致香物质含量低，香气不足，但氮肥供应过量，部分致香物质含量明显下降，并对评吸质量产生不利影响。种植密度通过影响作物群体的光截获、光分布及田间 CO_2 浓度等来影响群体的光合作用，进而影响烟叶的养分吸收和香气物质的积累转化，对烟叶的产质量造成影响。留叶数能够直接影响打顶后烟株内部营养物质的分配，并且会影响群体内部小气候，影响烟叶开片、株型建成、上部叶成熟落黄及干物质、香气物质积累，从而对烤烟生长发育和品质形成产生影响。但是目前由于上六片叶尚缺乏科学的生产技术标准，栽培技术存在一定的盲目性和不合理性，烟株营养基础和耐熟性较差，优质上六片叶的潜力尚未得到充分发挥，限制了上部叶质量的提升和有效利用，烟农收益较低，因此科学建立优质上六片叶生产技术指标体系势在必行。本试验选择施氮量、种植密度和留叶数 3 个栽培因子，设计 L_9（3^4）正交试验，建立数学模型并模拟寻优，以寻找最优的栽培措施组合，探究栽培措施对上六片叶产质量的影响，为豫中烟区优质上六片叶的生产技术指标体系构建提供理论依据（刘扣珠等，2020）。

本试验在河南省许昌市襄城县进行，试验田肥力中等，土质为褐土，前茬作物为烤烟，土壤理化性质为：有机质 1.58%，碱解氮 66.6mg/kg，速效磷 20.18mg/kg，速效钾 122mg/kg。试验品种采用当地主栽烤烟品种中烟 100，2 月 20 日播种，采用漂浮育苗，于 4 月 26 日移栽。试验采用 L_9（3^4）三因子三水平正交设计，试验因素分别为施氮量（A）、种植密度（B）和留叶数（C），分别设置 3 个水平，共 9 个处理。根据技术方案要求，并依据豫中烟区 3 个因子的常规操作标准（施氮量为 37.5～45kg/hm^2，种植密度不低于 15 000 株/hm^2，单株留有效叶 18～22 片）设置试验各因素水平，并对施氮量、种植密度和留叶数 3 个栽培因子的 3 水平分别赋值为−1、0 和 1，各试验因子水平设置见表 5-31。

表 5-31　试验因子和水平设置

水平	编码值	A：施氮量（kg/hm^2）	B：种植密度（株/ hm^2）	C：留叶数
1	−1	30	13 500	16
2	0	48	15 750	19
3	1	66	18 000	22

5.9.1　各处理的产值和感官指标

根据表 5-31 的因子赋值得到各处理的结构矩阵，不同处理的产值和感官指标结果（表 5-32）显示，$A_2B_2C_1$ 组合处理的产值最大、感官品质和香气质得分最高，香气量得分最低。$A_1B_1C_1$ 组合处理的产值最低，$A_3B_3C_1$ 组合处理的感官品质和香气质得分最低。

表 5-32　L_9（3^4）结构矩阵及产值、感官指标结果

X_1（A）	X_2（B）	X_3（C）	Y：产值（元/hm^2）	Y_1：感官品质得分	Y_2：香气质得分	Y_3：香气量得分
−1	−1	−1	45 869.42±398.09f	57.1±0.49de	5.8±0.16de	6.0±0.25c
0	0	0	49 350.77±2417.53e	60.1±0.89bc	6.5±0.32b	7.5±0.27a
1	1	1	60 182.85±701.66b	56.1±0.23e	6.3±0.02bc	6.5±0.07b
−1	−1	1	54 366.33±2494.81cd	60.2±1.79ab	6.6±0.15b	6.5±0.22b
0	0	−1	63 135.47±1765.22a	62.0±1.60a	7.2±0.24a	6.3±0.07bc
1	1	0	56 439.00±1131.31c	59.2±2.75cd	6.0±0.29cd	7.8±0.07a
−1	−1	0	49 569.08±1493.49e	56.5±1.64e	6.0±0.03cd	6.5±0.01b
0	0	1	53 688.44±342.78d	57.7±2.59de	6.5±0.22b	6.3±0.27bc
1	1	−1	53 068.65±2507.67d	55.0±0.25e	5.6±0.27e	6.5±0.17b

5.9.2　数学模型构建

使用 SPSS 软件非线性回归功能，构建产值（Y）、感官品质评分（Y_1）、香气质评分（Y_2）、香气量评分（Y_3）与施氮量（X_1）、种植密度（X_2）、留叶数（X_3）互作影响的数学模型及单因子影响的数学模型（表 5-33），在非线性回归设计中对各因子处理进行无量纲性编码，各因子系数已经标准化，故可直接由拟合系数的绝对值大小观察出各因子的重要程度。其中单因子影响的数学模型构建假设其他因子为零水平，将方程进行降维处理，对各因子进行单因子效应分析，用 SPSS 对数据进行重新拟合。

表 5-33　上六片叶产值和感官指标数学模型

指标	数学模型（剔除不显著项）	拟合系数	单因子影响的数学模型
产值	$Y=63\,361.845+2\,130.531X_1+1\,337.601X_2-11\,955.427X_1^2-8\,072.372X_2^2-5\,668.480X_1X_2-11\,860.063X_1X_2X_3$	0.931	$Y=57\,980.265+153.854X_1-6\,025.396X_1^2$ $Y=55\,391.560+3\,314.278X_2-2\,142.339X_2^2$ $Y=52\,712.740+1\,339.997X_3+1\,875.892X_3^2$
感官品质	$Y_1=61.603-0.976X_1-2.505X_1^2-1.705X_2^2+0.314X_1X_2+1.757X_1X_2X_3$	0.732	$Y_1=60.133-0.683X_1-0.305X_1^2$ $Y_1=59.933-0.083X_2-2.750X_2^2$ $Y_1=59.573-0.718X_3-2.209X_3^2$
香气质	$Y_2=7.251-0.181X_2-0.776X_1^2-0.976X_2^2-0.371X_1X_2-0.586X_1X_2X_3$	0.825	$Y_2=6.6-0.083X_1-0.483X_1^2$ $Y_2=6.733-0.083X_2-0.683X_2^2$ $Y_2=6.29+0.13X_3-0.018X_3^2$
香气量	$Y_3=7.639-0.117X_1-0.292X_2-0.167X_3-0.317X_1^2-1.158X_2^2-0.683X_1X_3$	0.939	$Y_3=6.867-0.117X_1-0.317X_1^2$ $Y_3=6.700+0.3X_2-0.067X_2^2$ $Y_3=7.219-0.058X_3-0.845X_3^2$

结果显示，各模型的拟合系数较高，说明所得数学模型可用于判断各指标与 3 个栽培因子的关系。根据互作影响的数学模型中各因子系数可知，施氮量和种植密度是显著影响产值的栽培因子（$P<0.05$），且施氮量与种植密度互作对产值影响较大，表现为显著负相关。感官指标中感官品质与香气质受施氮量和种植密度及其互作的影响均较大，香气量受施氮量和留叶数及其互作的影响较大。

5.9.3　单因子对各指标的效应分析

根据表 5-33 中单因子影响的数学模型绘制施氮量（X_1）、种植密度（X_2）和留叶数（X_3）不同水平的产值与感官指标变化曲线（图 5-21），并对各因素进行单因子效应分析。在本试验范围内，各指标与栽培因子呈现不同程度的二次曲线关系。产值随施氮量和种植密度的增加先增加后降低，随留叶数的增加先降低后增加。感官指标随栽培因子的变化呈现不同的变化趋势，随着施氮量的增加，感官品质得分逐渐降低，香气质和香气量得分先增加后降低，因此施氮量较高不利于提高烟叶品质。随种植密度的增加，感官品质和香气质得分先增加后降低，香气量得分逐渐增加。随留叶数的增加，感官品质和香气量得分先增加后降低，香气质得分逐渐增加。因此，通过栽培措施提升烟叶香气需要同时协调烟叶的香气质和香气量。

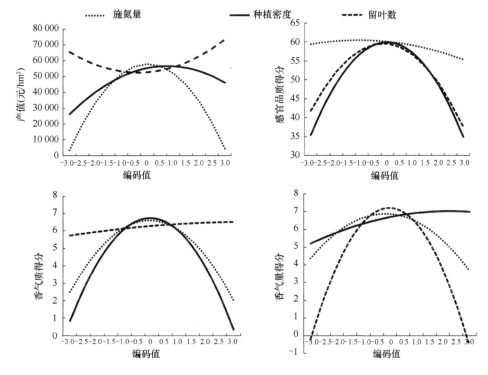

图 5-21　单因子对各指标的效应

5.9.4　因子间互作对各指标的效应分析

与单因子影响相比，因子互作并非仅仅表现出简单的加和作用，而是存在协同促进作用和拮抗作用。图 5-22 显示，在试验范围内，产值、感官品质和香气质得分在施氮量与种植密度互作的影响下存在最优值，香气量在施氮量和留叶数互作的影响下有最优值。因此，可在本试验范围中寻找出最佳的栽培组合，使得各指标达到最佳。

5.9.5　基于产值的栽培措施优化

本研究中，产值与约束区间为-1～1 的 3 个栽培因子的关系为非线性规划问题，使用 MATLAB R2017a 对产值进行数学建模并寻求最优解。综合措施组合方案为 X_1=0.1230、X_2=0.1307、X_3=−1.000，即施氮量为 50.214kg/hm²、种植密度为 16 044 株/hm²、单株留叶数为 16 片时，产值有最大值，为 63 580.0 元/hm²。

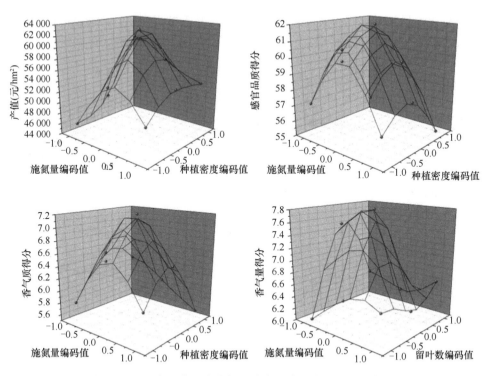

图 5-22　因子间互作对各指标的效应（彩图请扫封底二维码）

　　为了使栽培方案能够更好地与生产实际相结合，在 95% 置信区间求得的产值最大时的三因素（最佳组合方案）范围值见表 5-34。产值具有最大值时的施氮量编码值为 0.1181～0.1205、种植密度编码值为 0.1292～0.1313、留叶数编码值为−1.0053～−0.9939，即施氮量范围为 50.1258～50.1690kg/hm²、种植密度范围为 16 041～16 045 株/hm²、留叶数为 16 片/株左右，此时产值能达到最大值。平均编码值为施氮量 0.1193、种植密度 0.1302、留叶数−0.9996，即施氮量为 50.1147kg/hm²、种植密度为 16 043　株/hm²、留叶数为 16 片/株时，产值有最大值，达 63 569.9 元/hm²。

表 5-34　上六片叶产值最大时的栽培措施编码值

指标	因子	平均编码值	标准偏差	95%置信区间	
				下限	上限
	X_1	0.1193	0.0060	0.1181	0.1205
产值	X_2	0.1302	0.0054	0.1292	0.1313
	X_3	−0.9996	0.0286	−1.0053	−0.9939

　　根据单因子分析，留叶 16 片/株或 22 片/株时，烟叶产值均较大，进一步验证

模型，当单株留叶数为 22 片时，产值可达到 65 531.34 元/hm²。因此产值达最大时的栽培措施组合方案为施氮量 50.1147kg/hm²、种植密度 16 043 株/hm²、单株留叶数 22 片。

5.9.6　基于感官指标的栽培措施优化

使用 MATLAB R2017a 对感官指标进行数学建模并寻求最优解，栽培措施为 X_1=−0.1117、X_2=−0.0126、X_3=0.0850，即施氮量为 45.990kg/hm²、种植密度为 15 720 株/hm²、单株留叶数为 19 片，此时感官品质得分最高，为 62.0057。

表 5-35 显示，在 95%置信区间求得的感官品质得分最高时的三因子（最佳组合方案）编码值范围为施氮量−0.1151～−0.1129、种植密度−0.0126～−0.0125、留叶数 0.0846～0.0862，即施氮量范围为 45.9285～45.9675kg/hm²、种植密度范围为 15 720 株/hm² 左右、留叶数为 19 片/株左右。在该栽培措施范围内，感官品质得分能达到最大值。平均编码值为施氮量−0.1140、种植密度−0.0126、留叶数 0.0854，即施氮量为 45.948kg/hm²、种植密度为 157 208 株/hm²、留叶数为 19 片/株时，感官品质得分有最大值，为 62.0057，此时香气质得分为 7.2630，香气量得分为 8.0771，表现为香气质好，香气量充足。

表 5-35　上六片烟叶感官指标得分最高时的栽培措施编码值

指标	因子	平均编码值	标准偏差	95%置信区间	
				下限	上限
感官品质得分	X_1	−0.1140	0.0034	−0.1151	−0.1129
	X_2	−0.0126	0.0002	−0.0126	−0.0125
	X_3	0.0854	0.0025	0.0846	0.0862
香气质得分	X_1	0.0819	0.0031	0.0804	0.0834
	X_2	0.1329	0.0037	0.1311	0.1346
	X_3	0.9934	0.0308	0.9790	1.0078
香气量得分	X_1	0.8777	0.0360	0.8653	0.8900
	X_2	−0.1261	0.0036	−0.1273	−0.1248
	X_3	−0.4793	0.8678	−0.7774	−0.1812

5.9.7　小结

本研究表明，施氮量和种植密度是影响烤烟上六片叶产值、感官品质的主要栽培因子，中等施氮量和种植密度条件下的上六片叶具有较高的产值与较优的感官品质。在本研究范围内，留叶数对产值和感官指标的影响相对较小，说明豫中烟区生产优质上六片叶时，首先需要合理调控施氮量和种植密度。留叶数对上六片叶产值和感官品质的影响不显著，根据单因子分析，留叶 16 片/株或 22 片/株时，烟叶产值均较大，且在本试验范围内，当留叶数中等偏多时更有利于提高烟叶的感官品质，表明在本地区中等肥力条件下，烟株留叶数以 19～22 片/株为宜。因此，中等肥力水平植烟土壤上，烤烟上六片叶产值达到最大时的优化栽培措施范围为施氮量 50.1258～50.1690kg/hm²、种植密度 16 041～16 045 株/hm²、留叶数 19～22 片/株，此时产值可达最大值 65 531.34 元/hm²。

目前，豫中烟区的实际施氮量为 52.5kg/hm² 左右，种植密度为 14 250～15 000 株/hm²。因此，许昌市襄城县烟草当前的栽培措施与优化栽培技术相比，施氮量偏高、种植密度偏低，通过适当调整施氮量与种植密度可以有效提高上六片叶产值，优化烟叶感官品质。感官品质达到最佳时的施氮量范围为 45.9285～45.9675kg/hm²、种植密度范围为 15 720 株/hm²、留叶数为 19 片/株左右，此时感官品质得分最高。可以发现，栽培措施对烟叶感官各指标的影响不一致，这是由于构成香气的物质成分多样而复杂（吴丽君等，2014），有些成分含量较低却对香气质量贡献很大（史宏志等，2011），因此香气量与香气质受栽培措施影响能产生不同的效果可能是由于烟叶中香气量的增加往往伴随着杂气和刺激性的增加，弱化了香气质的凸显，也可能会影响整体的感官品质评价。产值与感官指标是从经济效益和感官质量两个角度对烟叶质量进行客观评价的，是农业与工业共同关注的烟叶指标，产质量的共同提升是烟草研究的主要目标。因此，基于产值和感官指标的优质上六片叶栽培技术对于提升烟叶品质更有意义。

5.10　基于香气物质含量和感官评价的豫西烤烟关键栽培技术优化

摘要：为优化豫西烤烟栽培技术指标体系，以烤烟新品系 LY1306 为材料，采用 $L_9(3^4)$ 正交试验设计，研究了施氮量（1.5～3.5kg/667m²）、种植密度（900～1100 株/667m²）和留叶数（18～22 片/株）3 个因子对 LY1306 中性致香成分含量（质量分数）及感官品质的影响。单因子效应分析表明：中性致香成分总量随着施氮量和种植密度的降低均呈现出先增加后降低的趋势，随着留叶数的增加呈现出先降低后增加的趋势。感官评价得分随着施氮量和种植密度的降低呈先增加后降低的趋势，随着留叶数的增加呈先增加后降低的趋势。双因子交互作用（互作）分析表明：施氮量和种植密度之间的互作效应对致香成分总量与感官评价的影响最大，在本试验区间内存在最大值。对中性致香成分总量和感官评价得分的数学模型分别进行模拟寻优,结果表明:种植密度为 1003 株/667m²,留叶数为 22 片/株,施氮量分别为 2.7288kg/667m² 和 2.2824kg/667m² 时中性致香物质总量与感官评价得分最佳,为豫西中高肥力植烟土壤优质烟叶生产的优化技术组合。

量化和优化烟草关键栽培措施是实现优质烟叶生产的重要途径。烟叶品质和风格特色与烟叶的致香成分密切相关,优质烟叶中大部分酮类和醛类等中性致香成分丰富,而感官品质是烟叶品质优劣最直接和客观的反映,优质烟叶一般香气量大、香气质纯、劲头适中、余味舒适、杂气和刺激性较小。不同栽培措施(施氮量、种植密度、留叶数)条件下生产的烟叶香气品质存在较大差异。氮素是烤烟需求量较多的营养元素之一,不仅参与烟株的碳氮代谢等生理过程,而且参与致香物质的形成。合理的施氮量可以保证烟株正常生长发育,有利于烟叶碳氮化合物间的比例平衡,对于稳定烤烟产量、提高烟叶品质具有明显作用。种植密度是烟叶品质形成的主要影响因素之一,不仅影响大田烟株的有效截光面积和群体光合效能,还可能使田间小气候发生改变,进而影响烟叶光合作用、养分吸收和干物质积累及烟叶中性致香物质含量。烟株适当的留叶数不仅有利于叶面积扩大和干物质积累,显著提高烟叶产量,而且可有效提高叶片中香气物质含量及其比例,生产出香气适宜的优质烟叶。选择合理的施氮量、种植密度和留叶数是提高烟叶香气品质的关键措施。由于各植烟区生态条件不尽相同,施氮量、种植密度和留叶数量也各不相同。河南洛阳烟区烟草大田生长前中期温度条件较好、日照充足,但降水偏少,后期温度相对较低,土壤总体适宜,但由于土壤肥水条件的改善,相当一部分植烟土壤肥力偏高,在豫西具有一定代表性。在这类土壤上按常规栽培技术进行田间管理,会导致烟叶贪青晚熟、叶片粗糙,调制后烟叶刺激性强、青杂气重、致香成分含量低、香气缺失,感官品质下降。因此,研究优化豫西中高肥力植烟土壤配套栽培措施具有重要现实意义。鉴于此,以烤烟新品系 LY1306 为材料,设置施氮量、种植密度和单株留叶数 3 个关键技术因子的正交试验,并对豫西烤烟关键栽培技术进行优化组合,旨在建立和完善豫西优质烤烟栽培技术体系,提高优质烟叶生产技术水平(夏素素等,2018)。

试验于 2016 年在河南省洛阳市嵩县大坪乡进行。土壤类型为黄褐土,土壤基本理化性状为:碱解氮 110.78mg/kg,有效磷 26.65mg/kg,速效钾 175.14mg/kg,有机质 40.32g/kg,pH 7.38。土壤肥力为中高水平。供试品系为 LY1306。设置施氮量(X_1)、种植密度(X_2)、留叶数(X_3)3 个因子处理,各因子及编码值见表 5-36。每因子各设置 3 个水平,按 $L_9(3^4)$ 正交设计进行试验。2 月 13 日播种,育苗方式为漂浮育苗,4 月 30 日移栽,8 月 21 日第 1 次采收。使用河南省烟草公司洛阳市公司提供的烟草专用复合肥,采用密集式烤房按照三段式工艺烘烤。

表 5-36　试验因素和水平编码

水平	编码值	施氮量 N（kg/667m²）	种植密度 M[株距（cm）×行距（cm）]（株/667m²）	留叶数 L
1	−1	3.5	1100（50×120）	18
2	0	2.5	1000（55×120）	20
3	1	1.5	1100（60×120）	22
	变化区间	1	100	2

5.10.1　不同处理香气物质含量和感官评价比较

烟叶中致香成分复杂，不同致香物质的化学结构和性质不同，对烟叶的香气质、香型贡献不同。中性致香物质分为五大类：叶绿素降解产物、类胡萝卜素降解产物、非酶棕色化反应产物（糠醛、糠醇、呋喃、吡咯等）、苯丙氨酸裂解产物、西柏烷类降解产物（史宏志等，2011），各处理中性致香成分总量和感官评价得分见表 5-37。

表 5-37　L₉（3⁴）正交试验设计

处理	编码值			致香物质总量（μg/g）	感官评价得分
	X_1（N）	X_2（M）	X_3（L）		
T1	−1	−1	−1	836.742	52.0
T2	−1	0	1	942.381	54.6
T3	−1	1	0	807.142	53.0
T4	0	−1	0	905.411	57.5
T5	0	0	−1	962.385	59.5
T6	0	1	1	952.583	58.5
T7	1	−1	1	721.805	56.5
T8	1	0	0	767.108	57.3
T9	1	1	−1	686.193	54.9

5.10.2　基于烟叶中性香气物质总量的数学模型

使用 SPSS 软件非线性回归功能，进行多次多项式回归分析，建立烟草大田条件下新品系 LY1306 施氮量（X_1）、种植密度（X_2）和留叶数（X_3）与致香成分总量（Y_1）的数学模型：

$$Y_1=895.578-17.643X_1-43.482X_2-11.459X_3-80.828X_1^2-33.650X_2^2$$
$$+55.348X_3^2-51.880X_1X_2-66.098X_1X_3+80.247X_2X_3+34.560X_1X_2X_3 \quad (5\text{-}5)$$

拟合方程回归系数 $R=0.945$，说明该方程与实测值拟合程度较高，可拟合试验结果。进一步检验回归系数，剔除不显著项简化回归模型：

$$Y_1=815.989-19.880X_1-48.320X_2+46.962X_2^2+126.954X_3^2$$
$$+32.229X_1X_2+261.881X_1X_2X_3 \qquad (5-6)$$

拟合方程回归系数 $R=0.933$，可用此方程对致香成分总量进行预测分析。

在非线性回归设计中已对各因子处理进行无量纲性编码，各因子系数已经标准化，故可直接由拟合系数的绝对值大小分析各因素的权重。由式（5-6）可得：X_1 与 X_2 相关系数达极显著水平（$P<0.01$），且 $|X_2|>|X_1|$，X_3 相关系数不显著（$P>0.05$）。说明种植密度对致香成分总量的影响最大，其次是施氮量，留叶数对致香成分总量的影响不明显，因此确定种植密度是现阶段洛阳新品系 LY1306 提高致香成分总量的重要手段。该拟合方程的二次项 X_2 相关系数不显著（$P>0.05$），被剔除，而 X_1 的相关系数为负值，说明致香成分总量与施氮量呈负相关，X_2^2 和 X_3^2 的相关系数为正值，且均达到显著水平（$P<0.05$），说明随着种植密度的降低，致香成分总量增加；随着留叶数的增加，致香成分总量也增加。由方程互作项可以得出：只有 X_1X_2 的相关系数达到显著水平（$P<0.05$），且为正值，说明施氮量和种植密度互作对致香成分总量有显著影响，且呈正相关关系。三因子交互作用 $X_1X_2X_3$ 相关系数为正值，表明随着施氮量和种植密度的降低、留叶数的增加，致香成分总量增加。

5.10.3 基于烟叶感官评价的数学模型

同理，建立大田条件下新品系 LY1306 施氮量（X_1）、种植密度（X_2）和留叶数（X_3）与感官评价得分（Y_2）的数学模型：

$$Y_2=29.852X_1-28.135X_2-28.002X_3+19.323X_1^2+21.239X_2^2+23.373X_3^2$$
$$-62.299X_1X_2-61.632X_1X_3+61.899X_2X_3-15.689X_1X_2X_3+8.126 \qquad (5-7)$$

拟合方程回归系数 $R=0.809$，说明该方程与实测值拟合程度较高，可以拟合试验结果。进一步检验回归系数，剔除不显著项简化回归模型：

$$Y_2=54.946+2.619X_1-1.035X_2+1.573X_2^2+3.281X_3^2+0.183X_1X_2+6.612X_1X_2X_3 \qquad (5-8)$$

拟合方程回归系数 $R=0.762$，可用此方程对感官评价总分进行预测分析。

由式（5-8）可得：X_1 与 X_2 相关系数达极显著水平（$P<0.01$），且 $|X_1|>|X_2|$，X_3 相关系数不显著（$P>0.05$），被剔除。说明施氮量对感官评价的影响较大，其次是种植密度，留叶数对感官评价的影响不明显，与上述对香气物质总量的影响结果有相似之处。该拟合方程的二次项 X_1^2 相关系数不显著（$P>0.05$），被剔除，X_2^2、X_3^2 的相关系数为正值，且均达到显著水平，说明随着种植密度的降低，感官评价得分提高；随着留叶数的增加，感官评价得分也提高，与上述香气物质总量的变化趋势一致。由方程互作项可以得出：只有 X_1X_2 的相关系数达到显著水平（$P<0.05$），说明施氮量和种植密度互作对感官评价的影响显著，进一步证明施氮

量与种植密度互作效应对香气物质总量和感官评价的影响趋势相同。三因子交互作用 $X_1X_2X_3$ 相关系数为正值，表明随着施氮量和种植密度的降低、留叶数的增加，感官评价得分提高，与上述对香气物质总量的互作效应一致。

5.10.4　单因子各水平对中性香气物质总量的效应分析

对式（5-5）进行降维处理，并对各因子进行单因子效应分析，用 SPSS 软件对数据进行重新拟合，可得到 3 个一元二次方程：

$$Y_1=936.793-63.526X_1-138.231X_1^2 \tag{5-9}$$
$$Y_1=900.625-4.673X_2-83.979X_2^2 \tag{5-10}$$
$$Y_1=836.553+20.242X_3+12.128X_3^2 \tag{5-11}$$

利用上述方程绘制出施氮量（X_1）、种植密度（X_2）和留叶数（X_3）不同水平的中性致香成分总量（Y_1）变化曲线（图 5-23），并对各因子进行单因子效应分析。在本试验范围内，中性致香成分总量与各单因子间呈现出不同程度的二次曲线关系。中性致香成分总量随着施氮量的增加呈先增加后降低的趋势，本试验中在 $X_1=0$ 即施氮量为 2.5kg/667m^2 时，致香成分总量最高，为 936.793μg/g；致香成分总量随着种植密度的增加呈现先增加后降低的趋势，在 $X_2=0$ 即种植密度为 1000 株/667m^2、株距为 55cm 时，致香成分总量最高，为 900.625μg/g；留叶数与致香成分总量呈现开口向上的二次曲线关系，当 X_3 处于 $-1\sim-0.835$ 时，致香成分总量随着留叶数的增加呈降低趋势，当 X_3 处于 $-0.835\sim1$ 时，致香成分总量随着留叶数的增加呈增加趋势，因此，当 $X_3=1$ 即单株留叶数为 22 片时，致香成分总量达到最大值，为 868.9231μg/g。

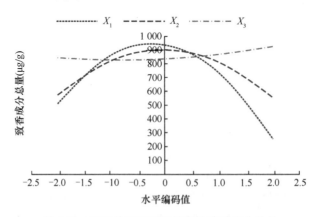

图 5-23　不同单因子处理的中性致香成分总量

5.10.5　单因子各水平对感官评价的效应分析

对式（5-7）进行降维处理，并对各因子进行单因子效应分析，用 SPSS 软件对数据进行重新拟合，可得到 3 个一元二次方程：

$$Y_2=58.5+1.517X_1-3.783X_1^2 \tag{5-12}$$

$$Y_2=57.133+0.067X_2-1.733X_2^2 \tag{5-13}$$

$$Y_2=55.933+0.533X_3+0.067X_3^2 \tag{5-14}$$

利用上述方程可以绘制出施氮量（X_1）、种植密度（X_2）和留叶数（X_3）不同水平的感官评价得分（Y_2）变化曲线（图 5-24），并对各因子进行单因子效应分析。在本试验范围内，感官评价得分与各单因子间呈现不同程度的二次曲线关系。感官评价得分随着施氮量的增加呈现出先增加后降低的趋势，本试验中在 $X_1=0$ 即施氮量为 2.5kg/667m^2 时，感官评价得分最高，为 58.500；感官评价得分随着种植密度的增加呈现出先降低后增加的趋势，在 $X_2=0$ 即种植密度为 1000 株/667m^2、株距为 55cm 时，感官评价得分达到最高值，为 57.133；在约束区间内感官评价得分随着留叶数的增加呈现出增加的趋势，当 $X_3=1$ 即单株留叶数为 22 片时，感官评价得分达到最大，为 55.933。可以看出，在约束范围内感官评价得分和致香物质总量达最大值时三因子取值相同，所以单因子试验中致香物质总量达到最大值时的栽培措施组合可以基本代表感官评价得分最高时的栽培措施组合。

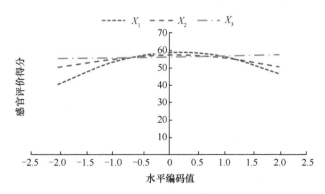

图 5-24　不同单因子处理的感官评价得分

5.10.6　双因子对中性香气物质总量的互作效应分析

因施氮量（X_1）与种植密度（X_2）的互作达到显著水平，因此对三次多项式回归模型式（5-5）进行降维，剔除不显著的互作项，得到偏回归模型：

$$Y_1=992.779-63.526X_1-4.673X_2-138.231X_1^2$$
$$-83.979X_2^2-1.503X_1X_2 \tag{5-15}$$

与单因子处理相比，施氮量与种植密度双因子处理并非仅仅表现出简单的加和作用，而是存在协同促进作用和拮抗作用。图 5-25 为施氮量（X_1）与种植密度（X_2）间的交互效应曲面图。当只考虑施氮量与种植密度互作时，致香成分总量随施氮量的增加呈现出先增加后降低的趋势，说明当施氮量过量时二者存在拮抗作用，当施氮量在适当范围内二者又表现为促进作用。致香成分总量随种植密度的增加呈现出先增加后降低的趋势，同理种植密度过大时二者表现为拮抗作用，在适当的种植密度范围内，二者又表现为促进作用。

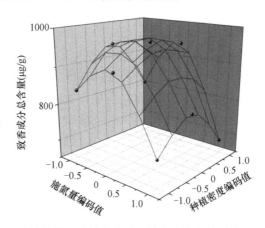

图 5-25　施氮量与种植密度对中性致香物质总量的互作效应

5.10.7　双因子对感官评价的互作效应分析

因施氮量（X_1）与种植密度（X_2）的互作达到显著水平，对三次多项式回归模型式（5-7）进行降维，剔除不显著的互作项，得到偏回归模型：

$$Y_2=59.656+1.517X_1+0.067X_2-3.783X_1^2$$
$$-1.732X_2^2-0.65X_1X_2 \tag{5-16}$$

施氮量（X_1）与种植密度（X_2）间对感官评价得分的交互效应曲面图见图 5-26。从中可以看出，在约束区间内，感官评价得分存在最大值，当只考虑施氮量与种植密度互作时，感官评价得分随施氮量和种植密度的增加均呈现出先增加后降低的趋势，与其对致香物质总量的互作效应相似。

5.10.8　中性香气物质总量最大值寻优

本试验中致香物质总量与约束区间为-1～1 的施氮量、种植密度和留叶数的关系为非线性规划问题,使用 R Studio 0.98.1062 对致香成分总量进行数学建模[式（5-15）]并寻求最优解,在本试验条件下,在综合农艺措施组合方案为 X_1=-0.2296、

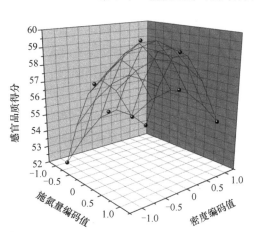

图 5-26　施氮量与种植密度对感官品质得分的互作效应

$X_2 = -0.0258$，即施氮量为 2.7296kg/667m² 和种植密度为 1003 株/667m² 时，中性致香物质总量获得最大值，为 1000.13μg/g。

上述求出的最优解为理论值，为了使栽培方案能够更好地与生产实际相结合，应寻求三因子的范围值。根据建立的数学模型，借助 SPSS 进行模拟寻优。由表 5-38 可见，在所有组合方案中优选出致香成分总量达到最大值的合适范围，然后根据 95%置信区间，求得最佳组合方案为施氮-0.2685～-0.1873，种植密度-0.0347～-0.0226，即施氮量为 2.6873～2.7685kg/667m²，种植密度为 1003～1004 株/667m²，在该栽培措施范围内，致香成分总量能达到最大值。平均编码值施氮量为-0.2288，种植密度为-0.0279，即施氮量为 2.7288kg/667m²，种植密度为 1003 株/667m²，此时致香物质总量能获得最大值，为 1000.13μg/g。

表 5-38　中性致香成分总量最大时的栽培措施编码值

因素	平均编码值	标准偏差	95%置信区间	
			下限	上限
X_1	-0.2288	0.0567	-0.2685	-0.1873
X_2	-0.0279	0.0085	-0.0347	-0.0226

5.10.9　感官评价得分最大值寻优

使用 R Studio 0.98.1062 对感官评价评分进行数学建模 [式（5-16）] 并寻求最优解，本试验条件下综合农艺措施组合方案为 $X_1 = 0.2021$、$X_2 = -0.0186$，即施氮量为 2.2979kg/667m²，种植密度为 1002 株/667m² 时，感官评价得分达到最大，为 59.810。

由表 5-39 可见，由 95%置信区间求得的最佳组合方案为施氮量 0.1201～0.3291，种植密度−0.0309～−0.0176，即施氮量为 2.3799～2.1709kg/667m²，种植密度为 1002～1003 株/667m²，在该栽培措施范围内，感官评价得分达到最大值。平均编码值为施氮量 0.2176，种植密度−0.0232，即施氮量为 2.2824kg/667m²，种植密度为 1003 株/667m²，此时感官评价得分达到最大，为 59.810。

表 5-39　感官评价得分最大时的栽培措施编码值

因素	平均编码值	标准偏差	95%置信区间	
			下限	上限
X_1	0.2176	0.1369	0.1201	0.3291
X_2	−0.0232	0.0092	−0.0309	−0.0176

5.10.10　小结

烟叶的中性致香成分总量和感官评价受栽培技术措施、生态环境与品种等因素的影响。本试验分析结果表明，种植密度和施氮量是影响 LY1306 致香成分总量和感官评价的主要因素，留叶数在本试验范围内对感官评价影响相对较小，说明洛阳烟区栽培该品种时首要考虑的因素是种植密度和施氮量。施氮量和种植密度互作对中性致香成分总量与感官评价的影响显著，因此适当协调施氮量和种植密度的关系，是提高烤烟内在品质的重要措施。留叶数对中性致香成分总量和感官评价的影响虽然不显著，但根据单因子分析，在本试验范围内，当留叶数较多时更有利于提高烟叶的感官评价得分，因此在中高肥力条件下，烟株单株留叶数以 20～22 片为宜。

目前当地的实际施氮量为 3.5kg/667m² 左右，种植密度不足 1000 株/667m²。因此，河南洛阳烟区当前的栽培措施与优化栽培技术相比，施氮量较高、种植密度偏低，通过调整种植密度和施氮量，可以有效提高新品系 LY1306 的中性致香成分总量和感官品质，提高烟叶香气品质。由求得的最优栽培措施组合可以发现，基于中性致香成分总量和感官评价得分的最优栽培措施组合中，施氮量存在差异，可能与不同香气成分对烟叶感官品质的贡献不同有关，也可能由香气量和香气质的不一致性所导致，香气物质含量的增加往往会伴随着杂气和刺激性的增加。感官品质是烟叶质量最客观的评价指标，因此基于感官评价的优质烟叶栽培技术对于提升烟叶品质更有意义。本研究结果是针对偏高肥力植烟土壤的最优栽培措施，对于中低肥力土壤的优化栽培措施，以及不同烤烟品种氮利用效率差异及其栽培调控技术还有待于进一步研究。

本研究得出如下结论：施氮量和种植密度互作对中性致香成分总量与感官评

价有显著影响，且为主要影响因素。在豫西中高肥力水平植烟土壤上，新品系
LY1306 烟叶中性致香成分总量达到最大值的优化栽培措施为施氮量 2.6873～
2.7685kg/667m^2，种植密度 1003～1004 株/667m^2，留叶数 20～22 片/株，平均致
香物质总量为 1000.13μg/g。感官评价得分达到最大值的优化栽培措施为施氮量
2.3799～2.1709kg/667m^2，种植密度 1002～1003 株/667m^2，留叶数 20～22 片/株，
在该栽培措施条件下，感官评价得分为 59.810。

第6章　优质上部叶的成熟特征和延熟技术

在培育烟叶高耐熟性的基础上充分提高其成熟度是优质上部叶生产的核心技术。上部叶叶片厚实，物质积累丰富，具有较高的质量潜力。但质量潜力的充分发挥，不仅仅要求烟叶积累较多的光合产物和香气前体物，更要求这些大分子物质充分降解成小分子香气成分。在烟叶成熟过程中，质体色素、腺毛分泌物、蛋白质、淀粉、脂肪酸等不断降解，香气物质不断积累，化学成分趋于协调，同时烟叶结构逐渐疏松，物理性状逐步得到改善。因此，提高烟叶高成熟度有利于增加香气，减少杂气，增加满足感和舒适感，提高燃烧性。实践证明，传统的上部叶成熟采收标准对于高可用性上部叶生产来说是不够的，同时上部叶分次采收也不利于保证上部叶作为一个整体在后期充分发育和成熟。朱尊权院士提出的上六片叶充分成熟一次采收技术对于提高上部叶可用性具有较高的价值（朱尊权，2010），并且所采收上部叶在工业配方中应用取得了较大成功。但上部叶成熟度提高必须以高耐熟性为前提，另外，不同烟区、不同品种上部叶成熟采收标准和技术不尽相同。为此，近些年来我们以工业质量要求为目标，在浓香型代表性烤烟产区的豫中烟区、豫南烟区、湘南烟区、陕南烟区等地开展了上六片叶采收成熟度与烟叶质量特色关系试验研究，明确了烟叶外观特征与烟叶质量的关系，建立了不同烟区上部叶成熟采收标准，并对有关烟叶促熟技术进行了探索。此外，我们还依托所承担的其他香型烤烟烟区的科研项目及河南中烟工业有限责任公司在浓香型烟区以外的其他原料基地平台，联合开展提高当地烤烟上部叶可用性的研究，如云南临沧（高卫锴等，2010）、云南大理（许东亚等，2015e，2016a，2016b）、贵州黔西南（刘心亚等，2021）、贵州毕节（危月辉等，2015a，2015b；李传胜等，2017）、陕西商洛（张冰灛，2021）、黑龙江牡丹江等，取得了大量研究成果。本章主要汇集的是我们在浓香型烤烟产区产出的有关提升上部叶成熟度方面的一系列研究成果。

6.1　豫中上六片叶不同采收期对烤后烟叶品质的影响

摘要： 为明确豫中烟区烤烟上六片叶适宜的成熟采收特征、成熟度与烟叶产质量的关系，确定最有利于质量提升的成熟度标准，形成优质上六片叶成熟采收期技术规程，以中烟 100 为试验材料，设置不同采收期梯度，在田间进行烟叶成熟特征描述和 SPAD 值测定，并对烤后烟叶经济性状、外观质量、物理性状、化学成分和感官指标进行相关分析。结果表明：延迟 10～11 天采收的上六片叶呈橘黄至深橘黄色，烟叶厚薄适中，结构疏松，成熟度好，油分足，光泽强，色度浓，弹性好，经济效益较高，感官质量评价最好。此时，上六片叶的田间成熟特征为叶脉基本全白，叶片为淡黄色，成熟斑较多，上三片和下三片叶相对应的 SPAD 值分别为 5.4～5.7 和 6.4～6.9。因此，豫中烟区上六片叶应适当延迟 10～11 天采收，此时可获得产质量较好的优质上部叶。

　　成熟度是烤烟重要的质量要素，是烤烟国家标准中的第一品质因素。正确掌握和判断烟叶成熟度，采收真正成熟的烟叶，是提高烟叶质量、增加经济效益的重要途径，也是保证和提高烟叶品质与外观质量的前提。烤烟上部叶是烟草卷烟配方重要的组成部分，上部叶相比其他部位烟叶，烟气浓度高，香气量足，满足感强，因此提高上部叶产量和质量具有重要意义。我国上部叶普遍存在厚度偏厚、颜色偏深、组织结构紧密、烟碱含量过高、糖碱比较低、内在化学成分不协调等问题，制约了上部叶的可用性，导致大量上部叶库存积压。为解决豫中烟区浓香型高端原料供应不足的问题，克服质量缺陷，挖掘优质潜力烟叶十分必要。在烟叶采收方法上，学者认为，以前"成熟 1 片采收 1 片"的做法只适用于中下部叶，不适用于上部叶，烟株上部六片叶充分成熟一次性采收可明显提高烟叶的成熟度。相关研究表明，上部叶推迟采收可以提高烟叶成熟度，可使叶片内含物质积累与转化更加充分，叶片颜色逐渐加深，油分含量增多，进一步改善烟叶理化特性及协调性，且产出中上等烟的比例也有所增加，有效提高了烟叶可用性，有利于烟叶等级结构的划分，同时能减少烘烤耗能。目前生产上主要通过烟叶成熟时的外观特征来判断烟叶成熟度，但在采收过程中普遍存在上部采青现象，而且判断成熟度的定性描述较多，可操作性差。实践证明，SPAD 值可用于评价烟叶的相对叶绿素含量、烟叶落黄程度及成熟度。综合分析发现，关于上六片叶及其成熟度的研究较多，但将上六片叶划分为上三片（上六片叶的上部三片叶，即倒 1、倒 2、倒 3）和下三片（上六片叶的下部三片叶，即倒 4、倒 5、倒 6）叶两个部位进行对比分析，研究并建立相应的成熟采收标准的文献鲜见报道。因此，本研究在与河南中烟工业有限责任公司合作的上六片叶烟田设置采收期梯度试验，以中烟 100 上六片叶为试验材料，并将烟叶分为上三片和下三片叶，设置不同采收期，通过测定分析不同采收期烟叶的产质量情况，确定豫中上六片叶适宜的采收时间，并得出适宜采收烟叶的成熟特征和叶绿素相对含量，以期为建立优质上六片叶成熟采收技术规程提供依据（杨明坤等，2020）。

　　本试验在河南省许昌市襄城县闫寨示范田（上六片标准化烟田）进行。供试烤烟品种为当地主栽品种中烟 100，单株留叶数为 18～22 片，行株距为

1.20m×0.55m，于 2018 年 4 月 27 日移栽，6 月 30 日打顶。试验采用完全随机区组设计，设置 5 个采收期和 2 个部位，共 10 个处理，每个处理 3 次重复。小区面积为 333m^2。从当地正常采收时间 9 月 1 日开始，每隔 4 天采收一次，采集样品为每个处理的上六片叶，共取样 5 次，分别为：9 月 1 日正常采收（T1）、延迟 4 天采收（T2）、延迟 8 天采收（T3）、延迟 12 天采收（T4）、延迟 16 天采收（T5）。取样时将烟叶按照上三片和下三片叶 2 个部位分开采收。田间测量指标包括主要外观特征和 SPAD 值。采收后采用当地常规的烘烤方式，在同一烤房的相同条件下进行烘烤，留取烤后样，以测定经济性状、外观质量、物理性状、化学成分，进行感官质量评价。

6.1.1 不同采收期对上六片叶主要外观特征的影响

由表 6-1 可以看出，随着采收期的延迟，烟叶叶脉逐渐变白直到基本全白，叶片颜色逐渐变黄直到基本全黄，茸毛逐渐脱落直至基本全部脱落，叶面与茎秆角度增大至接近 80°，叶面成熟斑逐渐增多。由差异显著性分析可知，叶脉变白程度、叶片落黄程度、茸毛脱落程度和叶面与茎秆角度各处理间基本存在显著差异，说明不同采收期对烟叶主要外观特征的影响较明显。

表 6-1 不同采收期烟叶的主要外观特征

| 部位 | 处理 | 叶脉 | | 叶色 | | 茸毛脱落程度（%） | 叶面与茎秆角度（°） | 成熟斑 |
		主脉变白程度（%）	支脉变白程度（%）	叶片色调	叶片落黄程度（%）			
上三片叶	正常采收	47.36±0.91e	43.51±0.58e	黄绿	37.57±0.17e	37.28±0.25e	37.4±0.1e	较少−
	延迟 4 天	66.19±2.49d	62.46±1.72d	绿黄	42.65±0.86d	52.35±0.16d	47.3±1.28d	较少
	延迟 8 天	85.27±2.14c	75.87±2.78c	浅黄	84.74±0.79c	69.10±2.01c	65.6±0.76c	稍多
	延迟 12 天	92.71±2.89b	83.74±0.86b	淡黄	94.36±0.51b	85.46±1.45b	69.8±1.84b	较多
	延迟 16 天	97.79±0.85a	95.89±1.25a	淡黄−	98.43±0.45a	89.95±0.31a	75.9±1.04a	较多+
下三片叶	正常采收	62.43±0.10e	49.56±0.21e	绿黄+	40.65±0.76d	16.25±0.29e	39.5±0.27e	较少
	延迟 4 天	72.47±1.87d	74.67±0.52d	绿黄	53.73±0.18c	37.82±1.31d	46.8±1.06d	较少
	延迟 8 天	88.15±2.80c	88.58±1.80c	淡黄	92.59±1.70b	66.79±1.32c	63.1±1.00c	较多
	延迟 12 天	95.21±0.59b	92.65±1.50b	淡黄−	96.36±1.79a	84.65±0.58b	73.5±2.78b	较多+
	延迟 16 天	98.13±0.52a	96.37±0.06a	淡黄−	98.35±0.98a	92.18±0.67a	78.7±2.00a	较多+

6.1.2 不同采收期对上六片叶 SPAD 值的影响

由图 6-1 可知，上六片叶延迟 4 天采收（T2）和延迟 8 天采收（T3）间 SPAD 值存在显著差异，其余各相邻处理间均差异不显著。不同部位烟叶相同采收期的 SPAD 值也略有差异，基本表现为下三片叶＞上三片叶。上三片叶与下三片叶根据 SPAD 值和延迟采收天数拟合的趋势线方程分别为：$y=0.175x^2-2.751x+13.214$，$R^2=0.9888$ 和 $y=-0.0921x^2-1.1721x+12.104$，$R^2=0.9192$。根据方程可以计算出适宜采收期对应的 SPAD 值区间。

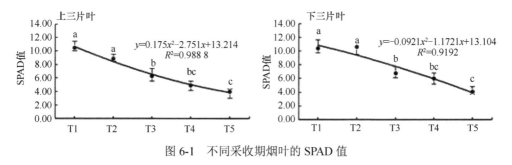

图 6-1　不同采收期烟叶的 SPAD 值

6.1.3　不同采收期对烤后烟叶经济性状的影响

经济性状是烤后烟叶等级结构和均价的体现。不同处理对烟叶经济性状的影响如表 6-2 所示。随着采收期的延迟，上三片和下三片叶的产量与单叶重总体均呈显著下降趋势，但产值、上等烟比例和均价呈现先增大后减小的规律。差异显著性分析结果表明，上三片和下三片叶的单叶重在正常采收（T1）和延迟 4 天采收（T2）处理之间存在显著差异，下三片叶延迟 12 天采收（T4）和延迟 16 天采收（T5）之间存在显著差异，其余各处理间差异不显著；上等烟比例和产值方面，上三片和下三片叶各处理之间基本均存在显著差异，整体随采收期的延迟呈先上升后下降趋势。综合分析，上三片叶的经济性状延迟 8～12 天采收最好，下三片叶的经济性状延迟 12 天左右采收最好，上三片叶的经济性状略低于下三片叶。上六片叶的综合经济性状表现出随采收期的延迟，呈先上升后下降的趋势。

表 6-2　不同采收期烟叶的经济性状

部位	处理	产量（kg/hm²）	产值（元/hm²）	上等烟比例（%）	单叶重（g）	均价（元/kg）
	正常采收	1 110.15b	22 892.70e	38.23e	18.61a	20.62c
	延迟 4 天	1 151.10a	29 775.15c	71.42d	17.79b	25.87c
上三片叶	延迟 8 天	1 099.95b	35 120.70a	90.72b	16.59bc	31.93a
	延迟 12 天	1 069.65c	31 866.60b	93.11a	15.58bc	29.79b
	延迟 16 天	1 022.55d	25 572.60d	77.80c	13.95c	24.94d
	正常采收	1 174.95a	23 796.90e	37.32c	18.65a	20.25e
	延迟 4 天	1 141.95b	30 261.30c	77.56b	17.93b	26.50d
下三片叶	延迟 8 天	1 113.00c	34 294.50b	92.21a	16.75b	30.81b
	延迟 12 天	1 060.20d	35 158.80a	92.34a	15.79b	33.16a
	延迟 16 天	1 015.20e	27 666.00d	74.38b	13.28c	27.25c

6.1.4 不同采收期对烤后烟叶外观质量的影响

烟叶的外观质量可以反映内在质量，是烟叶收购过程中分级的主要依据。从表 6-3 可以看出，采收期对烤后烟叶外观质量有一定影响。上三片叶中，不同采收期对颜色、成熟度、疏松度等因素影响不明显；随着烟叶采收期的延迟，残伤面积持续增加，且各处理间差异显著。下三片叶中，随着烟叶采收期的延迟，成熟度、疏松度、油分、色度均有所改善，残伤面积持续显著增加。综合各项指标，延迟 12 天左右采收外观质量较理想。整体上，上三片和下三片叶 2 个部位均以延迟 12 天左右采收的外观质量最好。

表 6-3　不同采收期烟叶的外观质量

部位	处理	颜色	油分	疏松度	成熟度	色度	身份	残伤面积（%）
上三片叶	正常采收	橘黄 F−	稍有	稍密−	尚熟	中	稍厚	12.31±0.19e
	延迟 4 天	橘黄 F	有−	稍密	尚熟	强−	稍厚+	14.65±0.35d
	延迟 8 天	橘黄 F	有	尚疏松	尚熟+	强	中等	18.38±0.59c
	延迟 12 天	橘黄 F	有	尚疏松	成熟	强	稍薄	22.47±0.43b
	延迟 16 天	橘黄 F	多	尚疏松+	成熟	浓	稍薄	34.72±0.02a
下三片叶	正常采收	橘黄 F−	稍有	稍密	尚熟	强−	稍厚	11.48±0.28e
	延迟 4 天	橘黄 F	稍有	稍密	尚熟	强−	中等	13.59±0.18d
	延迟 8 天	橘黄 F	有−	尚疏松	尚熟+	强	中等+	19.35±0.03c
	延迟 12 天	橘黄 F	有	稍密−	成熟	浓	稍薄	24.39±0.49b
	延迟 16 天	橘黄 F	多	尚疏松	成熟	浓	稍薄	28.16±0.36a

6.1.5 不同采收期对烤后烟叶物理性状的影响

由表 6-4 可知，上三片叶和下三片叶的叶质重与含梗率各处理间基本均存在显著差异。叶质重从正常采收（T1）到延迟 8 天采收（T3）显著降低，说明在烟叶成熟后一段时期，随着生育期延长，烟叶中部分内含物质降解，烟叶叶质重降低。上三片叶和下三片叶各处理间在叶片厚度与拉力方面差异基本不显著，在叶长和叶宽方面略有差异，总体随采收期延迟呈下降趋势。上三片叶正常采收（CK）处理叶长最长，延迟 8 天采收（T3）和延迟 12 天采收（T4）处理的叶质重较低，延迟 12 天采收（T4）处理的含梗率最低，工业利用性较强。上三片叶 5 个处理的叶质重除延迟 8 天采收处理（T3）外均高于下三片叶，延迟 4 天采收（T2）处理的叶质重相对较适宜。下三片叶正常采收（CK）处理叶长、叶宽最大，随着采收期的延迟，叶长、叶宽逐渐降低，延迟 12 天采收（T4）处理的含梗率最低，延迟 16 天采收（T5）处理次之。以上结果表明，上三片和下三片叶延迟 12 天左右采收，叶片叶质重较适宜，含梗率较低，工业利用性较强。

表 6-4 不同采收期烟叶的物理性状

部位	处理	叶长(cm)	叶宽(cm)	叶面积(cm²)	叶片厚度(mm)	叶质重(g/m²)	含梗率(%)	拉力(N)
上三片叶	正常采收	73.61a	36.04a	48.56a	0.30a	80.74a	30.61a	3.15a
	延迟 4 天	70.79b	34.92b	46.88b	0.31a	72.39b	27.97b	3.01a
	延迟 8 天	66.35c	34.65bc	45.22c	0.29a	62.57e	24.84c	3.34a
	延迟 12 天	65.34c	34.22c	44.59c	0.21a	66.52d	21.92d	2.61ab
	延迟 16 天	64.97c	32.15d	43.09d	0.27a	69.45c	24.98c	2.26b
下三片叶	正常采收	72.29a	35.11a	47.50a	0.29a	76.56a	24.99a	2.25a
	延迟 4 天	70.65ab	34.13b	46.30ab	0.28a	68.18b	28.40a	1.72a
	延迟 8 天	69.04bc	33.31bc	45.22bc	0.21a	64.67c	25.93a	2.57a
	延迟 12 天	68.05c	32.45cd	44.32c	0.21a	56.61d	22.16e	2.44a
	延迟 16 天	67.28c	32.29d	43.96c	0.27a	65.31c	23.63d	2.08a

6.1.6 不同采收期对烤后烟叶化学成分的影响

烟叶主要化学成分是反映烟叶品质的重要指标，对烟叶质量和风格特色的形成至关重要。表 6-5 显示，上三片叶钾含量从正常采收（T1）到延迟 12 天采收（T3）之间均存在显著差异。氮碱比从正常采收（T1）到延迟 8 天采收（T3）呈显著降低趋势。上三片叶延迟 12 天采收（T4）处理的钾含量较低，烟碱含量、还原糖含量均最高，总氮含量较高，糖碱比、氮碱比和钾氯比均较适宜，化学成分较协调；延迟 8 天采收（T3）处理次之。下三片叶氮碱比除延迟 8 天采收（T3）和延迟 12 天采收（T4）之间无显著差异外，其余处理间随采收期延迟呈显著降低趋

表 6-5 不同采收期烟叶化学成分

部位	处理	蛋白质(%)	还原糖(%)	钾(%)	氯(%)	烟碱(%)	总氮(%)	总糖(%)	糖碱比	氮碱比	钾氯比
上三片叶	正常采收	8.97a	17.38d	1.67a	0.52d	3.02c	2.59a	21.56c	7.14b	0.86a	3.21a
	延迟 4 天	7.97c	18.75b	1.50c	0.60c	3.07c	2.37d	24.68a	8.04a	0.77b	2.50b
	延迟 8 天	8.06c	18.08c	1.58b	0.70b	3.38b	2.41cd	20.23e	5.99c	0.71c	2.26c
	延迟 12 天	8.47b	19.87a	1.52c	0.70b	3.64a	2.50b	22.31b	6.13c	0.69c	2.17d
	延迟 16 天	8.47b	18.70b	1.51c	0.77a	3.44b	2.45bc	20.98d	6.10c	0.71c	1.96e
下三片叶	正常采收	8.26a	18.25b	1.45b	0.38e	2.92d	2.41a	24.46a	8.38a	0.83a	3.82a
	延迟 4 天	8.18ab	17.24c	1.49b	0.54d	3.25c	2.37a	23.27b	7.16d	0.73b	2.76b
	延迟 8 天	8.31a	18.49b	1.46b	0.73a	3.46a	2.42a	21.60b	6.24b	0.70c	2.00d
	延迟 12 天	8.11ab	20.25a	1.69a	0.60b	3.43b	2.37a	23.63b	6.89b	0.69c	2.82b
	延迟 16 天	7.91b	19.94a	1.49b	0.58c	3.58a	2.29b	23.04b	6.44c	0.64d	2.57c

势。下三片叶 5 个处理的总糖含量,以正常采收(T1)处理最高,延迟 12 天采收(T4)处理次之,延迟 8 天采收(T3)处理含量最低;延迟 12 天采收(T4)处理的钾含量和还原糖含量均最高,糖碱比较适宜,化学成分较协调。由此可知,上三片叶延迟 8~12 天采收,下三片叶延迟 12~16 天采收时,化学成分含量及其比值较适宜。

6.1.7 不同采收期对烤后烟叶感官质量的影响

由图 6-2 可以看出,随着采收期的延迟,上六片叶感官质量总分呈先升高后降低的趋势,说明烟叶延迟采收有利于提高烟叶的感官质量。上三片叶的各

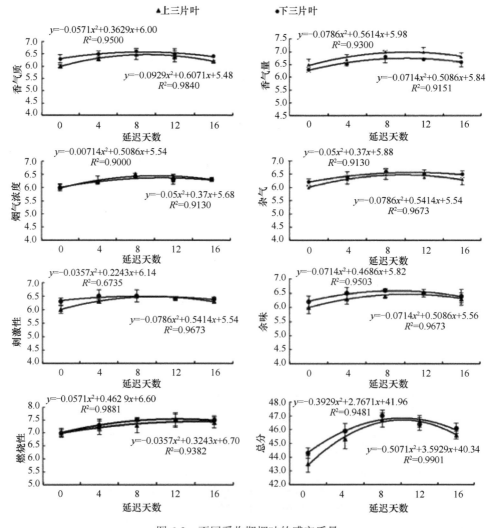

图 6-2 不同采收期烟叶的感官质量

个指标得分随采收期的延迟也呈现先上升后下降的趋势，延迟 8 天采收（T3）时的感官质量总分最高，为 46.7；下三片叶的各个指标得分变化规律与上三片叶的趋势大致相同，延迟 8 天采收（T3）处理感官质量得分最高，为 47.0，正常采收处理的总分最低。对比上三片和下三片叶的评吸结果，可以看出，上三片叶的香气量和烟气浓度得分比下三片叶略高，下三片叶的香气质、杂气、刺激性、余味和燃烧性得分比上三片叶略高，总体差异并不大。根据图 6-2 的趋势线方程计算可得感官质量评吸各指标分值最大时的时间，即最佳采收期。由表 6-6 可知，上三片叶的香气量、烟气浓度、杂气、刺激性和余味在延迟 10 天左右采收时得分达到最大；香气质在延迟 9 天采收时得分达到最大；总分在延迟 10 天采收时达到最大，为 46.71。下三片叶的香气质、刺激性和余味在延迟 9 天采收时得分达到最大；香气量在延迟 10 天采收时得分达到最大；烟气浓度和杂气在延迟 11 天采收时得分达到最大；总分在延迟 10 天采收时达到最大，为 46.83。因此，上三片和下三片叶均在延迟 9～11 天采收时的感官质量最好。

表 6-6　不同采收时期烟叶的感官质量

部位	参数	最大值							最佳
		香气质	香气量	浓度	杂气	刺激性	余味	燃烧性	
上三片叶	X：延迟天数	9.1	10.3	10.2	9.8	9.8	10.2	14.2	10.2
	Y：得分	6.47	6.98	6.45	6.47	6.47	6.47	7.44	46.71
下三片叶	X：延迟天数	8.7	10.2	10.8	10.8	8.6	9.1	12.2	10.1
	Y：得分	6.58	6.75	6.36	6.56	6.49	6.59	7.54	46.83

6.1.8　小结

烟叶在成熟过程中由绿变黄，是叶绿素降解和类叶比（类胡萝卜素与叶绿素含量的比值）升高的外在表现，颜色变化是田间判断烟叶成熟度的主要参考指标。研究发现，SPAD 值与叶绿素含量正相关，能较好地反映烟叶成熟度。本研究结果表明，SPAD 值随着采收期的延迟而降低。通过对不同采收期烤烟上六片叶分析研究发现，上六片叶的最适采收期为在传统上部叶成熟标准的基础上延迟 10～11 天。烟叶延迟 10～11 天采收时，上六片叶物理性状较好，工业利用性较高，化学成分较协调。这是因为在延迟采收过程中，叶片皱缩，含梗率降低，内含物质消耗，化学成分相互转化。外观质量方面，随着采收期的延迟，成熟度、结构、油分、色度均有所改善，但残伤面积会逐渐增大，为防止烟叶过度成熟、烟叶结构破坏及出现残叶烂叶等情况，烟叶适宜的延迟采收天数不宜过长。不同采收期的经济性状结果显示，适宜的成熟度能够提升烟叶品质，提高均价，但在一定程度上降低了烟叶的单叶重和产量。这是因为延迟采收过程中，上部叶逐渐达到上六片叶生产标准，提高了上等烟比例和产值，进一步提高了均价。感官质量评价结果显示，随着烟叶采收期的推迟，上六片叶的感官质量各项指标出现有规律的变化，评吸得分呈现先升高后降低的趋势，以延迟 10 天采收时的评吸总分最高。烟叶延迟采收天数较短时，烟叶香气质纯正度低，烟气舒适度差，香气量不足，烟气平淡，满足感较差。但延迟采收 9～11 天时，成熟烟香明显，舒适度高，烟气饱满，满足感强，香气丰满且纯净，杂气少。本研究中，根据适宜采收期和方程可以计算得出，上三片叶适宜的 SPAD 值为 5.4～5.7；下三片叶适宜的 SPAD 值为 6.4～6.9，此时的田间成熟特征表现为叶脉变白 75%～90%，叶片颜色为淡黄色，落黄 85%～95%，茸毛脱落 70%～85%，成熟斑较多。该时期烤后烟外观质量较理想，化学成分及其协调性适宜，感官质量评价处于较高档次。

6.2 延迟采收对豫中烤烟上部叶生理指标和代谢组学的影响

摘要： 为探究延迟采收对豫中烤烟上部叶生理指标和代谢组学的影响，以中烟 100 为试验材料，研究延迟采收对上部叶抗氧化性指标、氮代谢关键酶活性、还原糖含量及代谢组学的影响。结果显示，随着采收期的延迟，烟叶抗氧化系统中超氧化物歧化酶（SOD）、过氧化物酶（POD）和过氧化氢酶（CAT）活性逐渐降低，丙二醛（MDA）和脯氨酸含量上升。与常规采收相比，延迟采收 8 天时烟叶中还原糖含量达到最高。氮代谢中关键酶硝酸还原酶（NR）、谷氨酰胺合成酶（GS）活性随着采收期延迟逐渐降低，延迟采收 16 天时活性达到最低。经过时间序列分析（STEM）发现，不同处理上部叶表达模式相似的差异代谢产物聚成一类，经代谢途径（KEGG）富集分析发现，随着采收期的延迟，主要富集在萜类化合物和类固醇的生物合成、D-谷氨酰胺和 D-谷氨酸代谢、不饱和脂肪酸的生物合成及托品烷、哌啶和吡啶生物碱的生物合成等途径中的部分差异代谢产物表达持续下调，富集在淀粉和蔗糖代谢、酪氨酸代谢、植物激素的生物合成等途径中的差异代谢产物在延迟采收 8 天时表达下调。鉴于豫中烟区烤烟上部叶延迟采收 8 天质量最佳，本研究揭示了优质上部叶适宜采收期的分子和代谢基础，为科学指导田间采收提供了重要的理论依据。

烤烟上部叶是卷烟配方的重要组成部分，较其他部位烟叶烟气浓度高，香气量足，满足感强，是制造烟草制品的最佳部位。我国上部叶在工业使用过程中普遍存在内在化学成分不协调、组织结构紧凑、颜色偏深、烟碱量过高、糖碱比过低等情况，导致上部叶存在烟气浓度大、劲头大、刺激性强、烟气粗糙等缺点，制约了上部叶的使用率。为解决豫中烟区浓香型高端原料供应不足的问题，提高豫中上部叶采收质量十分必要。研究表明，上部叶延迟采收可以提高烟叶成熟度，使叶片内物质积累与转化更加充分，从而改善烟叶理化特性及协调性。本课题组的大量研究表明，在浓香型烟区上部叶延迟采收可显著提高烟叶质量和可用性，促进上部叶在高端卷烟配方中的应用（张冰灈等，2020；杨明坤，2021）。烟叶在成熟过程中生理生化特性的变化复杂多样，其中碳氮代谢是烟叶成熟过程中最基本的生理代谢过程，对烟叶化学成分、香吃味及香气成分组成比例有重要影响。硝酸还原酶（NR）和谷氨酰胺合成酶（GS）是氮代谢过程中的关键酶，GS 处于植物体内氮循环的中心，硝酸还原酶（NR）是植物体内硝态氮同化的调节酶和限速酶，在植物对氮素的吸收利用过程中起关键作用。烟叶成熟期碳代谢主要表现为淀粉的合成和降解，进而影响烟叶还原糖含量的变化，一般认为还原糖含量随着烟叶成熟逐渐增加，但烟叶过熟后开始下降。烟叶进入成熟期后，活性氧含量增加，加剧烟叶衰老，抗氧化系统中的超氧化物歧化酶（SOD）、过氧化物酶（POD）和过氧化氢酶（CAT）能够清除烟叶中活性氧，是烟叶内活性氧酶促防御系统的重要组成酶，其活性高低是植物抗逆能力的重要体现。随着采收期延迟，烟叶成熟度增加，烟叶内活性氧含量增加会破坏烟叶内部膜系统，使烟叶受到损害并产生丙二醛（MDA），MDA 含量的高低可以反映植物膜系统的受损程度和植物的抗逆性强弱，脯氨酸作为一种重要的渗透调节物质，对提高植物的抗逆性和维持渗透压平衡有重要作用。

不同成熟度烟叶中的化学成分含量千差万别，烟叶中化学成分含量与烤后烟叶外观质量、致香成分含量、评吸质量等密切相关，代谢产物是烟草化学成分的全面反映。进行代谢组学研究不仅可以了解烟叶代谢产物的时空积累模式，还可以阐明其成分和含量在不同外界环境条件下的变化情况，其种类和数量变化是生物系统对基因或环境变化的最终响应，是继基因组学、转录组学和蛋白质组学之后兴起的系统生物学的一个新分支。目前，代谢组学技术在烟草上的应用大多集中于生长环境方面对代谢的影响。烟叶代谢产物水平受栽培品种、土壤、海拔、日照、降水等多因素影响，造成烟叶质量与风格差异较大。本研究通过延迟上部叶采收时间，分析不同采收期上部叶相关酶活性及代谢组学的变化，以揭示延迟采收提升烟叶质量的分子和代谢机理，为科学指导田间采收提供理论基础（彭翠云等，2021）。

本研究材料为豫中主栽品种中烟 100，于 2018 年在河南省许昌市襄城县王洛镇科技试验基地开展。共设置 5 个采收期，对照组（CK）按照常规采收期采收，T1 为延迟采收 4 天；T2 为延迟采收 8 天；T3 为延迟采收 12 天；T4 为延迟采收 16 天。选取烟叶中间部分取样，避开主脉和支脉（面积约为 2cm×3cm），将取得的样品迅速清洗干净后混匀放入液氮速冻，随后放入−80℃超低温冰箱中进行保存，供生理指标和代谢组学测定。采用超高效液相色谱仪联用四极杆串联飞行时间质谱（UPLC-Q-TOF-MS）技术对烟草不同处理模式 5 组样品进行代谢产物鉴定，每组样品 5 个时间点，分别为第 1、5、9、13、17 天。获取 UPLC-Q-TOF-MS 指纹图谱后，采用 Analyst TF 1.7 Software 导出原始数据，存储到与每份样品对应的独立文件中，利用 Peak View 将异常的峰去掉；采用 Markview 进行峰对齐，最终获得包含质荷比、保留时间和峰面积的三维数据表，将校正后的数据导入 SimcaP v13.0 和 EZinfo 3.0 进行多维统计分析以筛选变量。

6.2.1　延迟采收对抗氧化酶活性及 MDA 含量的影响

SOD、POD 和 CAT 等是植物体内活性氧清除系统重要的组成酶，能够有效维持植物体内活性氧自由基产生和清除系统的平衡，其活性高低是植物抗逆能力的体现。从 SOD 活性来看（图 6-3），随着采收期的延迟，烟叶成熟度增加，烟叶中 SOD 活性不同程度地降低，表现为 CK＞T1＞T2＞T3＞T4，与 CK 相比 T1~T4 分别降低 13.46%、19.03%、56.48%、57.45%，POD 活性随着采收期的延迟，与 SOD 活性变化一致，均呈逐渐下降趋势，T4 处理 POD 活性最低，与 CK 相比 POD

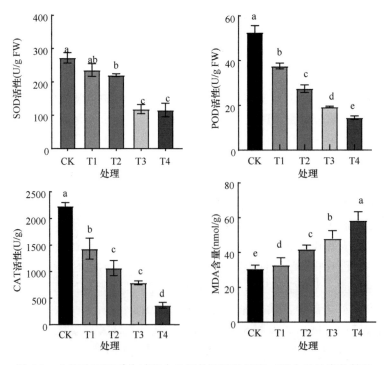

图 6-3　上部叶延迟采收过程中抗氧化酶活性和丙二醛含量的变化趋势

活性降低 72.56%，呈显著下降趋势。CAT 活性随着采收期的延迟逐渐降低，延迟采收各处理，CAT 活性分别下降 40.21%、53.23%、63.54%、83.52%。MDA 含量是反映细胞组织衰老程度的重要指标，随着采收期的延迟，其含量逐渐增加，延迟采收 16 天时含量达到最高，较 CK 处理含量显著增加 90.21%。随着采收期的延迟，SOD、POD、CAT 等抗氧化酶活性下降，MDA 含量逐渐上升，造成细胞内活性氧数量增加，破坏烟株在大田中的发育，影响烟叶中物质的新陈代谢，加速烟叶的衰老进程。

6.2.2　延迟采收对脯氨酸含量的影响

脯氨酸作为细胞内重要的渗透调节物质，具有调节细胞渗透平衡、增强细胞稳定性和阻止活性氧自由基产生的作用，延迟采收情况下，脯氨酸含量变化如图 6-4 所示，随着采收期的延迟脯氨酸含量逐渐增加，与 CK 相比，T1、T2、T3、T4 处理脯氨酸含量分别上升了 105.21%、159.91%、255.52%、422.45%，T4 处理脯氨酸含量达到最高，说明植物抗逆性减弱，叶片成熟度增加。

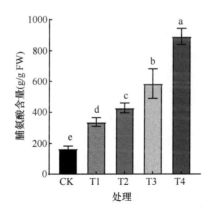

图 6-4　上部叶延迟采收过程中脯氨酸含量的变化趋势

6.2.3　延迟采收对还原糖含量的影响

随采收期延迟，上部叶中还原糖含量呈现先上升再下降的趋势（图 6-5），T2 处理还原糖含量达到最高，较 CK 处理含量提高 97.10%，T1 处理烟叶中还原糖含量较正常采收期呈现显著上升趋势，含量较 CK 处理提高 12.42%，T3 处理烟叶中还原糖含量较 T2 开始下降，T4 处理烟叶中还原糖含量达到最低，比 T2 处理含量显著降低 63.12%。

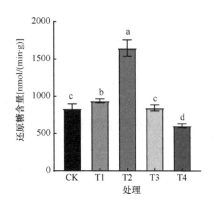

图 6-5　上部叶延迟采收过程中可还原糖含量的变化趋势

6.2.4　延迟采收对上部叶氮代谢关键酶活性的影响

　　烟叶中硝酸还原酶和谷氨酰胺合成酶活性变化趋势如图 6-6 所示。从中可见，随着采收期的延迟，硝酸还原酶（NR）和谷氨酰胺合成酶（GS）活性逐渐减弱，T1～T4 硝酸还原酶活性与 CK 处理相比分别降低 33.12%、53.74%、73.47%、74.01%。谷氨酰胺合成酶活性随着采收期的延迟呈显著下降的趋势，延迟采收 16 天时谷氨酰胺合成酶活性达到最低，比 CK 处理活性显著下降 65.62%，T1、T2、T3 活性分别降低 22.45%、50.79%、59.72%。

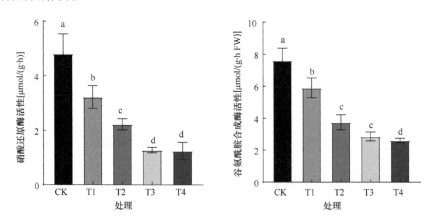

图 6-6　上部叶延迟采收过程中氮代谢关键酶活性的变化趋势

6.2.5　延迟采收下上部叶代谢组学分析

1. 代谢组学数据质量控制与评估

为了消除检测仪器稳定性与灵敏度差异，个体差异，以及噪声等因素对分析结果造成的影响，采用 Pareto-scaling 法对代谢组学数据进行归一化处理，将代谢组学数据分为正负离子模式进行归一化后，数据内部结构发生变化，正负离子模式下的数据具有可比性，且经过归一化将不同数量级的变量转换至合适范围。经过主成分分析（PCA）和偏最小二乘法分析（PLS-DA）研究，发现正模式下数据分组趋势明显，负模式下分组不明显，正模式下的代谢产物有进一步分析的意义。

2. 延迟采收烟叶中代谢产物时间序列分析（STEM）

用 Cluster 软件对上部叶延迟采收处理的差异代谢产物进行时间序列分析，结果如图 6-7 所示。利用 STEM 对 5 个处理的代谢产物进行分类，CK 处理得到

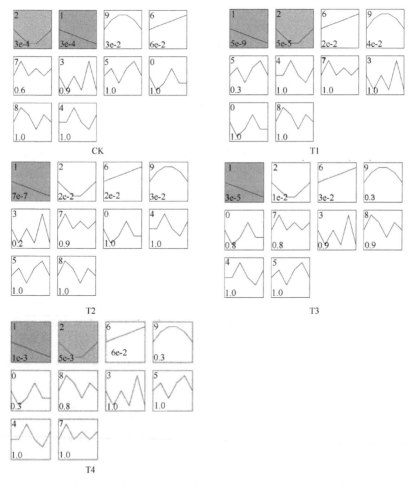

图 6-7　不同采收期上部叶代谢产物 STEM 分析（彩图请扫封底二维码）

图中标注颜色的为代谢产物趋势 $P<0.01$ 的显著类型，不同颜色代表不同表达趋势

两组 P 值小于 0.01 的显著类型，其中一组呈先下调再上调趋势，共 35 个代谢产物；另一组呈持续下调模式，共 35 个代谢产物。T1 处理经过 STEM 分析得到两组 P 值小于 0.01 的显著类型，一组持续下调，一组先下调再上调。对代谢产物表达趋势图分析，T2 处理得到一组 P 值小于 0.01 的显著类型，表现为持续下调，代谢产物表达趋势图显示共有 41 个代谢产物。T3 处理经过 STME 分析只得到一组持续下调的 P 值小于 0.01 的显著类型，共有 38 个代谢产物。T4 处理经过 STEM 分析分类得到两组 P 值小于 0.01 的显著类型，一组持续下调，一组为先下调再上调，代谢产物表达趋势图显示持续下调的一组共有 34 个代谢产物，先下调再上调的一组共有 32 个代谢产物。

3. 不同采收期的代谢途径（kyoto encyclopedia of genes and genomes, KEGG）富集分析

延迟采收情况下，上部叶中差异代谢产物共富集在 296 条代谢通路上，其中显著富集（$P<0.05$）的代谢通路共有 69 条，其中 CK 显著富集的代谢通路有 11 条，延迟 4、8、12、16 天采收时显著富集的代谢通路分别有 20 条、13 条、10 条和 15 条。由表 6-7 可知，不同采收期处理的代谢产物主要富集在托品烷、哌啶和吡啶生物碱的生物合成，莽草酸途径，不饱和脂肪酸的生物合成及萜类化合物和类固醇的生物合成等 8 条代谢通路中。其中托品烷、哌啶和吡啶生物碱的生物合成，D-谷氨酰胺和 D-谷氨酸代谢，不饱和脂肪酸的生物合成，酪氨酸代谢 4 条代谢通路中的代谢产物在延迟采收过程中始终呈下调表达。富集在莽草酸途径、植物激素的生物合成、萜类化合物和类固醇的生物合成、淀粉和蔗糖代谢 4 条代谢通路中的代谢产物在延迟采收 8 天后呈下调表达，在延迟采收 8 天之内时呈先下调再上调的表达。

表 6-7 不同采收期上部叶差异代谢产物显著富集的部分代谢通路条目

代谢通路	处理				
	CK	T1	T2	T3	T4
托品烷、哌啶和吡啶生物碱的生物合成	下调	下调	下调	下调	下调
莽草酸途径	下调	先下调再上调	先下调再上调	下调	下调
不饱和脂肪酸的生物合成	下调	下调	下调	下调	下调
淀粉和蔗糖代谢	先下调再上调	先下调再上调	先下调再上调	下调	下调
萜类化合物和类固醇的生物合成	下调	先下调再上调	先下调再上调	下调	下调
植物激素的生物合成	下调	先下调再上调	先下调再上调	下调	下调
D-谷氨酰胺和 D-谷氨酸代谢	下调	下调	下调	下调	下调
酪氨酸代谢	先下调再上调	下调	下调	下调	下调

6.2.6 小结

通过对不同采收期上部叶生理指标和代谢组学变化的分析发现，在成熟度较高时，萜类化合物和类固醇的生物合成、莽草酸代谢途径中富集的差异代谢产物表达下调，其中萜类化合物是植物次生代谢产物中数量最多的一类，在植物应对逆境胁迫中发挥防御功能，萜类化合物的生物合成途径中富集的代谢产物表达下调说明随着采收期延迟，烟叶内部抗逆性代谢减弱，因此烟叶抗氧化系统中 SOD、POD、CAT 等抗氧化酶活性下降，会造成细胞中活性氧数量及活性氧产物 MDA 含量逐渐上升，细胞膜过氧化程度增加，细胞组织衰老程度加剧。莽草酸代谢途径中富集的阿魏酰-5-羟基化酶、咖啡酸 3-O-甲基转移酶是木质素生物合成途径的关键酶，而木质素在植物抵御外界胁迫过程中的作用非常重要，能够提高叶内水分有效迁移效率，协调烟叶内水分散失。阿魏酰-5-羟基化酶、咖啡酸 3-O-甲基转移酶等代谢产物表达持续下调，说明随着采收期的延迟烟叶内木质素含量持续下降，导致叶片保水能力下降，细胞失水，为维持细胞渗透压平衡、减少细胞失水，脯氨酸含量上升，同时对受损的叶片起到保护作用，缓解受损程度。

糖类在植物代谢中占有极重要的地位，糖类物质含量对烟叶的感观质量、烟丝的质量及评吸时的香气和吃味有很大影响。糖类物质的积累是植物光合作用与呼吸作用平衡的结果，淀粉和蔗糖是烤烟的主要内含物质，成熟期烤烟淀粉快速合成、积累，代谢旺盛。不同采收期对烤烟可溶性糖及品质有显著影响，随着采收时间的延迟和成熟度的提高，还原糖的含量逐渐增加，达到某一高点后会降低。本试验中延迟采收 8 天时，烟叶中还原糖含量达到最高，当继续延迟时叶片内还原糖含量开始降低，表明在延迟采收时间较短情况下植株成熟度增加，导致呼吸作用减弱而小于光合作用，糖类物质得到积累而含量增加，而在延迟时间较长情况下，植株代谢功能下降。随着采收期延迟，富集在淀粉和蔗糖代谢途径中的代谢产物呈先下调再上调表达，延迟采收 8 天时上部叶中富集在淀粉和蔗糖代谢途径中的代谢产物开始呈下调表达，说明延迟采收 8 天时，烟叶内部淀粉合成和积累量达到最高，超过 8 天以后烟叶代谢减慢，因此逐渐衰老，糖类物质作为能量被消耗，从而含量下降。

烟叶生长发育和决定烟叶产量的各类化学成分的形成离不开氮代谢，氮代谢对烟叶产量和品质的形成与提高有重大影响。D-谷氨酰胺和 D-谷氨酸代谢为植物氮代谢中的关键途径，随着采收期的延迟，富集在此途径的谷氨酸脱氢酶等差异代谢产物呈下调变化，通过对氮代谢关键酶活性指标测定发现，硝酸还原酶和谷氨酰胺合成酶活性随着采收期的延迟逐渐降低，D-谷氨酰胺和 D-谷氨酸代谢等氮代谢中关键途径的下调说明氮代谢随着采收期延迟逐渐减弱，这也是造成谷氨酸脱氢酶、硝酸还原酶和谷氨酰胺合成酶等氮代谢过程中关键酶活性降低的内在因素。

托品烷、哌啶和吡啶生物碱的生物合成途径与不饱和脂肪酸的生物合成途径中显著富集的代谢产物随着采收期的延迟，表达呈下调变化。其中托品烷、哌啶和吡啶生物碱的生物合成途径中表达发生显著变化的腐胺 N-甲基转移酶是合成烟碱的关键酶，而烟碱是烟草中特有的生物碱，是烟叶质量形成所需的重要化合物，说明延迟采收会抑制烤烟的生物碱合成与能量代谢。延迟采收过程中不饱和脂肪酸的生物合成途径中的棕榈油酸、油酸和亚麻酸等呈下调表达，亚油酸和亚麻酸等不饱和脂肪酸会增加烟叶的刺激性，对烟叶的品质和风味有重要的影响，说明随着上部叶的成熟，烟叶中高级脂肪酸含量呈大幅度降低的趋势，有利于降低上部叶的刺激性。

本研究综合生理和代谢组学两个方面对延迟采收的上部叶进行评价分析。延迟采收使上部叶抗逆性减弱，氮代谢降低，抑制不饱和脂肪酸及托品烷、哌啶和吡啶生物碱的生物合成，糖类物质在延迟采收 8 天时积累量达到最高。由此可得出，豫中烟区上部叶延迟采收 8 天时，烟叶生理和代谢方面达到采收最佳状态。本研究揭示了高成熟度上部叶的生理和代谢基础，可为豫中烤烟上部叶适期采收提供理论基础。

6.3　河南南阳烟区高可用性上部叶适宜采收成熟度研究

摘要：为明确南阳烟区烤烟上六片叶适宜采收期，选取南阳烟区主栽烤烟品种云烟 87，分别在方城县和内乡县探究上六片叶不同采收期（正常采收期、采收期延迟 3 天、延迟 6 天、延迟 9 天）一次性采收对烟叶经济性状和感官评吸品质的影响。结果表明，上六片叶延迟采收，鲜烟叶叶绿素相对含量（SPAD 值）和叶片厚度降低，烤后烟叶氮碱比下降；与产区正常采收期的烟叶相比，适当延迟采收可在一定程度上提高上六片叶的成熟度、改善烟叶的成熟采收特征和外观品质；烟叶产值和感官品质随采收期的延迟呈现先升高后降低的趋势，其中延迟 6 天采收的烟叶产值最高，延迟 6~7 天采收的烟叶感官品质最好。经回归分析并综合烟叶品质、经济效益和工业公司对卷烟原料的要求，在正常采收期基础上南阳烟区上六片叶宜延迟 6 天一次性采收。

南阳烟区是我国优质典型浓香型烟叶的代表性产区之一，光热资源丰富，生态条件良好，烟叶总体质量优良。然而在烟叶生产中普遍存在上部叶成熟度偏低，理化性状欠适，不能充分满足工业企业对上部叶日益增高的质量要求问题。通过延迟采收提高成熟度是一项有效的提升烟叶质量的措施,但目前与主栽品种相适应的上部叶成熟采收标准仍有待明确。如何在实际生产中简易、快速、准确判断上六片叶适宜采收的成熟度,建立适于南阳烟区的成熟采收技术体系,提高上部叶的质量档次,满足工业企业对优质原料的需求,是目前该区域烟叶生产中急需解决的关键问题。为此,设置了上六片叶采收时间梯度试验,并分析了采收期对烟叶成熟采收特征、叶绿素相对含量(SPAD 值)、叶片组织结构、外观品质、经济性状、常规化学成分、感官质量和香气物质成分等方面的影响,为制定南阳优质上部叶成熟采收标准提供理论依据(张冰灈,2021;杨明坤,2021)。

试验于 2020 年在河南省南阳市方城县金叶园和南阳市内乡县进行,供试品种为当地典型烤烟品种云烟 87,试验样品为烟株上六片叶(从上至下依次编号为顶 1~6 片)。南阳方城县试验烟株于 2020 年 4 月 12 日移栽,8 月 12 日开始采收,每隔 3 天采收一次,8 月 21 日采收完毕;南阳内乡县试验烟株于 2020 年 4 月 10 日移栽,8 月 16 日开始采收,每隔 3 天采收一次,8 月 25 日采收完毕。共设置 4 个采收时间梯度处理,见表 6-8。采用随机区组设计,3 次重复。中部叶成熟采收完毕后,留取上六片叶。采收时,一次性采收上六片叶,从上往下顶部 1~3 片计为"上三片",顶部 4~6 片计为"下三片",根据鲜烟素质及部位分类,分别采收和编竿。

表 6-8　试验设计

地区	处理	采收期范围	采收日期
方城县	正常采收	产区正常采收时间,上六片叶达到正常采收标准时采收	8 月 12 日
	延迟 3 天采收	正常采收期延迟 3 天采收	8 月 15 日
	延迟 6 天采收	正常采收期延迟 6 天采收	8 月 18 日
	延迟 9 天采收	正常采收期延迟 9 天采收	8 月 21 日
内乡县	正常采收	产区正常采收时间,上六片叶达到正常采收标准时采收	8 月 16 日
	延迟 3 天采收	正常采收期延迟 3 天采收	8 月 19 日
	延迟 6 天采收	正常采收期延迟 6 天采收	8 月 22 日
	延迟 9 天采收	正常采收期延迟 9 天采收	8 月 25 日

烟叶采收时,在各小区随机选取 10 株代表性烟株,对上六片叶的成熟特征进行鉴别并记录。成熟度相关指标类别及档次划分见表 6-9。

6.3.1　田间鲜烟叶成熟采收特征分析

1. 南阳方城县田间鲜烟叶成熟采收特征分析

各处理烟叶成熟特征见图 6-8 和图 6-9。在一定范围内延迟采收,烟叶的成熟

表 6-9　上六片叶成熟采收特征

指标	烟叶成熟外观特征
叶面落黄程度	<50%，50%～59%，60%～69%，70%～79%，80%～89%，90%～99%，全黄等
叶面色调	绿，浅绿，淡绿，黄绿，绿黄，浅黄，淡黄，金黄等
主脉颜色	绿色，0～19%变白，20%～39%变白，40%～59%变白，60%～79%变白，80%～99%变白，全白等
支脉颜色	青色，绿色，0～19%变白，20%～39%变白，40%～59%变白，60%～79%变白，80%～99%变白，全白等
茸毛脱落程度	0～19%脱落，20%～39%脱落，40%～59%脱落，60%～79%脱落，80%～99%脱落，全部脱落等
成熟斑	无，较少，稍有，有，稍多，较多等

图 6-8　上部叶田间成熟采收特征（彩图请扫封底二维码）
A：顶 2 叶，B：顶 4 叶；a：正常采收处理，b：延迟 3 天采收处理，c：延迟 6 天采收处理，
d：延迟 9 天采收处理

采收特征变化明显。由表 6-10 可知，随着采收期延迟，烟叶主脉、支脉变白程度
增加，叶面落黄程度增加，叶片色调由淡绿色逐渐变为浅黄至淡黄色，茸毛脱落
程度增加，成熟斑较少或稍有至稍多或较多，叶尖和叶边缘枯尖、卷边等现象明
显，且下三片叶的落黄程度略高于上三片叶。延迟采收在一定程度上影响了上部
叶的生长发育，进而使其成熟采收特征变化明显。

图 6-9　上部叶成熟采收特征（近景）（彩图请扫封底二维码）

a：正常采收处理，b：延迟 3 天采收处理，c：延迟 6 天采收处理，d：延迟 9 天采收处理

表 6-10　不同处理上部叶的主要成熟采收特征

| 部位 | 处理 | 叶色 | | 叶脉 | | 茸毛脱落程度（%） | 成熟斑 |
		叶片色调	叶面落黄程度（%）	主脉变白程度（%）	支脉变白程度（%）		
上三片叶	正常采收	淡绿	<50	20～39	0～19	20～39	较少
	延迟3天采收	黄绿-	50～59	20～39	20～39	20～39	稍有
	延迟6天采收	绿黄	70～79	60～79	40～59	60～79	稍有+
	延迟9天采收	浅黄	90～99	80～99	80～99	80～99	稍多
下三片叶	正常采收	淡绿+	<50	20～39	20～39	20～39	稍有-
	延迟3天采收	黄绿	60～69	40～59	40～59	20～39	稍有
	延迟6天采收	绿黄	80～99	60～79	60～79	60～79	有+
	延迟9天采收	淡黄-	90～99	80～99	80～99	80～99	较多

2. 南阳内乡县田间鲜烟叶成熟采收特征分析

各处理烟叶成熟采收特征见图 6-10，在一定范围内延迟采收，烟叶的成熟采收特征变化明显。由表 6-11 可知，随着采收期的延迟，烟叶主脉变白程度和支脉

正常采收处理　　　　延迟3天采收处理　　　　延迟6天采收处理　　　　延迟9天采收处理

图 6-10　上部烟叶田间成熟采收特征（近景）（彩图请扫封底二维码）

表 6-11 不同处理上部叶的主要成熟采收特征

| 部位 | 处理 | 叶脉 | | 叶色 | | 茸毛脱落程度 (%) | 叶面与茎秆角度 (°) | 成熟斑 |
		主脉变白程度 (%)	支脉变白程度 (%)	叶片色调	叶面落黄程度 (%)			
上三片叶	正常采收	28.36±0.91d	18.40±0.39d	淡绿	28.35±0.60d	24.42±0.36d	44.2±1.75d	较少
	延迟3天采收	34.57±0.13c	28.53±0.32c	黄绿-	35.63±0.25c	36.42±0.81c	50.2±1.25c	稍有
	延迟6天采收	64.28±0.46b	58.41±2.30b	淡黄	69.38±0.75b	63.28±1.82b	70.3±2.83b	稍有+
	延迟9天采收	85.28±1.06a	83.62±0.58a	浅黄	82.37±0.23a	79.45±0.18a	78.5±0.17a	较多
下三片叶	正常采收	33.45±0.50d	25.37±0.92d	淡绿+	30.62±0.77d	26.85±1.02d	49.4±1.05d	稍有-
	延迟3天采收	46.26±0.65c	40.56±0.80c	黄绿	47.28±1.52c	45.68±0.48c	64.8±1.21c	稍有
	延迟6天采收	71.42±2.37b	68.59±2.15b	淡黄	63.16±1.91b	76.93±2.33b	74.6±1.79b	有+
	延迟9天采收	90.54±0.75a	89.28±1.62a	淡黄-	88.58±3.47a	85.56±2.63a	86.4±0.57a	较多

变白程度从 30%或 20%左右逐渐增大至 90%左右，叶面色调由淡绿逐渐变黄，叶面落黄程度也逐渐增大，茸毛脱落程度从 25%逐渐脱落至 80%左右，叶面与茎秆角度增大至接近 90°，叶面成熟斑逐渐增多，且各处理间各指标差异显著，说明不同采收期对烟叶主要成熟采收特征的影响较明显。

6.3.2 南阳方城县 SPAD 值与鲜烟叶成熟度的关系

对各处理 SPAD 值变化进行皮尔逊（Pearson）简单相关分析和双侧测验，结果见表 6-12。同一部位烟叶的成熟度与叶片 SPAD 值呈极显著负相关。在相关性分析的基础上，对相关性极显著的两部位 SPAD 值与延迟采收天数进一步进行回归方程拟合，结果显示随着采收期的延迟，不同部位叶片 SPAD 值均呈逐渐减小趋势，两部位叶片 SPAD 值变化趋势的回归方程拟合度均较高（$R^2>0.9000$），见图 6-11。因此，用 SPAD 值判断烟叶的成熟度具有可行性。

表 6-12 不同部位烟叶成熟度与 SPAD 值的相关性

部位	样本数	相关系数	P 值
顶2叶	12	−0.955**	<0.0001
顶4叶	12	−0.987**	<0.0001

6.3.3 南阳内乡县不同采收期的 SPAD 值变化

由图 6-12 可知，不同部位鲜烟叶 SPAD 值随着采收期延迟呈显著下降趋势。

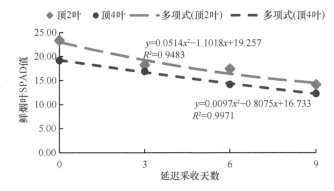

图 6-11　不同采收期对上部叶 SPAD 值的影响

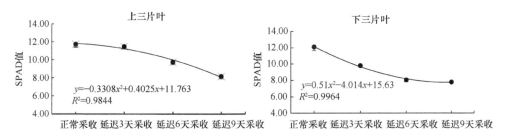

图 6-12　不同采收期烟叶的 SPAD 值

由趋势线可以看出，烟叶 SPAD 值在不同采收期存在一定差异。不同部位烟叶相同采收期的 SPAD 值也略有差异，基本表现为上三片叶>下三片叶。上三片叶与下三片叶根据 SPAD 值和延迟采收天数拟合的趋势线方程分别为：$y=-0.3308x^2+0.4025x+11.763$，$R^2=0.9844$ 和 $y=0.51x^2-4.014x+15.63$，$R^2=0.9964$。

6.3.4　采收期对南阳烟区田间鲜烟叶组织结构的影响

1. 采收期对南阳方城县田间鲜烟叶组织结构的影响

用取得的鲜烟叶制作石蜡切片并观察测量，如图 6-13 和表 6-13 所示。结果表明，随采收期延迟，顶 2 叶和顶 4 叶的栅栏组织厚度整体呈下降趋势，顶 4 叶的海绵组织厚度先升高后降低，各处理间上表皮和下表皮厚度均存在显著差异，顶 4 叶延迟 6 天采收的组织比（栅栏组织厚度/海绵组织厚度）最高。总体来看，正常采收的烟叶栅栏组织厚度较适宜，有一定的内含物质，而延迟 3 天到延迟 9 天采收，烟叶的栅栏组织变薄稍有游离，细胞间孔隙增大，叶片的内在组织结构部分出现分解。

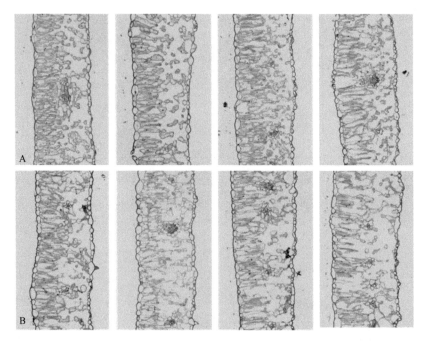

图 6-13　南阳方城县烟区不同处理叶片组织结构（彩图请扫封底二维码）

A. 顶 2 叶，B. 顶 4 叶（从左到右依次为正常采收、延迟 3 天采收、延迟 6 天采收和延迟 9 天采收处理）

表 6-13　不同处理上部叶组织结构

部位	处理	上表皮厚度 （μm）	下表皮厚度 （μm）	栅栏组织厚度 （μm）	海绵组织厚度 （μm）	组织比
顶 2 叶	正常采收	20.64d	22.71a	167.87a	174.41b	0.96a
	延迟 3 天采收	35.61a	21.06b	163.32a	169.63b	0.96a
	延迟 6 天采收	32.21b	18.80c	157.41b	183.52a	0.86b
	延迟 9 天采收	31.50c	14.02d	153.91b	159.36c	0.97a
顶 4 叶	正常采收	29.59c	17.09d	159.24a	176.82b	0.90c
	延迟 3 天采收	31.34b	19.23b	150.33b	184.65a	0.81d
	延迟 6 天采收	24.52d	23.84a	151.62b	160.09c	0.95a
	延迟 9 天采收	33.45a	18.70c	150.866a	163.85c	0.926a

2. 采收期对南阳内乡县田间鲜烟叶组织结构的影响

不同采收期对烟叶组织结构的影响如图 6-14 和表 6-14 所示，随着采收期的延迟，上三片和下三片叶叶片厚度呈现先增大后减小的规律，且处理间差异显著。同一采收期的上表皮厚度普遍大于下表皮厚度，海绵组织厚度基本大于栅栏组织厚度。上三片叶上、下表皮厚度在正常采收时最大；下三片叶上、下表皮厚度在延迟 6 天采收时最大。随采收期的延迟，上三片叶栅栏组织厚度呈先增大后减小的趋势，海绵组织则基本呈降低趋势，组织比在延迟 6 天采收时达到最大；下三片叶栅栏组织厚度与上三片叶趋势正好相反，但海绵组织呈先增大后减小的趋势，组织比在正常采收时达到最大。栅栏组织与海绵组织厚度的比值是评价植物控制蒸腾失水能力的重要指标之一，组织比越大，控水能力越强。

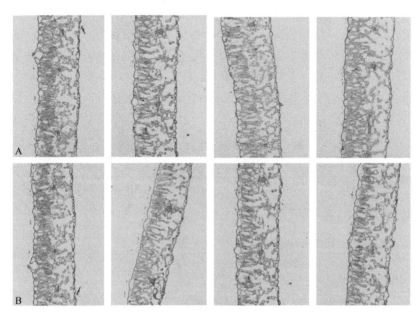

图 6-14　南阳内乡县烟区不同处理叶片组织结构（彩图请扫封底二维码）

A：顶 2 叶；B：顶 4 叶（从左到右依次为正常采收、延迟 3 天采收、延迟 6 天采收和延迟 9 天采收处理）

表 6-14　不同处理上部叶组织结构

部位	处理	上表皮厚度 （μm）	下表皮厚度 （μm）	叶片厚度 （μm）	栅栏组织厚度 （μm）	海绵组织厚度 （μm）	组织比
上三片叶	正常采收	30.705d	19.101a	447.838b	172.742b	244.516a	0.706d
	延迟 3 天采收	46.532a	28.748a	487.487a	212.149a	224.564b	0.945b
	延迟 6 天采收	33.693c	14.320d	327.417c	141.433c	140.598c	1.006a
	延迟 9 天采收	35.763b	26.159b	307.567d	119.303d	144.431c	0.826c
下三片叶	正常采收	35.678b	19.909b	406.211b	179.105a	190.208b	0.942a
	延迟 3 天采收	31.650d	14.350d	437.055a	130.853c	232.936a	0.562d
	延迟 6 天采收	42.094a	20.713a	378.687c	145.207b	173.693c	0.836c
	延迟 9 天采收	34.866c	18.801c	364.657d	149.973b	163.007c	0.920b

6.3.5 采收期对南阳烟区烟叶外观质量的影响

1. 采收期对南阳方城县烟叶外观质量的影响

各处理烤后烟叶外观质量评价如表 6-15 所示。从中可见，上三片叶从正常采收到延迟 6 天采收处理间的叶片颜色、成熟度和疏松度得分呈逐渐增加趋势。随采收期的延迟，上三片叶色度得分显著增加；下三片叶颜色、成熟度、疏松度和色度得分呈先增加后下降的趋势，均以延迟 6 天采收时最大；上三片和下三片叶的身份与油分得分均呈现先升高后降低的趋势。综合来看，延迟 6 天采收和延迟 9 天采收的上三片叶外观质量优于正常采收与延迟 3 天采收，延迟 6 天采收的下三片叶综合评价得分最高。

表 6-15　不同采收期烟叶的外观质量

部位	处理	颜色	成熟度	疏松度	身份	油分	色度	综合评价
上三片叶	正常采收	7.00b	7.40b	6.43b	7.23c	6.87d	5.17d	6.88c
	延迟 3 天采收	7.20ab	7.47b	7.03ab	7.47b	7.73b	6.17c	7.25b
	延迟 6 天采收	7.47a	8.03a	7.83a	7.67a	8.03a	7.20b	7.72a
	延迟 9 天采收	7.60a	7.90a	7.47a	6.57d	7.53c	7.60a	7.52a
下三片叶	正常采收	8.27b	7.60b	6.57d	6.80c	7.20b	5.80d	7.37c
	延迟 3 天采收	7.97c	7.70b	7.97b	7.37b	7.53b	7.10b	7.71b
	延迟 6 天采收	8.57a	8.60a	8.30a	7.87a	8.20a	8.07a	8.38a
	延迟 9 天采收	8.03bc	8.30a	7.10c	5.73d	6.67c	7.17b	7.48c

2. 采收期对南阳内乡县烟叶外观质量的影响

采收期对烤后烟叶外观质量有一定影响（表 6-16）。上三片和下三片叶，不同采期对颜色、成熟度和色度的影响不明显；随着采收期的延迟，残伤面积持续增加；油分、疏松度和身份均有所改善。综合各项指标，上三片和下三片叶 2 个部位均以采收延迟 6 天左右的烟叶外观质量较好。

6.3.6 采收期对南阳烟区烟叶经济性状的影响

1. 采收期对南阳方城县烟叶经济性状的影响

各处理烤后烟叶经济性状如表 6-17 所示，正常采收的烟叶产量最高，达到 1571.82kg/hm^2，而后随延迟采收天数增加，各处理产量下降，主要是因为随着采收期的延迟，烟叶内含物质发生转化、消耗；延迟 6 天采收的烟叶均价及产值、

表 6-16 不同采收期烟叶的外观质量评价

部位	处理	颜色	油分	疏松度	成熟度	色度	身份	残伤面积（%）
上三片叶	正常采收	橘黄 F	稍有	稍密	尚熟	中	稍厚	7.25±0.06d
	延迟 3 天采收	橘黄 F	稍有	稍密	成熟+	中	稍厚	13.34±0.52b
	延迟 6 天采收	橘黄 F	有	尚疏松	成熟	中	中等+	9.20±0.09c
	延迟 9 天采收	橘黄 F	有	尚疏松	成熟−	中	中等	18.34±0.59a
下三片叶	正常采收	橘黄 F	有	稍密	尚熟	中	稍厚	4.27±0.15d
	延迟 3 天采收	橘黄 F	稍有	稍密	成熟	中	稍厚	12.04±0.18c
	延迟 6 天采收	橘黄 F	有	稍密	成熟+	中	稍厚	14.40±0.11b
	延迟 9 天采收	橘黄 F	有	尚疏松	成熟	中	中等	19.53±0.20a

表 6-17 不同采收期烟叶的经济性状

部位	处理	产量（kg/hm²）	产值（元/hm²）	均价（元/kg）	中上等烟比例（%）
上六片叶	正常采收	1 571.82a	30 320.41b	19.29d	83.60d
	延迟 3 天采收	1 479.56b	30 922.80b	20.90c	85.43c
	延迟 6 天采收	1 396.89c	34 419.37a	24.64a	93.33a
	延迟 9 天采收	1 337.29d	31 172.28b	23.31b	90.76b

注：同列中不同小写字母表示差异在 $P=0.05$ 水平具有统计学意义

中上等烟比例均最高，与正常采收相比，延迟 6 天采收的烟叶产值和中上等烟比例分别提高了 13.52%、11.64%，与其他各处理差异显著。在一定范围内延迟采收可以提高烟叶的经济性状，而延迟时间过长，产值、均价及中上等烟比例又不断降低。

2. 采收期对南阳内乡县烟叶经济性状的影响

不同处理对烟叶经济性状的影响如表 6-18 所示，随着采收期的延迟，上三片

表 6-18 不同采收期烟叶的经济性状

部位	处理	产量（kg/hm²）	产值（元/hm²）	中上等烟比例（%）	单叶重（g）	均价（元/kg）
上三片叶	正常采收	734.25c	16 713.75b	59.26c	16.16c	22.76c
	延迟 3 天采收	858.63a	23 916.35a	76.94b	18.89a	27.86b
	延迟 6 天采收	805.35b	24 422.85a	81.10a	17.72b	30.32a
	延迟 9 天采收	640.22d	12 981.28c	42.31d	14.09d	20.28d
下三片叶	正常采收	756.45c	16 781.73b	47.23c	16.64c	22.19c
	延迟 3 天采收	843.35a	23 164.57a	75.27b	18.56a	27.47b
	延迟 6 天采收	788.16b	23 574.75a	81.45a	17.34b	29.91a
	延迟 9 天采收	596.18d	12 116.14c	45.01d	13.12d	20.32d

和下三片叶的产量与单叶重、中上等烟比例和均价均呈现先增大后减小的规律。综合显示，上三片和下三片叶的经济性状在延迟 6 天左右采收最好，中上等烟比例较正常采收时分别上升了 36.85%和 72.45%，均价分别增长了 33.22%和 34.79%，产值和产量也处于正常范围。上三片叶的经济性状略高于下三片叶。上六片叶的综合经济性状表现出随采收期的延迟，呈先上升后下降的趋势。

6.3.7 采收期对南阳烟区烤后烟叶化学成分的影响

1. 采收期对南阳方城县烤后烟叶化学成分的影响

豫南烟区不同采收处理烤后烟叶常规化学成分含量如表6-19所示。从中可知，与正常采收的烟叶相比，随着采收期的延迟，两部位烟叶的总糖、还原糖含量均表现出逐渐降低的趋势，上三片和下三片叶烟碱与总氮含量均呈逐渐上升趋势，从正常采收至延迟 6 天采收，上三片和下三片叶烟碱含量增幅均为 0.53 个百分点，与正常采收相比，延迟 6 天采收的上三片和下三片叶烟碱含量分别增加了 21.03%、21.29%，烟碱含量在处理间差异显著。

表 6-19 不同处理烟叶的化学成分

部位	处理	总糖（%）	还原糖（%）	总氮（%）	烟碱（%）
上三片叶	正常采收	25.59a	24.84a	1.90c	2.52d
	延迟 3 天采收	24.77a	22.97b	2.05b	2.71c
	延迟 6 天采收	22.56b	21.27c	2.59a	3.05b
	延迟 9 天采收	20.98c	17.59d	2.62a	3.19a
下三片叶	正常采收	28.82a	25.30a	1.95c	2.49c
	延迟 3 天采收	26.46b	24.98a	2.17b	2.68b
	延迟 6 天采收	23.53c	23.05b	2.56a	3.02a
	延迟 9 天采收	21.34d	20.19c	2.61a	3.11a

上部叶化学成分协调性（表 6-20）显示，上三片和下三片叶的氮碱比随着采收期延迟呈现先升高后降低的趋势，在延迟 6 天采收时达到最大值，延迟 6 天采收的烟叶与正常采收烟叶氮碱比差异显著；随采收期延迟，下三片叶的两糖比体现出先升高后降低的趋势，上三片和下三片叶的糖碱比持续下降。延迟采收对豫南烟区烟叶化学成分有显著影响，且上三片和下三片叶随采收期延迟的变化趋势基本一致。

2. 采收期对南阳内乡县烤后烟叶化学成分的影响

如表 6-21 所示，蛋白质含量、烟碱含量和氮碱比较适宜。钾氯比较低，钾含

表 6-20　不同处理烟叶的化学成分协调性

部位	处理	糖碱比	氮碱比	两糖比	钾氯比
上三片叶	正常采收	10.15a	0.75b	0.97a	3.04a
	延迟 3 天采收	8.97b	0.76b	0.93a	2.67a
	延迟 6 天采收	7.40c	0.85a	0.94a	2.28c
	延迟 9 天采收	6.58d	0.82a	0.84b	1.82b
下三片叶	正常采收	11.57a	0.78b	0.88b	3.09a
	延迟 3 天采收	9.76b	0.81ab	0.94a	2.70a
	延迟 6 天采收	7.79c	0.85a	0.98a	2.37b
	延迟 9 天采收	6.86d	0.84a	0.95a	1.96c

表 6-21　不同处理烟叶的化学成分

部位	处理	蛋白质(%)	还原糖(%)	钾(%)	氯(%)	烟碱(%)	总氮(%)	总糖(%)	糖碱比	氮碱比	钾氯比
上三片叶	正常采收	10.42b	16.70c	1.04a	1.14d	2.32d	2.19c	21.29c	7.20b	0.95a	0.92a
	延迟 3 天采收	11.17a	18.80b	0.77c	1.24b	2.50c	2.38a	22.92b	7.52a	0.95a	0.62c
	延迟 6 天采收	10.55b	19.95a	0.80b	1.15c	3.26a	2.29b	23.98a	6.12c	0.70c	0.69b
	延迟 9 天采收	10.21c	14.22d	1.02a	1.44a	2.66b	2.17c	16.01d	5.35d	0.81b	0.71b
下三片叶	正常采收	10.28d	17.22b	0.93b	1.32c	2.21c	2.24c	24.85b	7.79b	1.01a	0.70b
	延迟 3 天采收	11.57a	21.80a	1.08a	1.39b	2.48c	2.33b	27.95a	8.79a	0.94b	0.78a
	延迟 6 天采收	11.32b	16.57c	0.82c	1.33c	3.16a	2.42a	20.46c	5.24c	0.77d	0.61c
	延迟 9 天采收	10.75c	15.69d	0.71d	1.44a	2.96b	2.36ab	19.96c	5.29c	0.80c	0.49d

量偏低，氯含量偏高。糖碱比偏低，总氮含量较高。上三片叶延迟 6 天采收的氮碱比较低，烟碱含量、总糖含量和总氮含量均最高，化学成分较协调。下三片叶延迟 3 天采收的蛋白质含量、还原糖含量均最高，糖碱比、氮碱比较适宜；延迟 6 天采收的烟碱含量、总氮含量和总糖含量均最高。由此可知，上三片和下三片叶延迟 6 天左右采收时，化学成分含量及其比值较适宜。

6.3.8　采收期对南阳烟区烟叶感官品质的影响

1. 采收期对南阳方城县烟叶感官品质的影响

不同采收期烟叶感官品质综合评价结果如表 6-22 和图 6-15 所示，延迟采收可影响调制后烟叶的烟气品质和烟气丰富程度等指标，随着采收期的延迟，除刺激性外两部位烟叶烟气品质、烟气丰富程度和感官品质总分均呈现先升高后降低的变化趋势，延迟 6 天采收的上三片和下三片叶烟气丰富、品质较好，感官品质评分最高，与正常采收的烟叶差异显著。对不同采收期与感官品质各指标评分进

表 6-22　不同处理烟叶的感官品质

部位	处理	烟气品质			烟气丰富程度		总分
		香气质	刺激性	杂气	香气量	烟气浓度	
上三片叶	正常采收	20.00c	14.00a	6.67b	21.00d	7.00b	68.67c
	延迟 3 天采收	21.00c	13.78a	6.89a	21.67c	7.22ab	70.56bc
	延迟 6 天采收	21.67a	13.78a	7.00a	23.33a	7.56a	73.33a
	延迟 9 天采收	21.00b	13.33b	6.89a	22.67b	7.44a	71.33ab
下三片叶	正常采收	20.67b	14.00a	6.67b	21.00c	7.22b	69.56c
	延迟 3 天采收	21.33ab	14.00a	7.00a	21.67b	7.44ab	71.44bc
	延迟 6 天采收	22.00a	14.44a	7.22a	22.67a	7.67a	74.00a
	延迟 9 天采收	22.00a	14.00a	7.22a	22.33a	7.44ab	73.00ab

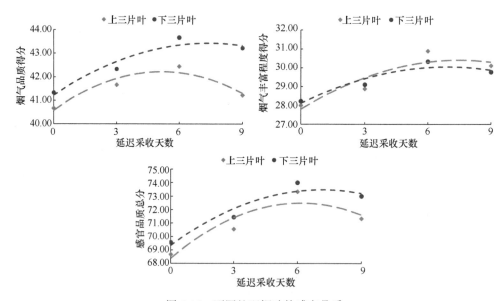

图 6-15　不同处理烟叶的感官品质

表 6-23　不同采收期与感官品质的关系

感官评价指标	部位	回归方程	R^2	最佳延迟采收时间（天）
烟气品质	上三片叶	$y = -0.0617x^2 + 0.6370x + 40.578$	0.9066	5.16
	下三片叶	$y = -0.0401x^2 + 0.5944x + 41.228$	0.9302	7.41
烟气丰富程度	上三片叶	$y = -0.0463x^2 + 0.6944x + 27.806$	0.8464	7.50
	下三片叶	$y = -0.0401x^2 + 0.5574x + 28.117$	0.9101	6.95
感官品质	上三片叶	$y = -0.1080x^2 + 1.3315x + 63.383$	0.8566	6.16
	下三片叶	$y = -0.0802x^2 + 1.1519x + 69.344$	0.9210	7.18

行回归方程拟合（图6-15和表6-23），可知在产区正常采收期的基础上，延迟6.16～7.18 天采收的烟叶烟气品质较好，烟气丰满，感官评吸综合品质较好。

2. 采收期对南阳内乡县烟叶感官品质的影响

由图 6-16 可以看出，随着采收期的延迟，上六片叶感官品质总分呈先升高后降低的趋势，说明烟叶延迟采收有利于提高烟叶的感官品质。上三片叶的各个指标随采收期的延迟也呈现先上升后下降的趋势，在延迟5～6 天采收时的感官品质得分最高；下三片叶各个指标的得分变化规律与上三片叶的趋势大致相同，延迟 6～7 天采收处理的感官品质得分最高，正常采收处理的得分最低。根据图 6-16 的趋势线方程计算可得感官评吸各项指标分值最大时的时间，即最佳采收期（表 6-24）。上三片叶的香气质、烟气浓度和杂气在延迟 4～5 天采收时得分达到最大；香气量在延迟 7 天左右采收时得分达到最大；总分在延迟 5～6 天采收

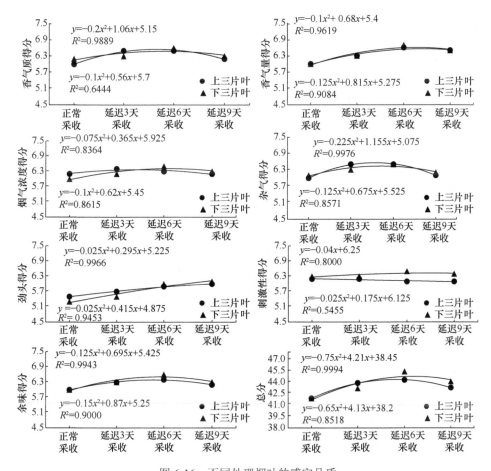

图 6-16　不同处理烟叶的感官品质

表 6-24 感官品质各指标得分最大时的延迟天数

部位	参数	香气质	香气量	浓度	杂气	劲头	刺激性	余味	最佳
上三片叶	延迟天数（X）	5.00	7.20	4.30	4.70	—	—	—	5.40
	得分（Y）	6.55	6.56	6.37	6.56	—	—	—	44.36
下三片叶	延迟天数（X）	5.40	7.80	7.30	5.10	—	7.50	5.70	6.50
	得分（Y）	6.48	6.60	6.41	6.44	—	6.43	6.51	44.76

时达到最大；依据劲头、刺激性和余味得到的理论最佳采收期超出可延迟天数，在此不予分析。下三片叶的香气质、杂气和余味在延迟 5～6 天采收时得分达到最大；香气量、烟气浓度、刺激性得分在延迟 7～8 天采收时达到最大；总分在延迟 6～7 天采收时达到最大；依据劲头得到的理论最佳采收期超出可延迟天数，在此不予分析。因此，上三片叶在延迟 5～6 天采收时的感官品质最好；下三片叶在延迟 6～7 天采收时的感官品质最好。所以上六片叶一次性采收以在正常采收期基础上延迟 5～7 天为宜。

6.3.9 采收期对南阳烟区烟叶中性致香成分的影响

1. 采收期对南阳方城县烟叶中性致香成分的影响

不同采收期处理调制后烟叶中性致香成分种类及含量测定结果见表 6-25。从中可知，随着田间烟叶采收期的延迟，上三片叶调制后中性致香成分总量不断增加，延迟 9 天采收的香气物质总量最大；下三片叶延迟 6 天采收的香气物质总量最大，延迟 9 天采收的烟叶香气物质总量降低；新植二烯是香气物质的重要来源，约占总香气物质含量的 72.70%~78.86%；延迟 9 天采收的上三片叶类胡萝卜素降解产物总量、非酶棕色化反应产物总量、茄酮含量、苯丙氨酸裂解产物总量和新植二烯含量均比正常采收的烟叶高；下三片叶的这些指标变化趋势与上三片叶基本保持一致，非酶棕色化反应产物总量延迟 6 天采收相比延迟 3 天采收开始有所下降。

表 6-25 不同处理烟叶的中性香气成分含量

香气物质类型	主要香气物质成分	上三片叶				下三片叶			
		正常采收	延迟3天采收	延迟6天采收	延迟9天采收	正常采收	延迟3天采收	延迟6天采收	延迟9天采收
类胡萝卜素降解产物	β-大马酮	19.28	22.73	17.901	17.19	16.96	17.81	18.53	17.92
	β-二氢大马酮	14.17	17.91	18.52	17.02	10.16	10.87	14.62	13.40
	香叶基丙酮	2.83	2.11	2.62	2.41	3.98	4.40	2.79	3.56
	二氢猕猴桃内酯	2.23	2.63	2.98	3.39	3.80	3.84	3.74	3.64
	巨豆三烯酮1	0.57	0.88	1.48	1.76	1.24	1.30	1.80	1.49
	巨豆三烯酮2	4.73	5.04	6.40	6.16	4.08	4.84	6.47	5.27

续表

香气物质类型	主要香气物质成分	上三片叶				下三片叶			
		正常采收	延迟 3 天采收	延迟 6 天采收	延迟 9 天采收	正常采收	延迟 3 天采收	延迟 6 天采收	延迟 9 天采收
类胡萝卜素降解产物	巨豆三烯酮 3	6.92	7.02	7.61	7.55	7.80	9.05	6.78	6.34
	巨豆三烯酮 4	6.58	8.31	9.87	10.04	7.12	8.15	10.17	9.44
	6-甲基-5-庚烯-2-醇	1.34	1.74	1.70	1.89	0.94	0.96	1.68	1.20
	6-甲基-5-庚烯-2-酮	0.82	0.88	0.84	1.18	1.88	2.15	1.01	1.56
	3-羟基-β-二氢大马酮	1.80	1.92	1.80	1.71	2.10	1.25	1.81	1.37
	螺岩兰草酮	1.02	1.11	1.41	0.96	1.13	1.30	1.24	0.78
	法尼基丙酮	9.31	9.48	11.14	11.17	12.55	13.74	13.26	13.44
	芳樟醇	0.50	0.64	0.79	1.00	0.82	0.96	0.75	0.85
	异佛尔酮	—	—	0.19	0.22	0.20	0.26	—	0.20
	氧化异佛尔酮	0.13	—	0.13	0.11	0.13	0.12	0.11	0.09
	愈创木酚	1.44	1.60	2.19	2.42	2.14	2.12	2.31	2.00
	小计	73.67c	84.00b	87.57a	86.18a	77.03c	83.12b	87.07a	82.55b
西柏烷类降解产物	茄酮	58.21d	63.16c	67.45b	76.68a	68.99c	73.17b	83.59a	57.51d
苯丙氨酸裂解产物	苯甲醛	0.78	0.59	1.03	1.66	0.85	0.84	0.92	1.52
	苯甲醇	8.91	9.65	10.70	16.37	16.69	17.35	18.72	14.15
	苯乙醛	1.56	1.83	2.12	2.53	2.41	2.43	2.99	2.65
	苯乙醇	2.38	2.61	3.29	4.71	3.76	4.58	4.53	3.73
	小计	13.63c	14.68c	17.14b	25.27a	23.71c	25.20b	27.16a	22.05c
非酶棕色化反应产物	糠醛	20.23	22.47	25.37	23.45	22.91	28.8	22.52	19.1
	糠醇	1.23	1.48	1.54	1.69	1.64	3.41	1.56	1.28
	5-甲基糠醛	1.38	1.99	2.07	2.91	1.44	1.54	1.60	1.77
	2-乙酰基吡咯	—	—	0.13	0.24	0.15	0.15	—	0.21
	2,6-壬二烯醛	0.77	0.59	0.93	0.90	1.81	0.88	1.06	1.43
	3,4-二甲基-2,5-呋喃二酮	0.65	0.81	1.08	1.31	1.34	1.49	1.12	1.15
	藏花醛	0.13	—	0.15	0.19	0.13	0.14	0.13	0.14
	β-环柠檬醛	0.98	0.77	0.88	0.99	1.17	1.23	1.03	0.92
	小计	25.37c	28.11b	32.15a	31.68a	30.59b	37.64a	29.02c	26.00d
叶绿素降解产物	新植二烯	472.58d	505.72c	634.49b	693.91a	585.10d	643.99c	728.35a	701.86b
	总量	643.46c	695.67c	838.80b	913.72a	785.42d	863.12c	955.19a	889.97b

注："—"表示该物质痕量

2. 采收期对南阳内乡县烟叶中性致香成分的影响

由表 6-26 可知，类胡萝卜素降解产物中的 β-大马酮、β-二氢大马酮、巨豆三烯酮 3、巨豆三烯酮 4 和法尼基丙酮含量较高。随采收期的延迟，上三片叶的类胡萝卜素降解产物总量呈先增高后降低的趋势，在延迟 6 天采收时达到最大。西柏烷类降解产物茄酮不但本身具有很好的香气，而且其降解转化产物，如茄醇、茄尼呋喃、降茄二酮等也是烟草中很重要的致香物质。茄酮含量不仅受光照、降水等气候条件的影响，也与叶片大小、施肥量等因素有关。苯丙氨酸裂解产物是烟叶中另一类致香物质。上三片叶的茄酮含量在正常采收时最高，上三片和下三片叶的苯丙氨酸裂解产物总量在延迟 6 天采收时最高且各处理间差异显著。说明不同处理对不同部位以上两种香气物质含量的影响较大。非酶棕色化反应产物既具有香气，还具有颜色，烟叶香气的优劣与这些物质有重要关系，烟叶醇化后的坚果香、甜香、爆米花香等优质香气与这些化合物有很大关系。新植二烯为烟叶重要的萜烯类化合物，其不仅本身具有一定的香气，而且可分解转化成低分子量香气成分，新植二烯占中性致香物质总量比例最高。随采收期的延迟，上三片、下三片叶的非酶棕色化反应产物总量和新植二烯含量呈先增高后降低的趋势，在延迟 6 天采收时达到最大。

表 6-26　不同采收期烟叶的中性香气成分含量

香气物质类型	中性致香成分	上三片叶				下三片叶			
		正常采收	延迟 3 天采收	延迟 6 天采收	延迟 9 天采收	正常采收	延迟 3 天采收	延迟 6 天采收	延迟 9 天采收
类胡萝卜素降解产物	β-大马酮	16.75	13.26	13.78	14.53	16.34	13.60	17.46	19.68
	β-二氢大马酮	5.63	6.29	10.80	7.66	6.24	4.35	8.18	13.47
	香叶基丙酮	5.04	8.33	6.17	4.34	5.26	6.60	6.54	5.84
	二氢猕猴桃内酯	3.72	4.81	4.79	2.67	2.89	3.83	4.49	4.37
	巨豆三烯酮 1	1.32	1.32	1.37	1.42	1.18	1.03	1.39	1.31
	巨豆三烯酮 2	5.77	6.06	6.77	5.70	5.45	4.16	6.03	6.00
	巨豆三烯酮 3	8.32	7.89	7.35	8.19	7.10	6.03	8.16	8.42
	巨豆三烯酮 4	7.28	8.02	10.04	7.94	6.88	5.15	7.64	10.08
	螺岩兰草酮	0.84	0.78	0.99	1.48	0.55	0.41	0.85	3.36
	法尼基丙酮	7.82	13.94	14.57	7.20	9.71	7.94	12.38	14.70
	愈创木酚	2.54	2.19	2.04	2.25	1.87	1.98	2.36	2.34
	芳樟醇	0.81	0.99	1.05	1.08	0.92	0.84	0.94	1.54
	3-羟基-β-二氢大马酮	1.54	1.44	1.72	1.90	1.09	0.91	1.69	2.07
	6-甲基-5-庚烯-2-醇	0.64	0.55	0.87	0.38	0.66	0.34	0.48	0.46
	6-甲基-5-庚烯-2-酮	1.78	2.35	2.04	1.84	1.55	1.83	2.33	2.86
	异佛尔酮	0.20	0.29	0.24	0.21	0.20	0.18	0.24	0.42
	氧化异佛尔酮	0.13	0.21	0.18	0.21	0.15	0.15	0.18	0.21
	藏花醛	0.17	0.17	0.19	0.25	0.14	0.18	0.25	0.17
	β-环柠檬醛	1.22	1.18	1.03	1.30	1.06	1.12	1.35	1.10
	小计	71.52c	80.07b	86.08a	70.59c	69.24c	60.63d	82.93b	98.40a

续表

香气物质类型	中性致香成分	上三片叶				下三片叶			
		正常采收	延迟3天采收	延迟6天采收	延迟9天采收	正常采收	延迟3天采收	延迟6天采收	延迟9天采收
西柏烷类降解产物	茄酮	60.81a	43.04c	51.38b	18.76d	32.54c	36.66a	26.74d	54.16b
苯丙氨酸裂解产物	苯甲醛	1.33	1.82	1.54	1.70	1.54	1.59	1.89	1.70
	苯甲醇	2.31	4.29	6.92	4.81	2.44	4.07	8.39	2.91
	苯乙醛	3.68	5.09	4.18	3.26	3.71	4.97	2.99	4.63
	苯乙醇	1.06	2.90	3.54	2.18	1.46	1.67	3.11	1.51
	小计	8.38d	14.10b	16.18a	11.95c	9.15d	12.30b	16.38a	10.75c
非酶棕色化反应产物	糠醛	15.19	16.67	18.31	16.01	14.20	14.71	20.50	14.97
	糠醇	0.35	0.92	1.22	1.75	0.34	1.03	3.08	0.46
	2-乙酰基呋喃	—	—	—	—	—	—	0.09	—
	2-乙酰基吡咯	—	0.09	0.13	0.10	—	0.09	0.24	—
	5-甲基糠醛	1.37	1.63	1.52	2.19	1.06	1.68	1.96	1.30
	3,4-二甲基-2,5-呋喃二酮	0.44	1.05	1.37	0.72	0.53	0.89	1.62	0.54
	2,6-壬二烯醛	0.66	0.64	0.95	0.77	0.84	0.75	1.10	0.62
	小计	18.01c	21.00b	23.50a	21.54b	16.97c	19.15b	28.59a	17.89b
叶绿素降解产物	新植二烯	348.39d	389.14c	575.41a	430.93b	315.76d	525.23c	753.80a	484.32b
	总计	507.11c	547.35b	752.55a	553.77b	443.66d	653.97c	908.44a	665.52b

注："—"表示该物质痕量

6.3.10　小结

成熟度对烟叶产量和品质的形成有重要影响。在传统的采收处理中，叶片颜色呈柠檬黄或橘黄，叶片结构尚疏松，身份稍厚，烟叶生产潜力尚未完全挖掘，而烟叶过熟采收，其品质又会有所下降，南阳烟区上六片叶延迟采收更省工、增质。通过延迟采收时间进行上六片叶一次性采收可提高烟叶成熟度，提高烤后烟叶外观品质。已有研究表明，采收时间或采收方式会对上部叶外观品质产生影响，南阳烟区与湘南烟区、许昌烟区烤烟适采延熟时期并不一致，也与刘伟等有关适宜采收期的研究结果存在差异，说明不同烟区、不同品种上部叶适宜采收的成熟度不尽一致。因此，在烟叶生产中如何充分、准确判断成熟度仍需进一步深入研究。

在烟叶成熟采收环节，通过使用叶绿素仪测定田间鲜烟叶的 SPAD 值和叶片组织结构，有助于更好地把握烟叶田间成熟度并进行田间管理。本试验中，鲜烟叶 SPAD 值与烟叶的成熟度呈极显著负相关关系；随着烟叶采收期的延迟，烟叶 SPAD 值持续降低，叶片油分、疏松度和身份均有所改善。在南阳烟区建立 SPAD 值、叶片组织结构与上部叶适宜采收成熟度的关系和标准仍是一项系统性工程，凭借经验来指导烟叶采收已不再适用，应重新衡量烟叶采收成熟标准，根据产区生态条件和生产实际进行以成熟度为中心的配套生产技术试验示范与推广，明确多项指标与上六片叶成熟度的量化关系，提高烟叶成熟度，改善化学成分协调性，增加香气量，提高香气质，提高上部叶的可用性。

概括而言，随着烤烟上部叶采收期的推迟，南阳烟区烟叶 SPAD 值和糖碱比下降，经济性状指标总体得到改善，延迟 6 天采收的烟叶产值最高；延长 6～7 天采收的烟叶烟气品质较好，口感丰满。根据回归模型并兼顾经济效益和评吸品质计算，南阳烟区在传统采收时间的基础上延迟 6 天一次性采收上六片叶较为适宜，烟叶田间成熟特征表现为叶脉变白 60%～75%，叶片颜色为淡黄色，落黄 60%～75%，茸毛脱落 60%～80%，叶面与茎秆角度成 70°～80°，成熟斑较多。

6.4　湘南烟区烤烟上六片叶采收期对烟叶产质量的影响

摘要：为明确湘南烟区烤烟上六片叶的最适采收期，以烤烟品种云烟87为材料，研究了上六片叶不同采收期（正常采收期，采收期延迟 4 天、8 天、12 天、16 天）一次性采收对烟叶经济性状和感官品质的影响。结果表明，随着上部叶采收期的推迟，烟叶叶绿素相对含量（SPAD 值）、糖碱比和氮碱比下降；与产区正常采收期的烟叶相比，适当延迟采收可在一定程度上提高上六片叶的成熟度、改善烟叶的成熟特征和外观品质；烟叶产值和感官品质随采收期的延迟呈现先升高后降低的趋势，其中延迟 4 天采收的烟叶产值最高，延迟 6～8 天采收的烟叶感官品质最好。经回归分析并综合烟叶品质、经济效益和工业公司对卷烟原料的要求，在正常采收期基础上湘南烟区上六片叶延迟 7 天一次性采收较为适宜。

烤烟上部叶的产量约占单株烟叶产量的 40%，在烟叶原料生产中占有重要地位。上部叶质量对卷烟香气及风格有重要影响。随着卷烟工业的增香减害需要增加，上部叶的使用价值也日益提高，因此提高上部叶的品质和可用性显得尤为重要。烟叶成熟度与外观品质和感官品质密切相关，而目前生产上存在上部叶成熟度不足的问题，影响了烟叶品质和工业可用性。研究表明，通过适当延迟采收期可有效提高烟叶成熟度和品质。上六片叶一次性采收在一定程度上会影响烟株生长后期对养分的吸收和分配，进而提高上部叶可用性，上六片叶集中一次性采收比逐叶分次采收有助于提高烟叶成熟度、烟叶等级和感官品质。

湘南是我国浓香型烟叶的代表性产区之一，光热资源丰富，生态条件良好，但该烟区大部分田块实行烟稻轮作，普遍存在赶晚稻插秧而提前采收烟叶的现象，导致烟叶成熟度不够，影响品质；且该产区烟叶成熟期环境增温过快且温度高，易出现高温逼熟现象，造成烟叶假熟，严重影响上部叶的正常成熟。如何在实际生产中简易、快速、准确判断上六片叶适宜采收的成熟度，研究适于湘南烟区的成熟采收技术，提高上部叶的品质，满足工业企业对优质原料的需求，是目前该区域烟叶生产中急需解决的关键问题。为此，设置了上六片叶一次性采收试验，并分析了采收期对烟叶成熟采收特征、叶绿素相对含量（SPAD 值）、外观品质、经济性状、常规化学成分和感官品质等方面的影响，为制定湘南优质上部叶采收标准及有效提高烤烟上部叶品质和可用性提供依据（张冰灈等，2020）。

试验于 2018 年在湖南省郴州市桂阳县河南中烟工业有限公司洋市基地单元进行，田块地理坐标为东经 112.8451°、北纬 25.9433°，海拔 284m，属亚热带季风性湿润气候区。供试烤烟品种为云烟 87，3 月 20 日移栽，7 月 17 日采收完毕，试验样品为烟株顶部 6 片烟叶（从上至下依次编号为倒 1～6 片）。试验田前作为晚稻，冬季休闲，肥力中等，烟田排灌方便，烟株生长发育良好，长势较为一致，按当地优质烟叶生产技术规范进行田间管理。试验共设置 5 个处理，见表 6-27。采用随机区组设计，3 次重复，行株距为 1.2m×0.5m，密度为 16 500 株/hm^2，上六片叶一次性采收，从上至下分为倒 1～3 片、倒 4～6 片叶两个部位，根据鲜烟素质分类，分别编竿并标记。烘烤结束后，各处理随机选取 5kg 烤后烟叶进行分析。其他采收、调制等措施按照当地优质烟叶生产技术规范。

表 6-27　试验设计

处理	采收期范围	采收日期
对照（CK）	顶叶达到生理成熟，上六片叶达到正常采收标准时采收	7 月 1 日
T1	正常采收期延迟 4 天采收	7 月 5 日
T2	正常采收期延迟 8 天采收	7 月 9 日
T3	正常采收期延迟 12 天采收	7 月 13 日
T4	正常采收期延迟 16 天采收	7 月 17 日

6.4.1　田间鲜烟叶成熟采收特征分析

各处理烟叶成熟特征见图 6-17。从中可知，在一定范围内延迟采收，烟叶的成熟特征变化明显。由表 6-28 可知，从正常采收到延迟 12 天采收，叶片色调由不同程度的黄绿逐渐转变为浅黄，叶面落黄程度增加，叶脉变白，茸毛脱落加剧，成熟斑增多。说明随着成熟度的提高，烟叶内含物质转化得更充分；当延迟 12～

16 天采收时，成熟斑明显增加，而叶面落黄程度、主脉颜色和茸毛脱落程度无明显变化。

图 6-17　上部叶田间成熟采收特征（彩图请扫封底二维码）

表 6-28　不同处理上部叶的主要成熟采收特征

部位	处理	叶面色调	叶面落黄程度（%）	主脉变白程度（%）	支脉变白程度（%）	茸毛脱落程度（%）	成熟斑
倒 1～3 片叶	CK	黄绿	50～59	40～59	0～19	40～59	较少
	T1	绿黄	60～69	60～79	20～39	60～79	有
	T2	浅黄	80～89	60～79	40～59	80～99	稍多
	T3	浅黄	90～99	100	60～79	100	较多

续表

部位	处理	叶面色调	叶面落黄程度（%）	主脉变白程度（%）	支脉变白程度（%）	茸毛脱落程度（%）	成熟斑
倒 1~3 片叶	T4	淡黄	90~99	100	80~99	100	较多
倒 4~6 片叶	CK	绿黄	60~69	60~79	0~19	40~59	稍有
	T1	绿黄	70~79	80~99	40~59	60~79	有
	T2	浅黄	80~89	80~99	60~79	80~99	稍多
	T3	浅黄	90~99	100	60~79	100	较多
	T4	淡黄	90~99	100	80~99	100	较多

6.4.2　SPAD 值与鲜烟叶成熟度的关系

对各处理SPAD值变化进行Pearson简单相关分析和双侧测验，结果见表6-29。由其可知，同一部位烟叶的成熟度与叶片 SPAD 值呈极显著负相关。在相关性分析的基础上，对相关性显著的两部位 SPAD 值与延迟采收天数进一步进行回归方程拟合，结果显示随着采收期的延迟，不同部位叶片 SPAD 值均呈逐渐减小趋势，两部位叶片 SPAD 值变化趋势的回归方程拟合度均较高（R^2>0.9000），见图 6-19。因此，用 SPAD 值判断烟叶的成熟度具有可行性。

表 6-29　不同部位烟叶成熟度与 SPAD 值的相关性

部位	样本数	相关系数	P 值
倒 2 片叶	15	−0.957**	<0.0001
倒 4 片叶	15	−0.958**	<0.0001

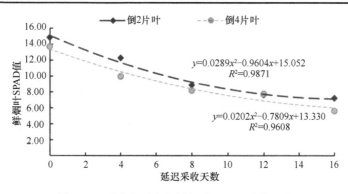

图 6-18　采收期对上部鲜烟叶 SPAD 值的影响

6.4.3　采收期对烟叶外观品质的影响

随着田间采收期的延迟，烤后烟叶的颜色加深，成熟度增加，其综合评价得分呈现出先升高后降低的趋势（表 6-30），其中延迟 8 天采收的倒 1～3 片叶调制后成熟度较好，身份中等，综合评价得分最高；延迟 4 天和 8 天采收的倒 4～6 片叶调制后成熟充分，组织结构尚疏松，叶片色度为强和浓，外观品质较好，与其他处理间差异显著。因此，延迟 4～8 天采收可以作为烟叶外观品质变化的临界点，而延迟超过 8 天采收的烟叶存在过熟、色深、身份变薄、油分减少等问题，对烟叶的工业可用性有较大影响。

表 6-30　采收期对烤后烟叶外观品质的影响

部位	处理	颜色	成熟度	叶片结构	身份	油分	色度	综合评价
	CK	6.40e	7.00e	5.00e	5.80d	7.20c	7.40c	6.42e
	T1	6.80d	8.20c	7.20d	6.80b	8.20a	8.60a	7.49c
倒 1～3 片叶	T2	7.50c	8.50b	7.40c	7.60a	7.60b	7.60b	7.77a
	T3	7.80b	8.80a	8.10a	6.40c	6.40d	5.80d	7.63b
	T4	8.40a	7.60d	7.70b	5.20d	4.90e	5.40e	7.12d
	CK	6.70e	7.60c	6.60c	5.20d	7.80c	7.10c	6.87d
	T1	7.20d	8.80a	7.70ab	7.60a	8.60a	7.70a	7.90a
倒 4～6 片叶	T2	7.90c	8.60a	8.00a	6.90b	8.10b	740b	7.95a
	T3	8.20b	7.90b	7.60b	6.20c	6.60d	6.70b	7.52b
	T4	8.50a	8.00b	7.8ab	4.90e	4.20e	5.20e	7.14c

6.4.4　采收期对烟叶经济性状的影响

如表 6-31 所示，随着烟叶田间采收期的延迟，烟叶的单叶重和产量不断降低。其中，正常采收期的烟叶产量最高，延迟采收处理的两部位烤后烟叶产量分别降低

表 6-31　采收期对烤后烟叶主要经济性状的影响

部位	处理	单叶重（g）	均价（元/kg）	产量（kg/hm²）	产值（元/hm²）	上中等烟比例（%）
	CK	16.09a	29.20ab	1 592.91a	46 512.97a	92.28ab
	T1	15.72a	30.13a	1 556.28b	46 890.72a	93.12a
倒 1～3 片叶	T2	15.50ab	30.19a	1 534.50b	46 326.56a	93.04a
	T3	13.77bc	28.16bc	1 363.23c	38 388.56b	90.45b
	T4	13.02c	27.07c	1 288.98d	34 892.69c	87.64c
	CK	16.19a	29.35ab	1 602.81a	47 042.48ab	92.57a
	T1	15.90a	30.56a	1 574.10a	48 104.50a	93.20a
倒 4～6 片叶	T2	15.34a	29.83a	1 518.66b	45 301.63b	91.85a
	T3	13.43b	28.06b	1 329.57c	37 307.73c	87.55b
	T4	12.83b	26.50c	1 270.17d	33 659.51d	86.50b

2.30%～19.08%和 1.79%～20.75%；各处理的均价和产值随采收期延迟均呈先升高后降低的趋势，延迟 4 天采收时上六片叶产值最高，且与延迟 12 天和 16 天采收处理相比差异显著，说明在产区正常采收期的基础上，适当延长一段时间采收，烟叶产值仍有上升空间，而延迟 8 天或更久采收，烟叶的产值下降，差异显著，两部位烤后烟叶的产值分别有-24.98%～0.81%和-28.45%～2.26%的波动。由此可知，正常采收期的上六片叶产量最高，而延迟 4 天采收的烟叶均价较高，上中等烟比例和产值最高，经济性状表现较好。

6.4.5　采收期对烤后烟叶化学成分的影响

如图 6-19 所示，总氮和烟碱含量随着烟叶采收期延迟而不断提高，各处理倒 1～3 片、倒 4～6 片两部位烤后烟叶烟碱含量分别提高 6.25%～35.31%和 26.32%～62.78%，有利于满足工业企业对高烟碱烟叶的需求；而上六片叶总糖含量持续降低，倒 1～3 片叶还原糖含量在延迟 4 天采收后呈降低趋势，倒 4～6 片叶的还原糖含量则表现为持续降低。延迟采收处理对烤后烟叶化学成分协调性的影响如表 6-32 所示，随着采收期的推迟，烤后烟叶的糖碱比、氮碱比整体呈下降趋势，且各延迟采收处理与正常采收处理间差异显著。

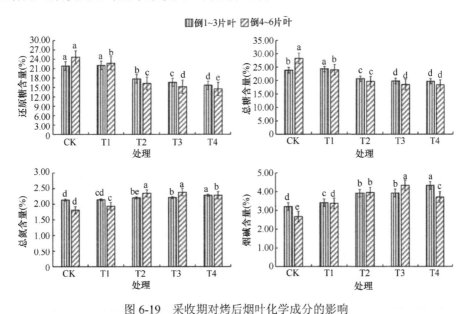

图 6-19　采收期对烤后烟叶化学成分的影响

6.4.6　采收期对烟叶感官品质的影响

不同采收期处理的烤烟感官品质如表 6-33 所示，延迟采收可影响调制后烟叶

表 6-32　采收期对烤后烟叶化学成分协调性的影响

部位	处理	糖碱比	氮碱比	两糖比	钾氯比
倒 1～3 片叶	CK	6.83a	0.67a	0.92a	7.28e
	T1	6.48b	0.63b	0.91a	11.89a
	T2	4.53c	0.56c	0.86b	10.36b
	T3	4.23d	0.56c	0.84b	8.72d
	T4	3.62e	0.53d	0.79c	10.07c
倒 4～6 片叶	CK	9.24a	0.68a	0.87b	7.81d
	T1	6.76b	0.57c	0.95a	10.90b
	T2	4.12c	0.59c	0.83c	6.89e
	T3	3.52d	0.55d	0.83c	12.05a
	T4	3.93c	0.62b	0.79d	9.86c

表 6-33　采收期对烤后烟叶感官品质的影响

部位	处理	烟气品质			烟气丰富程度		总分
		香气质	刺激性	杂气	香气量	浓度	
倒 1～3 片叶	CK	21.00b	12.89a	6.67b	22.00b	7.00b	69.56bc
	T1	21.67a	13.33a	7.00a	23.00a	7.22a	72.22a
	T2	21.33ab	12.89a	6.89a	23.00a	7.22a	71.33ab
	T3	21.00b	12.44b	6.67b	22.67a	7.22a	70.00bc
	T4	20.33c	12.22b	6.44c	22.00b	7.00b	67.99c
倒 4～6 片叶	CK	21.67b	13.33a	6.78c	21.67c	7.00c	70.45b
	T1	21.67b	13.33a	7.00b	22.33b	7.22b	71.55b
	T2	22.33a	13.33a	7.22a	23.33a	7.44a	73.65a
	T3	21.33bc	12.89b	7.00b	23.00a	7.44a	71.66b
	T4	21.00c	12.44c	6.89bc	23.00a	7.22b	70.55b

的感官品质，延迟 8 天采收的倒 4～6 片叶感官品质显著优于正常采收期、延迟 12 天和 16 天采收的处理。如图 6-20 所示，随着采收期的延迟，调制后的上部叶烟气品质和烟气丰富程度均呈现先升高后降低的变化趋势。对不同采收期与感官品质评分进行了回归方程拟合，见表 6-34。在产区上六片叶正常采收期的基础上，延迟 5 天采收烟叶烟气品质较好，而延迟 7～10 天采收的烟叶烟气丰满，口感饱满；延迟 6 天采收的倒 1～3 片叶和延迟 8 天采收的倒 4～6 片叶宜一次性采收，此时上六片叶调制后感官品质较好。

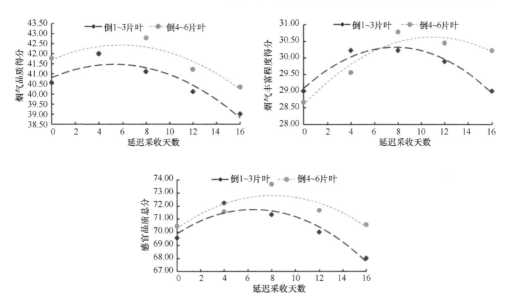

图 6-20　采收期对烤后烟叶感官品质的影响

表 6-34　不同采收期与烟叶感官品质的关系

感官评价指标	部位	回归方程	R^2	最佳延迟采收时间（天）
烟气品质	倒 1～3 片叶	$y=-0.0233x^2+0.2480x+40.810$	0.8874	5.32
	倒 4～6 片叶	$y=-0.0213x^2+0.2496x+41.695$	0.8287	5.86
烟气丰富程度	倒 1～3 片叶	$y=-0.0203x^2+0.3171x+29.083$	0.9601	7.81
	倒 4～6 片叶	$y=-0.0169x^2+0.3698x+28.594$	0.9339	10.94
感官品质	倒 1～3 片叶	$y=-0.0437x^2+0.5651x+69.892$	0.9069	6.47
	倒 4～6 片叶	$y=-0.0382x^2+0.6194x+70.289$	0.7819	8.11

6.4.7　小结

成熟度对烟叶产量和品质的形成有重要影响。在传统的采收处理中，叶片颜色呈柠檬黄或橘黄，叶片结构尚疏松，身份稍厚，烟叶生产潜力尚未完全挖掘；而烟叶过熟采收，其品质又会有所下降。本试验中设置了 5 个采收处理，其中正常采收期（CK）为产区烟农传统采收时间点，从试验结果来看，在正常采收期的基础上，适当延迟采收时间一次性采收可以提高上六片叶的产值、感官品质和工业可用性，比传统分次、分批的采收方式更省工、增质。

通过延迟采收时间进行上六片叶一次性采收可提高烟叶成熟度和烤后烟叶外观品质。已有研究表明，采收时间或采收方式会对上部叶外观品质产生影响，可能是由于延迟采收天数、不同产区气候条件存在差异等影响了烟株生理成熟期关键酶的活性，进而影响烟叶的成熟落黄。此外，有研究结果显示，湘南烟区达到最适宜采收成熟度的延迟采收时间较短，与河南烟区的浓香型烟叶不一致，可能与湘南旺长期至成熟期烤烟生长速度快，成熟期短，成熟后期升温快、温度高有关。

在烟叶成熟采收环节，通过使用叶绿素仪测定田间鲜烟叶的 SPAD 值，有助于把握烟叶田间成熟度，进行量化管理。本试验中，鲜烟叶 SPAD 值与烟叶的成熟度呈极显著负相关关系，即田间鲜烟叶 SPAD 值可用于判断成熟度和指导生产。随着烟叶采收期的延迟，烟叶 SPAD 值降低，主要是由于烟叶中叶绿素不断降解、内含物质持续转化。随着烤烟上部叶采收期的推迟，湘南烟区烟叶 SPAD 值、糖碱比和氮碱比下降，经济性状指标总体得到改善，延迟 4 天采收的烟叶产值最高；延长 6~8 天采收的烟叶烟气品质较好，口感丰满。根据回归模型并兼顾经济效益和评吸品质计算，湘南烤烟产区在传统采收时间点的基础上延迟 7 天一次性采收上六片叶较为适宜。

6.5　移栽期和采收期对豫中烤烟上六片叶经济性状与品质特色的影响

摘要：为探究移栽期和采收期对烤烟上六片叶经济性状与品质特性的影响，以主栽烤烟品种中烟 100 为材料，设计不同移栽期与采收期的栽培试验，对烤烟上六片叶经济性状、感官品质等进行测定并分析。结果表明，移栽期和采收期极显著影响上六片叶的经济性状，且二者存在极显著的互作效应，移栽期对产量、产值的影响大于采收期，而采收期对上六片叶上等烟比例、单叶重及均价影响较大，4 月 25 日和 5 月 5 日移栽，产量、产值较高，延迟 6 天与 12 天采收均价差异不显著，但显著高于其他处理，且上等烟比例比正常采收分别显著提高 10.66%、15.39%。移栽期与上六片叶的浓香型特色密切相关，移栽期不晚于 5 月 5 日有利于烤烟上六片叶浓香型特征的彰显，4 月 15 日至 5 月 5 日移栽时，随移栽期延迟，上六片叶的钾氯比增加，燃烧性变好，中性致香气成分总量在 4 月 25 日和 5 月 5 日均较高；采收期对上六片叶质量的影响较大，采收期延迟，上六片叶的蛋白质含量、淀粉含量、糖碱比下降，且在延迟 12 天采收时趋于适宜值，上六片叶的感官品质整体呈升高趋势，以延迟 12 天采收质量最佳，中性致香成分总量整体表现为显著增加。综合分析，移栽期为 4 月 25 日至 5 月 5 日、延迟 6~12 天采收时，上六片叶的经济性状表现较好，浓香型特征明显，品质较优。

生态条件对烤烟的生长发育、质量和品质特色均有重要影响。在生态环境中，气候条件对烟叶质量风格的形成具有关键作用。在特定生产区域内,气候条件一般不易改变,但可通过调整移栽期和采收期对烤烟生长发育阶段进行调节,进而影响烟叶质量及品质特色的形成。豫中烟区全生育期温度较高,热量丰富,该地区所产烟叶是中国优质浓香型烟叶的典型代表,尤其是烟株上部高成熟度的上六片叶,具有香气浓郁芬芳、吃味醇厚丰富、焦油量较低、安全性高的特点,近年来受到河南中烟工业有限责任公司等工业企业的青睐,在高端卷烟品牌建设中发挥着重要作用。优质上六片叶的形成需要较高的成熟期温度,合理的移栽期和采收期对生育期内温度因子具有重要的调节作用,是生产优质上六片叶的关键条件。但由于上六片叶生产标准体系尚未建立,其生产尚存在一定的盲目性,限制了上部叶质量和可用性的进一步提升,因此,科学建立优质上六片叶形成的生态标准是当务之急。国内关于不同移栽期对烤烟生长及产量、品质的影响研究较多,但鲜有同时研究移栽期和采收期对上六片叶影响的研究报道。鉴于此,在前期探究移栽期和采收期对豫中烤烟上六片叶发育期温度因子影响的基础上,通过分析移栽期和采收期调整后烤烟上六片叶经济性状与品质特色的变化,建立移栽期和采收期与上六片叶品质特色的关系,为豫中烤烟优质上六片叶的生产提供参考(高真真等,2019c)。

试验于 2015～2017 年在河南省襄城县王洛镇进行,选取土壤肥力中等且均匀的地块,按照当地的栽培措施进行施肥和灌溉,前茬作物为小麦,供试烤烟品种为当地主栽品种中烟 100。本试验采用两因素完全随机设计,包括移栽期(A)和采收期(B)2 个因素,每隔 10 天为 1 个移栽期,设 4 月 15 日(A1)、4 月 25 日(A2)、5 月 5 日(A3)和 5 月 15 日(A4)4 个移栽期水平,采收期设提前 6 天采收(B1)、正常采收(B2)、延迟 6 天采收(B3)、延迟 12 天采收(B4)4 个水平,共 16 个处理,3 次重复,取 3 年平均数据。试验处理组合见表 6-35。当地传统的移栽期为 4 月 25 日左右,采收期为 8 月 26 日左右。行株距为 1.20m×0.55m,密度为 5050 株/hm²,每个处理组合 100 株。成熟采收后,采用当地常规的方式烘烤。采集样品为每个处理组合的上六片叶。本试验中以上六片叶基本为黄绿色、叶面 2/3 以上落黄、主脉发白、有成熟斑时作为提前 6 天采收的标准,以上六片叶的顶叶以黄为主、主脉全白发亮和侧脉大部分(2/3 以上)发白时作为正常采收的标准,之后每隔 6 天采收 1 次,共延迟 12 天。

表 6-35　移栽期与采收期的处理组合

移栽期	采收期			
	B1	B2	B3	B4
A1	A1B1	A1B2	A1B3	A1B4
A2	A2B1	A2B2	A2B3	A2B4
A3	A3B1	A3B2	A3B3	A3B4
A4	A4B1	A4B2	A4B3	A4B4

6.5.1　移栽期和采收期对烤烟上六片叶经济性状的影响

由表 6-36 可知，随着移栽期的延迟，烤烟上六片叶各经济性状均呈先升高后降低的趋势，且均在移栽期为 4 月 25 日时达到最佳。上六片叶的产量、产值、上等烟比例随着移栽期的变化均表现为 A2（4 月 25 日）＞A3（5 月 5 日）＞A1（4 月 15 日）＞A4（5 月 15 日），以 4 月 25 日为参照，移栽过早过晚均不利于烤烟上六片叶经济性状的提高，尤其是 5 月 15 日移栽，其产量、产值、上等烟比例较 4 月 25 日移栽分别显著降低 14.31%、20.96%、21.83%。采收期推迟，烤烟上六片叶产量、产值先上升后下降，以正常采收相对较高；上等烟比例、均价随采收期延迟呈上升趋势，延迟 6 天与 12 天采收时，上六片叶均价差异不显著，但显著高于其他处理，上等烟比例比正常采收分别显著增加 10.66%、15.39%。双因素方差分析表明，移栽期和采收期对烤烟上六片叶各经济性状的影响均达到极显著水平；移栽期对产量、产值的影响大于采收期，而采收期对上六片叶上等烟比例、单叶重、均价的影响大于移栽期；二者互作对均价影响显著，对产量、产值、上等烟比例、单叶重的影响均达到极显著水平。

表 6-36　移栽期和采收期及其互作对烤烟上六片叶经济性状的影响

因素	水平	产量（kg/hm²）	产值（元/hm²）	上等烟比例（%）	单叶重（g）	均价（元/kg）
移栽期（A）	A1	304.05c	9234.25c	45.18c	14.23a	30.37a
	A2	322.20a	9903.65a	49.15a	14.30a	30.74a
	A3	310.00b	9297.40b	46.19b	13.85b	29.99b
	A4	276.10d	7826.90d	38.42d	12.94c	28.35c
采收期（B）	B1	307.20b	8113.40d	37.03d	14.46a	26.41c
	B2	321.65a	9721.50a	43.53c	14.75a	30.22b
	B3	300.75c	9422.20b	48.17b	13.45b	31.33ab
	B4	282.75d	9005.10c	50.23a	12.65c	31.85a
F_A		590.82**	977.49**	1312.72**	150.49**	105.37**
F_B		402.82**	618.68**	2192.62**	356.08**	559.19**
$F_{A×B}$		6.38**	7.63**	40.93**	10.93**	2.56*

由图 6-21 可知，移栽期为 4 月 25 日和 5 月 5 日，正常采收的烤烟上六片叶产量、产值相对较高，分别为 344.85kg/hm²、10 607.6 元/hm² 和 328.56kg/hm²、10 050.35 元/hm²，以 4 月 25 日移栽、正常采收为最佳组合。采收期延迟，烤烟上六片叶产量、产值下降，而上等烟比例、均价逐渐升高，延迟 6 天与 12 天采收的上等烟比例、均价均显著高于其他采收时间，以 4 月 25 日移栽、延迟 12 天采收的上等烟比例、均价最高，分别为 54.85%、32.85 元/kg，比 4 月 25 日移栽、

正常采收时分别高出 11.44%、6.79%。

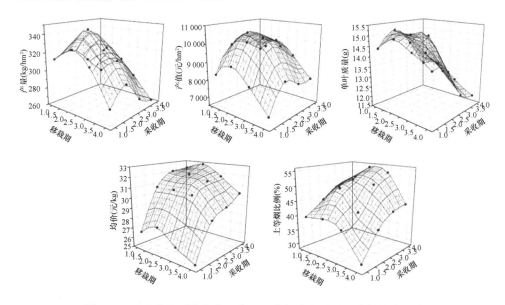

图 6-21　移栽期与采收期交互作用对烤烟上六片叶经济性状的影响

移栽期坐标轴上 "1.0" 代表 4 月 15 日移栽，"2.0" 代表 4 月 25 日移栽，"3.0" 代表 5 月 5 日移栽，"4.0" 代表 5 月 15 日移栽；采收期坐标轴上 "1.0" 代表提前 6 天采收，"2.0" 代表正常采收，"3.0" 代表延迟 6 天采收，"4.0" 代表延迟 12 天采收；下同

6.5.2　移栽期和采收期对烤烟上六片叶化学成分的影响

表 6-37 显示，随着移栽期延迟，烤烟上六片叶的总糖、含量及糖碱比、氮碱比显著升高；淀粉、氯含量总体呈显著下降趋势；烟碱、总氮、钾含量及钾氯比表现为先增加后下降，4 月 25 日、5 月 5 日移栽的烤烟上六片叶钾氯比显著极高于其他处理。表 6-38 显示，采收期延迟，上六片叶的蛋白质、淀粉含量及糖碱比、氮碱比均显著下降，烟碱、总糖、还原糖含量总体表现为显著增加，钾氯比表现为先增加后下降。

表 6-37　移栽期和采收期及其互作对烤烟上六片叶化学成分的影响

移栽期	采收期 (B)	蛋白质 (%)	淀粉 (%)	烟碱 (%)	总糖 (%)	还原糖 (%)	总氮 (%)	钾 (%)	氯 (%)	糖碱比	氮碱比	钾氯比
A1	B1	11.11d	5.61a	2.81i	21.25d	16.70i	2.45d	1.55a	0.57c	5.94e	0.87c	2.72h
	B2	10.61e	5.05abc	3.19d	23.08b	17.94ef	2.32gh	1.47c	0.54d	5.62fg	0.73g	2.72h
	B3	10.38ef	4.73abcd	3.35c	21.52d	18.22de	2.29h	1.43d	0.56c	5.44h	0.68h	2.55i
	B4	9.32hi	3.95cd	3.43b	20.26c	18.64c	2.16i	1.32ghi	0.69a	5.43h	0.63i	1.91I

移栽期	采收期(B)	蛋白质(%)	淀粉(%)	烟碱(%)	总糖(%)	还原糖(%)	总氮(%)	钾(%)	氯(%)	糖碱比	氮碱比	钾氯比
	均值	10.36C	4.84A	3.20B	21.53B	17.88C	2.31C	1.44B	0.61A	5.59C	0.73D	2.48C
	B1	11.24d	5.42ab	2.89h	21.36d	17.27gh	2.36fg	1.52b	0.59b	5.98e	0.82e	2.58i
	B2	10.16fg	4.36bcd	3.25b	22.07c	18.53c	2.65b	1.49bc	0.48g	5.70f	0.82e	3.10d
A2	B3	9.56h	4.27bcd	3.39be	21.37d	18.72bc	2.63g	1.47c	0.52e	5.52gh	0.78f	2.83g
	B4	9.04j	4.03cd	3.56a	21.35	18.78bc	2.55c	1.49bc	0.44i	5.28i	0.72g	3.39a
	均值	10.00D	4.52B	3.27A	21.54B	18.33B	2.55AB	1.49A	0.51B	5.62C	0.79C	2.97A
	B1	12.35a	4.88acbd	2.69j	22.34c	16.88hi	2.40ef	1.49bc	0.47gh	6.28d	0.89b	3.17c
	B2	11.37cd	4.37bcd	3.05f	22.56c	18.16de	2.51c	1.36f	0.46h	5.95e	082e	2.96f
A3	B3	10.12g	3.92cd	3.22d	23.23b	18.93bc	2.66b	1.39e	0.43i	5.88e	0.83e	3.23b
	B4	9.13ij	3.87d	3.36e	23.56ab	18.95bc	2.74a	1.29ij	0.50f	5.64f	0.82e	2.58i
	均值	10.74B	4.26C	3.08C	22.92A	18.23BC	2.58A	1.38C	0.47C	5.92B	0.84B	2.98A
	B1	12.04b	5.21ab	2.60k	22.56c	17.62fg	2.41de	1.35fg	0.56c	6.78a	0.93a	2.41k
	B2	11.51e	4.66abcd	2.84hi	22.28c	18.88be	2.52c	1.33fgh	0.44i	6.65b	0.89b	3.02e
A4	B3	11.21d	4.38bcd	2.96g	22.89a	19.16ab	2.51c	1.30hij	0.48g	6.47c	0.85d	2.71h
	B4	10.41ef	4.11c	3.12e	23.97a	19.37a	2.55c	1.27j	0.51ef	6.21d	0.82c	2.49j
	均值	11.29A	4.59B	2.88D	23.18A	18.76A	2.50B	1.31D	0.50B	6.51A	0.87A	2.66B
F_A		172.54**	2.59*	231.12**	110.91**	27.69**	226.67**	222.77**	493.82**	486.31**	458.59**	835.08**
F_B		491.5**	15.49**	562.86**	12.29**	141.44**	41.41**	113.85**	173.82**	171.26**	340.94**	310.97**
$F_{A×B}$		19.72**	1.07	3.19**	26.67**	1.30	59.82**	16.51**	117.82**	2.87*	40.24**	374.93**

注：同列不同小写字母表示移栽期和采收期处理组合间差异显著（$P<0.05$），同列不同大写字母表示均值间差异极显著（$P<0.01$）

表6-38　采收期对烤烟上六片叶化学成分的影响

采收期	蛋白质(%)	淀粉(%)	烟碱(%)	总糖(%)	还原糖(%)	总氮(%)	钾(%)	氯(%)	糖碱比	氮碱比	钾氯比
B1	11.70a	5.28a	2.75d	21.90b	17.12c	2.41b	1.48a	0.55a	6.23a	0.88a	2.69e
B2	10.90b	4.61b	3.08c	22.50a	18.38b	2.50a	1.41b	0.48c	5.97b	0.81b	2.94a
B3	10.30c	4.33c	3.23b	22.50a	18.76ab	2.52a	1.40b	0.50b	5.81c	0.78c	2.80b
B4	9.48d	3.99d	3.37a	22.30ab	18.94a	2.50a	1.34c	0.54a	5.62d	0.74d	2.48d

方差分析显示，除淀粉含量外，移栽期和采收期对烤烟上六片叶各化学成分指标的影响均达到极显著水平；移栽期对总糖、总氮、钾、氯含量及糖碱比、氮碱比、钾氯比的影响更大，而采收期对蛋白质、淀粉、烟碱、还原糖含量的影响更大，二者互作对淀粉、还原糖含量影响不显著。

6.5.3　移栽期和采收期对烤烟上六片叶感官品质的影响

由表 6-39 和图 6-22 可知，烤烟上六片叶浓香型显示度随移栽期延迟表现为先升高后下降的趋势，以 4 月 15 日、4 月 25 日移栽处理浓香型显示度较高，二者无显著差异。双因素方差分析显示，除香气质外，移栽期和采收期对烤烟上六片各感官品质指标的影响均达到极显著水平。以传统移栽期 4 月 25 日为参照，较早（4 月 15 日）移栽的烤烟上六片叶浓香型显示度比 5 月 5 日移栽高 1.30%，比

表 6-39　移栽期和采收期及其互作对烤烟上六片叶感官品质的影响

因素	水平	浓香型显示度	烟气浓度	香气质	香气量	杂气	刺激性	余味	劲头	燃烧性
移栽期（A）	A1	7.80ab	6.50a	6.60b	6.95b	6.03b	6.20b	6.33a	5.90b	7.70ab
	A2	7.95a	6.58a	6.85a	7.20a	6.25a	6.28a	6.40a	6.20a	7.88a
	A3	7.70b	6.40ab	6.65b	7.13a	6.28a	6.18b	6.38a	5.85b	7.83a
	A4	6.88c	6.30b	6.48c	6.58c	5.88c	5.85b	5.95b	5.63c	7.63b
采收期（B）	B1	7.48b	6.05d	6.10d	6.33d	5.70c	5.90b	5.93d	5.20d	7.50c
	B2	7.63ab	6.30c	6.63c	6.83e	6.13b	6.08b	6.20c	5.75c	7.60c
	B3	7.70a	6.65b	6.85b	7.25b	6.33a	6.25b	6.38b	6.20b	7.85b
	B4	7.53ab	6.78a	7.03a	7.45a	6.28a	6.28a	6.55a	6.43a	8.08a
F_A		380.79**	27.04**	42.73**	138.53**	130.90**	109.33**	118.66**	148.28**	20.26**
F_B		16.65**	206.39**	277.68**	443.08**	289.70**	93.89**	189.97**	775.03**	103.55**
$F_{A\times B}$		14.38**	5.02**	1.49	3.10**	18.54**	15.43**	3.9**	10.71**	12.08**

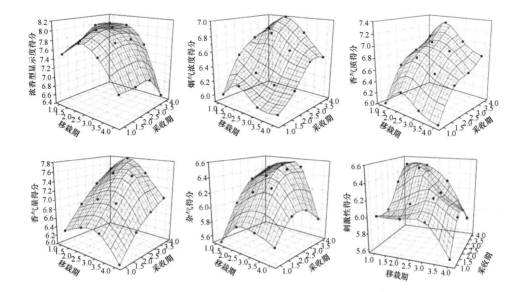

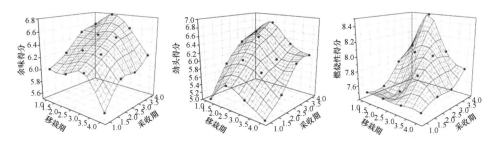

图 6-22　移栽期和采收期交互作用对烤烟上六片感官品质的影响

5 月 15 日移栽高 13.37%；采收期延迟，浓香型显示度变化相对较小。综合考虑，移栽期不晚于 5 月 5 日有利于烤烟上六片叶浓香型特色的彰显。

6.5.4　移栽期和采收期对烤烟上六片叶香气成分的影响

由表 6-40 可以看出，随移栽期的延迟，色素降解产物、非酶棕色化反应产物、苯丙氨酸裂解产物、西柏烷类降解产物含量及中性致香成分总量均呈先上升后下降的趋势。随着采收期延迟，色素降解产物、西柏烷类降解产物含量及中性致香成分总量整体呈升高趋势，而苯丙氨酸裂解产物、非酶棕色化反应产物含量则呈先升高后降低的趋势，以延迟 6 天采收的烟叶香气物质含量最高，延迟 12 天采收时有所下降。

表 6-40　移栽期和采收期及其互作对烤烟上六片叶香气成分含量的影响

因素	水平	色素降解产物	非酶棕色化反应产物	苯丙氨酸裂解产物	西柏烷类降解产物	中性致香成分总量
移栽期（A）	A1	605.150c	17.771d	17.347d	25.796c	666.064f
	A2	626.208b	20.563b	21.849b	27.924a	696.544e
	A3	1031.933a	22.358a	23.237a	26.311b	1103.839a
	A4	574.876d	20.326c	18.760c	13.360d	627.322g
采收期（B）	B1	729.680d	20.047c	17.797c	19.214d	786.738d
	B2	734.302b	20.548b	22.841b	20.577e	798.268c
	B3	730.348c	23.768a	23.494a	26.697b	804.307b
	B4	741.011a	17.952d	17.061d	26.903a	802.927b
F_A		17 103.00**	988.86**	1 388.50**	7 249.21**	4 822.56**
F_B		10 012.00**	2 944.20**	2 097.63**	2 601.40**	1 551.60**
$F_{A×B}$		904.16**	106.32**	304.16**	213.65**	48.68**

双因素方差分析结果显示，移栽期、采收期及二者互作对烤烟上六片叶香气成分的影响均达到极显著水平，色素降解产物、西柏烷类降解产物含量及中性致

香成分总量受移栽期影响较大，而非酶棕色化反应产物、苯丙氨酸裂解产物含量
与采收期关系更为密切。

6.5.5　小结

烟草是对环境条件反应非常敏感的作物，生态条件的变化对烟叶质量特色的
影响十分明显。上六片叶是在生育正常、营养协调、整体株型良好的烟株上留取
的烟叶，高成熟度的上六片叶，香气浓郁芬芳、吃味醇厚丰富、焦油量较低，质
量优良，但对气候条件的要求极高，选择合适的移栽期和采收期可对烟叶不同生
长发育阶段气候条件进行合理调整，进而生产出优质的上六片叶。本试验结果表
明，移栽期和采收期对烤烟上六片叶的生长发育及产质量均有重要影响，移栽期
为 4 月 25 日、5 月 5 日所对应的气候条件基本能够满足烤烟生长发育对光、温等
气候条件的需要，烟苗移栽过早或过晚，都会造成上六片叶产量、产值等经济指
标的下降。移栽过早，温度低，移栽过晚，高温强光则可能对烟叶生长产生相应
的胁迫，从而使烟株叶片数减少，产量下降。采收期延迟，上六片叶的产量、产
值先上升后下降，以正常采收较高，但上六片叶的成熟度随着采收期延迟不断上
升，上等烟比例、均价相应增加，可能是因为采收期延迟导致有效积温增加，有
利于烟叶大分子物质充分降解和转化。高成熟度是上六片叶质量的核心，与烟叶
的色香味密切相关。由此可见，合适的移栽期和采收期组合可以优化上六片叶的
产量、产值、上等烟比例等经济性状，对于促进优质烟叶生产至关重要。

本试验结果表明，随移栽期推迟，上六片叶的烟碱、总氮含量均呈先升高后
降低的趋势，可能是由于延迟移栽后，烟株生育期缩短，生长较快，不利于烟碱
的积累；4 月 25 日、5 月 5 日移栽的烤烟上六片叶钾氯比相对较高，对提高上六
片叶的燃烧性有利。采收期延迟，上六片叶的蛋白质含量、淀粉含量、糖碱比下
降，且在延迟 12 天采收时趋于适宜值，总糖、还原糖含量随采收期延迟而增加，
这些变化与淀粉、蛋白质等大分子物质的降解有关。感官品质是烟叶质量评价的
重要依据，是内在化学成分含量及其协调性的感官体现。上六片叶的感官品质分
析表明，随着移栽期的延迟，浓香型风格整体下降，以 4 月 15 日、4 月 25 日移
栽上六片叶的浓香型显示度相对较高，移栽较晚时浓香型风格下降，可能是因为
延迟移栽会使成熟期日均温和有效积温降低。史宏志和刘国顺（2016）认为，成
熟期较高日均温是浓香型烟叶产区的典型特征，可促进烤烟浓香型特色的彰显；
在适期移栽的条件下，延迟采收对上六片叶浓香型显示度影响较小，但烟叶质量
显著提升。方差分析显示，除浓香型显示度、刺激性外，其他感官品质指标均与
采收期关系较为密切。采收期延迟，上六片叶各感官品质指标均呈不断上升趋势。
采收期延迟可增加成熟期有效积温，有利于叶内同化物质的充分降解和转化，促

进化学成分的协调和香气物质的形成。左天觉（1993）研究认为，成熟采收对烟叶品质的贡献占整个烤烟生产技术环节贡献的比例超过 1/3，烟叶成熟度不足已成为我国烟叶品质及卷烟产品质量提高的最主要限制因素，尤其是上部叶，因此应适当延迟采收期以提高上六片叶的质量。烤烟上六片叶香气成分分析结果表明，移栽期为 4 月 15 日至 5 月 5 日，烟叶中性香气物质含量随移栽期延迟显著升高；采收期延迟，色素降解产物、西柏烷类降解产物、中性致香成分总量均上升，说明可以通过调节移栽期和采收期，协调香气成分，提高上六片叶的品质。在实际生产中，移栽期和采收期密不可分，在适宜的移栽期条件下，延迟采收可提高烤烟上六片叶的成熟度，进而改善烟叶品质。双因素方差分析显示，移栽期、采收期及其互作效应对烤烟上六片叶的生长发育、质量特色均有重要影响，对于解决烤烟上六片叶生产中出现的问题具有重要意义。

优化移栽期和采收期有利于提高上六片叶的经济性状，协调化学成分，提高感官品质及香气成分含量，移栽过早、过晚均会使烟叶品质下降，影响产值，在适期移栽条件下，延迟采收可显著促进上部叶质量提升。综合分析认为，在豫中烟区，移栽期为 4 月 25 日至 5 月 5 日、延迟 6～12 天采收时，上六片叶的经济性状表现较好，烟叶化学成分和香气成分较为协调，浓香型显示度较高，杂气、刺激性小，香气质、香气量充足，余味舒适，综合评分最高。

6.6　不同施氮量下采收期对上部叶质量和经济性状的影响

摘要： 在 5 个施氮水平上设置了 3 个采收期进行大田试验，研究采收期在不同施氮水平下对 NC297 上部叶物理、化学、经济性状及色素含量的影响。结果表明，烤后烟叶总糖、还原糖的含量随采收期的延迟显著减少；烟碱含量的变化趋势与施氮水平有关，在 <30kg/hm^2 的施氮水平下表现为先增后减的趋势，在 30～60kg/hm^2 的施氮水平下呈现增加趋势；施氮量 <30kg/hm^2 不适合延迟采收；施氮量为 30kg/hm^2、45kg/hm^2 和 60kg/hm^2 时延迟 5 天采收的化学成分最为协调，而且能取得最大的经济效益。施氮量为 45kg/hm^2 时延迟 5 天采收烟叶的均价及上等烟比例最高，且感官品质最佳。

烤烟上部叶产量占单株产量的 40% 左右，在烟叶生产中有非常重要的地位。随着卷烟工业的需求增加，上部叶的使用价值也日益提高，所以如何提高上部叶的品质和可用性显得尤为重要。高成熟度是烟叶品质的核心，目前成熟度不够仍是制约烟叶内在品质提高的重要因素之一。不同成熟度的烟叶内含物质积累多少不同，对调制后烟叶的品质有重要的影响，成熟度好的烟叶，总糖含量较高，总氮和烟碱含量适宜，化学成分协调，香气量足，香气质好，杂气、刺激性明显减轻，总体感官质量最好，而不够成熟或者过熟的烟叶，其内在质量明显下降。烟叶的成熟度与烟叶的营养水平、采收期及成熟度的把握程度等有很大关系，准确把握烟叶成熟度是当前烟草科学研究的重点。延迟采收可以在一定程度上提高上部叶的成熟度，进而影响烟叶的外观特征及内在品质。前期营养对后期烟叶的成熟有很大的影响，氮素是烟叶最重要的营养元素之一，对烟的生长和光合物质的积累、转化、运输及生理过程有重要的影响。如何依据烟叶的营养水平把握正确的采收期十分重要。本研究在不同施氮量的基础上研究不同采收期对上部叶质量及经济性状的影响，以期找出采收期和施氮量的最佳交互位点，为准确把握烟叶的成熟度，制定合理的施肥及采收方案，提高上部叶的品质和可用性奠定理论基础（宋莹丽等，2014b）。

试验设 5 个施氮水平：7.5kg/hm²、15kg/hm²、30kg/hm²、45kg/hm²、60kg/hm²，其中 30kg/hm² 为当地传统施氮量。在每个施氮水平的基础上设置 3 个采收期（正常采收、延迟 5 天采收、延迟 10 天采收），分为两个部位（顶 1~3 片叶、顶 4~6 片叶）。采用裂区设计，施氮水平为主处理，单个小区（4~6 行）面积 60m²，采收期为副处理，单个小区面积为 20m²。主区和副区均采用随机区组的排列方式。

试验地设在许昌襄城县王洛镇，面积 1334m²，地势平坦，肥力中等，灌排方便，是当地代表性的烟田，土壤养分含量分别为：有机质 10.42g/kg，碱解氮 25.45mg/kg，速效钾 81.76mg/kg，速效磷 28.80mg/kg，单株留叶数控制在 20~22 片。氮素为有机氮和无机氮配合施用，其中饼肥225kg/hm²，折合施氮量为 7.5kg/hm²，各处理氮素用量用复合肥调至处理水平，其他农事操作均按照当地常规方式。

6.6.1　物理性状

如图 6-23 所示，随着施氮量的增加，叶片的单叶重逐渐增加。采收期对单叶重的影响不明显，相同施氮处理下各采收期上部叶的单叶重变化较小。如表 6-41 所示，随着施氮量的增加，叶片叶面积、含梗率及叶片厚度均呈增加的趋势，且高施氮量与低施氮量的差异达到显著水平。不同施氮处理下，随着采收期的延迟，叶面积、含梗率和叶片厚度的变化都不明显，差异不显著。

6.6.2　色素含量

1. 叶绿素含量

如图 6-24 所示，施氮量为 7.5kg/hm²、15kg/hm² 的水平下，采收越晚，叶片中叶绿素的含量越低，且顶 4~6 片叶采收期处理间差异达到显著水平；施氮量为

30kg/hm^2、45kg/hm^2、60kg/hm^2 的水平下，叶绿素的降解速率较小，随采收期的延迟，叶绿素含量的变化较小。

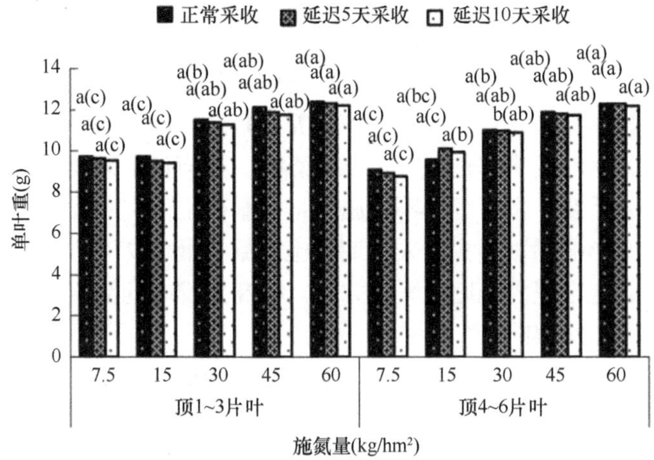

图 6-23　不同施氮量下采收期对上部叶单叶重的影响

小写字母代表不同采收期（括号外的小写字母）和施氮量间（括号内的小写字母）的差异性，不同字母表示在 $P=0.05$ 水平差异显著，下同

表 6-41　不同施氮量下采收期对上部叶物理性状的影响

施氮量 (kg/hm^2)	采收期	叶面积（cm^2）		含梗率（%）		叶片厚度（mm）	
		顶 1~3 片叶	顶 4~6 片叶	顶 1~3 片叶	顶 4~6 片叶	顶 1~3 片叶	顶 4~6 片叶
7.5	正常采收	789.72a（d）	927.79a（d）	22.67a（c）	27.10a（c）	0.067a（d）	0.075a（c）
	延迟 5 天采收	790.90a（d）	926.97a（d）	22.65a（c）	26.90a（c）	0.067a（e）	0.077a（c）
	延迟 10 天采收	791.14a（d）	925.25a（d）	22.32a（c）	26.90a（c）	0.063a（d）	0.072a（c）
15	正常采收	824.39a（c）	950.99a（c）	22.88a（c）	27.50a（bc）	0.070a（d）	0.079a（c）
	延迟 5 天采收	823.03a（c）	949.14a（c）	23.27a（c）	27.30a（bc）	0.077a（cd）	0.077a（c）
	延迟 10 天采收	821.93a（c）	948.43a（c）	23.31a（c）	27.50a（bc）	0.073a（d）	0.079a（c）
30	正常采收	965.33a（b）	951.51a（c）	26.65a（b）	28.90a（b）	0.083a（c）	0.095a（b）
	延迟 5 天采收	964.72a（b）	952.32a（c）	26.93a（b）	28.50a（b）	0.089a（c）	0.096a（b）
	延迟 10 天采收	965.66a（b）	952.20a（c）	26.52a（b）	28.50a（b）	0.083a（c）	0.099a（b）
45	正常采收	1030.08a（a）	1035.66a（b）	26.86a（b）	30.00a（ab）	0.091a（bc）	0.092a（b）
	延迟 5 天采收	1030.70a（a）	1036.72a（b）	27.81a（b）	30.60a（ab）	0.093a（bc）	0.097a（b）
	延迟 10 天采收	1031.65a（a）	1034.90a（b）	27.12a（b）	30.10a（ab）	0.097a（b）	0.102a（b）
60	正常采收	1046.88a（a）	1072.97a（a）	31.82a（a）	31.70a（a）	0.106a（a）	0.128a（a）
	延迟 5 天采收	1046.82a（a）	1073.58a（a）	31.58a（a）	31.30a（a）	0.109a（a）	0.127a（a）
	延迟 10 天采收	1046.94a（a）	1073.75a（a）	31.49a（a）	31.10a（a）	0.109a（a）	0.128a（a）

注：小写字母代表不同采收期（括号外的小写字母）和施氮量间（括号内的小写字母）的差异性，不同字母表示在 $P<0.05$ 水平差异显著，下同

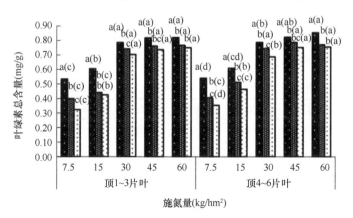

图 6-24　不同施氮量下采收期对上部叶叶绿素含量的影响

2. 类胡萝卜素含量

如图 6-25 所示，施氮量为 7.5kg/hm^2、15kg/hm^2 时，上部叶类胡萝卜素的含量较低，且随采收期的延迟减少速度加快，处理间差异达到显著水平；施氮量为 30kg/hm^2、45kg/hm^2、60kg/hm^2 时，上部叶类胡萝卜素的含量相差不大，且随采收期延迟的变化较小。

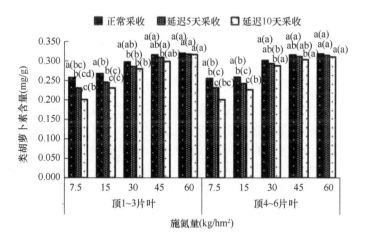

图 6-25　不同施氮量下采收期对上部叶类胡萝卜素含量的影响

6.6.3　化学成分含量

由表 6-42 可以看出，除施氮量 60kg/hm^2 外，各施氮处理随着采收期的延迟，上部叶中还原糖和总糖含量显著减少；烟碱含量在施氮量为 7.5kg/hm^2、15kg/hm^2

时有先增后降的趋势，且延迟采收与正常采收相比，差异显著，在施氮量为30kg/hm²、45kg/hm²、60kg/hm²时，则呈显著增加趋势；总糖、含量随施氮量的增加而显著降低。糖碱比、氮碱比均以施氮量为45kg/hm²、60kg/hm²时较适宜，且均在延迟5天采收时最为适宜，在施氮量低于30kg/hm²时不适合延迟采收。

表 6-42 不同施氮量下采收期对上部叶化学成分的影响

施氮量（kg/hm²）	采收期	还原糖（%）	烟碱（%）	总氮（%）	总糖（%）	糖碱比	氮碱比
7.5	正常采收	20.52a（a）	1.85c（d）	2.06b（c）	22.91a（a）	12.38a（a）	1.11a（a）
	延迟5天采收	20.12b（a）	2.57a（d）	2.23a（c）	21.94b（a）	8.54c（a）	0.87b（a）
	延迟10天采收	19.54c（a）	2.06b（d）	2.32a（b）	20.91c（a）	10.15b（a）	1.13a（a）
15	正常采收	19.76a（b）	1.99c（cd）	2.12b（bc）	21.35a（b）	10.73a（b）	1.07a（ab）
	延迟5天采收	19.14b（b）	2.86a（d）	2.35a（a）	20.91b（b）	7.31b（b）	0.82b（ab）
	延迟10天采收	17.09c（b）	2.59b（c）	2.38a（ab）	19.26c（b）	7.44b（b）	0.92ab（b）
30	正常采收	18.63a（c）	2.15c（c）	2.15b（b）	20.95a（c）	9.74a（c）	1.00a（bc）
	延迟5天采收	17.81b（c）	2.88b（c）	2.39a（a）	19.20b（c）	6.67b（c）	0.83ab（ab）
	延迟10天采收	16.18c（c）	3.19a（b）	2.41a（a）	18.52c（c）	5.81c（c）	0.76b（c）
45	正常采收	17.51a（d）	2.95c（b）	2.21b（ab）	20.20a（d）	6.85a（d）	0.75a（ab）
	延迟5天采收	16.88b（d）	3.25a（b）	2.53a（a）	18.50b（d）	5.69b（de）	0.78a（a）
	延迟10天采收	15.60c（d）	3.32a（b）	2.44a（a）	17.51c（d）	5.27c（d）	0.73b（c）
60	正常采收	17.00a（d）	3.39a（a）	2.39b（a）	19.87a（e）	5.86a（d）	0.71a（ab）
	延迟5天采收	16.72a（d）	3.49b（a）	2.54a（a）	18.10b（e）	5.19b（e）	0.73a（b）
	延迟10天采收	14.43c（e）	4.04a（a）	2.44a（a）	16.83c（e）	4.17c（e）	0.60c（d）

6.6.4 经济性状

随着施氮量的增加，上部叶的产量和产值均呈上升趋势，施氮量为7.5kg/hm²、15kg/hm²时，随采收期的延迟显著减少（表6-43）。延迟采收期对均价的作用效果不明显。施氮量为7.5kg/hm²、15kg/hm²时，随采收期的延迟，上等烟比例整体有减少趋势，在施氮量为30kg/hm²、45kg/hm²和60kg/hm²时，延迟5天采收时上等烟比例最大，施氮量低于30kg/hm²时不适宜延迟采收。

6.6.5 感官品质

感官品质评吸结果表明，在施氮量为7.5kg/hm²、15kg/hm²时，随采收期的延迟，香气量、香气质、劲头整体均显著下降（表6-44）。施氮量为30kg/hm²、45kg/hm²和60kg/hm²时，评吸总分均在延迟5天采收时最高，且以施氮量为45kg/hm²时延迟5天采收上部叶的感官品质最优，总分与其他施氮量处理间差异均达到显著水平。

表 6-43　不同施氮量下采收期对上部叶经济性状的影响

施氮量（kg/hm²）	采收期	产量（kg/hm²）	产值（元/hm²）	均价（元/kg）	中上等烟比（%）
7.5	正常采收	613.8a（e）	8 533.7a（e）	13.9a（c）	43.2
	延迟 5 天采收	607.4b（e）	8 138.7b（e）	13.4a（c）	42.7
	延迟 10 天采收	597.6c（e）	7 886.7c（e）	13.2a（c）	40.4
15	正常采收	708.5a（d）	10 113.2a（d）	14.3a（bc）	50.5
	延迟 5 天采收	693.5b（d）	9 987.7b（d）	14.4a（bc）	51.5
	延迟 10 天采收	673.4c（d）	9 546.2c（d）	14.2a（bc）	50.3
30	正常采收	869.7a（c）	11 456.3b（c）	13.2a（b）	58.9
	延迟 5 天采收	862.4b（c）	11 958.2a（c）	13.9a（a）	63.1
	延迟 10 天采收	859.8b（c）	11 957.4a（c）	13.9a（a）	61.2
45	正常采收	955.3a（b）	15 489.2a（b）	16.2a（a）	72.5
	延迟 5 天采收	946.7b（b）	15 326.7a（b）	16.2a（a）	76.2
	延迟 10 天采收	949.5c（b）	15 087.6b（b）	15.9a（ab）	73.5
60	正常采收	1 007.9a（a）	16 523.6b（a）	16.4a（a）	70.1
	延迟 5 天采收	1 001.4a（a）	16 558.6a（a）	16.5a（a）	71.9
	延迟 10 天采收	998.2b（a）	15 688.4a（a）	15.7a（ab）	70.2

表 6-44　不同施氮量下采收期对上部叶感官质量的影响

施氮量（kg/hm²）	采收期	香气质（10）	香气量（10）	烟气浓度（10）	劲头（10）	刺激性（10）	余味（10）	杂气（10）	燃烧性（5）	总分（75）
7.5	正常采收	5.5a（d）	5.3a（c）	5.8a（d）	5.2a（c）	5.8a（b）	5.0a（c）	5.0a（d）	4.5a（a）	42.1a（d）
	延迟 5 天采收	5.2b（d）	5.3a（e）	5.5b（e）	5.0b（e）	5.5b（b）	4.8b（d）	5.0a（d）	4.5a（a）	40.8b（d）
	延迟 10 天采收	5.0c（c）	5.2b（d）	5.0c（c）	5.0b（e）	5.0c（c）	4.5c（c）	4.8b（c）	4.3b（b）	38.8c（d）
15	正常采收	5.8a（b）	5.7b（b）	6.0a（b）	5.5a（a）	5.5a（c）	5.5a（b）	4.8c（e）	4.5a（a）	43.6b（c）
	延迟 5 天采收	5.6b（b）	6.0a（d）	6.0a（d）	5.5a（a）	5.5a（c）	5.3b（b）	5.8a（c）	4.5a（a）	44.2a（c）
	延迟 10 天采收	5.0c（c）	5.5c（d）	5.8b（c）	5.3b（b）	5.5a（c）	5.0c（c）	5.0b（d）	4.5a（a）	41.6c（c）
30	正常采收	5.6c（cd）	6.0b（b）	5.8c（c）	5.5b（b）	6.0b（b）	5.5c（b）	5.5b（b）	4.3c（b）	44.2c（bc）
	延迟 5 天采收	6.0a（b）	6.5a（b）	6.2a（c）	6.0a（b）	6.3a（a）	6.0a（b）	5.8a（c）	4.8a（a）	47.6a（b）
	延迟 10 天采收	5.8b（b）	6.0b（b）	6.0b（b）	6.0a（b）	6.0b（b）	5.8b（b）	5.8a（c）	4.5b（a）	46.4b（b）
45	正常采收	6.3a（a）	6.0b（b）	6.5b（a）	7.0a（a）	6.0c（b）	6.0b（a）	6.2a（a）	4.2b（b）	48.2b（a）
	延迟 5 天采收	6.5a（a）	6.6a（ab）	6.6a（ab）	7.0a（a）	6.3ab（a）	6.2a（a）	6.2a（a）	5.5a（a）	50.9a（a）
	延迟 10 天采收	6.4ab（a）	6.6a（ab）	6.5a（a）	7.0a（a）	6.2b（a）	6.0b（a）	6.3a（a）	4.3b（b）	49.3ab（a）
60	正常采收	6.0a（b）	6.0c（b）	6.5b（a）	5.5c（b）	5.5b（b）	6.0b（a）	6.0a（b）	4.0c（c）	45.5b（a）
	延迟 5 天采收	6.0a（b）	6.3a（c）	6.5b（a）	5.8a（b）	5.0b（c）	6.2a（a）	6.0a（b）	4.0d（c）	45.8a（a）
	延迟 10 天采收	5.8b（b）	6.2b（c）	6.5a（a）	5.6bc（c）	5.5a（b）	6.0b（a）	6.0a（b）	4.0c（c）	45.6a（a）

6.6.6 小结

成熟度对烟叶品质的形成很重要，掌握好各部位的成熟度是提高烟叶品质的关键措施，不同成熟度的烟叶化学成分积累有差异，进而影响调制后烟叶的质量，针对各部位烟叶选择合适的成熟度就能调制出质量较好的烟叶。

烟叶养分供应状况对后期上部叶的成熟有很重要的影响，营养供应不充足，烟叶内含物质积累不足，会导致烟叶的早衰，造成假熟的现象，即使采收及时也不能取得较好的烟叶品质；在养分充足的条件下，上部叶耐熟性好，内含物质较为丰富，若能适当提高烟叶的成熟度，可以使叶片组织疏松、内含物质丰富、内部化学成分趋于协调。采收适熟的烟叶对于改善烟叶的香吃味有很重要的作用，据报道，随着烟叶成熟度的增加，香气质、香气量均变好，余味变舒适，刺激性减弱，但超过某一成熟度档次时，总体质量又变差。本研究结果表明，在施氮量低于30kg/hm²时，不适合延迟采收。在施氮量为30kg/hm²、45kg/hm²和60kg/hm²的条件下延迟5天采收可以适当提高烟叶的成熟度，虽然产量、产值有所下降，但上等烟比例提高，感官品质较好，尤以45kg/hm²施氮量下延迟5天采收最佳。

综合来说，烤烟上部叶的适宜采收期要依据烟叶的营养水平、外观成熟特性灵活掌握，提高烟叶的耐熟性和成熟度是提高上部叶可用性的两个重要方面，二者缺一不可，没有耐熟性，就缺少了提高成熟度的物质基础，而没有成熟度，烟叶内含物质再充实，也不能充分转化为香气物质。在烟叶充分发育的基础上，准确把握烟叶的成熟度对于协调烟叶的化学成分，提高烟叶香气物质含量和可用性，取得较高的经济效益十分重要。

6.7　环割对烤烟成熟落黄及烤后烟叶质量的影响

摘要：为探求烤烟生长过旺、成熟落黄较慢的解决方法，设计大田试验，于烤烟成熟期环割（T1：距烟株茎基部20cm处环割半圈；T2：距烟株茎基部20cm处环割1圈；T3：上下对称环割两个半圈，距烟株茎基部10cm处环割半圈，对称面向上10cm处环割半圈），探索处理前后硝酸还原酶（NR）、谷氨酰胺合成酶（GS）活性的变化，以及对烤后烟叶质量的影响。结果表明，烤烟成熟期环割处理NR、GS活性显著降低，叶片落黄较快，且以T2总体效果最为显著；烤后烟叶物理性状方面，叶长、宽比常规处理的烟叶偏小，单叶重、叶质重减小，填充值提高，且以T2处理最为明显；常规化学方面，还原糖、总糖、钾含量提高，蛋白质、烟碱、总氮含量降低，以 T2 处理各指标与对照差异最大，协调性较适宜，以 T3 处理最适宜；烤后烟叶质体色素残留减少，各类中性致香成分含量及总量均增加，感官评吸质量更好，且以 T3 处理最佳。烤烟成熟期进行环割可有效促进烟叶成熟落黄、改善烟叶品质，且以上下对称环割两个半圈处理效果最明显。

成熟度是影响烟叶质量的重要因素，不够成熟或者过熟，烟叶的易烤性、耐烤性受到严重影响，烟叶的外观质量及内在品质不佳，成熟度适宜的烟叶烘烤特性较好，烤后烟叶外观质量较好，内在质量协调，可用性较高。近年来，烤烟种植使用化肥过多，土壤氮素残留较多，肥效持续发挥，烟叶持续生长，成熟落黄较慢，烟叶成熟度不够的问题十分普遍，因此，促进烤烟成熟期快速落黄、增加成熟度的难题亟待解决。有关环割在烟草上的应用已有报道，多集中于钾、钙、镁、烟碱等理化成分及吸食品质等研究方面，关于环割尤其是不同环割方法对烟叶成熟落黄及烤后烟叶质量影响方面的研究鲜有报道。本研究在以往工作的基础上，探讨不同环割方法对烟叶成熟落黄及烟叶质量的影响，旨在建立解决生长过旺、难以落黄难题的有效方法（许东亚，2016）。

本试验在 2014 年实施，试验品种为当地主栽品种。试验于烤烟成熟期进行，选取生长过旺的烟株，要求整体长势较为均匀，分别进行 4 组处理，CK：常规对照；T1：距烟株茎基部 20cm 处环割半圈；T2：距烟株茎基部 20cm 处环割 1 圈；T3：上下对称环割两半圈，距烟株茎基部 10cm 处环割半圈，对称面向上 10cm 处环割半圈；环割方法采用去除烟株韧皮部宽 1cm 左右，各处理分别设置 200 株，试验重复 3 次。试验处理前、处理后 5 天、10 天测定叶片 NR、GS 活性。各处理烟叶按常规成熟标准采收，并于标准化密集烤房烘烤，挑选代表性的烟叶样品，中、上部各 5kg，进行物理特性、内在品质的测定。

6.7.1　烤烟成熟期环割对烤烟氮代谢关键酶活性的影响

NR、GS 作为烟草氮代谢过程中控制其合成的关键酶，其活性大小是表征氮合成代谢速度的重要指标。对各处理环割前后的 NR、GS 活性测定，结果如表 6-45 所示。由其可见，环割前后两酶活性均有较大差异，且随时间的推后，呈降低趋势，环割处理两种酶活性极显著降低，环割后 5 天、10 天各处理的酶活性表现为 CK＞T1＞T3＞T2，差异达到显著或极显著水平。大田表现方面，环割处理成熟落黄更快，且以 T2 处理效果最为明显。因此，烟株成熟期进行环割，氮代谢合成关键酶 NR、GS 活性减小，以环割 1 圈的降低幅度最大。

表 6-45　烤烟成熟期环割前后烟叶 NR、GS 酶活性

处理		硝酸还原酶活性［μg/(g·h)］]	GS 酶活性［A/(mg 蛋白·h)］
环割前		78.69±0.94	0.59±0.01
环割后 5 天	CK	59.44±1.16Aa	0.36±0.00Aa
	T1	53.45±1.04Bb	0.30±0.01Bb
	T2	43.87±1.13Cc	0.19±0.02Cc
	T3	44.72±1.35Cc	0.21±0.01Cc
环割后 10 天	CK	56.28±0.85Aa	0.32±0.01Aa
	T1	49.10±1.08Bb	0.26±0.02Bb
	T2	38.45±0.73Cc	0.16±0.01Cc
	T3	40.53±0.95Cd	0.18±0.02Cc

6.7.2　烤烟成熟期环割对烤后烟叶质量的影响

1. 烤烟成熟期环割对烤后烟叶物理特性的影响

各处理烤后烟叶样品的物理特性测定结果见表 6-46，填充值以对照最小，叶长、叶宽、单叶重、含梗率等指标以对照最大。环割各处理之间，填充值表现为 T2>T3>T1，含梗率以 T3 最小，其他各指标均为 T1>T3>T2。因此，烟株成熟期环割处理烟叶的长、宽、厚度、单叶重、叶质重等物理特性指标相比对照减小，填充值提高，并以环割 1 圈最为明显。

表 6-46　烤烟成熟期环割前后烤后烟叶物理特性

部位	处理	叶长（cm）	叶宽（cm）	单叶重（g）	含梗率（%）	叶质重（g/m²）	叶片厚度（mm）	填充值（cm³/g）
上部叶	CK	59.33±0.72Aa	27.83±1.23Aa	22.64±0.12Aa	30.22±0.34Aa	102.26±1.11Aa	0.22±0.01Aa	3.06±0.09Bc
	T1	57.50±1.39ABb	25.83±1.53ABb	18.87±0.67Bb	27.07±0.58Bc	96.62±0.44Bb	0.19±0.02ABb	3.64±0.12Ab
	T2	56.45±0.65Bb	24.42±0.52Bb	17.49±0.18Bc	28.91±0.28Ab	92.96±0.46Cc	0.17±0.01Bc	3.91±0.20Aa
	T3	57.27±0.54Bb	24.68±0.61Bb	18.24±0.83Bc	26.32±0.63Bc	93.22±0.42Ac	0.18±0.00ABb	3.87±0.14Aab
中部叶	CK	63.71±1.00Aa	30.83±0.94Aa	21.64±0.77Aa	31.56±0.68Aa	94.25±0.82Aa	0.17±0.01Aa	3.53±0.21Bb
	T1	60.43±0.72Bb	28.61±0.87Bb	19.62±0.73Bb	30.73±0.53Aab	88.42±0.80Bb	0.14±0.00Bb	3.86±0.12ABab
	T2	58.41±0.84Bc	26.49±0.76Bc	17.85±0.63Cc	30.41±0.37Ab	82.17±0.49Dd	0.11±0.02Cc	4.21±0.31Aa
	T3	58.73±1.33Bbc	27.64±0.49Bbc	18.17±0.37Bc	28.23±0.49Bc	85.40±0.60Cc	0.12±0.00Cd	4.16±0.12Aa

2. 烤烟成熟期环割对烤后烟叶化学成分的影响

烤后烟叶的常规化学成分含量及其比值见表 6-47，从中可知，各处理间烟叶

的蛋白质、烟碱、总氮含量表现为对照最高，还原糖、总糖、钾含量表现为环割
处理更高，各环割处理间还原糖含量呈现 T2＞T3＞T1，而蛋白质、烟碱、总氮含
量呈现 T1＞T3＞T2；糖碱比、氮碱比、钾氯比 3 个指标整体表现为环割各处理较
为接近适宜范围，综合表现以 T3 处理最为协调。因此，烤烟成熟期环割处理烤
后烟叶的蛋白质、烟碱及总氮含量减少，还原糖、总糖、钾含量增高，糖碱比、
氮碱比、钾氯比更加适宜，协调性更好，且各环割处理中，以环割 1 圈与对照的
差异最大，而上下对称环割两个半圈的协调性最好，可能是由于环割 1 圈阻断了
营养的上下输送，氮素等营养无法被烟株吸收利用，氮合成代谢严重降低，转化
为以分解代谢为主，蛋白质、总氮、烟碱含量降低，而上下对称环割两个半圈则
部分阻断，降低程度稍小。

表 6-47　烤烟成熟期环割前后烤后烟叶化学成分

部位	处理	蛋白质 (%)	还原糖 (%)	钾 (%)	氯 (%)	烟碱 (%)	总氮 (%)	总糖 (%)	糖碱比	氮碱比	钾氯比
上部叶	CK	10.17± 0.23Aa	19.33± 0.32Cc	1.69± 0.07Cc	0.59± 0.06Aa	3.49± 0.13Aa	2.45± 0.17Aa	29.79 ±0.35Dd	5.54± 0.28Cc	0.70± 0.05Aa	2.86± 0.26Bc
	T1	9.81± 0.28Aa	21.86± 0.24Bb	1.96± 0.06Bb	0.46± 0.04Bb	3.14± 0.11Bb	2.41± 0.10Aa	31.97 ±0.16Cc	6.96± 0.17Bb	0.77± 0.06Aa	4.26± 0.48Aab
	T2	8.53± 0.10Bc	23.73± 0.29Aa	2.26± 0.08Aa	0.61± 0.05Aa	2.75± 0.09Cc	2.17± 0.20Aa	33.45 ±0.52Bb	8.63± 0.30Aa	0.79± 0.07Aa	3.70± 0.37ABb
	T3	8.99± 0.27Bb	23.50± 0.19Aa	2.22± 0.16ABa	0.49± 0.03ABb	2.81± 0.11Cc	2.25± 0.14Aa	34.90 ±0.31Aa	8.36± 0.30Aa	0.80± 0.07Aa	4.53± 0.56Aa
中部叶	CK	9.16± 0.15Aa	20.52± 0.36Cc	1.80± 0.04Bc	0.64± 0.05Aa	3.15± 0.14Aa	2.16± 0.10Aa	31.90 ±0.35Dd	6.51± 0.37Bc	0.69± 0.01Aa	2.81± 0.26Cc
	T1	8.83± 0.19Ab	22.97± 0.18Bb	2.16± 0.17Ab	0.59± 0.05ABab	2.89± 0.28Aa	2.03± 0.09Aa	34.63 ±0.13Cc	7.95± 0.71ABb	0.70± 0.10Aa	3.66± 0.44Bb
	T2	7.83± 0.15Bd	24.65± 0.56Aa	2.31± 0.16Aab	0.58± 0.03ABab	2.65± 0.17Ab	1.97± 0.12Aa	35.51 ±0.27Bb	9.30± 0.80Aa	0.74± 0.05Aa	3.98± 0.07Bb
	T3	8.13± 0.08Bc	24.38± 0.20Aa	2.44± 0.08Aa	0.51± 0.02Bb	2.71± 0.19Ac	2.02± 0.12Aa	36.65 ±0.08Aa	9.00± 0.65Aa	0.75± 0.06Aa	4.78± 0.18Aa

3. 烤烟成熟期环割对烤后烟叶质体色素的影响

各处理样品的质体色素含量见图 6-26，各处理间 4 种色素指标均表现为对照
处理最高，环割处理间各色素指标表现为 T1＞T3＞T2。因此，环割处理烤后烟叶
色素残留量降低，降解较为充分，其中，环割 1 圈处理表现最为突出。

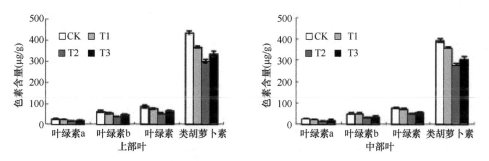

图 6-26　烤烟成熟期环割前后烤后烟叶质体色素

4. 烤烟成熟期环割对烤后烟叶中性香气成分的影响

成熟期环割处理的烟叶样品中性香气成分含量见表 6-48，共鉴定出 29 种，根据前体物进行分类，有类胡萝卜素降解产物、西柏烷类降解产物、苯丙氨酸裂解产物、非酶棕色化反应产物和叶绿素降解产物五大类。各处理间各类含量及总量表现为环割处理较高，且总量高出 CK 14.30%～23.46%，环割的各处理间，苯丙氨酸裂解产物、西柏烷类降解产物含量呈现出 T3 最高，T2 次之，T1 最低，上部叶其他 3 类含量及总量均呈现出 T3 最高，T1 次之，T2 最低。因此，烟株成熟期进行适当的环割，烤后烟叶的中性香气成分含量增高，总体以上下对称环割两个半圈表现最佳。

5. 烤烟成熟期环割对烤后烟叶感官质量的影响

如表 6-49 所示，各处理间总分以常规对照处理最低，环割处理较高，中部叶环割处理与常规对照差异显著。其中，环割各处理间上部叶评吸质量各指标评分呈现出 T3＞T1＞T2；中部叶各指标评分结果表现不一致，香气质、烟气浓度、劲头、回甜 5 个指标以 T3 最高，香气量、透发性以 T1 最高，细腻度以 T2 最高，刺激性、余味评分较为接近；评吸质量的总分以 T3 最高，T1 次之，T2 最低。因此，烤烟成熟期环割处理烤后烟叶评吸质量各指标得分、总分相比 CK 提高，评吸质量较好，其中上下对称环割两个半圈表现最好。

6.7.3 小结

烟叶成熟过程中，氮素营养的再转移速率直接影响落黄的进度。NR、GS 为叶片氮代谢过程的关键酶，对氮的合成代谢起到重要的促进作用，其活性的降低将抑制氮合成代谢，加快叶片衰老。另外，成熟期进行环割处理，部分或全部阻断叶片中光合作用等合成的有机物向根部运输，根系活性降低，进一步促使烟叶加速落黄。本研究中，环割后烟叶的 NR、GS 活性比常规对照处理明显降低，氮合成代谢受到较大程度的抑制，烟叶从以氮合成代谢为主转向以分解为主。

烤烟成熟期环割，烟叶物理性状指标中叶长、叶宽、叶片厚度、单叶重、叶质重减小，环割处理将韧皮部割断，烟株的物质下行运输受到严重抑制，烟叶内合成的光合产物积累较多，促进碳代谢进行，内含物质降解消耗充分。环割处理烟叶还原糖、总糖、钾含量提高，蛋白质、烟碱、总氮含量减少。割断烟株韧皮部，阻碍烟碱向地上部运输及光合产物向根部运输，烟叶中积累较多的光合产物，碳代谢旺盛，分解生成的糖类较多，而氮代谢则受到一定程度的抑制，蛋白质、总氮相对含量较低，根系因与地上部物质运输受阻，活力减弱，烟碱的合成明显

表 6-48　烤烟成熟期环割前后烤后烟叶中性致香成分

香气物质类型	中性致香成分	上部叶				中部叶			
		CK	T1	T2	T3	CK	T1	T2	T3
类胡萝卜素降解产物	二氢猕猴桃内酯	1.83±0.05	2.03±0.07	1.96±0.06	2.21±0.06	1.63±0.10	1.86±0.16	1.88±0.05	2.06±0.06
	3-羟基-β-二氢大马酮	0.84±0.03	1.16±0.08	0.98±0.07	1.12±0.08	0.78±0.10	0.86±0.06	0.82±0.03	0.93±0.08
	氧化异佛尔酮	0.070±0.03	0.12±0.02	0.10±0.00	0.11±0.01	0.091±0.02	0.11±0.03	0.12±0.04	0.10±0.01
	异佛尔酮	0.15±0.01	0.19±0.02	0.21±0.01	0.18±0.01	0.11±0.01	0.18±0.02	0.16±0.01	0.21±0.02
	巨豆三烯酮1	1.26±0.09	1.38±0.07	1.39±0.05	1.44±0.10	0.86±0.03	1.23±0.04	1.10±0.18	1.25±0.03
	巨豆三烯酮2	5.07±0.08	5.05±0.09	5.38±0.10	4.88±0.13	3.98±0.08	4.87±0.10	5.13±0.08	4.21±0.10
	巨豆三烯酮3	2.32±0.10	3.67±0.11	3.68±0.09	4.06±0.06	1.55±0.05	2.63±0.10	2.51±0.04	2.61±0.06
	巨豆三烯酮4	7.63±0.09	8.03±0.12	8.13±0.08	8.37±0.17	5.79±0.12	6.84±0.05	7.34±0.29	7.61±0.20
	螺岩兰草酮	0.15±0.01	0.26±0.01	0.22±0.01	0.26±0.02	0.33±0.01	0.31±0.01	0.29±0.03	0.34±0.01
	β-大马酮	14.26±0.30	16.63±0.21	15.38±0.41	16.87±0.39	13.25±0.35	4.34±0.19	14.63±0.32	15.76±0.32
	6-甲基-5-庚烯-2-酮	0.86±0.03	1.05±0.09	1.13±0.09	0.96±0.10	0.59±0.04	0.84±0.05	0.63±0.07	0.88±0.03
	6-甲基-5-庚烯-2-醇	0.64±0.06	0.81±0.04	0.88±0.03	0.93±0.03	0.87±0.04	0.98±0.35	0.76±0.05	0.82±0.04
	香叶基丙酮	4.10±0.24	5.68±0.60	4.68±0.08	5.54±0.11	2.06±0.09	3.21±0.03	2.86±0.10	3.66±0.11
	法尼基丙酮	10.17±0.12	10.86±0.65	11.61±0.21	12.61±0.22	11.65±0.36	13.64±0.08	12.85±0.34	14.53±0.22
	芳樟醇	0.69±0.02	0.70±0.02	0.73±0.02	0.76±0.01	0.55±0.04	0.83±0.04	0.70±0.02	0.80±0.04
	β-二氢大马酮	8.50±0.16	9.63±0.37	10.35±0.24	8.37±0.07	9.63±0.22	9.74±0.34	9.61±0.20	10.54±0.18
	愈创木酚	1.84±0.06	1.85±0.12	1.93±0.18	1.97±0.16	1.66±0.16	1.53±0.10	1.63±0.15	2.06±0.10
	小计	60.38±1.18	69.10±1.21	68.74±0.37	70.64±0.41	55.38±0.50	54.00±0.60	63.02±0.59	68.37±0.26
西柏烷类降解产物	茄酮	30.36±1.18	31.76±1.77	32.15±1.20	34.71±0.93	26.15±0.44	28.61±0.51	29.75±0.38	30.06±0.17

续表

香气物质类型	中性致香成分	上部叶				中部叶			
		CK	T1	T2	T3	CK	T1	T2	T3
苯丙氨酸裂解产物	苯甲醛	0.41±0.02	0.51±0.01	0.52±0.02	0.58±0.04	0.23±0.02	0.44±0.02	0.51±0.00	0.63±0.01
	苯甲醇	2.27±0.09	2.23±0.08	2.66±0.21	3.42±0.17	3.61±0.08	4.06±0.06	4.03±0.15	4.32±0.13
	苯乙醛	2.84±0.07	2.92±0.22	2.99±0.16	3.11±0.08	2.23±0.09	2.03±0.09	2.26±0.05	2.42±0.12
	苯乙醇	0.84±0.05	1.23±0.04	1.35±0.19	1.35±0.10	1.23±0.04	1.33±0.14	1.41±0.06	1.38±0.09
	小计	6.36±0.14	6.89±0.32	7.52±0.40	8.46±0.10	7.30±0.21	7.86±0.27	8.21±0.16	8.75±0.30
非酶棕色化反应产物	糠醛	12.65±0.30	14.27±0.54	13.62±0.50	14.67±0.36	13.62±0.58	15.35±0.44	14.85±0.55	15.06±0.25
	糠醇	0.41±0.03	0.58±0.04	0.55±0.05	0.53±0.03	0.26±0.05	0.33±0.02	0.28±0.03	0.42±0.03
	2-乙酰基吡喃	0.40±0.04	0.38±0.02	0.41±0.03	0.42±0.03	0.25±0.03	0.22±0.03	0.20±0.02	0.23±0.01
	5-甲基糠醛	0.98±0.05	1.23±0.03	1.13±0.10	1.34±0.12	1.36±0.18	1.35±0.11	1.66±0.11	1.49±0.04
	藏花醛	0.15±0.01	0.20±0.02	0.23±0.01	0.19±0.01	0.18±0.01	0.23±0.02	0.26±0.02	0.31±0.02
	β-环柠檬醛	0.62±0.04	0.66±0.03	0.60±0.02	0.75±0.02	0.57±0.04	0.67±0.03	0.68±0.08	0.72±0.06
	小计	15.21±0.38	17.32±0.53	16.54±0.47	17.90±0.35	16.24±0.83	18.15±0.27	17.93±0.39	18.23±0.34
叶绿素降解产物	新植二烯	574.31±1.39	687.42±2.02	668.41±1.57	715.47±2.76	533.65±3.53	626.53±2.88	611.13±1.29	663.15±2.16
总量		686.62±2.72	812.49±2.31	793.36±1.06	847.18±3.14	638.72±3.27	735.15±2.38	730.04±2.67	788.56±1.93

表 6-49　烤烟成熟期割前后烤后叶烟感官质量

部位	处理	香气质	香气量	透发性	杂气	烟气浓度	劲头	细腻度	刺激性	余味	回甜	总分
上部叶	CK	6.02±0.20Cc	6.48±0.15Bb	6.50±0.25Ab	6.02±0.10Bbc	6.52±0.21Aa	6.04±0.26Bb	6.28±0.15ABa	5.76±0.21Bb	5.98±0.15Aa	5.96±0.26Bb	61.56±0.15Cc
	T1	6.58±0.15ABab	6.98±0.26Aa	6.80±0.15Aab	6.30±0.25ABab	6.68±0.25Aa	5.98±0.21Bb	6.34±0.21ABa	5.98±0.15Ab	6.00±0.31Aa	6.32±0.26ABa	63.96±0.70Bb
	T2	6.30±0.26BCbc	6.82±0.21ABab	6.58±0.25Aab	5.94±0.21Bc	6.52±0.25Aa	5.80±0.31Bb	6.02±0.10Bb	6.02±0.42Aab	5.98±0.26Aa	6.30±0.21ABab	62.28±1.25Cc
	T3	6.84±0.15Aa	7.02±0.15Aa	6.84±0.10Aa	6.54±0.15Aa	6.70±0.29Aa	6.54±0.26Ba	6.52±0.15Aa	6.32±0.26Aa	6.22±0.15Aa	6.50±0.25Aa	66.04±0.36Aa
中部叶	CK	6.50±0.21Bb	6.30±0.15Aa	6.18±0.15Ab	6.02±0.21Bb	6.48±0.15Aa	6.50±0.21Ab	5.98±0.10Bb	6.10±0.15Ab	5.98±0.38Aa	6.18±0.20Bc	62.22±0.86Bb
	T1	6.78±0.21ABab	6.58±0.10Aa	6.54±0.26Aa	6.54±0.32Aa	6.50±0.21Aa	6.50±0.15Ab	6.52±0.30ABa	6.52±0.25Aa	6.30±0.35Aa	6.54±0.21ABab	65.32±0.35Aa
	T2	6.78±0.26ABab	6.52±0.21Aa	6.18±0.25Ab	6.34±0.26ABa	6.28±0.15Aa	6.78±0.20Aab	6.60±0.20Aa	6.48±0.20Aa	6.32±0.21Aa	6.34±0.10ABbc	64.62±0.30Aa
	T3	7.00±0.25Aa	6.54±0.20Aa	6.38±0.26Aab	6.52±0.06Aa	6.54±0.30Aa	6.82±0.21Aa	6.50±0.15ABa	6.50±0.25Aa	6.34±0.25Aa	6.68±0.20Aa	65.82±0.85Aa

减弱。环割处理的碳代谢较强，烟叶内的质体色素、淀粉等大分子有机物充分分解，质体色素残留减少，生成的香气物质较丰富，烟叶的协调性更好，感官评吸质量更高。

环割各处理中，环割 1 圈的烟叶物理特性、常规化学成分相对其他处理变化最为显著，可能由于环割 1 圈几乎阻断了有机物的上下运输，净光合速率受到严重影响，光合产物合成减弱，分解代谢持续较强，烟叶内含物质消耗较多，而环割半圈或上下对称环割两个半圈，相对环割 1 圈对物质运输阻断程度较低，光合作用相对受抑制不强，光合作用合成的物质较多，香气前体物等含量丰富，因此，中性致香物质相对增加。

综上所述，对持续生长过旺的烟株在成熟期进行环割，叶片的 NR、GS 活性明显减弱，烟叶落黄较快，成熟度提高，且物理特性、常规化学成分协调性更好，质体色素降解充分，残留量降低，中性致香物质含量提高，感官质量表现较好，其中上下对称环割两个半圈处理的效果最好。

第7章　河南浓香型烤烟许昌上六片烟叶系列标准

优质烤烟上部叶生产对生态条件、生产条件、技术水平和管理水平都有较高的要求。优质上部叶生产标准体系的构建对于指导和规范优质上部叶生产具有重要意义。不同地区由于生态条件不同，优质上部叶生产标准不尽相同；不同工业品牌导向不同，也对上部叶质量性状和生产技术有不同的要求。理论和实践充分证明，浓香型烟叶产区上部叶的质量潜力较大，上部叶发育期间充足的光热条件耦合科学的配套技术可以显著提高上部叶的可用性和工业利用价值。本研究团队依据河南中烟工业有限责任公司品牌特点和质量标准，在总结大量试验研究成果和优质上六片叶丰富实践经验的基础上，主持起草制定了以河南许昌为代表的豫中烟区优质上六片叶标准体系，经过专家和产区技术人员的意见反馈与专家评审，形成了《河南浓香型烤烟许昌上六片烟叶系列标准》（Q/XCYC SLPXX—2020），包括了涵盖上部叶质量要求、生态条件、关键技术和收购管理等方面的共 11 个标准，于 2020 年 10 月由河南省许昌市烟草专卖局正式颁布。本章汇集了该标准系列的主要内容。

7.1　河南浓香型烤烟许昌上六片烟叶质量要求

7.1.1　范围

本标准规定了河南浓香型烤烟许昌上六片烟叶的风格特色、质量要求、取样方法、试验方法。

本标准适用于河南浓香型烤烟许昌上六片烟叶生产。

7.1.2　规范性引用文件

下列文件对于本文件的应用是必不可少的。凡是注日期的引用文件，仅注日期的版本适用于本文件。凡是不注日期的引用文件，其最新版本（包括所有的修改版）适用于本文件。

GB 2635—1992　《烤烟》

GB/T 13595—2004　《烟草及烟草制品　拟除虫菊酯杀虫剂、有机磷杀虫剂、含氮农药残留量的测定》

GB/T 19616—2004　《烟草成批原料取样的一般原则》

YQ 50—2014　《烟叶农药最大残留限量》

YC/T 159—2002　《烟草及烟草制品　水溶性糖的测定　连续流动法》

YC/T 160—2002　《烟草及烟草制品　总植物碱的测定　连续流动法》

YC/T 162—2011　《烟草及烟草制品　氯的测定　连续流动法》

YC/T 173—2003　《烟草及烟草制品　钾的测定法　火焰光度法》

YC/T 138—1998　《烟草及烟草制品　感官评价方法》

YC/T 405—2011　《烟草及烟草制品　多种农药残留量的测定》

7.1.3　术语和定义

7.1.3.1　上六片烟叶

"上六片"烟叶是为进一步提高上部烟叶可用性,在特定的"光、温、水、土"条件下发育而成的上部高成熟度烟叶,是在传统上部烟生产技术上为进一步提高上部烟叶的可用性,采取提高烟叶耐熟性,使其达到充分成熟等特定的生产措施培育而成的烟叶。

7.1.4　质量要求

7.1.4.1　感官质量与风格特色

河南浓香型烤烟许昌上六片烟叶在感官质量方面表现为:香气呈浓香型特征,焦甜香突出,焦香明显,焦甜香与焦香协调,香气浓郁饱满,香气量足,香气质较好至好,浓度较浓至浓,劲头较大,满足感强,刺激性较小,余味较舒适,无青杂气。

7.1.4.2　化学成分协调性

河南浓香型烤烟许昌上六片烟叶烤后的总植物碱含量为 3.3%±0.3%,总氮含量为 2.2%~2.5%,蛋白质含量为 7%~9%,淀粉含量≤5%,两糖比> 0.85,钾氯比>2,糖碱比为 6~8,糖氮比为 2.5~3.0。

7.1.4.3　外观物理性状

叶色橘黄至深橘黄,叶片正面与背面、叶肉与叶脉色调基本一致,叶尖、叶中部、叶基部颜色基本一致,烟叶厚薄适中,结构尚疏松至疏松,成熟度好,油分足,光泽强,色度浓,弹性好。单叶重 15~20g,叶长 60~70cm。

河南浓香型烤烟许昌上六片烟叶的含水率、沙土率应符合 GB 2635—1992 要求。

7.1.4.4　农药最大残留限量

河南浓香型烤烟许昌上六片烟叶农药最大残留限量按照 YQ 50—2014 执行。

7.1.5　取样方法

按照 GB/T 19616—2004 执行。

7.1.6　试验方法

7.1.6.1　河南浓香型烤烟许昌上六片烟叶风格特色、感官质量评价按照 YC/T 138—1998 执行。

7.1.6.2　河南浓香型烤烟许昌上六片烟叶颜色、成熟度、叶片结构、身份、油分、色度、叶面组织、柔软度采取感官检验法测量。

7.1.6.3　河南浓香型烤烟许昌上六片烟叶单叶重采取称重法测量,叶长采取测量法测量。

7.1.6.4　河南浓香型烤烟许昌上六片烟叶还原糖的测定按照 YC/T 159—2002 执行。

7.1.6.5　河南浓香型烤烟许昌上六片烟叶烟碱的测定按照 YC/T 160—2002 执行。

7.1.6.6　河南浓香型烤烟许昌上六片烟叶总氯的测定按照 YC/T 162—2011 执行。

7.1.6.7　河南浓香型烤烟许昌上六片烟叶总钾的测定按照 YC/T 173—2003 执行。

7.1.6.8　河南浓香型烤烟许昌上六片烟叶有机磷杀虫剂残留量的检测按照 GB/T 13595—2004 执行。

7.1.6.9　河南浓香型烤烟许昌上六片烟叶拟除虫菊酯杀虫剂、有机氯杀虫剂、酰胺类除草剂、菌核净农药残留量的测定按照 YC/T 405—2011 执行。

7.2　河南浓香型烤烟许昌上六片烟叶气候条件及土壤要求

7.2.1　范围

本标准规定了河南浓香型烤烟许昌上六片烟叶生产的地形地貌、气候条件、土壤要求。

本标准适用于河南浓香型烤烟许昌上六片烟叶生产。

7.2.2 规范性引用文件

下列文件对于本文件的应用是必不可少的。凡是注日期的引用文件，仅注日期的版本适用于本文件。凡是不注日期的引用文件，其最新版本（包括所有的修改版）适用于本文件。

GB 7849—1987 《森林土壤水解性氮的测定》

NY/T 889—2004 《土壤速效钾和缓效钾含量的测定》

NY/T 890—2004 《土壤有效态锌、锰、铁、铜含量的测定 二乙三胺五乙酸（DTPA）浸提法》

NY/T 1121.1—2006 《土壤检测 第 1 部分：土壤样品的采集、处理和贮存》

NY/T 1121.2—2006 《土壤检测 第 2 部分：土壤 pH 的测定》

NY/T 1121.3—2006 《土壤检测 第 3 部分：土壤机械组成的测定》

NY/T 1121.6—2006 《土壤检测 第 6 部分：土壤有机质的测定》

NY/T 1121.7—2006 《土壤检测 第 7 部分：酸性土壤有效磷的测定》

NY/T 1121.13—2006 《土壤检测 第 13 部分：土壤交换性钙和镁的测定》

NY/T 1378—2007 《土壤氯离子含量的测定》

GB/T 32723—2016 《土壤微生物生物量的测定》

HJ 615—2011 《土壤有机碳的测定》

GB 7173—1987 《土壤全氮测定法》

7.2.3 术语和定义

7.2.3.1 日均温

全称日平均气温，气象学术语，指一天 24h 的平均气温。常用的计算方法有日最高、最低气温平均，4 个定时平均（即 02 时、08 时、14 时和 20 时平均）和 24h 平均法。采用不同观测方法会对气温序列产生不同影响。

7.2.3.2 昼夜温差

一天中气温最高值与最低值之差。

7.2.3.3 积温

烟株完成某一阶段的发育所需要的超出下限温度的气温累计总和为积温。在烟株生长过程中，通常将下限温度设置为 0℃、10℃、20℃。下限温度为 0℃即逐日平均气温≥0℃持续期间日平均气温的总和为活动积温，下限温度为 10℃、20℃

的积温为有效积温。

7.2.3.4　日照时数

一天内烟株接受太阳直射光线照射的时间，即在一给定时间内，太阳直接辐照度达到或超过 $120W/m^2$ 的各段时间的总和，以 h 为单位，取一位小数。

7.2.3.5　日均辐射

地球上太阳光直射地面时单位面积上日均累计辐射量。

7.2.3.6　微生物生物量碳

微生物残体或其代谢物产生的一种有机碳，单位为 mg/kg。

7.2.3.7　碳氮比

有机物中碳的总含量与氮的总含量的比值，一般用"C/N"表示。

7.2.4　地形地貌

河南浓香型烤烟许昌上六片烟叶生产的烟田应位于低山丘陵或平原地区，海拔 50～200m，东经 112.53°～114.02°，北纬 32.98°～34.40°。

7.2.5　气候条件

河南浓香型烤烟许昌上六片烟叶生产的温度、降水量、日照时数及空气相对湿度等气候条件宜符合表 7-1 的要求。

表 7-1　河南浓香型烤烟许昌上六片烟叶生产的气候条件

气候条件	4 月下旬（移栽缓苗期）	5 月（伸根期）	6 月至 7 月上旬（旺长期）	7 月中下旬至 9 月上旬（成熟期）
平均气温（℃）	17.5～18.5	19.5～21.5	24.5～26.0	25.0～27.5
大于 10℃积温	120～130	300～330	400～430	850～890
日最高温大于 30℃天数	—	—	—	45～60
降水量（mm）	18～24	100～120	130～150	220～240
日照时数（h）	100～180	230～250	180～200	310～330
昼夜温差（℃）	11～12	10～12	9～11	8～9

7.2.6　土壤要求

7.2.6.1　土壤酸碱度

河南浓香型烤烟许昌上六片烟叶生产的土壤酸碱度应为 6.5～7.8。

7.2.6.2 土壤质地

河南浓香型烤烟许昌上六片烟叶生产应选择耕作层 30cm 以上、土层疏松、排水通气性好的土壤。土壤质地砂壤至黏壤，其中砂粒和黏粒比例宜符合表 7-2 的要求。

表 7-2 河南浓香型烤烟许昌上六片烟叶生产的土壤质地

土壤质地	黏粒（粒径<0.002mm）	砂粒（粒径 0.02～2mm）
砂壤	<20%	>30%
壤土	<25%	>20%
黏壤	<30%	>10%

7.2.6.3 土壤有机质和碳氮比

河南浓香型烤烟许昌上六片烟叶生产的土壤有机质含量宜为 12～20g/kg，土壤碳氮比为 10～13。

7.2.6.4 土壤微生物生物量碳

河南浓香型烤烟许昌上六片烟叶生产的根际土壤微生物生物量碳含量应为 250～500mg/kg。

7.2.6.5 土壤大量元素

河南浓香型烤烟许昌上六片烟叶生产的土壤大量元素含量符合表 7-3 的要求。

表 7-3 河南浓香型烤烟许昌上六片烟叶生产的土壤大量元素含量 （mg/kg）

大量元素	指标
碱解氮	60～100
有效磷（P_2O_5）	≥15
速效钾（K_2O）	≥100

7.2.6.6 中微量元素

河南浓香型烤烟许昌上六片烟叶生产的土壤中微量元素含量宜符合表 7-4 的要求。

7.2.7 取样方法

土壤取样按照 NY/T 1121.1—2006 执行。

表 7-4　河南浓香型烤烟许昌上六片烟叶生产的土壤中微量元素含量（耕层）

中微量元素	指标
交换性钙（cmol/kg）	5～10
交换性镁（cmol/kg）	0.8～3.0
有效锌（mg/kg）	0.5～3.0
有效锰（mg/kg）	5～50
有效铁（mg/kg）	5～30
有效铜（mg/kg）	0.2～2.0
氯离子（mg/kg）	≤45

7.2.8　分析方法

7.2.8.1　土壤酸碱度

按照 NY/T 1121.2—2006 执行。

7.2.8.2　土壤质地

按照 NY/T 1121.3—2006 执行。

7.2.8.3　有机质

按照 NY/T 1121.6—2006 执行。

7.2.8.4　土壤微生物生物量碳

按照 GB/T 32723—2016 执行。

7.2.8.5　碱解氮

按照 GB 7849—1987 执行。

7.2.8.6　有效磷

按照 NY/T 1121.7—2006 执行。

7.2.8.7　速效钾

按照 NY/T 889—2004 执行。

7.2.8.8　交换性钙和镁

按照 NY/T 1121.13—2006 执行。

7.2.8.9 有效锌、锰、铁、铜

按照 NY/T 890—2004 执行。

7.2.8.10 氯离子

按照 NY/T 1378—2007 执行。

7.2.8.11 土壤有机碳

按照 HJ 615—2011 执行。

7.2.8.12 土壤全氮

按照 GB 7173—1987 执行。

7.3 河南浓香型烤烟许昌上六片烟叶生产环境安全要求

7.3.1 范围

本标准规定了河南浓香型烤烟许昌上六片烟叶种植区域土壤环境安全要求、灌溉水水质要求、环境空气质量要求以及检测方法等。

本标准适用于河南浓香型烤烟许昌上六片烟叶生产。

7.3.2 规范性引用文件

下列文件对于本文件的应用是必不可少的。凡是注日期的引用文件，仅注日期的版本适用于本文件。凡是不注日期的引用文件，其最新版本（包括所有的修改版）适用于本文件。

GB 5084—2005 《农田灌溉水质标准》

GB 8971—1988 《空气质量 飘尘中苯并[a]芘的测定 乙酰化滤纸层析荧光分光光度法》

GB 15618—2018 《土壤环境质量标准》

GB/T 9801—1988 《空气质量 一氧化碳的测定 非分散红外法》

GB/T 15264—1994 《环境空气 铅的测定 火焰原子吸收分光光度法》

GB/T 15432—1995 《环境空气 总悬浮颗粒物的测定 重量法》

HJ 483—2009 《环境空气 二氧化硫的测定 四氯汞盐吸收-副玫瑰苯胺分光光度法》

HJ 493—2009 《水质 样品的保存和管理技术规定》

HJ 494—2009　《水质 采样技术指导》
HJ 495—2009　《水质 采样方案设计技术规定》
HJ 504—2009　《环境空气 臭氧的测定 靛蓝二磺酸钠分光光度法》
HJ 618—2011　《环境空气 PM10 和 PM2.5 的测定方法 重量法》
HJ 664—2013　《环境空气质量监测点位布设技术规范（试行）》
HJ/T 166—2004　《土壤环境监测技术规范》
HJ/T 194—2005　《环境空气质量手工监测技术规范》

7.3.3　术语和定义

7.3.3.1　重金属

在环境污染领域所说的重金属主要是指汞（水银）、镉、铅、铬及类金属砷等生物毒性显著的重元素，这些重金属非常难以被生物降解。

7.3.4　安全要求

7.3.4.1　土壤环境安全要求

7.3.4.1.1　土壤中铅（Pb）、砷（As）、铬（Cr）、镉（Cd）、汞（Hg）含量标准限值应符合表 7-5 要求。

表 7-5　河南浓香型烤烟许昌上六片烟叶种植区域土壤部分金属元素含量标准限值

（mg/kg）

项目	标准限值
铅（Pb）	≤50
砷（As）	≤15
铬（Cr）	≤80
镉（Cd）	≤0.3
汞（Hg）	≤0.3

7.3.4.1.2　土壤中其他元素或物质的标准限值按 GB 15618—2018 中二级标准执行。

7.3.4.1.3　上六片烟叶种植区域布局远离采矿点或潜在采矿点。

7.3.4.2　灌溉水水质要求

7.3.4.2.1　灌溉水中铅（Pb）、砷（As）、铬（Cr）、镉（Cd）、汞（Hg）含量标准限值应符合表 7-6 要求。

表 7-6　河南浓香型烤烟许昌上六片烟叶种植区域灌溉水部分金属元素含量标准限值

（mg/L）

项目	标准限值
铅（Pb）	≤0.05
砷（As）	≤0.05
铬（Cr）	≤0.05
镉（Cd）	≤0.001
汞（Hg）	≤0.0005

7.3.4.2.2　灌溉水中其他元素或物质的标准限值按 GB 5084—2005 执行。

7.3.4.3　环境空气质量要求

7.3.4.3.1　烤烟种植区域环境空气质量应符合表 7-7 要求。

表 7-7　河南浓香型烤烟许昌上六片烟叶种植区域环境空气污染物基本项目浓度限值

污染物项目	平均时间	浓度限值
二氧化硫（SO_2）（μg/m³）	年平均	≤20
	24h 平均	≤50
	1h 平均	≤150
二氧化氮（NO_2）（μg/m³）	年平均	≤40
	24h 平均	≤80
	1h 平均	≤200
一氧化碳（CO）（mg/m³）	24h 平均	≤4
	1h 平均	≤10
臭氧（O_3）（μg/m³）	日最大 8h 平均	≤100
	1h 平均	≤10
颗粒物（粒径≤10μm）（μg/m³）	年平均	≤40
	24h 平均	≤50
颗粒物（粒径≤2.5μm）（μg/m³）	年平均	≤15
	24h 平均	≤35
总悬浮颗粒物（TSP）（μg/m³）	年平均	≤80
	24h 平均	≤120
氮氧化物（NO_x）（μg/m³）	年平均	≤50
	24h 平均	≤100
	1h 平均	≤250
铅（Pb）（μg/m³）	年平均	≤0.5
	季平均	≤1
苯并[a]芘（BaP）（μg/m³）	年平均	≤0.001
	24h 平均	≤0.0 025

7.3.4.3.2　上六片烟叶种植区域布局远离环境空气污染源，或潜在环境空气污染源。

7.3.5　检测方法

7.3.5.1　土壤

7.3.5.1.1　布点方法：植烟区域内按每 66.7hm² （1000 亩）布一个采样点，不足 66.7hm² （1000 亩）的布一个采样点。

7.3.5.1.2　农田土壤环境现场调查、资料收集、样品采集方法、样品数容量、监测项目与频次按 HJ/T 166—2004 执行。

7.3.5.1.3　土壤样品检测项目及检测方法按 HJ/T 166—2004 执行。

7.3.5.2　灌溉水

7.3.5.2.1　布点方法
灌溉水取样点布置与土壤采样点一致。若采样点区域烟田有地表水、地下水两种灌溉方式，应分别取样。

7.3.5.2.2　烟区灌溉水取样方案设计、取样频次按 HJ 495—2009 执行，取样方法按 HJ 494—2009 执行，样品的保存和管理按 HJ 493—2009 执行。

7.3.5.2.3　灌溉水样品检测项目及检测方法按 GB 5084—2005 执行。

7.3.5.3　环境空气

7.3.5.3.1　布点方法
植烟区域内按 25～30km² 布一个环境空气监测点。

7.3.5.3.2　环境空气质量监测点布置方法按 HJ 664—2013 执行。

7.3.5.3.3　环境空气质量监测中的采样方法、频次按 HJ/T 194—2005 执行。

7.3.5.3.4　环境空气样品检测方法

7.3.5.3.4.1　二氧化硫、二氧化氮及氮氧化物的测定方法按 HJ 483—2009 执行。

7.3.5.3.4.2　一氧化碳的测定方法按 GB 9801—1988 执行。

7.3.5.3.4.3　臭氧的测定方法按 HJ 504—2009 执行。

7.3.5.3.4.4　颗粒物（粒径≤2.5μm、粒径≤10μm）的测定方法按 HJ 618—2011 执行。

7.3.5.3.4.5　总悬浮颗粒物的测定方法按 GB/T 15432—1995 执行。

7.3.5.3.4.6　铅的测定方法按 GB/T 15264—1994 执行。

7.3.5.3.4.7　苯并[a]芘的测定方法按 GB 8971—1988 执行。

7.4 河南浓香型烤烟许昌上六片烟叶土壤生态维护与养育技术

7.4.1 范围

本标准规定了河南浓香型烤烟许昌上六片烟叶生产土壤生态维护与治理技术。本标准适用于河南浓香型烤烟许昌上六片烟叶生产。

7.4.2 规范性引用文件

下列文件的引用对于本文件的应用是必不可少的。凡是注日期的引用文件，仅所注日期的版本适用于本文件。凡是不注日期的引用文件，其最新版本（包括所有的修改版）适用于本文件。

GB 15063—2011 《复混肥料（复合肥料）》

GB/T 23221—2008 《烤烟栽培技术规程》

GB/T 25413—2010 《农田地膜残留量限值及测定》

NY/T 496—2002 《肥料合理使用准则通则》

NY/T 525—2002 《有机肥料》

YC/T 371—2010《烟草田间农药合理使用规程》

中国烟叶公司《烟草农药推荐使用意见》

7.4.3 术语和定义

7.4.3.1 轮作

在同一块田地上，有顺序地在季节间或年间轮换种植不同的作物或复种组合的一种种植方式。轮作是用地养地相结合的一种生物学措施。

7.4.4 土壤生态维护与治理技术

7.4.4.1 烟田轮作

烟田实行 2～3 年一个轮作周期，两年三熟或三年五熟制，可以选择以下轮作模式。

a）烤烟—小麦→红薯（芝麻）—绿肥（休闲、油菜、苔菜）→烤烟轮作。

b）烤烟—小麦→玉米（大豆）—小麦→红薯（谷子）—绿肥（休闲）→烤烟

轮作。

c）烤烟—油菜→玉米（大豆）—小麦（油菜）→红薯（谷子）—休闲（绿肥）→烤烟轮作。

7.4.4.2　秸秆还田

秸秆还田：在秋收以后，结合秋耕或冬耕，将玉米秆、麦秸切成段后均匀撒在田间，然后深耕翻入土中，亩用量 300～350kg。

绿肥还田：以黑麦草、油菜、大麦为主，9 月上中旬秋收腾茬后播种，种子用量油菜每亩 2.0～2.5kg（拌土撒播）、大麦每亩 12～15kg，11 月底前，当干物质量达 250kg/亩以上时，结合冬前深耕，进行翻压深埋，使土草充分结合，以利于绿肥充分腐烂分解。也可在春季移栽前 40 天进行旋耕打碎，翻压深埋，确保绿肥充分腐烂分解。

7.4.4.3　冬耕冻垡

按照 Q/XCYC JS1303—2019 执行。

7.4.4.4　有机肥施用

a）中等肥力烟田，每亩施用 50～80kg 商品有机肥或 30～40kg 腐熟饼肥。
b）肥力低下烟田，每亩施用 60～100kg 商品有机肥或 40～60kg 腐熟饼肥。
c）商品有机肥符合 NY/T 525—2002 要求。

7.4.4.5　土壤维护

7.4.4.5.1　农膜使用与残膜清理：烟田使用聚乙烯农膜的，在烤烟移栽后 40 天左右进行人工揭膜，清理干净田间残膜并统一回收处理；在烟田推广应用可降解农膜。烟田地膜残留限量按照 GB/T 25413—2010 执行。

7.4.4.5.2　农药使用与农残控制：杜绝在烤烟当季及前茬作物中使用高毒、高残留的农药及除草剂（特别是二氯喹磷酸类），烤烟种植过程中合理规范用药，农药的使用种类、用量与方法按照 YC/T 371—2010 及中国烟叶公司发布的《烟草农药推荐使用意见》规定执行。

7.4.4.5.3　肥料规范施用：烟田推行测土配方施肥及减量增效施肥技术，增加有机肥所占比例；改进施肥方式及方法，减少肥料养分的挥发和流失。烟田肥料施用按照 GB 15063—2011、NY/T 496—2002 及 NY/T 525—2002 执行。

7.4.4.5.4　烤烟病残体及烟秆清理：在烤烟生产过程中，将摘除的无效底脚叶、花蕾、花杈、病残叶和病株及时清理出烟田并集中处理，具体按照 GB/T 23221—2008 执行。在烤烟采收结束后，拔除田间烟秆，清理干净散落在烟田的烟株残体。

7.4.4.5.5 农业投入品包装物回收：对烤烟生产中所用的育苗盘、肥料及农药等农业投入品、包装物在使用过后要及时清理回收。

7.5 河南浓香型烤烟许昌上六片烟叶种植区域与烟农筛选管理规范

7.5.1 范围

本标准规定了许昌上六片烟叶种植区域与烟农筛选要求。

本标准适用于许昌市烟草公司上六片烟叶生产与管理。

7.5.2 规范性引用文件

下列文件对于本标准的应用是必不可少的。凡是注日期的引用文件，仅注日期的版本适用于本标准。凡是不注日期的引用文件，其最新版本（包括所有的修改版）适用于本标准。

GB/T 18771.1—2015 《烟草术语 第 1 部分：烟草类型与烟叶生产》

QXCYC GL1301—2019 《烟叶种植布局与烟区环境保护规程》

QXCYC GL1310—2019 《烟叶生产户籍化管理规范》

QXCYC JS1301—2019《烟田土壤化验取样及送检技术规程》

7.5.3 种植区域选择

7.5.3.1 区域要求

7.5.3.1.1 种植区域要求

自然生态条件：土壤、气候等条件符合 Q/XCYC SLP02—2020 气候条件及土壤要求的相关规定。

社会经济条件：种烟效益高于其他农作物；种烟收益高于全区平均水平；烤烟是当地主要农作物，采用以烟为主的耕作制度。

基础设施条件：水利设施覆盖率 100%，集约化育苗设施覆盖率 100%，密集烤房覆盖率 100%，机耕路覆盖率 95% 以上。

宜烟面积条件：适宜生产上六片烤烟种植面积达到 200hm^2（3000 亩）以上。

专业化服务条件：所在区域专业化分级队伍完备，所在区域散叶收购硬件达标。

7.5.3.1.2 种植田块要求

a）连片面积达到 10hm^2（150 亩）以上，单块烟田面积不低于 0.2hm^2（3.0

亩）。 灌排条件良好。

b）病虫害发生率低于 3%。

c）土壤耕作层不低于 25cm。

d）植烟土壤肥力适中至稍高，土壤含氯量≤45mg/kg。土壤肥力检测参照 Q/XCYC JS1301—2019。

7.5.4　地块选择

7.5.4.1　地块初选

依据种植区域选择标准，建立备选烟田信息库，按照当年上六片烟叶种植收购计划，1∶2确定初选烟田，5月底前完成初选烟田登记，建立初选农户台账信息。

7.5.4.2　地块终选

8月底前，按照当年上六片烟叶种植收购计划，1∶1筛选出农户。上六片烟田应符合 Q/ XCYC SLP06—2020 的要求，选择烟株长势均匀、株型合理、开片良好、成熟落黄一致、无缺肥和黑暴现象、病虫害发生较轻，且正常情况下烟叶能在9月10日前成熟的纯作烟田作为终选烟田，建立终选农户台账信息。

7.5.5　烟农筛选

7.5.5.1　烟农要求

a）年龄在60周岁以下，具备初中以上文化程度。

b）有两年以上种烟历史，接受过烤烟生产技能培训并取得职业化烟农资格认证。

c）种植面积 1hm²（15 亩）以上。

d）严格履行种植收购合同，关键技术落实到位率达到90%以上。

7.5.5.2　烟农筛选与管理

7.5.5.2.1　申请

烟农每年按期向烟叶工作站以书面形式递交申请，申请内容包括种植上六片烤烟的区域、面积和轮作面积等。

7.5.5.2.2　受理

烟叶工作站（点）会同行政村对申请人的申请内容和种植条件组织核实，并将结果上报烟叶工作站（点），烟叶工作站（点）对申请人提出的申请予以受理。

7.5.5.2.3　审核

烟叶工作站（点）统一对申请人的申请做出书面答复，并将审核结果报县（市）

烟草分公司备案。

7.5.5.2.4　签订种植合同

根据审批结果，烟叶工作站（点）与烟农签订上六片烤烟种植收购合同。

7.5.5.2.5　公示

烟叶工作站（点）将烟农种植收购合同信息予以公示。

7.5.5.2.6　落实计划

烟叶工作站（点）指导烟农做好生产安排，落实种植计划。

7.5.5.2.7　评估管理

烟叶工作站（点）对烟农进行考评，对评估合格的兑现相关补贴或奖励政策，有以下情形之一者，不得安排下年度上六片烤烟种植。

a）年度内技术培训会缺席 3 次（含）以上的。

b）生产技术落实过程中，收到 3 次（含）以上技术落实整改通知的。

c）烤烟收购期间，等级质量不合格被退回次数达 2 次（含）以上的。

d）因环境、人为及不可预见因素导致不再符合上六片烤烟种植要求的。

7.5.5.2.8　档案建立

烟叶工作站（点）负责对烟农建立诚信考评档案，并报市烟草公司备案。

7.6　河南浓香型烤烟许昌上六片烟叶生长发育指标

7.6.1　范围

本标准规定了河南浓香型烤烟许昌上六片烟叶生产的生长发育指标等。

本标准适用于河南浓香型烤烟许昌上六片烟叶生产。

7.6.2　规范性引用文件

下列文件对于本文件的应用是必不可少的。凡是注日期的引用文件，仅注日期的版本适用于本文件。凡是不注日期的引用文件，其最新版本（包括所有的修改版）适用于本文件。

YC/T 142—2010　《烟草农艺性状调查测量方法》

7.6.3　形态指标

7.6.3.1　团棵期

参照 QXCYC JS1310—2019《烟叶田间农艺性状指标》。

7.6.3.2 现蕾期

参照 QXCYC JS1310—2019《烟叶田间农艺性状指标》。

7.6.3.3 圆顶期

打顶后 10～15 天烟株正常圆顶，烟株大田生长整齐一致，株型呈筒形或腰鼓形，单株留叶数 20～22 片，顶 2 片叶长 60～80cm，叶宽 30～40cm，长宽比接近 2∶1，烟叶自下而上分层落黄明显，适时成熟，基本无病虫害。

7.6.4 上六片烟株个体指标

留取上六片时，烟株株高 100～120cm，茎围 11～12cm，节距 5～6cm，上六片有效叶位为第 15～17 至 20～22 叶，叶片开片良好，顶 2 片叶长 60～70cm，顶 4 片叶长 65～75cm。营养正常，无倒挂，无黑暴，叶色均匀，无缺素，无病虫。叶片柔软有弹性，厚薄适中。

7.6.5 群体结构规范

7.6.5.1 密度和行株距配置

移栽密度 1000～1100 株/亩。行距 1.2m，株距 0.50～0.55m。

7.6.5.2 群体结构

烟田总叶面积系数 3～3.5，田间最大叶面积系数 2～2.5；烟田群体内部光照充足，通风良好，打顶前后两行烟叶似交非交，中部叶间距 10～15cm。

7.6.6 检测方法

7.6.6.1 生育期划分及农艺性状测量方法

按照 YC/T 142—2010 执行。

7.6.6.2 密度

666m²/[行距（m）× 株距（m）]。

7.6.6.3 行间叶尖距离

直接测量法。

7.6.6.4 田间总叶面积系数和最大叶面积系数

按照叶形纸称重法执行。

7.7 河南浓香型烤烟许昌上六片烟叶田间管理技术规程

7.7.1 范围

本标准规定了河南浓香型烤烟许昌上六片烟叶生产育苗、栽培和植保技术。本标准适应于河南浓香型烤烟许昌上六片烟叶生产。

7.7.2 规范性引用文件

下列文件的引用对于本文件的应用是必不可少的。凡是注日期的引用文件，仅所注日期的版本适用于本文件。凡是不注日期的引用文件，其最新版本（包括所有的修改版）适用于本文件。

GB 2635—1992 《烤烟》

GB/T 18771.1—2015 《烟草术语 第 1 部分：烟草类型与烟叶生产》

GB/T 23221—2008 《烤烟栽培技术规程》

YC/T 437—2012 《烟蚜茧蜂防治烟蚜技术规程》

NY/T 1276—2007 《农药安全使用规范 总则》

YC/T 371—2010 《烟草田间农药合理使用规程》

Q/XCYC JS1308—2019 《烟草病虫害综合防治技术规程》

Q/XCYC JS1117—2019 《烟蚜茧蜂防治烟蚜技术规程》

Q/XCYC JS1106—2019 《烟用农药重金属限量》

7.7.3 烟田准备

7.7.3.1 烟田深耕

烟田深耕应于 11 月底至次年 1 月底进行，耕深 30cm 左右。通过冬前深翻，实现疏松土壤、加厚耕层和消除土传病害之目的。同一地块可将深松与旋耕相结合，做到 3 年轮流深松一次。

7.7.3.2 绿肥掩青

参照 Q/XCYC SLP 04—2020 执行。

7.7.3.3　秸秆还田

参照 Q/XCYC SLP 04—2020 执行。

7.7.4　种植品种

种植品种应具有耐熟和耐肥特性，抗赤星病等后期叶部病害，并为相关工业企业认可。

7.7.5　漂浮育苗

参照 Q/XCYC JS1304—2019 执行。

7.7.6　起垄盖膜移栽

7.7.6.1　起垄

在移栽前一个月，结合底肥施用完成精细整地起垄，要求行匀、垄直，垄体饱满，土壤细碎。垄距 120cm，垄高 25～30cm，加宽垄体，促进根系发育，顶部垄宽 35～40cm，底部垄宽 90～100cm。

7.7.6.2　盖膜

边移栽边盖膜，地膜拉紧压实，不能划破，保持地膜严密不透气。

7.7.6.3　移栽期

要求栽期相对提前，保证后期延迟采收期间温度适宜。膜下小苗移栽在 4 月 15 日之前完成，常规移栽在 5 月 1 日之前完成。单炕次移栽在一天之内完成。

7.7.6.4　移栽密度

移栽密度：行距 1.2m，株距 0.5～0.55m，每亩烟株 1000～1100 株。

7.7.6.5　移栽方法

定根肥水的浓度为 0.5 %（以重量计），同时定根肥水中加入浓度为 2000～3000 倍液的"溴氰菊酯"防治地下害虫。实行膜下小苗移栽或正常移栽。

膜下小苗移栽打穴的深度不少于 15cm，每公顷用 7500kg（每穴 0.5kg）的营养土伴栽，栽好后苗心距垄顶表土约 5cm，每穴浇定根肥水 0.5～1kg，当天盖膜。

7.7.7　精准施肥

7.7.7.1　施肥原则

遵循"控氮、增碳、稳磷、增钾、配施中微量元素肥料"的施肥原则。

7.7.7.2　测土配方施肥

7.7.7.2.1　取样测土

按照 GB/T 23221—2008 采集土样。检测土壤有机质、pH、水溶性氯离子、碱解氮、速效磷、有效钾、有效硼、有效锌、交换性钙及交换性镁等指标。

7.7.7.2.2　配方施肥

许昌烟区肥力中等的壤土地，根据品种需求量灵活确定施氮量，氮磷钾比例为1：1.5～2.0：3.0～4.0，每亩施用腐熟饼肥25kg（或腐熟饼肥15kg+生物有机肥50kg/亩）、烟草专用肥15～20kg、过磷酸钙8～10kg、硫酸钾20kg、硝酸钾5kg。

砂壤土增加10%～15%的施氮量，黏质土壤减少10%的施氮量。施用有机肥时，应相应减少复合肥用量。水肥一体化烟田减少20%的总施氮量。

7.7.7.2.3　施肥方法

具体施肥方法如下。

（1）基肥施用：于起垄前条施全部的腐熟饼肥、全部有机肥、全部磷肥、70%烟草复合肥、30%硫酸钾肥。

（2）穴肥：30%的烟草复合肥、30%的硫酸钾，移栽时与土壤充分拌匀穴施，防止施肥过于集中，造成伤苗。

（3）追肥：移栽后20天每亩追施硝酸钾2～5kg，可兑水1000kg，对个别小苗进行偏管。其余的40%硫酸钾在移栽后40天左右施入。根据烟叶全量营养分析结果和烟叶长势长相，中后期喷施磷钾肥和微肥，确保上六片烟叶营养均衡和协调，保证烟叶具有较高的耐熟性。

7.7.8　田间管理技术

7.7.8.1　节水灌溉和水肥一体化

上六片叶烟田必须具备灌溉条件，并实行节水灌溉或水肥一体化，以保证烟株生长前期的干旱季节土壤水分适宜和烟株正常生长发育。烟田灌溉坚持前期不过、中期充足、后期补水的原则。将烟株伸根期、旺长期、成熟期不同时期烟田相对含水量控制在60%、80%、70%左右。灌溉水氯离子含量以不大于30mg/L为宜。

烟叶成熟期应保持适量土壤水分，促进烟叶内含物合成和转化，促进上六片烟叶成熟，使组织疏松，降低叶片厚度，防止叶片僵硬。

7.7.8.2　打顶留叶

7.7.8.2.1　打顶

坚持因烟分类、二次打顶的打顶原则。第一次在初花时打顶，先把花蕾及与花萼相邻的 2～3 片叶打掉；1～2 周后，不能正常圆顶的烟株视气候、肥力和烟株长相决定是否进行第二次打顶，打顶程度以"确保顶叶能够正常开片"为标准，避免打顶过重造成叶片过大，烟叶组织紧密，烤后叶片僵硬、光滑和油分不足。二次打顶后单株留有效叶 20～22 片。

7.7.8.2.2　底脚叶处理

打顶后 7～15 天及时清除 4～6 片底脚叶，保证有效采收叶 15～17 片。摘除的烟叶带出田外集中销毁。

7.7.8.2.3　抑芽

通过控制打顶确保烟株株型理想，无倒挂、无脱肥、无黑暴。打顶后及时抹杈，全面推广化学抑芽技术，但在采收前 15 天内禁止使用化学抑芽剂。

7.7.8.2.4　操作要求

①打顶前必须普防一次病毒病；②应在晴天早晨露水干后打顶抹杈；③在顶叶上方留 2cm 左右主茎；④操作前用肥皂洗手，操作时不准吸烟；⑤田间操作时分别安排专人打病叶和健株；⑥打掉的花杈和腋芽带出田外集中处理。

7.7.8.3　中耕培土

第一次中耕在栽后 7～10 天进行。疏松烟苗根际土壤，同时整理垄面，密封破膜口。根据雨水分布情况，适当调整垄体高度。

第二次中耕除草在栽后 20～25 天进行，结合揭膜和追肥。此时烟苗已较大，进行中耕，下锄深度行间 10～15cm，株间 6～7cm，同时烟株周围的垄面也要进行松土，整理垄面。根据雨水分布情况，适当调整垄体高度。

栽后 30～35 天培土封垄。垄高在 25cm 以上，垄体大而丰满。

地膜覆盖烟田，当烟株进入团棵期，气温稳定通过 20℃后，应揭去地膜，及时培土，一般在 5 月底至 6 月上旬揭膜并进行高培土，培土高度 7～10cm，垄体高度达到 25cm 以上，呈龟背形，垄顶宽 35～40cm。

7.7.9　病虫害防治

7.7.9.1　防治原则

应坚定不移地贯彻"预防为主，综合防治"的植保方针，实行绿色防控。以保健促根，提高烟株抗性为前提，减少病害传染或切断传染途径；全面普及害虫诱杀技术。同时结合药物防治，尤其加强根茎病害和病毒病的防治。

7.7.9.2 防治对象

花叶病、黑胫病、烟蚜等。

7.7.9.3 防治技术

7.7.9.3.1 农业防治

按照 Q/XCYC JS1308—2019 执行。

7.7.9.3.2 物理防治

及时摘除卵块和群集危害的初孵幼虫；在烟株心叶、嫩叶、新鲜虫孔或虫粪附近捕杀幼虫；用草把、糖醋液或频振杀虫灯诱杀成虫。按照 Q/XCYC JS 1308—2017 执行。

7.7.9.3.3 生物防治

按照 YC/T 437—2012、Q/XCYC JS1117—2019 执行。

7.7.9.3.4 化学防治

按照 QXCYC JS1106—2019、YQ 50—2014 执行。

7.8 河南浓香型烤烟许昌上六片烟叶成熟采收技术规程

7.8.1 范围

本标准规定了河南浓香型烤烟许昌上六片烟叶成熟特征和采收技术。
本标准适用于河南浓香型烤烟许昌上六片烟叶生产。

7.8.2 规范性引用文件

下列文件的引用对于本文件的应用是必不可少的。凡是注日期的引用文件，仅所注日期的版本适用于本文件。凡是不注日期的引用文件，其最新版本（包括所有的修改版）适用于本文件。

GB 2635—1992 《烤烟》

Q/XCYC JS1312—2019 《烟叶成熟采收技术规程》

7.8.3 术语和定义

下列术语与定义适用于本标准。

7.8.3.1　采收成熟度 Harvest maturity

指采摘时烟叶生长发育和内在物质积累与转化达到的成熟程度与状态。

7.8.3.2　成熟 Mature

烟叶生长发育和干物质转化适当，具备明显可辨认的成熟特征。

7.8.3.3　叶龄 Leaf age

指烟叶自发生（长 2cm 左右，宽 0.5cm 左右）到成熟采收时的天数。

7.8.3.4　SPAD 值 SPAD value

是衡量烟叶叶绿素的相对含量或者说代表叶片绿色程度的一个参数。一般用 SPAD 值叶绿素仪测定，其显示的 SPAD 值范围为−9.9～199.9SPAD 单位。

7.8.4　留叶确认

按照上部 4～6 片叶一次性采收的要求，备选烟田严格去除病株和弱株、病叶和未开片的烟叶，保证大田所留烟株整齐一致，确保烟田 95%以上烟株留够 4～6 片上部烟叶。

7.8.5　成熟标准

7.8.5.1　形态标准

上六片烟叶要达到充分成熟，顶叶达到以黄为主，主脉全白发亮和侧脉的大部分（2/3 以上）发白，茎叶角度接近直角，叶片弯曲呈弓形，叶面皱缩，叶面黄色成熟斑明显（允许下面个别 1～2 片烟叶的叶尖、叶边出现枯焦现象）。

7.8.5.2　生理标准

上六片烟叶色素充分降解，叶绿素含量较低，顶 2 叶 SPAD 值在 5.5～5.9，顶 4 叶 SPAD 值在 6.4～6.9。

7.8.6　采收技术

7.8.6.1　采收时限

需要延长上部烟叶采收结束时间时，可根据当时气候条件、烟叶营养状况较常规采收时间向后延长 10 天左右，叶龄达到 70～80 天，但保证在 9 月 10 日前采收结束。

7.8.6.2　采收时间

采收最好在下午进行，以便正确识别成熟度，避免采收后日光曝晒烟叶。天气干旱时，宜采露水烟。运输时要注意不要压伤烟叶。

7.8.6.3　采收要求

采收上六片烟叶时，须做到单株成熟叶片一次性采收，从下往上一次性摘除，整块烟田可分 1～2 次采收。

7.8.7　采后堆放

烟叶采后放置在荫凉处，叶尖向上、叶基向下排放，平放堆放时高度 30cm 左右，避免挤压、摩擦、日晒和热烫伤，不损伤和搅乱烟叶的堆放层次。

7.9　河南浓香型烤烟许昌上六片烟叶烘烤技术规程

7.9.1　范围

本标准规定了河南浓香型烤烟许昌"上六片"烟叶烘烤技术。
本标准适用于许昌烤烟"上六片"烟叶烘烤、烤后回潮及堆放。

7.9.2　规范性引用文件

下列文件对于本标准的应用是必不可少的。凡是注日期的引用文件，仅注日期的版本适用于本标准。凡是不注日期的引用文件，其最新版本（包括所有的修改版）适用于本标准。
GB/T 18771.1—2015　《烟草术语 第 1 部分：烟草类型与烟叶生产》
GB/T 23219—2008　《烤烟烘烤技术规程》

7.9.3　术语和定义

GB/T 18771.1—2015《烟草术语 第 1 部分：烟草类型与烟叶生产》确立的及以下术语和定义适用于本标准。

7.9.3.1　烘烤 Curing

指田间采收的成熟鲜烟叶以一定的方式放置在特定的加工设备（称为烤房）

内，人为创造适宜的温湿度环境条件，使烟叶颜色由绿变黄的同时不断脱水干燥，实现烟叶烤黄、烤干、烤香的全过程。通常划分为变黄阶段、定色阶段、干筋阶段。

7.9.3.2　密集式烤房　Bulk curing barn

密集烘烤加工烟叶的专用设备，按照国家烟草专卖局 418 号《烤房设备招标采购管理办法》和《密集烤房技术规范（试行）修订版》文件规定的规格和设备装配，由装烟室和加热室构成，主要设备包括供热设备、通风排湿设备、温湿度控制设备。烤房结构类型按装烟室内气流方向分有气流上升式和气流下降式。装烟室：挂置烟叶的空间，设有装烟架等装置。与加热室相连接的墙体称为隔热墙，在隔热墙上部和下部开设通风口与加热室连通。加热室：安装供热设备、产生热空气的空间，在适当的位置安装循环风机。循环风机运行时，通过装烟室隔热墙上开设的通风口，向装烟室输送热空气。

7.9.3.2.1　气流上升式
装烟室内空气由下向上运动与烟叶进行湿热交换。

7.9.3.2.2　气流下降式
装烟室内空气由上向下运动与烟叶进行湿热交换。

7.9.3.2.3　供热设备
热空气发生装置，包括炉体和换热器，按烟叶烘烤工艺要求加热空气。

7.9.3.2.4　温湿度控制设备
用于检测、显示和调控烟叶烘烤过程中工艺条件的专用设备。通过对供热和通风排湿设备的调控，实现烘烤自动控制。由温度和湿度传感器、主机、执行器等组成，主机内设置烘烤专家曲线和自设曲线，并有在线调节、报警和断电延续等功能。

7.9.3.3　"上六片"烟叶形态变化　Mophological changes in upper six tobacco leaves

指烘烤进程中上六片烟叶的变黄程度与干燥形态变化。烘烤时，一般以烤房内挂置温湿度计棚次的烟叶变化为主，兼顾其他各层。

7.9.3.3.1　变黄程度
指烟叶变黄整体状态的感官反映，以烟叶变为黄色的面积占总面积的比例表示（"几成黄"）。密集烘烤中常用的变黄程度如下。

7.9.3.3.1.1　七到八成黄
叶尖部、叶边缘和叶中部变黄,叶基部、主支脉及其两侧绿色,叶面整体 70%～80%变黄。

7.9.3.3.1.2　九成黄
黄片青筋，叶基部微带青，或称基本全黄，叶面整体 90%左右变黄。

7.9.3.3.1.3 十成黄

烟叶黄片黄筋。

7.9.3.3.2 干燥程度

指烟叶含水量的变化反映在外观上的状态。以叶片变软、主脉变软（充分凋萎塌架）、烟叶勾尖，叶片半干（小卷边）、叶片全干、干筋表示。

7.9.3.3.2.1 叶片变软

烟叶失水量20%左右。烟叶主脉两侧的叶肉和支脉均已变软，但主脉仍呈膨硬状，用手指夹在主脉两面一折即断，并听到清脆的断裂声。

7.9.3.3.2.2 主脉变软（充分凋萎塌架）

烟叶失水量30%～40%。烟叶失水达到充分凋萎，手摸叶片具有丝绸般柔感，主脉变软变韧，不易折断。

7.9.3.3.2.3 烟叶勾尖

烟叶失水量40%左右。叶缘自然向正面反卷，叶尖明显向上勾起。

7.9.3.3.2.4 叶片半干（小卷边）

烟叶失水量50%～60%。叶尖部干燥，烟叶有一半以上面积达到干燥发硬程度，叶片两侧向正面卷曲。

7.9.3.3.2.5 叶片全干

烟叶失水量70%～80%。叶片基本全干，更加卷缩，主脉1/2～2/3未干燥。

7.9.3.3.2.6 干筋

烟叶主脉水分基本全被排出，此时叶片含水量5%～6%，叶脉含水量7%～8%。

7.9.4 烟叶烘烤

遵循"低温中湿慢变黄，中湿定色慢升温，变速通风慢排湿，关键节点稳时间，充分转化提香气"的密集烘烤技术关键。

7.9.4.1 正常上六片烟叶烘烤

7.9.4.1.1 变黄阶段
7.9.4.1.1.1 烟叶变化目标

烟叶九到十成黄，叶片全黄，主脉少量含青；烟叶主脉变软，完全凋萎，高温棚叶片勾尖。

7.9.4.1.1.2 干球温度和湿球温度控制

装烟后密闭烤房，以每1～2h/℃将干球温度升至37～38℃，控制湿球温度36～37℃，稳温延长时间（36h以上），使高温棚烟叶达到八成黄（黄片青筋），叶片变软（失水量20%左右）。以1h/℃升温到40℃，保持湿球温度37～37.5℃，延长 12h 以上，使烟叶达到九成黄（主脉余青），叶片塌架，主脉变软。以 1h/℃ 升温至 42℃，保持湿球温度稳定，稳温 15h 以上。

7.9.4.1.1.3　风机操作

40℃前，风机先高速（1440r/min）运转 2～4h，然后低速（960r/min）连续运转。当干球温度大于 40℃时，风机高速连续运转。烘烤水分过大烟叶时，装烟后低速（960r/min）运转风机 8～12h，之后点火，在 2～3h 升温到 39～40℃保持稳定，烟层明显发热后调为高速运转（1440r/min），湿球温度保持在 36～38℃。

7.9.4.1.2　定色阶段

7.9.4.1.2.1　烟叶变化目标

50℃以前使烟叶达到黄片黄筋，叶片半干，54℃稳温至叶片全干。

7.9.4.1.2.2　干球温度和湿球温度控制

干球温度先以平均 2h/℃ 的速度升至 45～46℃保持稳定，湿球温度控制在 38℃左右，延长 20h 左右，使全炕烟叶十成黄，高温棚勾尖卷边至小卷筒，低温棚至少勾尖。然后以 1～2h/℃ 的速度升温至 52～54℃，湿球温度逐步上升稳定在 39℃左右，稳温 12～18h，全炕烟叶干燥，主脉干燥 1/3 左右。

7.9.4.1.2.3　风机操作

从 42℃升温到 46℃稳温结束，风机连续高速（1440r/min）运转，之后，调为低速（960r/min）运转。

7.9.4.1.3　干筋阶段

7.9.4.1.3.1　烟叶变化目标

烟叶主脉干燥。

7.9.4.1.3.2　干球温度和湿球温度控制

以每 1h/℃ 的速度由 54℃升高到 60℃，湿球温度稳定在 40℃左右，稳温 8～12h 后，以 1h/℃ 的速度升温至 67～68℃，湿球温度逐步上升至 42℃左右，稳温至烟叶主脉完全干燥。

7.9.4.1.3.3　风机操作

自 55℃开始，风机连续低速（720r/min 或 960r/min）运转，直至烘烤结束。

7.9.4.2　含水量多的"上六片"烟叶烘烤

7.9.4.2.1　变黄阶段

密闭烤房，风机由连续低速（720r/min 或 960r/min）到高速（1450r/min）运转。在干球温度为 38～40℃，保持湿球温度在 36℃左右，使烟叶变五成黄，叶片变软；之后升温，增加 40～42℃稳温时间，同时在 40～42℃温度段降低湿球温度 1～2℃，促进烟叶在变黄期相对高温的条件下适度失水，防止后期烘烤褐变风险，到 42～43℃，加大烧火，风机连续高速（1450r/min）运转，保持湿球温度稳定在

36℃左右，使烟叶变至八成黄左右，主脉变软。

7.9.4.2.2 定色阶段

加大烧火，风机连续高速（1450r/min）运转，以平均2～3h/℃将干球温度升至45～48℃，保持湿球温度36～37℃，使房内烟叶全部变黄，之后，以2～3h/℃将干球温度升至54～55℃稳温，湿球温度37～38℃，保持到叶片干燥。

7.9.4.2.3 烟茎和干筋阶段

同7.9.4.1.3。

7.9.4.3 含水量少的"上六片"烟叶烘烤

7.9.4.3.1 变黄阶段

密闭烤房，风机低速（720r/min或960r/min）运转，在干球温度34～36℃、湿球温度33～35℃稳定，使烟叶叶尖变黄，适当增加38℃稳温时间，提高湿球温度至37.5℃，之后升温至42℃，保持湿球温度39℃左右，烟叶完全变黄，主脉发软。烤房湿度不足时应及时补湿。

7.9.4.3.2 定色阶段

逐渐开启进排湿口，风机连续运转，加大烧火，温度以平均2～3h/℃的速度升至47～49℃，保持湿球温度38～39℃，延长24h左右，使烟筋全部变黄，然后以2h/℃升温到54℃，湿球温度39～40℃，延长时间烤干叶片。

7.9.4.3.3 烟茎和干筋阶段

同7.9.4.1.3。

7.9.4.4 大箱烘烤

7.9.4.4.1 变黄阶段

装炕结束后，干球迅速升温至36℃，湿球34℃左右（视烟叶水分酌情定夺），稳温6h以上。干球以1h/℃升至38℃，湿球保持在36℃左右（视烟叶水分酌情定夺），稳温18h以上，满炕烟叶达六到七成黄。之后干球以1h/℃升温至40℃，湿球37～38℃，稳温18h以上，使烟叶达八到九成黄。接下来干球以0.5h/℃升温至43℃，湿球37～38℃，稳温18h以上，稳温后期湿球温度设定36～37℃，让烟叶失水达到充分发软塌架。

7.9.4.4.2 定色期

中湿定色，烟叶变黄脱水达到要求后，将烤房温度升至45～48℃，控制湿球温度36～38℃，稳温15h以上，至烟叶达黄片黄筋；然后升温至50～52℃，保持湿球温度36～37℃，稳温烘烤10h以上，再升温至干球54～55℃、湿球36～37℃，稳温烘烤，16h以上后升温转入干筋阶段。

7.9.4.4.3　干筋期

大箱烘烤定色期转入干筋期操作基本上和挂竿烘烤相似，大箱烘烤在 54℃升至 60℃的过程中湿球相比传统挂竿烘烤相对低一些，一般湿球控制在 37～39℃，稳温时间 12h 以上，60℃稳温结束，以 1h/℃干球升至 68℃，湿球 41～42℃，直至全炕烟叶烤干。

7.9.5　烟叶回潮

7.9.5.1　水分要求

以能够进行卸烟操作为准。一般 15%左右。

7.9.5.2　回潮方法

7.9.5.2.1　自然回潮

烤烟季节空气湿度较大的情况下，在烟叶干筋后停止加热，待烤房温度降低到 45～50℃时打开装烟室门、冷风进风口和维修门，使烟叶自然吸潮达到要求的水分标准，或将烟叶出房放置于地面使其回潮。

7.9.5.2.2　人工回潮

烤烟季节湿度较小的情况下，在烟叶干筋后，烤房温度降低到 40℃以下时，采用加湿器（微雾加湿、超声波加湿等）或其他加湿方法向烤房加湿。加湿时须关闭进排湿门，开启风机进行空气内循环。一般加湿 20～30min，停止加湿，20min 后继续加湿，在此过程中风机保持开启，如此经 3～4 次，实现烟叶回潮。回潮过程中时应勤检查烟叶回潮情况，应防止回潮过度。

7.9.6　烟叶堆放

7.9.6.1　堆放地点

烟叶堆放地点要干燥，不受阳光直射，远离化肥、农药等有异味物质。烟堆下要设置防潮层。

7.9.6.2　堆放方法

7.9.6.2.1　堆放前应剔除湿筋或湿片叶。上六片烟叶应与其他部位的烟叶分开堆放。混合堆放时应作明显标记并用麻片或薄膜隔离开。

7.9.6.2.2　堆放时叶尖向里，叶基向外，叠放整齐。

7.9.6.2.3　堆好后用塑料薄膜、麻布等盖严，并覆盖遮光物。

7.9.6.2.4　烟垛长宽根据需要确定，高度不超过 1.5m。

7.9.6.3 烟堆检查

定期检查烟堆内温度、湿度，堆内温度、湿度过大时应打开烟堆，在通风荫凉处降温后再行堆放。

7.10 河南浓香型烤烟许昌上六片烟叶收购管理规范

7.10.1 范围

本标准规定了上六片烟叶收购政策制定、收购准备和收购操作规程等。

本标准适用于许昌市上六片烟叶收购。

7.10.2 规范性引用文件

下列文件对于本标准的应用是必不可少的。凡是注日期的引用文件，仅注日期的版本适用于本标准。凡是不注日期的引用文件，其最新版本（包括所有的修改版）适用于本标准。

《中华人民共和国烟草专卖法》

《中华人民共和国烟草专卖法实施条例》

GB 2635—1992《烤烟》

《国家烟草专卖局关于印发〈烟叶种植收购合同管理暂行办法〉的通知》

《河南省烟草公司关于印发〈河南省严格规范烟叶种植收购合同管理办法〉的通知》

Q/XCYC GL1203—2019 《烟叶收购工作规程》

7.10.3 术语和定义

7.10.3.1 上六片烟叶收购协议

由所属烟叶工作站（点）与上六片烟叶终选农户签订的、明确双方责任、义务和权利的书面形式协议，协议须经双方盖章或者签字后方能生效。协议应包括烟农信息、地块信息、采收面积、交售量及双方权责。

7.10.4 政策制定

7.10.4.1 确定收购标准

符合工商双方共同制定的上六片收购实物样品标准的烟叶。

7.10.4.2　政策扶持

各分公司根据实际情况制定自身的生产补贴及其他激励措施，提高烟农生产和交售上六片烟叶的积极性。

7.10.5　协议签订程序

7.10.5.1　农户申请

有上六片烟叶交售意向的烟农填写《上六片烟叶交售申请单》，向县局（烟草分公司）提出交售申请，内容包括：农户基础资料、种植烟叶基本信息等。

7.10.5.2　资格审查

烟技员对农户上六片烟田进行实地考察，确认烟田烟株长势均匀、株型合理、成熟落黄一致、无缺肥和黑暴现象、病虫害发生较轻，符合上六片烟叶预收购要求。确认上六片烟叶采收面积。

7.10.5.3　协议签订

上六片烟叶采收前，烟叶工作站（点）与资格审查合格农户签订协议，约定上六片烟叶采收面积、交售量及双方权责。同时于许昌烟叶农商信息协同及服务管理系统中备注上六片农户信息。

7.10.5.4　资格确认

上六片烟叶烘烤结束，烟叶工作站（点）入户预检合格后，由烟叶工作站（点）在协议农户的烟草种植收购合同本第一页加盖"上六片农户"印戳，烟农凭盖有印戳的合同本到烟站交售上六片烟叶。

7.10.6　收购准备

7.10.6.1　实物样品制备

烟叶工作站（点）在烟叶收购前，由工商双方共同制定当年上六片收购样品。确保每个收购上六片的磅组有一套实物样品。

7.10.6.2　技术培训

7.10.6.2.1　烟站职工培训。由市烟草公司烟叶营销中心负责，以工商双方制定的"上六片"实物样品为依据，参照 GB 2635—1992《烤烟》分级标准，对全市参加上六片烟叶收购的工作人员进行技术培训，理论、实物考试合格者，颁发上岗证，持证上岗。

7.10.6.2.2　烟农培训。烟站技术员以工商双方制定的"上六片"实物样品为依据，参照 GB 2635—1992《烤烟》分级标准，对烟农进行分级技术培训，指导烟农对上六片烟叶合理初分。

7.10.6.3　收购设施

7.10.6.3.1　收购前对收购设备进行检修和维护，不能正常运行的要及时维修或更换。

7.10.6.3.2　收购所用计量器具，必须报请质量技术监督部门检定合格方能使用。

7.10.6.3.3　通信网络、视频监控、"在线支付"、安全保障等设施设备达到要求的方可开磅收购烟叶。

7.10.6.3.4　收购工作流程

专业化分级散叶收购操作流程：烟农去青去杂→预约预检→合同检查→烟叶初检→专业化分级→分级组长验收、装筐→质检员检验→主评员定级→烟农确认→过磅开单→开票付款→入库成包→调运→烟叶盘点。

7.10.7　收购操作规程

上六片烟叶收购实行专收、专存、专调，包装规格为每包 40kg。参照 QXCYC GL1203—2019《烟叶收购工作规程》。

7.10.7.1　烟农去青去杂

烟农将炕内回潮后的烟叶先去青去杂（坚决杜绝任何青烟和微带青烟叶），随后将合格烟叶按要求打捆、单独存放。

7.10.7.2　预约预检

预检员根据轮流交售时间安排，上门预检烟农去青去杂情况，对预检合格的开具预检交售通知单，约定交售时间和数量，后将预检合格烟农信息录入烟叶农商管理信息系统。在烟农售烟前，通过电话或短信形式通知烟农在约定时间内到烟站交售烟叶，如未按约定时间交售，则重新计入下一轮交售。

7.10.7.3　合同检查

合同管理员认真查验农户的种植合同（IC 卡），重点是查验合同上是否加盖有"上六片"专用章、预检交售通知单、散烟是否用统一购置的专用扎捆绳扎捆，确认无误后，认真填写合同登记本，准予进站，烟农到指定上六片烟叶专磅售烟。对手续不全、交售时间不符或没有用统一购置的专用扎捆绳扎捆的不予进站。对合同没有加盖"上六片"专用章的农户引导到非上六片磅组交售。

7.10.7.4　烟叶初检

初检（编码）员按照烟农排队顺序组织烟农售烟。初检（编码）员检查售烟农户的种植收购合同、上六片烟叶收购合同、IC 卡等，手续不全的不予初检。初检员检验待售烟叶水分和去青、去杂、混部、非烟物质情况，待售烟叶水分适宜，无青杂、无混部、无非烟物质即视为合格，不合格的烟叶退回烟农重新整理。并做好记录，作为对预检员的考核依据。

7.10.7.5　专业化分级

分级队长根据顺序将待分拣的烟叶科学分配，实行"二工位"分级模式，第一工位负责分出副组烟，并对副组进行挑拣；第二工位按上六片实物样品对烟叶进行现场分级，挑出合格的上六片烟和不合格的上六片，并对不合格的上六片进行分级。

7.10.7.6　分级组长验收、装筐

分级组长对所负责的分级台分好的上六片烟叶按照校对眼光的标准进行验收，合格的烟叶装筐（装平筐），不合格的烟叶责令返工。

7.10.7.7　质管员检验

质管员对装筐的烟叶进行逐筐检验，确保筐内上下层烟叶都符合上六片标准，达到要求的，进入定级环节，不合格的烟叶退回分级组长。

7.10.7.8　主评员定级

主评员根据收购对照的上六片样品对挑拣后的烟叶逐筐定级，定级后的烟叶逐筐放入"上六片"定级牌。

7.10.7.9　烟农确认

烟农对主评员定级后的烟叶进行等级确认，确认交售后，进入司磅环节。如烟农有异议，烟叶退回。

7.10.7.10　过磅开单

司磅员每日收购前对计量器具进行校正，校正好后方可开磅过秤。定级后烟叶进入司磅区，司磅员核对烟农售烟编码和合同、IC 卡无误后，根据烟筐内的等级牌，与烟农确认，核对烟筐数，烟农同意成交的烟叶，司磅员收取种植主体合

同或 IC 卡，辅助工将烟筐抬到烟叶收购自动化流水线上自动称重，称重后的烟叶由热敏打印机自动打印司磅单，主评员、司磅员、监磅员、烟农共同在司磅单上签字确认。烟农对所定等级有异议不同意交售的烟叶退回烟农。单户烟农烟叶称重完毕后将数据发送至计算机开票处。当天收购结束后，司磅员汇总收购数据，与开票员对账。

7.10.7.11　开票付款

计算机开票员按收购分机传入信息，核对烟农司磅单、合同（IC 卡）与收购信息无误后，打印售烟发票，盖章后连同合同（IC 卡）交回烟农。信息员（会计）通过在线支付系统将售烟款直接存入烟农账户。收购信息要及时、准确，不漏报、瞒报、错报。收购单据当日封存。每天收购结束前，开票员要及时汇总当天的收购日报表并与司磅员汇总表核对后，将当日的所有收购单据进行封存，主评员、司磅员、复磅员、保管员共同签字确认。

7.10.7.12　入库成包

过磅后的烟筐经射频读卡器扫码后，由辅助工将烟筐送到打包区打包。同时，射频读卡器将扫码信息上传至赋码机，烟叶重量够 50kg 后赋码机自动打印"上六片"烟包标签。烟叶成包后由封包工在封包时将"上六片"烟包标签悬挂于烟包的一端，以利于烟叶质量追溯。在烟叶成包前，由专人将烟筐内的等级牌收回管理，以便于循环使用。入库的烟叶实行不落地及时成包。成包时，烟叶放置应整齐有序，叶尖朝内，叶柄朝外，烟叶不外露，包形方整，无偏角、畸形和大小包头，捆包三横二竖，走直拉紧，距离均匀。缝针不少于 44 针，内斜外正，距离均匀，无毛边、露角。每包净重 40kg，体积为 85cm×65cm×50cm，每担重量允差 ±0.25kg，自然碎片率控制在 3% 以内。

7.10.7.13　调运

成包后的烟包实行分区域、单独堆放。烟叶工作站根据调运计划，及时安排人员和车辆，组织装车调运，经核对等级、数量无误后，开具【烟叶内部交接单】，由站长、主检员、保管员签字后，将烟包及时调运到地市级烟草公司烟叶仓库或指定仓库。运输车辆必须证件齐全，车况良好，车箱清洁，无污染、无异味，有严密的覆盖物，严禁敞车运输。并做好调运手续，填报出库台账，做到账账、账物相对照。烟叶库存实施限库存管理，库存成包烟包不超过 200 包。

7.10.7.14　烟叶盘点

烟叶收购期间烟叶工作站（点）每日进行盘存上报工作，做到数据、实物二相符。

7.10.8　内部交接

严格执行《许昌市烟草专卖局（公司）烟叶统一经营内部交接调拨管理办法》。

7.10.9　监督检查

7.10.9.1　烟叶工作站（点）为核实上六片烟叶采收面积、交售量的主体，烟叶工作站（点）必须确保数据真实，协议签订规范。烟叶工作站（点）要依据上级下达的上六片烟叶种植收购计划和烟田考察、筛选情况，与农户签订上六片烟叶收购协议。协议一户一签，不得多户合签一份合同或者一户烟农签订两份（含两份）以上合同。县局（烟草分公司）为协议签订的落实、监督主体，签订协议时，县局（烟草分公司）必须全程参与，并承担相关责任。市局（烟草公司）要对协议进行全程管理和监督。

7.10.9.2　市烟草公司成立的上六片烟叶收购组，定期或不定期对全市上六片烟叶收购质量进行检查指导，对出现的问题及时协调、解决、处理。根据收购检查及内部交接抽检情况，市烟草公司上六片烟叶收购组不定期向全市通报、反馈质量信息。

7.10.9.3　县烟草分公司也要成立上六片烟叶收购质量检查组，负责辖区内上六片烟叶收购质量的检查指导，对出现不按标准或不按合同收购等违规现象的，按照有关烟叶收购规范管理制度及时做出处理、上报。每周对辖区内所有站（点）至少检查1～2次。每半月向市烟草公司烟叶营销中心上报检查情况，并附检查记录。

7.10.9.4　各烟叶工作站主检员组织本站检验员于每天班前统一眼光，班后自查等级合格率，并作详细记录。

7.10.10　安全保卫

a）建立健全安全保卫制度、制定消防预案和岗位安全生产责任制。

b）烟站（点）安全设施齐全，安全标志醒目，消防器材齐备。

c）以防火、防盗、防抢劫、防霉变为安全工作重点，加强安全教育，做到无安全事故。

d）做好安全培训，职工会操作消防器材，能处理安全隐患和小的安全事故。

e）坚持安全值班巡逻，安全日志记录齐全。

7.11　河南浓香型烤烟许昌上六片烟叶考核管理规范

7.11.1　范围

本标准规定了许昌上六片烟叶工作的考核方式、考核内容及奖惩等。

本标准适用于承担上六片烟叶生产工作的各产烟叶县（市、区）烟草分公司。

7.11.2　规范性引用文件

下列文件对于本标准的应用是必不可少的。凡是注日期的引用文件，仅注日期的版本适用于本标准。凡是不注日期的引用文件，其最新版本（包括所有的修改版）适用于本标准。

《许昌市烟草专卖局（公司）上六片烟叶考核管理办法》许烟办〔2016〕89 号

7.11.3　考核组织和方式

7.11.3.1　考核组织

市局（烟草公司）成立上六片烟叶工作考核组，负责按考核细则组织考核，并形成书面考核结果，相关县（市、区）烟草分公司主管领导签字确认；负责督导各烟草分公司制订相应的考核办法；负责考核结果的应用。

7.11.3.2　考核方式

考核组采取随机检查和专项检查相结合的方法，依据考核细则对烟田选择、大田移栽、大田管理、打顶留叶、成熟采收、烘烤管理、收购管理、收购数量、收购质量、工业评价、档案管理、目标分解和宣传培训等重点环节进行考核。

7.11.4　考核内容

7.11.4.1　烟田选择

初选。5 月底前在全市上六片项目实施乡镇纯作烟田中按 1∶2 初选肥力中等、合理轮作（大麦掩青）的烟田作为上六片项目备选烟田，建立初选农户台账信息。

终选。8 月底前按 1∶1 最终筛选出农户，终选上六片烟田的烟株要长势均匀、株型合理、开片良好、成熟落黄一致、无缺肥和黑暴现象、病虫害发生较轻，且为正常情况下烟叶能在 9 月 10 日前成熟的纯作烟田，并建立终选农户台账信息。

7.11.4.2　大田移栽

要求栽期相对提前,常规移栽在 5 月 1 日之前完成,膜下小苗移栽在 4 月 20 日之前完成;移栽密度 1.2m×(0.5~0.55)m,每亩烟株不低于 1000 株。

7.11.4.3　大田管理

要求栽后无病、无草、无板结、无缺苗少苗,烟叶大田长势均匀一致,全面落实适时揭膜中耕培土技术。

7.11.4.4　打顶留叶

适时打顶、合理留叶、及时除杈,根据烟株长势、地块肥力采用合理的打顶方式,单株留叶 20~24 片,保证圆顶后株型呈筒形。打顶后 10 天左右及时清除 3~4 片底脚叶,保证有效采收叶为 18~22 片。

7.11.4.5　成熟采收

一是留叶确认。大田留叶整齐一致,确保上部有效叶片数为 5~6 片,杜绝多留或少留现象。二是大田采收。采收时间由烟叶生产技术人员现场确认,对成熟大田要拍照留底;采收上六片烟叶时,由烟叶包户技术员全程跟踪监督,做到成熟烟株整株一次性采收。

7.11.4.6　烘烤管理

当天采收当天装炕烘烤。烟叶烘烤过程中,包户技术员按照上六片烘烤技术标准和鲜烟素质指导烟农按照要求进行烘烤;炕内回潮后的烟叶下竿时,包户技术员现场监督去青去杂,农户将合格烟叶按要求打捆、单独存放,适时交售。上六片项目烟田每亩交售量 40~60kg。

7.11.4.7　收购管理

上六片烟叶经烟叶工作站(点)预检合格后,烟农持带有"上六片农户"印戳的合同本,根据约定时间到指定的交售地点交售上六片烟叶,交售信息同时录入许昌烟叶农商信息协同及服务管理系统中。对上六片烟叶实行专人专磅收购,由河南中烟工业有限责任公司技术人员和烟草公司质检人员共同制定上六片收购样品,经专业分级队伍对样挑拣分级、对样收购。

7.11.4.8　收购数量

烟叶工作站(点)收购上六片后,足车要及时组织交到中心库进行验收,对各分公司的考核以最终中心库接收的数量为准。

7.11.4.9 收购质量

收购质量以市烟草公司的中心库验收合格率为准（中心库验收标准为工商双方共同制定并签封的上六片收购交接样品），要求合格率达到65%以上。

7.11.4.10 工业评价

根据河南中烟工业有限责任公司反馈的接收数量、挑拣情况、评吸结果等综合评分。

7.11.4.11 档案管理

上六片项目档案涉及：初选农户台账信息，终选农户台账信息；上六片项目培训记录，签到表等培训资料；成熟烟田采收前拍照电子档案；烟叶工作站（点）与上六片项目终选农户签订的协议；上六片技术明白卡；上六片烟农交售信息。上六片档案管理有关要求按照《许昌市烟草公司关于加强烟叶档案管理工作的通知》（许烟办〔2016〕51号）执行。

7.11.4.12 目标分解

承担上六片烟叶生产工作的各分公司按照《许昌市烟草公司上六片项目年度实施方案》和本考核规范，制定本单位上六片项目具体实施方案和考核办法[细化到从事上六片项目的各烟草分公司职能部门、烟叶工作站（点）及所有技术人员]，把上六片项目纳入本单位考核体系。

7.11.4.13 宣传培训

承担上六片烟叶生产工作的各烟草分公司根据生产技术需求，制定详细的技术培训计划。由河南中烟工业有限责任公司、市烟草公司及技术依托单位相关专家，对一线技术人员和农户进行施肥、移栽、大田管理、合理留叶、推迟采收、烘烤及烟叶挑拣等关键环节的培训。

7.11.5 考核奖惩

7.11.5.1 纳入目标考核

年终考核结果纳入各烟草分公司年度目标考核。

7.11.5.2 实行定额奖励

对考核优秀且完成上六片当年确保目标的各烟草分公司项目参与人员，按工业实际接收数量，给予一定的现金奖励。对考核不合格或未完成上六片当年确保目标的各烟草分公司项目参与人员给予相应的处罚。

参 考 文 献

邸慧慧, 史宏志. 2011. 烤烟叶片性状与生物碱含量及感官质量的关系研究[J]. 中国农学通报, 27(29): 85-91.

邸慧慧, 史宏志. 2012. 烤烟叶片长度与中性香气成分含量及感官质量关系研究[J]. 湖北农业科学, 51(5): 943-947.

邸慧慧, 史宏志, 马永建, 等. 2009c. 浓香型烤烟不同叶点生物碱含量的分布[J]. 中国农学通报, 25(19): 113-115.

邸慧慧, 史宏志, 马永建, 等. 2010a. 浓香型烤烟叶片性状与生物碱含量的关系研究[J]. 江西农业学报, 22(1): 21-22.

邸慧慧, 史宏志, 马永建, 等. 2010b. 烤烟叶片中性香气成分含量的分布[J]. 中国烟草科学, 31(6): 5-8.

邸慧慧, 史宏志, 王太运, 等. 2009a. 微喷条件下灌水量对烤烟生长发育和水分利用效率的影响[J]. 水利水电科技进展, 29(6): 17-21.

邸慧慧, 史宏志, 王廷晓, 等. 2009b. 灌水量对烤烟中性香气成分含量的影响[J]. 灌溉排水学报, 28(5): 128-131.

邸慧慧, 史宏志, 张国显, 等. 2010d. 豫中浓香型烟区烤烟替代品种豫烟5号、豫烟7号特性研究[J]. 河南农业科学, (6): 45-48.

邸慧慧, 史宏志, 张国显, 等. 2011. 浓香型烤烟叶片单叶重与中性香气成分含量的关系研究[J]. 中国烟草学报, 17(1): 14-18.

邸慧慧, 史宏志, 张国显, 等. 2010c. 不同肥力水平对烤烟各部位烟叶中性香气成分含量的影响[J]. 河南农业大学学报, 44(3): 255-261.

高卫锴, 史宏志, 刘国顺, 等. 2010. 上部叶采收方式对烤烟理化和经济性状的影响[J]. 烟草科技, (9): 57-60.

高真真, 段卫东, 史宏志, 等. 2019d. 温度和水分对典型香型烟区植烟土壤氮素矿化的影响[J]. 土壤, 51(3): 442-445.

高真真, 李建华, 史宏志, 等. 2019c. 移栽期和采收期对豫中烤烟上六片叶经济性状和品质特性的影响[J]. 河南农业科学, 48(10): 54-63.

高真真, 刘扣珠, 史宏志, 等. 2019a. 移栽期和采收期对豫中烤烟上六片叶发育期温度指标的影响[J]. 中国烟草科学, 40(1): 49-57.

高真真, 刘扣珠, 史宏志, 等. 2019b. 成熟期积温对豫中烟区浓香型烤烟上六片产质量的影响[J]. 中国烟草学报, 25(6): 38-49.

顾少龙, 何景福, 史宏志, 等. 2012c. 成熟期氮素调亏程度对烤烟叶片生长和化学成分含量的影响[J]. 河南农业科学, 41(6): 4-49.

顾少龙, 史宏志, 苏菲, 等. 2012a. 成熟期氮素调亏对烟叶质体色素降解和中性香气物质含量的影响[J]. 华北农学报, 27(5): 201-212.

顾少龙, 史宏志, 张国显, 等. 2012b. 平顶山烟区主要种植烤烟品种光合生理特性研究[J]. 中国烟草科学, 33(4): 37-41.

顾少龙, 张国显, 史宏志, 等. 2011a. 不同基因型烤烟化学成分与中性致香物质含量差异性研究[J]. 河南农业大学学报, 45(2): 160-165.

顾少龙, 张国显, 史宏志, 等. 2011b. 豫中浓香型烟区新引品种特征特性研究[J]. 中国烟草科学, (32): 11-16.

郭蕊蕊, 陈伟强, 史宏志, 等. 2017. 成熟期烤烟浓香型显示度气候适宜性分区研究[J]. 河南农业大学学报, 51(4): 572-579.

李传胜, 史宏志, 李怀奇, 等. 2017. 增密减叶减氮模式对烤烟上部叶的提质增香效果[J]. 河南农业科学, 46(4): 32-37, 48.

李耕, 赵园园, 史宏志, 等. 2022. 不同有机无机氮配比对南阳烟区土壤碳氮及烤烟上部叶质量的影响[J]. 中国农业科技导报, 1-12[2022-03-20]. DOI: 10.13304/j.nykjdb.2021.0567.

李亚伟, 刘建利, 史宏志, 等. 2016a. 不同生态区浓香型烤烟生长期气候指标的历史演变[J]. 河南农业大学学报, 50(4): 468-472.

李亚伟, 史宏志, 梁晓芳, 等. 2017. 典型浓香型烟区不同生长期气候指标的历史演变[J]. 烟草科技, 50(7): 22-30.

李亚伟, 孙榅淑, 史宏志, 等. 2016b. 豫中不同叶位和成熟度烟叶化学成分的叶片区域分布[J]. 江西农业学报. 28(10): 41-45.

李志, 史宏志, 刘国顺, 等. 2010. 施氮量对皖南砂壤土烤烟碳氮代谢动态变化的影响[J]. 土壤, 42(1): 8-13.

刘典三, 刘国顺, 史宏志, 等. 2013. 不同光强对烤烟质体色素及其降解产物的影响[J]. 华北农学报, 28(1): 234-238.

刘扣珠, 高真真, 史宏志, 等. 2019. 豫中烤烟上六片烟叶叶长与主要化学成分及感官质量关系[J]. 中国烟草科学, 40(6): 75-82, 88.

刘扣珠, 高真真, 史宏志, 等. 2020. 基于产值和感官指标的豫中"上六片"烟叶栽培措施优化[J]. 中国农业科技导报, 22(2): 158-165.

刘心亚, 赵园园, 史宏志, 等. 2022. 黔西南州烟区烤烟高可用性上部叶适宜采收期研究[J].作物杂志, (4): 227-235.

穆文静, 曹晓涛, 史宏志, 等. 2013. 豫中烟区烤烟替代品种经济性状和质量性状对施氮量的响[J]. 西北农林科技大学学报(自然科学版), 41(1): 60-66.

穆文静, 杨园园, 史宏志, 等. 2014. 施氮量和留叶数互作对烤烟 NC297 产量和质量的影响[J]. 湖南农业大学学报(自然科学版), 40(1): 19-22, 88.

彭翠云, 汪海燕, 史宏志, 等. 2021. 延迟采收对豫中烤烟上部叶生理指标和代谢组学的影响[J]. 核农学报, 35(11): 2655-2663.

钱华, 史宏志, 张大纯, 等. 2011. 豫中不同土壤质地烤烟烟叶色素含量变化的差异[J]. 土壤, 43(1): 113-119.

钱华, 史宏志, 赵晓丹, 等. 2012b. 豫中烟区烟草NC297不同留叶水平的光合生理特征[J]. 江苏农业科学, 40(6): 90-93.

钱华, 杨军杰, 史宏志, 等. 2012a. 豫中不同土壤质地烤烟烟叶中性致香物质含量和感官质量的差异[J]. 中国烟草学报, 18(6): 29-34.

邱立友, 李富欣, 祖朝龙, 等. 2009. 皖南不同类型土壤植烟成熟期烟叶的基因差异表达和显微结构的比较. 作物学报, 35(4): 749-754.

史宏志. 2011. 烟草香味学[M]. 北京: 中国农业出版社.

史宏志, 邸慧慧, 赵晓丹, 等. 2009c. 豫中烤烟烟碱和总氮含量与中性香气成分含量的关系[J]. 作物学报, 35(7): 1299-1305.

史宏志, 范艺宽, 刘国顺, 等. 2009d. 烟草微喷节水灌溉技术及应用效果[J]. 河南农业科学, (8): 51-53.

史宏志, 高卫锴, 常思敏, 等. 2009e. 微喷灌水定额对烟田土壤物理性状和养分运移的影响[J]. 河南农业大学学报, 43(5): 485-490.

史宏志, 顾少龙, 段卫东, 等. 2012. 不同基因型烤烟质体色素降解及与烤后烟叶挥发性降解物含量关系[J]. 中国农业科学, 45(16): 3346-3356.

史宏志, 李志, 刘国顺, 等. 2009a. 皖南不同质地土壤壤烤后烟叶中性香气成分含量及焦甜香风格的差异[J]. 土壤, 41(6): 980-985.

史宏志, 李志, 刘国顺, 等. 2009b. 皖南焦甜香烤烟碳氮代谢差异分析及糖分积累变化动态[J]. 华北农学报, 24(3): 144-148.

史宏志, 刘国顺. 2016. 浓香型特色优质烟叶形成的生态基础[M]. 北京: 科学出版社.

史宏志, 刘国顺, 刘建利, 等. 2008. 烟田灌溉现代化创新模式的探索与实践[J]. 中国烟草学报, 14(2): 44-49.

史宏志, 张建勋. 2004. 烟草生物碱[M]. 北京: 中国农业出版社.

宋莹丽, 陈翠玲, 史宏志, 等. 2014a. 土壤质地分布与烟叶品质和风格特色的关系[J]. 烟草科技, (7): 75-78.

宋莹丽, 钱华, 史宏志, 等. 2014c. 不同砂土和黏土比例对豫中烤烟质量特色的影响[J]. 土壤, 46(1): 165-171.

宋莹丽, 史宏志, 何景福, 等. 2014b. 不同施氮量下采收时期对上部叶质量和经济性状的影响[J]. 中国烟草科学, 35(2): 94-99.

苏菲, 史宏志, 杨军杰, 等. 2012. 不同施氮量协同打顶后同量调亏对烤烟中性致香物质含量及评吸质量的影响[J]. 河南农业大学学报, 46(4): 374-379.

苏菲, 杨永霞, 史宏志, 等. 2013. 氮素营养协同成熟期同量调亏对烤烟质体色素和相关基因表达的影响[J]. 华北农学报, 28(4): 145-151.

王红丽, 陈永明, 史宏志, 等. 2015. 遮光对广东浓香型烤烟色素降解产物及质量风格的影响[J]. 江西农业学报, 27(3): 70-73.

王红丽, 杨惠娟, 史宏志, 等. 2014. 氮用量对烤烟成熟期叶片碳氮代谢及萜类代谢相关基因表达的影响[J]. 中国烟草学报, 20(5): 116-120.

危月辉, 黄化刚, 史宏志, 等. 2016. 烤烟不同栽培模式对色素动态变化和成熟期色素降解及质量的影响[J]. 西南农业学报, 29(2): 248-254.

危月辉, 王红丽, 史宏志, 等. 2015a. 烤烟不同供氮模式对烟叶色素和香气物质含量的影响[J]. 贵州农业科学, 43(4): 54-58.

危月辉, 王红丽, 史宏志, 等. 2015b. 不同栽培模式对烟草植株长势及产质量的影响[J]. 江苏农业科学, 43(11): 137-139.

夏素素, 赵莉, 史宏志, 等. 2018. 基于香气物质含量和感官评价的豫西烤烟关键栽培技术优化[J]. 烟草科技, 51(6): 1-8.

谢湛. 2019. 灌溉和施肥技术对豫中烟区烤烟上六片叶质量的影响[D]. 郑州: 河南农业大学硕士学位论文.

谢湛, 邵孝侯, 史宏志, 等. 2019. 烤烟水肥一体化技术研究与应用进展[J]. 土壤, 51(2): 235-242.

许东亚. 2016. 烤烟氮代谢动态调控及其对烟叶质量的影响[D]. 郑州: 河南农业大学硕士学位论文.

许东亚, 段卫东, 史宏志, 等. 2015a. 烤烟不同留叶数对上部叶质量和中性香气物质含量的影响[J]. 贵州农业科学, 43(10): 90-94.

许东亚, 段卫东, 史宏志, 等. 2016c. 水分动态调控对烤烟生长发育及质量的影响[J]. 河南农业科学, 45(6): 20-24.

许东亚, 焦哲恒, 史宏志, 等. 2015b. 烤烟成熟期氮素灌淋调亏对烟叶生长发育及质量的影响[J]. 土壤, 47(4): 658-663.

许东亚, 焦哲恒, 史宏志, 等. 2015e. 云南大理红大产区土壤理化性状与烟叶质量的关系[J]. 土壤通报, 46(6): 1373-1378.

许东亚, 孙军伟, 史宏志, 等. 2015c. 云南红大产区不同质地典型土壤对烟叶质量的影响[J]. 西南农业学报, 28(3): 1295-1299.

许东亚, 孙军伟, 史宏志, 等. 2016a. 酶抑制剂对烤烟成熟期氮代谢及烤后烟叶品质的影响[J]. 烟草科技, 49(3): 17-23.

许东亚, 孙军伟, 史宏志, 等. 2016b. NaHCO$_3$对烤烟成熟期氮代谢及烤后烟叶质量的影响[J]. 河南农业科学, 45(7): 28-33.

许东亚, 孙军伟, 史宏志, 等. 2015d. 不同时期供氮比例对烟株生长发育以及烟叶质量的影响[J]. 江西农业学报, 27(12): 64-68.

杨惠娟, 王红丽, 史宏志, 等. 2015. 光强衰减对烟草叶片碳氮代谢关键基因表达的影响[J]. 中国烟草学报, 21(5): 99-103.

杨军杰, 史宏志, 王红丽, 等. 2015. 中国浓香型烤烟产区气候特征及其与烟叶质量风格的关系[J]. 河南农业大学学报, 49(2): 158-165.

杨军杰, 宋莹丽, 史宏志, 等. 2014. 成熟期减少光照时数对豫中烟区烟叶品质的影响[J]. 烟草科技, (8): 82-86.

杨明坤. 2021. 河南典型浓香型烟区上六片烟叶适宜采收期研究[D]. 郑州: 河南农业大学硕士学位论文.

杨明坤, 李建华, 史宏志, 等. 2020. 豫中上六片烤烟不同采收期对烤后烟叶品质的影响[J]. 中国农业科技导报, 22(12): 163-171.

杨园园, 穆文静, 史宏志, 等. 2013a. 调整烤烟移栽期对各生育阶段气候状况的影响[J]. 江西农业学报, 25(9): 47-52.

杨园园, 穆文静, 史宏志, 等. 2013b. 不同移栽期对烤烟农艺和经济性状及质量特色的影响[J]. 河南农业大学学报, 47(5): 514-522.

杨园园, 史宏志, 杨军杰, 等. 2014. 基于移栽期的气候指标对烟叶品质风格的影响[J]. 中国烟草科学, 35(6): 21-26.

杨园园, 杨军杰, 史宏志, 等. 2015. 浓香型产区不同移栽期气候配置及对烟叶质量特色的影响[J]. 中国烟草学报, 21(2): 40-52.

张冰濯. 2021. 浓香型代表产区烤烟上六片采收期对烟叶品质的影响[D]. 郑州: 河南农业大学硕士学位论文.

张冰濯, 段卫东, 史宏志. 2020. 湘南烟区烤烟上部6片叶采收期对烟叶产质量的影响[J]. 烟草科技, 53(12): 16-26.

张燊, 王欢欢, 赵园园, 等. 2022. 不同碳源有机物料对植烟土壤碳氮及细菌群落的影响[J]. 河南农业科学, 51(3): 84-94.

朱尊权. 2010. 提高上部烟叶可用性是促"卷烟上水平"的重要措施[J]. 烟草科技, (6): 5-8.

左天觉. 1993. 烟草的生产、生理和生物化学[M]. 朱尊权, 等译. 上海: 上海远东出版社.

Gao Z Z, Yang M K, Liu K Z, et al. 2019. Effects of delayed harvest on tobacco quality of upper six leaves and climatic requirement in central Henan of China[C]. Victoria Falls: 2019 CORESTA Agro-phyto Joint Meeting.

Shi H Z, Song Y L, Yang Y Y, et al. 2014. Distribution of soil textures in Chinese flue-cured tobacco growing regions and its relationship with tobacco quality and style[C]. Korea: 20th World Congress of Soil Science (20WCSS).

Shi H Z, Zhang M Y, Xie Z, et al. 2017. Effects of fertigation and micro-spraying on growth of flue-cured tobacco, soil properties and water use efficiency[C]. Santa Cruz do Sul: 2017 CORESTA Agro-phyto Joint Meeting.

Yang H J, Wang H L, Shi H Z. 2014. Reduction of starch synthesis n tobacco leaf responding to the light attenuation[C]. Quebec City: 2014 CORESTA Congress.